U0151079

飞机飞行性能计算

Aircraft Performance
An Engineering Approach

[美]默罕默德·H. 萨德拉伊(Mohammad H. Sadraey)　著

王海涛　陈玉峰　韩孟虎　支健辉　朱贝贝　贾雪微　译

国防工业出版社

·北京·

著作权合同登记　图字:军-2020-026号

图书在版编目(CIP)数据

飞机飞行性能计算/(美)默罕默德·H. 萨德拉伊
(Mohammad H. Sadraey)著;王海涛等译. —北京:
国防工业出版社,2022.7
　书名原文:Aircraft Performance:An Engineering
Approach
　ISBN 978 - 7 - 118 - 12468 - 2

　Ⅰ.①飞…　Ⅱ.①默…②王…　Ⅲ.①飞机—机动飞
行性能—计算　Ⅳ.①V212.13

中国版本图书馆 CIP 数据核字(2022)第 112760 号

※

国防工业出版社出版发行

(北京市海淀区紫竹院南路 23 号　邮政编码 100048)
三河市腾飞印务有限公司印刷
新华书店经售

*

开本 710 × 1000　1/16　插页 2　印张 37¾　字数 676 千字
2022 年 8 月第 1 版第 1 次印刷　印数 1—2000 册　定价 228.00 元

(本书如有印装错误,我社负责调换)

国防书店:(010)88540777　　书店传真:(010)88540776
发行业务:(010)88540717　　发行传真:(010)88540762

译者序 | TRANSLATER PREFACE

　　飞机飞行性能分析与计算是航空科学的重要研究领域,相应理论是航空工程实践和人才培养的必备知识基础。飞行性能计算是飞行动力学的两大主题之一,在样机设计、生产制造和飞行训练等所有阶段都有广泛的应用。概括起来讲,飞行性能计算主要是计算飞机飞行航迹的相关特性。这些特性实质上是抽象为"质点"的飞机所能达到的运动指标。飞机性能关注的主要是作用于飞机的力。当飞行速度变化不大时,根据飞机定常运动方程可计算最大过载、最大速度、航程和续航时间、爬升率、盘旋半径等特性参数。当飞行速度显著变化时,则根据非定常飞行状态,计算飞行特性和起降特性,如最小爬升时间、飞行器无动力着陆下滑距离、滑跑距离和加减速时间等。这些特性参数在很大程度上决定了飞机的性能,构成了飞机的研制要求。

　　本书以飞行力学基本原理为逻辑起点,以大气环境、发动机以及各种典型飞行阶段的飞机性能为研究对象,突出工程计算方法的实用性,重点介绍固定翼飞机的飞行性能计算理论与方法,对飞机迭代设计、飞行训练和装备采购等领域中的性能分析具有很好的理论指导意义。另外,本书配有大量详实的案例分析和数据图表,收录了大量典型飞机的飞行性能数据和性能分析数值仿真程序,能够作为工具书使用,具有很强的实用性。

　　由于译者水平有限,书中出现的不妥和错误之处,恳请读者批评指正。

王海涛

2022 年 1 月

前言 | PREFACE

飞行是飞机在无任何地面机械支撑的情况下在空气中移动的过程。物理学中,研究力对物体作用的科学称为力学。力学基本上分为:动力学和静力学两个分支。研究与力、质量、动量和能量有关的物体运动的力学分支称为动力学。飞行力学(或动力学)是研究飞行物体(如飞机、导弹)在空气中的运动。它涵盖飞行性能、飞行稳定性与控制两个主要领域。

由于飞机通常不作静态运动(除了垂直起降飞机),因此我们主要研究飞行动力学,也就是稳定状态运动和扰动状态运动两种类型的飞机运动。按照惯例,研究稳态运动的课程称为飞行动力学 I,而研究扰动状态运动的称为飞行动力学 II。在一些机构中,飞行力学称为飞行动力学 I,飞行稳定性和控制称为飞行动力学 II。

第一个主题(飞行动力学 I)包括最大速度、绝对升限、爬升率、航程、航时、转弯性能和起飞滑跑;第二个主题(飞行动力学 II)主要是研究飞机配平、控制、稳定性、操纵性和飞行品质等问题。飞机性能的主题主要是研究作用于飞机的力,但飞行动力学的主题集中于决定轨迹的各种力矩(无论是空气动力还是非空气动力)。飞机性能的时间跨度主要是在几小时的范围内,但是飞行动力学的时间跨度主要是在几秒的范围内。

本书的目的是介绍固定翼飞行器的飞行性能分析技术,特别是比空气重的飞行器。这一主题将引起航空/机械工程师、飞机设计师、飞行员、飞机制造公司、航空公司、空军以及航空航天工程专业学生的兴趣。

这类人群常常面对以下问题:

(1)这架飞机在巡航飞行时能够飞多快?

(2)这架飞机能够飞多高?

(3)这架飞机能够飞多远?

(4)对于起飞,跑道必须多长?

(5)这架飞机能在空中飞行多长时间?

(6)这架飞机能以多快的速度爬升到某个高度?

(7)这架飞机能飞多快?

(8)这架飞机转弯半径能多小?

(9)这架飞机机动能力如何?

(10)这架飞机飞行极限是什么?

(11)这架飞机飞过一定距离的花费是多少?

因此,概括起来就是这架飞机的性能如何?

如果可以使用制造好的飞机,那么所有这些问题的答案都可以通过飞行测试找到。然而,本书的主要目的是让读者在不接触飞机本身的情况下回答这些问题。因此,飞机设计师可以在设计过程中预测飞机的性能,然后再制造它。此外,飞机购买者可以在购买飞机之前计算和评估飞机的性能。通过这种方式,买家可以比较不同飞机的性能,并选择最合适的飞机。

军用飞机的性能是非常重要的,因为在空中任务中,具有高性能的战斗机总是能实现任务的目的。航空飞行的结果不仅取决于飞机的重量、构型、成本、飞行员经验等,还取决于飞机的能力,也就是飞行性能。本书介绍了一些技术和方法,使读者能够通过使用飞机重量数据、几何形状和发动机特性来分析飞机的性能与飞行能力。

第1章是关于作为飞行条件的大气,介绍了将气压、温度、空气密度等大气变量计算为关于高度的函数的方法。第2章给出了飞机运动方程,并推导出了稳态形式。作用在飞机上的四种主要力是重力、发动机推力、升力和阻力(空气动力)。阻力和发动机推力需要详细考虑,所以计算这些力的技术将在第3章和第4章中给出。

第5~9章涵盖了螺旋桨和喷气飞机飞行性能分析的所有方面,包括定速飞行和加速飞行。对于上述每种情况,各章均是从一个数学方程开始分析该特定飞行条件。在此基础上,推导出适用的代数方程,对各种飞行性能进行分析,如最大速度、最大航程、最大升限、最大爬升率和最大航时。第8章介绍了起飞和着陆的性能。第9章介绍了转弯性能和拉起等相关主题,这一章介绍了为确定飞机最大 g 载荷而绘制飞行包线的技术(如 $V-n$ 图)。此外,还研究了飞行力学中的高等内容,如最快转弯、最小半径转弯和飞行机动。

复杂性能情况和飞行任务分析需要一个冗长且复杂的数学解决方案。对于这种情况,一种流行的、有力的处理技术是数值方法。第10章用数值方法对飞机的性能进行了分析,主要使用 MATLAB 软件包(MATLAB 代码)。

附录是关于目前飞机的真实统计数据和飞行史上的飞行记录。这些信息为读者提供了一种对比标准来验证计算取得的结果。本书可以作为一门航空航天工程本科生课程或初级航空工程项目课程,为需要参考资料的教师提供解决方案手册和幻灯片素材。

目前,国际单位(SI)、公制单位(牛(N),千克(kg),米(m),秒(s),开尔文(K))是世界上大部分地区使用的标准单位。然而,英国的工程系统,英国的单位(磅(lb),斯勒格(slug),英尺(ft),秒(s),兰金温度数(°R))仍然是英国主要的单位系统。此外,许多联邦航空法规(如失速速度)都是用英国单位编写的。这种情况正在逐渐改变,特别是在航空航天界。尽管如此,对于工程师和工程专业的学生来说,熟悉这两个系统仍然是必要的。目前的工科学生应该很熟悉,并且在这两个系统上都能专业地工作,因此这两个单位系统都被应用于本书的工作示例和章节结束的习题中。鼓励读者熟悉两个单位系统。读者应该对动力学、微积分和空气动力学有基本的了解。

感谢为本书做出贡献的许多贡献者和摄影师。特别感谢 Alex Snow(俄罗斯)、Ryosuke Ishikawa(日本)、Kas van Zonneveld(荷兰)、Daniel Mysak(奥地利)、Gustavo Corujo(加拿大)、Steve Dreier(英国)、Jan Selig(德国)、Georgi Petkov(保加利亚)、Maurice Kockro(德国)、Fabian Dirscherl、Capenti Fabrizio(意大利)、Wei meng(中国)及 www. airliners. net 为本书提供飞机照片。此外,在过去的 21 年里,学生和教师提出的许多见解和建设性的建议,为我提供了极大的帮助。未署名的图片是在公开的,来自美国政府部门和机构或维基百科。

感谢 Taylor & Francis 集团/CRC 出版社出版本书。衷心感谢机械、航天和核能工程执行主编 Jonathan W. Plant,负责协调整个出版过程。特别感谢本书的审阅人,他们的想法、建议和批评帮助我写得更清楚更准确,并且对本书的发展有了显著的影响。

默罕默德·H. 萨德拉伊
2016 年 3 月 1 日

作者 | AUTHOR

　　默罕默德·H. 萨德拉伊博士是位于新罕布什尔州曼彻斯特的南新罕布什尔大学工程学院的副教授。萨德拉伊博士的主要研究方向是飞机设计技术、飞机性能、飞行动力学以及无人机的设计与自动控制。他于 1995 年在澳大利亚墨尔本的皇家墨尔本理工大学获得航空航天工程硕士学位，并于 2006 年在美国堪萨斯州的堪萨斯大学获得航空航天工程博士学位。萨德拉伊博士是美国航空航天学会（AIAA）、美国工程教育学会（ASEE）的高级会员，他也被列入美国名人录，在学术界和工业界拥有超过 20 年的专业经验。萨德拉伊博士还著有另外 3 本书，包括 2012 年 Wiley 出版的 *Aircraft Design：A Systems Engineering Approach*。

符号表 | LIST of SYMBOLS

符号	名称	单位
a	声速	m/s,ft/s
a	加速度	m/s^2,ft/s^2
a	升力曲线斜率	1/rad
ac	气动中心	—
a_c	向心加速度	m/s^2,ft/s^2
AR	展弦比	—
b	翼展	m,ft
C	燃油消耗率	N/(h·kW),lb/(h·hp)
$\bar{C}$	平均气动弦	m,ft
C_D	阻力系数	—
C_{D_0}	零升阻力系数	—
C_{D_i}	诱导阻力系数	—
C_{D_w}	波阻系数	—
C_f	表面摩擦系数	—
C_L	升力系数	—
$C_{L_{max}}$	最大升力系数	—
cp	压力中心	—
D	阻力	N,lb
E	续航时间	h,s
e	Oswald 翼展效率因数	—
F	力,摩擦力	N,lb
FAA	联邦航空管理局	
FAR	联邦航空条例	
F_c	向心力	N,lb
g	重力加速度	9.8 m/s^2,32.2ft/s^2
G	燃油重量比	—

符号	名称	单位
GA	通用航空	—
h	海拔高度	m,ft
i_t	尾翼安装角	(°),rad
i_T	发动机安装角	(°),rad
I	惯性矩	$kg \cdot m^2$,$slug \cdot ft^2$
ISA	国际标准大气	—
K	诱导阻力因子	—
KEAS	节当量空速	kn
KTAS	节真空速	kn
kn	海里每小时、节	n mile/h
L	机身长度	m,ft
L	升力	N,lb
L	温度垂直递减率	0.0065℃/m,0.002℃/ft
$(L/D)_{max}$	最大升阻比	—
Ma	马赫数	—
m_f	燃油质量	kg,slug
m_{TO}	起飞质量	kg,slug
MTOW	最大起飞质量	N,lb
MAC	平均气动弦	m,ft
n	载荷因数	—
ω	转弯速率	rad/s,(°)/s
P	压强	N/m^2,Pa,lb/in^2,psi
P	功率	kW,hp
P_{req}	所需功率	kW,hp
P_{av}	可用功率	kW,hp
P_{exc}	剩余功率	kW,hp
q	动压	N/m^2,Pa,lb/in^2,psi
Q	燃油流量	kg/s,lb/s
R	航程	m,km,ft,mile,
R	转弯半径	m,ft
R	气体常数	287.26J/(kg · K)
R	活动半径	km,ft

续表

符号	名称	单位
Re	雷诺数	—
ROC	爬升率	m/s,ft/min,fpm
ROD	下降率	m/s,ft/s
rpm	每分钟转数	圈/min
S	机翼总面积	m^2,ft^2
S_{exp}	外露机翼面积	m^2,ft^2
S_{ref}	参考机翼面积	m^2,ft^2
S_t	尾翼面积	m^2,ft^2
S_w	机翼面积	m^2,ft^2
S_{wet}	浸润面积	m^2,ft^2
S_{TO}	起飞滑跑距离	m,ft
S_G	着陆滑跑距离	m,ft
S_A	起飞滑跑的空中部分	m,ft
SFC	燃油消耗率	N/(h·kW),lb/(h·hp)
t	时间	s
T	发动机推力	N,lbf
T	温度	℃,°R,K
T_{req}	所需推力	N,lbf
T_{av}	可用推力	N,lbf
$V*$	角点速度	kn,m/s,ft/s
V	速度、空速	m/s,ft/s,km/h,mile/h,kn
V_A	机动速度	m/s,ft/s,km/h,mile/h,kn
V_D	俯冲速度	m/s,ft/s,km/h,mile/h,kn
V_E	当量空速	m/s,ft/s,km/h,mile/h,kn
V_{ft}	最快转弯速度	knot,m/s,ft/s
V_{LOF}	离地速度	m/s,ft/s,km/h,mile/h,kn
V_g	阵风速度	kn,m/s,ft/d
V_G	对地速度	m/s,ft/s,km/h,mile/h,kn
V_{max}	最大空速	m/s,ft/s,km/h,mile/h,kn
V_{maxE}	最大航时空速	m/s,ft/s,km/h,mile/h,kn
V_{maxR}	最大航程空速	m/s,ft/s,km/h,mile/h,kn
V_{mc}	最小可控速度	m/s,ft/s,km/h,mile/h,kn

符号	名称	单位
$V_{\min D}$	最小阻力空速	m/s,ft/s,km/h,mile/h,kn
$V_{\min P}$	最小功率空速	m/s,ft/s,km/h,mile/h,kn
V_{NE}	不可超越速度	m/s,ft/s,km/h,mile/h,kn
V_R	抬前轮速度	m/s,ft/s,km/h,mile/h,kn
$V_{ROC_{max}}$	最大爬升率空速	m/s,ft/s,km/h,mile/h,kn
V_S	失速空速	m/s,ft/s,km/h,mile/h,kn
V_T	真空速	m/s,ft/s,km/h,mile/h,kn
V_{TO}	起飞速度	m/s,ft/s,km/h,mile/h,kn
V_{tt}	最小半径转弯空速	knot,m/s,ft/s
V_W	风速	m/s,ft/s,km/h,mile/h,kn
W	重力	N,lb
W_{TO}	起飞重力	N,lb
W_f	燃油重力	N,lb
Y	侧力	N,lb
x,y,z	x,y,z 方向的位移	m,ft
希腊字母		
α	迎角	(°),rad
β	侧滑角	(°),rad
γ	爬升角	(°),rad
θ	俯仰角,俯仰姿态	(°),rad
θ	温度比	—
ϕ	滚转角	(°),rad
δ	压力比	—
δ_f	襟翼偏转	(°),rad
σ	空气密度比	—
ρ	空气密度	kg/m^3,$slug/ft^3$
μ	动态黏滞度	kg/ms,$(lb\cdot s)//ft^2$
μ	摩擦系数	—
η_P	螺旋桨效率	—
Λ	掠角	(°),rad
ω	角速度	(°)/s,rad/s
ψ	偏航角,航向角	(°),rad

目录 | CONTENTS

第1章
大 气

1.1 引言

  飞机,正如名字所暗示的那样,是一种在空气(大气)中移动(飞行)的交通工具。环境是飞机飞行的介质。因此,空气是飞机运动(飞行)的重要参数。航空航天飞行器分为两大类:航空飞行器,直升机、飞艇或固定翼飞机等;航天飞行器,宇宙飞船或航天飞机等。飞机能在气体介质(空气)中飞行,但不能在真空(太空)中飞行。否则,它将称为宇宙飞船。宇宙飞船设计成在太空中飞行,但为了实现飞行,它必须被发射到太空中。宇宙飞船有时返回地球,如航天飞机。在这种情况下,宇宙飞船同样也是飞机。

  空气是大气的主要成分。为了研究飞机的性能,必须先了解空气的特性。由于空气有很多参数会影响飞机的性能,所以必须研究大气。空气的主要参数是密度、压力和温度。这些参数是关于高度、时间和地点的函数。这一章将研究这些参数作为高度和时间函数之间的关系。这些计算是飞机性能分析的前提。由于必须有一个分析的基准,下面将引入一个标准大气,称为国际标准大气(ISA)。如果能够在ISA条件下分析飞机的性能,那么在非标准条件下确定飞机性能应该就很容易了。

  大气是一个不断变化的动态系统。影响飞机性能的主要现象有风、阵风、扰动、闪电、雨、雪、冰雹、飓风、龙卷风和湿度。虽然这些都是气象学参数,但是飞行员和飞机性能工程师都必须熟悉大气条件才能安全飞行。这些信息有助于飞行员决定在特定飞行条件下是否起飞。由于这些原因,这里还简要介绍了大气现象。

  飞机性能工程师的职责之一是为飞行员准备包括表格、图表、曲线图和数据在内的操作手册。要完成这项工作,必须准确限定和详细说明飞机的极限,并引导飞行员进行安全飞行。安全飞行的主要限制是由大气施加的。因此,这里强调了几个提示,以帮助读者从不安全的大气飞行条件中分辨出安全条件。

运输机的认证程序通常要求飞机在各种大气条件下进行测试。例如,2014年,作为 A350-900 认证程序的一部分,一架空客 A350 测试飞机前往加拿大进行"寒冷天气测试"。大气研究是美国国家航空航天局(NASA)的一个不间断项目。例如,自 2010 年以来,NASA 及美国国家海洋和大气管理局(NOAA)的科学家一直使用"全球鹰"无人机在关岛上空进行大气研究,它是机载热带对流层顶试验的一部分。

声速和海拔高度是两个重要的性能参数。声速主要用马赫数(Ma)来表示,海拔高度有许多用途和意义。这两个变量将在本章进行更深入的讨论和更详细的解释,它们将用于全书各种性能问题。

1.2 大气概况

地球被一层薄薄的气体层所包围,它称为大气层。大气是一个动态系统,其中存在许多活跃的子系统。地球上的生命是依靠大气、太阳能和地球磁场维持的。大气从太阳吸收能量,循环利用水和其他化学物质,并与电场和磁场力一起提供适宜的气候。大气层还保护人类免受太空的高能辐射和寒冷真空。大气和地球表面以及大气和太空之间不断发生的能量交换产生了一种称为天气的现象。

大气是环绕地球的气体层,并且受地球引力所吸引。大气的质量约为 5×10^{18} kg,其中 3/4 位于距离地球表面约 11km(36000ft)的范围内。当一个人从地面观察大气时,它似乎是非常厚的。但是当它的可见部分的厚度与地球的半径(6371km)相比较时,大气可认为是一个薄层。超过 99% 的大气[1]位于海平面以上 30km 以内。这层薄薄的气体层是这个星球不可分割的一部分。大气的主要成分是空气。它不仅提供人类呼吸的空气,而且还作为一个盾牌来保护人类免受太阳辐射的危害。如果像月球一样,地球没有大气,我们的星球将不仅没有生命,而且许多过程和相互作用将使地球表面这样一个充满活力的地方无法运转。

"大气的厚度是多少?"这个问题没有准确的答案。因为海拔越高的地方,大气越稀薄。大气不会在任何给定的高度突然消失,但是会随着高度的增加而逐渐变薄。在大约 300km 的高度,每立方千米大约有 1 个空气分子。对于给定体积中具有多少空气分子构成大气的存在,目前还没有一个普遍接受的定义。然而,这个问题有两个答案。从太空航行的角度来看,大气的厚度是 100km(62mile,1mile = 1.609km)。根据国际惯例,卡曼线标志着太空的起点,从此处起人类旅行者被认为是宇航员。这是公认的太空边界(称为卡曼线),因为在这个高度之外的天空是黑色的。然而,在距离地球表面高达 1000km[2]的高空也可能发现空气。所以大气厚度可以假设为1000km。

　　飞行器只能在大气层的较低区域飞行。飞机进行悬停和移动所依靠的空气动力及力矩只有在存在空气的情况下才能产生。空气特性的知识使读者能够准确分析飞机的性能。

1.3　主要成分

　　大气的主要成分是空气,即使在今天,"空气"一词有时也被当作一种特殊的气体。当然,事实并非如此。空气是许多独立气体混合而成,每一种气体都有其特定的物理性质,其中悬浮着数量变化的微小固体颗粒和水滴。空气的成分不是恒定的,它随时间而变化,并随地点而变化。如果从大气中除去水蒸气、尘埃和其他可变成分,会发现在大约高达80km的高空,它的组成才是非常稳定的。一般情况下,大气中的气体含量出现在稳定状态条件中。以下章节介绍了空气的主要成分及其特征。

1.3.1　氧气和氮气

　　氮气和氧气这两种气体占洁净干燥空气体积的99%(图1.1和表1.1)。虽然这些气体是大气中最多的组成部分,对地球上的生命具有重要意义,但它们对气候现象的影响却微乎其微,甚至毫无意义。其余1%的干燥空气主要是惰性气体氩(0.93%)加上少量其他气体。对于吸气式发动机,氧气是空气中最重要的元素。尽管氮气占大气的78%以上,但它在产生推力方面相对来说并不重要。

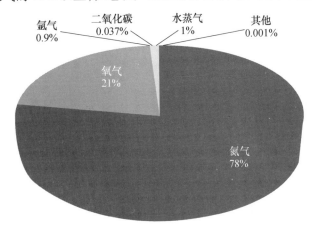

图1.1　组成干燥空气的气体的比例体积

表 1.1 干燥空气的主要气体

序号	成分	体积百分比/%	含量(ppm①)
1	氮气(N₂)	78.084	780840.0
2	氧气(O₂)	20.946	209460.0
3	氩气(Ar)	0.934	9340.0
4	二氧化碳(CO₂)	0.037	370.0
5	氖气(Ne)	0.00182	18.2
6	氦气(He)	0.000524	5.24
7	甲烷(CH₄)	0.00015	1.5
8	氪气(Kr)	0.000114	1.14
9	氢气(H₂)	0.00005	0.5

空气还包括其他气体和颗粒,这些气体和颗粒在不同的时间及地点有很大的不同:水蒸气、尘埃颗粒和臭氧。大气主要由氮气(N_2,78%)、氧气(O_2,20.9%)和氩气(Ar,0.93%)组成。大量其他非常重要的成分也存在,包括水(H_2O,0~4%)、"温室"气体或臭氧(O_3,0.01%)和二氧化碳(CO_2,0.01%~0.1%)。大气中氮气和氧气的含量几乎是稳定的。

1.3.2 二氧化碳

虽然二氧化碳的含量很低(0.037%),但它仍然是气象学上空气的重要组成部分。二氧化碳是气象学家非常感兴趣的一种气体,因为它是地球释放能量的一种有效吸收器,因此它会加热大气。虽然大气中二氧化碳的比例相对稳定,但一个多世纪以来一直在稳步上升。总的来说,这是由于燃烧化石燃料,如煤和石油。一些附加的二氧化碳被海水吸收或被植物利用,但近 1/2 的二氧化碳仍滞留在空气中。到 21 世纪下半叶的某个时候,二氧化碳的含量预计将是 20 世纪初期的 2 倍。大气中二氧化碳的含量是不稳定的,它随时间和地点而变化。

二氧化碳增加的确切影响很难预测,但大多数大气科学家认为,它将导致低层大气变暖,从而引发全球气候变化。二氧化碳通过光合作用从空气中去除,光合作用是指绿色植物和树木吸收阳光并产生化学能的过程。在春夏两季,快速的植物生长会从大气中去除二氧化碳,因此二氧化碳含量曲线呈现下降趋势。随着冬天的临近,许多植物死亡或落叶,有机物的腐烂会将二氧化碳重新释放到空气中,导致二氧化碳含量曲线上升。二氧化碳对飞机性能有负面影响,因为它会使吸气式发动机的推力降低。

---

① 1ppm = 1×10^{-6}。

1.3.3　水蒸气

空气中水蒸气的含量变化很大，从完全为 0 到占体积的 4%。水蒸气是所有云和降水的来源。然而，水蒸气还有其他的作用。像二氧化碳一样，它有能力吸收地球释放的热量，以及一些太阳能。因此，当研究大气的加热时，它是很重要的因素。当水从一种状态变成另一种状态时，它吸收或释放热量。大气中的水蒸气将这种潜在的热量从一个地区输送到另一个地区，因此它是促使风暴和飓风等许多大气危险现象发生的能量来源。由于大气中水蒸气的来源是地球表面（如湖泊和海洋）的蒸发，因此其含量通常随高度的增加而迅速降低，而大多数水蒸气存在于大气的最低 5km 范围内。在地球表面附近，沙漠和极地上空的水蒸气含量仅为1%，而热带地区的水蒸气含量约为 4%。如 1.7 节所述，水蒸气影响空气密度。影响飞机性能的飞机力和力矩直接正比于空气密度。

1.3.4　气溶胶

大气的运动足以使大量的颗粒悬浮在其中。虽然，可见的尘埃有时会笼罩天空，但这些相对较大的颗粒太重，无法在空气中停留很长时间。尽管如此，仍有许多颗粒是微观的，并保持悬浮相当长的时间。它们可能来自许多来源，自然的和人为的都有，包括海盐、被吹到空气中的细土、火产生的烟灰、来自树木和植物的花粉以及火山爆发产生的灰尘。这些微小的固体和液体颗粒称为气溶胶。

气溶胶在其主要来源附近的低层大气中数量最多。然而，上层大气也不是没有它们，因为一些尘埃被上升的气流带到高海拔地区，而其他颗粒则是由流星进入大气时分解而成的。

气溶胶可以吸收和反射进入的太阳辐射。例如，当火山灰在火山爆发后布满天空时，到达地球表面的阳光量将显著减少。此外，许多气溶胶可以作为水蒸气凝结的表面，这是云雾形成中的一种重要作用。此外，气溶胶促成了一种光学现象——日出日落时红色和橙色的不同色调。气溶胶会影响飞机性能，并可能造成飞机飞行危险，如关闭飞机发动机。例如，2013 年 5 月 5 日，位于北美洲和亚洲之间空中交通要地的阿拉斯加克利夫兰火山爆发，喷出了近 15000ft 的火山灰，航班因此被迫改变了航线。

1.3.5　臭氧

臭氧是氧的一种形式，它把三个氧原子结合成一个分子（O_3）。臭氧和人类呼吸的每个分子有两个原子的氧气（O_2）不一样。大气中几乎没有臭氧。此外，它的分布也不均匀。它集中在地表以上 20~30km 的高度。在这个高度范围内,氧分子(O_2)在吸收太阳辐射出的紫外线后分裂成单个氧原子(O)。当一个氧原子(O)与一个氧分子(O_2)碰撞时,就会产生臭氧。当臭氧吸收紫外线时,它分裂成它的组成部分(O + O),然后再重新组合形成另一个臭氧分子。

大气中臭氧层的存在对地球上的生命至关重要。这一层主要负责吸收来自太阳的潜在有害紫外线辐射。如果臭氧不过滤大量的紫外线辐射,并且如果太阳的紫外线未经衰减而直接到达地球表面,那么地球将不适宜居住。因此,任何减少大气中臭氧含量的东西都可能影响地球上生命的健康。飞机通常不会飞行到存在臭氧的高度。

1.4 大气层

地球被一层空气所包围,称为大气层。它达到距离地球表面超过 500km[3] 的高度。包围地球的气体边界随地面而变化。不同的组织[4] 和国家对大气层有不同的分类方法,通常将其分为 4~7 层。实际上,这些分类是基于天文学和气象学的。国际民用航空组织(ICAO)是一个管理民用航班及航空公司的民间机构。国际民航组织将大气层命名为以下五层:①对流层;②平流层;③中间层;④热层或电离层;⑤外逸层。图 1.2 显示了这些层的特性。这五个不同的层已经用热量特性、化学成分、运动和密度进行了区别。

海拔 18000ft 以上是氧气不足以支持呼吸的高度。任何在这个高度以上飞行的飞机都必须配备气压系统。根据 FAR[6] 91 条(91.211 款),任何人不得在12500ft 以上的舱室压力高度驾驶民航飞机,除非使用补充氧气。

在民用运输机上,一段机身被密封加压,为飞行员、机组人员和乘客提供一个舒适的环境。空调系统将气压从 0.2atm 增加到 0.85atm(1atm = 101325Pa)左右。在军用战斗机上,不是采用密封座舱,而是仅仅将加压空气通过专门的软管提供给飞行员。在 120000ft 以上的高空,没有足够的空气(与燃油混合)用于飞机发动机的燃烧。因此,这个高度被认为是所有类型飞行器的绝对上限。

1.4.1 对流层

对流层(第一层)从地球表面开始,一直延伸到平均约 11km(36089ft)高度处。这部分大气密度最大。当在这一层逐渐爬高时,温度从约 15℃ 降到 -56℃。对流层称为低层大气。对流层是几乎所有天气现象发生的区域,也是气团上升和下降的区域。对流层顶部的气压仅为海平面气压的 10%(0.1atm)。热带地区的对流层比极地地区的对流层要厚,而夏季的对流层比冬季的对流层要厚。对流层的平均温度下降大约是 6.5℃/1000m 或 3.5℉/1000ft。

对流层和下一层之间有一个很薄的缓冲区,称为对流层顶。几乎所有通用航空(GA)和涡桨飞机都在这个区域飞行。由于下面所要讨论的原因,大多数大型喷气运输机都靠近这个区域飞行。对流层是大气的五层中最薄的一层,但它的质量却占大气质量的 80%。

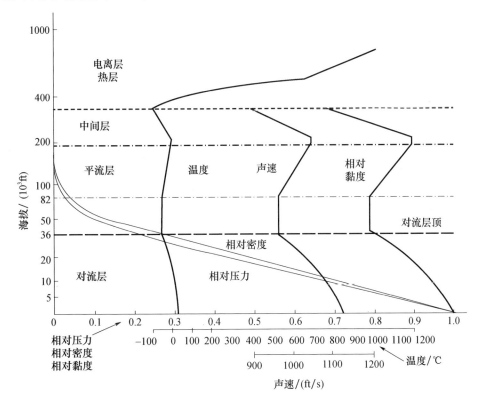

图 1.2　组成干燥空气的气体的比例体积

1.4.2　平流层

对流层之上是平流层(第二层),那里的气流主要是水平的。平流层开始于对流层之上(11km 或 36000ft,1ft=0.3048m),并延伸至 50km 高度处。与对流层相比,这一层比较干燥且密度较小。平流层中的较低区域(直到 20km),温度仍然相对稳定在 −56℃。然而,由于吸收紫外线辐射,平流层中的较高区域,温度逐渐由 −56℃ 升高到 −3℃。吸收和散射太阳紫外线辐射的臭氧层就在这一层。平流层顶将平流层与更上一层分开。平流层约占大气总质量的 19.9%。因此,99% 的"空气"位于对流层和平流层。

在平流层上部,加热几乎完全是臭氧层吸收紫外线辐射的结果。在平流层下部,温度不随高度变化,加热是同时吸收太阳紫外线辐射和地球表面热辐射的结果。平流层的温度特性阻止了气团的垂直运动。平流层含水率很低,特点是具有很强的水平风。

现代喷气式运输机在平流层下部巡航。以涡喷发动机为动力的协和式超声速客机(2003 年 11 月 26 日退役)常常正好在对流层顶上方的平流层飞行。当早期飞机开始在高空飞行时,飞行环境条件对机组人员来说非常不舒服。低密度和低压力意味着必须戴氧气面罩,而且在低温下,即使是厚重的毛皮衬里的衣服也不够用。现在,高空客机的客舱都是加压的,且空气是加热的,这样乘客就不会感受到外部环境。

在客机每个座位上方,都有一个应急氧气面罩,在增压系统突然失灵时使用。尽管平流层的外部空气温度很低,但是超声速飞机在飞行过程中存在着表面摩擦加热飞机的问题,因此提供一种保持座舱足够凉爽的方法是很重要的。在 65km 的高空,NASA 航天飞机从太空返回地球大气层时,空气动力加热变得非常重要。

1.4.3　中间层

中间层(第三层)开始于平流层之上,一直延伸到 80km。与平流层一样,中间层的温度随高度而降低,且在层顶处接近 −93℃。由于从太阳吸收能量,此处化学物质处于激发态。平流层和中间层的区域,连同平流层顶和中间层顶,被科学家称为中层大气。中间层顶将中间层与热层分开。由于缺乏足够的空气,现代飞机无法在这一层飞行。

1.4.4　热层

热层(第四层)从中间层(80km)上方开始,并且没有明确的上限。与中间层不同,由于太阳的能量,该区域热层的温度随高度增加而升高。这一区域的温度可高达 1500℃。这里的化学反应比地球表面快得多。这一层称为上层大气。这个区域的空气密度很低。例如,在 342000ft 的高度,平均自由程(即分子在连续碰撞中移动的平均距离)是 1ft。

高温可能会让人产生误解,所以快速回顾一下温度的定义以及与热容量的区别将是有益的。空气的温度是其动能的表达式,动能与空气分子运动的速度有关。因为在热层中空气的气体分子非常少,所以空气不可能有很高的热容量。在热层中,一个气体分子与另一个分子碰撞之前,通常会移动数千米。所以,普通的温度计无法测量这里的 1500℃。因此,温度的概念失去了它的传统意义,并且可能与"热"和"冷"等术语无关。由于缺乏足够的空气,任何飞机都无法在热层中飞行。

1.4.5 电离层

除了由垂直温度变化定义的层外,还定义了其他层。电离层是一种带电层,位于海拔 80~400km,因此与热层的一部分相重合。在电离层,许多原子被电离(即得到或失去电子,所以它们有一个净电荷)。

这一层还负责吸收来自太阳的最具能量的光子,并反射无线电波,从而使远距离无线电通信成为可能。电离层的结构受到来自太阳的带电粒子风(太阳风)的强烈影响,而太阳风又受太阳活跃水平的控制。电离层结构的一种测量方法是自由电子密度,它是电离程度的指标。

由于缺乏足够的空气,没有飞机能在电离层中飞行。然而,这一层是自然界最壮观的现象之一的发生地:极光,它以各种各样的形式出现(如垂直飘带或一系列发光的膨胀弧)。极光出现的时间与太阳耀斑的活动有关,而在地理位置上与地球磁场集中的位置(极区)有关。电离层一直持续到它与星际气体或太空相融合。在这一大气层中,氢气和氦气是主要成分,且密度极低。

1.5 国际标准大气

任何飞机都要在各种空气中和飞行条件(高度、温度和压力)下执行任务。这些构成了飞机在其寿命中所期望的各种温度和压力值。在任何一天,大气都很可能不符合标准。当飞机从一个机场起飞并降落在另一个机场时,两个机场的空气条件不一定相同。对飞机设计者的要求之一是飞机的飞行条件。为了给比较各种飞机的性能特征提供共同基础,就需要建立大气性能标准。该标准还可用于校准机械高度表。此外,对于飞机的飞行测试,如果在一年的不同日子进行测试,结果将是不同的。然而,当这些结果简化为标准条件时,它们就变得具有可比性了。

虽然飞机被设计成能够在各种不同飞行条件下飞行,但当谈到性能指标时,这些条件必须进行严格定义,以使其他人能够评估飞机的性能。因此,必须存在一种可以比较多架飞机性能的飞行条件。对于一个特定的国家,这可能是一个主要城市的主导大气条件(如春天的第一天)。

大多数飞机的设计是为出售给其他国家,或希望能够在其他国家的大气条件下飞行。此外,大气条件一年四季都在变化。这就需要定义统一的大气条件。国际民航组织已经定义了一种国际公认的独一无二的大气条件,称为国际标准大气[7],它是基于 1959 年的 ARDC 模型大气[8]。值得注意的是,在 20000m 以下高度,美国标准大气与国际民航组织的大气相同。差异是由美国特定的纬度造成的。

当考虑 ISA 条件时,不需要知道一年中的哪个季节或者飞行地点在哪里。因

此,所有飞机的性能可以在这个统一的、国际公认的飞行条件下进行比较。标准的
ISA 大气条件是很少存在的。

　　飞机性能统计的可靠来源之一是《简氏世界航空年鉴》[9]。它每年出版一次,介绍
世界各国最新的飞机数据。这些数据包括飞机类型、制造商、生产年份、机翼、尾翼、
起落架、动力装置、几何尺寸、重量以及最重要的性能指标。值得注意的是,文献[9]
中大多数飞机的性能指标经常是在 ISA 条件下定义的。这个标准在航空公司、飞行
员、设计师、性能工程师,甚至市场营销和销售代表中形成了一个独一无二的准则。

　　与飞机性能有关的大气特性,即温度、压力和密度,有相当大的变化。由于飞
机和发动机的性能取决于这三个因素,很明显,飞机的实际性能并不能提供与其他
飞机进行比较的真实基准。这是采用 ISA 的另一个原因。

　　这种标准大气在温带的特性如图 1.3 所示。如果飞机的实际性能是在某一温
度、压力和密度条件下测量的,那么就可以确定在标准大气条件下的性能。因此,
它可以与其他一些同样简化到标准条件的飞机的性能进行比较。

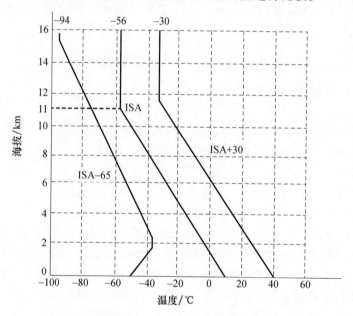

图 1.3　三处温度变化的差异

　　标准大气的基础是根据经验证据确定的温度随高度的变化。它由一系列直
线、一些垂线和一些斜线组成。ISA 条件定义为如下的海平面高度的大气条件:

气压　$P_0 = 101325 \text{N/m}^2 = 14.7 \text{psi} = 2116.21 \text{lb/ft}^2 = 760 \text{mmHg} = 29.92 \text{inHg}$

温度　$T_0 = 15 \text{℃} = 288.15 \text{K} = 528.69 \text{°R} = 59 \text{°F}$

空气　干燥理想气体 　　　　　　　　　　　　　　　　　　　　　　　　　　(1.1)

温度梯度　-0.00198℃/ft(从海平面到温度为 -56.5℃ 的海拔高度处)

根据以上假设,可以加上

空气密度　$\rho_0 = 1.225 \mathrm{kg/m^3} = 0.002378 \mathrm{slug/ft^3}$

这些是标准大气的基本值[10]。下标 0 表示这些参数是在海平面上定义的。更高海拔的气压、温度和空气密度是通过下一节将要介绍的数学模型计算得出的。必须澄清的是,"海平面"一词是自由海域或海洋的平面,而不是其他海的平面。与海洋不相连接的海域平面高于或低于自由海平面。此外,"海平面"一词并不意味着飞机必须精确在该高度飞行,因为飞机的一部分与水接触时飞行是不安全的。

图 1.3 描述了地球上三个位置的温度变化,即标准(ISA)、热带(非标准)或 ISA + 30 以及极地(非标准)或 ISA – 65 的前两层大气的天气。中间的曲线显示了 ISA 条件下温度的变化。根据这条曲线,海平面温度 15℃,并且线性下降直到 11000m 的高度,然后在此高度以上保持 – 56℃ 不变。右侧曲线说明,在热带条件下海平面温度是 45℃,并且线性下降直到大约 11540m 的高度时为 – 30℃,第二层的温度保持不变。左侧曲线是针对极地条件且温度起始于 – 50℃。这条曲线显示了海平面的最高和最低温度。图 1.4 所示为 100km 以下各层大气的温度变化情况。

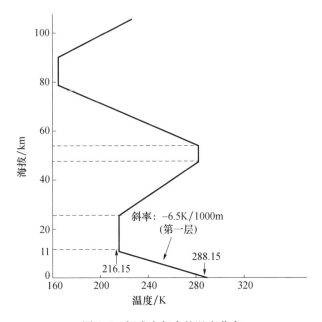

图 1.4　标准大气中的温度分布

由于可能存在无穷多个非标准条件,首先必须规定它们的差异,然后计算所有参数。在大多数情况下,任何条件下的气压(标准和非标准)都可以假定为恒定的,并且只是高度的函数,而不是地球上不同位置的函数。标准条件和非标准条件的主要区别在于它们的温度[11],其他参数可以很容易通过计算而确定。例如,当说一架飞机飞行在 ISA + 12,表达的含义是海平面温度为 15℃ + 12℃ 或 27℃。对于标准情况,气压是相同的,但空气密度必须通过 1.6 节将要介绍的工具来计算。

图 1.5 显示了五个不同纬度城市的月平均气温[12]。注意,南非的开普敦和秘鲁的伊基托斯在 6 月、7 月和 8 月经历冬季,因为它们位于南半球。这些城市一年只有几天处于 ISA 条件。

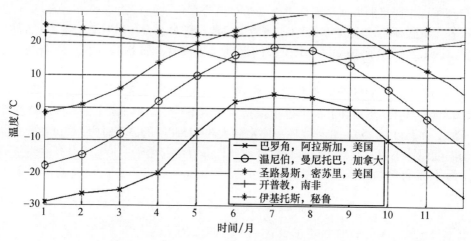

图 1.5　五个不同纬度城市的月平均气温

附录 A 给出了采用公制单位或 SI 单位的这种表,附录 B 给出了英制单位的这种表。仔细观察这些表,并熟悉它们。它们是标准大气数据。第一列给出了几何高度。第二至第四列分别给出了每个高度对应的温度、气压和密度的标准值。这里再次强调,标准大气只是一种参考大气,并不能肯定地预测在某一特定时间和地点可能存在的实际大气性质。

1.6　大气参数

飞机性能很大程度上取决于大气参数。通过飞行试验,利用合适的测量装置,可以在任何高度和位置测量所有的大气参数。本书是关于分析和计算的,因此,将利用工程技术和数学计算来计算大气参数。本节介绍了计算温度 T、气压 P、空气密度 ρ 和黏度 μ 的方法。由于当前飞行器只能飞到第二层大气的中部,因此将仅针对前两层大气(对流层和平流层)来讨论如何计算这四个大气参数。

1.6.1　温度

虽然大家都熟悉温度是衡量热或冷的一种手段,但为其下一个准确定义却并不容易。甚至热力学教科书,如文献[2]都没有为温度提供一个确切的基本物理定义。物体的温度通常解释为表明物体多热或多冷的一个量。温度是指储存在气体、液体或固体的控制体积中的热能的量。温度与物体自由分子的平均速度有关。由于分子的运动,分子的动能被感知为物体的温度。根据这个定义,自由分子在热力学零度时的平均速度是0。热量会从一个较高温度的物体传递到另一个较低温度的物体。

空气是一种气体。当热能增加时(热量传入时),它的温度升高。当空气从一个地方移动到另一个地方时,它的温度随着热量的转移而变化。空气能量的主要来源是太阳。由于地球吸收太阳能量的速度比大气快,所以地球的热能也会传递到空气中。在白天,空气从太阳辐射吸收热能,热量也从地球传递到空气中。在夜间,地球的能量和空气的热能通过辐射传递到太空。因此,空气温度日夜变化,各地也不一样。

如图1.3所示,气温随高度升高而变化。在第一层大气(高达11000m或36000ft),温度在不断下降。在第二层大气的下部(11000～21000m的高度,或36000～70000ft的高度),温度恒定在-56℃(ISA条件)。此外,在平流层上部(21000～47000m,或70000～155000ft),温度再次增加,并且在海拔47000m(155000ft)的高度时接近1℃。因此,在第一层大气,温度是线性下降的,但在第二层大气的下部是恒定的。

目前已经引入了许多不同的温标。在国际单位制中有两种常用的选择是摄氏温标和开尔文温标。开尔文温度和摄氏温度的关系为

$$T(K) = T(℃) + 273.15 \qquad (1.2)$$

在英制单位制中,兰金温标与华氏温标的关系为

$$T(R) = T(℉) + 460 \qquad (1.3)$$

两种温标体系的关系为

$$T(R) = 1.8T(K) \qquad (1.4)$$

$$T(℉) = 1.8T(℃) + 32 \qquad (1.5)$$

工程计算只使用开尔文温标或兰金温标,因为它们是热力学温标。

根据大气的经验值(第一层大气中线性变化),ISA条件下第一层大气(对流层)的温度数学模型为

$$T_{ISA} = T_0 - Lh \qquad (1.6)$$

在第二层大气(平流层)的较低区域,温度将为

$$T_{ISA} = -56℃ \qquad (1.7)$$

式中:h 为海拔高度;T_{ISA} 为ISA条件下的温度;T_0 为ISA条件下海平面处的温度;L 为温度垂直递减率,0.0065℃/m 或 0.002℃/ft。

顾名思义,温度垂直递减率是温度随海拔的降低速率。温度垂直递减率表明温度每1000m下降6.5°(℃或K)或2°/1000ft(℃或K)。

然而,平流层的上部区域(21000～47000m 的高度,或 70000～155000ft),温度以 2.1℃/1000m 或 7℃/1000ft 的速率上升,并且在海拔 47000m(155000ft)时,温度接近1℃。

任意海拔高度的温度(在 ISA 条件下)与海平面的温度之比称为温度比,即

$$\theta = \frac{T_{ISA}}{T_0} = \frac{T_{ISA}}{288.15K} \tag{1.8}$$

非 ISA 条件下的温度为

$$T = T_{ISA} + \Delta T \tag{1.9}$$

式中:ΔT 为非 ISA 与 ISA 条件的温度差。附录 A 和附录 B 给出了 ISA 条件下任意高度的温度。

例 1.1 假设 ISA 条件,确定海拔高度 20000ft 和 50000ft 处的温度。

解

(1)20000ft。该高度位于第一层大气(对流层),则

$$T_{ISA} = T_0 - Lh = 288.15 - (0.002 \times 20000) = 248.15K = -25℃ \tag{1.6}$$

(2)50000ft。这个高度位于第二层大气(平流层)的较低区域,则

$$T_{ISA} = -56℃ \tag{1.7}$$

例 1.2 夏季城市气温为 ISA +32,而冬季为 ISA -25。以摄氏为单位确定这两天的温度。这座城市海拔为 3000ft。

解

$$T_{ISA} = T_0 - Lh = 288.15 - (0.002 \times 3000) = 9℃ \tag{1.6}$$

(1)夏季为

$$T = T_{ISA} + \Delta T = 9 + 32 = 41℃ \tag{1.9}$$

(2)冬季为

$$T = T_{ISA} + \Delta T = 9 - 25 = -16℃ \tag{1.9}$$

1.6.2　气压

气压是影响飞机性能的另一个重要大气变量。从根本上说,气压定义为流体(气体或液体)作用在单位面积上的法向力。由于气压是用单位面积上的力来表示的,所以它的单位是 N/m^2。

任何表面上的空气的重量都会在该表面产生压力——也就是说,每平方米表面上的力是多少牛顿。由于大气的重量,海平面处的平均气压为 $101325N/m^2$,这一气压使气压计中的水银上升约 760mm。这种气压有时称为"一个大气压",那么高压就用"多个大气压"来表示。在大气中升得越高,头顶上的空气重量就越轻,所以气压也就越小。

$1N/m^2$ 的压强称为 Pa。另一个常用的公制压强单位 mb(1mbar = 100Pa),即

1/1000bar；1bar = 10^5Pa。1bar 非常接近海平面的标准气压。在公制国际单位制引入之前，它已经被气象学家使用了很多年，而且读者经常会遇到以 mbar 为单位的大气压。然而，为使性能计算最简单直接，须使用 N/m^2。英制的压强单位包括 lb/in(psi)，以及 lb/ft^2。

气压随高度不是线性下降的(图 1.6)。气压下降的速率在地球表面附近比在高海拔时(非线性)大得多。相反，气压在地表附近迅速减小，而在更高的地方逐渐减小。在海平面至 10000ft 之间，气压由 1013mbar 减小至 697mbar，下降了316mbar。对应高度增加 10000ft (20000 ~ 30000ft)，气压由 466mbar 下降到301mbar，仅下降了 165mbar。在 70000 ~ 80000ft 之间，仅下降了 17mbar。海拔16km 处的气压约为 1/10atm，海拔 31km 处的气压约为 1/100atm (1atm =0.1MPa)，而海拔 48km 处的气压约为 1/1000atm。

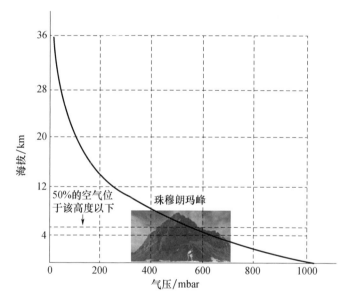

图 1.6　五个不同纬度城市的月平均气温

这是因为空气是可压缩的。地球表面附近的空气被上层空气所挤压，因此当爬得越高，空气的密度就越小，所以气压也就越小。从地球表面向上，空气会变得越来越稀薄，且从大气到太空的变化是如此缓慢，以至于无法分辨。在这方面，空气不同于水等液体。在液体中，顶部有明确的分界线或表面。在液体表面以下，压强的增加与深度成正比，因为液体，实际上是不可压缩的，在所有深度都保持相同的密度。下面章节给出计算第一层(对流层)和第二层(平流层)气压的几个方程。

图 1.7 所示为 6 月、7 月、8 月以及 12 月、1 月、2 月的平均海平面气压。你会注意到平均海平面气压在全年和不同地点都在变化。然而，最高和最低平均海平面气压之间的差异是可以忽略的(约 3%)。

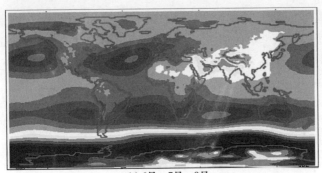
(a) 6月、7月、8月

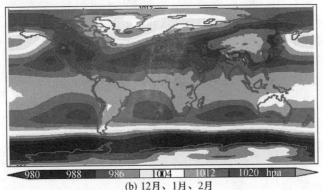

| 980 | 988 | 986 | 1004 | 1012 | 1020 | hpa |

(b) 12月、1月、2月

图 1.7　(见彩图)平均海平面气压

1.6.2.1　第一层大气

为了推导气压作为海拔高度的函数关系,使用热力学能量方程,并注意到两个物理定律(波义耳定律和查尔斯定律)。波义耳定律是气体在恒定温度下体积与气压之间的一种定量关系。它指出,在封闭系统内温度保持不变的情况下,给定的恒定质量气体的气压与其体积成反比($P \propto 1/V$)。查尔斯定律是气体在恒定气压下体积和热力学温度之间的一种定量关系。它指出,在气压保持不变的情况下,给定质量的气体的体积与其温度(以热力学温标衡量)成正比($P \propto T$)。

气压随海拔高度 h 的变化速率主要是关于空气密度的函数。假设空气处于流体静力平衡状态,则满足微分方程:

$$dP = -\rho g dh \tag{1.10}$$

式中:g 为重力常数。在计算 30km(100000ft)以下的气压时,习惯上假设 g 是常数。此外,空气密度 ρ 是如下关于气压和温度的函数:

$$P = -\rho RT \tag{1.11}$$

式中:R 为气体常数,并且对于空气 $R = 287.3 \text{J/kg} \cdot \text{K}$。这个方程也称为理想气体定律,或气体状态方程。

用式(1.10)除以式(1.11),可得

$$\frac{\mathrm{d}P}{P} = -\frac{g\mathrm{d}h}{RT} \tag{1.12}$$

对式(1.11)进行微分,可得

$$\mathrm{d}T = -L\mathrm{d}h \Rightarrow \mathrm{d}h = -\frac{\mathrm{d}T}{L} \tag{1.13}$$

将式(1.13)代入式(1.12),可得

$$\frac{\mathrm{d}P}{P} = \frac{g}{RL}\frac{\mathrm{d}T}{T} \tag{1.14}$$

式(1.14)可以在任意海拔高度的气压和参考海拔高度(海平面)之间进行积分。积分后可得如下表达式:

$$\frac{P_2}{P_1} = \left(\frac{T_2}{T_1}\right)^{g/RL} \tag{1.15}$$

由于已知 g、L 和 R 的三个参数为常值,式(1.15)的幂(SI 单位值)将是 $g/RL = 9.81/(0.0065 \times 287.3) = 5.256$。把该数值代入,并且在 ISA 条件下将式(1.15)一般化表示,可得

$$\frac{P}{P_0} = \left(\frac{T}{T_0}\right)^{5.256} = (\theta_{\mathrm{ISA}})^{5.256} \tag{1.16}$$

注意,在式(1.16)中,温度是以热力学温标(即,开尔文或兰金,而不是摄氏或华氏)表示的。在这个方程中,气压和温度都是 ISA 条件。假定 ISA 和非 ISA 条件下的气压是相同的。要确定任意海拔高度的气压,首先必须按照 1.6.1 节给出的方法计算温度,或者从标准表(如附录 A 或附录 B)中读取数值,然后由式(1.16)确定气压。

1.6.2.2 第二层大气

由于第二层(平流层)较低区域的温度是常数($-56℃$),直接积分式(1.12)可得

$$\ln\left(\frac{P}{P_0}\right) = -\frac{h-h_0}{RT} \tag{1.17}$$

将参考高度 h_{ref} 设为 11000m 或 36089ft,可得

$$\frac{P}{P_0} = \exp\left(\frac{11000-h}{RT}\right) \tag{1.18}$$

对流层顶的参考温度 T 为 $-56℃$ 或 217K。因此,对流层顶的气压比(使用式(1.16))为

$$\frac{P}{P_0} = \left(\frac{T}{T_0}\right)^{5.256} = \left(\frac{-56+273}{15+273}\right)^{5.256} = 0.2234 \tag{1.19}$$

然而,式(1.16)指的是在对流层顶的情况(海拔 11000m 或 36089ft)。

因此,可以将式(1.18)简化为参考海平面上,即

$$P_{\mathrm{ISA}} = 0.2234 P_0 \exp\left(\frac{11000-h}{6342}\right) \tag{1.20}$$

$$P_{\mathrm{ISA}} = 0.2234 P_0 \exp\left(\frac{36089-h}{20807}\right) \tag{1.21}$$

式(1.20)中的高度 h 以 m 为单位,而式(1.21)中以 ft 为单位。下标0表示海平面,且 h 从海平面测起。

例1.3　在 ISA 条件下确定 40000ft 处的气压。

解:由于这个高度属于第二层,且单位是英尺(ft),采用下式计算:

$$\frac{P_{\mathrm{ISA}}}{P_0} = 0.2234 \exp\left(\frac{36089-h}{20807}\right) = 0.2234 \exp\left(\frac{36089-40000}{20807}\right) = 0.1851 \tag{1.21}$$

$$P_{\mathrm{ISA}} = 101325 \times 0.1851 = 18757.2 \mathrm{Pa}$$

任意高度的气压与海平面的气压之比用符号 δ 可表示为

$$\delta = \frac{P_{\mathrm{ISA}}}{P_0} \tag{1.22}$$

附录 A 和附录 B 提供了任意高度的气压比。这是另一种更容易确定气压的方法,因为计算结果是根据本节的方程计算出来的。流动中没有任何动态效应的不同点的实际压强称为静压。当用"压强"这个词时,它总是指静压,除非另有说明。给定点的静压是在该点上随气流一起移动时感受到的压强。它是气体分子以随机运动的方式运动并将其动量传递到或穿过表面的结果。如果更仔细地观察流动空气中的分子,会发现它们存在完全的随机运动叠加在由气流速度决定的具有方向性的运动上。

之前所有的讨论中,压强都是静压。空速(流速及其压强)的测量可以通过一种称为皮托管的仪器来完成(图1.8)。皮托管是几乎所有飞机上使用的最基本的测量设备之一。

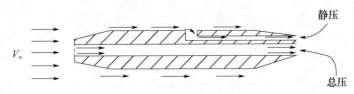

图 1.8　皮托管的原理

飞机性能中常用的另外两种气压是动压和总压。为了定义和理解这两种气压,考虑沿着流线[13]移动的流体微元。这种流体微元中的流动压强是静压。但是,现在想象一下,抓住这个流体微元,把它的速度降至0。而且,假设这样做是等熵的。直观地说,流体微元的压强、温度和密度等热力学特性会随着微元的静止而改变。

实际上,当流体微元等熵地转为静止时,压强就会升高且超过它原来的值。流体微元静止后的压强值称为总压 P_t。总压与静压的差称为动压。

对于静止不动气体的特殊情况,也就是说,如果流体微元没有速度,那么静压和总压是相同的: $P_t = P$。这是一种常见的情况,例如房间里的停滞空气和封闭在汽缸中的气体。总压等于静压和动压之和。动压将在本章后面讨论。

1.6.3 密度

空气的另一个重要大气参数是空气密度。它对飞机性能有着重要的影响。所有空气动力以及发动机推力都是空气密度的函数。因此,空气密度的降低或增加会影响这些力,从而影响飞行性能。空气密度定义为单位体积内空气的质量。一般来说,空气密度随高度而降低。例如,海拔 16km 处的空气密度约为海平面空气密度的 11%。

空气密度是温度和压力的函数。前面介绍的式(1.11)这里将再次计算空气密度:

$$\rho = \frac{P}{RT} \tag{1.23}$$

因此,为了确定空气密度,必须先计算温度和压力。然后把它们代入这个方程。将式(1.23)的密度代入式(1.17),求出空气密度(其中 $h_0 = 0$)为

$$\rho = \rho_0 e^{-g_0 h / RT} \tag{1.24}$$

式(1.24)称为指数模型大气。这个方程在直到海拔 140km 时仍然有效。在这个高度以上,空气非常稀薄。这个模型在 20 世纪 50 年代和 60 年代早期就被 NASA 采用。空气密度比定义为任意高度的空气密度 ρ 与海平面的空气密度 ρ_0 之比:

$$\sigma = \frac{\rho}{\rho_0} \tag{1.25}$$

图 1.2 显示了空气密度随高度的变化。附录 A 和附录 B 给出了任意高度的空气密度比。一般来说,大多数飞机性能参数(如爬升率和起飞滑跑距离)都会随高度增加而降低。然而,阻力是空气密度的函数(将在第 2 章和第 3 章中解释)。当飞机飞得越来越高时,它的阻力就会降低,因为空气密度会降低。这就是运输机喜欢在高空飞行的原因之一。

例 1.4　确定在 ISA 条件下海拔 5000ft 高度的空气密度。

解:空气温度为

$$T_{ISA} = T_{5000} = T_0 - Lh = 15 - (0.002 \times 5000) = 5℃ = 278.15K \tag{1.6}$$

气压为

$$\frac{P}{P_0} = \left(\frac{T}{T_0}\right)^{5.256} = \left(\frac{T_{5000}}{T_0}\right)^{5.256} \tag{1.16}$$

ISA 条件下海平面的空气温度是 15℃或 288.15K。

$$\Rightarrow P_{5000} = 101325 \times \left(\frac{278.15}{288.15}\right)^{5.256} = 84157.3\,\text{Pa} \tag{1.16}$$

空气密度为

$$\rho = \frac{P}{RT} = \frac{84157.3}{287.3 \times 278.15} = 1.053\,\text{kg/m}^3 \tag{1.23}$$

例 1.5 确定 ISA－15 条件下海平面的空气密度。

解 在海平面和标准条件下,温度为 15℃。则

$$T = T_{\text{ISA}} + \Delta T = 15 - 15 = 0℃ = 273.15\text{K} \tag{1.9}$$

海平面的气压是 101325Pa。空气的气体常数是 $R = 287.3\text{J/(kg}\cdot\text{K)}$。

$$\rho = \frac{P}{RT} = \frac{101325}{287.3 \times 278.15} = 1.29\,\text{kg/m}^3 \tag{1.23}$$

因此,随着天气变冷,空气密度将增加。

1.6.4 黏度

空气的另一个影响飞行性能的特性是它的黏度。黏度是一层空气对相邻层空气流动的阻碍作用的度量。这与固体间的摩擦性质很相似。当空气受到流经它的物体的扰动时,由于黏性而形成涡流。油和蜂蜜等液体具有很大的黏度,尽管这种特性在空气中不太明显,但它的重要性却丝毫不减。

黏度定义为在剪切应力下诱发变形的流体阻碍作用的度量。所以,它是一种表征流体内部对流动的阻碍作用的性质,因此可以认为是流体摩擦的一种度量。所有实际的流体(液体或气体)都具有一定的抗剪切应力能力,但没有抗剪切应力能力的流体称为理想流体或非黏性流体。黏度系数是施加在流体表面的压力与在流体中运动时流体速度变化的比值。剪切应力和阻力(将在第 3 章中讨论)与流体的黏度成正比。

研究发现,空气的黏度随温度而变化,并且在低到中等的气压下(从百分之几个到几个大气压)与气压无关。黏度用 μ 表示,其单位是 $\text{N}\cdot\text{s/m}^2$ 或 $\text{kg/(m}\cdot\text{s)}$。根据萨瑟兰相关性(来自美国标准大气压),黏度随温度的变化建模为

$$\mu = \frac{a\sqrt{T}}{1 + (b/T)} \tag{1.26}$$

式中:T 为热力学温度(以 K 或 R 为单位);a、b 为实验确定的常数。

对于大气条件下的空气,常值 $a = 1.485 \times 10^{-6}\,\text{kg/(m}\cdot\text{s}\cdot\text{K}^{1/2})$ 和 $b = 110.4\text{K}$。在海平面和 ISA 条件下,15℃(288.15K)、空气的动态黏度 μ_0 是 $1.783 \times 10^{-5}\,\text{kg/(m}\cdot\text{s)}$。黏度 μ 也称为黏度系数或动态(或绝对)黏度。在计算中,动态黏度与密度的比值经常出现,故称为运动黏度 ν:

$$v = \frac{\mu}{\rho} \tag{1.27}$$

运动黏度 v 的单位是 $\mathrm{m^2/s}$。

1.7 湿度

空气的成分之一是水蒸气。当太阳照耀在湖泊、海域和大洋上时,它们的一部分水就蒸发了。这种蒸气进入空气并产生湿度。湿度也会影响空气密度和气压。因此,湿度影响飞机的性能。水蒸气的含量有时能达到空气的 5%。实际上,2%的水蒸气对人类的生活是适宜的。

水蒸气的重量小于干燥的空气。因此,给定体积的潮湿空气的重量将小于相同体积的干燥空气。高湿度的主要结果是发动机推力/功率的损失(由于单位体积空气重量的损失和燃烧过程中的溺水效应)。在非常潮湿的天气里,这种影响会使起飞和爬升性能下降约 7%。

描述空气湿度有多种方法。与湿度相关的四个术语是绝对湿度、蒸气压、相对湿度和湿度比(或比湿)。本节将对它们进行简要的描述,但是这里的分析只使用了其中的两个(相对湿度和湿度比)。

绝对湿度是用一定体积的空气中所含水蒸气的质量来表示空气中水蒸气的含量。它可以用每立方米空气的蒸气克数来测量。使用绝对湿度的一个问题是,空气块会随着环境温度和气压的变化而改变体积。这意味着,即使水蒸气的质量没有变化,绝对湿度也会随体积的变化而变化。

蒸气压是利用空气中水蒸气的分压来测量空气中水蒸气含量的。大气中的气体产生一定的气压(在海平面大约 1013mbar)。由于水蒸气是空气中的一种气体,它对总气压有贡献。水蒸气的贡献很小,因为水蒸气只占空气总质量的百分之几。空气中水的蒸气压,在海平面处且温度为 20℃ 时,饱和状态下大约 24mbar。这些测量湿度的方法大多不容易直接测定。实际上测量相对湿度更为容易。

相对湿度 ϕ:随着水的加热和蒸发,空气中的蒸气量逐渐增加。在某些情况下,当一个地方的蒸气添加到空气中时,另一个地方的蒸气将凝结成水。这意味着空气中蒸气的水平已经达到极限,而这种情况称为饱和。这个极限是气温的函数。可以比较空气中有多少水蒸气和饱和空气中有多少水蒸气。因此,使用相对湿度。相对湿度 ϕ 定义为水蒸气的质量 m_v 与同一温度下空气可以容纳的水蒸气的最大质量 m_g 的比值,即

$$\phi = \frac{m_v}{m_g} \tag{1.28}$$

在温度为 20℃ 的海平面上,饱和混合比是 14g 水每千克干空气。相对湿度

（RH）以百分比表示，水蒸气的量用饱和百分比表示。例如，如果每千克干空气中含有10g的水蒸气，而每千克干空气中含有50g的水蒸气时空气将饱和，那么相对湿度就是10/50 = 20%。在海平面处，温度为25℃时，如果每千克干空气中含有20g的水蒸气，那么空气块是完全饱和的。

使用理想气体定律，可以证明质量比等于气压比。根据这个逻辑，还有另一个定义。相对湿度是空气中水蒸气的含量与饱和时空气中水蒸气的含量之比。换句话说，相对湿度是空气中的水蒸气气压 P_v 与水的饱和气压 P_g 之比，即

$$\phi = \frac{P_v}{P_g} \tag{1.29}$$

表 1.2[16] 所列为不同温度下的饱和蒸气压。给定温度下纯净物发生相变（例如，从液体到气体）时的气压称为饱和气压（P_{sat} 或 P_g）。同样，给定气压下纯净物发生相变时的温度称为饱和温度 T_{sat}。气压为 101.325kPa 时，$T_{sat} = 99.97$℃。

表 1.2   不同温度下水的饱和气压

$T/℃$	-10	-5	0	5	10	15	20	25	30	35	40	45	50
P_g/kPa	0.26	0.4	0.6113	0.8721	1.2276	1.7051	2.339	3.169	4.246	5.628	7.384	9.543	12.349

总压等于如下无蒸气气压 P_a 和蒸气气压 P_v 之和：

$$P = P_a + P_v \tag{1.30}$$

相对湿度在 0~100% 之间变化。例如，如果称相对湿度是 70%，这意味着这个条件下的蒸气压是水蒸气分压的 70%。由于水蒸气的密度低于氧气和氮气的密度，所以湿度的存在降低了空气的密度。因此，湿度直接影响飞机的性能。

湿度比 ω：湿度比（又称比湿）是通过质量的测量来测量水蒸气含量的，但对于给定质量的干空气，它测量的是水蒸气的质量。它可以用每千克干空气中水蒸气的克数来衡量。由于水蒸气只占空气质量的百分之几，所以对于给定的空气块来说，比湿和湿度比的值非常接近。湿度比不受气压和温度变化的影响。这是气象学家常用的测量方法。

湿度比 ω 定义为水蒸气质量 m_v 与干空气质量 m_a 之比：

$$\omega = \frac{m_v}{m_a} \tag{1.31}$$

对于空气和水蒸气，使用理想气体定律，则有

$$\omega = 0.622 \frac{P_v}{P_a} = 0.622 \frac{\phi P_g}{P_a} \tag{1.32}$$

请注意，对于空气中给定质量的水蒸气，湿度比 ω 保持不变，但相对湿度 ϕ 随着温度的变化而变化。通过已知相对湿度，可以利用表 1.2 和式（1.32）来确定空气密度。下面的示例将说明它们的应用。

例 1.6　150m³ 房间中的空气，温度为 25℃、气压为 100kPa，相对湿度为 60%。

计算

（1）湿度比；

（2）空气中的水蒸气质量。

解：

（1）表 1.2 中 25℃时的饱和气压 P_g 为 3.169kPa。使用下式计算：

$$\phi = \frac{P_v}{P_g} \Rightarrow P_v = P_g \phi = 3.169 \times 0.6 = 1.9 \text{kPa} \tag{1.29}$$

空气分压为

$$P_a = P - P_v = 100 - 1.9 = 98.1 \text{kPa} \tag{1.30}$$

湿度比为

$$\omega = 0.622 \frac{P_v}{P_a} = 0.622 \frac{1.9}{98.1} = 0.01205 \tag{1.32}$$

（2）根据湿度比的定义，水蒸气的质量为

$$m_v = \omega m_a = \omega \frac{P_a V}{RT} = 0.01205 \frac{98.1 \times 150}{0.287 \times (25 + 273.15)} = 2.07 \text{kg} \tag{1.31}$$

如果把这么多质量的水蒸气转化成水的摩尔分数，结果表明，相对湿度为 60% 的空气中水蒸气的体积约为 2%。

例 1.7 某城市位于海平面，其温度是 20℃且相对湿度为 70%。计算空气密度。

解：根据表 1.2，$P_g = 2.339 \text{kPa}$，则

$$\phi = \frac{P_v}{P_g} \Rightarrow P_v = P_g \phi = 2.339 \times 0.7 = 1.637 \text{kPa} \tag{1.29}$$

空气分压为

$$P_a = P - P_v = 101.325 - 1.637 = 99.688 \text{kPa} \tag{1.30}$$

空气密度为

$$\rho = \frac{P}{RT} = \frac{99688}{287 \times (278.15 + 20)} = 1.185 \text{kg/m}^3 \tag{1.23}$$

1.8 高度及其测量

海拔，或称高度，是任意点到参考点的垂直距离。参考点必须是地球上的一个点。在航空学中，这个点是平均自由海平面，而在航天学中，这个点是地球的中心。

在航空学中，高度有多种定义，这取决于它是如何确定的。

第一种是几何高度 h 或 h_g，即直接以 m 或 ft 为单位测量的海平面以上的物理（真实）高度。此高度可由雷达测量，并可从附录 A 或附录 B 中读取。航空图上的

机场、地形和障碍物用真实高度标注。

第二种是密度高度 h_d，标准大气条件下在这个高度上的空气密度等于飞行器实际经历的空气密度。由于作用在机翼或机身上的力是密度的直接函数，所以飞机的特性只取决于密度高度（尽管发动机的功率或推力也取决于气压和温度）。这个高度通常是间接确定的（实际上是计算出来的）。

第三种高度是气压高度 h_p，标准大气条件下在这个高度上的气压等于当前的大气（或环境）压。目前的机械式高度表是气压仪表，因此需要基于气压测量来校准以读取气压高度。这个高度也是间接确定的（事实上是计算出来的）。

第四种是温度高度 h_T，标准大气条件下在这个高度上的温度等于当前的大气温度。这个高度也是间接确定的（事实上是计算出来的）。气压高度、密度高度和温度高度通过状态方程联系起来。实际上，只存在一个物理高度，但是，根据测量高度的不同方式，另外三种高度可能与实际高度不相同。这三种高度的出现，是由于使用机械式高度表准确测量高度是非常困难的。然而，随着技术的进步和全球定位系统（GPS）的应用，已经可以相当准确地确定高度。图 1.9 展示了地球、大气层航路上的飞机、太空轨道上的航天飞机和卫星。

图 1.9　地球、飞机航迹、航天飞机与卫星轨道

附录 A 和附录 B 中分别使用气压、温度和密度的值可以很容易确定三种高度——气压、温度和密度高度。附录 A 或附录 B 中的这些量——温度、气压和密度高度——只是与飞机实际飞行高度处实际测量的温度、气压和密度相关的数字。

假设在一架飞机上，在某个真实的几何高度巡航。在这个高度上，实际测量的舱外气压为47217Pa。根据附录A,会发现对应于该气压的标准高度为6000m。因此,根据定义,你是在6000m的气压高度巡航。另外,测量的实际外部气温为242.71K(非ISA条件)。根据附录A,对应于这个温度的标准高度是7000m。因此,根据定义,你正在7000m的温度高度飞行。因此,你同时在6000m的气压高度和7000m的温度高度飞行,而你实际的几何高度仍然是另一个不同的值(如6250m)。

例1.8 假设一架飞机在某高度巡航,其实际高度为6570m、气压为43468Pa、温度为243.4K。确定气压、温度和密度高度。

解

(1)对于气压高度,根据附录A,对应 $P = 43468$Pa 的标准高度值为6600m,则
$$气压高度 = 6600m$$

(2)对于温度高度,根据附录A,对应 $T = 243.4$K 的标准高度值为6900m,则
$$温度高度 = 6900m$$

(3)对于密度高度,必须首先根据状态方程确定空气密度:

$$\rho = \frac{P}{RT} = \frac{43468}{287 \times 243.4} = 0.622 \text{kg/m}^3 \tag{1.23}$$

查看附录A,在 $6.3 \sim 6.6$km 之间进行插值,可以发现对应于 $\rho = 0.622 \text{kg/m}^3$ 的标准高度约为6440m,则

$$密度高度 = 6440m$$

备注:气压、温度和密度高度三种高度都不符合实际的高度。如果大气条件是标准的,那么这四个值应该是相同的。此外,值得注意的是,温度高度的值不唯一。温度高度的值可以是6.9km或34.2km,因为高度 – 温度函数(大气层)具有多值性。本节只使用温度高度的最低值。

轨道或空间飞行还有另外两种高度值得注意,尽管它们对飞机来说并不重要:绝对高度和位势高度。绝对高度 h_a 是从地球中心测得的距离。地球的平均半径 R_E 为6370km,则

$$h_a = h_g + R_E \tag{1.33}$$

绝对高度 h_a 对空间飞行非常重要,因为所在位置的重力加速度 g 随绝对高度的变化而变化。位势高度 h_{gp} 与几何高度 h_g 的关系为

$$h_{gp} = \left(\frac{R_E}{R_E + h_g} \right) h_g \tag{1.34}$$

重力加速度随高度的增加而减小。在建立完整的大气数学模型时,必须考虑重力加速度随高度的变化。

高度表是一种测量物体在固定水平标准以上高度的主动式仪器。高度表的三种主要类型是:①气压式高度表,或膜盒式气压计,它通过测量大气压来近似测量海拔高度;②无线电或雷达高度表,它根据信号所需的时间来测量绝对高度(高于

陆地或水面的距离);③GPS,它使用卫星星座,并且相当准确。

1.8.1 气压式高度表

传统的机械式高度表,常见于大多数通用航空飞机,其工作原理是测量飞机空速管的静止端口的气压。它主要由空速管、膜片、弹簧、显示器和指针组成。根据ISA定义的数学模型,校准高度表直接将气压显示为高度。当设置为适当的气压基准时,它测量飞机在海平面以上的高度。

气压高度表测量飞机飞行高度(图1.10)处的空气压力,并根据标准气压与高度的关系,将气压测量值转换为海拔高度的指示。本质上,气压式高度表是一种高精密的膜盒式仪表,因为它利用了一个真空膜盒,其运动或力与真空膜盒外部的气压直接相关。人们使用各种方法来感知真空膜盒的功能,并使飞行员看到的显示屏显示的高度就像看手表一样简单。

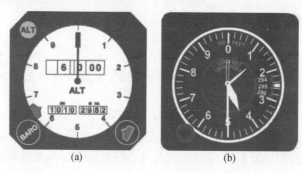

(a)   (b)

图1.10 模拟式高度表

这些高度表必须针对每架飞机的位置误差、比例误差、压缩性误差进行校准,并且应用高度修正因子。由于以这种方式测量的高度也会受到当地气压变化的影响,因此高度表具有气压基准设定功能,允许飞行员对天气变化进行补偿,即调整高度表的海平面气压。

低于18000ft(5486m)的航班必须经常与最近的控制塔台联系以更新高度表。在18000ft以上和国际水域上空的航班使用101325Pa或29.92inHg的恒定高度表设置,目的是使所有高空飞行的飞机都具有相同的参考,并将相互关联提供安全边际。气压高度表是各种高度测量装置中精度最低的高度表。然而,气压高度表比雷达高度表便宜得多。

1.8.2 雷达高度表

雷达高度表利用电磁波来测量飞机(或其他航空航天器)距地面的距离。雷达高度表常用于恶劣天气下飞机的着陆。雷达测高仪比气压测高仪更精确,也更昂贵。它们是许多盲降和导航系统的重要组成部分,并在山地飞行时用于指示离地高度。为了快速确定剖面图,测量中使用了特殊类型的雷达高度表。从 1973 年的"天空实验室"开始,雷达高度表已经在各种航天器上使用,用来测量大地水准面的形状和海洋上的波浪与潮汐的高度。高度表通过确定无线电波往返目标所需的时间来测量高度。如果地球是一个完全平坦的水平面,信号只会来自最近的点,并且这将是高度的真实量度。然而,地球是不平坦的,因此能量从发射机照亮地面的各个部分散射回雷达。

1.8.3　全球定位系统

由于全球定位系统(GPS)的引入,高度测量成为一项简单而又精确的任务。GPS 几乎不受大气条件的直接影响。无论飞机在 ISA 还是在非 ISA 条件下飞行,其高度都是通过 GPS 精确测量的。没有雷达高度表或 GPS(如气压高度表),测量的高度容易出现各种误差。在计算飞机性能时,必须考虑这一点。许多新飞机目前都配备了 GPS 接收器。因此,它们的高度测量是准确的,不需要考虑空气密度变化的影响。

GPS 最初由美国国防部资助、设计和实施。尽管全球有数亿 GPS 民用用户,但该系统是为美国军方设计,并由美国军方控制[17]。GPS 提供了特殊编码的卫星信号,该信号可以在 GPS 接收器中处理,使接收器能够确定它们的位置和速度。至少需要 4 个 GPS 卫星连接来计算它们的三维位置。在接收机内,x、y 和 z 方向的位置转换为纬度、经度和高度。速度是根据测量的位置随时间的变化而计算出来的。

该系统的空间部分由 GPS 卫星组成。这些卫星从太空向地球发送无线电信号(电磁波)。标称的 GPS 操作星座由 24 颗卫星组成。卫星轨道每天重复一次几乎相同的地面轨迹(当地球转动到它们下面时)。轨道高度(20200km,559°倾角)是使卫星大约每 24h(每天提前 4min)重复相同的轨迹并覆盖地球上任意位置。世界各地的民用用户免费或无限制地使用民用版本的 GPS 信号。大多数接收器都能接收和使用这种信号。这种信号的预测精度是几米。

1.9　声速

声速是飞机性能分析中涉及的另一个参数。当提到声速时,飞机的速度在很多情况下是用声速来表示的。声音是在非真空空间(如空气和固体介质)内以一定的速度(声速)传播的机械波。理想气体中的声速只取决于气体的温度。原因是声波在气体中的传播是通过分子碰撞发生的。因此,声波的能量通过相互碰撞的分子在空气中传播。每个分子以不同的速度运动,但是对大量的分子求和,可以定义平均分子速度。声速 a 由下式确定:

$$a = \sqrt{\gamma RT} \tag{1.35}$$

式中:γ 为比热容的比值(对于 ISA 条件下的海平面为 1.4);R 为气体常数(287J/(kg·K));T 为热力学温标表示的气体温度(K)。

在海平面和 ISA 条件下,声速约为 340m/s,并随高度而降低。

声音是一种机械波或运动扰动。如果在不可压缩流体的某一点发生了扰动,如气压突然增加,则扰动会瞬间传递到流体的所有部分。在可压缩流体中,扰动以压力波的形式按一定的速度在流体中传播,这实际上就是流体中的声速。

当这种干扰是由一架正在接近的飞机引起的,并且移动速度远远快于飞机的速度时,飞机正在接近的信号就会在整个流体中传播,使得空气逐渐适应迎面而来的气流变化,就好像空气是不可压缩的一样。如果飞机的速度接近扰动的速度,气流调整会发生得更突然。在极端情况下,飞机的速度比声音的速度快(超声速飞行),直到冲击时,空气才意识到正在接近的飞机。

在这种情况下,空气调整基本上是瞬时的,从而形成薄板或扰动波,称为激波。当穿过激波时,气流会经历速度、气压、密度和温度的突然变化。这些变化是使空气与飞机表面(如机翼、尾翼或机身)相切流动所必需的变化。

声速引出了高速飞行的另一个重要定义,即马赫数。根据定义,飞机的马赫数 Ma 是真空速(飞机相对于周围空气的速度)除以声速:

$$Ma = \frac{V}{a} \tag{1.36}$$

参数 Ma 是一个无量纲参数,并且是飞机性能中应用最广泛的量之一。图 1.2 给出了马赫数随高度的变化情况。利用这种空速比例尺,定义了五种具有不同特征的飞行阶段。

(1)如果 $Ma < 0.8$,飞行称为亚声速。

(2)如果 $Ma = 1$,飞行称为声速。

(3)如果 $0.8 > Ma > 1.2$,飞行称为跨声速。

(4)如果 $Ma > 1.2$,飞行称为超声速。

(5)如果 $Ma > 5$,飞行称为高超声速。

各种飞行阶段之间的界限并不是固定的,但它们是由空气动力学家和飞行动力学家定义和商定的。每一种阶段都有其独特的现象。第 3 章将说明,与亚声速相比,超声速和跨声速的阻力都有显著的增加。飞机性能取决于马赫数,因为激波对马赫数有很大的影响。图 1.11 展示了三种飞机:①亚声速飞机空中风港 XT-912;②跨声速飞机空客 A340;③超声速战斗机麦道 F-18C"大黄蜂"。

(a) 亚声速飞机空中风港XT-912

(b) 跨声速飞机空客A340

(c) 跨声速战斗机麦道D-18C "大黄蜂"

图 1.11　三架不同飞行阶段的飞机

　　飞机性能的另一个重要参数是动压 q，动压实际上不具有气压的性质，但是具有气压的单位。它是空气密度、飞机速度、静压和马赫数的函数，即

$$q = \frac{1}{2}\rho V^2 = \frac{1}{2}\gamma PMa^2 = 0.7PMa^2 \qquad (1.37)$$

　　本节的最后简要描述了两个与声速有关的术语。当飞机的飞行速度超过声速（即从亚声速飞到超声速）时，就引入了音障。穿越音障（飞机的空速比声音传播

速度快)会产生巨大的声音,就像爆炸一样。音爆是激波到达地面的轨迹。如果激波足够强大,它可能会损毁任何它能直接冲击的东西。例如,它会打碎窗户玻璃。因此,要求超声速飞机不能在居民区和城市附近以超声速状态飞行。

例 1.9 一架喷气式运输机在 ISA + 15 的大气条件中以 100m/s 的速度在 3000ft 高空巡航。

(1)确定马赫数;

(2)确定这种飞行条件下的静压和动压。

解

(1)马赫数。温度为

$$T = T_{ISA} + \Delta T \tag{1.9}$$

$$T_{ISA} = T_0 - Lh \tag{1.6}$$

则

$$T = T_0 - Lh + 15 = 288.15 - (0.0065 \times 3000) + 15 = 283.65K$$

声速为

$$a = \sqrt{\gamma RT} = \sqrt{1.4 \times 287.26 \times 283.65} = 337.7m/s \tag{1.35}$$

飞机的马赫数为

$$Ma = \frac{V}{a} = \frac{100}{337.7} = 0.296 \tag{1.36}$$

从这个马赫数可以得出结论,这架飞机是在亚声速阶段下飞行的。

(2)静压和动压。

静压为

$$\frac{P}{P_0} = \left(\frac{T}{T_0}\right)^{5.256} = \left(\frac{283.65}{273.15 + 15 + 15}\right)^{5.256} = 0.936 \tag{1.16}$$

则

$$P = 0.936 P_0 = 0.936 \times 101325 = 94840Pa$$

动压为

$$q = 0.7 PMa^2 = 0.7 \times 94840 \times 0.296^2 = 5817Pa \tag{1.37}$$

结果表明,该亚声速下的动压比静压小得多。

1.10 大气现象

大气是一个动态系统,它会产生多种现象。本节简要回顾这些现象。这些现象在飞机设计和性能分析中具有重要意义。飞机性能工程师编写的飞行手册用于指导飞行员在什么大气条件下飞行是安全的和允许的。大气现象包括雨、冰、雪、风、阵风、湍流、飓风、龙卷风、雷暴和闪电[18]。对这些大气现象的详细描述超出了本书的范围。有兴趣的读者可以参考文献[1]和[2]。在这些现象中,这里只简要回顾其中三个,以说明它们如何影响飞机性能。飞行员在飞行中遇到这些现象时的处理办法也进行了说明。

1.10.1 风

风是相对于地球表面水平流动的空气。它是大气中几乎永久存在的现象之一。风在飞机性能中非常重要,影响着飞机性能的大部分方面(尤其是航程和起飞滑跑距离)。大家知道,空气的向上运动及其在云层形成中的重要性。与垂直运动同样重要的是,水平运动中包含的空气要多得多,这种现象称为风。

风是气压水平差异的结果。空气从高压区流向低压区。风是平衡空气气压不平衡的天然解决方案(即大气环流)。由于地球表面的不均匀加热会持续产生这些压差,因此太阳辐射是大多数风的根本能量源头。某一特定地点的风向在一年中并不恒定。但每一个位置都可以测量出盛行风。

如果地球不旋转,没有摩擦,那么空气就会直接从高压区流向低压区。然而,由于这两个因素都存在,因此风是由气压梯度力、科里奥利力和摩擦力的合力控制的。目前,世界上每个地区的盛行风的方向都是已知的。例如,在全球范围内,东风出现在低纬度和中纬度地区。然而,在高纬度地区,西风占主导,其强度很大程度上是由极地气旋决定的。

气压梯度力是风的主要驱动力,它是由给定距离内的气压差产生的。陡峭的气压梯度产生强风,而微弱的气压梯度产生轻风。还存在向上的垂直气压梯度,它通常由重力来平衡(即流体静力学平衡)。

当重力超过垂直气压梯度力时,将导致气流缓慢下降。反之,当垂直气压梯度超过重力时,则会导致气流缓慢上升(即上升的热气流)。摩擦力对地表附近的气流有很大的影响,但在高海拔地区可以忽略不计。在地表附近,摩擦通过改变气流方向对大气中的重新分布空气起着重要作用。其结果是,空气以一定的角度穿过等压线,向低压区域移动。

科里奥利力由地球的自转产生,将导致风的轨迹产生偏差(在北半球是向右,在南半球是向左)。科里奥利力偏差的量在两极最大,在赤道为0。科里奥利力偏转量也随风速而增加。在高空,随着风速的增加,科里奥利力引起的偏差也增大。科里奥利力与气压梯度力相等或相反时的风称为地转风。地转风沿直线轨迹流动,速度与气压梯度力成正比。

盛行风是在某一特定地区吹得最频繁的风。地球上不同的区域有不同的盛行风向,这取决于大气环流和纬向风带的性质。风速(图1.12)在低海拔区域较低(约50km/h),而在高海拔区域则较高(高达200km/h)。最高风速记录出现在美国新罕布什尔州的怀特山上空。

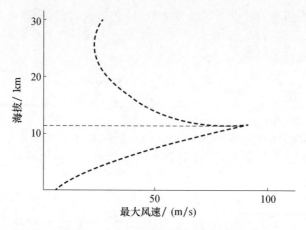

图 1.12 典型的最大风速统计曲线

如果飞机遇到逆风,它的地速(因此航程)会降低。然而,它的空速没有改变。另外,如果飞机遇到顺风,它的地速(因此航程)会增加。然而,它的空速同样不会改变。侧风会改变飞行的方向,所以飞行员必须使用方向舵来校正它的方向。每架飞机都有所能承受的最大风速上限。如果风比这个速度还要快,飞机就不允许飞行。飞机性能工程师必须计算这个速度上限并将其标明在飞行手册中。因此,任何飞行员必须咨询气象人员来预测其飞行轨迹上的天气(包括风速和方向)。

1.10.2 阵风和湍流

飞行动力学中存在两种起作用的大气现象:阵风和湍流。阵风是几乎每架飞机都要经历的最重要和最著名的大气扰动类型。阵风是指风速突然增加 4.6m/s(10.3mile/h)或以上,峰值速度高达 8m/s(约 18mile/h)或以上。阵风比风暴时间更短,通常持续 20s 或更短。障碍物周围的空气湍流会引起阵风。它们经常出现在建筑物、不规则的地面和山区,但水面上通常不存在。阵风研究有助于飞机的稳定性和控制,而不是飞机性能。在恶劣天气情况下,阵风风速较高时,认为飞机飞行是不安全的。因此,飞行必须延期或改变航线。阵风的数学表达式可以在文献[19,20]中找到。NASA 的探空火箭仍在持续发射,以更好地掌握和监视高层大气中的湍流。阵风对飞机结构载荷有相当大的影响,这将在第 9 章中讨论。

1.10.3 结冰

结冰是一种有害的大气现象,通常发生在冬季。然而,即使在夏季,飞机机体在高空也可能结冰。当液态水或水蒸气存在时,在 0℃(32℉)或更低温度下,任何表面都能形成冰。大多数结冰往往发生在 −20~0℃ 之间的温度。冰通常积聚在前缘、机翼上表面、空速管、天线、襟翼铰链、控制短杆、机身前缘、挡风玻璃雨刷、机翼柱和固定起落架等周围。冰会扰乱流过机翼的气流。因此,它大大降低了升力,增加了阻力。结冰的解决方案是特殊的表面保护、飞行前的表面清洁和除冰。

根据报道[21],阿联酋联合航空公司空客 A340(图 1.11)的飞行员在巡航过程中突然遭遇湍流天气,导致空速数据不可靠,无法维持高度分层要求,随后改飞新加坡。对这一事件的初步调查显示,飞机的空速管系统结冰,这是飞机在高空飞行速度指示不可靠的主要原因。所有现代运输飞机,包括波音 717 飞机,都有强大的防冰系统,包括水平和垂直安定面的前缘。该系统通常是全程工作的,机翼和尾部之间没有防冰空气循环。结冰对飞机的阻力有很大的影响,这将在第 3 章中讨论。

习 题

注:在下列问题中,如果没有给出海拔、气压或温度,则假设为海平面 ISA 条件,而如果没有给出湿度,则假设为 0。

1.1 确定 5000m 高度和 ISA 条件下的温度、气压和空气密度。

1.2 确定 5000m 和 ISA − 10 条件下的气压。

1.3 计算 20000ft 高空和 ISA + 15 条件下的空气密度。

1.4 飞机在温度为 − 4.5℃ 的某高度飞行。计算:

(1) ISA 条件下的高度;

(2) ISA + 10 条件下的高度;

(3) ISA − 10 条件下的高度。

1.5 确定 ISA − 20 条件下且高度为 80000ft 时的相对密度 σ。

1.6 确定 70000ft 和 ISA 条件下的温度。

1.7 飞机在温度和气压分别为 255K 和 4.72×10^4Pa 的某高度飞行。计算:

(1) 气压高度;

(2) 温度高度;

(3) 密度高度。

1.8 飞机在气压高度和密度高度分别为 4000m 和 4200m 的高度飞行。计算这个高度的温度。

1.9 如果温度垂直递减率 L 是 3℃/1000ft,在 15000ft 高度的温度是多少?

1.10 一架飞机以 400km/h 的速度在 20000ft 的高度飞行,且为 ISA 条件。飞机的马赫数是多少?

1.11 当相对湿度为 100% 时,计算海平面和 ISA 条件下的空气密度。

1.12 确定海平面的声速:(a)ISA 条件;(b)ISA + 12;(c)ISA − 18。

1.13 飞机在 8000m 高空巡航,Ma 0.6 时的动压是多少?

1.14 伊利诺伊州芝加哥市的密歇根湖海拔581ft。夏季温度为ISA+20。确定气压和空气密度。

1.15 米格-31战斗机在60000ft的高空以Ma 2.2的速度飞行。在ISA+20条件下飞行时的动压是多少?

1.16 ISA条件下山顶的温度是-5℃。这个山顶海拔多少?

1.17 珠穆朗玛峰的最高峰海拔为29035ft。计算该峰的温度、气压和空气密度。

1.18 F-15C战斗机能在12000m的高空以2443km/h的速度飞行。在ISA条件下它的马赫数是多少?

1.19 一个气球的体积是2800m³,质量是140kg。气球内气体为氢气(密度为0.11kg/m³),确定该气球能升多高。假设气球的体积在上升过程中保持不变。

1.20 一架飞机在20000ft高空以Ma 1.8的速度飞行。用mile/h来计算它的速度:

(1)ISA条件;

(2)ISA+20条件;

(3)ISA-20条件。

1.21 确定海拔10000m和ISA条件下的空气黏度。

1.22 地球每天自转一次。如果假设声速为340m/s,则用马赫数来计算赤道城市的马赫数。地球的平均半径约为6400km。

1.23 一架波音767飞机在40000ft高空飞行。为了给机舱和驾驶舱内的乘客提供0.8个大气压的增压空气,其气压系统必须增加多少气压?

1.24 在没有加压空气的帮助下,人类可以上升到12000ft的高度。确定这个高度的温度和气压比。

1.25 极点的空气基础条件为ISA-70。计算极点空气基础的空气密度。

1.26 夏季容积为160m³的房间的湿度为80%。在ISA+30条件下,如果位于2000ft的高度,确定此房间的水蒸气含量(单位为kg)。

1.27 一架运输机在ISA条件下飞行,高度为25000ft。飞行员观察到机翼前缘已经结冰。为了融冰,除冰系统需要提高前缘温度多少?

1.28 城市的温度在夏季和冬季分别是115℉和15℉。求夏季空气密度与冬季空气密度之比。

1.29 夏季城市(ISA+20)相对湿度为100%,而冬季城市(ISA-20)相对湿度为10%。求夏季空气密度与冬季空气密度之比。

1.30 SR-71型侦察机能以Ma 3的速度在75000ft的高度飞行。飞机的速度是多少mile/h?

1.31 当飞机在ISA-12条件下飞行,飞行高度为14500m,飞行速度为Ma 6时,动压是多少?

参考文献

[1] Lutgens, F. K. and Tar buck, E. J. , The Atmosphere: An Introduction to Meteorology, 9th edn. , Prentice Hall, NJ, 2004.

[2] Aguado, E. and Burt, J. E. , Understanding Weather & Climate, 2nd edn. , Prentice Hall, NJ, 2001.

[3] The US Standard Atmosphere, Washington DC, US Government Printing Office, 1976.

[4] Paine, S. , The Am Atmospheric Model, Smithsonian Astrophysical Observatory, Cambridge, MA, March 2014.

[5] Stinton, D. , The Anatomy of the Airplane, BSP, UK, 1989.

[6] Federal Aviation Regulations, US Department of Transportation, Federal Aviation Administration (www. faa. gov).

[7] Houghton, E. L. and Car ruthers, N. B. , Aerodynamics for Engineering Students, 5th edn. , Elsevier, Oxford, UK, 2003.

[8] Mizner, R. A. , Cham pion, K. S. W. , and Pond, H. L. , 1959 ARDC model atmosphere, AFCRC – TR – 59 – 267, Air Force Surveys in Geophysics No. 11, Bedford, MA, 1987.

[9] Jackson, P. , Jane's All the World's Aircraft, Jane's Information Group, Several years, UK.

[10] Shevell, R. S. , Fundamentals of Flight, 2nd edn. , Prentice – Hall, NJ, 1989.

[11] Anderson, J. D. , Introduction to Flight, 7th edn. , McGraw – Hill, NY, 2012.

[12] Gurjen Giesen, Physics and Astronomy, Germany, 2007. http://www. jgiesen. de/SME/.

[13] Vennar d, J. K. and Str eet, R. L. , Elementary Fluid Mechanics, John Wiley, Hoboken, NJ, 1982.

[14] Cengel, Y. A. and Boles, M. A. , Thermodynamics: An Engineering Approach, 7th edn. , McGraw – Hill, NY, 2011.

[15] Cengel, Y. A. and Cimbala, J. M. , Fluid Mechanics: Fundamentals and Applications, 3rd edn. , McGraw – Hill, NY, 2013.

[16] Potter, M. C. and Somerton, C. W. , Thermodynamics for Engineers, McGraw – Hill, NY, 1993.

[17] El – R abbany, A. , Introduction to GPS: The Global Positioning System, 2nd edn. , Artech House Publishers, Norwood, MA, 2006.

[18] Fisher, F. A. and P lumer, J. A. , Lightning Protection of Aircraft, NASA Reference Publication 1008, Pittseld, MA, October 1977.

[19] Moor house, D. , MIL – F – 8785C, Military Specication: Flying Qualities of Piloted Airplanes, US Department of Defense, OH, 1980.

[20] Military handbook MIL – HDBK – 1797, US Air Force. Revised 1997.

[21] Daily Launch, American Institute of Aeronautics and Astronautics; March 4, 2013.

第 2 章
运动方程

2.1 引言

一般来说,运动方程是将系统行为(如物体或粒子在力的作用下的运动)表示为时间的函数的数学描述。有时,这个术语指的是系统满足的微分方程(如牛顿第二定律),而有时指的是这些方程的解。运动方程是支配飞行器运动的方程。牛顿运动定律是飞机性能分析的重要依据。在三大定律中,第二定律是最重要的,它描述了作用力和飞行器随后运动之间的关系。如果几个力同时作用在飞行器上,可以用运动变量(如位移、速度和加速度)来预测会发生什么。牛顿第二运动定律指出,作用力导致飞行器的线性动量发生变化。表示为微分方程的形式为

$$\sum \boldsymbol{F} = \frac{\mathrm{d}}{\mathrm{d}t}(m\boldsymbol{V}) \tag{2.1}$$

式中:$\sum \boldsymbol{F}$ 为作用在物体上的合力;m 为质量;$\boldsymbol{V}$ 为物体的速度。$m\boldsymbol{V}$ 称为线性动量。$\mathrm{d}/\mathrm{d}t$ 表示对质量和速度乘积进行微分。如果飞行器的质量在运动过程中保持不变,牛顿第二定律表述如下:物体的加速度与作用在物体上的合力成正比,而与物体的质量成反比,方向与合力方向相同。

本书中的飞行器是一种在大气中运动的飞行器(飞机)。质量可以认为在整个飞行控制过程中是恒定的(这是大多数飞机在短时间内的情况)或是变化的(这是带有火箭发动机的飞行器的情况,如导弹),将在下面章节中考虑这两种情况。式(2.1)将扩展到每一类飞行器以及每种主要飞行操作。

根据牛顿第一定律,任何物体运动状态的改变都需要力。牛顿第一定律指出,静止的物体保持静止,而运动的物体保持运动(以恒定的线速度/角速度),除非受到合力/力矩的强迫。飞机也不例外。多种力同时作用于飞机上,但合力决定飞机的运动状态。如果合力为 0,飞行器将继续当前的运动状态(如巡航)。否则,运动

状态(如速度)将被改变。由于力/力矩是矢量,因此变化的方向将是合力/力矩的方向。

认识飞机运动的第一步是确定作用在飞机上的力。这些力加起来就决定了运动的方向和状态、速度和加速度。一般来说,有三组力始终作用在飞机上。

(1)地心引力或重力;

(2)推进力或发动机推力;

(3)空气动力/力矩。

这些力/力矩的组合决定了飞机运动的未来。由于本书研究范围不涉及飞机的控制或稳定性问题,本章将忽略气动力矩,尽管它在运动状态中非常重要。飞机性能分析不需要参考气动力矩(如俯仰力矩、滚转力矩)。

第一种力是重力,重力总是向下朝向地心的。这种力的方向在任何情况下都不会改变,除非它靠近另一颗行星,如月球或太阳。重力 W 就是质量 m 乘以重力常数 $g(9.81\mathrm{m/s^2})$。在国际单位制或公制中力的单位是 N,而在英制中力的单位是磅(lb)。此外,质量的英制单位是斯勒格(slug),公制单位是 kg。在一些文献中,也使用磅力(1bf)作为力的单位:

$$W = mg \tag{2.2}$$

为了简单起见,把飞机看作一个质点。这能够简化运动方程,并把飞机看成一个刚体。在此假设下,认为气动弹性现象是不影响飞机性能的。

在任何重于空气和部分轻于空气的飞行器上,第二种力是推力。推力是由推进系统或动力装置通过燃料燃烧产生的。滑翔机或翱翔机没有发动机,因此它们的推力为 0。这些飞行器的运动只受到另外两种力(即重力和气动力)的影响,除非它们找到上升热气流来爬升。推力的方向始终是向前的,并且与发动机的位置无关。发动机推力并不像第一眼看上去的那样对飞机的升降起作用。如果发动机有一个安装角 α_T,那么推力方向就与机身轴存在一个 α_T 角。这个角很小(大约小于5°)。图2.1所示为一架具有两种非气动力(重力和推力)的飞机。

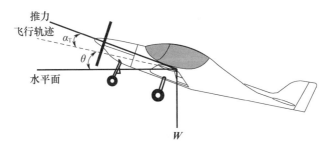

图2.1 具有两种非气动力(重力和推力)的飞机

第三种力称为气动力,它是任何在大气中运动的飞行器都产生的力。因此,飞机外形和飞机运动的综合作用是产生这种力的原因。这类力有两种:升力和阻力。

每一个外部(气动)飞机部件都对气动力起作用。产生升力的主要因素是机翼,但机翼只产生约30%的阻力。能够产生相当大的升力是飞机与汽车、轮船和火车等其他交通工具的主要区别之一。

如何有效地克服飞机的重力是飞机设计者面临的主要问题。他们将强大的发动机和气动外形结合起来解决这个问题。到目前为止,重力、推力、升力和阻力这四种力已经在本章中作了简要介绍,但是阻力和推力将在第3章和第4章中分别作更详细的介绍。任何飞机的性能特征都取决于这四种力的作用。

由于地球是球形的,需要把飞机的运动看作圆形。然而,地球的半径约为6400km,与典型任务中飞机飞行所覆盖的典型距离相比,这个半径太大了。由于这个原因,简单起见,忽略飞机的圆周运动。本书将飞机巡航飞行视为线性运动,并将运动方程应用于线性运动。所以,假设地球是平的。因此,飞机线性运动的假设是合理的,对分析没有太大的影响,但进行太空飞行时就必须考虑地球的半径。请感兴趣的读者参考文献[2,3]等飞行动力学文献,展开式(2.1)以了解所有相关运动参数的细节。

2.2 气动力

每个力都有一个来源,并且作用于一点。重力来源于地心引力,并施加在飞机的重心上。推力由发动机产生并作用于发动机的推力线上。然而,气动力的来源是什么? 它作用在哪里? 气动力的来源是整个飞机的压力分布加上空气与飞机外部部件之间的摩擦。简单来说,飞机的外形是气动力的主要来源。因此,飞机必须设计成所产生的气动力(升力和阻力)尽可能以最有效的方式支持飞机自身运动。升力是向上的,是使飞机上升并保持在空中的主要力,它必须最大化。阻力总是作为一个反作用力存在,它必须最小化。气动力最初作用于压力中心,但通过处理,它们可以假定作用于气动中心。下面是对这个处理过程的简要描述,但是为了获得更多的细节,鼓励读者参考空气动力学文献[4]。

空气动力学家是研究和探索如何提高气动力产生的人。随着空气动力学科学的发展及其对飞行效率和飞行成本的影响,汽车设计人员、列车设计人员等其他车辆设计人员都在努力运用空气动力学原理,使成本最小化、车辆效率最大化。为了分析飞机性能,应该知道如何确定气动力。这一节给出了升力的计算方法。第3章专门介绍确定飞机阻力的过程和技术细节。

图2.2所示为一种不对称翼型速度 V 时的自由气流。升力产生过程的描述超出了本书的范围,因为它涉及多个定律和理论,如能量方程、动量方程、连续性方程(质量守恒定律)、环流定理、库塔条件和边界层。例如,根据库塔-儒柯夫斯基定理,单位跨度的升力与环流成正比。此外,带有正弯度和正迎角的翼型中,相比周

围环境气压,上表面存在一个低压区,而下表面存在一个高压区。图 2.2 所示为一种翼型的压力分布。

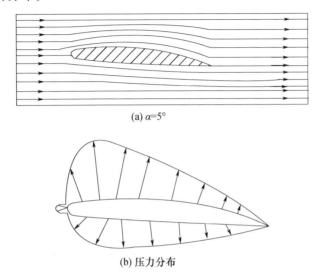

(a) $\alpha=5°$

(b) 压力分布

图 2.2　一种翼型的典型压力分布

　　翼型周围的任何分子的能量都是由动能加上压力能(势能被忽略了,因为分子的质量很小,在机翼上的高度变化很小)构成的,并且沿着流线保持不变,即

$$E = \frac{1}{2}\rho V^2 + P \qquad (2.3)$$

　　在亚声速无黏性气流中,当忽略压缩效应时,伯努利方程证实了这一结果,因此,上表面的压力低于下表面的压力。图 2.2(b)所示为一种翼型上的典型压力分布。每个箭头的长度表示压力(垂直于表面)相比环境局部压力的大小。上下箭头的方向是向外的,这表明它们降低了两个表面的局部压力。

　　压力和剪应力定义为力除以力作用的面积。为了得到面积,将具有单位翼展和截面的一个升力面(如机翼或尾翼)看作一个非对称翼型。因此,从一个三维机翼入手,而不是二维翼型。

　　可以将压力和剪应力对整个升力面(如机翼)积分以得到一个合力。这个合力的位置(图 2.3)称为压力中心(cp)。这个中心的位置取决于飞机的速度和机翼的迎角。在亚声速阶段,随着迎角的增加(低于失速迎角),压力中心向前移动。在超声速阶段,压力中心向弦线中点移动,因为翼型通常是双凸型或双楔型。

　　由于压力中心是变化的,所以很难用于气动计算。因此,提出了一个新的中心,它几乎有一个固定的位置。这个假想的中心或点,称为气动中心(ac),它是飞机性能分析的一个有用的概念。在飞机空气动力学、稳定性和控制中,机翼上的这个位置也有重要的特性。

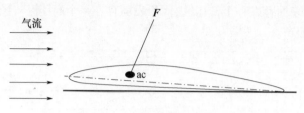

图 2.3　压力分布积分后的合力

　　将合力的位置从压力中心移动到这个新的位置(气动中心)是很方便的。这个过程如图 2.4 所示。在气动中心考虑两个相反但相等的力,这些力的大小等于压力中心的合力。现在,压力中心的合力加上气动中心相反方向的力用一对力/力矩来代替。因此,压力中心的一个气动力等于气动中心的一个气动力加上一个俯仰力矩。下一步是把这个气动力分成两部分:垂直分量或升力,以及轴向分量或阻力(图 2.5)。因此,气动中心的力分为两个分量:一个沿着自由流的力(称为阻力)和另一个垂直于自由流的力(称为升力)。

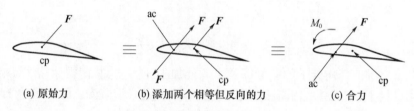

(a) 原始力　　　(b) 添加两个相等但反向的力　　　(c) 合力

图 2.4　合力向气动中心的运动

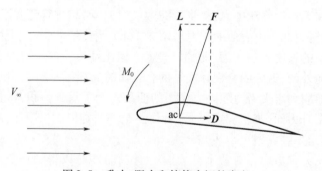

图 2.5　升力、阻力和俯仰力矩的定义

　　在实践中,这个力矩可以取任意点(前缘、后缘、1/4 弦等)。力矩可以想象为气动力作用到距前缘某一特定距离(压力中心)时产生的力矩。空气动力学证明[4],存在一个使力矩与迎角无关的特殊点。这一点定义为机翼的气动中心。因此,可以得出结论,机翼上的压力和剪应力分布产生两种气动力(升力和阻力)加上俯仰力矩。实际上,机翼上的力和力矩系统可以完全由作用于气动中心的升力和阻力,加上相对于气动中心的力矩来确定,如图 2.5 所示。

基于这种方法,升力作用在机翼上的一点,是在前缘后方25%弦长位置。对于大多数常规翼型来说,气动中心接近于1/4弦,但不必精确位于1/4弦。在风洞试验中,ac通常在1/4弦的1%或2%弦长范围内,直到马赫数增加到"阻力发散"马赫数的几个百分点内(感兴趣的读者可以参考空气动力学文献以了解更多细节)。然后,随着马赫数的增加,气动中心慢慢向后移动。

因此,机翼表面压力和剪应力的分布会产生一种气动力。合力(L 和 D)是如图2.5所示的矢量。气动力可以分解成两个力:平行和垂直于相对风。阻力总是定义为与相对风平行的气动力分量。升力总是定义为与相对风垂直的气动力分量。

除了升力和阻力,表面压力和剪应力分布也会产生一个使机翼旋转的力矩。因为在大多数情况下,压力中心位于气动中心的后面,所以这个力矩是负的。因此,这个力矩有时称为低头俯仰力矩。低头俯仰力矩的主要应用是飞机稳定性和控制的分析,在性能分析中不应用这个力矩。因此,假设飞机稳定可控,可忽略这一力矩对飞机性能的影响。

现在可以总结一下,在巡航飞行中存在以下四种(实际上,存在五种力。第五种是气动力,称为侧力。侧力主要由垂尾产生,且沿 y 轴方向。为了简单起见。分析中没有包括这种力。因为大多数时候它是0。但在"稳定性与控制分析"这一主题中,它是一个重要的力,这超出了本书的范围)主要力作用在飞机上(图2.6)。

(1)重力 W;

(2)推力 T;

(3)升力 L;

(4)阻力 D。

请注意,由于机翼有左右两个部分,可以假设升力的1/2($L/2$)是由每个半机翼产生的。升力和阻力的气动力是以下因素构成的函数:①飞机外形;②飞机迎角;③飞机几何形状;④空速 V;⑤空气密度 ρ;⑥气流雷诺数;⑦空气黏度。

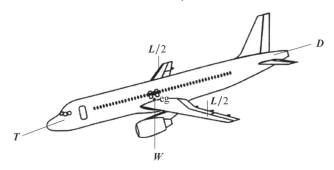

图2.6　作用在飞机上的主要力

为了考虑其他因素,将比例系数转化为方程,引入两个系数:升力系数 C_L 和阻

力系数 C_D。那么有

$$L = \frac{1}{2}\rho V^2 S C_L \tag{2.4}$$

$$D = \frac{1}{2}\rho V^2 S C_D \tag{2.5}$$

由式(1.37)可知,这两种力也有如下两种新的形式:

$$L = 0.7 P M a^2 S C_L \tag{2.6}$$

$$D = 0.7 P M a^2 S C_D \tag{2.7}$$

式中:S 为机翼参考面积(总的);Ma 为飞行马赫数;P 为气压。升力系数和阻力系数都是包括飞机外形在内的多个参数的函数。精确计算这两个系数需要空气动力学知识或飞行试验结果。然而,第 3 章给出了一种计算任意飞机形状阻力系数的技术。

因为在大多数飞机中,飞机升力的主要贡献者是机翼(机身对飞机升力的贡献通常在 5% ~ 10%),可以假设机翼升力 L_w 近似等于飞机升力 L:

$$L \approx L_w \tag{2.8}$$

因此,可以假设飞机升力系数近似等于机翼升力系数:

$$C_L \approx C_{L_w} \tag{2.9}$$

在线性理论中,升力系数等于升力曲线斜率(a 或 C_{L_α})乘以机翼迎角或 α:

$$C_{L_\alpha} = a = \frac{\mathrm{d}C_L}{\mathrm{d}\alpha}(飞机) \tag{2.10}$$

$$C_{L_{\alpha_w}} = a_w = \frac{\mathrm{d}C_{L_w}}{\mathrm{d}\alpha_w}(机翼) \tag{2.11}$$

在一般情况下,当飞机或机翼具有非对称翼型(具有非零升迎角)时,有

$$C_{L_w} = C_{L_{\alpha_w}}(\alpha_w - \alpha_0) = C_{L_{\alpha_w}}(\alpha_f + i_w - \alpha_0) \tag{2.12}$$

式中:α_w 为机翼的迎角;α_f 为机身的迎角;i_w 为机翼倾角;α_0 为机翼的零升迎角。

对于三维升力面(如机翼或尾翼),升力曲线斜率[4]可通过下式得到

$$a = C_{L_{\alpha_w}} = \frac{a_0}{1 + a_0/(\pi \mathrm{AR})} \tag{2.13}$$

式中:AR 为升力面展弦比(将在式(3.9)中定义);a_0 为其二维(翼型截面)升力曲线斜率。

根据薄翼型理论,典型翼型的升力曲线斜率约为 $2\pi(\mathrm{rad}^{-1})$。如果没有翼型图或风洞数据,可以使用以下近似:

$$a_0 = 2\pi(\mathrm{rad}^{-1}) = 0.017(1/(°)) \tag{2.14}$$

例 2.1 比奇男爵 58 飞机以 80m/s 的速度和 3° 迎角巡航在海平面。机翼面积是 18.51m²,且其展弦比 AR 为 7.2。确定飞机所产生的气动力(升力和阻力)。假设飞机阻力系数为 0.05 且机翼零升迎角为 0°($\alpha_0 = 0°$)。

解

由于翼型未给出,假设理论升力曲线斜率为

$$a_0 = 2\pi(\text{rad}^{-1}) = 0.017(1/(°)) \tag{2.14}$$

$$a = C_{L_{\alpha_w}} = \frac{a_0}{1 + a_0/(\pi AR)} = \frac{2\pi}{1 + 2\pi/(\pi \times 7.2)} = 4.9(\text{rad}^{-1}) \tag{2.13}$$

$$C_{L_w} = C_{L_{\alpha_w}}(\alpha_w - \alpha_0) = 4.9 \times \frac{3 - 0}{57.3} = 0.22 \tag{2.12}$$

$$C_L \cong C_{L_w} = 0.22 \tag{2.9}$$

$$L = \frac{1}{2}\rho V^2 S C_L = 0.5 \times 1.225 \times 80^2 \times 18.51 \times 0.22 = 15963\text{N} \tag{2.4}$$

$$D = \frac{1}{2}\rho V^2 S C_D = 0.5 \times 1.225 \times 80^2 \times 18.51 \times 0.05 = 3628\text{N} \tag{2.5}$$

2.3 一般运动方程

本节目的是推导飞机的一般运动方程,这个过程需要定义坐标系、典型任务和飞行操作阶段。在 2.4 节中,将一般运动方程应用于每个飞行阶段,以得到特定的运动方程。飞机运动可以按多种方式分类。这里根据运动加速度、飞行阶段和运动性质,引入三种分类。在每一个分类中,将应用牛顿第二定律(式(2.1)),并推导出用于运动分析的最终方程。

2.3.1 坐标系

在推导运动方程之前,应该先定义坐标系。众所周知,点沿直线的运动是由标量位移、速度和加速度描述的。但是如果一个点描述了相对于某个参考系的曲线轨迹,我们必须用位置、速度和加速度矢量的形式来详细说明运动。虽然这些矢量的方向和大小不依赖于特定的坐标系。我们将证明这些矢量在不同坐标系中的表示是不同的,我们可以用笛卡尔坐标来表示很多问题,但是有些情况,包括卫星的运动,可用其他坐标系来表示。

一个坐标系必须有一个原点和一个、两个或三个轴。由于飞机具有三个方向运动的能力,所以需要三个轴(x, y, z)。为描述一个物体相对给定不动点的运动,使用一个与运动物体一起运动的参考系是很方便的。这样的参考系是机体固连的并随飞机移动的。原点的最佳选择是飞机的重心 cg。如果从飞行员的位置看在这个定义中,定义 x 轴在前进方向,z 轴垂直于 x 轴且向下,而 y 轴垂直于 $x - z$ 平面并指向飞行员的右侧。

x 轴有两种选择。这是由于飞机具有机身参考线,同时具有飞行轨迹。两者之间的夹角称为机身迎角 α_f。飞机性能分析倾向于使 x 轴沿飞行轨迹的方向。这种选择使得计算更加简单和方便。请注意,这种坐标系将随飞机绕 x 轴(滚转)旋转。

图 2.7 所示为一个原点位于刚体不动点 cg 的体轴系 xyz。这种参考系有一个例外。当处理飞机高度时,总是用正数。这意味着飞机的高度是从海平面的一个固定点测量的。根据这个方向,升力将在负 z 方向,重力在正 z 方向,推力在正 x 方向,阻力在负 x 方向。在特定飞行状态下(如转弯),y 方向上会产生侧力。

(a) 俯视   (b) 前视   (c) 侧视

图 2.7 飞机体轴系

2.3.2 非加速飞行和加速飞行

飞机运动既可以是非加速飞行,也可以是加速飞行。非加速运动(飞行)是没有加速度(恒定速度)的飞行。回忆一下,速率是一个标量,只有大小,但是速度是一个矢量,同时有大小和方向。在非加速飞行中,不仅速度不变,而且飞机的方向也不变。起飞和降落总是假定为加速运动。在起飞时,飞机始终加速直到离地然后爬升。在着陆时,飞机从拉平到接地不断减速,直到完全停止(或直到滑行速度)。转弯飞行,即使以匀速转弯,将认为是一种加速飞行,因为飞行方向(速度矢量)是不断变化的。一般来说,会用到牛顿第二定律的原始形式,即

$$\sum \boldsymbol{F} = \frac{\mathrm{d}}{\mathrm{d}t}(m\boldsymbol{V}) \tag{2.1}$$

如果飞行阶段持续时间较短,可以忽略飞机重量 m 的变化。例如起飞和降落(几秒钟或大约 1min)以及转弯飞行(通常不到几分钟,盘旋除外)。原因是在这些飞行过程中,飞机重量的变化不到 1%。式(2.1)将简化为

$$\sum \boldsymbol{F} = m\frac{\mathrm{d}}{\mathrm{d}t}(\boldsymbol{V}) = m\boldsymbol{a} \tag{2.15}$$

式中:$\boldsymbol{a}$ 为运动加速度。如果加速度为正(如起飞的情况),速度就会增大;如果加速度为负(如着陆的情况),速度就会降低。起飞和降落的分析将在第 8 章中介绍,而转弯飞行的分析将在第 9 章进行。在没有加速的飞行中,速度保持不变。在

这种情况下,飞机处于平衡状态,即

$$\sum F = 0 \tag{2.16}$$

任意轴上所有力的总和都是0,即

$$\sum F_x = 0 \tag{2.17}$$

$$\sum F_y = 0 \tag{2.18}$$

$$\sum F_z = 0 \tag{2.19}$$

这个飞行阶段的例子是巡航飞行和匀速爬升飞行。

2.3.3 飞行阶段

图2.8所示为飞机的常规飞行任务。飞机的飞行通常以基地(地面或海上)起飞开始,至着陆结束。图中,典型的飞行过程包括以下几个阶段:滑行、起飞、爬升、巡航、转弯、下降、进近和着陆。对于民用运输飞机,以下是其典型飞行阶段。

图2.8 飞机基本的/典型的飞行操作

(1)滑行。飞机准备起飞。乘客已登机,他们的行李也已装载。飞机将以极低的速度从登机口向跑道的起点移动。飞行员在得到塔台的许可后准备起飞。

(2)起飞。飞机从跑道起点由静止状态开始起飞。它沿着跑道直线运动。随着时间的推移,飞机速度将提高到离地速度。同时,升力增加直到与飞机重力相等,使飞机离开地面。然后,空中飞行时,飞机将飞越障碍并收起起落架。起飞的细节将在第8章中介绍。在成功起飞的过程中,使用襟翼是非常关键和有帮助的。

(3)爬升。飞机开始爬升并增加高度。由于飞机刚刚以低速起飞,爬升的开始阶段将加速到指定的速度。然后,以恒定的速度继续爬升飞行,直到飞机达到巡航高度。在这一飞行阶段,飞机将保持10°~40°的爬升角。这一飞行过程将在第7章中进行分析。

(4)巡航。飞机将保持一个固定的高度,直到飞行员决定下降。巡航飞行的开始阶段将加速直到飞机达到预定的巡航速度,然后飞机将以恒定的巡航速度继续向目的地飞行。如果飞行计划没有改变,飞机将以恒定的速度和高度继续飞行,直到目的地机场附近。第5章和第6章将专门讨论这一飞行过程。

(5)机动。这一飞行阶段可能是几个飞行过程的组合。在最简单的情况下，飞机将转向目的地。根据飞行规定，飞机必须通过某一特定地点，并与各枢纽或国家的不同塔台联络。这一阶段的主要特征是飞机将经历滚转运动加偏航运动。飞机将倾斜到一定的滚转角（通常小于45°）。第9章将描述和分析各种机动和转弯飞行。

(6)下降。当飞机接近目的地时，飞机必须降低高度，直到飞机能够安全着陆。在下降飞行中，高度和速度都会不断降低。在下降过程中，飞机的俯仰姿态为负以使升力小于重力。第7章将介绍下降飞行的细节。

(7)着陆。任何民航飞行的最后阶段都是着陆。着陆阶段包括进近、拉平、接地和减速。飞行员在得到塔台的允许后，必须首先使飞机对准跑道。飞行员必须沿着跑道滑行，直到达到安全速度才能转向登机口。大多数飞机使用刹车（机械、扰流板或发动机反推）来尽可能快地降低速度。当飞机到达登机口时，乘客将下飞机（图2.8中的第8阶段），他们的行李将被送到行李领取处。着陆分析将在第8章详细介绍。

这些飞行阶段的分析将在第5~第9章中介绍。

2.3.4　稳定状态飞行和扰动状态飞行

一般来说，主要有两种飞行类型：稳定状态飞行和扰动状态飞行。顾名思义，稳定状态运动定义为所有运动变量相对于体轴系随时间保持恒定的飞行。这一定义要求空气密度保持恒定。这是由于气动力和发动机推力是空气密度的函数。扰动状态运动是指所有运动变量都是相对于已知的稳态飞行状态（如巡航）来定义的飞行。例如，当一阵风吹过一架稳定的飞机时，飞行会受到短时间的扰动。在此期间，一些运动变量（如空速）将偏离它们的稳态值。

稳态飞行状态是指所有运动变量（如空速）相对于体轴系随时间保持恒定的状态。扰动飞行状态定义为所有运动变量相对于已知的稳态飞行状态（如巡航飞行）的状态。任何不稳定的飞行状态从数学上都可以认为是在某一稳态状态下受到扰动。图2.9所示为两个稳态飞行状态的例子（直线的和曲线的）以及两个扰动飞行状态的例子。

"扰动状态运动"的应用通常涉及"飞行稳定与控制"领域。扰动状态飞行的内容超出了本书的讨论范围。因此，将推导出"稳态运动"的约束方程。本书的其余部分主要是将"一般"飞机运动方程研究和应用到第一组飞行状态。

考虑一架飞机以恒定线速度、恒定俯仰角 θ_1 和滚转角 ϕ_1 飞行在稳态飞行状态。以下三种稳态飞行情况特别有趣：①稳态直线飞行（如直线巡航飞行）；②稳态转弯飞行（如水平转弯）；③稳态对称拉起。这三种情况如图2.10所示。对于每一种稳态飞行状态，稳态运动的一般方程（式（2.17）~式（2.19））采用特殊形式。第 5~9 章详细讨论了这些形式在稳态和扰动问题中的应用。案例 1 在第 5~第 7 章中讨论。案例 2 和 3 将在第 9 章中介绍。

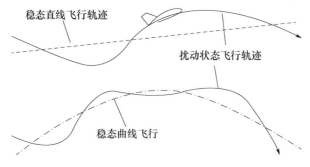

图 2.9　扰动状态飞行轨迹的例子

在稳态直线飞行中(如巡航和爬升,图 2.10(a)),无旋转运动意味着无俯仰速率、滚转速率和偏航速率。这些包括以下飞行状态:①巡航;②发动机失效飞行;③小角度爬升、俯冲和滑翔。第 5~9 章介绍了各种应用。

在稳定水平转弯中(图 2.10(c)),只有航向角 ψ 变化,而俯仰角 θ 和滚转角 ϕ 保持不变。这种稳态飞行状态包括两个飞机性能问题:①所有发动机都工作时的稳定转弯;②一台或多台发动机失效时的稳定转弯。更多的细节和一些应用将在第 9 章讨论。在稳定、对称的拉起机动中(图 2.10(b)),只有俯仰角 θ 发生变化。因此,唯一的非零旋转速度分量是俯仰角速率。这些方程在拉起机动中的应用将在第 9 章中讨论。

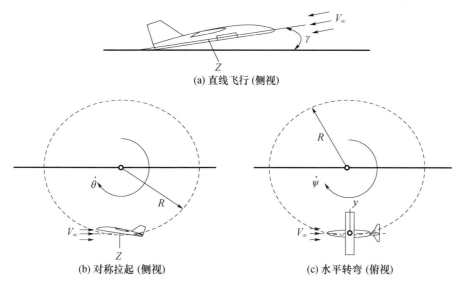

图 2.10　稳态飞行状态

2.4　牛顿第二定律应用于各飞行阶段

本节将考虑许多典型飞行操作阶段。应用一般运动方程,推导出新的运动方程形式。每节都配有描绘飞机和相关力的图。第5～第9章将详细介绍和讨论各种飞行状态。

2.4.1　直线飞行

直线飞行是性能分析的最简单的飞行过程。顾名思义,飞机沿直线轨迹飞行。如果高度恒定,则飞行操作称为巡航飞行。否则,飞机正在爬升/下降。在这种飞行过程操作中,所有的力都是常值,力矩之和为0。图2.11所示为NASA的"全球鹰"在巡航飞行。尾翼编号872的NASA"全球鹰"在其返回位于爱德华兹的NASA阿姆斯特朗飞行研究中心的飞行途中完成了具有里程碑意义的飞行,然后,它被部署到位于弗吉尼亚州的NASA瓦罗普斯飞行研究所。2014年9月30日,这架自主操作的无人机完成了NASA的第100次飞行,飞行时间总计约1407h。这架飞机是诺斯罗普·格鲁曼公司在空军先进概念技术验证项目中建造的第6架飞机,在2007年移交给NASA之前,曾为空军进行了43次测试飞行。

图2.11　NASA的"全球鹰"在巡航飞行

考虑图2.12中以恒定空速飞行在恒定高度的飞机,这种飞行状态常称为巡航飞行。首先假设飞机的迎角为0且推力安装角为0。由于高度是恒定的且飞行是直线的,所以所有俯仰、滚动和偏航力矩之和为0。采用体轴系。因此,平衡状态下四种主要的力根据下式可得

$$\sum F_x = 0 \Rightarrow T = D \tag{2.20}$$

$$\sum F_z = 0 \Rightarrow W = L \tag{2.21}$$

对于飞机(图2.13)存在迎角 α 的情况(通常是这种情况),运动方程采用以下形式。在这种情况下,为了简单起见,采用了风轴坐标系,即

$$\sum F_x = 0 \Rightarrow T\cos\alpha = D \qquad (2.22)$$

$$\sum F_z = 0 \Rightarrow W = L + T\sin\alpha \qquad (2.23)$$

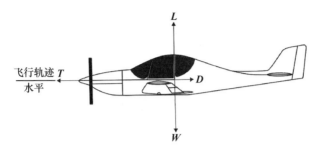

图 2.12　直线飞行

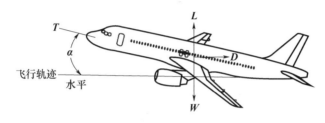

图 2.13　带有迎角的飞机在直线水平飞行

另一种可能的飞行状态是飞机有加速度（正或负）。若该飞机保持恒定高度，则运动方程为

$$\sum F_x = ma \Rightarrow T\cos\alpha - D = ma \qquad (2.24)$$

$$\sum F_z = 0 \Rightarrow W = L + T\sin\alpha \qquad (2.25)$$

例2.2　一架质量为500kg、机翼面积为8m^{2}的飞机正以50m/s的恒定速度在海平面上飞行。这架飞机的发动机产生600N的推力。确定飞机在此飞行状态下的升力系数和阻力系数。假设迎角为0。然后确定升阻比。

解：

在ISA条件下海平面空气密度为1.225kg/m^3。飞机产生的升力为

$$W = mg = L \Rightarrow L = 500 \times 9.81 = 4905\text{N} \qquad (2.21)$$

所以升力系数为

$$L = \frac{1}{2}\rho V^2 S C_L \Rightarrow C_L = \frac{2 \times 4905}{1.225 \times 50^2 \times 8} \Rightarrow C_L = 0.4 \qquad (2.4)$$

此外，飞机产生的阻力为

$$T = D \Rightarrow D = 600\text{N} \qquad (2.20)$$

所以阻力系数为

$$D = \frac{1}{2}\rho V^2 SC_D \Rightarrow C_D = \frac{2 \times 600}{1.225 \times 50^2 \times 8} \Rightarrow C_D = 0.049 \qquad (2.5)$$

升阻比为

$$\frac{L}{D} = \frac{4905}{600} = 8.17$$

例 2.3 采用英制单位重复例 2.2。

解：

海平面和 ISA 条件下的空气密度为 0.002378slug/ft³。为了采用英制单位求解上述问题，进行如下步骤。首先对单位进行换算：

$$W = mg = 1103\text{lb}, S = 86.067\text{ft}^2, V = 164.042\text{ft/s}, T = 134.88\text{lb}$$

飞机产生的升力为

$$W = mg = L \Rightarrow L = 1103\text{lb} \qquad (2.21)$$

所以升力系数为

$$L = \frac{1}{2}\rho V^2 SC_L \Rightarrow C_L = \frac{2 \times 1103}{0.002378 \times 164.042^2 \times 86.067} \Rightarrow C_L = 0.4 \qquad (2.4)$$

飞机产生的阻力为

$$T = D \Rightarrow D = 134.88\text{lb} \qquad (2.20)$$

所以阻力系数为

$$D = \frac{1}{2}\rho V^2 SC_D \Rightarrow C_D = \frac{2 \times 134.88}{0.002378 \times 164.042^2 \times 86.067} \Rightarrow C_D = 0.049 \qquad (2.5)$$

升阻比为

$$\frac{L}{D} = \frac{1103}{134.88} = 8.17$$

这里得到了与预期相同的结果。

现在考虑一个更实际的情况，即当发动机存在安装角 i_T 时，发动机安装角是推力线和机身中心线之间的角度。当同一架飞机以恒定高度、恒定加速度以及迎角 α 飞行时，其运动方程为

$$\sum F_x = ma \Rightarrow T\cos(i_T + \alpha) - D = ma \qquad (2.26)$$

$$\sum F_z = 0 \Rightarrow W = L + T\sin(i_T + \alpha) \qquad (2.27)$$

在巡航飞行中可能还有其他的可能性和飞行构型。第 5 章和第 6 章将对巡航飞行进行全面的讨论。

2.4.2 爬升飞行

爬升是另一个重要的飞行阶段。在这种飞行状态下，飞行器以恒定的空速和恒定的爬升角 γ 爬升。爬升飞行中所受的作用力如图 2.14 所示。第 7 章将介绍

爬升变量以及几个重要的爬升因素,如最大爬升角和最大爬升速率。本节考虑一种简单的爬升情况:飞机以零迎角和零发动机安装角进行匀速爬升。在小角度爬升过程中,空气密度变化不大。因此,空气密度的变化可以忽略。应用式(2.17)和式(2.19)可得

$$\sum F_x = 0 \Rightarrow T = D + W\sin\gamma \tag{2.28}$$

$$\sum F_z = 0 \Rightarrow L = W\cos\gamma \tag{2.29}$$

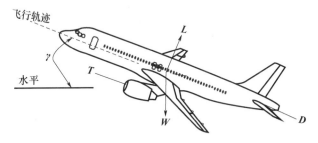

图 2.14　爬升中的飞机(假设迎角为 0)

现在,考虑爬升飞行中的飞机(图 2.15),它存在迎角 α。在这种情况下,爬升运动方程为

$$T\cos\alpha = D + W\sin\gamma \tag{2.30}$$

$$L + T\sin\alpha = W\cos\gamma \tag{2.31}$$

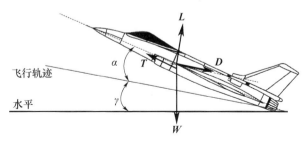

图 2.15　带迎角爬升飞行中的飞机

注意,在爬升飞行中,升力总是小于飞机的重力。发动机推力有一个分量用以克服飞机重力。在极端情况下(例如垂直爬升,如航天飞机发射),由整个发动机的推力负责抬升飞机,而不是航天飞机机翼的升力。

例 2.4　图 2.15 的飞机正以 15°爬升角和 5°迎角爬升。如果飞机重量为12000kg 且飞机阻力为 10000N,则确定发动机推力和飞机升力。

解:

飞机重力为

$$W = mg = 12000 \times 9.81 = 117689\text{N} \tag{2.2}$$

发动机推力为

$$T\cos\alpha = D + W\sin\gamma \Rightarrow T = \frac{D + W\sin\gamma}{\cos\alpha} = \frac{10000 + 117689 \times \sin15}{\cos5} = 40622.7\text{N}$$

(2.30)

飞机升力为

$$L + T\sin\alpha = W\cos\gamma \Rightarrow L = -40622.7\sin5 + 12000 \times 9.81 \times \cos15 = 110168.3\text{N}$$

(2.31)

注意,虽然飞机在爬升,但升力小于飞机重力。

2.4.3 起飞

起飞是一种加速飞行过程。有趣的是,由于起飞过程中气动力的不断变化,加速度并不是恒定的。起飞过程的一部分在地面,一部分在空中。显然,地面滑跑和空中部分之间必须有一个过渡部分。第 8 章将给出起飞过程的完整细节、相关术语和各部分的运动方程。这一节只考虑起飞的地面滑跑部分。考虑图 2.16 中的离地前沿跑道直线加速的飞机。起飞过程中一种新的力是飞机(实际上是轮胎)和跑道之间的摩擦力 F。

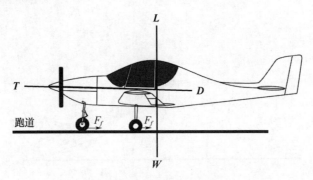

图 2.16　起飞中的飞机

利用式(2.15)可推导出本节中起飞过程的运动方程。在 x 方向上,力方程为

$$\sum F_x = ma \Rightarrow T - F - D = ma$$

(2.32)

式中摩擦力与飞机法向力(重力减去升力)以及飞机轮胎与跑道之间的摩擦系数成正比。当飞机加速时,阻力和摩擦力会随着飞机的空速而变化。在 z 方向上,对于不同的时间段,有

$$L = 0$$

(2.33)

$$L < W$$

(2.34)

$$L = W$$

(2.35)

$$L > W$$

(2.36)

式(2.33)针对的是飞机停止并准备起飞时的起飞起点。此时,飞机处于静止状态,因此,升力为 0。式(2.34)描述的是飞机开始移动直到升力足以使飞机离地之间的飞机运动。此时,驾驶员偏转升降舵,并围绕主轮旋转以突然增大迎角。在起飞的特定时刻,升力(加上发动机推力的垂直分量)等于重力(式(2.35))。因此,飞机准备好离地。由于飞机有加速度,所以它继续加速,且升力(加上发动机推力的垂直分量)超过飞机的重力(式(2.36))。在这个时候,首先是机头起落架,然后是主起落架离开地面,最后飞机开始空中飞行。以上每个方程只能描述起飞运动过程的一部分。第 8 章将介绍更多细节。

2.4.4 转弯

转弯是大多数飞行机动的关键部分。带滚转角的协调转弯被认为是最简单的机动类型之一。在转弯中,飞机飞过一个圆周的全部或部分。圆或环可以是水平的、垂直的,也可以是与水平方向成一定角度的(爬升转弯)。本节只考虑最简单的情况,即水平转弯。为了使飞机实现协调转弯,即保持一个恒定的半径,通常需要进行两次旋转:绕 x 轴旋转(滚转)和绕 z 轴旋转(偏航)。在这种情况下,一半的机翼(如右侧)向下滚转,另一半的机翼(如左侧)向上滚转,这样飞机就开始绕着一个假想的点(圆心)旋转。因此,飞机将倾斜。

此外,为了保持飞机的高度,还需要进行第 3 次旋转,即绕 y 轴(俯仰)旋转。这将通过增加飞机的迎角 α 来补偿升力或垂直分量的损失。这三次旋转的细节和原因将在第 9 章中解释。本节仅给出协调转弯的基本运动方程。

考虑图 2.17 中的飞机。飞机正以恒定半径 R 和恒定速度 V 沿圆形轨迹飞行(即正在转弯)。绕 x 轴旋转的结果将会产生倾斜角(即滚转角)ϕ。因此,升力有两个分量:水平分量 $L\sin\phi$ 和垂直分量 $L\cos\phi$。请注意,尽管飞机在滚动,升力的方向也会旋转,但它总是垂直于 $x-y$ 平面。在本节中,为了简单起见,忽略气动侧向力。

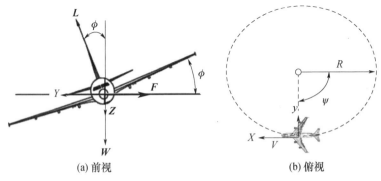

(a) 前视   (b) 俯视

图 2.17　协调转弯飞行中的飞机

由于飞机具有恒定的空速和半径,所以合力将处于平衡状态。因此,可以写出下面的方程:

$$\sum F_x = 0 \Rightarrow T = D \tag{2.37}$$

$$\sum F_y = 0 \Rightarrow L\sin\phi = m\frac{V^2}{R} \tag{2.38}$$

$$\sum F_z = 0 \Rightarrow L\cos\phi = W \tag{2.39}$$

式(2.38)中:V^2/R 为"向心加速度",因为它的方向是指向圆心(向内)。

根据牛顿第二定律,这个加速度有一个反作用力,称为"离心力"。顾名思义,力的方向是向外的:

$$F = m\frac{V^2}{R} \tag{2.40}$$

式(2.37)~式(2.39)是运动方程,并且是水平协调转弯的必要条件。第9章将专门分析各种机动飞行过程,包括转弯性能。

本节只讨论了四个主要飞行阶段。其他的飞行阶段也可以自行练习。鼓励读者将基本的稳态运动方程(式(2.17)~式(2.19))应用到其他飞行阶段。接下来的章节将从不同飞行状态下飞行各阶段基本运动方程的应用出发,对飞机性能进行分析。

2.5　真空速和当量空速

速度及其测量在飞机性能分析中占有重要地位。虽然 GPS 是测量包括速度在内的多个飞行变量的强大工具,但由于安全原因和美国联邦航空局的规定,所有飞机都使用一种称为皮托管的设备来测量飞机速度。另外,GPS 只能测量飞机地速,而不是空速。空速是通过比较空速管与静压的差值来测量的(图2.18),并通过机械连杆将结果显示在空速指示器上。静压孔(管)仅测量静压,由于静压孔垂直于气流方向,所以气流进入静压管必须转 90°。相比之下,皮托管测量的是动压,因为动压孔直接面对气流。当皮托管有静压孔时,通常称为皮托 – 静压管。

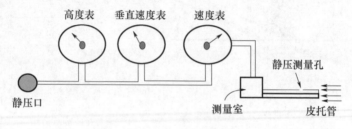

图 2.18　皮托 – 静压测量设备

通过使用皮托管和静压孔,可以处理三种类型的飞机速度(空速):指示空速(IAS)、真空速(或真实空速)(TAS)和当量空速(EAS)。在解释这三个术语之间的区别之前,最好先描述一下皮托管的工作原理。

2.5.1　空速测量

伯努利方程(能量方程)给出了一种测量空速的简单方法。该方程表明,低速流的静压 P_s 和动压 P_d 的总和在流管中保持恒定,即

$$P_s + P_d = 常数 = P_{tot} \qquad (2.41)$$

动压(定义见第 1 章)与密度和空速有关。因此,如果测量动压和密度,就能确定速度,即

$$P_d = q = \frac{1}{2}\rho V^2 \qquad (2.42)$$

测量动压有一种简便方法。如果一根管子直接对着空气的气流,那么将它的另一端连接到一个测量室(压力测量装置)。因此,当迎面而来的空气遇到管堵塞的末端时,相对于管道使其静止。因为管的出口堵塞,没有空气可以从管中流出。那么,设备将读取滞止(或称驻点)压力或总压为 P_{tot}。这种管称为皮托管,它提供了一种测量滞止压力的方法。

现在考虑一条入口阻塞的管道。如果在管子的侧面开一个口,把它指向空气的流动方向,然后通过一根管子把它连接到一个压力测量装置上,就会得到一个不同的结果。该开口不会阻碍空气流动。因此,所测压力为局部静压。用于此目的的开口称为静压口(图 2.18)。有时将皮托管和静压口组合在一起(图 2.19),用一个设备测量总压和静压。利用这种设备,动压很容易由总压减去静压来确定,即

$$q = P_{tot} - P_s \qquad (2.43)$$

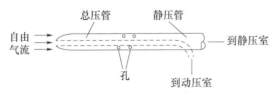

图 2.19　皮托 – 静压管

这需要将静压口和皮托管连接到一个测量压力差的设备上。因此,将得到动压 q 的测量值。合并式(2.42)和式(2.43)可得

$$V = \sqrt{\frac{2(P_{tot} - P_s)}{\rho}} \qquad (2.44)$$

由此可获得一种测量空速的简单方法。如果能找到一种估算空气密度的方法,就能确定空速。飞机上使用的压差测量装置通常由膜片组成。在膜片的一侧

施加滞止压力,在另一侧施加静压。由此产生的膜片变形偏转既可以通过一系列杠杆或齿轮放大,以使表盘指针移动,也可以用来产生电信号,并将其输入适当的电子电路或处理器中。所以,这种仪器产生的读数与动压成正比。

皮托管和静压口应该位于飞机上合适方便的位置(图3.18)。一些方便的位置包括机翼下、机身前端中部和机身前部或中部侧面。静压口的位置非常重要,因为必须选择局部静压与自由流的静压相同的位置。皮托管的位置也非常重要,因为必须选择一个局部空速与自由流的空速相同且对飞机迎角和侧滑角的变化不太敏感的位置。皮托管和静压口通常需要加热以避免在低温和高海拔时结冰。由于静压口的位置通常会导致读数误差在 2% ~5% 之间,因此必须对压差测量装置进行校准。

作为单独使用皮托管和静压口的一种代替方法,使用一种皮托 - 静压管的组合设备(图2.19)更为方便。皮托 - 静压管由两个同心管组成。内部是一个简单的皮托管,但外部是前端密封且侧面开有小孔的管道。通过将它安装在机翼下或机身一侧,正好可以避开来自飞机周围气流的干扰。皮托 - 静压管以及单独的皮托管、静压口对于实现精确的速度测量所起的作用是相同的。

皮托管头或静压孔被堵塞的情况下,测量空速会有很大的误差。在过去,一些致命的飞机坠毁与此类情况有关。1996 年 10 月 2 日,一架秘鲁航空 603 的波音 757 - 200(图5.11)航班起飞后不久,机组人员就被错误的速度[5]和高度读数以及飞机大气数据系统发出的相互矛盾的告警弄糊涂了。在准备紧急着陆时,机组人员降低了飞机高度,但参照的是错误的读数,导致高度下降过多,飞机坠入水中,机上所有人遇难。事后查明,贴在静压口上的胶带导致了错误读数和相互矛盾的告警。胶带是在维护过程中用来保护静压口的,但在维修后没有拆除。

2.5.2 空速表

如2.5.1节所述,皮托管和静压口的组合提供了一种测量动压的方法。它不直接提供速度,但如果已知空气密度,可以使用式(2.44)计算出速度。在没有处理器的飞机上,无法简单地测量空气密度,所以所能做的就是假设空气密度是一个常量(通常等于海平面的空气密度)。这意味着这种空速将与标准海平面空气密度的空速相对应。这种仪表称为空速表。由于仪表是在假设空气密度是一个恒定标准海平面值(ISA 条件)的情况下进行校正的,所以它不能指示 TAS(仅能指示指示空速 IAS),除非飞机飞行的高度恰好等于标准海平面的值。在这种情况下,不论高度是多少,IAS 的值总是一样的。随着技术的进步,已经有一些设备可以测量真实的地速(如 GPS),但是前面介绍的空速表仍然是大多数座舱仪表板上的一个重要仪表。

这种空速表的一个重要特点是在安全及失速指示方面更加方便。在实际中,失速速度随高度而增加。因此,如果速度表显示的是真空速,飞行员必须知道每一高度的失速速度,以保持飞机速度高于该速度。换句话说,如果飞行员只有一个真空速表,他必须知道在任意高度的失速速度是多少。有了这样的空速表,飞行员只需记住保持在指示失速速度以上即可。

目前,由于地面无线电和卫星的引进,导航系统得到了快速发展,它们可以非常准确地指示相对于地面的位置和速度。然而,尽管有这些进步,飞行学员仍然必须学习传统的导航方法,以取得它们的资格证书,如空速表和高度表等老式仪表简单可靠并且在电力故障或雷暴时不会失灵。即使在先进的现代客机上,也建议装备老式的机械式空速表和气压高度表,因为即使所有的电气系统都能失效了,它们仍然能够正常工作。

2.5.3　空速表校正

由空速表测量的空速(从表盘上读出)称为指示空速。这个读数有多个误差来源。其中,空速测量中的四个主要误差来源是仪表误差、皮托管位置误差、压缩性误差和空气密度误差。

仪表本身可能老化,或者膜片可能受到磨损,这种误差称为仪器误差。通过重新校准仪表,就有可能确定在每一指示速度下的校正量。IAS 仅在标准大气状态的海平面上等于 TAS。

飞机上皮托管和静压口的位置也会导致误差。在飞机周围很难找到一个静压始终与自由气流中的气压完全相同的位置。为了确定对这种位置误差的校正量,飞机可以搭载专门校准的仪器与另一架飞机进行编队飞行。一旦进行了位置误差校正,速度就称为校正空速(CAS)。当 TAS 与 IAS 之间的差异显著时,飞机制造商要提供空速校正表。

任何飞行速度大于 $Ma\,0.3$ 的飞机,都需要采用一个校正因子对空气压缩性进行校正,因为伯努利方程只适用于低亚声速不可压缩流。

对于高速飞机,IAS 必须根据压缩性进行校正,并且要做到这一点,还需要另一个仪表,一个指示相对于当地声速的仪表。这种仪表称为马赫数表。文献[6]为确定 TAS 和空速表的校正而进行的各种飞行测试提供了丰富的信息。如果压缩性效应和空气密度的真实值已知,那么 CAS 就可以转换为 TAS。因此,TAS 是通过校正 CAS 中的非真实的空气密度和压缩性而得到的。

仪表的 IAS 有时可能比 TAS 对飞行员更有用。然而,为了导航的目的,他必须估计相对地面的速度,而在传统的导航方法中,他必须首先确定 TAS,然后进行修正以考虑大气风相对于地面的速度。使用前面提到的步骤可以确定 TAS,但是要这样做,需要知道真实的空气密度。这可以通过使用高度表读数和相对密度变化表来获得。实际中,作为计算的替代方法,飞行员可以查看 ISA 条件下不同高度的 TAS 与 IAS 之间关系的表格。

在应用所有位置和压缩性校正之后,得到的速度称为 EAS。一旦获得了 EAS,就很容易估算导航所需的 TAS。对于一架轻型螺旋桨飞机,校正量将相对较小,并且对于简单的导航估算,飞行员可以假设从仪表读取的速度(IAS)与 EAS 大致相同。表 2.1 总结了飞行分析和飞行试验中使用的不同类型的空速。

表 2.1 空速分类

序号	空速	描述
1	指示空速	从空速表的刻度盘上直接读出的空速
2	校正空速	对指示空速进行了位置误差校正以后的空速
3	当量空速	对校正空速进行了空气压缩性校正以后的空速
4	真空速	对当量空速校正了空气密度校正以后的空速

根据动压的定义(式(2.42)),可以写出

$$q = \frac{1}{2}\rho_0 V_E^2 = \frac{1}{2}\rho V_T^2 \tag{2.45}$$

式中:ρ_0 为海平面处的空气密度;ρ 为飞机所在高度的空气密度。

现在,可以很容易地得出结论,即

$$\left(\frac{V_E}{V_T}\right)^2 = \frac{\rho}{\rho_0} \tag{2.46}$$

则 TAS(或 V_T)是 EAS(或 V_E)除以相对空气密度 σ 的平方根:

$$V_T = \frac{V_E}{\sqrt{\sigma}} \tag{2.47}$$

这种关系表示当量空速总是等于或小于真空速。例如,在 12200m 时,真空速略大于指示空速的 2 倍。

2.5.4 空速和地速

当提到飞机的速度时,指的是它相对于空气的速度,或者通常所说的空速。现在,风的存在仅仅意味着部分空气相对于地球在运动,尽管风会影响飞机相对于地球的速度,即飞机的地速,但它不会影响飞机相对于空气的速度。

同样地,如果风的方向斜穿过飞机航迹线,飞行员将不得不使飞机向风的方向倾斜几度,这样飞机才能沿着直线飞行。在出航和返航的过程中,空速是完全一样的,尽管风可能是逆风或顺风。

一架飞机遇到与其自身空速相等的逆风时,地面上的观察者会观察到它在空中静止不动,然而它的空速是很高的。一个自由的气球在风中飘过地面,但它的空速为 0。也就是说,气球上的旗帜会自然下垂。当然,地速是很重要的,例如,当飞

机从一种介质转向另一种介质时(如起飞和降落),以及计算跨国飞行时所花的时间和所要飞行的航线时。在飞机性能方面,风不会影响飞行航时,但会改变飞行航程。因此,风速不会影响气动力和力矩。它将改变地速、飞机航向和飞行航程。

例 2.5 一架飞机从 A 市(东部)飞到 B 市(西部),然后返回。飞机的速度(即其空速)是 300km/h,且这两个城市相距 600km。存在一股以 40km/h 的速度从西向东吹的风。计算飞机两次飞行的空速和地速。

解:

如果有 40km/h 的风从 B 市吹向 A 市(图 2.20(a)),则飞机从 A 到 B 的地速为 260km/h,并且到达 B 需要 2.3h,而空速为

$$300 - 40 = 260km/h$$

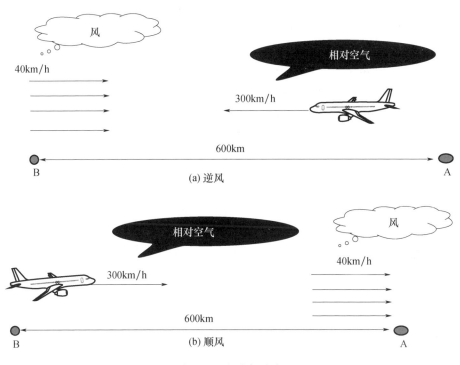

图 2.20 空速与风速

然而,当飞机从 B 市飞回 A 市时,回程的地速为(图 2.20(b))

$$300 + 40 = 340km/h$$

返回 A 市时间将小于 2h,但空速仍保持 300km/h。也就是说,出航时,飞机的空速相同,但风会拖慢飞机的地速。

与飞机方向相反的风称为逆风。与飞机方向相同的风称为顺风。垂直于飞机方向吹的风称为侧风。逆风对起飞和降落是有利的,而顺风对起飞和降落是不利的。原因是逆风使起降滑跑距离更短(更安全),而顺风使起降滑跑距离更长。由

于每个机场的跑道长度都是有限的,这对一些需要长跑道的飞机来说可能是个问题。起飞和降落时侧风带来的问题是它会把飞机推离跑道。因此,飞行员需要运用他们的训练技能来保持飞机在跑道内,并沿跑道移动。

2.5.5 空速的单位

读者可能已经注意到,用来表示速度的单位并不完全一致,没有统一于 SI 制。这些已经包括 m/s、km/h 和 kn。这种不一致性有充分的原因,主要原因之一就是在长时间的航海和航空导航实践应用中使用 kn 可能是很方便的做法,而陆上导航用 km/h 更为方便,例如,汽车,而 m/s 不仅是适当的 SI 单位,而且必须用于特定形式和计算。本书将继续使用这些不同的单位。要记住的重要一点是,这只是从一种单位到另一种单位的简单单位转换问题。

海里(nmile,简写为 nm)是距离和位移的单位。它常常与 SI 单位一起使用,但它不是一个 SI 单位。海里用于世界范围内的航海和航空。它常用于国际法和条约中,特别是关于领海边界方面。它是从地理或法定英里发展而来的。海里大约等于赤道处 1'(1/360 的圆周角度的 1/60)的角度。赤道的角长度是 360° 或相当于 21600 海里。海里没有国际标准符号。NM、nmile、nm 等符号常在某些领域广泛使用(不要与牛顿·米的符号 N·m 混淆)。这里使用符号 nm。

就速度而言,1kn 等于 1nmile/h。对于汽车和火车,美国使用法定英里,因为法定英里不同于 nm。各种速度单位之间的关系如下:

$$kn = \frac{nmile}{h}$$

1kn = 0.5144m/s = 1.852km/h = 1.689ft/s。

用 kn 表示真空速和当量空速通常比较方便。在这种情况下,分别使用节真空速(KTAS)和节当量空速(KEAS)。术语或单位 KEAS 表示节当量空速(或以 kn 为单位的当量空速),而 KTAS 表示节真空速(或以节为单位的真空速)。

例2.6 F-15 战斗机的质量为 30845kg,机翼面积为 56.5m²。如果这架战斗机巡航高度是 15000m,且升力系数为 0.1,以 kn 为单位确定其真空速和当量空速。

解

根据附录 A,15000m 高空的空气密度 $\rho = 0.1935kg/m^3$。巡航飞行中升力等于重力,所以

$$L = W = mg = 30845 \times 9.81 = 302589.5N \tag{2.21}$$

当使用真实空气密度时,可得真空速为

$$L = \frac{1}{2}\rho V^2 S C_L \Rightarrow V = \sqrt{\frac{2 \times 302589.5}{0.1935 \times 56.5 \times 0.1}} = 744m/s(TAS) \tag{2.4}$$

转换为单位 kn,有

$$V_\mathrm{T} = \frac{744}{0.5144} = 1446.3\mathrm{kn}(\mathrm{KTAS})$$

当量空速为

$$V_\mathrm{T} = \frac{V_\mathrm{E}}{\sqrt{\sigma}} \Rightarrow V_\mathrm{E} = 1446.3 \times \sqrt{0.158} = 574.9(\mathrm{KEAS}) \tag{2.47}$$

另一种方法是使用式(2.6),但使用海平面的空气密度。

2.6 失速

飞机升力的主要来源是机翼。因此,当机翼升力增加或减少时,飞机升力几乎会出现同样的情况。此外,机翼(三维体)的特性与其横截面(二维翼型)的特性非常相似。随着机翼迎角 α 的增大,它产生的升力和无量纲升力(即升力系数 C_L)也增大。对于翼型来说,直到某一特定角度为止这是正确的。图 2.21 所示为典型的升力系数随迎角的变化。当迎角超过某一特定值时,升力系数在某一最大值 $C_{L_{\max}}$ 处达到峰值,然后当 α 进一步增大时,升力系数会急剧下降。在这种情况下,升力在高 α 情况下迅速下降,机翼翼型是失速的。这种现象反映了必须处理的升力系数的非线性特性。

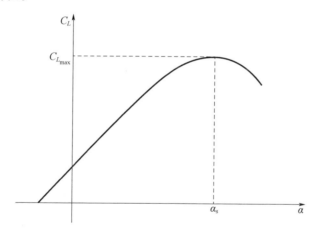

图 2.21　机翼升力曲线斜率

翼型失速现象在飞机性能中是至关重要的。它主要是由机翼上表面的气流分离引起的。出现失速时的角度称为失速角 α_s。实际上,失速角是机翼能够安全飞行的最大角度。这个角度的大小取决于飞机的外形,并且有时可以利用襟翼等高升力设备增加几度。对于大多数飞机来说,失速角约为 15°。高升力设备系统由前缘和后缘设备组成,它的作用是产生一个高大的 $C_{L_{\max}}$。运输机 DC - 9 - 30 的平

直机翼的 $C_{L_{max}}$ 为 2.1,但是当高升力设备伸出时,该值会增大到 3。

从飞机性能的角度来看,较高的迎角意味着水平飞行中较低的速度。由式(2.6)和式(2.21)可知,巡航飞行中,如果飞行员需要降低飞机速度,他应增大飞机迎角并减少油门。因为此时飞机的重力是恒定的,所以速度的降低必须用其他参数来补偿。几乎每架飞机的机翼面积都是固定的,所以唯一的选择就是增大升力系数。但是升力系数是有最大值的,因此,飞机的速度不能低于一个特定的值。这个速度称为失速速度 V_s,因为它对应于失速角。失速速度是固定翼、非垂直起降(VTOL)飞机稳定可控飞行所能维持的最低速度。

如果飞行员继续降低速度超过这个速度,它将失去部分升力,因此不能保持持续的巡航飞行。这将意味着损失高度,最终以坠毁悲剧收场。以这个速度飞行时,飞机开始振动,并且变得不稳定。在这种情况下,飞机不再处于配平状态,因此需要重新恢复。失速速度是能够进行配平巡航飞行的最低速度。垂直起降飞机和直升机是例外,并且它们可以以零速度飞行。当飞机速度降低到最低稳定水平值(失速速度)时,就意味着升力系数达到了最大值 $C_{L_{max}}$。因此,以失速速度进行配平的巡航飞行时,有

$$L = \frac{1}{2}\rho V_s^2 S C_{L_{max}} \tag{2.48}$$

用飞机重力代替升力(式(2.6)),可得失速速度方程

$$V_s = \sqrt{\frac{2W}{\rho S C_{L_{max}}}} \tag{2.49}$$

每架飞机的失速速度都是唯一的。表 2.2 所列为几种飞机的失速速度和最大升力系数。从安全角度看,失速速度越低,飞机起降越安全。超轻型飞机的失速速度为 20～30kn,特轻型飞机的失速速度为 30～50kn,轻型通用航空飞机的失速速度为 40～60kn,大型运输机的失速速度为 90～110kn,而超声速战斗机的失速速度为 110～180kn。除非失速速度操纵非常熟练,否则非垂直起降飞机的飞行员必须小心不要将空速降至失速速度以下。作为安全余量,建议飞行员以大于失速速度10%～30%的速度飞行。

飞机设计者试图通过使用强大的高升力设备,如襟翼,尽可能地降低失速速度。第 3 章概述了几种襟翼。不使用任何高升力设备的典型飞机的最大升力系数为 1～1.6。当使用高升力设备时,最大升力系数提高到 2～3。根据联邦航空条例FAR－23 和欧洲航空安全局 EASA－VLA(以前称为 JAR－VLA,联合航空要求－特轻型飞机,相当于欧洲的 FAR)的规定,失速速度必须低于以下值:

$$V_s \leqslant 61kn(FAR－23) \tag{2.50}$$

$$V_s \leqslant 45kn(EASA－VLA) \tag{2.51}$$

图 2.22 所示为双涡扇商务运输机霍克 800XP,其 $C_{L_{max}}$ 为 2.26。图 2.23 以超过失速角的角度展示了一架欧洲 EF－2000 台风单座战斗机。

表 2.2　几种飞机的失速速度与最大升力系数

序号	飞机	国别	类型	发动机	质量/kg	$C_{L_{max}}$	V_s/km	P或T
1	西锐 VK30	美国	通航	活塞	1520	2.51	57	35hp
2	艾瑞水银	美国	超轻型	活塞	259	2	24	35hp
3	"幻影"迅捷	美国	自制	活塞	828	2.83	46	160hp
4	沃尔默 VJ-23	美国	悬挂式滑翔机	无	136	2.93	13	0
5	瑞士航空光环	瑞士	悬挂式滑翔机	无	138	2.57	16	0
6	巴西航空 EMB 121A1	巴西	运输机	涡桨	5670	2.16	76	2×750hp
7	DHC-8 Dash-100	加拿大	运输机	涡桨	14968	3.2	72	2×1800hp
8	格劳博 G115	德国	轻型	活塞	680	1.61	57	115hp
9	索科 J-22"鹰"	罗马尼亚-南斯拉夫	战斗机	涡喷	10326	1.42	130	2×17.8kN
10	阿利塔利亚 G222	意大利	运输机	涡桨	28000	2.93	84	2×3400hp
11	马歇蒂	意大利	军用教练机	涡桨	2750	2.2	74	11.12kN
12	苏霍伊 SU-26M	俄罗斯	特技表演机	活塞	800	1.34	55	360hp
13	英国宇航 BAe 146-300	英国	运输机	涡扇	42184	3.17	102	4×31kN
14	波音 737-200	美国	运输机	涡扇	56472	2.66	102	2×71.2kN
15	塞斯纳 208	美国	通用航空	涡桨	3311	2.14	60	600hp
16	萨博 340A	瑞典	运输机	涡桨	12372	2.1	93	2×1735hp
17	布鲁克兰侦察机	英国	侦察机	活塞	115	1.93	51	260hp
18	塞斯纳奖状 II	美国	运输机	涡扇	6033	1.73	82	2×11.1kN
19	"银鹰"	美国	超轻型	活塞	251	—	24	23hp
20	"猎鹰"900	法国	运输机	涡扇	20640	2.25	82	3×20kN
21	格鲁曼 F-14"熊猫"	美国	战斗机	涡扇	33724	2.94	115	2×93kN
22	比德 BD-17	美国	运动机	活塞	430	2.37	47	60hp
23	安东诺夫 An-70	俄罗斯	运输机	桨扇	145000	—	61	4×10350kW

图 2.22　$C_{L_{max}}$ 值为 2.26 的"雷神"霍克 800XP 飞机(Gustavo Corujo – Gusair 提供,来自 Jackson P. 简氏世界飞机年鉴,简氏信息集团,英国,2006—2007。经过允许)

图 2.23　超过失速角的欧洲 EF – 2000 台风单座战斗机(Fabrizio Capenti 提供)

例2.7　运输机 DC – 9 – 30 的质量为 54884kg,机翼面积为 92.9m²,并配备双开缝襟翼。襟翼不偏转时,飞机最大升力系数为 2.1。当襟翼偏转 50°时,最大升力系数将达到 3。

(1)确定两种情况下的失速速度,即襟翼偏转和不偏转(假设海平面,ISA 条件)。

(2)当襟翼偏转时,确定 20000ft 高度的真实失速空速和当量失速速度。

解

(1)襟翼不偏转时的失速速度为

$$V_s = \sqrt{\frac{2W}{\rho SC_{L_{max}}}} = \sqrt{\frac{2 \times 54884 \times 9.81}{1.225 \times 92 \times 2.1}} = 67.12 \text{m/s} = 130.5 \text{kn(TAS)} \quad (2.49)$$

襟翼偏转时的失速速度为

$$V_s = \sqrt{\frac{2W}{\rho SC_{L_{max}}}} = \sqrt{\frac{2 \times 54884 \times 9.81}{1.225 \times 92 \times 3}} = 56.16 \text{m/s} = 109.18 \text{kn(TAS)}$$

(2)20000ft(ρ = 0.653kg/m³) 高度使用襟翼时的真实失速空速为

$$V_s = \sqrt{\frac{2W}{\rho SC_{L_{max}}}} = \sqrt{\frac{2 \times 54884 \times 9.81}{0.653 \times 92 \times 3}} = 76.92 \text{m/s} = 149.5 \text{kn(TAS)} \quad (2.49)$$

20000ft 高度使用襟翼时的当量失速速度为

$$V_T = \frac{V_E}{\sqrt{\sigma}} \Rightarrow V_{s_E} = \sqrt{\frac{0.653}{1.225}} \times 76.92 = 56.16 \mathrm{m/s} = 109.18 \mathrm{kn(EAS)} \quad (2.47)$$

由此可见,正如预期的那样,在 20000ft 处的当量失速速度与海平面上的真实失速速度是相同的。

由例 2.7 可知,DC-9-30 飞机在 20000ft 高空的当量失速速度与海平面的真实失速速度相同。对于任意高度和速度的任意飞机来说,这都是一个正确的表述。换句话说,对于任意飞机,在任意高度的当量失速速度都等于海平面的真实失速速度。这是正确的,然而真实失速速度在两个不同的高度是不一样的。

这也是为什么飞行员在处理失速时喜欢使用当量空速的原因之一。他们只需要记住一个数。无论飞行高度是多少,飞行员都不应将飞机当量空速降低到特定的当量失速速度以下。如果飞行员使用 TAS,他必须记住所有高度的真实失速速度,因为它们在每个高度是不同的。为了达到这个目的,飞行员面前的速度表上用一个红色的标记来警示失速速度。采用这种简单的方法,飞行员可以保证不会以低于失速的速度飞行。此外,还有一种警告设备(例如,大多数通用航空飞机上都有喇叭),在飞行员接近失速速度时发出警告。虽然当量失速速度并不是真空速,但它具有降低飞行员负担、提高飞行安全性的重要特性。

习 题

注:除非另外说明,假设为 ISA 条件。

2.1　某飞机机翼面积为 180ft²,质量为 3200kg,若分别以速度 80kn 和 130kn 在海平面巡航飞行,确定其升力系数。

2.2　一架质量为 1200kg、机翼面积为 14m² 的飞机正在 3000ft 高空巡航。当其真空速为 100knot 时,确定其升力系数。

2.3　假设习题 2.2 中的飞机阻力系数为 0.05。发动机产生多大的推力?

2.4　确定 AR 为 12.5 的机翼的升力曲线斜率(单位为 rad⁻¹)。然后计算机翼迎角为 5° 时的升力系数。假设零升迎角为 0 且 a_0 为 $2\pi(\mathrm{rad}^{-1})$。

2.5　计算习题 2.2 中最大升力系数为 1.6 时飞机的真实和当量失速速度。

2.6　飞机需要以 10° 爬升角爬升。这架飞机的质量为 30000kg,可生产 50000N 的阻力。假设迎角为 0 且推力安装角为 0。

(1)这架飞机必须产生多大的升力?

(2)飞机发动机必须产生多大的推力?

2.7　一架最初静止的飞机在跑道上以 10m/s² 的加速度加速。假设这架飞机的其他参数为 $S = 30\mathrm{m}^2$,$m = 6000\mathrm{kg}$,$C_L = 0.7$,$C_D = 0.1$,$V = 60\mathrm{kn}$。计算发动机推

力,假设摩擦力为常值且等于飞机重力的2%。

2.8 一架重力为145000lb、机翼面积为1318ft^{2}的货机,其最大升力系数为2.5。ISA+15条件下,该飞机能否在25000ft高度以速度150KTAS巡航飞行?

2.9 悬挂式滑翔机(Nimbus)的质量(结构加上驾驶员)为138kg,机翼面积为16.2m^2,失速速度为16kn。最大升力系数是多少?

2.10 计算悬挂式滑翔机沃尔默VJ-23的机翼面积。飞机几何形状和质量信息可从表2.2中获得。如果飞行员的质量是75kg,飞机结构的质量是多少?

2.11 运动飞机Butterworth具有以下特点:$S=10.4m^2$,$m=635kg$,$V_s=56kn$(海平面)。假设该飞机在每个高度的最大速度为126kn(TAS)。在什么高度,最大TAS和失速TAS是一样的?

2.12 货机C-130空载质量为13000kg,机翼面积为85m^2,失速速度为94kn(EAS)。如果最大升力系数为2.2,则确定满足该失速速度的负载(货物和机组人员)加燃油的最大质量。

2.13 B-1B轰炸机最大起飞质量为216367kg,机翼面积为181m^2,最大速度Ma2.2。假设这架飞机在巡航时的阻力系数是0.03,那么在这种飞行条件下,四个发动机产生的推力是多少?

2.14 教练机PC-7质量为2700kg,机翼面积为16.6m^2,巡航速度为330km/h。

(1)当ISA条件下巡航高度为5000m时,升力系数是多少?

(2)在同一天的相同高度的巡航中,升力系数必须增加多少?夏季的一天,海平面温度为42℃。

2.15 一架机动性强的飞机,质量为6800kg,机翼面积为32m^2,阻力系数为0.02。要求飞机以100kn的速度垂直爬升。发动机需要产生多大的推力?

2.16 计算EMB-121A1飞机的机翼面积。飞机的几何形状和重量数据可以从表2.2中获得。

2.17 F-14战斗机能垂直飞行吗?飞机数据可参考表2.2。假设阻力系数为0.03。

2.18 飞机在高空巡航时的动压为9000Pa。

(1)如果飞机速度为389kn,确定高度。

(2)根据KEAS计算飞机当量空速。

2.19 一架运输机以Ma0.5的速度在20000ft的高空巡航。如果有50m/s的逆风,则地速和TAS是多少节?

2.20 "航行者"号飞机不需要空中加油就能环球飞行。在一次任务中,飞机以110kn的速度在15000ft的高度在赤道上空飞行。假设有15m/s的风一直从西到东吹。

(1)如果从西向东巡航完成这个任务需要多少天?

(2)如果从东向西巡航完成这个任务需要多少天?

注:地球直径为12800km。

2.21 塞斯纳奖状Ⅱ型飞机正以3°迎角爬升。这架飞机的几何形状和重量数据可以从表2.2中获得。

(1)若阻力系数为0.035,当爬升速度为160kn时,确定其爬升角度。

(2)确定爬升过程中升力与重力的比值。

2.22 ISA的条件下,一架机翼面积200m^2的运输机正在35000ft高空以 Ma 0.6的速度巡航。

(1)如果升力系数为0.24,确定飞机的质量;

(2)如果阻力系数为0.035,确定发动机推力。

2.23 一架机翼面积420m^2的运输机正在38000ft高空以550kn(KTAS)的恒定速度巡航。这架飞机在巡航飞行开始时的质量为390000kg,巡航结束时的燃料消耗量为150000kg。确定巡航开始和结束时的机翼迎角。另外假设 AR = 8.5, $a_0 = 2\pi (\mathrm{rad}^{-1})$, $\alpha_0 = -1°$。

2.24 冬季(ISA − 20)时"猎鹰"900飞机将从跑道上起飞。从静止开始,几秒钟后,当速度达到 $0.5V_s$ 时,摩擦力为飞机重力的1%且阻力系数为0.1。

(1)确定此时飞机的加速度;

(2)至此需要多长时间? 假设这一过程中加速度为常值。

注:飞机几何形状和重量数据可从表2.2中获得。

2.25 重复2.24题,假设飞机在夏季起飞(ISA + 20)。

2.26 一架最初处于静止状态的飞机正在跑道上加速准备起飞。当飞机速度为35KTAS时,加速度为10m/s^2。这架飞机目前的其他参数是 $S = 35m^2$, $m = 6400$kg, $C_L = 0.8$, $C_D = 0.037$。如果摩擦系数为0.02,计算发动机推力。假设海平面ISA条件。

2.27 飞机(图2.24)以恒定的空速下降,下降角为20°。飞机的迎角为5°,而发动机的安装角为3°。在飞机上画出力(重力、气动力和发动机推力),并推导出这个飞行阶段的运动方程。

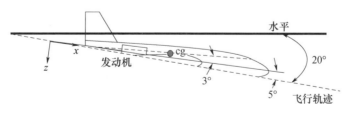

图2.24 一架下降中的飞机

2.28 一架战斗机正以任意爬升角爬升。飞机有两台涡扇发动机,两台发动机都有正角度的安装角。以任意迎角绘制飞机侧面图。然后,推导出这种爬升运动的运动方程。

2.29 一架非垂直起降战斗机正在海平面上垂直爬升。飞机有两台涡扇发动机,两台发动机都有正角度的安装角。以任意迎角绘制飞机侧面图。然后,推导出这种爬升飞行的运动方程。

2.30 一架垂直起降飞机正在海平面上垂直爬升。飞机有两台涡扇发动机,在起飞过程中,它们被布置成产生向上的推力。以任意迎角绘制飞机侧面图。然后,推导出这种爬升飞行的运动方程。

2.31 一名飞行员正计划在5000m的高度从东向西飞行,这样他就可以看几个小时的日落。为了达到这个目标,飞行速度(以Ma为单位)必须是多少? 假设在这次飞行中有30kn的逆风。地球在海平面的半径是6400km。

2.32 一架运输机波音777(图7.21)在8200ft的高空以318mile/h的速度下降。

(1)1min后,高度为4000ft,空速为234mile/h,确定平均下降角。

(2)1min后,高度为着陆高度(海平面高度),空速为180mile/h,确定平均下降角和减速度。这个飞行阶段需要1min。

2.33 地球在半径为 147×10^9 m 的圆形轨道上绕太阳运动。运动一圈的持续时间为1年。用海平面上的声速(即速度)来表示地球的速度。

2.34 1960年3月24日,一架图-114——世界上最快的螺旋桨飞机——在1000km的闭环上,带有0~25000kg的载荷,最高速度记录为871.38km/h。用马赫数表示这个速度。假设海平面。

参考文献

[1] Jackson,P. ,Jane's All the World's Aircraft,Jane's Information Group,Several years,United Kingdom.

[2] Roskam,J. , Airplane Flight Dynamics and Automatic Flight Control, Part I, DAR Corporation, Lawrence,KS,2007.

[3] Stevens,B. L. and Frank,L. L. ,Aircraft Control and Simulation,John Wiley,Hoboken,NJ,2003.

[4] Anderson,J. ,Fundamentals of Aerodynamics,3rd edn. ,McGraw-Hill,New York,2005.

[5] Walters,J. M. and Sumwalt,R. L. ,Aircraft Accident Analysis:Final Reports,McGraw-Hill,New York,2000.

[6] Kimberlin,R. D. ,Flight Testing of Fixed-Wing Aircraft,AIAA,Reston,VA,2003.

第 3 章
阻力与阻力系数

3.1 引言

阻力是飞行的天敌,也是飞行的代价。第 2 章简要介绍了影响飞机运动的主要力。其中一组力是气动力,它可以分为两类:升力和阻力。飞机性能分析的先决条件是能够计算飞机在各种飞行状态下的阻力。性能工程师的工作之一是确定飞机在不同高度、速度和构型下产生的阻力。这不是一项容易的任务,因为这个力是多个参数的函数,包括飞机的外形和部件。如第 2 章所述,阻力是关于飞机速度、机翼面积、空气密度及其外形的函数。每架飞机都有唯一的外形。因此,飞机的性能分析必须考虑到这种外形。飞机阻力的外形效应用阻力系数 C_D 加上与飞机相关的参考面积来表示。

飞机是一个复杂的三维飞行器,但为了计算简单,假设阻力是一个二维面积的函数,并且称之为参考面积。这个面积可以是任何面积,包括尾翼面积、机翼面积、机身横截面积(即机身横截面)、机身表面积,甚至飞机俯视面积。无论选择哪个面积,阻力都必须相同。这种唯一的阻力是由于阻力系数是参考面积的函数。因此,如果选取较小的参考面积,阻力系数就较大。如果选择较大的参考面积,阻力系数就应较小。对于机翼面积较小的飞行器(如高速导弹),通常以机身横截面积(与气流垂直)作为参考面积。然而,对于大机翼的飞机,通常假定机翼的俯视平面面积(事实上,即总机翼面积)是参考面积。

该面积的测量很容易,并且它通常包括飞机最重要的气动部分。这种简化的参考面积用复杂的阻力系数进行补偿,如第 2 章所讨论的一样,即

$$D = \frac{1}{2}\rho V^2 S C_D \qquad (3.1)$$

阻力系数 C_D 是一个无量纲参数,但它考虑了飞机的每个气动外形方面,包括大部件如机翼、尾翼、机身、发动机和起落架,以及小部件如铆钉和天线。这个系数有两个主要部分(将在下一节中解释)。第一部分称为与升力相关的阻力系数或

诱导阻力系数 C_{D_i}，而第二部分称为零升力阻力系数 C_{D_0}。第一部分的计算并不难，但是第二部分的计算需要很长的时间和精力。在大型运输机中，这项任务由一组多达 20 名工程师执行，时间长达 6 个月。由于这个原因，这一章很大一部分是关于 C_{D_0} 的计算。这个计算不仅耗时，而且非常敏感，因为它会影响飞机性能的各个方面。

阻力是有利因素并有效利用的场合之一是降落伞，降落伞是一种通过增加阻力使物体/飞行器在大气层(如地球或火星)中运动速度大大减慢的装置。降落伞可用于各种载荷，包括人、食物、装备和太空舱。减速伞有时用于为飞行器(如航天飞机接地以后)提供水平减速手段。伞兵利用降落伞极大地降低了终端速度，以保证安全着陆。

空气动力学家和飞机设计者的主要任务之一就是降低这个系数。飞机设计者对这一系数非常敏感，因为飞机外形的任何变化都会改变这一系数，最终影响飞机的直接运营成本。作为一名性能工程师，对于任何飞机，只要看它的三视图，就必须能够估算 C_{D_0} 且准确率约为 30% 。当用更多的时间来计算时，这种估计将会更加准确，但永远不会是精确的，除非在风洞中使用飞机模型进行试验，或者用真实的飞机模型进行飞行测试测量。本章提出的方法对亚声速飞机的精度约为 90% ，对超声速飞机的精度约为 85% 。

3.2　阻力分类

阻力是所有阻碍飞机运动的力的总和。即使是最简单的飞机外形，计算一架完整飞机的阻力仍然是一项困难且具有挑战性的任务。下面将考虑飞机总阻力的不同来源。阻力随空速的变化就像一条抛物线。这表明阻力最初随空速增加而减小，然后随空速增加而增大。这表明，有一些参数会随着速度的增加而减小阻力，而有一些参数会随着速度的增加而增大阻力。这种观测结果提供了一个很好的阻力分类方向。虽然阻力和阻力系数可以用多种方式表示，但为了简单明了，在所有主要分析中将使用抛物线型阻力极曲线。不同的参考书和教科书使用不同的术语，因此它可能会使学生和工程师混淆。本节给出了各种类型阻力的定义列表和阻力的分类。

(1)诱导阻力。有限展弦比 AR 升力面的下游形成的尾涡系统所产生的阻力。换句话说，这种类型阻力是由升力诱导引起的。

(2)寄生阻力。飞机的总阻力减去诱导阻力。因此，它是与升力产生没有直接关系的阻力。寄生阻力是由各种气动阻力的分量组成，其定义如下。

① 表面摩擦阻力。黏性剪切应力(摩擦力)在其接触面(表面)上形成的阻力。流线型物体(如薄板)的阻力通常表示为表面摩擦阻力的形式。这种阻力是

雷诺数的函数。薄板边界层中的流动主要有两种情况:一种是完全层流;另一种是完全湍流。雷诺数是基于物体在速度方向上的总长度。在通常的应用中,边界层通常是物体前缘附近的层流层,并且沿表面一定距离后向湍流层过渡。

层流边界层在前缘开始形成,其厚度在下游逐渐增大。在离前缘一定距离处,层流边界变得不稳定,并且无法抑制表面粗糙度或自由流中的波动对其造成的扰动。在一定距离内,边界层通常会向湍流边界层过渡。该层厚度突然增大,其特征是平均速度剖面上叠加了随机波动速度分量。从物体前缘到过渡点的距离可由过渡雷诺数计算。表面摩擦系数与层流表面粗糙度无关,但受湍流边界层表面粗糙度的影响很大。

② 外型阻力(有时称为压差阻力)。垂直作用于物体表面的静压的综合作用在阻力方向上分解所产生的阻力。不同于与物体表面相切的黏性剪切应力所产生的表面摩擦阻力,形状阻力是由垂直于物体表面的压力分布所产生的。在与气流方向垂直的平板的极端情况下,阻力完全是压力分布不平衡的结果。与表面摩擦阻力一样,形状阻力一般取决于雷诺数。形状阻力是基于投影的迎风面积。当物体开始在空气中运动时,边界层的涡量从上下表面脱落,形成两个反向旋转的涡流。

表 3.1 给出了许多对称形状的低速阻力值[1]。该表中的阻力系数值是基于迎风面积的。在这个表中,气流是从左向右的。

表 3.1 各种几何形状的阻力系数值

序号	物体	状态	形状	C_D
二维物体(L 表示沿气流方向的长度,D 表示垂直于气流方向的长度)				
1	方形	尖角		2.2
		圆角		1.2
2	圆形	层流		1.2
		湍流		0.3
3	等边三角形	尖角面		1.5
		平面		2
4	矩形	尖角	$L/D = 0.1$	1.9
			$L/D = 0.5$	2.5
			$L/D = 3$	1.3
		圆角	$L/D = 0.5$	1.2
			$L/D = 1$	0.9
			$L/D = 4$	0.7

序号	物体	状态	形状	C_D
5	椭圆形	层流	$L/D=2$	0.6
			$L/D=8$	0.25
		湍流	$L/D=2$	0.2
			$L/D=8$	0.1
6	对称的壳	凹面		2.3
		凸面		1.2
7	半圆形	凸面		1.2
		平面		1.7
三维物体(L表示长度,D表示直径)				
1	立方体	$Re>10000$		1.05
2	薄圆盘	$Re>10000$		1.1
3	圆锥体($\theta=30°$)	$Re>10000$		0.5
4	球体	层流 $Re\leqslant2\times10^5$		0.5
		湍流 $Re\geqslant2\times10^6$		0.2
5	椭球体	层流 $Re\leqslant2\times10^5$		0.3~0.5
		湍流 $Re\geqslant2\times10^6$		0.1~0.2
6	半球体	$Re>10000$	凹面	0.4
		$Re>10000$	平面	1.2
7	矩形板	$Re>10000$	垂直于气流	1.1~1.3
8	垂直圆柱体	$Re\leqslant2\times10^5$	$L/D=1$	0.6
			$L/D=\infty$	1.2
9	水平圆柱体	$Re>10000$	$L/D=0.5$	1.1
			$L/D=8$	1
10	降落伞	层流		1.3

③ 干扰阻力。两个物体相互靠近所产生的阻力增量。例如,机翼－机身组合体的总阻力通常大于各自独立的机翼阻力和机身阻力之和。

④ 配平阻力。由使飞机围绕其重心配平的(尾翼)气动力的增量而产生的阻力。配平阻力通常是水平尾翼上的诱导阻力和形状阻力的形式。

⑤ 翼型阻力。通常指二维翼型截面表面摩擦阻力和形状阻力之和。

⑥ 冷却阻力。空气通过动力装置以冷却发动机而损失动量所产生的阻力。

⑦ 激波阻力。这种阻力,仅限于超声速气流,是一种诱导阻力的形式,它是由作用于产生激波的物体表面的激波两侧非相互抵消的静压分量产生的。

下面的内容将详细考虑这些不同类型的阻力,并给出合理估计其大小的方法。图3.1展示了分为两个主要组的阻力分类。

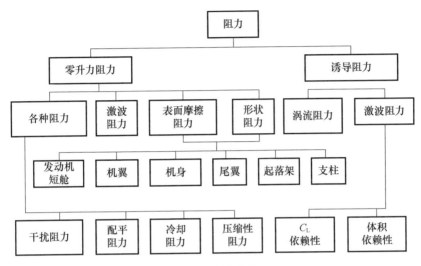

图 3.1 阻力分类

对于常规飞机来说,阻力主要分为两部分:与升力相关的阻力和与升力无关的阻力。第一部分称为诱导阻力 D_i,因为这种阻力是由升力(压力)引起的。第二部分称为零升力阻力 D_0,因为它对升力没有影响,主要来源于剪切应力,即

$$D = D_0 + D_i \tag{3.2}$$

(1)诱导阻力。它是与升力的产生直接相关的阻力。这是由诱导阻力对迎角的依赖性导致的。随着飞机迎角(即升力系数)的变化,这种类型的阻力也会改变。诱导阻力本身由两部分组成。第一部分来源于机翼、尾翼、机身以及其他部件周围的涡流。第二部分是由于空气压缩效应。在低亚声速飞行中,它是可以忽略的。但是在高亚声速和跨声速飞行中,就必须考虑它的存在。在超声速飞行中,在原诱导阻力的基础上又增加了激波阻力 D_w。原因是要考虑激波的作用。机翼是飞机产生升力的主要部件。因此,约80%的诱导阻力来自机翼,约10%来自尾翼,而其余来自其他部件。诱导阻力是空速、空气密度、参考面积和升力系数的函数,即

$$D_i = \frac{1}{2}\rho V^2 S C_{D_i} \tag{3.3}$$

式中:C_{D_i} 为诱导阻力系数。

3.3节将介绍计算这个系数的方法。图3.2所示为诱导阻力作为关于空速的

函数的特性。随着空速的增加,诱导阻力减小。因此,诱导阻力与空速成反比。

(2)零升阻力。它包括所有不依赖升力产生的阻力。飞机的每个气动部件(与气流直接接触的部件)都会产生零升阻力。典型部件有机翼、水平尾翼、垂直尾翼、机身、起落架、天线、发动机短舱和支柱。零升阻力与空速、空气密度、参考面积和部件外形有关,即

$$D_0 = \frac{1}{2}\rho V^2 S C_{D_0} \tag{3.4}$$

式中:C_{D_0}为零升阻力系数,系数 C_{D_0} 的计算方法将在3.4节中介绍。

图3.2所示为零升阻力随空速的变化情况。随着空速的增加,诱导阻力也增大。因此,零升阻力直接是空速的函数。

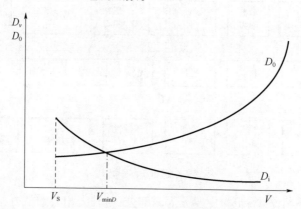

图3.2　D_0 和 D_i 随空速的变化

由式(3.1)~式(3.4)可知,阻力系数有两个分量,即

$$C_D = C_{D_0} + C_{D_i} \tag{3.5}$$

C_{D_i}的计算并不是什么大问题,将在3.3节解释,但是 C_{D_0} 的计算是非常具有挑战性的、烦琐的,并且困难的。这一章的主要内容是关于 C_{D_0} 的计算。其实这一章的主要思想就是关于 C_{D_0} 的计算。

3.3　阻力极曲线

飞机阻力可以用多种方法进行数学建模。似乎很自然的是,要寻找由飞行参数引起的阻力变化与标准图形或几何图形的相似性。将寻找一个准确而又简单的数学模型,即图3.3中曲线的数学表达式。

如图3.2和式(3.5)所示,阻力由两项组成:一项与空速的平方成正比(即V^2),而另一项与 V^2 成反比。第一项称为零升阻力,表示与摩擦特性、形状和凸起

(如座舱、天线或外部油箱)相关的气动清洁度。它随着飞机速度的增加而增加,是决定飞机最大速度的主要因素。第二项表示诱导阻力(升力引起的阻力)。它的贡献在低速时最高,并随着飞行速度的增加而减少。如果将图 3.2 中的这两条曲线(D_0 与 D_i)合并(实际上是相加),将得到一条抛物线曲线,如图 3.3 所示。抛物线形阻力模型虽然不精确,但其精度足以满足性能计算的需要。阻力系数随升力系数的变化也有类似的规律。阻力极曲线是阻力系数随升力系数变化而变化的曲线(即变化的数学模型)。

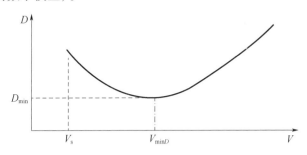

图 3.3　阻力随空速的变化

　　虽然阻力和阻力系数可以用多种方式表示,但为了简单明了,在分析中选择了抛物线形的阻力极曲线。这只适用于亚声速飞行。对于当前的超声速飞机来说,阻力无法用这样一个简化的表达式来充分描述,必须使用扩展方程或表格数据进行精确计算。但是,在这一阶段,更精确的阻力公式不会大人增进对飞机性能的基本了解,因此,只在一些计算例子和练习中进行介绍。请注意,曲线是从失速速度开始的,因为飞机无法在失速速度以下的任何速度维持水平飞行。对于阻力系数 C_D 与升力系数 C_L 的变化,同样的结论也成立,如图 3.4 所示。

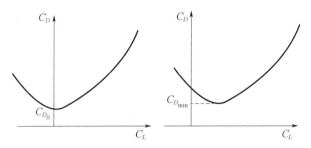

图 3.4　典型的阻力极曲线(C_D 随 C_L 的变化)

　　图 3.3 的无量纲形式,即阻力系数随升力系数的变化,如图 3.4 所示。可以证明,二阶抛物曲线在数学上以可接受的精度描述这样的曲线:

$$y = a + bx^2 \tag{3.6}$$

式中:y 可用 C_D 替换;x 可用 C_L 替换。

因此,阻力系数随升力系数变化的模型可以采用以下抛物线模型:

$$C_D = a + bC_L^2 \tag{3.7}$$

现在,需要确定方程中 a 和 b 的值或表达式。在对称抛物线曲线中,参数 a 是参数 y 的最小值。因此在 C_D 与 C_L 的抛物线曲线中,参数 a 必须是阻力系数的最小值。把这个阻力系数的值称为 C_{D_0},因为它表示升力为 0 时 C_D 的值。注意 $C_{D_{\min}}$ 通常不等于 $C_{D_{\min}}$。

式(3.7)中 b 的对应值必须通过实验得到。空气动力学家把这个参数用符号 K 表示,并称为诱导阻力修正系数。诱导阻力修正系数与机翼的 AR 和机翼的 Oswald 效率系数 e 成反比,其数学关系为

$$K = \frac{1}{\pi \cdot e \cdot AR} \tag{3.8}$$

机翼的 AR 为翼展 b 与平均气动弦(MAC 或 $\bar{C}$)之比。该比值可以重新整理为如下的机翼面积 S 与翼展的函数:

$$AR = \frac{b}{C} = \frac{bb}{Cb} = \frac{b^2}{S} \tag{3.9}$$

机翼的 Oswald 效率系数表示机翼产生升力的效率,它是机翼的 AR 和前缘后掠角 Λ_{LE} 的函数。如果升力分布呈抛物线形,则假定机翼的 Oswald 效率系数最高(即 100% 或 1)。Oswald 效率系数通常在 $0.7 \sim 0.9$ 之间。文献[2]介绍了 Oswald 效率系数估计的以下两种表达式:

$$e = 4.61(1 - 0.045AR^{0.68})(\cos\Lambda_{LE})^{0.15} - 3.1 \tag{3.10}$$

$$e = 1.78(1 - 0.045AR^{0.68}) - 0.64 \tag{3.11}$$

式(3.10)用于前缘后掠角超过 30° 的后掠机翼,而式(3.11)用于矩形机翼(无后掠)。这两个公式仅适用于 AR 较高(如大于 6)的机翼。

机翼前缘后掠角(图 3.5)为机翼前缘与飞机 y 轴的夹角。表 3.2 所列为多种飞机的机翼 Oswald 效率系数 e。e 的值在大迎角时减小可达约 30%。几种飞机的 Oswald 效率系数的测量值[3]如下:洛克希德·马丁公司的 F-16C"战隼"(图 7.22):0.91;洛克希德·马丁公司的 F-22A"猛禽"(图 5.13):0.84;麦道公司(现在的波音公司)的 F-15E"攻击鹰":0.78;洛克希德·马丁公司的 L-1011"三星":0.61;洛克希德·马丁公司的 SR-71"黑鸟"(图 4.24):0.51;波音 747 飞机(图 8.12(b)):0.52;洛克希德·马丁公司的 C-5B"银河":0.51;诺斯罗普·格鲁曼公司的 RQ-4A"全球鹰"(图 2.11):0.77;洛克希德·马丁公司的 U-2S 飞机:0.8;波音 B-52 飞机同温层堡垒:0.57;空客 A-340 飞机(图 1.11(b)):0.62。由此可见,这些值的范围从 $0.5 \sim 0.9$。

利用诱导阻力修正系数 e,可得阻力系数随升力系数变化的数学表达式:

$$C_D = C_{D_0} + KC_L^2 \tag{3.12}$$

式(3.12)有时称为飞机的"阻力极曲线"。该式的主要难点是零升阻力系数

的计算。表3.2显示了几种飞机的典型C_{D_0}值。该表中的值是最小的可能值,这意味着它们是在最低的空速(通常是亚声速)下确定的。滑翔机或翱翔机在空气动力学上效率是最高的(C_{D_0}低至0.01),而农用飞机在空气动力学上效率是最低的(C_{D_0}高达0.08)。升力系数可由式(2.3)得到。将翼展为16m、C_{D_0}为0.016的滑翔机施莱克尔ASK−13(图3.6)与C_{D_0}为0.058的农用飞机派珀PA−25−260波尼(图3.7)进行对比。

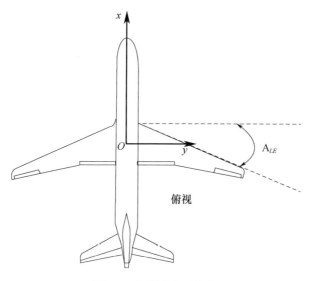

图3.5 机翼前缘后掠角

表3.2 几种飞机的零升阻力系数C_{D_0}和Oswald效率系数e的典型值

序号	飞机种类	C_{D_0}	e
1	双发活塞螺旋桨	0.022 ~ 0.028	0.75 ~ 0.8
2	大型涡桨	0.018 ~ 0.024	0.8 ~ 0.85
3	带可收放式起落架的小型通航	0.02 ~ 0.03	0.75 ~ 0.8
4	带固定式起落架的小型通航	0.025 ~ 0.04	0.65 ~ 0.8
5	带作物喷粉机的农用飞机	0.07 ~ 0.08	0.65 ~ 0.7
6	不带作物喷粉机的农用飞机	0.06 ~ 0.065	0.65 ~ 0.75
7	亚声速喷气	0.014 ~ 0.02	0.75 ~ 0.85
8	超声速喷气	0.02 ~ 0.04	0.6 ~ 0.8
9	滑翔机	0.012 ~ 0.015	0.8 ~ 0.9
10	遥控模型飞机	0.025 ~ 0.045	0.75 ~ 0.85

图3.6 滑翔机施莱克尔 ASK – 21（Fabrizio Capenti 提供）

图3.7 农用飞机派珀 PA – 25 – 260（Gustavo Corujo，Gusair 提供）

比较式(3.5)与式(3.12)可得

$$C_{D_i} = KC_L^2 \tag{3.13}$$

因此,诱导阻力与升力系数的平方成正比。图 3.4 所示为升力系数(诱导阻力)对阻力系数的影响。

3.4 零升阻力系数的计算

由式(3.12)可知,阻力的气动力计算依赖于零升阻力系数 C_{D_0}。由于性能分析是以飞机阻力为基础的,因此飞机性能分析的精度很大程度上依赖于 C_{D_0} 的计算精度。这一节主要研究零升阻力系数的计算,是本章最重要的一节。确定零升阻力系数的方法称为"叠加"。

如图 3.8 所示,飞机的外部气动部件都对飞机的阻力有贡献。虽然只有机翼和尾翼在一定程度上具有气动作用(产生升力),但每个与气流直接接触的部件(大到机翼或小到铆钉)都有某些类型的空气动力作用(产生阻力)。因此,为了计算飞机的零升阻力系数,必须包含每一个贡献项。一架飞机的 C_{D_0} 就是所有贡献部件 C_{D_0} 的和:

$$C_{D_0} = C_{D_{0f}} + C_{D_{0w}} + C_{D_{0ht}} + C_{D_{0vt}} + C_{D_{0LG}} + C_{D_{0N}} + C_{D_{0S}} + C_{D_{0HLD}} + \cdots \quad (3.14)$$

式中：$C_{D_{0f}}$、$C_{D_{0w}}$、$C_{D_{0ht}}$、$C_{D_{0vt}}$、$C_{D_{0LG}}$、$C_{D_{0N}}$、$C_{D_{0S}}$、$C_{D_{0HLD}}$分别为机身、机翼、水平尾翼、垂直尾翼、起落架、发动机短舱，支柱和高升力设备（HLD）（如襟翼）对飞机 C_{D_0}的贡献。

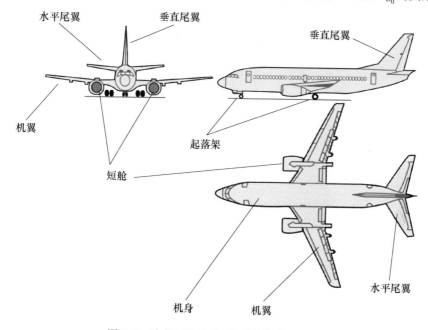

图 3.8   波音 737 对 C_{D_0}有贡献的主要部件

式(3.14)末尾的省略号说明还有一些其他部件没有显示在这里。它们包括不重要的部件，如天线、皮托管、失速喇叭、导线、干扰和雨刷。

每个部件都有正的贡献，并且没有一个部件有负的贡献。在大多数常规飞机中，机翼和机身对飞机的 C_{D_0}各自贡献 30% ~40%（共 60% ~80%）。所有其他部件对飞机的 C_{D_0}贡献 20% ~40%。有些飞机（如悬挂式滑翔机）没有机身，对飞机的 C_{D_0}没有任何贡献。相反，飞行员扮演着与机身相似的角色。

在本节的每个小节中，将介绍一种计算每个部件对飞机 C_{D_0}的贡献的技术。所有这些技术和方程的主要参考文献是文献[4]。大部分方程是建立在飞行试验数据和风洞试验基础上的，因此叠加技术主要依靠经验公式。

3.4.1   机身

机身零升阻力系数由下式给出：

$$C_{D_{0f}} = C_f f_{LD} f_M \frac{S_{\text{wet}_f}}{S} \quad (3.15)$$

式中:C_f 为表面摩擦系数,并且它是一个无量纲的数。根据普朗特关系确定如下:

$$C_f = \frac{0.455}{[\log_{10}(Re)]^{2.58}}(湍流) \tag{3.16}$$

$$C_f = \frac{1.327}{\sqrt{Re}}(层流) \tag{3.17}$$

式中:Re 为雷诺数,是无量纲值。它定义为

$$Re = \frac{\rho VL}{\mu} \tag{3.18}$$

式中:ρ 为空气密度;V 为飞机的真空速;μ 为空气黏度;L 为飞行方向的长度分量。

对于机身而言,L 是机身的长度。对于机翼和尾翼这类升力面来说,L 是 MAC。

式(3.16)适用于纯湍流,而式(3.17)适用于纯层流。大多数飞机经常在机身和其他部件上经历层流和湍流的组合。气动文献[5,6]推荐了一种技术来评估层流和湍流在任意气动部件上的比值。从层流到湍流的过渡点可以用这些文献来评估。为了简单起见,这里不再复述相关内容。相反,建议假设气流要么是完全层流,要么是完全湍流。完全湍流的假设给出了一个更好的结果,因为对阻力的高估要比低估好得多。

理论上,当 $Re < 4000$ 时,流动为层流。但是在实际中,当 $Re < 200000$ 时,湍流是无效的,所以当 $Re < 200000$ 时,可以假设层流,而当 $Re > 2000000$ 时,可以假设湍流。文献[6]表明经验确定的临界雷诺数 $Re \approx 500000$。根据经验,在低亚声速飞行中,气流主要是层流,但在高亚声速和跨声速飞行中,气流主要是湍流。超声速和高超声速飞行在飞机的每一个部件上都经历完全的湍流。一架典型的现代飞机,层流可能会覆盖 10%~20% 的机翼、机身和尾翼。像比亚乔 180 这样的现代飞机,机翼和尾翼的层流可达 50%,而机身的层流为 40%~50%。

式(3.15)中的第二个参数 f_{LD} 是机身长度与直径的比值的函数,它定义为

$$f_{LD} = 1 + \frac{60}{(L/D)^3} + 0.0025\left(\frac{L}{D}\right) \tag{3.19}$$

式中:L 为机身长度;D 为最大直径。

如果机身的横截面不是圆,需要找到它的等效直径。式(3.15)中的第三个参数 f_M 是 Ma 的函数。定义为

$$f_M = 1 - 0.08Ma^{1.45} \tag{3.20}$$

式(3.15)中最后两个参数为 S_{wet_f} 和 S,分别为机身浸润面积和机翼参考面积。

浸润面积是构成飞机外壳的材料的实际表面积,它是物体的总表面积,也就是与空气实际接触的,被空气浸润的物体表面积。实际上,湿润表面积是压力和剪切应力分布作用的表面积。因此,在讨论气动力时,它是一个有意义的几何量。然而,浸润面积是不容易计算的,尤其是复杂的飞行器形状。

似乎有必要解释式(3.15)中的参考面积 S。参数 S 仅仅是一个参考面积,对

于力和力矩系数的定义,要进行适当选择。

参考面积S只是一个可以任意指定的作为基础或参考的面积。这种选择主要是为了方便。传统飞机的参考面积S是俯视向下看机翼时所看到的投影面积,包括机翼两部分之间的机身部分。因此,对于机翼以及整架飞机来说,机翼平面面积通常用作C_L、C_D和C_m的定义中的S。然而,如果考虑的是一个锥体或其他细长的像导弹一样的物体的升力和阻力,那么参考面积S通常认为是锥体或机身的底面面积。图3.9强调了机翼净面积与机翼总面积之间的差异。因此,当描述机翼平面面积时,指的是机翼的总面积。在计算机翼阻力和飞机阻力时,参考面积选择的假设将不会产生任何误差。原因是阻力系数会根据这种选择而进行自动调整。

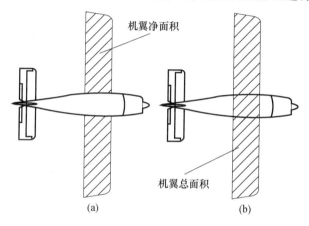

图3.9 机翼总面积与机翼净(外露)面积

无论用平面面积、底面面积或任何其他面积来表示给定形状的S,它仍然是几何上相似的不同物体的相对大小的度量。只要选取方式保持一致性,可以把任何重要的面积作为参考面积。在计算C_L、C_D和C_m时,重要的是将气动力/力矩划分到一个显而易见的面积。当飞机性能工程师从技术文献中获取C_L、C_D和C_m的数据时,他们必须知道计算S时使用了什么样的几何参考面积。然后,在计算升力、阻力和俯仰力矩时,应使用相同的面积。否则,结果将包含显著的不准确性。与S_{wet_f}相比,计算机翼的平面面积要容易得多。

3.4.2 机翼、水平尾翼与垂直尾翼

由于机翼、水平尾翼和垂直尾翼是三个升力面,所以它们的处理方式相似。机翼$C_{D_{0_w}}$、水平尾翼$C_{D_{0_{ht}}}$和垂直尾翼$C_{D_{0_{vt}}}$的零升阻力系数分别为

$$C_{D_{0_w}} = C_{f_w} f_{tc_w} f_M \frac{S_{\text{wet}_w}}{S} \left(\frac{C_{d_{\min_w}}}{0.0004} \right)^{0.4} \tag{3.21}$$

$$C_{D_{0_{ht}}} = C_{f_{ht}} f_{tc_{ht}} f_M \frac{S_{wet_{ht}}}{S} \left(\frac{C_{d_{min_{ht}}}}{0.0004} \right)^{0.4} \tag{3.22}$$

$$C_{D_{0_{vt}}} = C_{f_{vt}} f_{tc_{vt}} f_M \frac{S_{wet_{vt}}}{S} \left(\frac{C_{d_{min_{vt}}}}{0.0004} \right)^{0.4} \tag{3.23}$$

式中：C_{f_w}、$C_{f_{ht}}$ 和 $C_{f_{vt}}$ 与式(3.15)中的机身定义相似。唯一不同的是,机翼、水平尾翼和垂直尾翼的雷诺数(式(3.24))中 L 的等效值是它们的 MAC($\bar{C}$),换句话说,升力面(如机翼)雷诺数的定义为

$$Re = \frac{\rho V \bar{C}}{\mu} \tag{3.24}$$

式中:MAC 按下式计算,即

$$\bar{C} = \frac{2}{3} C_r \left(1 + \lambda - \frac{\lambda}{1 + \lambda} \right) \tag{3.25}$$

式中:C_r 为翼根弦长(图 3.10);λ 为机翼的根尖比,即翼尖弦长 C_t 与翼根弦长 C_r 的比值,即

$$\lambda = \frac{C_t}{C_r} \tag{3.26}$$

图 3.10　机翼平均气动弦(MAC)

参数 f_{tc} 是厚弦比的函数,由下式给出:

$$f_{tc} = 1 + 2.7 \left(\frac{t}{c} \right)_{max} + 100 \left(\frac{t}{c} \right)_{max}^4 \tag{3.27}$$

式中:$(t/c)_{max}$为机翼或尾翼的最大厚弦比。一般来说,机翼的最大厚弦比为12%~18%,而尾翼的最大厚弦比为9%~12%。式(3.13)中参数S_{wet}为机翼或尾翼的浸润面积。

参数S_{wet_w}、$S_{wet_{ht}}$和$S_{wet_{vt}}$分别表示机翼浸润面积、水平尾翼浸润面积和垂直尾翼浸润面积。与参考面积不同,浸润面积是基于外露面积,而不是总面积。由于机翼和尾翼截面的特殊曲率,精确计算机翼或尾翼的浸润面积似乎是很耗时的。有一种简便的方法可以以可接受的精度确定升力面的浸润面积。由于机翼和尾翼不太厚(平均约为15%),最初可能假定浸润面积约为净面积或外露面积的2倍(图3.9)。更准确地说,可以假设升力面是一个薄盒子,其平均厚度等于机翼厚度的1/2。根据这个假设,浸润面积为

$$S_{wet} = 2\left[1 + 0.5\left(\frac{t}{c}\right)_{max}\right]bC \tag{3.28}$$

为了达到最终的精度,需要使用CAD软件包(例如AutoCAD或SolidWorks)来计算浸润面积。

式(3.21)~式(3.23)中的参数$C_{d_{min}}$为机翼或尾翼翼型截面的最小阻力系数。它可以很容易地从机翼的C_d-C_l曲线中获得。图3.11给出了一个6系列NACA翼型63_1-412的例子。文献[7]收集了NACA各种4位数、5位数和6系列翼型的大量信息。例如,对于干净或襟翼收起构型,NACA翼型63_1-412的最小阻力系数为0.0048。

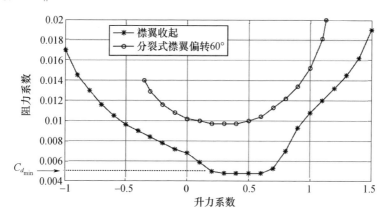

图3.11 NACA翼型63_1-412的升力系数随阻力系数的变化(出自Abbott,
I. H. and von Doenhoff, A. E. 机翼截面理论,多佛,米尼奥拉,纽约,1959年)

例3.1 考虑一架具备以下特征的货机:

$m = 380000\text{kg}$, $S = 567\text{m}^2$, $\text{MAC} = 9.3\text{m}$, $(t/c)_{max} = 18\%$, $C_{d_{min}} = 0.0052$

这架飞机以400kn的空速在海平面上巡航。假设飞机C_{D_0}为机翼C_{D_0}($C_{D_{0_w}}$)的3倍,确定飞机的C_{D_0}。

解

雷诺数为：

$$Re = \frac{\rho V \bar{C}}{\mu} = \frac{1.225 \times (400 \times 0.5144) \times 9.3}{1.785 \times 10^{-5}} = 131334640 = 1.31 \times 10^8 \quad (3.24)$$

$$Ma = \frac{V}{a} = \frac{400 \times 0.5144}{340} = 0.605 \quad (1.36)$$

由于较高的雷诺数，所以流过机翼的气流是湍流，则

$$C_f = \frac{0.455}{[\lg(Re)]^{2.58}} = \frac{0.455}{[\lg(131334640)]^{2.58}} = 0.00205 \quad (3.16)$$

$$f_M = 1 - 0.08M^{1.45} = 1 - 0.08 \times 0.605^{1.45} = 0.9614 \quad (3.20)$$

$$f_{tc} = 1 + 2.7\left(\frac{t}{c}\right)_{\max} + 100\left(\frac{t}{c}\right)_{\max}^4 = 1 + 2.7 \times 0.18 + 100 \times 0.18^4 = 1.591 \quad (3.27)$$

$$S_{\text{wet}} = 2\left[1 + 0.5\left(\frac{t}{c}\right)_{\max}\right]bC = 2[1 + 0.5 \times 0.18] \times 567 = 1236(\text{m}^2) \quad (3.28)$$

$$C_{D_{0_w}} = C_{f_w} f_{tc_w} f_{Ma} \frac{S_{\text{wet}_w}}{S}\left(\frac{C_{d_{\min_w}}}{0.0004}\right)^{0.4} \quad (3.21)$$

$$= 0.00205 \times 1.591 \times 0.9614 \times \frac{1236}{576} \times \left(\frac{0.0052}{0.0004}\right)^{0.4} = 0.0759$$

因此，飞机的零升阻力系数为

$$C_{D_0} = 3C_{D_{0_w}} = 3 \times 0.0759 = 0.0228$$

3.4.3　高升力设备

高升力设备(high - lift device, HLD)是机翼的一部分，使用它(即偏转)可以增加升力。它们通常在起飞和降落时使用。两大类主要的 HLD 是后缘 HLD(通常称为襟翼)和前缘 HLD(如前缘缝翼)。机翼后缘襟翼有许多种类型，如分裂式襟翼、简单襟翼、单开缝襟翼、富勒襟翼、双开缝襟翼和三开缝襟翼。它们向下偏转以增加机翼的弧度，从而增加升力，所以最大升力系数 $C_{L_{\max}}$ 也将会增加。用于大型运输机的最有效的方法是前缘缝翼。波音 747 上使用的可变弧度的克鲁格襟翼(图 8.12(b))就是前缘缝翼的一种变体。机翼后缘襟翼的主要作用是在不使飞机俯仰的情况下增大机翼的有效迎角。HLD 的应用有一些负面作用，包括飞机阻力有所增加(将包含在 C_{D_0} 中)。偏转直到 15°，襟翼主要用以产生升力，而阻力会保持最小限度。

3.4.3.1　后缘高升力设备

由于使用后缘高升力设备而导致的 C_{D_0} 增大可由以下经验公式计算：

$$C_{D_{0_{\text{flap}}}} = \left(\frac{C_f}{C}\right)A(\delta_f)^B \quad (3.29)$$

式中:C_f/C 为襟翼位置的平均襟翼弦与平均翼弦的比值(图 3.12),通常约为 0.2。在襟翼展开的情况下,如在开缝襟翼的情况下,C_f 表示展开后的弦长。此外,翼弦 C 也局部增加。请不要把这个 C_f 与表面摩擦系数 C_f 混淆,两者采用的符号相同(式(3.16)和式(3.17))。式(3.29)是基于襟翼展长与机翼展长比值为 70% 的襟翼。当襟翼展长不同时,应对结果进行相应的修正。

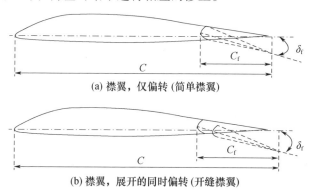

(a) 襟翼,仅偏转(简单襟翼)

(b) 襟翼,展开的同时偏转(开缝襟翼)

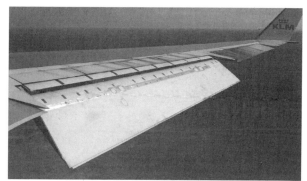

(c)麦道MD–11的开缝襟翼(Kas van Zonneveld提供)

图 3.12　襟翼位置的机翼截面

根据襟翼的类型,参数 A 和 B 如表 3.3 所列。δ_f 是襟翼的偏转度(通常小于 50°)。图 3.12 还显示了麦道 MD – 11 的开缝襟翼。

表 3.3　不同类型襟翼的 A 和 B 取值

序号	襟翼类型	A	B
1	分裂式襟翼	0.0014	1.5
2	简单襟翼	0.0016	1.5
3	单开缝襟翼	0.00018	2
4	双开缝襟翼	0.0011	1
5	富勒襟翼	0.00015	1.5

3.4.3.2　前缘高升力设备

由于使用前缘高升力设备(如开槽和开缝)而导致的 C_{D_0} 增大可由以下经验公式计算:

$$C_{D_{0_{sl}}} = \left(\frac{C_{sl}}{C} \right) C_{D_{0_w}} \tag{3.30}$$

式中: C_{sl}/C 为平均展开的襟翼弦长与平均展开的机翼弦长之比; $C_{D_{0_w}}$ 为不展开 HLD(包括前缘缝翼)时的机翼零升阻力系数。

3.4.4　起落架

起落架(或着陆装置)是当飞机不在空中飞行时,用以支撑飞机重量并帮助飞机沿着跑道表面运动的结构(通常是支柱和机轮)。起落架通常包括机轮,并配备用于固体地面的减震器,但一些飞机配备用于雪地的雪橇或用于水面的浮子,以及滑撬。为了降低飞行中的阻力,一些起落架连同机轮一起被收进机翼和/或机身,或隐藏在舱门后。这称为可收放起落架。在可收放起落架的情况下,飞机的 C_{D_0} 不受起落架的影响。

当起落架固定(不收回)到位时,它会给飞机带来额外的阻力。它有时增加的飞机阻力高达 50%。在一些飞机上,用整流罩来减少不可收放起落架的阻力(图 3.13(b))。整流罩是一种局部覆盖,它具有流线型的形状,如翼型一样。由起落架机轮导致的 C_{D_0} 增加可由以下经验公式给出:

$$C_{D_{01g}} = \sum_{i=1}^{n} C_{D_{lg}} \left(\frac{S_{lg_i}}{S} \right) \tag{3.31}$$

式中: S_{lg_i} 为每个机轮的迎风面积; S 为机翼参考面积; $C_{D_{lg}}$ 为各轮的阻力系数,有整流罩时为 0.15,而无整流罩时为 0.30(图 3.13(a))。

(a) 湾流G-V飞机无整流罩的前轮　　　(b) 西锐SR-22飞机有整流罩的起落架

图 3.13　起落架与其整流罩

每个机轮的迎风面积就是直径 d_g 乘以宽度 w_g，即

$$S_{lg} = d_g w_g \tag{3.32}$$

如式(3.31)所示，每个流经气流的机轮都必须考虑阻力。由于这个原因，使用了下标 i。参数 n 为飞机的机轮数。下一节给出起落架支柱的阻力计算。有些飞机装有滑撬，特别是当飞机有尾轮时。滑撬不是升力面，但为了计算零升阻力，可将其视为小翼。

3.4.5 支柱

本节讨论两种类型的支柱：起落架支柱和机翼支柱。起落架通常通过支柱连接到飞机结构上。在一些通用航空(GA)/自制飞机中，机翼通过一些支柱来支持机翼结构，即支柱支撑的机翼(图3.14)。现代飞机使用先进的材料制造更坚固的结构，因此不需要任何支撑机翼的支柱，也就是悬臂。在一些飞机上(如悬挂式滑翔机)，机翼支柱的横截面是一个对称的机翼，以减少支柱阻力。在这两种情况下，支柱都会对飞机产生额外的阻力。

图3.14　起落架与其整流罩

由于采用支柱而导致的 C_{D_0} 增加可由以下经验公式给出：

$$C_{D_{0s}} = \sum_{i=1}^{n} C_{D_{si}} \left(\frac{S_s}{S} \right) \tag{3.33}$$

式中：S_s 为每个支柱的迎风面积(其直径乘以长度)；S 为机翼参考面积；$C_{D_{0s}}$ 为每根支柱为流线型(即具有翼型截面)时的阻力系数，其值为0.1，当支柱没有翼型截面时，其阻力系数由表3.1给出；参数 n 是飞机的支柱数。可以看到，使用翼型截面的支柱减少了10个数量级的阻力。然而，它的制造成本也大幅增加。

3.4.6 发动机短舱

如果发动机没有埋入机身内，则它必须直接与空气接触。为了降低发动机的

阻力,发动机通常安装在一个称为短舱的气动罩内。在阻力计算中,可以认为短舱与机身相似,只是其长径比较低。因此,短舱零升力阻力系数 $C_{D_{O_n}}$ 的确定方法与机身相同。对于短舱长径比小于 2 的情况,假设为 2。该参数用于式(3.19)。当进行安装阻力演示时,一些航空发动机制造商会在发动机产品目录中公布发动机短舱的阻力。在这种情况下,可以使用制造商的数据。只有当发动机未安装推力已知时,才可确定发动机舱阻力。空客 A330 的发动机短舱如图 3.15 所示。

图 3.15　空客 A330 的发动机短舱

3.4.7　外部油箱

外部油箱(如翼尖油箱)与气流直接接触,因此会产生阻力。外部油箱可以建模为小型机身。在油箱长径比小于 2 的情况下,假设为 2。

3.4.8　冷却阻力

当燃油在燃烧室燃烧时,航空发动机就是一个热源。这种热量主要通过油/水传导到发动机的外表面,包括气缸。为了保持发动机的效率和性能,热量应该通过一种方便的技术,通常是热传导,转移到外部的空气。不同类型的热交换器安装在航空发动机中,需要空气通过热交换器来进行冷却。这种冷却空气的来源通常是自由气流,可能在一定程度上会被螺旋桨滑流扩张(在螺旋桨驱动的发动机中)或从压气机部分(在涡轮发动机中)引流。

当空气流过时,为了从物体中吸收热能,气流会损失总压和动量。在传热过程中的这种损失可以解释为一种阻力,称为冷却阻力。

涡轮发动机制造商会计算气流中的净功率/推力损失,并从发动机未安装的功率/推力中减去。在这种情况下,飞机不会增加冷却阻力。活塞发动机制造商通常不提供安装功率,因此需要确定冷却阻力才能计算安装功率。对于活塞式发动机来说,发动机功率通常会降低约 5%,以弥补冷却损失。

发动机需要通过一种特殊的固定方式/挂架安装到飞机结构(如机身和机翼)上。气冷发动机有一个特殊的装置(图 3.16)来提供围绕发动机的气流。冷却阻力的计算与安装方式高度相关。无法找出一种适用于每台发动机安装方式的通用技术。涡轮/活塞发动机制造商使用计算机软件包计算[8]其发动机的安装损失。由于发动机结构和典型发动机安装方式中内流的复杂性,目前估计冷却损失的方法本质上是根据经验的。

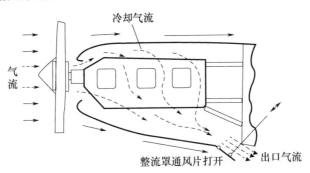

图 3.16　采用整流罩通风片控制发动机冷却空气

对于油冷式涡轮发动机,通过查询发动机制造商的产品目录并使用安装功率/推力来考虑冷却阻力就足够了。对于风冷式发动机,发动机冷却阻力系数 $C_{D_{0_{en}}}$ 由以下经验关系式给出:

$$C_{D_{0_{en}}} = 4.51 \times 10^{-8} \frac{K_e P T^2}{\sigma V S} \tag{3.34}$$

式中:P 为发动机功率(hp)(1hp = 745.7W);T 为出口的热空气温度(K);σ 为空气的相对密度;V 为飞机的空速(m/s);S 为机翼参考面积(m^2);K_e 为一个取决于发动机类型和安装方式的系数,其值在 1 ~ 3 之间变化。

3.4.9　配平阻力

基本上,配平阻力与前面讨论的阻力类型没有什么不同。它产生的主要原因是,为使飞机绕其重心保持平衡而不得不产生水平尾翼载荷。可以归因于水平尾翼上有限升力的任何阻力增量都将导致配平阻力。这些增量主要表示尾翼诱导阻力的变化。

为了进一步研究这个问题,从机翼和尾翼所产生的升力的总和开始,在配平的巡航飞行中,这些升力必须等于飞机重力,即

$$L_t + L_w = L = W \tag{3.35}$$

其中

$$L_w = \frac{1}{2} \rho V^2 S_w C_{L_w} \tag{3.36}$$

$$L_t = \frac{1}{2} \rho V^2 S_t C_{L_t} \tag{3.37}$$

式(3.35)是巡航飞行中飞机纵向配平的要求之一。将尾翼升力和机翼升力代入式(3.35),可得水平尾翼升力系数 C_{L_t} 为

$$C_{L_t} = (C_L - C_{L_w}) \frac{S}{S_t} \qquad\qquad (3.38)$$

式中: C_L 为飞机升力系数; C_{L_w} 为机翼升力系数; S_t 为水平尾翼面积。

那么,配平阻力将为

$$C_{D_{0_{trim}}} = C_{D_{i_t}} = K_t C_{L_t}^2 \frac{S_t}{S} = \frac{1}{\pi \cdot e_t \cdot \mathrm{AR}_t} \frac{S_t}{S} \left[(C_L - C_{L_w}) \frac{S}{S_t} \right]^2 \qquad (3.39)$$

式中: e_t 为水平尾翼翼展 Oswald 效率系数; AR_t 为水平尾翼的 AR。

配平阻力通常很小,在巡航条件下只占飞机总阻力的 1% 或 2%。例如,文献[10]中列出了里尔喷射机航模 25 的配平阻力仅为巡航条件下总阻力的 1.5%。

3.4.10 其他部分和部件的零升阻力系数

到目前为止,已经介绍了计算飞机主要部件 C_{D_0} 的技术,还有其他产生阻力并对飞机总 C_{D_0} 有贡献的部件、部分、因素和项目。本节将介绍这些项目。

3.4.10.1 干扰

当两个物体相交或靠近时,它们的压力分布和边界层会相互影响,导致组合的净阻力往往大于单独的阻力之和,这种阻力增量称为干扰阻力。除了特定数据已知的情况,干扰阻力很难准确计算,例如:①将发动机短舱安装在靠后的挂架(如湾流 V);②中单翼构型中的机翼和机身之间的干扰阻力;③喷气发动机排气喷管后方的水平尾翼;④螺旋桨伴流后方的机翼前缘。

图 3.17 显示了连接在机身一侧的机翼。在机身 – 机翼接合处,当两个部件的边界层相互影响并在接合处局部增厚时,会产生阻力增量。如果两个表面以非 90°的角度接触,这种类型的阻力将变得更加严重。文献[11]证实,随着两表面角度从 90°减少到大约 60°,与机体连接的支柱的干扰阻力将翻倍。飞机表面应避免出现锐角,否则,应在接缝处进行填角,以减少干扰阻力。

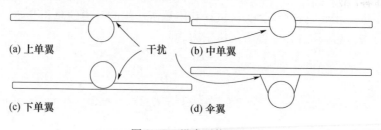

图 3.17　机身干扰阻力

在上单翼构型的情况下,干扰阻力主要来自机身边界层与机翼下表面边界层的相互影响。后者在正迎角下相对较薄。此外,干扰机身边界层的是下单翼上表面的边界层。上表面边界层较下表面边界层相对更厚。因此,下单翼飞机的机翼–机身干扰阻力通常大于上单翼飞机。

现有的干扰阻力数据有限。文献[12]和[11]介绍的相关内容数量有限。根据文献[12],对于典型的 AR 和机翼厚度,机翼–机身干扰引起的近似阻力增量约为机翼零升阻力的 4%。

干扰阻力的理论精确计算是不可能的,除非使用高逼真度的计算流体动力学(CFD)软件包。例如,在机身开始变细的位置正前方,从机身凸出的机翼可能触发机身后部的气流分离。有时,干扰阻力是有利的,例如,当飞机紧紧跟随另一架飞机飞行时。确定干扰阻力最准确的技术是风洞或飞行试验。

3.4.10.2 天线

许多飞机的通信天线都位于飞机外部。它们与空气直接接触,因此它们会产生阻力。天线主要有两种类型:杆/线/鞭,以及刀或板。两种类型的天线都应该放在一个开放的空间(机身下方或上方)以便更好地通信。在飞行过程中,气流流经天线,因此它会产生阻力。在较老的飞机上,使用的是鞭或线形天线,而在现代飞机上使用的是垂直板。天线通常位于机身上方或下方。

例如,U – 2S "龙女"(Dragon Lady)侦察机有一根充当自动测向器(ADF)的细长鞭形天线,以及一根充当超高频(UItra High Frequency)无线电的大的平板天线。鞭形天线本来是直的。后来,为给大跨度/机背突出的吊舱留出间隙,鞭形天线的上部改为弯曲形状。此外,波音垂直起降飞机 CH – 113Labrador 机身下有各种天线和平板,即两个刀形天线、两个鞭形天线和一个毛巾架 "罗兰" 天线。图 3. 19 展示了萨博 JAS – 39C "鹰狮" 的天线:一个在机身顶部,而另一个在垂直尾翼内部。

为了计算天线的 C_{D_0},将杆形天线视为支柱,而将刀形天线视为小翼。可以利用支柱(3.4.5 节)和机翼(3.4.2 节)的方程来确定天线的 C_{D_0}。

3.4.10.3 空速管

空速管(带有静压口)是一种压力测量仪器,它用于测量飞机的空速并且有时也用于测量飞机的高度。基本的空速管只是由一个直接指向气流的管道组成。由于这个管子含有空气,所以当流动的空气静止时,就可以测出压力。这种压力是空气的滞止压力,也称为总压,有时也称为空速管压力。

因为空速管与外界空气直接接触,所以它对飞机的阻力有一定的贡献。如果飞机处于亚声速状态,空速管的水平部分可以假设为一段小机身而空速管的垂直部分则可假设为支柱。在超声速飞行中,空速管周围会形成激波并产生额外的波阻。对于超声速气流,3.5 节介绍了空速管的零升阻力系数的计算方法。图 3.18

所示为波音 KC-135R"同温层油船"的垂直尾翼上的空速管和塞斯纳 172 机翼下的空速管。另外,NASA 飞机"全球鹰"的空速管如图 2.11 所示。

(a) 塞斯纳172　　　　　　　　　　(b) 波音KC-135R同温层油船

图 3.18　空速管(Steve Dreier 提供)

3.4.10.4　表面粗糙度

飞机结构(蒙皮)外表面的粗糙度对飞机的阻力有相当大的影响。由于这个原因,飞机的蒙皮经常是经过抛光和油漆的。这种油漆不仅能保护蒙皮免受大气的侵蚀(如生锈),而且能减少其阻力。蒙皮的表面越光滑,飞机的阻力(表面摩擦)就越会减少。感兴趣的读者可以参考特定的空气动力学文献和发表的论文,以获得更多关于表面粗糙度对飞机阻力影响的信息。对于表面粗糙度的气动分析,感兴趣的读者可以参见文献[13,14]。

3.4.10.5　间隙

控制面(如升降舵、副翼、方向舵)、襟翼、扰流片与升力面(如机翼、尾翼)之间通常存在间隙。空气通过这些微小的间隙流动,从而产生额外的阻力,称为间隙阻力,通常占总阻力的 1% ~ 2%。读者可以参考特定的空气动力学文献和发表的论文,以获得更多关于这些间隙对飞机阻力影响的信息。

3.4.10.6　铆钉和螺钉

飞机结构(机身和机翼)的外表面覆盖着一层蒙皮。蒙皮,如果是由金属材料制成,则通过铆钉或螺钉等附着在飞机结构的主要部件(如横梁和框架)上。例如,费尔柴尔德公司的 A-10"雷电"飞机在机身尾部、短舱和垂直尾翼上就有非平的扁圆头铆钉。它们比平头铆钉更坚固,安装成本更低。复合结构的优点是,它们不需要任何铆钉或螺钉,通常是通过粘合等技术连接在一起的。

在使用螺钉的情况下,螺钉的顶部通常可以隐藏在蒙皮内。但大多数类型的铆钉的头是露在蒙皮外面的。因此,它们会产生额外的阻力。图 3.18(a)显示了塞斯纳-172 飞机机翼上的铆钉和螺钉。铆钉和螺钉通常占总阻力的 2% ~ 3%。

作者没有找到任何文献来说明如何计算铆钉对飞机阻力的贡献。由于空气动力学分析的缺陷(如铆钉),感兴趣的读者可参阅文献[13],还可以使用飞行测试来测量这种类型的阻力。

3.4.10.7 挂架

吊舱式涡轮发动机(如涡扇发动机)通常用挂架安装在飞机机翼或机身上。挂架主要是一种结构部件,但可以设计成有助于飞机升力。虽然挂架本质上不是一个升力面,但为了计算零升阻力,可将其视为一个小翼。庞巴迪 CC - 144“挑战者”飞机的发动机挂架如图 8.17 所示。此外,缩比复合材料 348“白骑士”2 飞机的发动机挂架如图 5.17 所示。

3.4.10.8 襟翼机构的整流罩

高升力设备在起飞和降落时需要偏转,而在其他飞行条件下需要缩回。机械设备(机械机构)用于调整襟翼位置。在长襟翼(如大型运输机)中,每一侧都需要多个机械机构。为了减少这种机构的阻力,采用了壳形的整流罩,该整流罩具有至少部分 U 形的开口轮廓。这不是一个结构单元,因此不承担应力。为了计算零升阻力,每个整流罩可视为一个小的垂直尾翼。空客 A330 飞机襟翼机构的整流罩如图 3.15 所示。此外,在图 3.19 中展示了波音 777 飞机的襟翼机构整流罩和挂架。

3.4.10.9 压缩性

自 20 世纪 40 年代高速飞机出现以来,压缩性对飞机阻力的影响一直很重要。压缩性是流体的一种特性。当流体被压缩时,其密度会增加。液体的压缩性很低,而气体的压缩性很高。在现实生活中,每种流体的流动都或多或少是可压缩的。真正的恒定密度(不可压缩)的流体是不存在的。然而,对于几乎所有的液体(如水),密度的变化是如此之小,以至于可以以合理的准确性做出恒定密度的假设。

由于流体是可压缩的,流体的流动也可能是可压缩的。不可压缩流动是一种假设密度始终恒定的流动。可压缩流动是密度变化的流动。一些重要的例子包括通过火箭和燃气轮机发动机的内部流动,高亚声速、跨声速、超声速和高超声速风洞的内部流动,速度超过 $Ma\ 0.3$ 的现代飞机上的外部流动,以及常见的往复式内燃机的内部流动。对于大多数实际问题,如果密度变化超过 5%,则认为流动是可压缩的。图 3.20 所示为三种构型中压缩性对阻力的影响。

高于 $Ma\ 0.3$ 的流速与相当大的压力变化有关,同时伴随着相应的明显的密度变化。飞机在高亚声速(如 $Ma\ 0.9$)时的阻力大约是低亚声速(如 $Ma\ 0.2$)时的 2 倍。考虑自由气流中机翼。升力是由于机翼下表面压力高于自由流且机翼上表面压力低于自由流而产生的。这通常伴随出现机翼上表面空气速度高于自由流[15]且机翼下表面空气速度低于自由流。

襟翼机构整流罩　　　　挂架

(a) 波音777飞机的襟翼机构整流罩和挂架 (Fabrizio Capenti提供)

(b) 麦道EAV-8B "斗牛士" II飞机的翼下安装方式 (Weimeng提供)

踏板

(c) 贝尔-波音MV-22B "鱼鹰" 飞机的踏板 (Maurice Kockro提供)

(d) 塞斯纳172飞机的发动机排气管 (Gustavo Corujo提供)

(e) 麦道KDC-10空中加油机加油硬管 (Fabrizio Capenti提供)

(f) 胜利者VC10空中加油机的可拆卸受油插头 (Steve Dreier提供)

天线

(g) 萨博JAS-39C "鹰狮" 飞机 (Fabrizio Capenti提供)

(h) 洛克希德L-1011三星飞机的雨刷 (Steve Dreier提供)

图 3.19　产生阻力的杂项

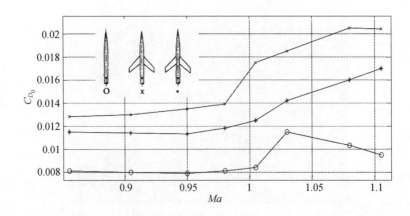

图 3.20　右侧翼 – 体中部机身直径较小(可乐瓶)(出自 Hoak D. E. ,1978 年 Dayton, OH 赖特 – 帕特森空军基地,空军飞行动力学实验室,美国空军稳定与控制网站)

当空速接近声速时(即 $Ma > 0.85$),由于存在正弧度,机翼上表面可能达到更高的局部速度,并且可能甚至大幅超过局部声速,$Ma = 1$(图 3.21)。当最大局部马赫数达到 1 时的自由流马赫数称为临界马赫数。

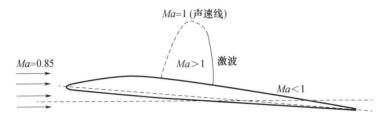

图 3.21　高亚声速流中的局部超声速

机翼上声速和超声速局部速度的存在与阻力的增加有关。额外的阻力是由通过斜激波的总压的降低造成的,这会引起局部的不利压力梯度。此外,当斜激波与边界层相互作用时,边界层变厚,甚至可能发生分离。这称为压缩性阻力。

弧形翼型具有典型的波峰,这种翼型的升力面具有波峰线。波峰是机翼上表面与自由流相切的点。波峰线是翼型波峰沿翼展方向的轨迹。由压缩性引起的阻力增加一般不大,直到局部声速出现的位置或翼型波峰后方。根据经验,除超临界翼型外,所有翼型在波峰位置处,当马赫数比 $Ma = 1$ 高出 $2\% \sim 4\%$ 时,阻力将急剧上升。这种阻力开始陡增时的马赫数称为[16]阻力发散马赫数。

然而,在波峰前方出现大量的超声速局部速度并不会导致显著的阻力增加,前提是速度在波峰前方再次降低到声速以下。由压缩性引起的阻力增量系数记为 ΔC_{D_c}。图 3.22 所示为当今运输机数据的经验平均值。表 3.4 所列为多架飞机压缩性引起的阻力增量系数。

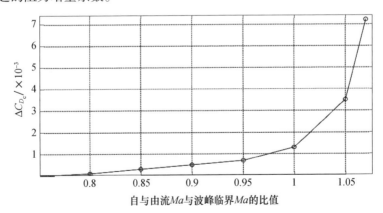

图 3.22　压缩性引起的阻力增量系数(出自 Hoak D. E. ,1978 年 Dayton,
OH 赖特 - 帕特森空军基地,空军飞行动力学实验室,美国空军稳定与控制资料)

表3.4　多架飞机压缩性引起的阻力增量系数

序号	飞机	低亚声速时的 C_{D_0}	高亚声速时的 C_{D_0}	压缩性引起的阻力增量系数 $\Delta C_{D_c}/\%$
1	波音 727	0.017	0.03	76.5
2	北美 F-86"佩刀"	0.014	0.04	207.7
3	格鲁曼 F-14"熊猫"	0.021	0.029	38.1
4	麦道 F-4"鬼怪"	0.022	0.031	40.9
5	康维尔 F-106"三角标枪"	0.013	0.02	54

图 3.23 所示为一组典型的大型喷气运输机的阻力曲线。

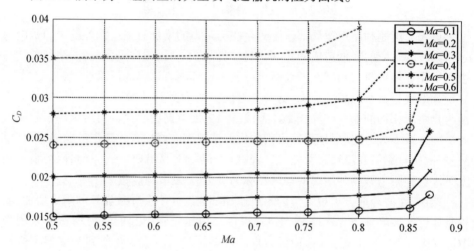

图 3.23　不同 Ma 的阻力系数

3.4.10.10　结冰

冰通常积聚在机翼前缘和上表面,以及裸露的管道、天线、襟翼铰链、控制短杆、机身机头、挡风玻璃雨刷、机翼支柱和固定起落架周围。冰破坏了机翼表面的空气流动。因此,它大大降低了升力,增加了阻力。风洞试验表明,机翼上的冰比一张粗糙的砂纸更厚或更粗糙,可以增加高达40%的阻力。

3.4.10.11　加油硬管、插座、软管、插头和锥套

军用飞机,主要是战斗机,配备空中加油系统,空中飞行时可从空中加油机加油。目前,美国空军固定翼飞机[17]使用飞行硬管加油。加油硬管是一种刚性伸缩套管,加油机上的操作员将其伸出并插入正在加油的飞机的插座中。空军直升机、所有海军和海军陆战队飞机以及北约国家和其他盟国空中加油使用软管-锥套

式。这种加油方法使用了一根从加油机尾部伸出的软管。软管末端的一个锥套（一个小的风向袋）使其在飞行中保持稳定，并为加油的飞机提供一个漏斗，以使加油飞机将插头插入软管中。加油硬管、软管、插头和锥套会产生相当大的阻力。计算这些阻力是一项具有挑战性的任务，但一些简化的模型可能会给出近似结果。图 3.19 所示为麦道 KDC - 10 空中加油机和胜利者 VC10 C1K 加油机的受油插头头部。

3.4.10.12　外挂

战斗机有多种外挂装置。外挂的种类和方式并非适用于所有飞机，但因飞机的用途而有所不同。一些例子包括导弹、炸弹和航炮，通常安装在翼下或翼尖。每个外挂都会产生额外的阻力，阻力的大小是其几何形状和尺寸的函数。图 3.19 所示为麦道 EAV - 8B"斗牛士"II 的两个外挂（油箱）。

3.4.10.13　外部传感器

许多有人飞机和任何现代大型无人机都装备有大量传感器和测量装置，如照相机、光电和红外传感器等。例如，为完成地球科学任务，NASA 的阿姆斯特朗飞行研究中心使用了一架诺斯罗普·格鲁曼公司的"全球鹰"无人机，用于测量、监控和观察地球上远程位置，而这些位置的任务用有人飞机或太空卫星执行不可行或不实用。"全球鹰"机翼下的两个吊舱包括了多种大气测量探头（安装了 13 个仪器）。每个外部传感器都将产生额外的阻力，其大小是其几何形状和构型的函数。

3.4.10.14　杂项

还有其他产生阻力的项，但由于其种类繁多，本节不具体列出。这些项目包括：允许飞行员或技术人员爬上小型 GA 飞机的踏板；尾翼上用于平衡制造不平衡的小板；弹射挂钩；雨刷；迎角计叶片；非流线型的机身；导流板绳索；农业飞机上的化学喷头；涡流发生器；航行灯；管件；发动机排气管；外部燃料箱；用于外挂物的翼下位置点/安装点/挂载点；起落架舱门；窗口；结构线缆（图 1.11(a)）；由动力飞机牵引无动力滑翔机的缆绳；翼尖（图 3.19(a)）；扰流片。计算这些次要项的阻力超出了本书的范围。然而，一些项目可以建模为一个小机翼或机身。

例如，空速管可以建模为小型机身，而挂架可以建模为小型机翼。图 3.19 说明了产生阻力的八个杂项：①空客 A319 飞机襟翼机构的整流罩和翼尖；②麦道 EAV - 8B"斗牛士"II 用于外挂物的翼下位置点/安装点/挂载点；③贝尔 - 波音 MV - 22B"鱼鹰"的踏板；④塞斯纳 172 飞机的发动机排气管；⑤麦道 KDC - 10 飞机的空中加油硬管；⑥"胜利者"VC10 C1K 的受油插头；⑦萨博 JAS - 39C"鹰狮"的天线；⑧洛克希德·马丁公司的 L - 1011 三星飞机的雨刷。文献[18]提供了大量的飞机照片，在这些照片中可以观察和识别各种飞机的细节。

3.4.11 总的零升阻力系数

基于叠加技术,可以很容易地将总的零升阻力系数 C_{D_0} 确定为所有飞机部件和要素的 C_{D_0} 之和。3.4.10 节介绍的计算 C_{D_0} 的贡献因素比较复杂。这些因素有时会导致 C_{D_0} 增加约50%。因此,将在计算技术中使用一个修正系数,则飞机的总的零升阻力系数为

$$C_{D_0} = K_c \left[C_{D_{0_w}} + C_{D_{0_f}} + C_{D_{0_{ht}}} + C_{D_{0_{vt}}} + C_{D_{0_s}} + C_{D_{0_{lg}}} + C_{D_{0_n}} + C_{D_{0_{ft}}} + \cdots \right] \quad (3.40)$$

式中: K_c 为修正系数,且取决于多种因素,如机型、制造年份、机身流线度、飞机形状和杂项数量等。表 3.5 所列为几种飞机的 K_c 值。

表 3.5 式(3.40)的修正系数

序号	飞机	K_c
1	喷气运输机	1.1
2	农业	1.5
3	螺旋桨驱动的运输机	1.2
4	单发活塞	1.3
5	通用航空	1.2
6	战斗机	1.1
7	滑翔机	1.05
8	遥控	1.2

每个部件对飞机总的 C_{D_0} 都有贡献。它们的贡献因飞机而异,因外形而异(如从巡航到起飞)。表 3.6 所列为盖茨里尔喷气机 25 所有主要部件对飞机 C_{D_0} 的贡献[12]。该表中第 8 行显示,其他部件的贡献高达 20%。

表 3.6 盖茨里尔喷气机 25 所有主要部件对飞机 C_{D_0} 的贡献

序号	部件	部件的 C_{D_0}	占总 C_{D_0} 的百分比/%
1	机翼	0.0053	23.4
2	机身	0.0063	27.8
3	翼尖油箱	0.0021	9.3
4	短舱	0.0012	5.3
5	发动机支柱	0.0003	1.3
6	水平尾翼	0.0016	7.1
7	垂直尾翼	0.0011	4.8
8	其他部件	0.0046	20.4
9	总 C_{D_0}	0.0226	100

表 3.7 所列为多种飞机低速飞行的 C_{D_0}。退役客机波音 707 是一架气动特性非常好的飞机,其 C_{D_0} 为 0.013。可能已经注意到,与塞斯纳 172 飞机(图 3.19)和塞斯纳 182 飞机(图 4.4)相比,塞斯纳 185 飞机的 C_{D_0} 更低。原因是塞斯纳 172 和塞斯纳 182 飞机采用固定三轮车起落架,而塞斯纳 185 飞机采用固定式后三点起落架。

表 3.7 几种低速飞行的飞机的 C_{D_0}

序号	飞机	类型	起落架	m_{T0}/kg	S/m²	发动机	C_{D_0}
1	塞斯纳 172	单发通航	固定式	1111	16.2	活塞	0.028
2	塞斯纳 182	单发通航	固定式	1406	16.2	活塞	0.029
3	塞斯纳 185	单发通航	固定式	1520	16.2	活塞	0.021
4	塞斯纳 310	双发通航	收放式	2087	16.6	活塞	0.026
5	里尔喷气机 25	商务喷气	收放式	6804	21.53	2 台涡喷	0.0226
6	"湾流" II	商务喷气	收放式	29711	75.21	2 台涡扇	0.023
7	萨博 340	运输	收放式	29000	41.81	2 台涡桨	0.028
8	麦道 DC – 9 – 30	客机	收放式	49090	92.97	2 台涡扇	0.021
9	波音 707 – 320	客机	收放式	151320	283	4 台涡扇	0.013
10	波音 767 – 200	客机	收放式	142880	283.3	2 台涡扇	0.0135
11	空客 340 – 200	客机	收放式	275000	361.6	4 台涡扇	0.0165
12	波音 C – 17"环球霸王" III	运输	收放式	265350	353	4 台涡扇	0.0175

3.5 激波阻力

在超声速气流中,产生了一种新型的阻力,称为"激波阻力"或简称"波阻"。超声速气流遇到障碍物(如机翼前缘或机身前缘)时,它会转向与自身"相撞",从而形成激波。激波是一层薄薄的空气,穿越它时气流的参数,如压力、温度、密度、速度和马赫数,都会发生突变。一般来说,穿越激波的空气会向更高的密度、更高的压力、更高的温度和更低的马赫数跃变。产生激波的有效马赫数是垂直于激波的速度分量的马赫数。这个分量马赫数必须大于 1.0,激波才能存在。波阻是一种新的阻力源,它与滞止压力的损失以及穿越斜激波和正激波时熵的增加有着内在的联系。

一般来说,激波总是把超声速流带回到亚声速状态。在亚声速自由流中,机翼或机身表面的局部马赫数无论何时变为大于 1,气流在到达尾翼后缘之前都必须减速到亚声速。如果表面的形状可以使表面马赫数减小到 1,然后在周围自由流压力下减速到亚声速以到达尾翼后缘,那么就没有激波,也没有激波阻力。跨声速翼型设计的一个主要目标是在激波前将局部超声速马赫数尽可能地减小到1。后掠翼中后掠角的主要作用之一是减小跨声速和超声速飞行时的波阻。

在超声速气流中,主要产生三种激波:斜激波、正激波和膨胀波。一般来说,斜激波使超声速流进入另一种马赫数较低的超声速流。正激波使超声速流进入亚声速流($Ma < 1$)。然而,膨胀波将使超声速流进入另一种马赫数更高的超声速流。在超声速飞行中,激波可以发生在飞机的任何位置,包括机翼前缘、水平尾翼前缘、垂直尾翼前缘和发动机进气道。当激波形成时,所有这些飞机部件的位置都会产生额外的阻力。因此,在超声速下,阻力系数为

$$C_D = C_{D_0} + C_{D_i} + C_{D_w} \tag{3.41}$$

式中:C_{D_w} 为波阻系数。

波阻系数 C_{D_w} 的精确计算是非常耗时的,但是为了给读者提供指导,这里介绍两种方法:一种用于升力面前缘,而另一种用于整架飞机。对于复杂几何形状的飞机,阻力可以用气动方法计算,如涡面元法,以及"计算流体力学"方法。图 3.24 所示为米高扬设计局的米格 - 29 超声速战斗攻击机,其最高速度为 $Ma\ 2.25$。

图 3.24　米高扬设计局的米格 - 29 超声速战斗攻击机(Maurice Kockro 提供)

3.5.1　机翼和尾翼的波阻

本节介绍机翼的波阻。在超声速飞机中,首先受到气流冲击的位置(如机翼前缘、水平尾翼前缘、垂直尾翼前缘、机身机头、发动机前缘)通常被削尖。这一举措的主要原因是减小超声速飞行过程中在飞机部件上产生的激波的马赫数。常用于机翼、水平尾翼和垂直尾翼的两种机翼横截面为双楔形和双凸形(图 3.25)。

(a) 双楔形　　　　　　　　　　　　　(b) 双凸形

图 3.25　超声速翼型截面

本节首先介绍一种波阻计算技术,该技术适用于任何具有拐角(如双楔型和双凸型)并经历激波的部件;然后分别计算该部件的波阻系数 C_{D_w};最后将所有 C_{D_w} 相加到一起。

考虑一个楔形体的前上半部分,该楔形体有一个锐角,在超声速气流中受到斜激波(图 3.26)。楔形体的楔角为 θ,而自由流压力为 P_1,马赫数为 Ma_1。当超声速气流到达拐角时,产生与自由气流为 β 角的斜激波。

对于具有这种外形的各部件,波阻系数为

$$C_{D_w} = \frac{D_w}{\frac{1}{2}\rho V_\infty^2 S} = \frac{D_w}{\frac{1}{2}\gamma Ma^2 PS} \tag{3.42}$$

式中:下标(∞)表示参数是在距离表面无穷远的情况下考虑的(注意,这并不真的意味着无限,但它只是意味着在激波和表面影响之外的距离(自由流)); S 为作用于物体表面(机翼平面形状面积)的压力; D_w 为波阻,等于气压力的轴向分量。在超声速中,诱导阻力可以忽略不计,因为与波阻相比,诱导阻力的贡献可以忽略不计。在超声速中,升力系数的值很低。由于楔形体的角度为 θ,则作用于面积为 A 的楔板表面的流动压力所产生的阻力为

$$D_w = P_2 A \sin\theta \tag{3.43}$$

式中: P_2 为斜激波后方的压力; θ 为拐角角度(图 3.26)。

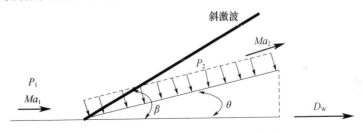

图 3.26 楔形体上的阻力波几何关系

注意,在这种特殊情况下,下表面的压力没有变化。利用能量定律、质量守恒定律和动量方程可以推导出上游和下游流动参数之间的关系。上游压力 P_1 与下游压力 P_2 的关系[20]为

$$P_2 = P_1 \left[1 + \frac{2\gamma}{\gamma + 1}(Ma_{n1}^2 - 1) \right] \tag{3.44}$$

式中: γ 为恒定压力与恒定体积下的比热容的比值($\gamma = c_p/c_v$),对于标准条件下的空气, γ 为 1.4; Ma_{n1} 为上游马赫数的法向分量,且由下式给出,即

$$Ma_{n1} = Ma_1 \sin\beta \tag{3.45}$$

参数 β (斜激波角)是上游马赫数和楔形拐角角度 θ 的非线性函数,有

$$\tan\theta = 2\cot\beta \left[\frac{Ma_1^2 \sin^2\beta - 1}{Ma_1^2(\gamma + \cos2\beta) + 2} \right] \tag{3.46}$$

式(3.46)称为 $\theta - \beta - M$ 关系。对于任意给定的 θ,对于任意给定的马赫数有两个 β 的预测值。通常取较低的值,它代表了通常偏爱的弱激波。

压力也可以是无量纲的,即

$$P_2 - P_\infty = \frac{1}{2}\rho_\infty V_\infty^2 C_p = \frac{1}{2}\gamma Ma_\infty^2 P_\infty C_p \tag{3.47}$$

式中:C_p 为压力系数。

现在,考虑另一种更一般的情况,超声速翼型带有迎角,或者考虑楔形体的另一半。在这种情况下,当超声速流动转向而远离"自己"时,就会形成膨胀波(图 3.27)。膨胀波是激波的对偶形式。在膨胀角处,马赫数增加,但静压、空气密度和温度通过膨胀波后降低。膨胀波也被称为普朗特 – 迈耶尔膨胀波。

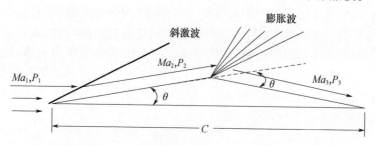

图 3.27　斜激波与普朗特 – 迈耶尔膨胀波

对于如图 3.27 所示的楔形翼型机翼,阻力为压力的水平分量,则

$$D = P_2 A\sin\theta - P_3 A\sin\theta \tag{3.48}$$

式中:A 为表面积,可表示为

$$A = b\frac{C/2}{\cos\theta} \tag{3.49}$$

式中:b 为翼展(图中未显示)。将式(3.48)代入式(3.49),可得

$$D = (P_2 - P_3)b\frac{C/2}{\cos\theta}\sin\theta = \frac{1}{2}(P_2 - P_3)bC\tan\theta \tag{3.50}$$

如果机翼有不同的几何形状,使用这种基本方法确定机翼波阻。膨胀波后的压力由下式[20]给出:

$$P_3 = P_2\left(\frac{1 + \dfrac{\gamma - 1}{2}Ma_2^2}{1 + \dfrac{\gamma - 1}{2}Ma_3^2}\right)^{\gamma/(\gamma-1)} \tag{3.51}$$

式中膨胀波后的马赫数 Ma_3 与膨胀波前的马赫数 Ma_2 通过转向角 θ 存在如下关系:

$$\theta = v(Ma_3) - v(Ma_2) \tag{3.52}$$

式中:$v(Ma)$ 为普朗特 – 迈耶尔膨胀波函数,且由下式给出

$$v(Ma) = \sqrt{\frac{\gamma+1}{\gamma-1}} \arctan\left[\sqrt{\frac{\gamma-1}{\gamma+1}(Ma^2-1)}\right] - \arctan\left(\sqrt{Ma^2-1}\right)$$

$$(3.53)$$

计算时应使用式(3.53)两次:一次计算 Ma_2,而另一次确定 Ma_3。例 3.3 说明了该方法的应用。

例 3.2 在马赫数为 2 的气流中考虑翼展 b 为 5m(图中未示出)且弦长 C 为 2m 的矩形机翼(侧视图如图 3.28 所示)。翼型剖面是一个零迎角的 $10°$ 半角楔形。计算波阻系数。假设底部拐角的膨胀使得基准压力等于自由流压力。试验是在海平面 ISA 条件下进行的。

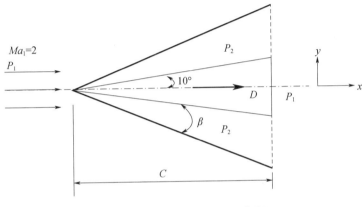

图 3.28 例 3.2 的几何关系(侧视)

解:在海平面 ISA 条件下,自由流压力为 1atm(101325Pa)且空气密度为 1.225kg/m^3。在恒定压力和恒定体积下空气的比热比 γ 为 1.4。由于超声速气流转向与自身"相撞",则在顶、底表面都产生了斜激波。激波后压力 P_2 增大。为了确定压力 P_2,需要先计算激波角 β:

$$\tan\theta = 2\cot\beta\left[\frac{Ma_1^2\sin^2\beta-1}{Ma_1^2(\gamma+\cos2\beta)+2}\right] \Rightarrow \tan10° = 2\cot\beta\left[\frac{2^2\sin^2\beta-1}{2^2(1.4+\cos2\beta)+2}\right]$$

$$(3.46)$$

这个非线性方程的解得到一个 $39.3°$ 的角($\beta = 39.3°$)。激波的法向分量 Ma_{n1} 为

$$Ma_{n1} = Ma_1\sin\beta = 2\sin39.3 = 1.27 \qquad (3.45)$$

激波后的静压为

$$P_2 = P_1\left[1 + \frac{2\gamma}{\gamma+1}(Ma_{n1}^2-1)\right] = 101325\left[1+\frac{2(1.4)}{1.4+1}(1.27^2-1)\right] = 172364\text{Pa}$$

$$(3.44)$$

波阻是 x 方向上的合力,P_2 垂直于顶面和底面。P_1 对底面施加的力与 x 轴方

向相反。S 为机翼平面面积(从上向下看的楔形体的投影面积)。因此,$S = c \times b$。
阻力 D_w 为 x 方向上的两个顶部压力和底部压力分量之和(图 3.29),再减去基准
压力导致的力:

$$D_w = 2P_2A_2\sin\theta - P_1A_1 \tag{3.43}$$

式中:A_2 为底面积,$A_2 = b\dfrac{C}{\cos10°}$;$A_1$ 为顶面和底面,$A_1 = 2bC\tan10°$

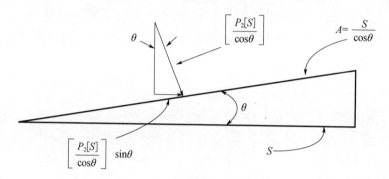

图 3.29　波阻、x 方向的压力分量

则

$$D_w = 2P_2\left(b\frac{C}{\cos10}\right)\sin10 - P_1b(2C\tan10)$$

$$= 2 \times 172364 \times 5 \times 2\tan10 - 2 \times 110325 \times 5 \times 2\tan10 = 251670\text{N}$$

根据定义,波阻系数为

$$C_{D_w} = \frac{D_w}{\frac{1}{2}\gamma Ma_\infty^2 P_\infty S} = \frac{251670}{0.5 \times 1.4 \times 101325 \times 2^2 \times 5 \times 2} = 0.089 \tag{3.42}$$

注意,这个阻力系数是基于激波的,并且它包括了底部的贡献。

例 3.3　考虑一个非常薄的平板机翼,弦长 2m,翼展 5m。机翼以 5°迎角置于
马赫数为 2.5 的气流中(图 3.30)。确定波阻系数。假设海平面 ISA 条件。

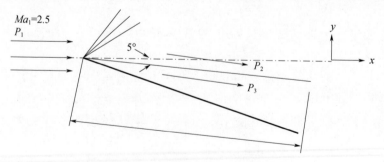

图 3.30　例 3.3 的几何关系(侧视)

解

（1）在下表面形成斜激波。压力 P_3 确定如下：

$$\tan\theta = 2\cot\beta\left[\frac{Ma_1^2\sin^2\beta - 1}{Ma_1^2(\gamma + \cos2\beta) + 2}\right] \Rightarrow \tan5° = 2\cot\beta\left[\frac{2.5^2\sin^2\beta - 1}{2^2(1.4 + \cos2\beta) + 2}\right]$$

$$(3.46)$$

这个非线性方程的解得到一个 27.4° 的角（$\beta = 27.4°$）。激波的法向分量 Ma_{n1} 为

$$Ma_{n1} = Ma_1\sin\beta = 2\sin27.4° = 1.15 \qquad (3.45)$$

斜激波后的静压为

$$P_3 = P_1\left[1 + \frac{2\gamma}{\gamma + 1}(Ma_{n1}^2 - 1)\right] = 101325\left[1 + \frac{2(1.4)}{1.4 + 1}(1.15^2 - 1)\right] = 139823\text{Pa}$$

$$(3.44)$$

（2）在上表面形成膨胀波。压力 P_2 确定如下：

对于前马赫线，有

$$v_1(Ma) = \sqrt{\frac{\gamma + 1}{\gamma - 1}}\arctan\left[\sqrt{\frac{\gamma - 1}{\gamma + 1}(Ma_1^2 - 1)}\right] - \arctan\left(\sqrt{Ma_1^2 - 1}\right)$$

$$= \sqrt{\frac{1.4 + 1}{1.4 - 1}}\arctan\left[\sqrt{\frac{1.4 - 1}{1.4 + 1}(2.5^2 - 1)}\right] - \arctan\left(\sqrt{2.5^2 - 1}\right) = 39.1°$$

$$(3.53)$$

$$\theta = v(Ma_1) - v(Ma_2) \Rightarrow v(Ma_2) = v(Ma_1) + \theta = 39.1° + 5° = 44.12° \quad (3.52)$$

对于后马赫线，有

$$v_2(Ma) = \sqrt{\frac{\gamma + 1}{\gamma - 1}}\arctan\left[\sqrt{\frac{\gamma - 1}{\gamma + 1}(Ma_2^2 - 1)}\right] - \arctan\left(\sqrt{Ma_2^2 - 1}\right)$$

$$= \sqrt{\frac{1.4 + 1}{1.4 - 1}}\arctan\left[\sqrt{\frac{1.4 - 1}{1.4 + 1}(Ma_2^2 - 1)}\right] - \arctan\left(\sqrt{Ma_2^2 - 1}\right) = 44.12°$$

$$(3.53)$$

该非线性方程的解为

$$Ma_2 = 2.723$$

膨胀波后的静压为

$$P_2 = P_1\left(\frac{1 + \frac{\gamma - 1}{2}Ma_1^2}{1 + \frac{\gamma - 1}{2}Ma_2^2}\right)^{\gamma/(\gamma - 1)} = 101325\left(\frac{1 + \frac{1.4 - 1}{2}2.5^2}{1 + \frac{1.4 - 1}{2}2.723^2}\right)^{1.4/(1.4 - 1)} = 71742\text{Pa}$$

$$(3.51)$$

（3）阻力。波阻力是气压力的 x 分量：

$$D_w = (P_3 - P_2)bC\sin\alpha = (139823 - 71512) \times 5 \times 2 \times \sin5° = 59336\text{N} \quad (3.43)$$

波阻系数为

$$C_{D_w} = \frac{D_w}{\frac{1}{2}\gamma Ma_1^2 P_1 S} = \frac{59336}{0.5 \times 1.4 \times 2.5^2 \times 101325 \times 5 \times 2} = 0.0134 \quad (3.42)$$

3.5.2　飞机波阻

飞机通常有复杂的几何形状和各种部件。3.5.1 节介绍了一种形状非常简单的物体(如平板、楔形)的波阻数学计算方法。飞机的每一个部件都对波阻有贡献。本节介绍一种确定完整飞机的波阻的方法。

这种方法把一架飞机作为一个整体来考虑,不会把它分成几个部分。这是一种近似的和经验的方法[5]。飞机波阻系数由两部分组成:体积相关的波阻 $C_{D_{w_v}}$ 和升力相关的波阻 $C_{D_{w_l}}$。体积相关的波阻是飞机体积的函数,并且比升力相关的波阻大得多。原因是,在超声速下,升力系数 C_L 非常小,即

$$C_{D_w} = C_{D_{w_l}} + C_{D_{w_v}} \quad (3.54)$$

升力相关的波阻为

$$C_{D_{w_l}} = \frac{K_{wl}SC_L^2(Ma^2-1)}{2\pi L^2} \quad (3.55)$$

式中:L 为飞机机身长度;S 为机翼参考面积;K_{wl} 可表示为

$$K_{wl} = 2\left(\frac{S}{bL}\right)^2 \quad (3.56)$$

式中:b 为翼展。

体积相关的波阻为

$$C_{D_{w_v}} = \frac{128K_{wv}V^2}{\pi SL^4} \quad (3.57)$$

式中:V 为飞机的总体积。

K_{wv} 可表示如下:

$$K_{wv} = 1.17\left[\frac{1+0.75\beta(b/L)}{1+2\beta(b/L)}\right] \quad (3.58)$$

式中:β 为马赫数的函数:

$$\beta = \sqrt{Ma^2-1} \quad (3.59)$$

一般来说,波阻是很重要的,与亚声速阻力相比,它会使飞机的阻力增大 2 ~ 3 倍。例如,格鲁曼 F - 14"熊猫"战斗机在 Ma 1.2(超声速)下的零升阻力系数(图 3.31)约为 0.045,而在 Ma 0.5(亚声速)下的零升阻力系数 C_{D_0} 约为 0.021。此外,波音 727 运输机在低亚声速下的零升阻力系数为 0.018,而在高亚声速下大约是 0.03。表 3.8 所列为几种飞机[21]在巡航速度下的 C_{D_0} 值。

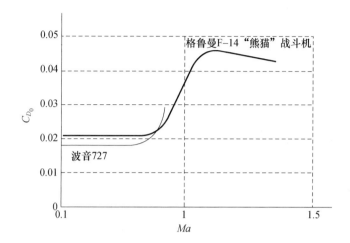

图 3.31 两种飞机的阻力系数变化

表 3.8 不同飞机的 C_{D_0}

序号	飞机	发动机	发动机数	起落架	C_{D_0}
1	皮拉图斯 PC－9	涡桨	1	收放式	0.022
2	洛克希德 F－104 星座式战斗机	涡喷	1	收放式	0.016
3	巴西航空 EMB312 巨嘴鸟	涡桨	1	收放式	0.021
4	波音 747	涡扇	4	收放式	0.018
5	洛克希德捷星	涡喷	4	收放式	0.0185
6	洛克希德 C－5 银河	涡扇	4	收放式	0.019
7	波音 727	涡扇	3	收放式	0.07
8	格鲁曼 F－14"熊猫"	涡扇	2	收放式	0.02
9	里尔喷气机 25	涡扇	2	收放式	0.022
10	道格拉斯 C－54"空中霸主"	活塞螺旋桨	4	收放式	0.023
11	寇蒂斯 C－46"突击队员"	涡桨	2	收放式	0.025
12	比奇 V35"繁荣"	涡桨	1	收放式	0.025
13	塞斯纳 310	活塞螺旋桨	2	收放式	0.025
14	麦道 F－4"鬼怪"	涡喷	2	收放式	0.03
15	派珀 PA－28	活塞螺旋桨	1	固定式	0.047
16	塞斯纳 172	活塞螺旋桨	1	固定式	0.028
17	北美 F－86"佩刀"	涡喷	1	收放式	0.014
18	北美 XB－70"女武神"	涡喷	6	收放式	0.006
19	康维尔 F－106"三角标枪"	涡喷	1	收放式	0.013
20	麦道 F/A－18"大黄蜂"	涡扇	2	收放式	0.017

3.6 各种构型的零升阻力系数

任何一架飞机在各飞行阶段中通常会采用不同的构型。当飞机收起其起落架、偏转其襟翼、旋转其操纵面、伸出任何外部部件(如航炮)、释放其外挂(如导弹)或打开货舱门时,它就会改变构型。一般来说,飞机可以采用三类构型,即干净构型、起飞构型和着陆构型。

干净构型是在巡航、爬升和转弯等飞行阶段使用的飞机构型。顾名思义,起飞和着陆构型是飞机在起飞和降落时分别采用的构型。在带有收放式起落架的飞机中,起落架是在起飞和着陆时使用,而在巡航时收起。另外,襟翼在起飞和着陆操纵中伸出。襟翼偏转角是飞机载荷重量和大气条件的函数。

3.6.1 干净构型

干净构型是飞机在巡航飞行状态下的构型。在这种构型下,襟翼不偏转且起落架收起(如果它是可收放的)。因此,阻力极曲线为

$$C_{D_{\text{clean}}} = C_{D_{0_{\text{clean}}}} + K(C_{L_C})^2 \qquad (3.60)$$

因此,飞机的干净 C_{D_0}($C_{D_{0_{\text{clean}}}}$)包括所有部件(如机翼、尾翼和机身),且不包括襟翼和起落架(如果可收放)。如果起落架不可收放(如塞斯纳172,图3.19),则 C_{D_0} 还包括起落架。参数 C_{L_C} 为巡航升力系数。

3.6.2 起飞构型

起飞构型是飞机在起飞状态下的构型。在这种构型中,飞机具有大迎角,襟翼偏转以便起飞,且起落架不收起(即使可以收起)。在起飞状态下,襟翼通常向下偏转 $10° \sim 30°$。起飞 C_{D_0} 取决于襟翼的类型和偏转角。随着襟翼偏转的增加,起飞 C_{D_0} 也增加。起飞构型的阻力极曲线为

$$C_{D_{\text{TO}}} = C_{D_{0_{\text{TO}}}} + K(C_{L_{\text{TO}}})^2 \qquad (3.61)$$

式中:起飞零升阻力系数为

$$C_{D_{0_{\text{TO}}}} = C_{D_{0_{\text{clean}}}} + C_{D_{0_{\text{flap-TO}}}} + C_{D_{0_{\text{LG}}}} \qquad (3.62)$$

式中:$C_{D_{0_{\text{flap-TO}}}}$ 为起飞状态下的襟翼零升阻力系数;$C_{D_{0_{\text{LG}}}}$ 为起落架的零升阻力系数。此外,$C_{L_{\text{TO}}}$ 表示起飞时的升力系数。由于加速运动的特性,该系数在起飞过程中不是常值。离地状态(当前轮刚刚离地的时候)下的 $C_{L_{\text{TO}}}$ 由下式给出

$$C_{L_{TO}} \cong 0.9 \frac{2mg}{\rho S (V_{LO})^2} \qquad (3.63)$$

式中:V_{LO} 为飞机离地速度。起飞时由于发动机在垂直方向推力的贡献,所以增加了系数 0.9。飞机离地速度通常比飞机失速速度高 10% ~ 30%,即

$$V_{LO} = K_{LO} V_s \qquad (3.64)$$

式中:$K_{LO} = 1.1 ~ 1.3$。第 8 章将详细讨论起飞性能。

一般情况下,通航飞机的 $C_{D_{0_{TO}}}$ 值为 0.03 ~ 0.05,而喷气运输机的 $C_{D_{0_{TO}}}$ 值为 0.025 ~ 0.04。大型运输机波音 747(图 8.12(b))在零襟翼偏转下的 $C_{D_{0_{TO}}} = 0.028$。

3.6.3 着陆构型

着陆构型是飞机在着陆状态下的构型。在这种构型下,飞机具有大迎角(甚至大于起飞状态),襟翼偏转(甚至大于起飞状态),且起落架不收起(即使是可收起的)。在着陆状态,襟翼通常向下偏转 30° ~ 60°。着陆 C_{D_0} 取决于襟翼的偏转角。随着这个角度的增加,着陆 C_{D_0} 也会增加。着陆零升阻力系数 $C_{D_{0_L}}$ 往往大于起飞零升阻力系数 $C_{D_{0_{TO}}}$。如果飞机有另一种高升力设备方式,如前缘缝翼,则需要将其添加到这个等式中。着陆构型的阻力极曲线为

$$C_{D_L} = C_{D_{0_L}} + K (C_{L_L})^2 \qquad (3.65)$$

式中:C_{L_L} 为着陆时的升力系数,表示为

$$C_{L_L} \cong \frac{2mg}{\rho S (V_L)^2} \qquad (3.66)$$

式中:V_L 为飞机的着陆速度。着陆速度 V_L 通常比飞机失速速度高 10% ~ 30%。

$$V_L = K_L V_s \qquad (3.67)$$

式中:$K_L = 1.1 ~ 1.3$。着陆零升阻力系数为

$$C_{D_{0_L}} = C_{D_{0_{clean}}} + C_{D_{0_{flap-L}}} + C_{D_{0_{LG}}} \qquad (3.68)$$

式中:$C_{D_{0_{flap-L}}}$ 为着陆状态下襟翼的零升阻力系数。一般来说,通航飞机的 $C_{D_{0_L}}$ 为 0.035 ~ 0.055,而喷气运输机的 $C_{D_{0_L}}$ 为 0.03 ~ 0.045。通用动力公司(现在是洛克希德·马丁公司)的 F - 16"战隼"战斗机(图 7.22)的 $C_{D_{0_L}}$ 为 0.032。$C_{D_{0_{flap-TO}}}$ 和 $C_{D_{0_{flap-L}}}$ 都是襟翼偏转的函数。第 8 章将介绍着陆性能。

3.6.4 速度和高度对零升阻力系数的影响

飞机零升阻力系数是许多飞行参数的函数。雷诺数是影响零升阻力系数 C_{D_0}

的重要参数之一。随着雷诺数的增加,边界层厚度减小,C_{D_0}也减小。如式(3.18)所示,雷诺数是真空速的函数。由于真空速是高度(实际上是空气密度)的函数,因此可以得出推论:雷诺数也是高度的函数。另一个影响C_{D_0}的因素是压缩性,它在高于$Ma\ 0.7$的速度下非常显著。第三个重要因素是3.5节中讨论的波阻。考虑这些因素,可得出推断:C_{D_0}是马赫数和高度的函数:

$$C_{D_0} = f(Ma, h) \tag{3.69}$$

当低亚声速马赫数时,C_{D_0}随着雷诺数的增加而增大。当压缩性在更高的亚声速出现时,C_{D_0}以更高的速率增加。当跨声速时,激波会形成且C_{D_0}会发生跃变(突然增加)。因此,C_{D_0}与速度成正比。随着速度(马赫数)的增加,C_{D_0}会增加。图3.32给出了不同亚声速马赫数下阻力系数随升力系数的典型变化。

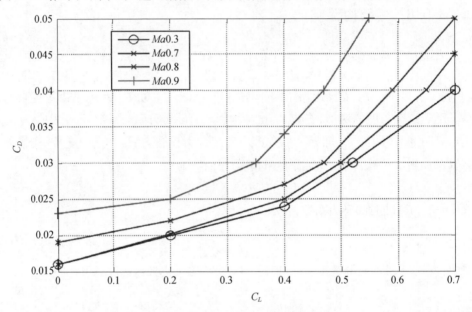

图3.32 不同马赫数下阻力系数随升力系数的变化

影响C_{D_0}的第二个因素是海拔高度。对于特定的马赫数,随着高度的增加,真空速减小。例如,考虑一架飞机在海平面以$Ma\ 0.5$的速度飞行。在这个高度的真空速为170m/s($0.5 \times 340 = 170$)。如果这架飞机在11000ft的高度以相同的马赫数飞行,真空速将是147m/s($0.5 \times 294 = 147$)。此外,空气密度随海拔高度的增加而以更快的速率减小。因此,高度越高意味着雷诺数越低(式(3.24)),因此C_{D_0}越高。图3.33所示为带有涡扇发动机的轻型运输机在不同高度的阻力变化情况。这架运输机的失速速度为90kn,最大速度为590kn。

综上所述,可以假设$Ma < 0.7$时,C_{D_0}的变化不大,可以认为是常数。在更高的马赫数下,则必须考虑压缩性效应和波阻。第二个结论是,海拔越高,总阻力降

低。原因是,虽然在较高的海拔,C_{D_0}增加,但空气密度会降低。空气密度的变化率(下降)快于C_{D_0}的变化率(增加)。这是航空公司不顾爬升的成本而选择在更高的高度飞行的原因之一。

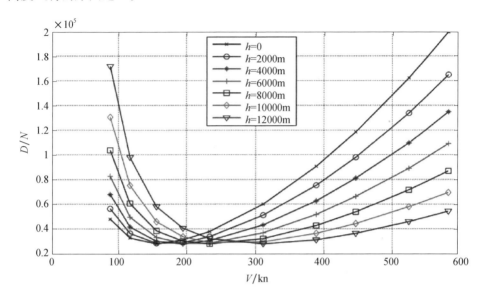

图 3.33   不考虑压缩性影响的阻力变化

例 3.4   考虑例 3.1 中飞机构型,其配备平均襟翼弦长 2.3ⅿ 的单开缝襟翼。飞机起飞时襟翼为 20°且着陆时襟翼为 35°。假设起落架的 C_{D_0} 为 0.01,诱导阻力修正系数 K 为 0.052,并且起降速度均为 130kn。确定飞机在起飞和着陆构型时的 C_{D_0}。

解:

襟翼的 C_{D_0} 由下式给出

$$C_{D_{0_{\text{flap}}}} = \left(\frac{C_{\text{f}}}{C} \right) A \left(\delta_{\text{f}} \right)^B \tag{3.29}$$

从表 3.3 可知,$A = 0.00018$ 且 $B = 2$,所以:

起飞时襟翼的 C_{D_0} 为

$$C_{D_{0_{\text{flap}}}} = \left(\frac{2.3}{9.3} \right) \times 0.00018 \times (20)^2 = 0.0178 \tag{3.29}$$

着陆时的襟翼的 C_{D_0} 为

$$C_{D_{0_{\text{flap}}}} = \left(\frac{2.3}{9.3} \right) \times 0.00018 \times (35)^2 = 0.0545 \tag{3.29}$$

起飞的 C_{D_0} 为

$$C_{D_{0_{\text{TO}}}} = C_{D_{0_{\text{clean}}}} + C_{D_{0_{\text{flap-TO}}}} + C_{D_{0_{\text{LG}}}} = 0.023 + 0.0178 + 0.051 \tag{3.62}$$

为了求飞机的阻力系数,需要确定诱导阻力系数。起飞时的升力系数为

$$C_{L_{TO}} \approx 0.9 \frac{2mg}{\rho S (V_{LO})^2} = \frac{0.9 \times 2 \times 380000 \times 9.81}{1.225 \times 567 \times (130 \times 0.5144)^2} = 2.16 \quad (3.63)$$

$$C_{D_i} = K C_L^2 = 0.052 \times 2.16^2 = 0.242 \quad (3.13)$$

所以,$C_{D_{TO}}$ 可表示为

$$C_{D_{TO}} = C_{D_{0_{TO}}} + K (C_{L_{TO}})^2 = 0.051 + 0.242 = 0.293 \quad (3.61)$$

对于着陆,有

$$C_{L_L} \cong \frac{2mg}{\rho S (V_L)^2} = \frac{2 \times 380000 \times 9.81}{1.225 \times 567 \times (130 \times 0.5144)^2} = 2.4 \quad (3.66)$$

$$C_{D_i} = K C_L^2 = 0.052 \times 2.4^2 = 0.3 \quad (3.13)$$

$$C_{D_{0_L}} = C_{D_{0_{clean}}} + C_{D_{0_{flap-L}}} + C_{D_{0_{LG}}} = 0.023 + 0.0545 + 0.01 = 0.088 \quad (3.68)$$

$$C_{D_L} = C_{D_{0_L}} + K (C_{L_L})^2 = 0.088 + 0.3 = 0.387 \quad (3.65)$$

习　题

注意:在所有思考题中,除非另外说明,假设为 ISA 条件。

3.1　一架通航飞机以 100knot 的速度在 5000ft 的高空飞行。机身长度为 7m,机翼 MAC 为 1.5m,水平尾翼 MAC 为 0.8m,垂直尾翼 MAC 为 0.6m。确定机身、机翼、水平尾翼和垂直尾翼的雷诺数。

3.2　图 3.34 是波音 757(图 5.11)运输机的俯视图,其翼展为 38.05m。使用适当的比例尺,通过一系列的测量,确定该飞机的机翼参考面积(总)和机翼净面积。

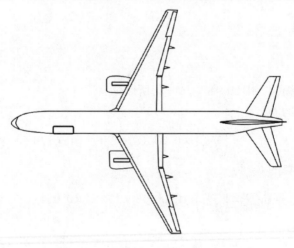

图 3.34　波音 757 运输机的俯视图

3.3 估计波音 757 运输机的机翼浸润面积(习题 3.2)。假设机翼最大厚度为 12%。

3.4 教练机的 MAC 是 3.1m。这架教练机以 Ma 0.3 的速度在海平面巡航。当流过机翼的气流为层流和紊流时,确定机翼的蒙皮摩擦系数。

3.5 一架机翼面积 31m^2、质量 6500kg 的公务喷气机正在 10000ft 高空以 274kn 的速度飞行。如果 $C_{D_0} = 0.026$, $K = 0.052$, $C_{L_{max}} = 1.8$,计算并绘制下列项目:
(1)阻力极曲线;
(2)阻力随速度的变化。

3.6 翼尖弦长 6m,翼根弦长 9m。平均气动弦长是多少?

3.7 "雷电"Ⅱ攻击机(费尔柴尔德 A-10)具有以下特征:
$m_{TO} = 22221kg$, $S = 47m^2$, $K = 0.06$, $C_{D_0} = 0.032$, $V_{max} = 377kn$, $V_{TO} = 120kn$
假设所有速度下 C_{D_0} 为常值。
(1)绘制零升力阻力 D_0 随速度的变化曲线(从起飞速度到最大速度)。
(2)绘制诱导阻力 D_i 随速度的变化(从起飞速度到最大速度)。
(3)绘制总阻力 D 随速度的变化(从起飞速度到最大速度)。
(4)在什么速度下,阻力最小?

3.8 双涡扇客机波音 777 飞机的机翼(图 7.21)具有 31.6°的前缘后掠角,翼展为 60.93m 且机翼平面面积为 427.8m^2。确定该机翼的 Oswald 效率系数 e 和诱导阻力校正系数 K。

3.9 确定 AR 为 14 的矩形机翼的 Oswald 效率系数。

3.10 一架机翼面积 26m^2 的单发教练机具有固定的起落架,且装备三个相似的轮胎。每个轮胎直径 25cm,厚度 7cm。每个轮胎用直径为 4cm、长度为 15cm 的支柱连接到机身。起落架没有整流罩。确定起落架零升力阻力系数。

3.11 一架货机以 Ma 0.47 的速度巡航,以 95kn 的速度起飞,以 88kn 的速度着陆。弦长比为 20% 的简单襟翼起飞时向下偏转 22°而着陆时向下偏转 35°。飞机重量为 13150kg,机翼面积为 41.2m^2,且诱导阻力修正系数 K 为 0.048。各部件的零升力阻力系数如下:
$$C_{D_{0_w}} = 0.008, C_{D_{0_f}} = 0.006, C_{D_{0_{ht}}} = 0.0016, C_{D_{0_{vt}}} = 0.0012,$$
$$C_{D_{0_n}} = 0.002, C_{D_{0_{LG}}} = 0.015, C_{D_{0_s}} = 0.004$$

确定以下阶段的阻力:
(1)巡航;
(2)起飞;
(3)着陆。

3.12 一名瑞典飞机设计师正在设计一架 36 名乘客的飞机机身,它能以 Ma

0.55 飞行。他正在考虑两种座位安排方案：(a)12 排 3 人和(b)18 排 2 人。如果选择选项(a)，机身长度为 19.7m，直径为 2.3m。在选项(b)中，机身长度为 27.2m，直径为 1.55m。什么选项产生最低的机身零升力阻力系数?

3.13 湖 LA－250 两栖飞机(图 3.35)的机翼具有以下特征：

$$S = 15.24m^2, b = 11.68m, MAC = 1.35m, (t/c)_{max} = 15\%,$$
$$翼型：NACA4415, C_{d_{min_w}} = 0.0042$$

这架飞机的质量为 1678kg，巡航速度为 155kn。确定机翼零升力阻力系数。其他有关信息，请使用提供的飞机三视图。

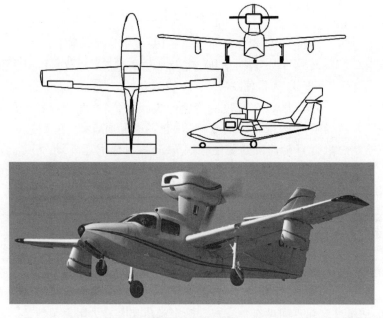

图 3.35 湖 LA－250 两栖飞机的三视图(Gustavo Corujo，Gusair 提供)

3.14 通航飞机 Moony M20TN(图 3.36)的机翼具有以下特征：

$S = 16.3m^2, b = 11.11m, (t/c)_{max} = 15\%$，翼型：NACA63－215，$C_{d_{min_w}} = 0.0042$

这架飞机的质量为 1528kg，巡航速度为 237kn。

(1)计算机翼零升力阻力系数；

(2)计算机身零升力阻力系数。其他有关信息，请使用提供的飞机三视图。

3.15 假设思考题 3.13 中的飞机具有弦比为 0.2 的简单襟翼。当起飞操纵襟翼偏转 30°时，确定襟翼 C_{D_0}。

3.16 一架 12 座通勤飞机的垂直尾翼具有如下特征：$S_{vt} = 4.3m^2, b_{vt} = 5.4m$，$(t/c)_{max\_vt} = 10\%, C_{d_{min\_vt}} = 0.005$。飞机机翼面积 29.4m²，在 18000ft 的 ISA 条件下以 160kn 的真空速巡航。确定垂直尾翼零升力阻力系数。

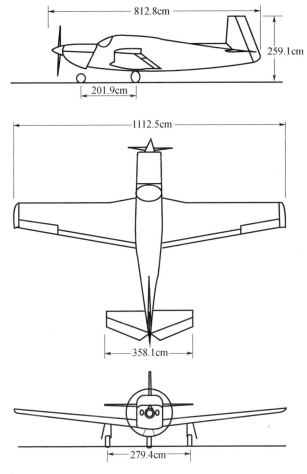

图 3.36 Moony M20TN 通航飞机的三视图

（摘自 Moony 的飞行员操纵手册和飞机飞行手册,Moony 飞机公司,2008）

3.17 4 座轻型飞机派珀 PA - 34 的水平尾翼具有以下特征:

$$S_{ht} = 3.6m^2, b_{ht} = 4.14m, (t/c)_{max\_ht} = 12\%, C_{d_{min\_ht}} = 0.0047$$

这架飞机的质量为 2154kg,机翼面积 19.39m²,以 171kn 的速度在 18500ft 高度巡航飞行。确定水平尾翼零升力阻力系数。

3.18 带有可收放起落架的喷气教练机具有以下特征:

$$m_{TO} = 5630kg, S = 25.1m^2, b = 17.4m, e = 0.85, V_c = 270kn, C_{L_{max}} = 2.2, V_{TO} = 1.2V_s,$$

$$V_{Land} = 1.3V_s, C_{D_{0clean}} = 0.032, C_{D_{0flapTO}} = 0.02, C_{D_{0flapLand}} = 0.035, C_{D_{0LG}} = 0.01$$

确定飞机在三种情况下的阻力:(a)干净(巡航速度);(b)起飞;(c)着陆。

3.19 Y - 5B 型农业双翼飞机的机翼通过两根支柱连接在一起。每个支柱有一个圆形截面,长 1.2m,直径 4cm。两翼的总机翼平面面积为 38m²。确定支柱

117

的零升力阻力系数。

3.20 单发小型飞机的机翼面积为 $26m^2$,涡桨发动机的功率为 600hp(1hp = 745.7W)。飞机以 182kn 的速度在 25000ft 的高度巡航。确定发动机冷却阻力系数。出口空气温度为 400K,且假设 $K_c = 2$。

3.21 一架机翼面积为 $45m^2$ 的公务机配有两台涡扇发动机。每台发动机都是吊装在直径 62cm、长度 110cm 的短舱内。确定短舱的零升力阻力系数,假设飞机在 28000ft 的高度以 320kn 的速度巡航。

3.22 一架高机动性的飞机的翼尖有 2 个油箱。每个油箱为直径 20cm、长度 130cm 的椭球体形状。确定油箱的零升力阻力系数,假设飞机在 18000ft 的高度以 190kn 的速度巡航。

3.23 F-16 超声速喷气式战斗机(图 3.37)质量 12331kg,机翼面积 $27.8m^2$,以 Ma 2.1 的速度在 40000ft 的高空巡航。机翼翼展为 9.45m,机身长度为 15.3m。确定飞机的波阻,假设飞机体积为 $21.3m^3$。

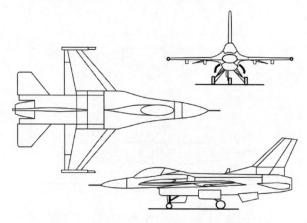

图 3.37 F-16 喷气战斗机的三视图

3.24 假设思考题 3.23 中的 F-16 在给定高度以 Ma 1.2 飞行。这架飞机在这种飞行状态下的波阻是多少? 将结果与思考题 3.23 的结果进行比较,并讨论你的发现。

3.25 大型运输机的机身直径为 3.8m,长度为 43m。确定机身零升力阻力,假设机翼面积为 $180m^2$ 且在 35000ft 高度以 350kn 的速度巡航。

3.26 确定水滴的终端速度,假设它是半径为 2mm 的球体形状。水的密度为 $998kg/m^3$。

3.27 假设要求设计一个降落伞,使质量为 85kg 的伞兵安全着陆。确定降落伞的直径,如果在 5000ft 高度的终端速度要求是 1m/s。忽略伞兵和缆绳的阻力。降落伞的质量是 6kg。

3.28 2012 年 10 月 14 日,奥地利冒险家菲利克斯·鲍姆加特纳从 24mile 高的高空坠落,成为第一个用自己的力量打破音障的人。他乘坐氢气球上升到128100ft 的高度,创造了历史上最高和最快的跳跃,达到最高速度 $Ma\ 1.24$。假设终端速度在 70000ft,下降时他的迎风面积为 $0.12m^2$,确定其身体的阻力系数。假设体重为 90kg。

3.29 考虑一个非常薄的平板机翼,弦长 0.4m,翼展 3.6m。机翼以 6°迎角放置在 $Ma\ 1.3$ 气流中。确定波阻系数。

3.30 考虑一个厚度为 2% 的平板机翼,弦长 1.2m,翼展 4.5m。机翼以 3°迎角放置在 $Ma\ 1.7$ 的气流中。计算:

(1)机翼零升力阻力系数;

(2)诱导阻力系数;

(3)机翼波阻系数。

假设该飞机的质量为 1000kg,飞行高度为 120000ft。机翼 $C_{d_{min}}$ 可以假设为0.003,且 Oswald 效率系数为 0.8。

3.31 考虑一个翼展为 15m,弦长为 3m 的矩形机翼,在 $Ma\ 2.6$ 的气流中(侧视图如图 3.28 所示)。翼型截面是一个零迎角的 7°半角楔形。计算波阻系数。假设底部拐角的膨胀使得基准气压等于自由流气压。

3.32 考虑一个翼展为 12m,弦长为 2.5m 的锥形机翼,在 $Ma\ 1.5$ 的气流中(侧视图如图 3.28 所示)。翼型截面是一个零迎角的 4°半角楔形。计算波阻系数。假设底部拐角的膨胀使得基准气压等于自由流气压。机翼根尖比为 0.4。

参考文献

[1] Cengel, Y. A. and Cimbala, J. M., Fluid Mechanics: Fundamentals and Applications, 3rd edn., McGraw – Hill, New York, 2013.

[2] Raymer, D. P., Aircraft Design: A Conceptual Approach, AIAA, Reston, VA, 2006.

[3] Nicolai, L. and Garichner, G., Fundamentals of Aircraft and Airship Design, Vol. I—Aircraft Design, AIAA, Reston, VA, 2010.

[4] Hoak, D. E., USAF stability and control datcom, Air Force Flight Dynamics Laboratory, Wright – Patterson Air Force Base, Dayton, OH, 1978.

[5] Kuchemann, D., Aerodynamic Design of Aircraft, Pergamon Press, Oxford, UK, 1978.

[6] Anderson, J., Fundamentals of Aerodynamics, 3rd edn., McGraw – Hill, New York, 2005.

[7] Abbott, I. H. and von Doenhoff, A. E., Theory of Wing Sections, Dover, Mineola, NY, 1959.

[8] Roskam, J., Airplane Design, Vol. VI, DAR Corp., Lawrence, KS, 2004.

[9] Stinton, D., The Anatomy of the Airplane, 2nd edn., AIAA, Reston, VA, 1998.

[10] Ross, R. and Neal, R. D., Learjet model 25 drag analysis, Proceeding of the NASA – Industry – University GA Drag Reduction Workshop, Lawrence, KS, July 14 – 16, 1975.

[11] Horner, S. R. , Fluid – Dynamic Drag, Midland Park, NJ, 1965.

[12] McCormick, B. W. , Aerodynamics; Aeronautics; and Flight Dynamics, John Wiley, Hoboken, NJ, 1995.

[13] Smith, A. and Kaups, K. , Aerodynamics of surface roughness and imperfections, SAE Technical Paper 680198, Society of Automotive Engineers, New York, 1968. doi: 10. 4271/680198.

[14] Vorburger, T. V. and Raja, J. , Surface nish metrology tutorial, NISTIR – 4088, U. S. Department of Commerce, Gaithersburg, MD, 1990.

[15] Katz, J. and Plotkin, A. , Low – Speed Aerodynamics, 2nd edn. , Cambridge University Press, Cambridge, UK, 2001.

[16] Shevell, R. , Fundamentals of Flight, 2nd edn. , Prentice Hall, NJ, 1989.

[17] Bolkcom, C. , Air force aerial refueling methods: Flying boom versus hose – and – drogue, CRS Report for Congress, Congressional Research Service, Washington, DC, 2006.

[18] www. airliners. net.

[19] Lan, E. C. and Roskam, J. , Airplane Aerodynamics and Performance, DAR Corp. , Lawrence, KS, 2003.

[20] Anderson, J. , Modern Compressible Flow, 3rd edn. , McGraw – Hill, 2005.

[21] Jackson, P. et al. , Jane's All the World's Aircraft, Jane's Information Group, UK, Several years.

[22] Moony Pilot's Operating Handbook and Airplane Flight Manual, Moony Airplane Company, Inc. , Texas, 2008.

第4章
发动机性能

4.1 引言

对飞机性能影响最大的力是发动机产生的推力。其他力,如阻力、升力、侧向力和重力都对飞行动态有贡献,但推力只要大小合适,就能满足所有性能要求。如果战斗机拥有一个非常强劲的发动机,飞行员就可以执行任何军事任务。强劲的发动机可以弥补飞机在高阻力和大重量方面的不足。为了分析飞机的性能,需要对发动机或动力装置建模,并计算发动机的性能特征

即使是非常强大的推进系统在高空也会损失推力/功率。此外,任何发动机在不同的飞行条件下都会有不同的表现。因此,如何在飞机性能分析中包括发动机功率或发动机推力的变化是一个难点。发动机功率、发动机推力以及产生它们的技术是本章的主题。本章只强调后续讨论飞机性能所必要的推进系统的方面。

飞机发动机在许多方面与公路运输车辆发动机非常相似。两种发动机都把燃料的化学能转换成机械能。二者也有一些不同。与汽车不同,飞机上没有倒挡,因为推进系统和起落架之间没有直接的机械连接。

因此,建议飞机不要独自向后移动,它需要一个外力(如拖轮)帮助其移动。拖轮是一种小型卡车,它将一根牵引杆连接在飞机的前起落架上。一旦连接上,它就可以推动或拉动飞机。飞机上的倒挡是反推力。它只用于飞机已经在跑道上着陆并刹车减速到安全滑行速度。此外,一些螺旋桨飞机可以通过改变螺旋桨的螺距来反转推力。虽然许多喷气式飞机能够利用反推力在地面上自行向后移动(收小油门),但机场使用机械牵引车(拖轮)帮助飞机滑行并离开登机口。对于喷气式飞机来说,反推力不在静止状态下使用,因为美国联邦航空局不允许。两个原因是,它会带来飞机侧翻的风险,并给地面工作人员带来危险和安全问题。

喷气发动机产生的推力主要基于牛顿第三定律。牛顿第三定律表明:"对于每一个作用力,都存在一个大小相等且方向相反的反作用力。"飞机的喷气发动机通常产生向后的力来代替气流。因此,作为反作用,飞机被向前推动。在螺旋桨驱

动的飞机中,推力实际上是螺旋桨上的净升力(当螺旋桨桨叶视为升力面时)。推进系统中燃料的化学能转化为功率或推力的主要转换器称为风扇或螺旋桨的机械(或气动)部件。4.6 节将简要分析螺旋桨的性能及其特点。

某些类型的飞行器,如悬挂式滑翔机或翱翔机是没有发动机的。它们根本没有发动机或推进系统。它们利用其他力(阻力、升力、侧力和重力)的合力来飞行。有时,如果幸运,它们可以利用上升的温暖空气的能量来爬升。由于这个原因,这些飞机在没有外部帮助的情况下无法起飞。为了起飞,它们必须由汽车或机械绞车拖曳或推动。当获得足够的高度时,它们可以自行断开拖曳,并开始滑翔。

本章首先对飞机发动机进行分类,然后对每一类发动机进行详细介绍。然后对各种发动机的性能进行比较。本章中与性能相关的部分见 4.6 节,它可以使读者在不同大气环境和飞行条件下计算推力的相关参数。在本章的最后,简要讨论了螺旋桨的性能。

4.2　飞机发动机的分类

1903 年 12 月 17 日,莱特兄弟完成了飞机的第一次动力飞行。因此,飞机上第一个成功的汽油发动机是莱特飞机上使用的发动机。目前,各种类型的发动机被制造和应用在飞机上。飞机发动机主要分为以下三类:吸气发动机、非吸气发动机或火箭发动机以及非常规发动机。图 4.1 说明了这种分类。

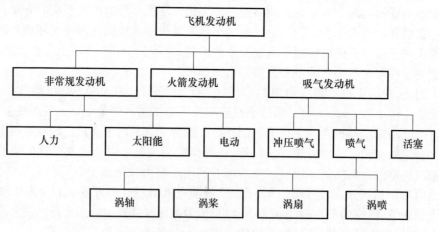

图 4.1　航空发动机的分类

三种重要的非常规发动机是人力发动机、太阳能发动机和电动发动机。事实上,使用人力发动机的飞机除了飞行员的肌肉力量外没有其他发动机。太阳能或光能飞机使用的是太阳能电池吸收的太阳能。电动飞机使用的是一种足以完成整个飞行的电池。太阳能发动机也可以归类为使用太阳能电池充电的电动发动机。

为了进行飞机性能分析,采用了另一种发动机分类。这种分类是基于发动机直接输出的类型。因此,发动机可分为两大类:产生功率的发动机和产生推力的发动机。产生功率的发动机带有螺旋桨,发动机的功率通过螺旋桨转化为推力。产生推力的发动机没有螺旋桨,并且直接产生推力。图 4.2 所示为这种分类。因此,将冲压喷气发动机归类为喷气发动机的一种。这种分类的原因是便于对这些飞机进行性能分析。例如,第 5 章是针对喷气式飞机的,第 6 章是关于螺旋桨飞机的。

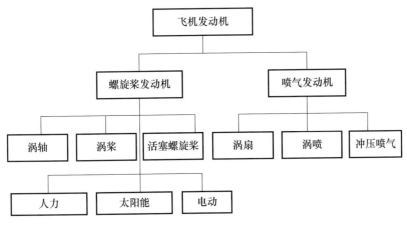

图 4.2　基于输出的航空发动机的分类

一般来说,螺旋桨驱动的发动机(或简称螺旋桨发动机)产生功率 P,而喷气发动机产生推力 T。这些航空发动机在各种飞机上有着广泛的应用。大多数小型通航飞机使用活塞发动机,而大多数小型运输机使用涡轮螺旋桨发动机。几乎所有的大型现代客机和大多数战斗机使用涡扇发动机,但很少有战斗机使用涡喷发动机。每台发动机的性能特点通常由发动机制造商公布。然而,许多属于同一类别的发动机表现出类似的性能。要获得精确的发动机性能,请读者参阅制造商的说明书。目前,主要的涡轮发动机制造商是普拉特·惠特尼(Pratt&Whitney,P&W)、通用电气(General Electric, GE)、特博梅卡(Turbomeca)、CFM 和罗尔斯 – 罗伊斯(Rolls – Royce)。主要的活塞式航空发动机制造商是泰莱达因·大陆(Teledyne Continental, TCM)、大陆(Continental)、希尔特(Hirth)、林巴赫(Limbach)、波兰航空工厂(Panstwowe Zaklady Lotnicze, PZL)、罗泰克斯(Rotax)、VOKBM、霍尼韦尔(Honeywell)和德事隆 – 莱康明(Textron – Lycoming)。以下各节将简要介绍各种常规航空发动机。

4.3 活塞或往复式发动机

活塞式发动机,又称往复式发动机,是利用一个或多个活塞通过燃烧过程释放燃油能量,并将其转化为旋转机械能的热机。每个活塞都在一个汽缸内。被注入汽缸的空气燃油混合物要么已经是热的(外燃)且加压的(如蒸汽机)或在汽缸内加热(即内燃)。汽缸内的燃烧(燃油-空气混合物的点火)是由火花塞或压缩(即柴油,加热的空气在注入时点燃燃油)点燃的。燃烧过程在提高气体温度的同时产生高压气体。

高温气体(燃烧产物)膨胀,将活塞推到汽缸的底部(下止点)。活塞首先通过飞轮或同轴连接[1]的其他活塞的功率返回到汽缸顶部(上止点)。然后,膨胀的热气体通过阀门从汽缸排出。目前,大多数航空发动机都使用火花塞。然而,近年来活塞发动机中高效的压缩点火应用取得了很大进步。

活塞沿汽缸从(到)上止点到(从)下止点的位移通常称为冲程。通常,一缸/二缸活塞发动机有两个冲程,而四缸或多缸活塞发动机有四个冲程。四缸活塞发动机的循环包括四个冲程,而单缸活塞发动机的循环只有两个冲程。一些小型遥控(RC)飞机的输出功率很低(如小于1hp),通常使用单缸发动机。

活塞的直线运动通常通过连杆和轴(曲轴)转换成旋转运动。飞轮常用于保证平稳旋转。往复式发动机的汽缸越多,它运转的振动就越小。活塞位移容积越大(活塞面积乘以它的位移),它所能产生的机械功率越大。图4.3所示为简化的二冲程和四冲程活塞发动机示意图。四缸活塞发动机中的功率产生主要是在一个四冲程(阶段)的过程中:进气、压缩、做功和排气。

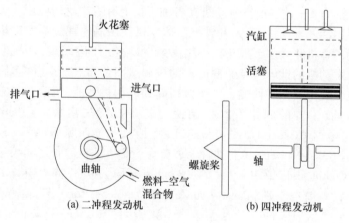

图 4.3　活塞发动机示意图

飞机活塞发动机与汽车发动机有一些细微的差别。在飞机设计过程中,重量是首要考虑的因素。因此,对于飞机发动机来说,飞机重量与发动机功率的比值通常低于同等大小的汽车发动机。今天的活塞发动机输出功率从小于 1hp 到大于 2000hp 不等。

内燃机的发展主要发生在 19 世纪。1876 年,德国的奥古斯特·奥托(August Otto)和尤金·兰根(Eugen Langen)制造了第一台四缸发动机。美国工程师乔治·B·布雷顿(George B. Brayton)在同一年制造了一种使用汽油作为燃料的发动机。1885 年,戈特利布·戴姆勒(Gottlieb Daimler)在德国制造了第一台真正成功的四冲程汽油发动机。

同年,德国的卡尔·奔驰(Karl Benz)也制造了类似的汽油发动机。戴姆勒和奔驰发动机在早期的汽车中使用,并且今天使用的发动机在许多方面与戴姆勒-奔驰发动机相似。图 4.4 所示为一架四座单发轻型飞机塞斯纳 182,该飞机配备一台活塞螺旋桨式发动机。该发动机是莱康明 IO-540 型三叶螺旋桨发动机,且最大输出功率为 230hp(172kW)。

图 4.4　通用航空塞斯纳 182T 单活塞发动机飞机(Gustavo Corujo 提供)

下面是一些活塞发动机的简介。九缸四冲程星形[2] 发动机 PZL K-9(波兰),内径 155mm,冲程 174mm,且干质量 580kg,最大产生 860kW(1170hp)的功率。罗泰克斯 447 UL-2V(奥地利)二缸二冲程直列发动机,内径 67.5mm,冲程 61mm,且干质量 26.8kg,产生 29.5kW(39.6hp)的功率。18 缸四冲程旋转(转台式)柴油机(意大利),内径为 150mm,冲程为 180mm,干质量为 1700kg,最大输出功率为 1380kW(1850hp)。莱特兄弟的飞行者配备了一台活塞发动机,有 8 个汽缸,重 200lb,产生大约 89hp 的功率。

图 4.5 所示为四冲程活塞发动机罗泰克斯 912s DynAero,其功率为 100hp。美国两个主要的飞机往复式发动机制造商是 TCM 和德事隆-莱康明。这些发动机在海平面上的额定功率一般在 100~400hp 之间。

图 4.5　连接到三叶螺旋桨的罗泰克斯 912s DynAero 活塞发动机(来自维基百科)

4.3.1　活塞发动机的结构

当活塞发动机中有多个汽缸时,通常情况下,它们必须通过特定顺序连接在一起。常见的活塞发动机分类方法是根据汽缸的数量和排列方式,以及根据汽缸内活塞运动时气体的总排气量。这里介绍几种常用的活塞发动机的变体。图 4.6 所示为四种基本的活塞发动机结构。直列发动机显示的侧视图,而其余的显示的是正视图。

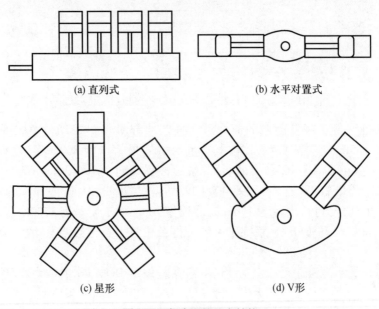

(a) 直列式　　　　　　　　　　　　(b) 水平对置式

(c) 星形　　　　　　　　　　　　(d) V形

图 4.6　发动机的基本结构

（1）直列式发动机。其汽缸与曲轴平行排成一行。汽缸或直立在曲轴上方，或倒立在曲轴下方。通常使用倒置结构。罗泰克斯 447 是一种两汽缸、直列且两冲程的活塞式发动机。

（2）V 形发动机。其汽缸排列在曲轴箱两侧，形成了字母 V，通常两行之间的夹角为 45°和 60°。每行总是有偶数个汽缸。法国 FAM - 200 是一种六汽缸、V 形且四冲程的活塞式发动机。

（3）星形发动机。其有奇数个汽缸从曲轴的中心线向外辐射。汽缸均匀地排列在同一个圆形平面上，并且所有的活塞都连接到一个 360°曲轴，从而减少发动机工作部件的数量和重量。汽缸安装在曲轴周围形成一个圆。活塞沿着圆的半径内外运动。PZL K - 9（波兰）是一种九汽缸、星形且四冲程的活塞式发动机。

（4）水平对置式发动机。对置式发动机通常是汽缸水平安装，并且曲轴也水平安装。然而，在一些直升机上，曲轴的安装是垂直的。泰莱达因·大陆 10 - 520 - L 是一种六汽缸、水平对置且四冲程的活塞式发动机。对置式发动机对于轻型常规飞机是最受欢迎的[3]，并且可以制造成各种尺寸。这种结构是最省油、最经济的。

航空发动机由空气、油或液体或其组合进行冷却。例如，泰莱达因·大陆 IO - 360 - KB 和德事隆 - 莱康明 IO - 540 - K 都是气冷活塞发动机，而罗泰克斯 582 是液冷活塞发动机。一般来说，大多数航空活塞发动机是气冷式的。美国两个主要的活塞式航空发动机制造商是德事隆 - 莱康明和 TCM。单座组装式飞机比得 BD - 17Nugget 配有一台 60hp 双缸四冲程活塞发动机。

4.3.2 活塞发动机的性能

活塞航空发动机的轴功率（或有效功率）是两个输入参数的函数：由飞行员控制的发动机油门以及进气口压力（飞机高度的函数）。油门直接决定了发动机轴的数量或单位时间的转速。在运行中，航空活塞发动机主要参考两个仪表：转速表（指示发动机每分钟转数/转速（r/min））和进气压力（测量进气歧管内的空气压力）。发动机制造商会发布发动机性能图表，用于显示发动机功率相对于发动机油门和轴转速的关系。因此，当阅读发动机图表时，在给定高度的这两个量决定了发动机的功率。

安装在派珀切罗基 180 飞机的莱康明 O - 360 - A 是一种水平对置的四缸四冲程气冷发动机，2700r/min 时产生 180hp 的功率。它在海平面上的性能在左边，而高度性能在右边。这些曲线是制造商提供的，单位为英制单位。通常这些图表必须相互配合使用，以确定发动机轴功率。

这些曲线是非增压往复式发动机的典型运行曲线。实际上,对于一个典型的活塞发动机,当转速恒定时,功率曲线会随着密度比接近于 0 而线性下降,密度比约为 0.1 时对应的高度约为 59000ft。

活塞发动机的输出是特定转速下的轴转矩,可用功率 P 表示。国际单位系统的功率单位是 kW,而英国单位系统的功率单位是 hp。发动机输出功率是螺旋桨的输入功率 P_{in}(图 4.7),并且通过螺旋桨转换为推力。因此,飞机接收到的输出功率 P_{out} 等于输入功率 P_{in} 乘以螺旋桨效率 η_p,即

$$P_{out} = P_{in} \cdot \eta_p \tag{4.1}$$

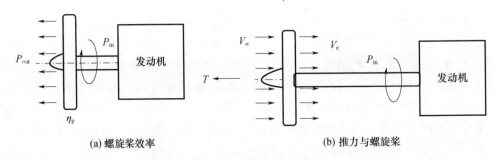

(a) 螺旋桨效率 (b) 推力与螺旋桨

图 4.7 螺旋桨效率与发动机推力

实际中,螺旋桨无法将所有的轴输入功率全部转化为推进的推力,因为部分输入功率会由于螺旋桨的阻力和扭转而浪费。螺旋桨本质上是一种升力面(如机翼),它通过空气将机械能(旋转运动)转换为气动力(或升力)。该气动力(升力)的向前分量的方向为前,把它重命名为推力。这个过程是通过绕中心轴旋转的两个或更多的桨叶来实现的,其方式类似于在固体中旋转前进的螺丝钉。螺旋桨的桨叶起到了旋转机翼的作用。螺旋桨的桨叶实际上是称为翼型的机翼截面。螺旋桨同时利用牛顿第三定律和能量守恒原理产生推力,同时在桨叶的前后表面产生压差。

功率定义为产生运动的力乘以运动的速度。对于飞机来说,稳态运动所需的功率等于发动机推力乘以飞机速度 TV。因此,螺旋桨的输入功率与输出推力乘以飞机速度(在巡航飞行中)的比值就是螺旋桨的效率。螺旋桨的效率 η_p 为推力功率与转矩功率之比,由下式确定:

$$\eta_p = TV/P_{in} \tag{4.2}$$

式中:P_{in} 为发动机功率;T 为输出推力;V 为飞机速度。

注意,此方程不能用于非空中飞行操作,如起飞。

设计良好的螺旋桨在最佳飞行状态下(如巡航)通常有 80% 左右的效率。螺旋桨效率的变化是由许多因素引起的,主要是调整螺旋角 θ(合成相对速度与桨叶

旋转方向的夹角)以及桨叶的螺距。螺距和螺旋角应能提供良好性能(高推力和低阻力)和高效率。这是所有条件下螺旋桨迎角都接近其最优值的前提下实现的。表4.1所列为几种活塞发动机的功率和其他特性。图4.8所示为活塞发动机轴功率随高度的典型变化。图中还显示了空气密度比 ρ/ρ_0 的变化。有趣的是,发动机功率和空气密度相对于高度的变化是非常相似的。图4.9所示为对于假设的活塞发动机,轴功率随高度和轴转速的变化。当轴以2700r/min旋转时,该发动机在海平面提供165hp的功率。

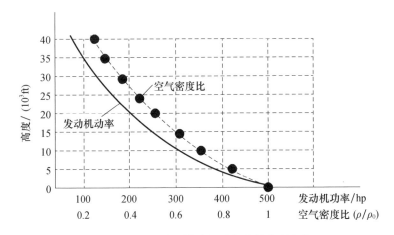

图4.8 活塞发动机轴功率随高度的典型变化

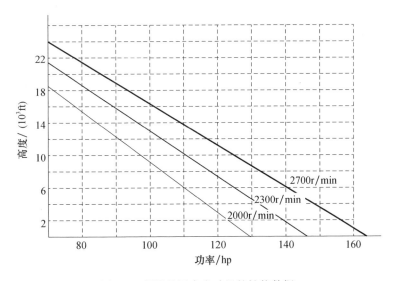

图4.9 假设的活塞发动机的性能数据

表 4.1 几种活塞发动机的特性

序号	代码	制造商	国家	功率/hp	燃油消耗率 lb/(hp·h)	转速/(r/min)	质量/kg	缸数	类型	长度/m	宽度/m	高度/m
1	1.7-50	Dragon	美国	50	0.55	2500	35.4	6	星形	0.438	0.526	0.5
2	Wale 342	NGL	英国	25	0.8	7000	8.5	2	对置	0.237	0.39	—
3	Saturn 500	亚希科夫斯基	波兰	25	0.7	4000	27	2	对置	0.43	0.515	—
4	PZL A52-62R	WSK-PZLKALISZ	波兰	1000	0.661	2200	579	9	星形	1.13	—	1.375
5	GT250	Arrow	意大利	34	0.88	6800	26	1	—	0.46	0.37	0.38
6	M 137 A	阿维亚	捷克	180	0.54	2750	141.5	6	直列	1.334	0.443	0.63
7	O-235-C	AVCO 莱康明	美国	115	—	2800	97.5	4	对置	0.751	0.812	0.569
8	IO-360-C	AVCO 莱康明	美国	200	—	2700	134	4	对置	0.855	0.87	0.495
9	VO-540-C	AVCO 莱康明	美国	305	—	3200	200	6	对置	0.882	0.88	0.649
10	TIO-540-C	AVCO 莱康明	美国	250	—	2575	205	6	对置	1.026	0.848	0.77
11	IO-720-D	AVCO 莱康明	美国	400	—	2650	259	8	对置	1.189	0.87	0.562
12	IO-520-CB	大陆	美国	285	—	2700	205	6	对置	1.087	0.852	0.502
13	TSIO-520-E	大陆	美国	300	—	2700	219	6	对置	1.01	0.852	0.527
14	LTSIO-520-AE	大陆	美国	250	—	2400	172	6	对置	0.967	0.846	0.543
15	Voyager 550	大陆	美国	350	—	2700	229	6	对置	—	—	—
16	L-550	林巴赫	德国	45	—		15.5	4	对置	容积:548mL,内径:66mm		
17	IO-520-F	林巴赫	美国	285	—	—	187	6	对置	容积:8500mL,内径:133mm		
18	447 UL-1V	罗泰克斯	澳大利亚	39.6	—	—	26.8	2	直列	容积:436.5mL,内径:67.5mm		

图 4.10 所示为螺旋桨效率与飞机速度的关系。在 $Ma0.5$ 左右时效率下降的原因是桨尖激波。随着飞机马赫数的增加,螺旋桨桨尖的马赫数逐渐接近于 1。当马赫数大于 1 时,在螺旋桨的桨尖会产生一系列的激波。激波的产生意味着波阻的产生,这就导致螺旋桨的推力减少。马赫数达到 1 的条件取决于螺旋桨的直径和转速。一般来说,当飞机前进速度超过 $Ma0.6$ 时,螺旋桨桨尖的气流接近超声速。

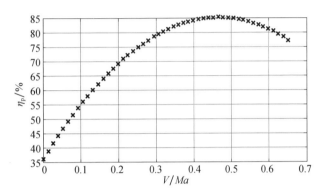

图 4.10　螺旋桨效率随飞机速度的典型变化关系

例 4.1　一架通用航空飞机以 180kn 的速度在海平面飞行。这架飞机的活塞发动机产生 200hp,而螺旋桨提供 1200N 的推力。确定螺旋桨在这种飞行条件下的效率。

解　1hp(英国单位)相当于 745.7W(国际单位),1kn 相当于 0.5144m/s,则

$$\eta_{\mathrm{p}} = \frac{TV}{P_{\mathrm{in}}} = \frac{1200 \times (180 \times 0.5144)}{200 \times 745.7} = 0.745 \qquad (4.2)$$

所以,螺旋桨效率为 74.5%。

4.3.3　增压式活塞发动机

随着飞机爬升,空气密度和气压下降。例如,在 18000ft 的高空,空气的压力只有海平面的½。所以发动机中用于燃烧的可用空气也会减少。因此,发动机没有足够的空气来燃烧和产生动力。高空的可用功率会降低,并且导致飞机性能下降。

活塞发动机在高空的性能可以通过一种增压的过程来改善。这需要通过压缩器(如燃气涡轮)对进入歧管之前的空气进行压缩。增压器主要是在常压下用来迫使更多空气进入活塞发动机汽缸(燃烧室)的空气压缩器[4]。进入发动机的额外空气质量提高了发动机的效率,使其能够燃烧更多的燃油,从而产生更多的动力。

增压器(压缩器)可采用皮带驱动、齿轮驱动和轴驱动,也可采用活塞发动机曲轴的链驱动。它也可以由活塞发动机排出的废气驱动旋转的燃气涡轮来提供动力。涡轮驱动的增压器一般称为涡轮机械增压器,或更常见的涡轮增压器。歧管压力是发动机测量系统中的绝对压力。没有机械增压/涡轮增压器迫使更多的空气进入进气歧管时,最大的歧管压力就是飞机周围的环境压力,并且由于节气门的存在压力还略有损失。

在活塞发动机中,向发动机中加入的空气越多,燃烧的燃油就越多,所以它产生的功率就越大。发动机额定功率是在一定的转速和压力下产生的功率。当额外的空气进入歧管时,歧管压力将高于环境压力(图4.11),甚至高于标准海平面压力(通常为101325kPa或29.9英寸Hg)。例如,增压式活塞发动机可以在起飞时以40m/s运行,而在25000ft高度巡航时则以35"运行。这种发动机相比普通吸气式发动将产生更大的功率。

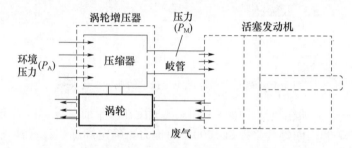

图4.11　涡轮增压器和活塞发动中的压力($P_M \gg P_A$)

配备增压器的发动机的进气压力通常是有限的,所以飞行员不能在海平面以全油门飞行。随着飞行员上升到高空,油门逐渐打开,以保持恒定的歧管压力。发动机功率将略有增加,直到达到油门全开的某个高度。在此高度(称为临界高度)以上,功率随密度比线性下降,与非增压发动机的相对方式相同。因此,机械增压/涡轮增压器是一种帮助发动机直到某个特定高度保持其功率恒定的设备。

大多数增压式活塞发动机目前使用由发动机排气提供动力的涡轮驱动压缩器。这种结构称为排气涡轮增压器。少数现代活塞发动机设计运行在高海拔,通常使用涡轮增压器而不是机械增压器。这种增压器与轴驱动式相比有两方面的优点。首先,压缩器不从发动机中提取能量,而是使用通常会被浪费的热空气能量。其次,涡轮增压器能够保持海平面额定功率到比轴驱动式增压器高得多的高度。

涡轮增压发动机配备了一个调节系统,它可以保持与高度无关的近似恒定的歧管压力。密度和压力控制器调节排气门或旁通阀,进而调节通过涡轮的排气量。图4.12所示为增压活塞发动机典型的全油门性能。目前,大多数通用航空飞机都是自然吸气的。

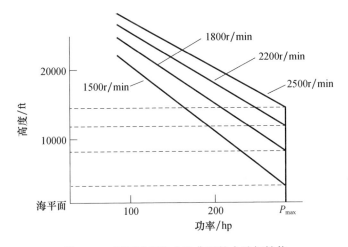

图 4.12 增压活塞发动机典型的全油门性能

比较机械增压器和涡轮增压器的特性是有益的。一般来说,机械增压器比涡轮增压器有三个优势:体积小、需要较少的管道以及涡轮中不需要高温材料。机械增压器需要从发动机中提取一些能量。例如,在机械增压的罗尔斯－罗伊斯Merlin发动机上,机械增压器使用的功率可达150hp。然而,利大于弊。发动机提供了1000hp的功率。而不使用机械增压器时是750hp,增加了250马力。然而,涡轮增压器是用排气驱动的。气体中的功率与排气压力和外部压力之差成正比,并且这种差值随着高度的增加而增加,因此涡轮增压器可以补偿高度的变化。

4.4 涡轮发动机

一组航空发动机,如涡喷、涡扇和涡桨发动机,被分类为燃气轮机或简称为涡轮发动机,其中使用涡轮而不是活塞汽缸来产生轴功率。燃气涡轮发动机用于许多不同类型飞机的推进。各种类型的燃气涡轮发动机已经发展到足以满足航空工业全部的推进需求。喷气推进科学是以牛顿第三定律为基础的:对于每一个作用力,都存在一个相等的且相反的反作用力。飞机发动机推动燃气(燃烧室中空气和燃油的产物),而燃气反过来推动发动机壁,从而产生推力。

在第二次世界大战期间,对提高速度和推力的要求加快了推进系统的发展。因此,1939 年,德国(冯·奥海因)和英国(弗兰克·惠特尔)的研究人员同时设计、制造和测试了最早的喷气发动机。1939 年 8 月 27 日,德国制造了第一架使用可控的喷气发动机提供动力的飞机。飞机是亨克尔(Heinkel)He－178,由亨克尔He. S3B 涡喷发动机提供动力。

飞机燃气涡轮发动机是一种通过进气道吸入自由气流,首先在旋转压气机中压缩,在燃烧室中加热;然后通过涡轮膨胀的装置。最后气体以比自由气流大得多的速度从喷管流出。这种气体质量喷射的反作用力是对发动机和飞机的一种前进力:推力。产生的力或推力取决于每单位时间内通过发动机的空气质量的量(即质量流量)和空气被加速的程度。涡轮的一小部分功率输出用于驱动涡轮/压气机和任何连接到传动轴上的机械装置,如发电机和液压泵。

涡扇发动机和涡喷发动机属于涡轮发动机的一个子类,称为喷气发动机,它们直接产生推力。因此,喷气发动机是一种通过迫使大量气体向后运动而产生向前推力的航空机械装置。多工作循环是可能的。基本上,喷气发动机产生推力的热力学过程与活塞发动机(进气、压缩、燃烧和排气)非常相似。涡轮发动机的功率产生与活塞发动机非常相似,主要有四个阶段:进气、压缩、做功和排气。活塞发动机的工作循环与涡喷发动机的工作循环有相似之处(图4.13),这说明活塞发动机和涡喷发动机的工作循环是基于相同的热力学原理(热力学第一定律)。

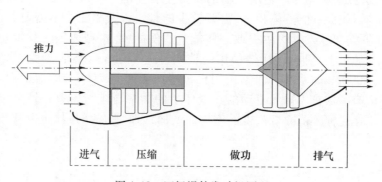

图4.13　四级涡轮发动机原理

燃气涡轮发动机可用于多种结构:涡喷发动机、涡扇发动机、涡桨发动机和涡轴发动机。小型燃气涡轮发动机称为辅助动力装置(auxiliary power unit,APU),它也被开发用于为运输机提供电力。一般而言,喷气发动机的燃油消耗率高于其他发动机。

4.4.1　涡喷发动机

涡轮发动机的基本类型是涡轮喷气发动机。通过喷管产生推力的纯燃气涡轮发动机称为涡轮喷气发动机。涡轮喷气发动机是一种涡轮不向轴提供附加功率(超过压气机所需要的功率)的燃气涡轮发动机。发动机排出的废气中的可用能量通过喷管转化为喷气的动能(即推力)。在涡喷发动机中,通过压气机(高压)和燃烧室(高温)向空气增加的能量分为两部分:一部分返回压气机;而另一部分去往喷管。本应输送到压气机的能量首先被涡轮吸收,然后转化为机械能。因此,涡轮产生的所有机械能都通过轴传递到压气机,增加进入空气的压力。高温高压空气的剩余能量被输送到喷管。

涡喷发动机的一种形式是在涡轮后和喷管前配置第二个燃烧室[5],称为加力燃烧器(完成再加热过程)。这一过程将主要通过提高燃气的温度来增加发动机的推力。加力燃烧涡喷发动机的缺点是燃油消耗率大。目前,涡喷发动机的应用仅局限于少数军用飞机。

在理想情况下,部分进气压缩发生在进气道扩压器中,先于压气机,这将大大降低空气流速。总的或滞止温度和压力是静态值的代表。随着飞行马赫数的增加,进气道总温升高。然后,通过压气机后的空气温度也升高。涡喷发动机的基本部件如图 4.14 所示。

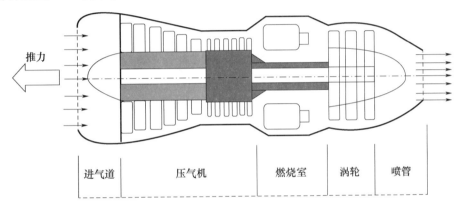

图 4.14　涡喷发动机原理

在涡喷发动机中,根据牛顿第二和第三定律,包括推力 T 和压力 F_p 在内的所有力之和等于线动量 mV 的变化率:

$$\sum F = \frac{\mathrm{d}}{\mathrm{d}t}(mV) \Rightarrow T + F_p = \dot{m}V + m\dot{V} \tag{4.3}$$

通过几个代数运算步骤,利用式(2.1)可以给出涡喷发动机的输出推力:

$$T = \dot{m}(V_e - V_i) + A_e(P_e - P_a) \tag{4.4}$$

式中:$\dot{m}$ 为进入发动机的空气质量流量(这里忽略燃油流量,大约为空气流量的2%);V_e 为发动机排出气体的速度;V 为进入发动机的空气的速度;A_e 为发动机喷管的截面积;P_e 为喷管出口的气体静压;P_a 为飞机所处的环境压力。

进入发动机的空气可以有任何速度,并取决于飞机的空速,但在理想情况下,这个速度接近飞机的空速。

图 4.15 所示为洛克希德 U - 2“龙女”单喷气发动机、超高空侦察机,其发动机为 J57 - P - 37A P&W 涡喷发动机,推力为 75.6kN。这种间谍飞机,尽管像野兽一样难以控制[6],但仍然执行了大量任务,因为它的作用无可替代。多年来,U - 2

的机体、仪表和发动机已经进行了大幅改进,然而同时发现,卫星和无人机(UAV)等装备要么可靠性较低,要么"无法承担与 U–2 相同的有效载荷"。

图 4.15　配备涡喷发动机的洛克希德 U–2"龙女"侦察机

像 U–2 这样的军用飞机和协和这样的民用运输飞机很少配备涡喷发动机。GE J79 是一种轴流式涡喷发动机,用于多种战斗机和轰炸机。该发动机的首次飞行是在 1955 年,当时该发动机被安装在北美 B–45"龙卷风"的炸弹舱中。第一批 F–4 战斗机也装备了 GE J79 涡喷发动机。F–4 战斗机在高度55000ft 时的巡航速度为 $Ma1.8$。飞机的两台涡喷发动机在巡航速度 1030kn 时产生 51.4kN 的推力。

GE J79 在 20 世纪 60 年代末的新型战斗机设计中被加力燃烧涡扇发动机(如用于 F–111 和 F–14 的普拉特 & 惠特尼 TF30(P&W TF30,P&W TF30))以及更新一代的涡扇发动机(如用于 F–15"鹰"的 P&W F100[7])所取代,这些新型发动机具有更好的燃油消耗率。

例4.2　一架战斗机以 $Ma2.5$ 的速度在 30000ft 的高空巡航。这架飞机的涡喷发动机每秒消耗 300kg 空气。发动机出口气流压力为 53260Pa,速度为920m/s。发动机喷管的出口面积为 $1.2m^2$。假设飞机在国际标准大气(ISA)条件下飞行。这台喷气发动机产生多大的推力?

解　由附录 A 可知,在 30000ft 高空,环境压力为 30144Pa,声速为303m/s,则

$$Ma = \frac{V}{a} \Rightarrow V_i = Ma \cdot a = 2.5 \times 303 = 757.4 \text{m/s} \qquad (1.36)$$

$$
\begin{aligned}
T &= \dot{m}(V_e - V_i) + A_e(P_e - P_a) \\
&= 300 \times (920 - 757.4) + 1.2 \times (53260 - 30144) \\
&= 76519.2 \text{N}
\end{aligned}
\qquad (4.4)
$$

4.4.2 涡扇发动机

涡喷发动机的两个主要问题是燃油消耗率高和效率低。原理上,提高涡喷发动机效率有两种方法:增加螺旋桨(涡轮螺旋桨)和增加风扇,即导流管式螺旋桨,或在压气机前增加一系列有自身出口的风扇(涡轮风扇)。这两种技术都会影响发动机的效率和推力。推力和效率之间的折中将产生最终的解决方案。一般来说,螺旋桨产生的推力少,但效率高,而风扇产生的推力多,但效率低。涡扇发动机是一种将涡喷发动机的高推力与涡桨发动机的高效率相结合的推进装置。涡扇发动机原理图如图 4.16 所示。

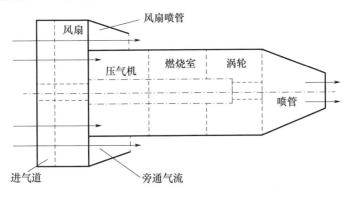

图 4.16　低涵道比涡扇发动机原理

涡喷发动机基本上是涡扇发动机的核心机。核心机包括进气道、压气机、燃烧室、涡轮和喷管。然而,在涡扇发动机中,涡轮不仅驱动压气机,而且也驱动核心机外的大风扇。风扇本身被包裹在防护罩内,该防护罩包裹着核心机。风扇基本上是一个小螺旋桨。4.7 节将介绍风扇和螺旋桨的基本原理。风扇类似于螺旋桨,是通过风扇叶片旋转产生推力的装置。

因此,涡扇发动机是涡喷发动机改善了一些性能特征的改进版。涡扇发动机是一种燃气涡轮发动机,其涡轮获得的燃气功率超过驱动风扇或风扇(辅助)涵道(通常围绕主涵道(核心机)呈环状中低压压气机所需的功率。涡扇发动机比涡喷发动机能向更大体积的空气提供动量,但增加的速度更小。

通过涡扇发动机的气流分为两条路径。一股气流经过风扇,从外部流过核心机,这股气流只经由风扇的作用。这股气流通过风扇产生推力的效率与螺旋桨类似。第二股气流经过核心机本身。经过核心机的气流产生推力的效率与涡喷发动机有关。因此,涡扇发动机的整体推进效率是螺旋桨与涡喷发动机推进效率的折中。此外,涡扇发动机的噪声远低于涡桨发动机。今天绝大多数喷气式飞机都是由涡扇发动机提供动力的。

涡扇发动机的一个重要参数是涵道比（Bypass Ratio，BPR）。BPR定义为通过风扇的空气质量流量与通过核心机的空气质量流量之比。在其他条件相同的情况下，BPR越高，推进效率越高。BPR < 1称为低BPR，而BPR > 1称为高BPR。例如，为大型运输飞机提供动力的大型涡扇发动机，如为波音747飞机（图8.12（b））提供动力的罗尔斯 - 罗伊斯RB211和P&WJT9D的涵道比高达量级5。

近几十年来，高涵道比涡扇发动机已成为大型运输机推力的主要来源之一。这些发动机包括P&WJT9D、GE CFG和罗尔斯 - 罗伊斯RB211。这些发动机分别用于波音747飞机（图8.12（b））、道格拉斯DC - 9飞机和洛克希德·马丁公司的L - 1011飞机。这些涡扇发动机的典型推力燃油消耗率C（单位推力燃料消耗量）为0.6lb/（lb·h），远低于涡喷发动机。

一些军用喷气式战斗机[9]配备加力燃烧室。加力燃烧室是增加到喷气发动机（涡喷发动机或涡扇发动机）中的附加部件，主要用于超声速飞机。它的目的是为超声速飞行和起飞提供短暂的推力增加。在军用飞机上，额外的推力对作战行动也很有用。这是通过向涵道内涡轮的下游（后方）注入额外的燃油来实现的。这些燃油被炽热的排气燃烧，大大增加发动机的推力。加力燃烧（或再加热，在英国文献中加力燃烧称为再加热）的优点是显著增大推力。加力燃烧的缺点是油耗很高。但加力燃烧通常短时间使用，这是可以接受的。喷气发动机当使用加力燃烧时称为湿运行，而当不使用加力燃烧时称为干运行。

为了得到描述涡扇发动机的推力方程，应用式（2.1），根据微分并推导控制方程。由此，给出理想涡扇发动机（理想条件是喷管出口的气流压力等于环境压力）[10]的推力，即

$$T = \dot{m}_c(V_{e_c} - V) + \dot{m}_F(V_{e_F} - V) \tag{4.5}$$

式中：$\dot{m}_c$为核心机内气流流量；V_{e_c}为核心机气流的出口速度；$\dot{m}_F$为风扇气流流量；V_{e_F}为风扇气流流速的出口速度。

另外，参数V表示飞机的空速。在推导式（4.4）中，假设出口（风扇和核心机）压力等于环境压力。

低涵道比的阿里逊（Allison）涡扇发动机AE 3007A产生31.3kN的推力。阿里逊涡扇发动机AE 3007A已经装备于许多军用飞机，例如诺斯罗普·格鲁曼的RQ - 4A"全球鹰"无人机（图2.14）。F110是通用电气生产的加力涡扇发动机。F110是包括战斗机和轰炸机在内的发动机家族的一部分。这个发动机家族还包括F101、F108以及F118发动机，它们为格鲁曼F - 14"熊猫"、麦克唐纳·道格拉斯F - 15"鹰"、通用动力F - 16"战隼"（图7.22）等战斗机，以及B - 1和B - 2轰炸机提供动力。图1.11（b）所示为民航飞机空客A340，它装备两台涡扇发动机。表4.2对比了两种相似喷气发动机的尺寸和性能特征，一种是涡扇发动机，另一种是涡喷发动机。图4.17所示为霍尼韦尔航空莱康明ALF 502涡扇发动机，它为英国宇航146提供动力。

表 4.2　两种相似喷气发动机的对比

序号	参数	TFE731 涡扇发动机	罗尔斯 – 罗伊斯"蝰蛇"涡喷发动机
1	推力	16.8kN	16.7kN
2	质量	334kg	356kg
3	比质量	0.199lb/lb,0.05kN/kg	0.21lb/lb,0.053kN/kg
4	宽度	869cm	—
5	高度	100.8cm	—
6	直径	—	62.5cm
7	长度	126.3cm	164.1cm
8	燃油消耗率	0.818lb/(h·lb)(20.8mg/(N·s))	0.94lb/h/lb(20.8mg/(N·s))
9	涵道比	2.8	2 –
10	传动比	0.555	—

图 4.17　霍尼韦尔航空莱康明 ALF 502 涡扇发动机

在过去的 10 年中,出现了一种新型的涡轮发动机:桨扇发动机。无涵道风扇或桨扇是一种改进的涡扇发动机,其风扇置于发动机舱外,与压气机叶片同轴。桨扇也称为超高涵道比(UHB)发动机,而最近,常称为开式转子喷气发动机。这种发动机的设计目的是以涡桨发动机的燃油经济性提供涡扇发动机的速度和性能。这种发动机比涡扇发动机效率更高。

4.4.3　涡桨发动机

涡桨发动机是一种燃气涡轮发动机,其涡轮吸收的能量超过了驱动压气机所需的能量,多余的能量用来驱动螺旋桨。虽然热燃气中的大部分能量被涡轮吸收,但涡桨发动机的喷管中仍有排气产生的少量的喷气推力。因此,大部分的燃气能量由涡轮提取用来驱动螺旋桨。

涡桨发动机实质上是由燃气涡轮发动机驱动的螺旋桨。涡桨发动机示意图如图 4.18 所示。在这里,与涡喷发动机类似,进气道空气被轴流式压气机压缩,与燃油混合后在燃烧室中燃烧,通过涡轮进行膨胀,然后通过喷管排出。但是,与涡喷发动机不同的是,涡轮不仅为压气机提供动力,还为螺旋桨提供动力。在双转子结构中,压气机分为低压和高压两级,其中每级由单独的涡轮驱动,低压涡轮和高压涡轮。高压涡轮驱动高压压气机。但是,低压涡轮同时驱动低压压气机和螺旋桨。燃气流中的大部分可用能量是由涡轮提取的,几乎没有可用的出口喷管推力。对于大多数涡桨发动机来说,只有约 10% 的总推力与喷气排气有关,而其余 90% 来自螺旋桨。

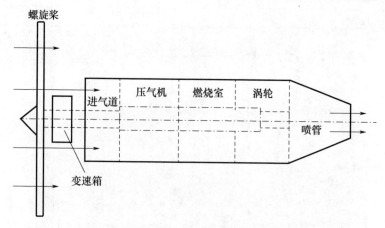

图 4.18　典型涡桨发动机的原理

在推力和效率的权衡方面,涡桨发动机介于活塞螺旋桨发动机和涡扇发动机之间。涡桨发动机产生的推力大于往复式活塞发动机,但小于涡扇发动机或涡喷发动机。另外,涡桨发动机的燃油消耗率比往复式活塞螺旋桨发动机高,但比涡扇发动机或涡喷发动机低。

涡桨发动机的一个主要问题是噪声非常大,这使得它不适合载客。此外,涡桨飞机的最大飞行速度受限于螺旋桨桨尖激波的形成而严重降低螺旋桨效率,通常在 $Ma0.6$ 左右。阿里逊 AE2100 D3 涡桨发动机用于多种飞机,包括军用运输机洛克希德·马丁公司的"大力神"C‑130(图 8.3)。飞机配备四台涡桨发动机,可以 348kn 的速度巡航,最大起飞重量 70305kg。

相比之下,洛克希德·马丁公司的 C‑130"大力神"飞机(图 8.3)的单台涡桨发动机阿里逊 AE2100 D3 的额定功率为 4591hp,而塞斯纳 172(图 3.19)的活塞发动机的额定功率为 180hp。式(4.2)和式(4.3)的组合能够描述涡桨发动机的推力、功率和螺旋桨效率。由涡桨发动机提供动力的飞机的最佳速度通常低于 380kn(195m/s)。

图 4. 19 所示为一架运输飞机庞巴迪 DHC - 8 Q400,其配备两台涡桨 P&W 加拿大 PW100 发动机。飞机最大起飞重量 29260kg,每个发动机产生 3782kW 的功率。每个螺旋桨有六片桨叶,巡航速度为 360kn。

图 4. 19　配备两台涡桨发动机的运输飞机庞巴迪 DHC - 8 Q400(Fabian Dirscherl 提供)

在过去的 10 年中,一些研究机构和公司已经尝试将涡扇发动机和涡桨发动机的积极方面结合起来,并且发明了一种新的发动机,称为涡轮 - 螺旋桨 - 风扇发动机,或简称为桨扇发动机。该发动机有一个独特的螺旋桨,相比普通涡桨发动机具有更小的直径,而相比涡扇发动机具有更大的弦长。桨扇也称为无涵道风扇或超高涵道比风扇。该螺旋桨具有精心设计的翼型,可降低螺旋桨噪声,提高推进效率。桨扇的概念是由联合技术公司的 Carl Rohrbach 和 Bruce Metzger 于 1975 年[11]首次提出的。到目前为止,桨扇只安装在少数运输机上(如安东诺夫 An - 70 飞机)。虽然该发动机的性能令人满意,但新型的桨扇发动机仍不受欢迎。通用电气 CE36 和阿里逊 P&W578 - DX 是两型使用桨扇的发动机。图 4. 31 显示了包括桨扇发动机在内的各种发动机的典型推进效率。

安东诺夫 An - 70 飞机(图 4. 20)是一种四发中程运输机,是第一架使用桨扇发动机的大型飞机。例如,单台桨扇发动机 Progress D27 可以产生 10350kW 的功率。

图 4. 20　配备四台桨扇发动机的安东诺夫 An - 70 飞机(Weimeng 提供)

4.4.4 涡轴发动机

燃气涡轮发动机通过传动轴传递动力,以操纵螺旋桨以外的东西,这种发动机称为涡轴发动机。涡轴发动机与涡桨发动机非常相似。从燃气流中提取能量的涡轮主要用于产生轴功率。涡轴发动机的基本部件与涡喷发动机相同,只是增加了一个涡轮轴来吸收燃烧产生的热燃气的能量。

涡轴的总体结构与涡桨相似,主要区别是,后者产生一些剩余推进推力来补充轴驱动螺旋桨产生的推力。另一个区别是,对于涡轴,主变速箱是飞行器的一部分(如直升机转子减速箱),而不是发动机的一部分。实际上,所有的涡轴发动机都有一个自由动力涡轮,尽管现代涡桨发动机通常也是如此。

这两种类型都已成功应用于直升机。然而,自由涡轮是目前使用最普遍的一种。涡轴发动机的另一个用途是 APU。这些小型燃气轮机主要用于大型运输机,当需要时在地面或飞行中提供辅助动力。它们的设计目的是为飞机提供电能或气动动力,使飞机能更不依赖地面支持设备。图 4.21 所示为驱动直升机旋翼的涡轴发动机原理。图 4.22 所示为一架西科斯基 HH–60M"黑鹰"飞机,最大起飞重量为 10660kg,配备两台通用电气 T700–GE–710C 涡轴发动机,单台发动机功率为 1410kW。

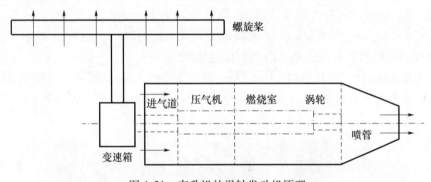

图 4.21　直升机的涡轴发动机原理

图 4.22　配备涡轴发动机的西科斯基 HH–60M"黑鹰"飞机(Daniel Mysak 提供)

142

4.4.5　冲压喷气发动机

在高速超声速(大于 $Ma3$)中,一种新型喷气发动机,冲压喷气发动机,比涡喷发动机和涡扇发动机效率更高。冲压喷气发动机结构简单,并且无运动部件(没有涡轮)。冲压喷气发动机基本上是一种管道,前端形状为进气道,尾部设计为喷管,而燃烧室在中部。这种发动机是利用发动机的前进运动来压缩进入的空气。由于高速气流具有较高的滞止压力,该压力将在进口管道的减速过程中转化为静压。位于燃烧室的是火焰稳定器、燃油喷射喷嘴和点火器。冲压喷气发动机的主要缺点是,在能够自给自足之前,最初必须通过辅助加速来获得超过 $Ma0.5$ 的速度。

一旦达到这个速度,就有足够的燃烧压力继续点火启动发动机。位于燃烧室的火焰稳定器在通道中提供了必要的阻塞,以减缓气流,使燃油和空气能够混合和点燃。然后,燃烧产物通过喷管将其加速到超声速。这个加速度产生向前的推力。对于超声速飞行马赫数,加速通常是通过一个收敛－扩张喷管(拉瓦尔喷管)来实现的(图4.23)。

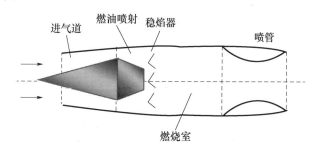

进气道　燃油喷射　稳焰器　喷管　燃烧室

图4.23　冲压喷气发动机原理

冲压喷气发动机的实际使用目前还限于少数导弹和飞机。冲压喷气发动机在涡喷发动机上也用作增压器或加力燃烧器。在这种情况下,增压器连接到涡喷发动机的后部,以便喷气排气通过它。额外的燃油喷射到仍然含有氧气的排气中。燃油燃烧产生额外的推力。

进气道和燃烧室的高温问题(超过2400K)、发动机的低效率、复杂的多推进系统和高超声速气动过程,使得冲压喷气发动机的商业应用在经济上极其不可能,且军事应用也非常困难。

随着马赫数的增加和进气道总(滞止)温度的升高,进气道总压力也随之升高。当速度接近 $Ma3$ 时,进气道压力的上升足以代替压气机的作用。发动机仍然会产生推力。当然,不再需要驱动压气机,也就不需要涡轮。

涡轮的取消减轻了材料的温度问题,并允许更高的燃烧室出口温度。随着马赫数进一步增加到高超声速,温度再次变得至关重要,冲压喷气发动机的壁面需要进一步冷却。可能的冷却剂是液态氢,当它流经冲压喷气发动机周围的冷却通道,液态氢将充当散热器,而当其进入燃油喷射器时则成为燃油。

冲压喷气发动机的一个问题是,直到进气道中的压力上升到足够高(即达到一个非常高的速度),它才能工作。因此,冲压喷气发动机只能与低速推进系统(例如涡喷发动机或火箭)结合使用来提供初始加速度。

在它的高运行速度下,冲压喷气发动机会提供很大的总推力并且受到很大的波阻。因此,净推力是两个很大的数值之间的差值。总推力的小百分比损失或进气道阻力的增加将造成净推力的很大损失。为了最大限度地提高总推力,必须使进气道压缩中的损失降到最低。实现这一目标的一种方法是安装冲压喷气发动机,使进气被机翼或机身上不可避免的激波部分压缩。通过缩短所需的扩张器长度,这也降低了重量。类似的,发动机的后端可以设计一种壁面用作喷管的一部分,使排气流过精心成形的壁面。实际上,机翼和机身表面成为推进系统的一部分。这样的设计是如此的协调,使得整架飞机必须整体设计,这样推进系统和机身就不能再进行彼此分离的设计。

冲压喷气发动机可根据燃料的类型进行分类,液体、固体以及助推器。冲压喷气发动机的一个重要变体是超声速燃烧冲压发动机。随着高超声速区域内飞行马赫数的增加,进气道的压缩作用(对于激波)引起的气流的温度上升过大。高静态温度会导致燃烧室内空气的分解和电离,这一过程会吸收能量,并降低燃料燃烧时的温度升高。为了解决这一问题,超声速燃烧冲压喷气发动机,或简称超燃冲压发动机,应运而生。进气道气流被减速到仅获得必要的压力升高所需的幅度,从而降低了静态温度升高。因此,气流仍然保持超声速通过燃烧室。

这需要燃料非常迅速的混合和燃烧,这个问题仍然需要深入研究。除了避免分解,超燃冲压发动机降低了进气道总压损失,并允许更短、更轻的进气道和喷管。式(4.3)描述了冲压喷气发动机的输出推力。使用冲压喷气发动机的军用飞机之一是洛克希德·马丁公司的 SR - 71"黑鸟"高空侦察机(图 4.24)。SR - 71 是洛克希德·马丁公司开发的一种先进的远程 $Ma3$ 战略侦察机。SR - 71 飞机于 1964 年开始服役,并在 1998 年退役。

SR - 71"黑鸟"上使用的 P&WJ58 - P4(一种单转子涡喷发动机)发动机是唯一一种加力燃烧室连续工作的军用发动机。J58(公司名称 JT11D - 20)也曾用于洛克希德·马丁公司的 A - 12,以及随后的 YF - 12 飞机。单台 J58 发动机可产生 145kN 的静推力。传统喷气发动机的加力燃烧室不能连续工作,并且随着空速的增加,效率会降低。有趣的是,超过 $Ma3$,54% 的推进推力是由进气道产生的。

J58 发动机的独特之处在于它是一种混合动力喷气发动机。它可以像普通涡轮喷气机一样在低速飞行时工作,但在高速时它就变成了冲压喷气发动机。该发动机可以看作冲压喷气发动机内部的涡喷发动机。在较低空速时,涡喷发动机完成大部分的压缩并提供燃油燃烧的大部分能量。在较高空速时,涡喷发动机处于静止状态,仅仅位于发动机的中央。当空气绕过核心机时,由激波进行压缩。因此,燃油只在加力燃烧室中燃烧。

图 4.24　洛克希德·马丁公司的 SR-71"黑鸟"高空侦察机

4.4.6　火箭发动机

当自由环境空气无法与发动机燃烧器中的燃料燃烧时,则装备另一种不吸气的推进装置:火箭发动机。火箭发动机是一种反作用力发动机,它既可用于飞机和航天器的推进,也可用于导弹等地面装备。火箭发动机将它所有的反作用质量从内部燃料箱中取出,并形成高速燃气,根据牛顿第二和第三定律产生推力。因此,火箭发动机是一种自足式喷气发动机,它同时携带燃料和氧化剂(如氧气)。与吸气式发动机相比,火箭发动机结构相对简单、制造成本低,这使火箭成为航天器和空间推进的普遍选择。

火箭发动机的发明可以追溯到古代中国,他们将火箭用来燃放烟花并作为武器。驱动大多数导弹的现代火箭发动机与这些简单的火箭类似。1914 年,罗伯特·戈达德(Robert Goddard)在美国首次获得液体燃料火箭部件的专利。1926 年 3 月 16 日,他成为世界上第一个成功发射液体燃料火箭的人。戈达德在 1945 年的后续研究包括液体燃料火箭的所有部件,包括泵送燃料。在美国和俄罗斯,工程师们在冯·布劳恩(Von Braun)领导的技术取得成功的基础上,设计和测试了更大的液体燃料火箭。

火箭发动机携带自己的燃料和氧化剂,通过排出高温、高速的气体产生推力。这通常是由燃料和氧化剂组成的固体或液体推进剂在燃烧室内高压(2~200bar)

145

（1bar＝100kPa）、高温（1000～4700K）燃烧产生的。火箭燃料可以是液体或固体。

液体燃料火箭（图4.25）通常单独将燃料和氧化剂成分泵入燃烧室，并在那里进行燃烧。固体推进剂是由燃料和氧化剂组成的混合物制备而成的，并且该推进剂储存室就成为燃烧室。混合动力火箭发动机使用固体、液体或气体推进剂的混合物。

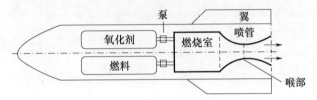

图4.25　一种使用液体燃料火箭发动机的飞行器

为了得到一个描述火箭发动机推力的方程，应用式（2.1）并包括压力。可以很容易推导出控制方程。这样将得到如下的火箭发动机推力：

$$T = \dot{m}V_e + A_e(P_e - P_a) \tag{4.6}$$

式中：$\dot{m}$ 为出口燃气质量流量（燃料＋氧化剂）；V_e 为气体出口速度；A_e 为喷管出口截面积；P_e 为出口压力；P 为环境压力。

另一种确定火箭推力的常用方法是燃烧室压力 P_c 和喉部面积 A_{th} 的乘积：

$$T = P_c A_{th} C_F \tag{4.7}$$

式中：C_F 为推力系数。利用等熵完全扩张（即出口压力等于环境压力）中的总温关系，可以推导出 C_F 的表达式[12]为：

$$C_F = \sqrt{\frac{2\gamma^2}{\gamma - 1}\left(\frac{2}{\gamma + 1}\right)^{\frac{\gamma + 1}{\gamma - 1}}\left[1 - \left(\frac{P_2}{P_c}\right)^{\frac{\gamma - 1}{\gamma}}\right]} \tag{4.8}$$

式中：P_2 为出口压力；γ 为气体的比热比。

对于海平面的空气，变量 γ 为1.4。推力系数的典型值为1.3～2.2。

例4.3　火箭发动机燃烧室压力为220atm，喉部面积为0.2m²。假设喷管为完全扩张，气体比热比为1.3，环境压力为1atm，计算发动机推力。

解：首先确定推力系数：

$$
\begin{aligned}
C_F &= \sqrt{\frac{2\gamma^2}{\gamma - 1}\left(\frac{2}{\gamma + 1}\right)^{\frac{\gamma + 1}{\gamma - 1}}\left[1 - \left(\frac{P_2}{P_c}\right)^{\frac{\gamma - 1}{\gamma}}\right]} \\
&= \sqrt{\frac{2(1.3)^2}{1.3 - 1}\left(\frac{2}{1.3 + 1}\right)^{\frac{1.3 + 1}{1.3 - 1}}\left[1 - \left(\frac{1}{220}\right)^{\frac{1.3 - 1}{1.3}}\right]} = 1.949
\end{aligned}
\tag{4.8}
$$

火箭发动机的推力为

$$T = P_c A_{th} C_F = 220 \times 101325 \times 0.2 \times 1.949 \tag{4.7}$$
$$= 8687488(\text{N}) = 8687.5(\text{kN})$$

配备火箭发动机的航天器的一个例子是航天飞机（图4.26）。美国国家航空航

天局的航天飞机,正式名称为太空运输系统(Space Transportation System, STS),
1981—2011 年一直是美国政府可重复使用的载人航天飞机。发射时,它由一个外部
液体燃料箱、两个细长的固体火箭助推器以及一个带机翼的轨道飞行器组成。轨道
飞行器有一个三角翼,可以将航天员和载荷型卫星或空间站部件送入近地轨道。

图 4.26　执行 STS – 115 任务之前在发射台上的"亚特兰蒂斯"号航天飞机

正常情况下,航天飞机搭载有 7 ~ 8 名航天员,一名指挥官,一名飞行员,3 名
任务专家,以及 2 或 3 名载荷专家。有效载荷是 22700kg。3 台主发动机为液体燃
料火箭发动机,总推力为 5253kN。两个助推器是安装在航天飞机两侧的固体燃料
火箭。每个固体火箭助推器在发射时提供 2800000lb 的推力,占发射所需总推力
的 83% 。在发射 2min 后约 150000ft 的高空被分离抛弃,然后展开降落伞降落在
海洋中等待回收。由于在 1985 年和 2003 年发生了两次灾难性事故,航天飞机的
未来变得十分不明朗,并且它在 2011 年退役。

例 4.4　一架搭载液体燃料火箭发动机的航天飞机正在海平面以上 200km 处
运行。发动机正以 950kg/s 的速度从喷口喷出热燃气。气体出口压力为 30000Pa,且
出口速度为 2458m/s。喷口的出口面积为 0.8m²。确定火箭发动机产生的净推力。

解　200km 的高度称为空间,因此环境压力假设为 0($P_a = 0$)。因此,火箭发
动机的推力为

$$T = \dot{m}V_e + A_e(P_e - P_a) = 950 \times 2458 + 0.8 \times 30000 = 2359100(N) \quad (4.6)$$

4.5 其他螺旋桨发动机

除了活塞发动机和涡桨发动机外,还有许多利用螺旋桨将轴功率转化为推力的发动机:太阳能发动机;电动发动机;人力发动机。本节简要介绍这些发动机。

4.5.1 太阳能发动机

太阳能(或光能)飞机使用螺旋桨、电动机由太阳能电池/太阳能板提供动力。太阳能电池(也称光伏电池)是一种通过光伏效应将光能(在这里是阳光)直接转化为电能的电气设备。太阳能发动机毫无疑问地比活塞螺旋桨发动机更安静。

这种推进系统的主要优点是无限续航、无限航程、高升限以及不依赖燃料。主要缺点是速度低(小于30kn)、爬升率低(小于50m/min)且依赖阳光。由于太阳阳光总是可以获得的(云层之上),理论上飞机有无限的续航能力和无限的航程。然而,主要缺点源自太阳能的低存储能力,其中包括非常低的巡航速度(小于30kn)和非常低的爬升率(小于15m/min)。

美国国家航空航天局的遥控飞翼飞机"探路者"(Pathfinder)和瑞士的"阳光动力"(Solar Impulse)是使用太阳能发动机的两种飞机。"探路者"飞机翼展29.5m,巡航速度约为17kn。这架飞机由航空环境公司(AeroVironment)制造,但该项目后来被取消。然而,"阳光动力"飞机翼展63m(比波音747飞机的翼展还长,图8.12(b)),巡航速度44kn,仍在开发和飞行测试中。

一架成功的太阳能飞机是NASA的"探路者"号(图4.27),它由8台电动机驱动,后来减少到6台。探路者翼展98.4ft,重量560lb,是一种遥控飞翼飞机,它验证了太阳能动力用于长时间和高空飞行。这确实证实了未来太阳能飞机可以在空中停留数月,执行科学采样任务。"探路者"以15~25mile/h(1mile/h=1.6km/h)的空速飞行。这架无人机可以在无人驾驶的情况下飞行,但需要从地面站进行远程控制。然而,1997年,飞机结构在高空断裂,由于结构问题坠入大海。

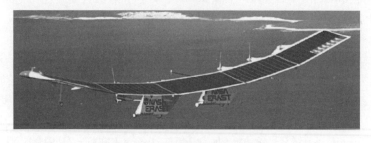

图4.27 "探路者"太阳能飞机

4.5.2 电动发动机

电力推进系统包括电动机、电池和螺旋桨。因此,在电动飞机中,动力装置是电池供电的电动机。由于电池的功率和寿命有限,这种类型的推进系统在通航和运输机中并没有得到广泛的应用。电力推进系统的主要特点是最适合于质量小于30kg的飞机。单个电池或电池组所能提供的最高可用功率通常小于100hp且不超过1h。典型电动飞机的其他特点包括速度低(小于30kn)、航程短(小于50km)、航时短(小于1h)、成本低(从几百美元到几千美元)、体积小、重心恒定以及噪声小。

电动发动机的主要优点是它不需要燃油和机械发动机、无振动、发动机接近静音以及成本低。然而,主要的缺点来自于电能存储的限制,包括非常低的巡航速度(小于100kn),非常低的升限(小于15000ft),非常低的爬升率(小于15m/min),以及较短的航程(小于400km)。大多数航模或无线电控制的小型飞机(翼展小于2m)使用电力推进系统。

电动机和大容量电池技术终于达到了实现纯电动飞行的发展水平。目前已经出现了几架装备电动发动机的载人飞机。电动飞机公司的 ElectraFlyer ULS 最大起飞重量为 525lb 且 20hp 的电动发动机具有 2h 的航时和 35kn 的巡航速度。

电动机把电能转换成机械能。电动机的运转是基于电磁原理的。在电动机中,电流通过一个浸入磁场的回路。当电流流过线圈时,就会产生磁场。当两个磁体靠近时,南北极相互吸引,而相同的磁极则相互排斥。因此,磁场和线圈电流产生力,从而产生一个转矩来转动转子。航模飞机主要采用两种不同的电机类型:有刷电机和无刷电机。另外,电动机又分为两类:直流电动机(DC)和交流电动机(AC)。具备电力推进系统的飞机的电机通常是直流电动机。

电池供电的电动机在遥控飞机上很受欢迎。典型的发动机功率与飞机重量的比值为 100~200W/kg。遥控飞机使用的电动发动机的典型电压为 10~12V。发动机的最大功率是由为发动机提供电能的电池的功率决定的。电动机的工作电压经常比单节电池提供的电压高得多。因此,一对电池通常串联在一起以增加电压。例如,如果一台电动机需要 60V 的电压才能运转,那么可以串联 5 节12V 的电池。此外,随着电池数量的增加,可以提供给电动机的最大功率将会增加。

随着电池技术的改进,全电飞机正在世界范围内兴起。PC – Aero Electra One 飞机有一个座位,最大重量为 300kg,其电动发动机采用锂聚合物电池,可产生 160kW 的发动机功率。该机最大航程为 400km,最大续航时间为 3h。电动自发射滑翔机 Lange Antares 20E 采用锂离子电池和 42kW 无刷直流电动机。

4.5.3　人力发动机

人力飞机利用人体(飞行员)的体力通过螺旋桨产生推力。因此,人被视为推进系统的一部分。飞行员将首先通过其手/腿转动传动轴,然后螺旋桨将轴的旋转运动转化为推力。第一架飞行成功的人力飞机是1979年的Gossamer Albatross。人力飞机上,"状态良好的"人平均每小时可产生约3W/kg的电(如70kg的人大约200W/h)。第一架飞行成功的人力飞机[1]是由Paul McCready制造的Gossamer Albatross。1979年6月12日,它成功横跨英吉利海峡,获得了克雷默二等奖。这架飞机使用踏板驱动一个大型双叶螺旋桨。由业余自行车手布莱恩·艾伦驾驶,它在2h 49min内飞行了35.8km,最高时速29km/h,平均高度1.5m。后来,陆续成功设计并试飞了多架人力飞机。

另外两架成功的人力飞机是Michelob Light Eagle和Daedalus(图4.28),它们是1987年1月至1988年3月由NASA Dryden飞行研究中心开展的飞行研究的试验台。这些独特的飞机是由麻省理工学院的学生、教授和校友在Daedalus项目的背景下设计和建造的。

图4.28　Light Eagle人力飞机(MichelobLight Eagle提供)

4.6　发动机的性能标准

本节介绍了各种发动机的性能,并比较了几种航空发动机的性能参数。表4.1~表4.3展示了几种当前发动机的性能规格。这里想要的性能参数主要是发动机功率、推力、燃油消耗率,以及与高度和马赫数相关的效率。虽然飞机活塞/涡轮发动机是非常复杂的设备,但本章讨论对其性能进行数学建模的基本方法。这些方法允许对现有的和拟建的类似发动机进行性能计算。

表 4.3 几种涡桨发动机的特性

序号	代码	制造商	功率/hp		最大转速/(r/min)	螺旋桨		燃油消耗率/(lb/(h·hp))	长度/m	宽度/直径/m	干质量/kg	空气流速/(kg/s)	备注
			海平面	巡航20000ft245kn		转速/(r/min)	传动比						
1	T-53-L-7	AVCO莱康明	1150	730	25240	1700	—	0.261	1.49	0.58	245	5	气冷
2	T-5313A	AVCO莱康明	1400	800	25240	1680	—	0.24	1.48	0.58	274	5.5	—
3	T-5321A	AVCO莱康明	1800	920	21300	—	—	0.229	—	—	306	5.8	气冷
4	250(T-63)	阿里逊	250	149	48950	—	—	0.295	0.95	0.4	62	1.35	—
5	501-D-13	阿里逊	3750	1450	13820	—	—	0.213	3.69	0.69	797	14.75	30000ft 300kn
6	T-58-GE-8	GE	1250	780	19500	2000	—	0.247	1.39	0.41	130	5.62	—
7	T-64-GE-6	GE	2650	1350	13640	—	—	0.2	2.8	0.74	490	11.1	30000ft 300kn
8	Eland NEL	纳皮尔	3000	1230	12500	893	0.0714	0.229	3.1	0.92	715	14.1	30000ft 300kn
9	PT6A-6	普拉特·惠特尼	578	332	33000	2200	0.0663	0.279	1.58	0.48	122	2.25	—
10	Dart MKS11	罗尔斯-罗伊斯	1740	930	14500	—	0.0806	0.308	2.43	0.96	494	9.3	—
11	Dart MKS28	罗尔斯-罗伊斯	2105	1170	15000	—	0.0929	0.266	2.5	0.96	560	10.7	—
12	Tyne Rty20	罗尔斯-罗伊斯	6100	2500	15250	976	0.064	0.193	2.76	1.4	1085	21.2	30000ft 300kn
13	Oredon III	特博梅卡	350	190	59100	—	0.1024	0.242	1.09	0.37	82	1.35	—
14	Astazou II	特博梅卡	555	307	43500	2425	0.0558	0.361	1.91	0.46	122	2.5	—
15	Basran IV	特博梅卡	935	552	33500	—	—	0.251	1.55	0.75	222	4.5	—
16	TP-90	罗孚	110	49	47000	2538	0.054	0.609	0.9	0.52	91	0.85	—
17	Proteus MK765	布里斯托尔·西德利	4400	2155	—	—	0.0862	0.224	3.13	1.1	1315	20.9	30000ft 300kn
18	PT6A-27	普拉特·惠特尼	680	—	—	—	—		1.575	0.483	149	3.08	—
19	TP400-D6	EPI	11000	—	—	—	—		3.5	0.924	1795	—	—
20	PW150A	普拉特·惠特尼	5071	—	—	—	—		2.423	0.767	690	—	

发动机性能分析的最佳来源是由发动机制造商出版的发动机产品目录。例如,图4.29展示了JT9D-70高涵道比涡扇发动机的推力[13](最大推力为222kN)作为马赫数和空气温度的函数。这型涡轮发动机是P&W公司的第一台高涵道比涡扇发动机,装备于多种大型运输机,包括波音747(图8.12(b)),波音767,空客300、空客310和麦道DC-10(图3.19)。根据图4.36,该涡扇发动机的推力随着马赫数的减小而减小。此外,推力随着空气温度的降低而减小。对于燃油消耗率,每台发动机推力都存在一个最小值(最优值),而这个值取决于飞机的马赫数。

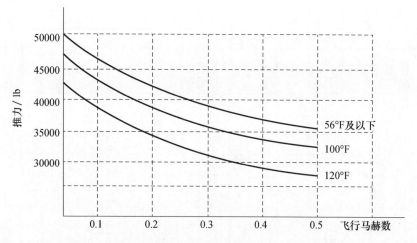

图4.29 P&WJT9D-70涡扇发动机推力与马赫数和空气温度的关系(1°F = -17.2℃)

JT9D-70高涵道比涡扇发动机的起飞推力与马赫数和环境空气温度的关系如图4.29所示。注意,随着马赫数的增加,推力迅速下降是这种发动机的一个典型特征。此外,注意,随着空气温度的增加(暖空气),发动机推力下降。通常情况下,与低温地区(如加拿大多伦多)相比,位于高温城市(如亚利桑那州凤凰城)机场的涡轮发动机性能较低。

4.6.1 发动机效率

原则上,"效率"一词的定义是产出与投入之比。基本上,即使是先进的和现代的飞机发动机都不是非常高效。它们浪费了燃料燃烧过程释放的大部分能量。大多数航空发动机的总效率在20%~50%。这意味着目前的发动机无法将燃料50%~80%的化学能转化为推力或动力。技术上,存在三种效率:热效率、推进效率和总效率。本节将对几种航空发动机的发动机效率进行描述和比较。

发动机热效率 η_T 是一个非常有用的发动机性能参数。热效率定义为发动机发出的有用能量(轴功率 $\dot{W}_{out}$ 或动能)的净变化率除以发动机内燃料的可用热能的变化率 $\dot{Q}_{in}$。热效率可以表示为

$$\eta_T = \frac{\dot{W}_{out}}{\dot{Q}_{in}} \tag{4.9}$$

燃料的可用热能 $\dot{Q}_{in}$ 等于燃料的质量流量 $\dot{m}_f$ 乘以燃料的低热值 h_{PR},即

$$\dot{Q}_{in} = \dot{m}_f h_{PR} \tag{4.10}$$

碳氢化合物燃料的理想热值为 42000kJ/kg。

注意,对于有轴功率输出的发动机(如涡桨发动机),$\dot{W}_{out}$ 等于轴功率 P_{shaft}。对于没有轴功率输出的发动机(如涡喷发动机),$\dot{W}_{out}$ 等于通过发动机的流体动能的净变化率。单进气道单喷管的喷气发动机(如涡喷发动机)的输出功率为

$$\dot{W}_{out} = \frac{1}{2}[(\dot{m}_o + \dot{m}_f)V_e^2 - \dot{m}_o V^2] \tag{4.11}$$

式中:$\dot{m}_f$ 为燃油流量;$\dot{m}_o$ 为空气流量。

如前所述,V 表示飞机速度,而 V_e 表示发动机喷口的燃气出口速度。

推进系统的推进效率 η_P 是为飞机提供动力的发动机功率 $\dot{W}_{out}$ 的衡量指标。推进效率是飞机所需功率(推力 T 乘以飞机速度 V)与发动机输出功率 $\dot{W}_{out}$ 之比,即

$$\eta_P = \frac{TV}{\dot{W}_{out}} \tag{4.12}$$

当燃油质量流量远小于空气质量流量且装机损失很小时,推进效率[10]简化为

$$\eta_P = \frac{2}{V_e/V + 1} \tag{4.13}$$

涡喷发动机的速度比 V_e/V 具有较高的值,相应的推进效率较低,然而涡扇发动机的速度比具有较低的值,则对应的推进效率较高。

将热效率和推进效率结合起来给出推进系统的总效率 η_O。推进效率乘以热效率,得到飞机功率与发动机释放的热能的变化率的比值(推进系统的总效率)为

$$\eta_O = \eta_P \eta_T = \frac{TV}{\dot{Q}_{in}} \tag{4.14}$$

图 4.30 比较了典型飞机发动机的效率特性。从图中可以看出,涡喷发动机的总效率最低,而无涵道风扇(或桨扇)发动机的总效率最高。

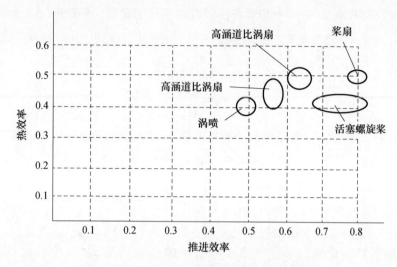

图 4.30   典型飞机发动机的效率特性(亚声速)

图 4.31 显示,推进效率将在很大程度上取决于选择的发动机类型以及飞行速度。飞机装备涡喷发动机,以 $Ma0.85$ 巡航,空速约为 250m/s(海平面),排气喷气速度约为 600m/s,因此推进效率约为 0.6(式(4.13))。在相同的飞行速度下,图 4.31 显示,高涵道比涡扇发动机可以比涡喷发动机具有更高的推进效率。飞行速度低于 350kn 时,涡桨发动机将有最高的推进效率。涡桨发动机具有较高的有效"涵道比",其质量平均速度较低,因此比涡扇发动机具有更高的推进效率。

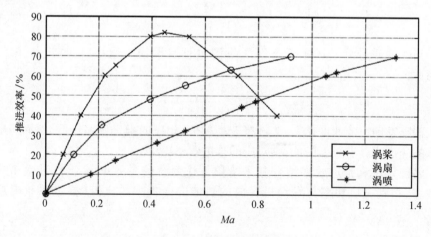

图 4.31   典型推进效率

图 4.31 反映了传统螺旋桨在高速(超过 $Ma0.6$)下的失效情况。对于采用传统螺旋桨桨叶设计的飞机,飞行马赫数一般限制在 0.6 以下。在更高飞行

154

速度下,由于螺旋桨的叶尖速度超过了声速,螺旋桨运转噪声过大。这导致螺旋桨效率下降得让人无法接受,因为桨叶外侧的气流往往出现激波和气流分离。

例 4.5 一架装备涡扇发动机的先进战斗机正在 10km 高空以 $Ma0.8$ 的速度巡航。飞机产生 50000N 的阻力,且燃油的热值为 42800kJ/kg。空气流量为 45kg/s,燃油流量为 2.65kg/s,且喷管燃气出口速度为 1275m/s。确定该涡扇发动机的热效率、推进效率和总效率。

解: 由于飞机处于巡航状态,推力必须等于阻力,即

$$T = D \Rightarrow T = 50000\text{N} \tag{2.20}$$

使用附录 B,10000m 高空声速为 340.3m/s,所以飞机速度为

$$Ma = \frac{V}{a} \Rightarrow V = Ma \cdot a = 0.8 \times 0.8802 \times 340.3 = 239.6\text{m/s} \tag{1.36}$$

燃油释放的热能的变化率为

$$\dot{Q}_{\text{in}} = \dot{m}_{\text{f}} h_{\text{PR}} = 2.65 \times 42800 = 113.42 \times 10^6 \text{W} \tag{4.10}$$

喷气发动机的输出功率为

$$\begin{aligned}
\dot{W}_{\text{out}} &= \frac{1}{2} [(\dot{m}_{\text{o}} + \dot{m}_{\text{f}}) V_{\text{e}}^2 - \dot{m}_{\text{o}} V^2] \\
&= \frac{1}{2} [(45 + 2.65) \times 1275^2 - 45 \times 239.6^2] \\
&= 37.5 \times 10^6 \text{W}
\end{aligned} \tag{4.11}$$

热效率、推进效率和总效率计算如下:

热效率为

$$\eta_{\text{T}} = \frac{\dot{W}_{\text{out}}}{\dot{Q}_{\text{in}}} = \frac{37.5 \times 10^6}{113.42 \times 10^6} = 0.3304 \tag{4.9}$$

热效率为 33.04%,则

$$\eta_{\text{P}} = \frac{TV}{\dot{W}_{\text{out}}} = \frac{50000 \times 239.6}{37.5 \times 10^6} = 0.3197 \tag{4.12}$$

推进效率 η_{T} 为 31.97%,则

$$\eta_{\text{O}} = \eta_{\text{P}} \eta_{\text{T}} = 0.3304 \times 0.3197 = 0.1056 \tag{4.14}$$

因此,该涡扇发动机的总效率为 10.56%。

4.6.2　不同高度和速度下的发动机性能

发动机性能的变化取决于许多因素,包括飞行高度和飞机速度。一般来说,当飞机爬升时,由于可用空气在下降,吸气式发动机的功率或推力就会降低。这对喷

气飞机和螺旋桨飞机都是正确的。此外,两种不同发动机(如涡扇发动机)的性能也不完全相同。相比活塞发动机,涡轮发动机能够在更高的高度工作。以类似的方式,相比活塞发动机,喷气发动机能够在更高的马赫数工作。因此,每一种发动机都有一定的工作极限,并且只有在有限的条件下才有最佳的性能。图4.32显示了各种发动机的工作极限之间的比较。

如图4.32所示,没有增压器的活塞发动机能够工作的最大高度大约为18000ft。涡桨发动机可以工作的最大高度约为35000ft。装备涡扇发动机的飞机的最大绝对升限为60000ft,而装备涡喷发动机的飞机的最大绝对升限为的90000ft。装备涡喷发动机(带有加力燃烧室)的飞机能够飞到100000ft,而涡轮冲压喷气发动机能够在高达110000ft的高度工作。冲压喷气发动机在吸气式发动机中拥有最高的实用升限,且大约为140000ft。如前所述,装备火箭发动机的飞机没有实用升限限制,因为它自带空气。

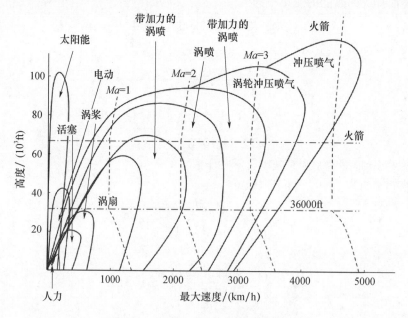

图4.32　各种发动机工作极限的比较

表4.1、表4.3~表4.5列出了各种发动机在海平面静止条件下的推力值和其他发动机特性[14]。本章以图4.33为例,对某先进战斗机发动机的未装机的发动机推力随马赫数和高度的变化进行了预测。注意,推力随高度而减小,而燃油消耗也随高度而减小,直到36000ft(大气层第二层的开始)。此外,注意到燃油消耗随马赫数的增加而增加,并且推力随马赫数的变化相当大。

表 4.4　几种涡喷发动机的特性

序号	代码	制造商	推力/kN 海平面	推力/kN 巡航11000m Ma0.8	燃油消耗率/(lb/(hp·h))	空气流量/(kg/s)	总功率比	内径/cm	质量/kg	长度/m
1	Arbizon III	特博梅卡	4	1.33	1.14	6	5.5	—	115	1.51
2	JT-12A-6	P&W	13.6	3.63	1.06	22	6.5	45.7	203	1.6
3	JT-3C-7	P&W	54.4	15.4	0.9	91	13	98.8	1585	4.25
4	JT-4A-11	P&W	79.4	21.3	0.92	115	12	103.5	2310	3.66

表 4.5　几种涡扇发动机的主要技术参数

序号	制造商	名称	结构	空气流量/(kg/s)	BPR	长度/mm	直径/mm	质量/kg	最大推力/kN
1	GE Honad	HF120	1A+2A+2A	—	2.9	1118	538	181	9.12
2	霍尼韦尔	TFE731-20	1F,4A+C	66.2	3.1	1547	716	406	15.57
3	罗尔斯-罗伊斯	Spey 512	5A,12A	94.3	0.71	2911	942	1168	55.8
4	Volvo/GE	RM12	3F,7A,6A	68	0.28	4100	880	1050	80.5
5	P&W	JT8D-219	1F+6A,7A	221	1.77	3911	1250	2092	93.4
6	斯奈克玛	M53P2	3F,5A,a/b	86	0.35	5070	1055	1500	95
7	CFM	CFM56-2B	1F+3A,9A	370	6	2430	1735	2119	97.9
8	P&W	F-100-220P	3F,10A,a/b	112.5	0.6	5280	1181	1526	120.1
9	土星	AL-31FM	4F,9A,a/b	112	0.57	4950	1277	1488	122.6
10	联盟号运载火箭	R-79	5F,6A,a/b	120	1	5229	1100	2750	152
11	罗尔斯-罗伊斯	RB211-524B	1F,7A,6A	671	4.4	3106	2180	4452	222
12	P&W	JT9D-7R4H	1F+4A,11A	759	4.8	3371	2463	4029	249
13	GE	GE90-76B	1F+3A,10A	1361	9	5182	3404	7559	340
14	罗尔斯-罗伊斯	Trent 895	1F,8A,6A	1217	5.79	4369	2794	5981	425
15	P&W	GE90-115B	1F+4A,9A	1641	8.9	7290	3442	8761	511.6

注：BPR-涵道比；a/b-加力燃烧室；A-轴向的；C-离心的；F-风扇

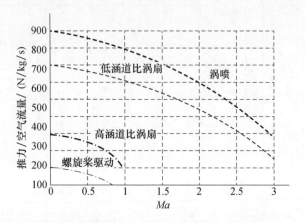

图 4.33　不同马赫数发动机比推力的典型变化

上述几个性能参数是图 4.33 和图 4.34 中针对一般类型燃气涡轮发动机绘制的。这些曲线可用于获得各推进系统性能参数随飞行速度变化的一般趋势。图 4.34 理论上是针对 37000ft 高度上压气机增压比为 15、进气道面积为 $1m^2$ 且出口温度为 1500K 的涡喷发动机生成的,并假定喷管内存在理想的压力膨胀。曲线是使用 MATLAB 程序生成的,该程序是基于文献 12 介绍的方法。

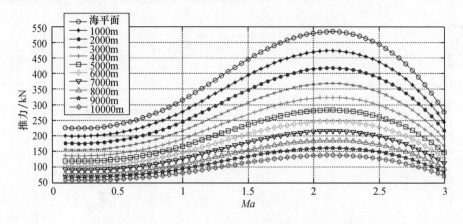

图 4.34　(见彩图)不同高度下涡喷发动机的未装机推力

4.6.3　燃油消耗率

飞机发动机性能的关键指标之一是油耗。油耗越低,飞行成本越低,发动机性能越好。这个指标是用燃油消耗率来评估的。其他相关名称为装机燃油消耗率(installed specific fuel consumption)、制动燃油消耗率(brake specific fuel consumption,BSFC)、推力燃油消耗率(thrust specific fuel consumption,TSFC)和功

158

率燃油消耗率(power specific fuel consumption,PSFC),它们是在不同工况下测量的。燃油消耗率是发动机的一项技术指标,它表明发动机燃烧燃油并将其转化为净推力的效率。

汽油具有理想的特性,使它适合作为航空燃料使用。从化学上讲,汽油是碳氢化合物的混合物。汽油是根据其辛烷值用于不同发动机的燃料。汽油、氢和乙醇是内燃机的理想燃料。火箭发动机使用多种燃料,如液氢,它与液氧或其他氧化剂一起燃烧。

由于燃油流量大、温度和压力变化大,涡轮发动机对燃料的使用十分讲究。航空煤油是从原油(石油)中提炼出来的。1kg典型的航空煤油大概由16%的氢原子、84%的碳原子和少量杂质(如硫、氮、水和沉淀物)构成。在喷气发动机的发展过程中,为了保证发动机的性能和足够的供应,不断发展了各种不同等级的航空煤油。

JP-8是美国空军喷气发动机最常用的燃油。美国海军使用的是比JP-8密度更大、挥发性更低的JP-5燃油,这使得它可以安全储存在舰船的外壳油箱中。最常见的商用飞机燃油是JetA和JetA-1。除JetA的冰点低于-40℉而JetA-1的冰点低于-58℉外,它们是一样的。表4.6列出了一些最常用的燃油。大多数航空煤油(碳氢化合物燃料)的热值h_{PR}为18400BTU/lb或10222cal/g或42000kJ/kg。一般来说,活塞发动机燃油重量比喷气发动机燃油轻10%左右。

表4.6　航空发动机的几种燃油

序号	燃　油	应　用
1	Jet A	喷气民用飞机
2	Jet A - 1	喷气民用飞机
3	JP - 4	喷气战斗机
4	JP - 5	喷气战斗机
5	JP - 7	喷气战斗机
6	JP - 8(Jet A - 1 的军用等效型)	喷气战斗机
7	航空汽油(100 辛烷值,低铅)	活塞发动机

燃油消耗率是用来描述发动机相对于其机械输出的燃油效率。在螺旋桨发动机(活塞式、涡桨式和涡轴式)中,燃油消耗率是衡量单位时间内提供单位功率所需的燃油质量。英制单位中常用的计量单位是 lb/(hp·h),即1h内每产生1hp所消耗的燃油 lb 数(或 SI 单位为 kg/(kW·h))。因此,数值越低表示效率越高。表4.1、表4.3~表4.5显示了活塞、涡桨、涡扇和涡喷等几种发动机的燃油消耗率。

喷气发动机(涡扇或涡喷)的燃油消耗率定义为单位时间内提供单位推力所

需的燃油重量(有时是质量)(例如,lb/(h·lb)或 lb/(h·h)或 SI 单位为
g/(s·N))。燃油消耗率取决于发动机的设计,但使用类似基础技术的不同发动
机之间的燃油消耗率的差异往往非常小。

喷气发动机和螺旋桨发动机的燃油消耗率(或简写为 C)分别定义如下:

$$\mathrm{SFC} = \frac{Q_\mathrm{f}}{P} = \frac{\text{消耗燃油的重量}}{\text{单位时间} \times \text{单位功率}}(\text{对于活塞螺旋桨和涡桨发动机}) \quad (4.15)$$

$$\mathrm{SFC} = \frac{Q_\mathrm{f}}{T} = \frac{\text{消耗燃油的重量}}{\text{单位时间} \times \text{单位推力}}(\text{对于涡扇和涡喷发动机}) \quad (4.16)$$

式中:Q_f 为燃油流量。典型活塞发动机的燃油消耗率约 0.5lb/(hp·h)(或 0.3kg
(kW·h)或83g/MJ),无论任何特殊的发动机设计。例如,如果一台活塞发动机在
4h 内消耗 400lb 的燃油产生 200hp,那么它的燃油消耗率为

$$\mathrm{SFC} = \frac{400\mathrm{lb}}{4\mathrm{h} \times 200\mathrm{hp}} = 0.5\mathrm{lb/(hp \cdot h)} = 2.98\mathrm{N/(kW \cdot h)}$$

一般情况下,一类特定涡轮发动机的燃油消耗率将会随着压气机增压比的增
大而减小。需要注意的是,燃油消耗率随油门位置、飞机速度、高度和飞行条件的
变化而变化。因此,尽管标称的燃油消耗率是衡量燃油效率的一个有用指标,但对
用户来说,燃油燃烧总量更为重要。一般来说,活塞发动机与喷气发动机相比燃油
消耗率更低。图 4.35 比较了几种发动机的典型燃油消耗率与飞机速度(马赫数)
的关系。图中,将螺旋桨飞机的燃油消耗率标准化以便于与喷气发动机的燃油消
耗率进行比较。

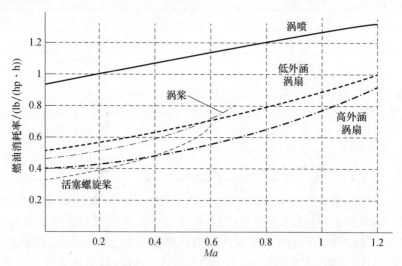

图 4.35　典型发动机燃油消耗率的随飞行马赫数的典型变化

图 4.36 所示为战斗机涡喷发动机的未装机燃油消耗率随高度和马赫数的变化情况。图 4.45(见本章后面的内容)所示为某先进战斗机发动机的油门部分开启性能。图 4.36 和图 4.37 理论上是在 37000ft 高空处压气机增压比为 15、入口面积为 1m² 且出口温度为 1500K 的涡喷发动机产生的。同时,假设喷管内存在理想的压力膨胀。

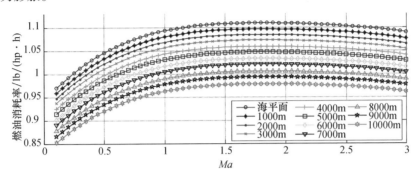

图 4.36 （见彩图）不同高度下涡喷发动机的燃油消耗率

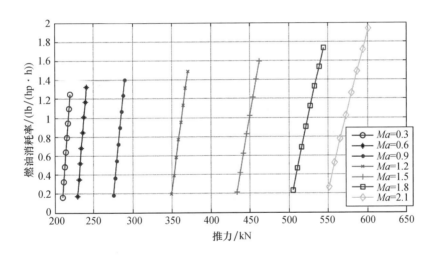

图 4.37(见彩图)　涡喷发动机的燃油消耗率与未装机推力的关系

给定马赫数下的推力与大气层第二层的环境压力成正比。在低海拔地区,推力随海拔升高而减小的速度稍慢,因为温度随海拔升高而降低。在较高的高度,给定马赫数下燃油消耗率会降低,直到达到第二层。然后,燃油消耗率一般不受海拔进一步升高的影响。在非常高的海拔高度,涡轮叶片雷诺数的降低可能导致燃油消耗率略有增加。较高的巡航速度会适度增大燃油消耗率。

由于技术的进步,入役的现代发动机预计每十年巡航燃油消耗量将降低 5% ~ 10%。表 4.7 给出了各种发动机燃油消耗率的典型值。

表 4.7　航空发动机的几种燃油消耗率

序号	发动机类型	燃油消耗率	单位
1	涡喷	0.8～0.9	lb/(h·lb)
2	低涵道比涡扇	0.7～0.8	lb/(h·lb)
3	高涵道比涡扇	0.4～0.5	lb/(h·lb)
4	涡桨	0.5～0.8	lb/(h·hp)
5	活塞(固定螺距)	0.4～0.8	lb/(h·hp)
6	活塞(变螺距)	0.4～0.8	lb/(h·hp)

例 4.6　涡桨发动机的燃油消耗率为 0.5lb/(h·hp)。

(1)以 1/nm 和 1/km 为单位,确定该发动机的燃油消耗率。

(2)如果发动机功率为 900hp,每小时消耗多少燃油?

解

各单位之间的关系如下:

$1hp = 550(ft·lb)/s$

$1h = 3600s$

$1nm = 6080ft = 1853m = 1.853km$

代入数值可得

$$SFC = 0.5lb/(h·hp) = 0.5 \times \frac{6080}{3600 \times 550} = 0.001535 /nm$$

相似地,有

$$SFC = 0.5lb/(h·hp) = 0.5 \times \frac{6080}{3600 \times 550 \times 1.853} = 0.000828 /km$$

燃油流量 Q_f 为燃油消耗率乘以发动机功率,即

$$Q_f = SFC·P = 0.5 \times 900 = 450lb/h = 203.85kg/h \qquad (4.15)$$

因此,如果飞机以最大的发动机功率飞行,那么该发动机每小时将消耗 203.85kg 燃油。

4.7　发动机性能计算

为了分析飞机的性能,需要有大量的信息和图表。需要的数据之一是发动机模型及其性能特性。每个发动机制造商都会发布发动机图表来帮助性能工程师。本节将讨论如何从制造商的图表中提取数据,以及如何在飞机性能计算中应用。本节内容包括飞机的最大额定功率、功率和推力随飞机速度和高度的变化以及燃油消耗率随飞机速度和高度的变化。此外,还将介绍电力发动机的功率计算。

4.7.1 最大额定功率

大多数涡轮发动机(涡喷发动机/涡扇发动机/涡桨发动机)有三个经常公布的功率/推力值或额定值:标称或未装机额定值、装机额定值和起飞允许额定值。当发动机安装好后,会损失3%~8%的推力/功率,并且无法弥补。原因包括冲压阻力、发动机短舱阻力和安装阻力。例如,涡扇发动机罗尔斯－罗伊斯特博梅卡 F405－RR－401 的额定推力为 26kN,但装机额定推力为 24.59kN,这意味着装机后推力损失了 5.4%。

每台涡轮发动机都有一个工作包线,要求驾驶员不能超过其限制。涡轮发动机本质上有三个极限:内部压力极限、燃烧温度极限和发动机轴转速极限。每台发动机都有一个外壳能承受的最大内部压力。涡轮发动机发展过程中的另一个限制因素(即使在今天)是涡轮入口的温度(这是涡轮发动机内部最热的位置)。这意味着超过某个特定温度后,涡轮叶片无法承受。否则,它们会由于高的热应力而熔化。最好/最强的叶片材料(如陶瓷/钨复合材料)超过 3000℃ 将无法承受。起飞时可能使用的最大推力/功率将达到三个极限中的第一个。

大多数涡轮发动机不允许在高温的低海拔空域产生其最大功率或推力。然而,它们可以在环境温度足够低的高海拔空域产生其最大功率或推力。当发动机处于最大额定功率时,意味着发动机的高功率/推力额定值是限制在某些特定条件下的一个较低的额定值(降级)。例如,欧洲国际涡桨发动机 TP400－D6(用于军用空客 A400M)可以产生最多 13000hp。然而,为在海平面起飞,它的热力学功率被降级为 10700hp。

所以,发动机设计师有两种选择:①基于最差的工作条件来设计发动机,并使飞行员随心所欲地使用油门;②基于理想条件来设计发动机,但会使飞行员在一些非理想条件下无法获得最大功率/推力。第二种选择是通常的选项,这意味着在设计发动机时,设计者通常考虑标准海平面的理想工作条件,即环境温度为 15℃(或 59℉)。如果工作条件的温度超过 15℃,发动机的额定功率需要进行限制。这种限制有时称为降级最大额定功率。这也增加了涡轮发动机的工作寿命。然而,降低推力起飞将导致跑道上较慢的加速度、较长的起飞滑跑距离和较低的初始爬升率。

涡轮入口温度与多个因素有关,例如燃烧室状态、燃油与空气的比例、压气机增压比、轴转速以及更确切地说外部环境温度。优化发动机的设计条件,以产生最大的功率/推力。然而,外部温度会随着机场位置和飞行高度的不同而变化。P&W 涡轮发动机制造商根据环境温度对发动机进行额定功率控制。一些非 P&W 发动机根据压气机轴转速进行额定功率控制。

这是一种称为发动机"最大额定功率"的情况(即可用推力保持恒定)。一种简化飞行员最大额定功率处理应用的技术是使用假设的温度。当外部空气温度高于最大额定温度时，每一温度都有一个特定的推力值（随高度变化）。如果已知起飞所需的推力/功率，则可从适用的图表中提取产生推力/功率的相关温度。相当典型的是，最大额定推力的温度极限为 30℃ 左右。超过这个温度时，发动机是最大额定功率。低于这个温度时，发动机就"满额定"。

这意味着发动机能够在低海拔和高温下产生最大的功率或推力，但飞行员被告知，在如起飞等飞行条件下，环境温度高于特定数值时，不要使用最大油门。发动机最大额定功率的高度称为最大额定高度。由于发动机的峰值功率输出更高，最大额定功率处理允许飞机在更苛刻的条件下工作，而不需要额外的结构加强。

汽车活塞发动机也有类似的例子。汽车司机要求不要长时间以高于红色限速的转速操作发动机，尽管允许在短时间内运行。例如，双座教练机皮拉图斯 PC–9 装备一台 P&WPT6A–62 涡桨发动机。这台发动机在海平面的最大功率是 1150hp，但最大额定功率为 950hp。这意味着，飞行员只能获得海平面最大功率的 82.6%。因此，飞行员不允许在海平面上使用全油门，直到到达某个已知高度。

另一个例子，考虑一台在海平面能够产生 2500hp（即 P_{max}）的涡桨发动机。然而，发动机制造商宣布直到 2000ft 高度的最大额定功率为 2200hp。这意味着 2000ft 高度以下飞行员不能使用最大油门，但超过该高度允许使用最大可用功率。很明显，如果飞行员在 2200ft 以上的高度使用最大油门，无法获得 2500hp 的功率。图 4.38 显示了涡桨发动机的最大额定高度和功率。

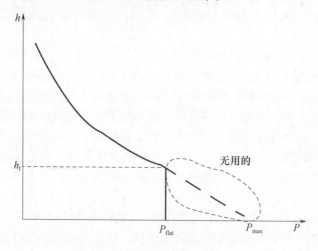

图 4.38　涡桨发动机的最大额定功率

由于环境条件并不总是标准的（国际标准大气条件），最大额定功率条件通常用外部空气温度来表示。此外，在飞行员应用中，必须将最大额定温度转换为飞行高度。例如,如果 15℃下某涡扇发动机的推力额定值为 10kN,而外部温度是35℃,则飞行员不允许使用最大推力,除非飞机在 10000ft 以上飞行。在 10000ft 高度,外部温度相比海平面降低了 20℃(如 $35-20=15$)。

在最大额定条件的数学建模中,最大额定温度不是一个真实的温度,而是一个虚拟的温度。当最大额定条件用温度表示时,该温度由以下关系代替以求出最大额定空气密度(以及相应的高度):

$$\rho_f = \frac{P_{SL}}{RT_f} \qquad (4.17)$$

式中:ρ_f 为最大额定空气密度;T_f 为最大额定温度;P_{SL} 为海平面环境压力(101325Pa);R 为空气的气体常数。

与此温度对应的高度(从附录 A 或 B 或第 1 章的关系)是最大额定高度 h_f。

例 4.7　涡扇发动机在 30℃ 的到最大额定推力为 8500N,确定该发动机的最大额定高度。

解　最大额定空气密度为:

$$\rho_f = \frac{P_{SL}}{RT_f} = \frac{101325}{278 \times (273.15 + 30)} = 1.1644 \text{ kg/m}^3 \qquad (4.17)$$

根据附录 A,对应于空气密度 1.164kg/m³ 的高度为 500m。因此 $h_f = 500$m。

因此,这台发动机从海平面到 500m 的高度允许产生最多 8500N 的推力,这意味着油门部分开启。在这之后,才允许满油门。

4.7.2　功率和推力随飞机速度的变化

4.7.2.1　活塞螺旋桨发动机和涡轮螺旋桨发动机

发动机轴上可用的功率有时称为轴功率。下面考虑一台安装在飞机上的活塞发动机。随着飞机空速的改变,进入发动机歧管的空气的压力因进气唇口处气流的停滞而发生变化。有时,这称为冲压效应。实际上,随着空速的增加,这种"冲压压力"增加,这反过来会增大发动机功率。对于高速螺旋桨驱动的特技飞机,这种效应是相当显著的。然而,往复式发动机主要用于低速通航飞机,因此冲压效应并不明显。同样的道理也适用于涡轮螺旋桨发动机。

此外,随着飞机空速的增加,进入发动机的空气质量流量增加,这也增大了发动机的功率。由于空速变化而导致气流的两方面(压力、质量流量)改变,可以合理地得出结论:发动机功率随着空速的增加而增加。因此,螺旋桨驱动的发动机在起飞时产生的功率比巡航时少。计算发动机功率的精确变化是很难,并且超出了本书的范围。因此,这里合理的假定:发动机功率(活塞发动机和涡桨发动机)随飞机速度变化始终是恒定的。感兴趣的读者可参阅发动机操作手册以了解更多细节。

4.7.2.2　涡喷发动机

涡喷发动机产生的推力由式(4.3)给出。令空气的质量流量为 $\dot{m}$。根据质量守恒(连续性原理),进入进气道的空气质量流量等于从出口排出的空气质量流量(如果忽略燃油流量,因为只有 2% ~ 4%):

$$\dot{m} = \rho A V \tag{4.18}$$

如果将此应用于进气道,则参数 A 为发动机(在进气道处)的横截面积。随着飞机速度的增加,进气道的空速基本保持不变。由于进气道内部发生压缩,进气道处的空气密度会增加。这导致了空气质量流量的增加(式(4.18))。随着质量流量的增加,发动机推力(式(4.4))也会增加。

然而,随着飞机空速的增加,出口气体速度与飞机空速的差值减小。这导致发动机推力值下降(式(4.4))。这两种效应在式(4.3)中相互抵消。因此,可以认为涡喷发动机产生的推力受飞机空速的影响十分微弱。由于这两种效应的作用不同,其速率也不同,所以总体作用有时是正的,有时是负的。

如图 4.39 所示确实如此。这里,对于两个高度(海平面和 40000ft),以及在每个高度的三个不同的油门位置(表示不同的压气机转速值),给出了一台典型的小型涡喷发动机的推力与飞行马赫数的关系。

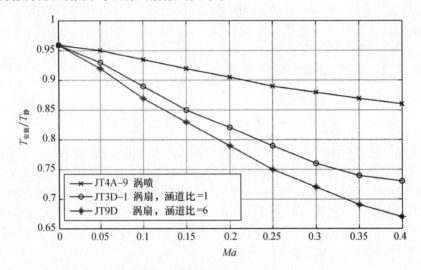

图 4.39　装机推力随马赫数的变化

因此,推力随马赫数增大而降低的速度并不大。因此,对于涡喷发动机来说,推力随速度变化是相当稳定的。特别是在高空,推力是马赫数的弱相关函数。

4.7.2.3 涡扇发动机

涡扇发动机产生的推力由式(4.5)描述。高涵道比涡扇发动机是为民用运输机提供动力的一类涡扇发动机。相比涡喷发动机,这些发动机的性能在某些方面似乎更接近螺旋桨。民用涡扇发动机推力随速度变化较大,推力随着空速的增加而减小。

图 4.40 为高、低涵道比发动机起飞(装机)推力随马赫数的变化情况。这些数据以给定马赫数下发动机装机推力与静推力(即零速度)之比的一般形式给出。在零马赫数(例如,起飞开始时)下,这一比值为 0.97,以计算典型的发动机装机损失,如进气道损失、喷管损失、用于座舱增压的引流以及液压泵和发电机的功率提取。

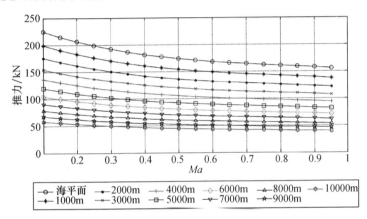

图 4.40　(见彩图)涡扇发动机推力随马赫数的变化

虽然民用涡扇发动机在低海拔时推力的变化是空速(或马赫数)的强相关函数,但在 0.7～0.95 较窄的马赫数范围内推力相对恒定。这对应于波音 767 等大型民用运输机的正常巡航马赫数。因此,为分析巡航阶段的飞机性能,假设推力是恒定的似乎是合理的。可以看到,与民用涡扇发动机相比,在低亚声速马赫数下,经过一个小的初始下降后,推力随着马赫数增加到远高于 1。

图 4.40 所示为涡扇发动机未装机推力随速度(马赫数)的变化。该发动机的涵道比为 6,压气机增压比为 20,风机压力比为 1.6,最高燃烧温度为 2000K,进气道面积为 0.6m²。曲线图是使用 MATLAB 程序文件生成的,该文件基于文献[12]概述的方法。虽然单台发动机的推力随速度的降低可能与图 4.40 中的曲线略有不同,但涵道比的影响通常是很显著的。

4.7.3　功率和推力随高度的变化

式(4.13)反映出空气流量是空气密度的函数。此外,由第 1 章可知,空气密度也是高度的函数。因此,随着飞行高度的变化,发动机的功率和推力也会发生变

167

化。推力或功率随高度的变化通常是所在位置空气密度的函数。每台发动机都有不同的结构和设计,所以发动机功率随高度的变化率是不一样的。一般来说,发动机功率/推力随飞行高度的增加而减小。在实践中,发动机推力或功率的变化必须由发动机制造商提供。下面给出一些经验公式。

4.7.3.1 活塞发动机

图 4.41 展示了两台莱康明活塞发动机功率[15] 随高度的变化。莱康明 O-320和 IO-360 发动机是常规发动机,而 TO-360 是涡轮增压发动机。这三种活塞发动机的功率递减率是不同的。IO-360 的斜率大于 O-320 的递减率。这种发动机家族莱康明 IO-360 已经被数千架飞机所使用,包括塞斯纳 172(图 3.19)、派珀·切诺基(Piper Cherokee),以及许多自制飞机。图 4.50 显示了四缸气冷式水平对置莱康明 O-320 活塞发动机[16]的功率随高度的变化。这张图还显示了空气密度比的变化,以供比较,此图为推导功率模型的数学关系提供了经验基础。

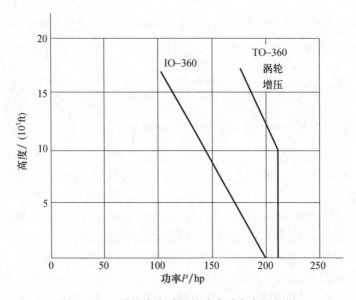

图 4.41 三种活塞发动机的功率随高度的变化

以高度形式计算的功率损失率取决于几个参数,包括制造技术、结构和进气道形状。以高度形式表示的功率模型没有唯一的表达式,因此需要求助于经验关系。关于高度变化,图 4.42 中的数据通过一个数学公式合理联系起来。对于第一个近似,将对活塞发动机使用下面的经验公式:

$$P = P_0 \left(\frac{\rho}{\rho_0} \right)^{1.2} \tag{4.19}$$

168

式中:P、ρ 分别为给定高度上的轴功率输出和空气密度;P_0、ρ_0 分别为海平面上的 P 和 ρ 的相应值。

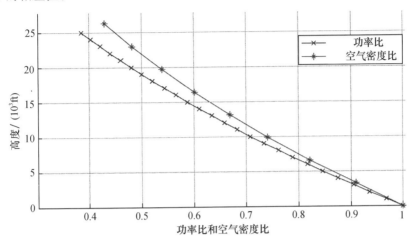

图 4.42 莱康明 O-320 活塞发动机功率和空气密度比随高度的变化

如果发动机有增压器,用 ρ_{ch} 代替 ρ_0 就足够了(增压器可保持功率恒定的高度),并将 1.2 替换为 1。因此,有

$$P = P_0 \left(\frac{\rho}{\rho_{ch}} \right) \tag{4.20}$$

例 4.8 活塞螺旋桨发动机莱康明 A-300E 在海平面 ISA 条件卜最大功率为 400hp。确定它在海平面 ISA +10 条件下的最大功率。

解

该飞行条件下的空气密度为

$$\rho = \frac{P_0}{RT} = \frac{101325}{287 \times (15 + 10 + 273.15)} = 1.184 \text{kg/m}^3 \tag{1.23}$$

所以功率为

$$P = P_0 \left(\frac{\rho}{\rho_0} \right)^{1.2} = 400 \left(\frac{1.184}{1.225} \right)^{1.2} = 384 \text{hp} \tag{4.19}$$

由此可知,当天气更加温暖时,发动机功率会降低。

4.7.3.2 涡喷发动机

对于涡喷发动机来说,高度对推力有很强的影响,这通过分析式(4.13)就可以看出。众所周知,空气流量与空气密度成正比。随着高度的增加,空气密度降低。由式(4.13)可知,推力与空气流量成正比,因此推力也随高度而减小。事实上,用密度比 ρ/ρ_0 来表示推力随高度的变化是合理的,其中 ρ 为给定高度的空气密度,而 ρ_0 为海平面的空气密度。因此,推力随高度的变化由两个经验方程进行建模:对流层的一个与平流层的一个。

对于对流层,有

$$T = T_0 \left(\frac{\rho}{\rho_0} \right)^c \tag{4.2}$$

式中:T_0 为海平面的推力;T 为某一高度上的发动机推力。

式(4.16)是一个适用于大量涡喷发动机的经验关系式。c 的值取决于发动机的设计,它通常接近于 1,但可以小于或大于 1。这里选择 0.9,因为它与当前的发动机技术相匹配。未来,随着发动机技术的进步,这个数字将略有不同。

对于平流层,有

$$T = T_{11000} \left(\frac{\rho}{\rho_{11000}} \right) \tag{4.22}$$

式中:T_{11000}、ρ_{11000} 分别为 11000m 高空的发动机推力和空气密度。这个推力 T_{11000} 易由式(4.21)获得。如果发动机是最大额定推力 T_{flat},则关系为

$$T = T_{\text{flat}} \left(\frac{\rho}{\rho_\text{f}} \right)^{0.9} \tag{4.23}$$

这种关系只适用于飞行高度 ρ 大于最大额定高度 ρ_f 的情况。

例 4.9 运输机的涡喷发动机在 2000m 高度的最大额定推力为 10000N。确定发动机在 8000m 高空的最大推力。

解:

2000m 及 8000m 高度的空气密度参见附录 A,可得

$$\rho_{2000} = 1.0063 \text{kg/m}^3, \rho_{8000} = 0.525 \text{kg/m}^3 \tag{4.23}$$

因此,8000m 高度的最大推力为

$$T_{8000} = T_{\text{flat}} \left(\frac{\rho}{\rho_\text{f}} \right)^{0.9} = 10000 \left(\frac{0.525}{1.0063} \right)^{0.9} = 5567.8 \text{N} \tag{4.23}$$

4.7.3.3　涡扇发动机

推力随高度的典型下降速率如图 4.43 所示,图中所示为从海平面到 10km 高度的推力曲线。图 4.48(见本章后面部分)所示为一种通用军用涡扇发动机的推力随亚声速和超声速马赫数以及高度的变化。此外,图 4.43 说明了 $Ma0.85$ 时涡扇发动机的未装机推力随高度的变化。

该发动机的涵道比为 8,压气机增压比为 20,风扇增压比为 1.6,涡轮叶片最高温度为 2000K,且进气道面积为 0.6m^2。曲线图是使用 MATLAB 程序文件生成的,该程序文件基于文献[12]中介绍的方法。图中还显示了空气密度比的变化。发动机在海平面产生 222kN 的推力。数据以给定马赫数下未装机推力与海平面推力比值的广义形式给出。

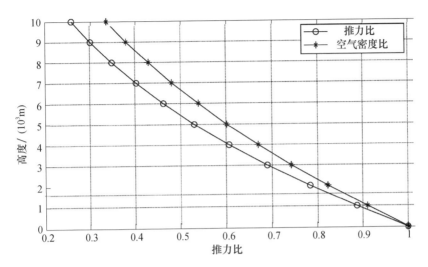

图 4.43 涡扇发动机的未装机推力随高度的变化

涡扇发动机推力随高度的变化近似为以下经验方程。

对于对流层,有

$$T = T_0 \left(\frac{\rho}{\rho_0} \right)^k \tag{4.24}$$

式中:T_0 为海平面高度的推力;k 取值范围为 $0.9 \sim 1.2$。

对于对流层,有

$$T = T_{11000} \left(\frac{\rho}{\rho_{11000}} \right) = T_0 \left(\frac{\rho}{\rho_{11000}} \right) \left(\frac{\rho_{11000}}{\rho_0} \right)^k \tag{4.25}$$

式中:T_{11000}、ρ_{11000} 分别为 11000m 高空的发动机推力和空气密度。这个推力 T_{11000} 易由式(4.21)获得。如果发动机是最大额定推力 T_{flat} 的,则关系为

$$T = T_{\text{flat}} \left(\frac{\rho}{\rho_f} \right)^k \tag{4.26}$$

这种关系只适用于飞行高度 ρ 大于最大额定高度 ρ_f 的情况。

4.7.3.4 涡桨发动机

涡桨发动机的轴有效功率随马赫数和高度的典型变化如图 4.44 所示。注意,P 是轴功率,不包括螺旋桨效率。随着马赫数接近于 1,由于螺旋桨叶尖激波的形成,导致功率严重下降。螺旋桨桨尖速度是飞机速度和螺旋桨转速的向量和。

关于高度变化,图 4.54 中的数据通过以下表达式进行了合理的关联:

$$P = P_0 \left(\frac{\rho}{\rho_0} \right)^m \tag{4.27}$$

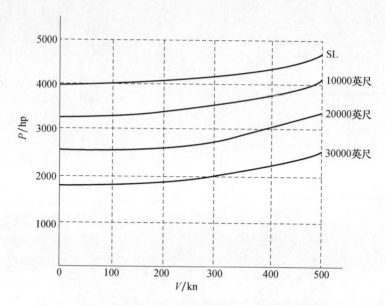

图 4.44　典型涡桨发动机最大有效功率随马赫数和高度的变化

参数 m 是发动机结构和安装的函数。对于 m，建议使用 0.9 ~ 1.1 之间的值[17]，则

$$P = P_{11000}\left(\frac{\rho}{\rho_{11000}}\right) \qquad (4.28)$$

式中：P_{11000}、ρ_{11000} 分别为 11000m 高空的发动机功率和空气密度。这个功率（P_{11000}）易由式(4.27)获得。如果涡桨发动机是最大额定推力 T_{flat} 的，则关系为

$$P = P_{\text{flat}}\left(\frac{\rho}{\rho_{\text{f}}}\right)^{m} \qquad (4.29)$$

这种关系只适用于飞行高度 ρ 大于最大额定高度 ρ_{f} 的情况。

例 4.10　飞机由涡桨发动机提供动力，该发动机在海平面的最大功率为 800hp。飞机在 10000ft 高度巡航，最大速度 250kn 当量空速(KEAS)。螺旋桨效率为 0.8。这台发动机加螺旋桨产生的推力是多少？假设 $m = 0.9$。

解

由附录 B 可知，空气密度比为 $\sigma = 0.738$。10000ft 的高度位于第一层大气中（对流层）。因此，这个高度的发动机功率为

$$P_{10000} = P_{0}\left(\frac{\rho}{\rho_{0}}\right)^{m} = 800 \times 0.738^{0.9} = 608.6\text{hp} \qquad (4.27)$$

给定空速为当量空速，则真空速为

$$V_{\text{T}} = \frac{V_{\text{E}}}{\sqrt{\sigma_{10000}}} = \frac{250}{\sqrt{0.738}} = 291\text{kn} \qquad (2.47)$$

因此,发动机推力为

$$\eta_P = \frac{TV}{P_{in}} \Rightarrow T = \frac{P_{in}\eta_P}{V_T} = \frac{608.6 \times 745 \times 0.8}{291 \times 0.5144} = 2423 N \tag{4.2}$$

4.7.4 燃油消耗率随高度的变化

涡喷发动机、涡扇发动机和涡桨发动机都具有相同的核心机(燃气发生器)。燃气发生器由压气机、燃烧室和涡轮组成。这三种类型的涡轮发动机的燃油消耗率也有类似的趋势。此外,活塞发动机具有完全不同的结构。因此,从燃油消耗率的角度,涡喷发动机、涡扇发动机和涡桨发动机可归为一类。

4.7.4.1 活塞发动机

活塞发动机燃油消耗率的典型值为 $0.4 \sim 0.65 lb/(h \cdot hp)$。在高海拔处,燃油消耗率略低于海平面。为简便起见,假定燃油消耗率随高度变化是恒定的。回想一下,燃油消耗率是按单位功率计算的。

4.7.4.2 涡喷、涡扇和涡桨发动机

涡喷、涡扇和涡桨发动机具有相同的核心机(涡轮发动机)。它们的燃油消耗率也遵循类似的趋势。涡轮发动机的推力很大程度上依赖于高度,并明显受空速的影响。最低燃油消耗率在高海拔处比在海平面略低,并受空速的严重影响。

图 4.45 为涡扇发动机燃油消耗率随马赫数的变化情况。该发动机涵道比为68,压气机增压比为20,风扇增压比为1.6,涡轮叶片最高温度为2000K,且进气道面积为 $0.6m^2$。曲线图是使用 MATLAB 程序文件生成的,该文件基于文献[12]中介绍的方法。发动机在海平面产生 222kN 的推力。由图 4.45 可知,在 $Ma0.7$ 时,高度从 3km 增加到 11km 时,燃油消耗率降低了 11% 左右。此外,图 4.45 显示了该涡扇发动机的燃油消耗率随高度的变化。图 4.46 所示为涡喷发动机燃油消耗率随高度的变化。该涡喷发动机压气机增压比为15,进气道面积为 $1m^2$,且出口温度为1500K。

由于燃油与空气的比例几乎是恒定的,这就导致了燃油消耗的下降。根据图 4.45 和图 4.46,采用式(4.23)模拟燃油消耗率随高度的变化。涡喷发动机、涡扇发动机和涡桨发动机的燃油消耗率随高度的变化关系如下:

$$SFC = SFC_0 \left(\frac{\rho}{\rho_0}\right)^c \text{(对流层)} \tag{4.30}$$

$$SFC = SFC_{10000} \text{(平流层)} \tag{4.31}$$

式中: c 为 $0.1 \sim 0.2$,这取决于发动机的制造技术和结构。式(4.30)适用于大气的第一层,式(4.31)适用于大气的第二层。在这些关系中,SFC_0 是海平面上的燃油

消耗率。SFC_{10000} 是 11000ft 高空(大气的第一层和第二层之间的边界)的燃油消耗率。式(4.31)表明,第二层大气的燃油消耗率在整个层中均为常数。

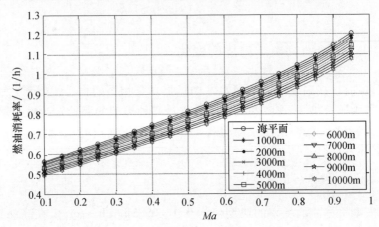

图 4.45　(见彩图)涡扇发动机的燃油消耗率随亚声速马赫数和高度的变化

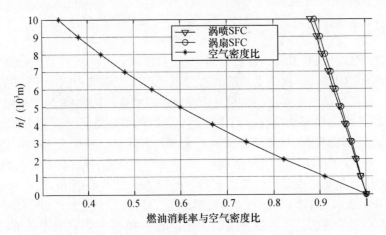

图 4.46　涡扇发动机和涡喷发动机的燃油消耗率随高度的变化

4.7.5　燃油消耗率随速度的变化

4.7.5.1　活塞发动机

活塞发动机的燃油消耗率是关于发动机功率、高度、轴转速和燃油—空气混合物的函数。图 4.47 显示了四缸气冷式水平对置莱康明 O - 320 活塞发动机[16]的燃油流量(以 gal/h 为单位)随百分比额定功率的变化。该发动机满功率时燃油消耗率为 0.64lb/(h·hp),50% 功率时燃油消耗率为 0.29lb/(h·hp)。当发动机功

174

率从满功率到50%时,空速降低了32%左右。这反映在使用燃油密度时的燃油消耗率上。图4.56还说明了燃油消耗率随发动机转速和燃油—空气混合物的变化。

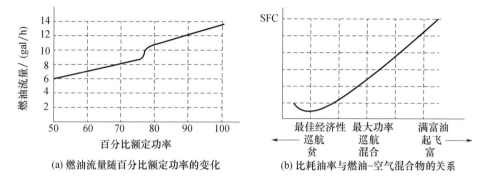

(a) 燃油流量随百分比额定功率的变化　　(b) 比耗油率与燃油-空气混合物的关系

图4.47　莱康明 O – 320 活塞发动机的燃油消耗率

当75%的发动机功率用于巡航飞行时,通航飞机派珀切诺基箭头使用的活塞发动机莱康明 IO – 360 – CIC[18] 燃油消耗速率为 10.15gal/h。然而,对于65%额定功率时,其值为9.16gal/h,而对于55%额定功率时,其值仅为8gal/h。活塞式发动机燃油消耗率随速度的变化关系近似为

$$\mathrm{SFC} = \mathrm{SFC_R} \left(\frac{V}{V_{\max}} \right)^c \qquad (4.32)$$

式中:$\mathrm{SFC_R}$ 为(最大)额定功率时的燃油消耗率;V 为飞机速度;$V_{\max}$ 为飞机最大速度。

c 的值取决于发动机的设计,它通常接近 2,但可能小于或大于 2。这里选择2,因为它符合当前的发动机技术。未来,随着发动机技术的进步,该值将略有不同。

4.7.5.2. 涡喷发动机

图4.37 所示为战斗机涡喷发动机按高度和马赫数计算的未装机燃油消耗率。图4.37 理论上是由涡喷发动机产生的,该发动机的压气机增压比为15,进气道面积为 $1\mathrm{m}^2$,出口温度在各高度为1500K。同时,假设喷管内存在理想的压力膨胀。

这里显示了燃油消耗率随飞行马赫数非线性增长的总体趋势。注意,在低速(海平面)下,燃油消耗率约为 0.97lb/(h·hp)。但是,在高速时,应考虑燃油消耗率的增加。根据与图4.37 相似的发动机曲线图的数据,可以通过拟合曲线得出合理的近似,即

$$\mathrm{SFC} = \mathrm{SFC_0} + kMa \qquad (4.33)$$

式中:SFC 为任意马赫数下的燃油消耗率;$\mathrm{SFC_0}$ 为 $Ma0$ 下的燃油消耗率。

对于这个方程,由于参数 k 随发动机特性的变化而变化,所以没有引入参数 k 的具体值。感兴趣的读者可以使用图形/数据建模技术来确定 k。k 是一个经验常

数,可以通过相关数据确定。

4.7.5.3 涡扇发动机

某涡扇发动机的燃油消耗率随高度和马赫数的变化如图4.48所示,其涵道比为0.6,压气机增压比为20,风扇增压比为1.6,最高涡轮叶片温度2000K,且进气道面积0.6m^2。该曲线图是使用 MATLAB 程序文件生成的,此文件基于文献[12]中介绍的方法。发动机在海平面产生138kN 的推力。

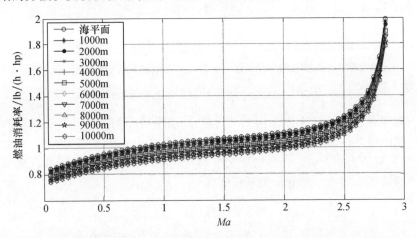

图4.48　(见彩图)涡扇发动机燃油消耗率随亚声速、超声速马赫数和高度的变化

涡扇发动机的燃油消耗率相对亚声速和超声速范围内的速度都具有非线性特性。总体趋势是燃油消耗率随着马赫数的增加而增加。因此,对于设计 $Ma2.2$ 的协和式飞机而言,涡喷发动机比涡扇发动机更省油。根据与图4.48相似的发动机曲线图数据,可以通过拟合曲线得出合理的近似,即

$$SFC = SFC_0 + kMa \tag{4.34}$$

式中:SFC 为任意马赫数下的燃油消耗率;SFC_0 为 $Ma0$ 下的燃油消耗率。

对于式(4.34),由于参数 k 随发动机特性的变化而变化,所以没有引入参数 k 的具体值。感兴趣的读者可以使用图形/数据建模技术来确定 k。k 是一个经验常数,可以通过相关数据确定。

对于低涵道比涡扇发动机而言,其性能与高涵道比发动机有所不同。与民用涡扇发动机相比,低涵道比涡扇发动机的性能更接近于涡喷发动机。低涵道比涡扇发动机用于许多高性能的喷气式战斗机,如麦道 F – 15。高涵道比涡扇发动机用于许多大型运输机,如波音 777(图7.21)。

4.7.5.4 涡桨发动机

涡桨发动机的燃油消耗率随空速的变化是非线性的,并且是螺旋桨尺寸和轴

转速的函数。已公开发表的发动机试验数据表明,燃油消耗率随速度变化几乎保持恒定。因此,假设燃油消耗率随速度变化保持恒定是合理的。

4.7.6 电力发动机的功率

4.5.2 节介绍了电动发动机的特点及其应用。本节将介绍确定电动发动机最大功率和总能量的方法。电动发动机的功率由其消耗的电流 I 乘以终端电压 V 来确定。

$$P = IV \tag{4.35}$$

式中:V 的单位为 V;电流的单位为 A;功率 P 的单位为 W。

另外,功率是能量相对于时间的变化率(消耗),即

$$P = \frac{dE}{dt} = IV \tag{4.37}$$

式中:时间的单位为 s。

因此,电池提供给电力发动机的能量/功为

$$E = \int_0^T IV dt \tag{4.38}$$

式中:T 为飞行时间。

当电流和电压恒定时(如巡航飞行时),式(4.37)可以简化为

$$E = IVt \tag{4.38}$$

其中能量单位是 J。对于给定的电池,总能量是固定的。此外,对于给定的电力发动机,电压通常是固定的。因此,电池所能提供能量的持续时间是由发动机消耗的功率决定的。这意味着流经电动发动机的电流是可以调整的。发动机功率随飞行条件和飞行操作而变化。例如,起飞时所需的发动机功率比巡航时要高得多。由于电动发动机的电压是恒定的,所以电流将会变化。由于这个事实,发动机的功率是由提供电能给发动机的电池的功率决定的。此外,机械功率等于转矩乘以转速($P = T \cdot \omega$)。因此,可以粗略得出这样的结论:直流电动机把电流转换成转矩,把电压转换成转速。

例 4.11 确定 $4200 mA \cdot h$ 的 $11.1V$ 锂聚合物电池提供的总能量,以及可提供给电动发动机的最大功率。

解

根据电池的描述,$11.1V$ 下的最大电流 $4.2A(4200mA)$ 能够供应 $1h(3600s)$。因此总能量为

$$E = IVt = 4.2 \times 11.1 \times 3600 = 167832 J = 167.8 kJ \tag{4.38}$$

最大功率为

$$P_{max} = IV = E = IVt = 4.2 \times 11.1 = 46.6 W \tag{4.35}$$

4.8　螺旋桨性能

4.8.1　引言

最早的有动力飞机全部使用螺旋桨。在 20 世纪 40 年代以前,螺旋桨是飞机唯一的推进方式,而且它们仍然为大多数现代飞机提供动力。螺旋桨通过向空气传递线动量来产生推力。推力的产生总是使气流产生一些不可恢复的动能和角动量。因此,这个过程的效率从来不是 100% 的。最佳的螺旋桨效率大约为 87%。第一个成功驾驶螺旋桨飞机的人是阿尔贝托·桑托斯－杜蒙特(1873—1932)。1901 年 10 月 19 日,他环绕埃菲尔铁塔,并因此赢得了 Deutsch de la Meurthe 奖。

涡桨发动机和活塞螺旋桨发动机有一个非常重要的组成部分,螺旋桨,它影响到两种发动机的性能。为了分析发动机的性能,首先需要能够确定螺旋桨的性能。飞机螺旋桨由两个或两个以上的桨叶和一个连接桨叶的中心毂组成。从空气动力学的角度看,飞机螺旋桨的桨叶本质上是一个旋转的机翼。螺旋桨是一种带有翼型截面的升力面,因此它以与机翼相同的方式产生气动力。螺旋桨是一组旋转的桨叶,其产生的合"升力"的方向主要是向前的。桨叶每个翼型截面产生的升力垂直于在该点接近桨叶的有效合成空气速度。由于它们的结构,螺旋桨桨叶产生的力产生推力,拉或推动飞机穿过空气。

因此升力向量与飞行方向成一定角度倾斜,垂直于飞行方向的分量产生了发动机必须克服的大部分转矩。此外,桨叶的阻力(螺旋桨阻力)使发动机必须额外增加功率供应。在平衡状态下,螺旋桨以恒定的转速旋转,使发动机转速与螺旋桨转矩大小相等且方向相反。

旋转螺旋桨桨叶所需的动力由发动机轴提供。螺旋桨安装在轴上,轴可以是活塞发动机曲轴的延伸,或者安装在与涡桨发动机相啮合的传动轴上。在这两种情况下,发动机都会在空气中高速旋转桨叶的翼型,螺旋桨将发动机的机械功率转化为推力。因此,飞机发动机以转矩的形式向传动轴提供能量,而螺旋桨将转矩转化为推力。这将要么从前面拉飞机(牵引式结构),要么从后面推飞机(推进式结构)。

从翼型理论来看,升力机翼上部的压力小于机翼下部的压力。旋转螺旋桨产生的静压低于螺旋桨前的自由流,高于螺旋桨后的自由流。顺气流方向,压力最终回到自由流,但在出口处,速度会大于自由流,因为螺旋桨对空气做了功。

如果气流是超声速的,螺旋桨的性能就会变差。当叶尖超声速时:①激波形成;②桨叶阻力和所需转矩突然增大;③噪声急剧增加;④流动分离;⑤消耗螺旋桨能量。因此,使用传统螺旋桨的飞机,通常飞行速度不会超过 $Ma0.6$。

无涵道风扇或桨扇是一种改进的涡扇发动机,其风扇置于发动机短舱外,与压气机叶片位于同一轴上。桨扇发动机也称为 UHB 发动机,而最近也称为开式转子喷气发动机。这种发动机设计的目的是以涡桨发动机的燃油经济性提供涡扇发动机的速度和性能。ProgressD27 桨扇发动机用于四发中程运输机安东诺夫 An – 70飞机(图4.25)。

随着发动机功率的逐年增加,设计师们采用了越来越多的螺旋桨桨叶。当螺旋桨毂的空间用完后,他们在同一发动机上采用了两对旋螺旋桨,例如图波列夫(Tupolev)四发涡桨动力战略轰炸机 TU – 95"熊"(图6.5)和 Tupolev TU – 114 客机。这些飞机的每台发动机有 8 个螺旋桨桨叶。Tupolev TU – 114 拥有 4 台库兹涅佐夫(Kuznetsov)NK – 12MV 涡桨发动机(每台功率11000kW(14800hp))来驱动对转螺旋桨,在过去 51 年里一直保持着世界最快螺旋桨飞机的纪录,其最大速度为 470kn(870km/h)且其巡航速度为 415kn(770km/h)。20 世纪 60 年代,Tupolev TU – 114 客机打破的多个记录至今仍在保持,其中一个是 1961 年 7 月 12 日,当时它的高度达到12073m(39610ft),并载有 25000 ~ 30000kg(55000 ~ 66000lb)有效载荷。

图 4.49 显示了一架拥有两台涡轴发动机的贝尔 – 波音 MV – 22B"鱼鹰"运输机。飞机配备两台罗尔斯 – 罗伊斯 T406 发动机,每台可产生 6150hp(4590kW)的功率。这种倾转旋翼军用多任务飞机具有垂直起降(VTOL)能力。如图所示,每个螺旋桨有三片桨叶,直径为 11.6m。

图 4.49　拥有两台涡轴发动机的贝尔 – 波音 MV – 22B"鱼鹰"运输机(Weimeng 提供)

4.8.2　定义

螺旋桨的重要参数是桨叶、桨叶数量、螺旋桨直径、不同位置(如叶尖和叶根)的桨叶翼型(横截面)、桨叶迎角、螺距角、扭转角和螺距。图 4.50 显示了一个双叶螺旋桨和一些相关的变量。为了充分认识不同系列螺旋桨的优点,必须首先了解螺旋桨的基本特性。迎角 α 为截面弦线与局部相对风的夹角。迎角的大小明显取决于前向速度与桨尖线速度 $R\omega$ 的相对值。因此,每个桨叶截面都有一个不同的迎角。

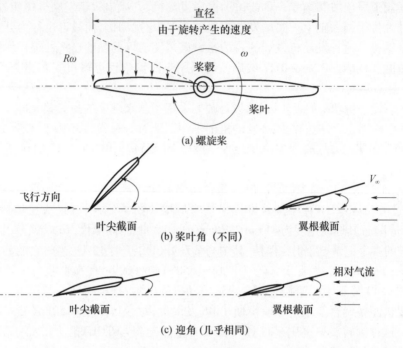

（a）螺旋桨

飞行方向

叶尖截面　　　　　　　　　　　翼根截面

（b）桨叶角（不同）

叶尖截面　　　　　　　　　　　翼根截面

（c）迎角（几乎相同）

图 4.50　双叶螺旋桨

每个截面产生截面升力和截面阻力。截面升力垂直于局部气流方向，而截面阻力与局部气流方向相反。垂直于圆盘平面的截面升力和截面阻力的向量和（沿飞行方向）为截面推力。截面推力在桨叶展长上的积分为发动机推力（图 4.51）。

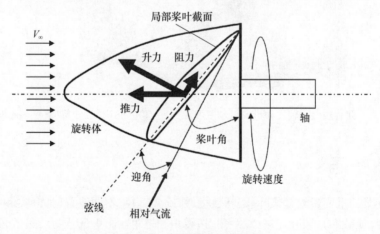

图 4.51　螺旋桨角和气动力

这个相对速度与螺旋桨旋转平面的夹角称为螺旋角或前进角。对于某一特定的飞机速度，由于螺旋桨叶尖的旋转速度快于叶根截面，所以螺旋角随叶根到叶尖的

180

变化而变化,螺旋角在叶根处接近90°。因此,从螺旋桨旋转平面到桨叶截面弦线的总角度为该截面的螺旋角和迎角之和。这称为桨叶角或螺距角。螺旋桨桨叶通常在60% ~90%之间的位置效率最高,且在75%位置达到峰值。通常在这个75%的位置定义桨叶角。由于沿桨叶展长方向不同位置的迎角不同,螺旋桨桨叶需要进行扭转。叶尖处迎角与叶根处迎角之间的夹角称为扭转角(通常为30° ~60°)。图4.52展示了三叶螺旋桨洛克希德L-749星座。注意桨毂的大小和扭转角。

图4.52　三叶螺旋桨洛克希德L-749星座(Kas van Zonneveld 提供)

角ϕ为合成气流的角度,由飞机空速V与螺旋桨叶尖线速度$R\omega$的比值决定,即

$$\phi = \arctan\left(\frac{V}{R\omega}\right) \tag{4.39}$$

"前进比"的无量纲参数定义为

$$J = \frac{V}{nD} \tag{4.40}$$

式中:D为螺旋桨直径;n为螺旋桨角速度(rad/s);V为飞机前进速度。

比值V/n是螺旋桨在一次旋转中前进的距离,有时也称为螺距。它经螺旋桨直径的无量纲处理以得到无量纲的前进比。螺旋桨螺距角是一种控制螺距的手段,它可用来区分螺旋桨的不同系列。在恒定的转速和飞机真空速下,翼型上的空气速度随离旋转中心的距离而变化。最大速度出现在叶尖附近的最大桨叶厚度点。为了在整个桨叶上形成一个接近理想的迎角,桨叶具有"扭转",即桨叶螺距角从根部到叶尖而变化。

翼型弦线与旋转平面的夹角为螺距角β。桨叶的螺距角β通常定义为从旋转中心到桨尖径向距离的75%位置处测得的螺距角。随着飞机速度的增加,固定螺距螺旋桨桨叶的迎角逐渐减小。这将固定螺距螺旋桨在给定转速下的最大效率限制为单一空速。如果在飞行过程中桨叶螺距可以变化,那么在大范围飞行条件下,螺旋桨的效率可以大大提高。

截面的螺距角 β 有时相对于机翼截面的零升力线进行定义。螺旋桨螺距角经常根据弦线制成表格。几何螺距或简单螺距是飞机螺旋桨每完成一次旋转时的前进速度(图 4.53)。很明显,螺距角与几何螺距是有关的。螺距是螺旋桨分类的一个关键因素。考虑四个系列的螺旋桨时,从简单的定螺距螺旋桨开始,到最先进的恒速螺旋桨系列,可以看到螺距控制的增强是起关键作用的。

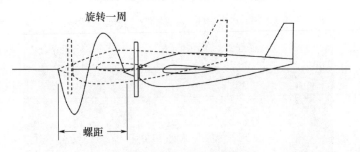

旋转一周

螺距

图 4.53　螺旋桨几何螺距

在一些变螺距螺旋桨上,桨叶可以平行于气流而旋转(图 4.54)以减少发动机故障时的阻力,这称为顺桨。顺桨螺旋桨是在第二次世界大战前为军用战斗机研制的。当发动机停转(故障)时,顺桨用来减少螺旋桨阻力和防止发动机损坏。有些螺旋桨也有反向螺距以使推力反向,从而在着陆时起到刹车的作用。在这种情况下,通过将桨叶转向大的负迎角来获得负推力。

图 4.54　顺桨

4.8.3 螺旋桨分类

螺旋桨共有四大系列:固定螺距、地面可调、可变螺距或飞行中可调,以及恒定转速。后两种是可变螺距螺旋桨的实例。下面将回顾这四种类型的特性。

4.8.3.1 固定螺距螺旋桨

固定螺距螺旋桨是通用航空中最早、最常见的螺旋桨类型。直到 20 世纪 30 年代初,固定螺距螺旋桨还是所有飞机上唯一使用的类型。对于固定螺距螺旋桨来说,最大的螺旋桨效率是在某一个飞行速度的特定值下实现的。采用固定螺距螺旋桨,螺旋桨的螺距从制造开始就固定了。飞机的性能是在螺旋桨安装当天就决定了的,并受限于螺旋桨的性能约束。在固定螺距螺旋桨的飞机上,控制发动机功率的唯一方法是通过油门同时控制轴转速、燃油消耗和歧管压力。类比汽车的话就像只有一个齿轮。通常,当为飞机选择固定螺距螺旋桨时,制造商会给出爬升或巡航螺旋桨的选择。爬升螺旋桨的螺距相对较细,而巡航螺旋桨的螺距相对较粗。

4.8.3.2 地面可调螺旋桨

很多通航飞机的螺旋桨都是地面可调的。这些螺旋桨的优势在于,它们可以在每次飞行前设定好自己的螺距。它们通常作为一种低成本的方法来尝试不同的螺距,并确定最适合飞机的螺旋桨螺距。这就好比汽车里的变速箱,司机只有在出发前才能调整。

4.8.3.3 可变螺距螺旋桨

变螺距的目的是随着飞机速度的变化,保持螺旋桨桨叶具有最佳迎角(最大化升力与阻力之比)。早期的螺距控制系统是由飞行员操作的,要么是双位置控制,要么是手动控制。飞行中控制螺旋桨的螺距,以提高每一阶段的飞行性能。第二次世界大战后,研制成功了自动螺旋桨以保持最佳的迎角(最佳效率)。这通常是通过一个不断调整桨叶螺距角的机械调节器来实现的。可变螺距螺旋桨的这一特性将为飞行员提供性能优势,包括更短的起飞滑跑距离、更好的爬升性能、更高的燃油效率、更大的航程、更大的最高速度、更陡的下降和更短的着陆滑跑距离。低速时(如起飞),螺旋桨的螺距角最大,高速时(如巡航),螺旋桨的螺距角最小。

可变螺距螺旋桨实际上有多种型号。这些不同的型号指的是它们的控制方式不同,包括双位置螺旋桨、飞行中可调螺旋桨、自动螺旋桨和恒速螺旋桨。飞行中可调螺旋桨允许飞行员直接改变螺旋桨的螺距到所需的位置。与油门控制相结合,这种控制可以实现多种功率控制。在保持发动机转速在一定范围内的同时,可以保持一定的空速范围。螺旋桨在桨毂中包含一个机构,它根据控制系统的伺服指令而改变桨叶的总螺距。

4.8.3.4 恒定转速螺旋桨

恒定转速螺旋桨是可变螺距的一种特殊情况,具有特定的操纵优势。恒定转速螺旋桨允许飞行员选择一个特定的转速,以获得发动机的最佳功率或最大效率。螺旋桨调节器作为闭环控制器,改变螺旋桨螺距角,保持发动机转矩不变,使转速保持恒定。在配备恒定转速螺旋桨的飞机上,控制发动机功率有两种方法:通过油门调节和通过螺旋桨螺距角。此外,燃油消耗可以通过一个单独的旋钮(混合控制)来控制。由于在高空可用的空气较少,恒定的燃油 – 空气比意味着更少的燃油。这三种方法分别控制轴转速、燃油消耗以及歧管压力。实际中,发动机油门直接改变歧管压力,而转速直接由螺旋桨螺距角控制。

在恒速控制下,可变螺距螺旋桨的螺距由调节器自动调节。当飞行员用螺旋桨转速控制装置设定了所需要的发动机/螺旋桨转速后,调节器的作用是使螺旋桨转速保持在相同的值。如果调节器检测到螺旋桨转速增加,它就会增加一点螺距以使速度回到限制范围内。如果调节器检测到螺旋桨转速下降,它会稍微降低螺距,使转速再次回到一定范围内。这种操作可以与汽车上的自动变速箱相类比,自动换档使发动机保持在一个合理的速度下工作。恒速螺旋桨将为可变螺距螺旋桨自动提供前面介绍的优点,几乎不需要飞行员参与控制。一旦选定了螺旋桨/发动机的转速,飞行员就可以单纯用油门来控制功率,而控制器就会把螺旋桨/发动机轴的转速保持在设定值。

虽然允许飞行员在大多数情况下忽略螺旋桨,但飞行员仍必须为飞行的不同阶段选择最合适的发动机/螺旋桨速度:起飞、复飞和着陆。高速设定用于短时间内需要最大功率的情况,如起飞。高速设定也可用于在进近和着陆时保持螺旋桨螺距较低,以提供较低的阻力,并为必要时的复飞做好准备。当需要连续高功率时,如爬升或高速巡航时,可使用中速设定。低速设置是用于舒适的巡航,此时发动机转速较低。该操作具有油耗低、航程长、噪声低、发动机磨损小等优点。

几乎所有的中高性能飞机都配备了恒定转速螺旋桨。双座飞机 Glasair Glastar 配备了 300hp 的活塞发动机,四座飞机 Lancair IV 配备了 350hp 活塞发动机,六座两栖飞机 Lake LA –250(图 3.35)配备了 250hp 活塞式发动机,而四座轻型飞机塞斯纳 182 天巷(图 4.8)配备了 230hp 活塞发动机,这些发动机都配备了恒定转速螺旋桨。

图 4.55 比较了三种螺旋桨的爬升性能:固定螺距螺旋桨、地面可调螺旋桨和恒定转速螺旋桨。当飞机使用恒定转速螺旋桨时,螺旋桨的效率最高,所以产生的

推力也最大。因此,它能以更高的爬升角爬升。图4.56比较了不同类型螺旋桨的效率。

4.8.3.5 特殊螺距模态

除了能够改变螺旋桨的螺距以优化飞机的性能外,一些变螺距螺旋桨还有其他一些特殊的操纵模式,它们在特定环境下将非常有用。它们是顺桨和反桨。

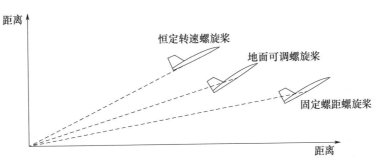

图4.55 三种螺旋桨爬升性能的对比

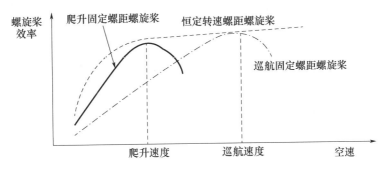

图4.56 不同类型螺旋桨效率的对比

1)顺桨

能够改变螺旋桨螺距的另一种方法是螺旋桨的顺桨。当发动机关闭而飞机仍然在飞行时,顺桨调整螺旋桨的螺距角使阻力最小,这样螺旋桨就几乎没有自动旋转或自动旋转的趋势。当发动机在飞行中发生故障,以及有时多发飞机在地面滑行一个或多个发动机失灵时,螺旋桨也会顺桨。

顺桨的螺旋桨可将桨叶的螺距角改变达到几乎90°(图4.54)。换句话说,改变桨叶的螺距使其前缘正好指向飞行方向,这样使气流的阻力最小。这种模式允许螺旋桨停止转动,而不会给飞机增加过多的阻力。顺桨可以用来改善发动机故障后的飞机性能,但更常用于轻型飞机,它还用于电动滑翔机。此时,发动机用来在发动机关闭之前获得高度,之后螺旋桨顺桨,开始滑翔飞行。

185

2)反桨

反桨螺距螺旋桨可将桨叶的螺距角变为负值。也就是说,改变桨叶螺距角使其前缘与飞行方向略微相反。这种模式允许螺旋桨产生反向推力。在大型的通航和运输飞机上,这种方法通常用于飞机着陆后的快速减速。但在运动飞机上,这种方法通常用于增强地面机动能力。这种方法常应用于水上飞机,使其具备向后机动的能力,而且有时用于减少推力到0时特别有用。

4.8.3.6 对转螺旋桨

当螺旋桨旋转时,一个反作用(即反向)转矩就作用于轴上。转速非常高时,转矩是很大的,并且轴(即发动机/飞机)将承受这个不期望的转矩。因此,必须消除这个转矩。消除这种转矩的一种方法是使用两个反向旋转的螺旋桨(即以相反的方向绕同一轴旋转)。两个螺旋桨前后安装,螺旋桨彼此抵消方向相反的转矩。为此,单活塞或涡桨发动机通过齿轮箱驱动两个同轴螺旋桨反向旋转。此外,这还提高了高速下的螺旋桨效率。对转螺旋桨不同于反向旋转螺旋桨,反向旋转螺旋桨是在不同轴上向相反方向转动的螺旋桨(如双发动机)。图4.25展示了安托诺夫 An-70,它配备四台桨扇发动机,每台发动机都装备两个对转螺旋桨。

4.8.4 计算

4.8.4.1 螺旋桨桨尖速度

螺旋桨各部位的运动轨迹为圆形轨迹 $R\omega$ 加平移轨迹 V。桨叶前缘的气流为飞机自由流速度与该位置的螺旋桨圆周速度的向量和(图4.57)。桨尖速度为

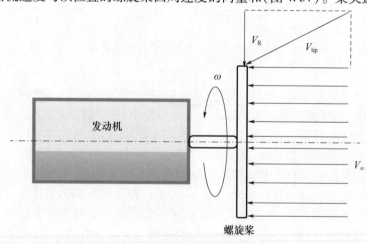

图 4.57 螺旋桨桨尖速度

$$V_{尖} = \sqrt{V_{\infty}^2 + V_{\theta}^2} \qquad (4.41)$$

式中:$V_{尖}$为螺旋桨桨尖的空速;V_{∞}为飞机前向速度;V_{θ}为旋转螺旋桨桨尖的线速度,可表示为

$$V_{\theta} = R\omega \qquad (4.42)$$

式中:R为螺旋桨的半径;ω为螺旋桨旋转速度。

当前进速度增加时,相对气流发生变化,且迎角减小。这导致推力和螺旋桨转矩降低。由于发动机转矩相同,则发动机/螺旋桨转速会增加。由于激波会产生振动和噪声,这使得桨尖速度不能接近声速($Ma1$)。

4.8.4.2　螺旋桨扭转角

每个翼型截面都有唯一的迎角,这样效率才能最大(即升阻比最大)。然而,由于螺旋桨是旋转的,在桨叶的不同位置,线速度是变化的。因此,局部相对气流从根部到叶尖是变化的(即螺旋桨的前向速度与线速度(V_{θ})的向量和)。为了桨叶的不同位置上保持恒定的迎角,桨叶应进行扭转。桨叶内侧的(用 i 表示)螺旋角是相对气流与前向速度的夹角(图4.58)为

$$\phi_i = \arctan\left(\frac{V_{\theta i}}{V_{\infty}}\right) = \arctan\left(\frac{R_o\omega}{V_{\infty}}\right) \qquad (4.43)$$

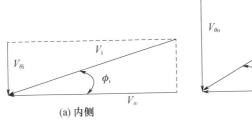
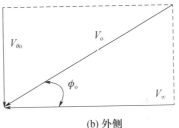

(a) 内侧　　　　　　　　　　　　(b) 外侧

图4.58　不同桨叶位置的相对气流

同理,桨叶外侧(用 o 表示)的螺旋角是相对气流与前向速度的夹角(图4.58),为

$$\phi_o = \arctan\left(\frac{V_{\theta o}}{V_{\infty}}\right) = \arctan\left(\frac{R_o\omega}{V_{\infty}}\right) \qquad (4.44)$$

式中:ω为螺旋桨的旋转速度(rad/s);R为桨叶不同位置的局部半径。

很明显,桨叶根部的局部半径为0,而桨尖的局部半径等于螺旋桨直径的½。因此,扭转角 α_t 为两个位置(主要为根部和叶尖)处相对气流方向的差值,即

$$\alpha_t = \phi_o - \phi_i = \arctan\left(\frac{R_o\omega}{V_{\infty}}\right) - \arctan\left(\frac{R_i\omega}{V_{\infty}}\right) \qquad (4.45)$$

局部桨叶螺距角为局部迎角与局部螺旋角之和,即

$$\beta = \phi + \alpha \qquad (4.46)$$

螺距角和螺旋角从叶根到叶尖都是变化的(增大)。通航飞机 Moony M2OTN 采用 262hp 活塞发动机,其螺旋桨螺距恒定,扭转角为 20°(桨叶角度为 17°~38°)。螺旋桨的工作极限是 2500r/min。

例4.12 一架通航飞机配备了活塞发动机和固定螺距的三桨叶螺旋桨。螺旋桨直径为 1.8m,桨毂总成直径 25cm。螺旋桨以 2000r/min 旋转,螺旋桨翼型截面在 8° 时达到最佳效率。飞机将以 200kn 的速度巡航。

(1)计算从叶根到桨尖的桨叶螺距角,使沿桨叶方向的迎角为 8°。绘制从桨毂总成到桨尖的螺距角的变化。

(2)计算桨叶的扭转角。

解 1.2

(1)从叶根到桨尖的桨叶螺距角:

转速为 200r/min,即 209.4rad/s。在叶片的根部(桨毂),桨叶半径为 25/2 = 12.5cm = 0.125m。螺旋角为

$$\phi_r = \arctan\left(\frac{R_r\omega}{V_\infty}\right) = \arctan\left(\frac{0.124 \times 209.4}{200 \times 0.514}\right) = 14.3° \quad (4.43)$$

该位置的局部桨叶角为

$$\beta_r = \phi_r + \alpha = 14.3 + 8 = 22.3° \quad (4.46)$$

在桨尖,桨叶半径为 1.8/2 = 0.9m。螺旋角为

$$\phi_t = \arctan\left(\frac{R_t\omega}{V_\infty}\right) = \arctan\left(\frac{0.9 \times 209.4}{200 \times 0.514}\right) = 61.4° \quad (4.43)$$

该位置的局部桨叶角为

$$\beta_t = \phi_t + \alpha = 61.4 + 8 = 69.3° \quad (4.46)$$

对于其他半径,使用相同的方法。图 4.59 所示为叶根到叶尖螺距角的变化。

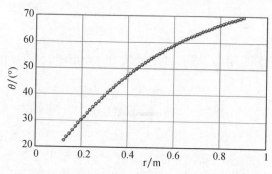

图 4.59 例 4.12 中从叶根到叶尖的桨叶螺距角

(2)桨叶扭转角为

$$\alpha_t = \phi_t - \phi_r = 61.4 - 14.3 = 47° \quad (4.45)$$

因此,桨叶扭转角为 47°。

4.8.4.3　改进的动量定理

利用计算流体力学（computational fluid dynamics，CFD）、有限元法（finite element，FEM）等高精度技术可以精确计算螺旋桨与气流的相互作用。螺旋桨可以看作一种没有外壳的轴流式机器。为了预测现有螺旋桨的性能，有必要对桨叶的空气动力学进行详细的研究。桨叶的详细分析是非常复杂的，可能需要基于桨叶元理论、螺旋桨动量定理以及涡理论等。要计算推力，就必须把螺旋桨分成几个微元，计算每个微元的推力，然后把它们加起来。在实践中，必须根据刚才提到的动量定理关系来编写一个计算机程序预测螺旋桨的性能。

本节将回顾改进的动量定理，该理论能够对螺旋桨性能的几个方面提供基本的理解。改进的动量定理只是应用流体旋转效应时的经典动量定理。分析螺旋桨工作的一种简单方法是研究系统的动量和动能。该理论基于无黏性、不可压缩流，并确定了螺旋桨的诱导速度和螺旋桨效率。此外，假定流速和压力在流管的每个截面上是均匀的。

此外，假设螺旋桨有大量的桨叶，使其等效为一个推力均匀分布在圆盘盘面上的"执行器"圆盘。流体的轴向速度在通过螺旋桨圆盘时是连续的，以保持流动的连续性。这些简化假设得到了一个理想化的一维解，这是螺旋桨性能的上限。此外，该理论忽略了桨叶翼型截面、桨叶迎角和桨叶螺距角的多重影响。由于经典动量定理相对简单，结果却显而易见，因此它很有吸引力。

三个基本原理或定律支配着这个理论：能量守恒、质量守恒（即连续性）以及动量守恒（即牛顿第二定律）。这三个定律将应用于一个控制容积（流管），该控制容积假定从螺旋桨上游无限远的平面延伸到下游无限远的平面（图 4.60）。最终结果将是一个确定所产生推力 T 和螺旋桨效率 η_P 的表达式。

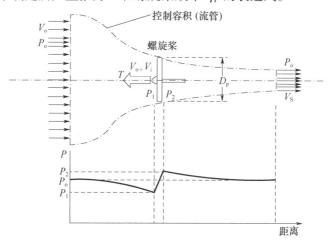

图 4.60　动量定理模型与沿气流的压力分布

远离螺旋桨的上游流体压力为 P_o 且速度为 V_o。螺旋桨正前方的压力 P_1 低于环境,而螺旋桨正后方的压力 P_2 高于环境。因此,圆盘后面的压力上升为 $P_1 + \Delta P = P_2$,然后下降到它的初始值 P_o。螺旋桨前的流速从 V_o 增加到 $V_o + V_i$,其中 V_i 称为诱导速度。螺旋桨的下游流速最终达到一个流速的稳态值 V_s。假设螺旋桨前后两面的空气密度 ρ 和温度 T 不变。将质量守恒应用于螺旋桨圆盘可得

$$\dot{m} = \rho V A = \rho(V_o + V_i)A_P \tag{4.47}$$

式中:$\dot{m}$ 为质量流速;A_P 为螺旋桨圆盘面积,而

$$A_P = \pi R_P^2 \tag{4.48}$$

式中:R_P 为螺旋桨半径($D_P/2$)。不可压缩流的假设意味着流速通过螺旋桨圆盘将不会发生变化。所以,在螺旋桨两侧,流速为 $V_o + V_i$。为了在滑流中包括流体旋转的影响,将流体的角速度加入到方程中。由于螺旋桨的旋转,螺旋桨后的流体将以角速度 ω 旋转。由于旋转,流体的圆周(线)速度为

$$V_\theta = r\omega \tag{4.49}$$

式中:r 为流体微元距转轴的半径(图 4.61)。

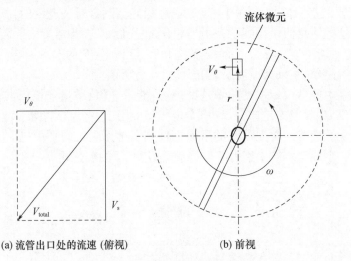

(a) 流管出口处的流速 (俯视) (b) 前视

图 4.61 流体的圆周速度

将能量守恒定律(即伯努利方程)分别应用到螺旋桨圆盘之前和之后的流场,但不穿越圆盘,可得

$$P_o + \frac{1}{2}\rho V_o^2 = P_1 + \frac{1}{2}\rho(V_o + V_i)^2 \tag{4.50}$$

$$P_o + \frac{1}{2}\rho[V_s^2 + (r_s\omega)^2] = P_2 + \frac{1}{2}\rho[(V_o + V_i)^2 + (R_P\omega)^2] \tag{4.51}$$

式中:r_s 为稳态位置的流管半径。

对比式(4.50)和式(4.51),可得

$$P_2 - P_1 = \frac{1}{2}\rho[V_s^2 + (r_s\omega)^2] - \frac{1}{2}\rho[V_o^2 + (R_p\omega)^2] \tag{4.53}$$

这就是圆盘前后的静压差。流体动能的增加是螺旋桨对流体所做的功(来自轴功率):

$$\dot{E} = \frac{1}{2}\dot{m}(V_s^2 - V_o^2) \tag{4.53}$$

流体的压力在螺旋桨圆盘处突然增加 ΔP。ΔP 等于作用在圆盘单位面积上的轴向力,并且在螺旋桨后面形成轴向速度增加的滑流。动量方程表明,轴向力之和等于流体线性动量的变化率。可以得出结论:推力(施加于流体上的力)加上压强力等于流体线动量的增量:

$$T + \int_A (P_o - P_s)\,\mathrm{d}A = \int_A (V_s - V_o)\,\mathrm{d}\dot{m} \tag{4.54}$$

文献[20]推导出了如下的积分后的推力表达式:

$$T = 2\pi\rho R_P^2 (V_o + V_i) V_i \left[1 - \frac{2(V_o + V_i) V_i}{\omega^2 R_P^2}\right] \tag{4.55}$$

式中:诱导速度 V_i 由下式给出

$$V_i = \left(\frac{V_o^3}{27} + \frac{V_P^3}{2} + \sqrt{\frac{V_P^6}{4} + \frac{V_P^3 V_o^3}{27}}\right)^{1/3} - \frac{2V_o}{3} + \left(\frac{V_o^3}{27} + \frac{V_P^3}{2} - \sqrt{\frac{V_P^6}{4} + \frac{V_P^3 V_o^3}{27}}\right)^{1/3} \tag{4.56}$$

式中:V_P 有以下关系给出

$$V_P = \left(\frac{P}{2\pi\rho R_P^2}\right)^{1/3} \tag{4.57}$$

式中:P 为发动机功率。

螺旋桨效率 η_P 定义为输出功率与输入功率的比值,即

$$\eta_P = \frac{P_{out}}{P_{in}} \tag{4.58}$$

功率定义为施加的力乘以线速度。因此,螺旋桨输出功率(即可用功率 P_A)为推力乘以飞机空速。输入功率是发动机轴功率,即

$$\eta_P = \frac{TV_o}{P} \tag{4.59}$$

将式(4.55)和式(4.57)代入式(4.58),并经过一些处理,可以得到理想效率的表达式如下:

$$\eta_P = \frac{V_o}{V_o + V_i} - \frac{2V_o V_i}{\omega^2 R_P^2} \tag{4.60}$$

这个方程表明,当流体通过螺旋桨时,流速增加的百分比越大,效率越低。大型螺旋桨给大量空气小的速度增加比小型螺旋桨更高效。

因此,螺旋桨不能把它从发动机获得的所有功率都转化成推力。所以,在螺旋桨产生推力的过程中会损失发动机的部分功率。这种发动机功率损失意味着发动机/螺旋桨组合的净功率输出总是小于通过发动机轴传递给螺旋桨的轴功率。因此,来自发动机/螺旋桨组合的可用功率 P_A 总是有 $P_A < P$。

例 4.13 恒定转速螺旋桨有三片桨叶,直径为 2.5m。螺旋桨工作在标准海平面,且控制系统保持燃油流量和螺旋桨螺距,使转速和有效功率分别保持在 2500r/min 和 220kW 不变。利用螺旋桨动量定理(包括滑流旋转的影响)对螺旋桨性能进行预测。包括滑流旋转的影响,从 0 到 100m/s,作为空速的函数绘制以下曲线图。

(1)螺旋桨产生的推力。

(2)推进效率。

解

(1)螺旋桨产生的推力。在 100m/s 的速度时,有

$$V_P = \left(\frac{P}{2\pi\rho R_P^2}\right)^{1/3} = \left(\frac{220 \times 1000}{2 \times 3.14 \times 1.225 \times 1.25^2}\right)^{1/3} = 26.35\,\text{m/s} \tag{4.57}$$

诱导速度为

$$V_i = \left(\frac{V_o^3}{27} + \frac{V_P^3}{2} + \sqrt{\frac{V_P^6}{4} + \frac{V_P^3 V_o^3}{27}}\right)^{1/3} - \frac{2V_o}{3} + \left(\frac{V_o^3}{27} + \frac{V_P^3}{2} - \sqrt{\frac{V_P^6}{4} + \frac{V_P^3 V_o^3}{27}}\right)^{1/3}$$

$$= \left(\frac{100^3}{27} + \frac{26.3^3}{2} + \sqrt{\frac{26.3^6}{4} + \frac{26.3^3 \times 100^3}{27}}\right)^{1/3} - \frac{2 \times 100}{3}$$

$$+ \left(\frac{100^3}{27} + \frac{26.3^3}{2} - \sqrt{\frac{26.3^6}{4} + \frac{26.3^3 \times 100^3}{27}}\right)^{1/3} = 1.766\,\text{m/s} \tag{4.56}$$

推力为

$$T = 2\pi\rho R_P^2 (V_o + V_i) V_i \left[1 - \frac{2(V_o + V_i) V_i}{\omega^2 R_P^2}\right]$$

$$= 2 \times 3.14 \times 1.225 \times 1.25^2 (100 + 1.766)$$

$$\times 1.766 \left[1 - \frac{2(100 + 1.766)1.766}{261.8^2 \times 1.25^2}\right]$$

$$= 2154.6\,\text{N} \tag{4.55}$$

其中旋转速度(2500r/min 时)为 261.8rad/s。

(2)螺旋桨效率为

$$\eta_P = \frac{V_o}{V_o + V_i} - \frac{2V_o V_i}{\omega^2 R_P^2} = \frac{100}{100 + 1.766} - \frac{2 \times 100 \times 1.766}{261.8^2 \times 1.25^2} = 0.979 \tag{4.60}$$

用式(4.59)也得到了同样的结果。对于其他速度,编写 Mathcad 代码可生成如图 4.62 和图 4.63 所示的结果。

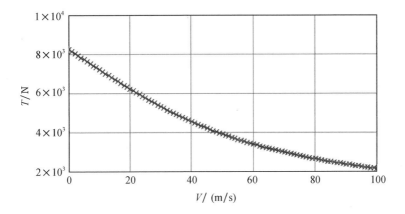

图 4.62　推力随速度的变化

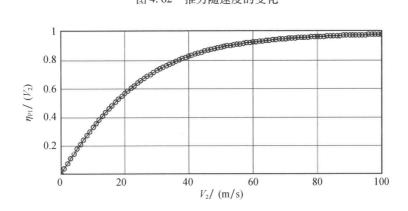

图 4.63　螺旋桨效率随速度的变化

4.8.4.4　螺旋桨图表的实际应用

与动量定理不同,另一种方法是利用从桨尖到桨根的压力分布,并确定螺旋桨的升力和阻力系数(C_1 和 C_d)。因此,推力系数和功率系数(C_T 和 C_P)由沿螺旋桨展长的积分可得到

$$C_T = \frac{\pi}{8} \int_{\text{根}}^{\text{尖}} (J^2 + \pi^2 x^2) [C_1 \cos(\phi + \alpha_i) - C_d \sin(\phi + \alpha_i)] \mathrm{d}x \tag{4.61}$$

$$C_P = \frac{\pi}{8} \int_{\text{根}}^{\text{尖}} x \pi (J^2 + \pi^2 x^2) [C_1 \sin(\phi + \alpha_i) + C_d \cos(\phi + \alpha_i)] \mathrm{d}x \tag{4.62}$$

式中:α_i 为角速度引起的诱导迎角。那么,发动机推力和功率由下式给出

$$T = C_T \rho n^2 D^4 \tag{4.63}$$

$$P = C_P \rho n^3 D^5 \tag{4.64}$$

式中：n 为螺旋桨旋转速度(r/s)，可表示为

$$n = \frac{\omega}{2\pi} \tag{4.65}$$

螺旋桨效率也可以表示为如下关于功率系数 C_P、推力系数 C_T 以及前进比 J 的无量纲系数[21]：

$$\eta_P = \frac{C_T}{C_P}J \tag{4.66}$$

实际中，螺旋桨性能特性通常是通过实验来测量的，并以图表和曲线的形式发布。螺旋桨效率可以通过图表来确定，其基础是大量的详细计算或大量的测试点。这样的螺旋桨图表可以表示为多种形式。专业的空气动力学家通常会掌握各制造商提供的发动机和螺旋桨的工作运行图表。利用这些图表，再加上飞机的空气动力学特性知识，他们就能估计出飞机的性能。

图 4.64 为 Clark Y 翼型三叶螺旋桨功率和推力系数的典型图(出自 Hartman E. 和 Biermann D. 具有 Clark Y 和 R.A.F.6 翼型截面的 2 片、3 片、4 片桨叶的全尺寸螺旋桨的气动特性，NACA 报告，第 640 号，1938 年)。图中桨叶角位于螺旋桨半径的 75% 处。

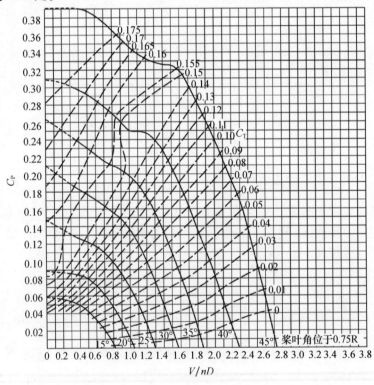

图 4.64　采用 Clark Y 翼型截面的螺旋桨的功率和推力系数

可以看出,螺旋桨桨叶的有效平均升力系数与前进比 J、桨叶角成正比。因此,这两个参数决定了桨叶的几何形状:气流系统和桨叶升力系数。因此,它们决定了效率,包括流入、滑流中的旋转能量以及黏性损失的影响。图 4.65 显示了采用 Clark Y 截面的三叶螺旋桨在不同螺距角下螺旋桨效率与前进比的关系。很明显,由式(4.60)可知,无量纲的前进比 J 对螺旋桨性能影响很大。实际上,量纲分析表明,J 是螺旋桨性能的相似参数,与马赫数、雷诺数同属一类。

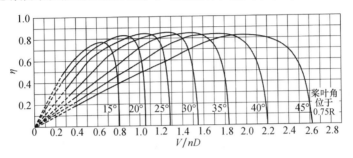

图 4.65　采用 Clark Y 翼型截面的螺旋桨的效率

例 4.14　一架运动飞机以 200kn 的速度在海平面巡航。其发动机采用 Clark Y 截面的三叶螺旋桨。螺旋桨直径为 2.2m,且以 1500r/min 旋转。发动机功率为 250hp。

(1)如果想要获得最大的螺旋桨效率,桨叶角应该是多少?

(2)该螺旋桨在这种情况下能提供多大推力?

(3)以马赫数为单位确定螺旋桨桨尖速度。

解

(1)螺旋桨效率

$$J = \frac{V}{nD} = \frac{200 \times 0.5144}{(1500/60) \times 2.2} = 1.87 \tag{4.40}$$

从图 4.65 可以看出,当桨叶角为 42°时,螺旋桨效率最大。在这种情况下,螺旋桨效率将是 0.85 或 85% ,即 $\eta_P = 85\%$ 。

(2)推力

$$\eta_p = TV/P_{in} \Rightarrow T = \eta_p P_{in}/V = 250 \times 745.7$$
$$\times 0.85/(200 \times 0.5144) = 985.76\text{N} \tag{4.2}$$

(3)桨尖速度

$$V_{尖} = \sqrt{(\pi nD)^2 + V^2} = \sqrt{\left(\pi \times \frac{1500}{60} \times 2.2\right)^2 + (200 \times 0.5144)^2} = 201\text{m/s} \tag{4.41}$$

$$Ma = \frac{V}{\alpha} = \frac{201}{340} = 0.591 \tag{4.41}$$

195

所以,尽管飞行巡航速度为 Ma0.3,但是螺旋桨桨尖的速度已经达到 Ma0.591。

习 题

注意:在所有习题中,除非另外说明,假设为 ISA 条件。

4.1 一架单发飞机以 200kn 的速度巡航。如果飞机的阻力是 1200N,确定其发动机(喷气)产生的功率。

4.2 一架运输机的涡桨发动机提供 800hp 的功率。螺旋桨产生 3200N 的推力。如果飞机以 280kn 的速度巡航,确定螺旋桨的效率。

4.3 一架涡轮喷气双发飞机正在 28000ft 高空巡航,速度为 Ma1.5。每台发动机每秒消耗 200kg 空气。发动机出口流量为 32000Pa,速度为 850m/s。发动机喷管的出口面积为 1.4m²。假设飞机在 ISA 条件下飞行。两台发动机产生多少推力?

4.4 一架装备 2 台涡扇发动机的货机正在 35000ft 高空以 Ma0.5 的速度巡航,每台发动机核心机的空气流量或为 80kg/s,且每台发动机风扇(旁通)气流为 150kg/s。核心机的出口流速为 400m/s,而风扇出口流速为 300m/s。确定总推力。

4.5 某固体燃料火箭发动机正在海平面以上 25km 高度处工作。这台发动机每秒从出口喷管喷出 250kg 热气体。气体出口压力为 10000Pa,出口速度为 1258m/s。喷管的出口面积为 0.3m²。该发动机产生的净推力是多少?

4.6 一架喷气飞机在 25000ft 高空以 Ma0.85 的速度飞行。如果喷气发动机的出口气流速度 550m/s,确定该发动机的推进效率。

4.7 一架装备涡扇发动机的战斗机正在 50000ft 高空以 Ma1.4 的速度巡航。飞机产生 20000N 的阻力,发动机燃油的热值为 52200kJ/kg。空气流量为 30kg/s,燃油流量为 0.6kg/s,气体以 950m/s 的速度从喷管喷出。确定该涡扇发动机的热效率、推进效率和总效率。

4.8 飞机的活塞发动机能产生 600hp 的功率。该飞机飞行了 2h,发动机在这次飞行中消耗了 420kg 燃油。以 lb/(h·hp) 为单位计算该发动机的燃油消耗率。

4.9 涡扇发动机在海平面上的最大推力为 15kN。确定其在 10000ft 压力高度和 ISA 条件下的最大推力。

4.10 确定思考题 4.9 中发动机在 12000m 和 ISA 条件时的最大推力。

4.11 确定思考题 4.9 中发动机在 12000m 和 ISA +20 条件下的最大推力。

4.12 涡桨发动机的最大功率为 450hp,最大额定高度为 10000ft。计算它在 5000ft、15000ft 和 25000ft 高度的最大功率。

4.13 涡桨发动机的额定功率为 700kW。计算其在 1200m 和 10℃时的最大功率。

4.14 活塞发动机在海平面的最大功率为 450hp。它在 5000ft 和 ISA – 12 条件下的最大功率是多少?

4.15 单发飞机的活塞发动机最大功率为 250hp。失速速度为 70KEAS,螺旋桨效率为 0.75。如果假设阻力为 1200N,这架飞机能在 20000ft 高空巡航吗?

4.16 一架装备 3 台涡扇发动机的运输机正在 40000ft 高空巡航,速度为 480kn。每台发动机在海平面产生 100000N 的推力。升力系数为 0.1,阻力系数为 0.05。确定飞机的重量。

4.17 装备两台涡桨发动机的运输机 Antonov An – 32 具有下列特点:
$$m = 26000\text{kg}, S = 75\text{m}^2, P_{总} = 8380\text{hp}, C_{D_0} = 0.028$$
$$\text{SFC} = 0.6\text{lb}/(\text{h} \cdot \text{hp}), \eta_P = 0.84, b = 29.2\text{m}, e = 0.76$$
如果飞机在海平面以 250kn 的速度巡航 6h,需要消耗多少燃油?

4.18 装备涡喷发动机的战斗机 Super Etendard 具有以下特点:
$$m = 12000\text{kg}, S = 28.5\text{m}^2, T_{max} = 50000\text{N}, \text{SFC} = 0.7\text{lb}/(\text{h} \cdot \text{hp})$$

(1)假设对于 30000ft 高度处的最大速度的阻力系数 C_D 为 0.04,确定该高度的最大速度?

(2)如果飞机需要飞行 3000km,则该速度需要多少燃油(kg)?

4.19 运输飞机波音 747 – 100(图 8.12(b))有四台涡扇发动机。发动机推力随速度的变化关系如下:
$$T = 46100 - 46.7V + 0.046V^2$$
式中:T 单位为 lb;V 单位为 ft/s。

(1)绘制海平面高度 $Ma0.9$ 以下推力随速度的变化曲线。

(2)如果飞机以 $Ma0.9$ 在 35000ft 巡航,那么总推力是多少?

4.20 一架螺旋桨驱动的飞机正以 200kn 的速度巡航。如果飞机的阻力为 1200N,螺旋桨效率为 0.76,确定其发动机提供的功率。

4.21 一架通航飞机正在海平面以 135kn 的速度巡航。直径 1.9m 的螺旋桨以 1800r/min 的速度旋转。发动机功率为 150hp。图 4.66 给出了多种螺旋桨桨叶螺距角的螺旋桨效率随前进比的变化情况。

(1)如果想要获得最大的螺旋桨效率,桨叶角应该是多少?

(2)最大螺旋桨效率是多少?

(3)该螺旋桨在这种情况下可以提供多少推力?

(4)以马赫数为单位确定螺旋桨桨尖速度。

4.22 重力为 160000lbf、机翼面积为 4700ft² 的运输机的最大升力系数为 2.1。这架飞机能够在 5000m 的高度且 ISA 条件下以 270kn 的真空速(KTAS)巡航飞行吗?发动机在海平面的推力是 30000lbf。假设飞机的阻力极曲线为 0.024 +

$0.05C_L^2$ 且发动机推力与飞行轨迹方向平行。

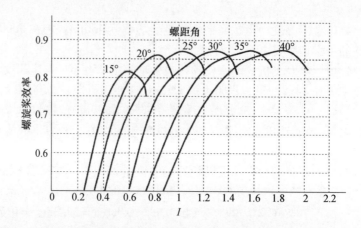

图 4.66 通航飞机的螺旋桨效率与前进比和螺距角的关系

4.23 一架螺旋桨驱动飞机正在 15000ft 高空以 300kn 巡航。螺旋桨直径为 2.5m,转速为 2000r/min。为了使桨叶在叶尖有 7° 的迎角,桨叶角应该是多少?

4.24 超轻型飞机装备活塞发动机和固定螺距两叶螺旋桨。螺旋桨直径为 1.2m,桨毂总成直径为 15cm。螺旋桨以 1500r/min 旋转,螺旋桨翼型截面为 8° 时达到其最佳效率。飞机将以 90kn 的速度巡航。

(1)计算从桨根到桨尖的桨叶螺距角,使桨叶迎角沿桨叶方向为 4°。绘制从桨毂总成到桨尖的螺距角的变化。

(2)计算桨叶扭转角。

4.25 两栖飞机装备活塞发动机和固定螺距两叶螺旋桨。螺旋桨直径为 1.5m,桨毂总成直径为 20cm。螺旋桨转速为 1700r/min,螺旋桨翼型截面为 5° 时达到其最佳效率。飞机将以 90kn 的速度巡航。

(1)计算从桨根到桨尖的桨叶螺距角,使桨叶迎角沿桨叶方向为 2°。绘制从轮毂总成到轮尖的俯仰角的变化。

(2)计算桨叶扭转角。

4.26 恒定转速螺旋桨有两片桨叶,直径为 1.8m。螺旋桨在标准海平面运行,且控制系统保持燃油流量和螺旋桨螺距,使转速和有效功率分别保持在 2100r/min 和 250hp 不变。利用螺旋桨动量定理(包括滑流旋转的影响)来预测螺旋桨的性能。包括滑流旋转的影响,在 0~160kn 范围内绘制:

(1)螺旋桨产生的推力

(2)推进效率

与空速的关系。

4.27 恒定转速螺旋桨有四片桨叶,直径为 2.1m。螺旋桨在标准海平面运行,且控制系统保持燃油流量和螺旋桨螺距,使转速和有效功率分别保持在2300r/min 和400hp 不变。利用螺旋桨动量定理(包括滑流旋转的影响)来预测螺旋桨的性能。包括滑流旋转的影响,在0～240kn 范围内绘制:

(1)螺旋桨产生的推力

(2)推进效率

与空速关系。

4.28　一架自制飞机正在10000ft 高空巡航,速度为160kn。发动机采用 Clark Y 截面的三叶螺旋桨。直径1.8m 的螺旋桨以1800r/min 转速旋转。发动机功率为180hp。

(1)如果想要获得最大的螺旋桨效率,桨叶角应该是多少?

(2)该螺旋桨在这种情况下能提供多少推力?

(3)为马赫数为单位确定螺旋桨桨尖速度。

4.29　火箭发动机的室压为200atm,喉部面积为0.3m²。假设喷管完全膨胀,燃气比热比为1.32,环境压力为0.85atm,计算发动机推力。

4.30　确定50A·h、3.2V Li－Po(锂聚合物)电池提供的总能量,以及可提供给电动发动机的总能量和最大功率。

参考文献

[1] Gunston,B.,Piston Aero Engines,PSL,Patrick Stephens Ltd,Somerset,UK,1999.

[2] Jackson,P. et al.,Jane's All the World's Aircraft,Jane's Information Group,UK,2006－2007.

[3] McCormick,B. W.,Aerodynamics,Aeronautics,and Flight Dynamics,John Wiley,Hoboken,NJ,1995.

[4] Stinton,D.,The Anatomy of the Airplane,BSP,UK,1989.

[5] Flack,R. D.,Fundamentals of Jet Propulsion,Cambridge Aerospace Series,Cambridge,UK,2005.

[6] Daily Launch,American Institute of Aeronautics and Astronautics,Reston,VA,February 20,2014.

[7] Flight International,Weekly magazine,Reed business publication,January 7－13,1998.

[8] Shevell,R.,Fundamentals of Flight,Prentice Hall,New Jersey,2003.

[9] Kroes,M. J. and Wild,T. W.,Aircraft Powerplants,7th edn.,McGraw－Hill,New York,1995.

[10] Hill,P. and Peterson,C.,Mechanics and Thermodynamics of Propulsion,2nd edn.,Addison Wesley,Reading,MA,1992.

[11] Rohrback,C. and Metzger,F. B.,The Prop－Fan:A new look at propulsors,AIAA 75－1208,AIAA/SAE 11th Propulsion Conference,Anaheim,CA,September 1975.

[12] Farokhi,S.,Aircraft Propulsion,Wiley,Hoboken,NJ,2009.

[13] Mattingly,J. D.,Elements of Propulsion:Gas Turbine and Rockets,AIAA,Reston,VA,2006.

[14] Jackson,P. et al.,Jane's All the World's Aircraft,Jane's Information Group,UK,several years.

[15] Raymer,D. P.,Aircraft Design:A Conceptual Approach,AIAA,Reston,VA,2006.

[16] Avco Lycoming O – 320, Operator's Manual, Avco Corporation, Williamsport Division, Delaware, 1973.

[17] Anderson, J., Aircraft Performance and Design, McGraw – Hill, New York, 1999.

[18] Anonymous, Cherokee Arrow Pilot's Operating Manual, Piper Company, Vero Beach, FL, 1973.

[19] Dorf, R. C. and Svoboda, J. A., Introduction to Electric Circuits, 9th edn., Wiley, Hoboken, NJ, 2013.

[20] Phillips, W. F., Mechanics of Flight, 2nd edn., John Wiley, Hoboken, NJ, 2010.

[21] Freeman, H. B., Comparison of full – scale propellers having R. A. F. – 6 and Clark Y airfoil sections, NACA Report No. 378, Inglewood, CA, 1932.

[22] Hartman, E. and Biermann, D., The aerodynamic characteristics of full – scale propellers having 2, 3, and 4 blades of Clark Y and R. A. F. 6 Airfoil Sections, NACA Report No. 640, Inglewood, CA, 1938.

第 5 章
喷气飞机的直线水平飞行

5.1 引言

常规飞行操作通常包括起飞、爬升、巡航、转弯、下降和着陆(图5.1)。民航飞机在飞行的大部分时间里都在巡航飞行。巡航飞行是空中任务的主要组成部分,它定义为速度和高度几乎保持不变的直线飞行。换句话说,巡航中不会有上升和下降。本书从最简单的一种情况开始不同飞行阶段的性能分析,即直线水平飞行。

图5.1 简单飞行任务的飞行阶段

本章和第6章专门研究巡航飞行时飞机的各种飞行参数。第4章将飞机发动机分为两大类:螺旋桨发动机(活塞螺旋桨和涡轮螺旋桨)和喷气发动机(涡喷发动机和涡扇发动机)。主要区别是喷气发动机输出的是推力 T,而螺旋桨发动机输出的是功率 P,但功率是由螺旋桨转转为推力的。

由于这种差异,这两类飞机的基本关系和应用公式的推导是相互独立的,并且结果也有很大的不同。因此,巡航飞行中飞机性能的分析将在两章(第5、6章)中介绍。本章介绍装备涡喷和涡扇发动机的飞机在直线水平飞行中的性能。第6章将介绍装备活塞螺旋桨和涡桨发动机的飞机在直线水平飞行中的性能。

本章是至关重要的,因为动力飞机的主要部件,如机翼和水平尾翼的概念设计要满足这一飞行阶段的要求。另外,最简单的飞行操作是巡航飞行,这使得民用运输飞机的自动飞行控制在目前大多数运输飞机上都是可以实现的。如果读者没有掌握巡航飞行的基本原理,就很难理解其他飞行阶段。

本章中,在亚声速飞行范围内,为了使公式的推导更容易,做如下三个假设:

(1)在亚声速飞行中,零升阻力系数 C_{D_0} 假设为常数。

(2)阻力 D 随速度 V 的变化采用抛物线曲线拟合(建模)。

(3)在亚声速飞行中,在阻力极曲线($C_D = C_{D_0} + KC_L^2$)中的诱导阻力修正系数 K 假设为常数。

如果读者想进行更精确的分析,则必须在没有这些假设的情况下推导出性能公式。在大多数情况下,这些假设不会显著降低分析结果的精度。

本章内容结构如下:首先,介绍并推导直线水平飞行的基本公式;然后,讨论评价下列性能指标的方法:直线水平飞行的特殊速度、航程、航时和升限。

直线水平飞行中的特殊速度包括最大速度、巡航速度、最小阻力速度、最大航程速度、绝对升限速度以及最大续航速度。再次强调,这些主题是针对喷气飞机进行讨论,而第 6 章将针对螺旋桨飞机重新介绍。本章编制了多个统计表,以说明目前飞机性能指标的真实数据。它们让读者对给定飞机的性能产生直观的感受。为了简单起见,有时用"巡航飞行"代替"直线水平飞行"。尽管速度(velocity)是一个向量,而速率(speed)是一个标量,但在本书中,速度和速率可以互换使用。这两种情况下,都指向量。在大多数情况下,当使用"速率"或"速度"一词时,实际上指的是飞机的速度或"空速"。

5.2 基本公式

本节讨论巡航飞行的各种性能指标的基本公式和基本参数。它们在本节推导出来,然后将在后面的章节中应用于推导各种关系以评估巡航飞行性能。公式和参数为稳态配平公式、阻力和推力与速度的关系、速度与迎角的关系以及最大升阻比。

5.2.1 稳态配平公式

巡航飞行中最基本的运动方程是根据牛顿第二定律获得的,即当合外力 $\sum F$ 作用于质量为 m 的物体,产生的线加速度与合力成正比,而大小与质量成反比。加速度的方向与合力的方向相同,可表示为

$$\sum F = ma \tag{5.1}$$

外力包括第 2 章至第 4 章推导的飞机重力 W、发动机推力 T、阻力 D 和升力 L。飞机可以沿着三个轴移动,即 x 轴、y 轴和 z 轴(图 5.2)。为了简单起见,假设 x 轴与机身轴线(机身中心线)重合。力和加速度都是向量,所以牛顿第二定律中的合

力有分量 $\sum F_x$、$\sum F_y$ 和 $\sum F_z$，而加速度 $\boldsymbol{a}$ 有分量 a_x、a_y 和 a_z。因此，牛顿第二定律可以等效的写成三个等式，一个是 x 分量，一个是 y 分量，一个是 z 分量。巡航飞行中，假设高度和航向保持不变，因此在 y 和 z 方向上没有加速度。所以，牛顿第二定律可以用以下三个公式表示：

$$\sum F_x = ma_x \tag{5.2}$$

$$\sum F_y = 0 \tag{5.3}$$

$$\sum F_z = 0 \tag{5.4}$$

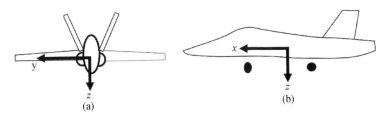

图 5.2　飞机坐标系

在巡航飞行中，不考虑任何转向运动和侧向力，因此这里忽略运动的 y 分量方程，那么将方程简化为两个方程：

$$\sum F_x = ma_x \tag{5.5}$$

$$\sum F_z = 0 \tag{5.6}$$

式(5.5)和式(5.6)表示加速飞行，因此意味着飞行速度增加或减少。直线水平飞行通常是非加速的(恒定巡航速度)。在这种情况下，式(5.5)和式(5.6)简化为

$$\sum F_x = 0 \tag{5.7}$$

$$\sum F_z = 0 \tag{5.8}$$

式(5.7)和式(5.8)展示了运动的力方程。运动的力矩方程也是运动方程的一部分，但它们主要用于分析系统的稳定性和控制。所以，本章不考虑它们。对于图 5.3 所示的四种力，描述直线飞行的基本运动方程(如式(2.20)和式(2.21)所示)如下：

$$T = D \tag{2.20}$$

$$W = L \tag{2.21}$$

从式(2.4)和式(2.5)代入升力和阻力关系，可得

$$T = \frac{1}{2}\rho V^2 S C_D \tag{5.9}$$

$$mg = \frac{1}{2}\rho V^2 S C_L \tag{5.10}$$

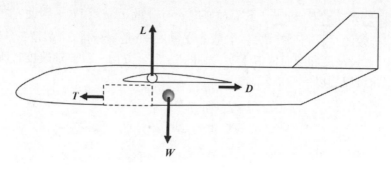

图 5.3　作用于直线水平飞行中的飞机上的力

　　根据这些公式,非加速直线飞行的两个先决条件是:阻力必须等于发动机推力,以及升力必须等于飞机的重力。换句话说,发动机必须产生足够的推力来抵消阻力,飞机(主要是机翼)必须产生足够的升力来保持飞机抵抗重力。这意味着飞机处于一种配平或平衡状态。飞机在巡航飞行时迎角较小(小于5°)且发动机安装角也较小。图5.4为具有迎角和发动机安装角的巡航飞机。因此,巡航飞行中的配平公式为

$$D = T\cos(\alpha + i_e) \tag{5.11}$$

$$W = L + T\sin(\alpha + i_e) \tag{5.12}$$

式中:α 为飞机迎角;i_e 为发动机安装角。

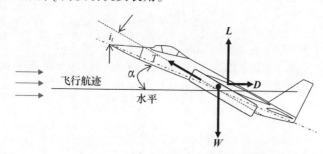

图 5.4　直线水平飞行中力的平衡

　　更多细节将在5.2.3节介绍。

　　例5.1　一架质量为120000kg 的喷气运输机正以400kn 的速度在海平面巡航飞行。如果阻力为290000N,飞机迎角为3°,发动机安装角为4°。

　　(1)发动机产生多大的推力?

　　(2)飞机提供多大的升力?

　　解

　　推力为

$$D = T\cos(\alpha + i_e) \Rightarrow T = \frac{D}{\cos(\alpha + i_e)} = \frac{290000}{\cos(3° + 4°)} = 292177.8\text{N} \tag{5.11}$$

升力为

$$W = L + T\sin(\alpha + i_e) \Rightarrow L = W - T\sin(\alpha + i_e)$$
$$= (120000 \times 9.81) - 292177.8 \times \sin(3° + 4°)$$
$$= 1141592.5\text{N} \tag{5.12}$$

5.2.2 阻力、推力和速度关系

当飞机在恒定高度直线飞行时,如果飞行员增大油门,推力将增大,然后飞机速度将相应增大。另外,随着速度的增大,阻力也增大。速度会一直增大直到阻力与推力相等。所以,对于飞机重力和发动机推力的每个值,通常存在一个(经常两个)满足配平条件的空速。在第一种和最后一种状态下的飞行称为非加速飞行,在这两种状态之间的飞行称为加速飞行。

特定高度处飞机阻力和发动机推力随速度的变化如图 5.5 所示。假设发动机推力与飞机速度无关。正如所期望的,飞机阻力是关于速度的非线性函数(抛物线)。阻力曲线是抛物线,并且有一个最小值。该图中的四个速度值得注意。实际上,推力是所需推力,但阻力是在任何特定速度下产生的阻力。换句话说,推力是速度的生产者,但速度是飞机阻力的原因。由式(5.11)和图 5.5 可以得到如下结论。

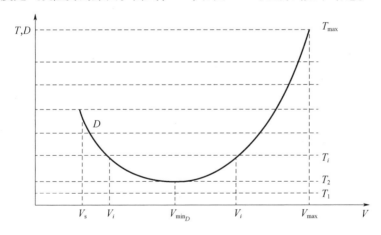

图 5.5　阻力变化和推力随速度的变化

(1)存在过低的发动机推力,如 T_1,它们不足以保证巡航飞行。因为一些推力线和阻力曲线之间没有交点,飞机无法在这样的推力值下巡航飞行。

(2)对于任何小于最大推力且大于 T_2 的推力,推力线与阻力曲线存在两个交点。这意味着飞机在这种特定推力下可能有两种巡航速度。换句话说,飞机有两种不同的巡航速度产生相同的阻力。这是由于低速时高升力系数导致诱导阻力的巨大增加。

(3)推力 T_2 是能够巡航飞行的最小推力。该速度称为最小阻力速度 V_{minD}。在这种情况下,阻力曲线和推力线之间只有一个交点。

(4)如果飞行员在任何特定高度使用最大发动机推力 T_{max},飞机将在该特定高度有其最大速度。

例5.2 一架飞机的质量为 2500kg,机翼面积为 $18m^2$,阻力系数为 0.04,正以 160kn 的速度在某恒定高度巡航。如果飞行员将发动机推力增加 20%,计算初始加速度和最终速度。可以假设阻力系数在整个飞行过程中是恒定的,并且飞机在 ISA 条件和海平面上飞行。

解 在等高度巡航飞行中,推力等于阻力,而阻力等于

$$D = \frac{1}{2}\rho V^2 S C_D \tag{3.1}$$

因此,有

$$T_1 = D_1 = \frac{1}{2}\rho V_0^2 S C_D = \frac{1}{2} \times 1.225 \times (160 \times 0.5144)^2$$

$$\times 18 \times 0.04 = 2987.3N \tag{5.9}$$

当发动机推力增大 20%,有

$$T_2 - D_1 = ma \Rightarrow a = \frac{T - D}{m} = \frac{(1.2 \times 2987.3) - 2987.3}{2500}$$

$$= 0.239 m/s^2 \tag{5.5}$$

这个加速度将增大飞机的速度,直到阻力等于推力:

$$T_2 = D_2 \Rightarrow 1.2 T_1 = \frac{1}{2}\rho V_2^2 S C_D \Rightarrow V_2$$

$$= \sqrt{\frac{1.2 T_1}{(1/2)\rho S C_D}} = \sqrt{\frac{1.2 \times 2987.3}{0.5 \times 1.225 \times 18 \times 0.04}} \tag{5.9}$$

$$= 90.16 m/s = 175.27 kn$$

新速度与原速度之比为

$$\frac{V_2}{V_1} = \frac{175.27}{160} = 1.1$$

这意味着飞机速度增加了 10%,虽然推力增加了 20%。

5.2.3 速度与迎角的关系

在任何允许速度下都可以进行直线持续水平飞行。允许速度定义为任何等于或高于失速速度,并且等于或小于最大速度的速度。飞机要停留在空气中,必须通过空气动力部件(主要是机翼)提供足够的升力。如果速度小于失速速度,飞机就不能产生足够的升力。如果速度高于其最大速度,飞机也不能产生足够的推力。

如果飞行员需要保持高度(空气密度不变),他必须保持升力等于飞机的重力。升力是空气密度ρ、升力系数、机翼面积和空速的函数,即

$$L = \frac{1}{2}\rho V^2 SC_L \qquad (2.4)$$

由式(2.4)可知,在飞机重力不变的巡航飞行中,要改变空速,升力系数C_L应呈反向变化。为了提高速度,需要减小升力系数C_L,而为了减小速度,需要增大升力系数C_L。要在一定高度下改变升力系数,必须改变飞机的迎角或襟翼偏转角。因此,降低迎角α可以增加飞机的速度,增加迎角α可以降低飞机的速度。然而,在长航时巡航飞行中,由于飞机重量不断下降(由于燃油燃烧),迎角α必须相应减小。这对于保持恒定速度和恒定高度是必需的。

图5.6展示了两种巡航飞行条件下的飞机:3°迎角和6°迎角。两种情况下,飞机都具有恒定的高度,但速度不同(220kn和120kn)。图5.6(a)中,飞机有3°迎角(对应的C_L为0.5),因为它的巡航速度为220kn。图5.6(b)中,飞机有6°迎角(对应的C_L为0.8),因为它的巡航速度较低,为120kn。因此,较高的速度V需要较低的升力系数C_L,进而需要较低的迎角。飞机迎角是相对于其零升力线来测量的。然而,机翼迎角是相对于一个平面基准来测量的,如机舱/驾驶舱地板。

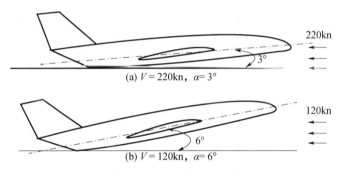

(a) $V = 220kn$, $\alpha = 3°$

(b) $V = 120kn$, $\alpha = 6°$

图5.6 两种不同巡航飞行条件下的飞机

图5.7所示为质量5100kg,参考机翼面积25m²的飞机进行巡航飞行时,飞机空速与迎角之间的典型关系。现代固定翼飞机的机翼安装角都是固定的,因此,飞机迎角的变化意味着机翼迎角的变化。从图中可以看出,随着飞机空速的增加,升力系数和迎角都将减小。例如,协和超声速飞机的巡航迎角为0.3°~1°,而高亚声速飞机如波音747(图8.12b)的巡航迎角为3°~5°。

最大允许迎角α_{max}通常称为失速迎角α_s,它决定了最大升力系数$C_{L_{max}}$。这个最大升力系数$C_{L_{max}}$反过来又决定了巡航飞行的最小允许速度。这个速度称为失速速度V_s。对于图5.7中的飞机,失速迎角为9°,失速速度为60m/s。图5.8对比了高速的超声速飞机(洛克希德·马丁F-35"闪电"Ⅱ)和低速的亚声速飞机(P-35"闪电")在以相同速度飞行时的迎角。正如所看到的,超声速飞机的迎角

比亚声速飞机的迎角要大得多,因为它们是为超声速巡航而设计的。在图 5.8 中,新旧"闪电"在卢克空军基地—卢克开放日 & 航空展 2014(Luke AFB—Luke Open House & Air Show 2014)上的表演。据称,F – 35 将是最后一批有人驾驶的战斗机,在不久的将来,战斗机将是无人驾驶的。

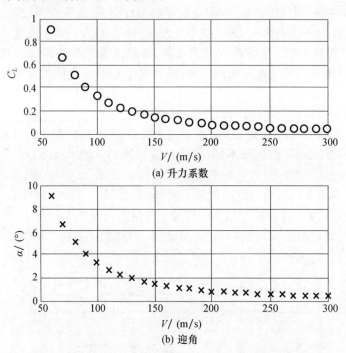

(a) 升力系数

(b) 迎角

图 5.7　巡航飞行中升力系数和迎角随速度的典型变化

图 5.8　高速飞机的迎角对比(F – 35"闪电"Ⅱ,左;飞机 P – 35"闪电",右)
(Ryosuke Ishikawa 提供)

　　机翼是整架飞机产生升力的主要部件(主要贡献者)。因此飞机最大允许迎角(或飞机失速迎角)的判据是机翼失速迎角。飞机迎角 α 是关于机翼迎角 α_w、机

身迎角 α_f 和水平尾翼迎角 α_{ht} 的函数。机翼与机身相连的角度称为机翼安装角 i_w。因此,机翼迎角实际上是机翼安装角加上机身迎角,即

$$\alpha_w = \alpha + i_w \qquad (5.13)$$

换句话说,飞行员必须时刻注意机翼迎角不能达到/超过失速迎角 α_s。

5.2.4 最大升阻比

升阻比是巡航飞行的重要参数之一。飞机气动设计的目标之一是设计一种能以最小阻力产生最大升力的飞机。在这方面,升阻比在飞机设计过程中起着重要的作用。这种设计目标有多方面应用。由式(5.9)和式(5.10)可以得出这样的结论,对于稳定的水平飞行,升阻比可简化为推重比的倒数,即

$$\frac{L}{D} = \frac{W}{T} \Rightarrow T = W\left(\frac{D}{L}\right) = \frac{W}{L/D} \qquad (5.14)$$

数学上,为了使常值分子的比值最小化,分母应该最大化。回想一下,D/L 的最小值是 L/D 最大值的倒数,即

$$T_{\min} = \frac{W}{(L/D)_{\max}} \qquad (5.15)$$

式(5.15)表明,如果飞行员想要燃油消耗最低(最小推力),他必须以最大升阻比的构型飞行。对于任何飞机,这种构型都是唯一的,因此必须事先计算并了解。为此,现在来看看如何确定飞行构型。

在巡航飞行中,升力等于飞机重力(常数)。因此,为了最大化升阻比,阻力应该最小化,即

$$(L/D)_{\max} \rightarrow D_{\min} \qquad (5.16)$$

实际上,最大化升阻比的问题产生了最小化阻力的问题。乍一看,似乎必须以零迎角进行飞行来减小飞机的气动阻力。这种直觉是错误的,因为迎角的减少意味着飞机速度的增加,而这就需要更大的推力。然后,似乎解决办法就是降低飞行速度。这也是不正确的,因为降低空速必须增大迎角,而这往往导致更大的阻力。因此,必须用解析方法来解决这个问题。下面,从升力和阻力的定义开始分析:

$$L = \frac{1}{2}\rho V^2 S C_L \qquad (2.4)$$

$$D = \frac{1}{2}\rho V^2 S C_D \qquad (2.5)$$

升力除以阻力,可得

$$\frac{L}{D} = \frac{\frac{1}{2}\rho V^2 S C_L}{\frac{1}{2}\rho V^2 S C_D} = \frac{C_L}{C_D} \qquad (5.17)$$

通过分析,可以很容易得出以下结论:

$$\left(\frac{L}{D}\right)_{\max} = \left(\frac{C_L}{C_D}\right)_{\max} \tag{5.18}$$

因此,要最大化升阻比,就必须使升力系数与阻力系数的比值最大化。在第3章中,阻力极曲线定义为

$$C_D = C_{D_0} + KC_L^2 \tag{5.19}$$

式(5.19)可以代入升力系数与阻力系数之比,即

$$\frac{C_L}{C_D} = \frac{C_L}{C_{D_0} + KC_L^2} \tag{5.20}$$

飞机升阻比是升力系数的函数。为了求出最大的 C_L/C_D,必须对式(5.20)关于升力系数求导,并令结果为0(斜率为0(本章后面的图5.10),则

$$\frac{\mathrm{d}}{\mathrm{d}C_L}\left(\frac{C_L}{C_D}\right) = \frac{C_{D_0} + KC_L^2 - 2KC_LC_L}{(C_{D_0} + KC_L^2)^2} \tag{5.21}$$

如果令式(5.21)等号右边等于0,可得

$$C_{D_0} + KC_L^2 - 2KC_LC_L = 0 \tag{5.22}$$

或者

$$C_{D_0} = KC_L^2 \tag{5.23}$$

将式(5.23)代入式(5.19),可得

$$C_{D_{(C_L/C_D)\max}} = 2C_{D_0} \tag{5.24}$$

这意味着当升阻比达到最大值时,阻力系数将是零升阻力系数的2倍。也就是说,零升阻力系数将等于诱导阻力系数,即

$$C_{D_0} = C_{D_i} \tag{5.25}$$

每架飞机都有一个唯一的最大升阻比。表5.1列出了多种飞机类别的最大升阻比。

表5.1　各种飞机的典型最大升阻比

序号	飞机类型	$(C_L/C_D)_{\max}$
1	翱翔机(滑翔机)	30～40
2	喷气运输机	15～20
3	轻型通航飞机	10～15
4	亚声速战斗机	7～10
5	超声速战斗机	4～7
6	直升机	3～5
7	遥控飞机	7～16
8	自制飞机	6～14

为计算该参数,将式(5.23)代入式(5.20),可得

$$\left(\frac{C_L}{C_D}\right)_{\max} = \frac{C_L}{KC_L^2 + KC_L^2} = \frac{C_L}{2KC_L^2} = \frac{1}{2KC_L} = \frac{1}{2KC_{L(C_L/C_D)_{\max}}} \tag{5.26}$$

另外,当升阻比达到最大值时,由式(5.23)可得

$$C_{L(C_L/C_D)_{\max}} = \sqrt{\frac{C_{D_0}}{K}} \tag{5.27}$$

将该升力系数代入式(5.21),可得

$$\left(\frac{C_L}{C_D}\right)_{\max} = \frac{1}{2\sqrt{KC_{D_0}}} \tag{5.28}$$

有了这个关系,就可以计算出任何飞机的最大升阻比。唯一必要的信息是飞机的零升阻力系数 C_{D_0} 和诱导阻力修正系数 K。

式(5.27)是一个数学表达式,而 $C_{L(C_L/C_D)_{\max}}$ 的理论值必须在实际飞行极限之内。出自式(5.27)的 $C_{L(C_L/C_D)_{\max}}$ 的值不能大于飞机最大升力系数 $C_{L_{\max}}$。如果公式的输出大于 $C_{L_{\max}}$,则忽略结果并选择一个略小于 $C_{L_{\max}}$ 的新值。

例5.3 塞斯纳奖状Ⅱ型飞机具有以下特点:

$$C_{D_0} = 0.022, e = 0.85, AR = 8.3, m = 6032\text{kg}$$
$$S = 30\text{m}^2, a = 5.9(1/\text{rad}), V_s = 82\text{kn}, T_{\max} = 22240\text{N}$$

确定以下值:

(1)最大升阻比。

(2)最大升阻比对应的迎角是多少(海平面)? 假设 $\alpha_0 = 0$。

(3)最大升阻比对应的空速是多少(海平面)?

(4)这架飞机飞行所需的最小推力是多少?

解

(1)计算最大升阻比:

$$K = \frac{1}{\pi e AR} = \frac{1}{3.14 \times 0.85 \times 8.3} = 0.045 \tag{3.8}$$

$$\left(\frac{C_L}{C_D}\right)_{\max} = \frac{1}{2\sqrt{KC_{D_0}}} = \frac{1}{2\sqrt{0.045 \times 0.022}} = 15.89 \tag{5.28}$$

(2)计算迎角:

$$C_L = \sqrt{\frac{C_{D_0}}{K}} = \sqrt{\frac{0.022}{0.045}} = 0.69 \tag{5.27}$$

$$a = \frac{\mathrm{d}C_L}{\mathrm{d}\alpha} \Rightarrow \alpha = \frac{0.69}{a} = \frac{0.69}{5.9} = 0.11\text{rad} = 6.7° \tag{2.10}$$

（3）计算空速：

$$W = L = \frac{1}{2}\rho V^2 S C_L \Rightarrow V = \sqrt{\frac{2W}{\rho S C_L}} = \sqrt{\frac{2 \times 6032 \times 9.81}{1.225 \times 30 \times 0.69}} \qquad (5.10)$$

$$= 68.3 \mathrm{m/s} = 132.82 \mathrm{kn}$$

该速度是失速速度的2倍。

（4）计算最小推力：

$$C_D = 2C_{D_0} = 2 \times 0.022 = 0.044 \qquad (5.24)$$

$$T = \frac{1}{2}\rho V^2 S C_D = \frac{1}{2} \times 1.225 \times 68.3^2 \times 30 \qquad (5.9)$$

$$\times 0.044 \Rightarrow T_{\min} = 3771.5 \mathrm{N}$$

这意味着飞行的最小推力约为最大推力的17%。

$$\frac{T_{\min}}{T_{\max}} = \frac{3771.5}{22240} = 0.17$$

例5.3表明,如果塞斯纳奖状II需要在海平面以最小推力巡航,空速将是 132.8kn,迎角将是6.7°。在这种飞行条件下,推进系统只使用了17%的推力。升 阻比将达到最大值,为15.89。

图5.9显示了一种翼型的 C_L/C_D 相对于迎角的一般变化规律。翼型升阻比随 迎角的变化曲线具有相似的形状。质量为5000kg的喷气飞机的阻力、升阻比和速 度的变化如表5.2所列。该表的图形表示形式如图5.10所示。注意到升阻比达 到最大值12。在这种飞行条件下,阻力为其最小值(4170N)。如果这架飞机以4° 迎角巡航,它将达到最大的升阻比。一般来说,任何飞机的最大升阻比都有一个 值。对于一组构型相似的飞机,这个参数通常是相近的。

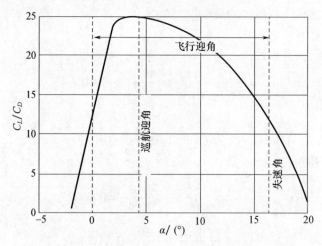

图5.9　一种翼型 C_L/C_D 相对于迎角的典型变化

表 5.2 各种飞机的典型最大升阻比

序号	V/kn	α/(°)	机翼 L/D	飞机 L/D	D/N
1	100	15	10.7	6	8330
2	120	9	17.2	10.6	4720
3	140	6	20.6	11.8	4240
4	160	4	22.7	12	4170
5	180	2.6	23.8	10.7	4670
6	200	1.7	22.8	8.5	5880
7	220	1	20.8	7.2	6940
8	240	0.5	18.8	6	8330
9	260	0.2	16.4	5.2	9615
10	280	0	13.9	4.5	11110
11	300	−0.4	12.8	3.8	13160

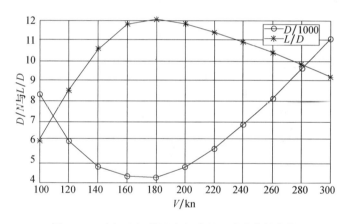

图 5.10 喷气飞机的阻力和升阻比随速度的变化

5.3 直线水平飞行中的特殊速度

飞机能够以从最小速度到最大速度中的多种速度进行持续巡航飞行。最小速度通常略大于失速速度($1.1V_s \sim 1.3V_s$)。保持失速速度的水平飞行是极具挑战性的(有时是危险的),但巡航飞行速度低于失速速度是不可能的。原因是升力将小于重力,因此在这种情况下保持高度是不现实的。巡航飞行中的最大速度是飞行员使用最大发动机油门时的速度。飞机的最小和最大速度取决于飞机重力、襟翼偏转角和飞行高度。

对于通用航空飞机,最大速度通常是失速度的 2~3 倍。喷气运输机的这一比值为 4~5,喷气战斗机的这一比值为 5~15。这些特殊速度对飞行员来说是非常重要的,并且用于特定飞行状态。以下是几个例子:

(1)最大速度 V_{max}。

(2)最小阻力速度 V_{maxD}。

(3)最大升阻比速度 $V_{(L/D)max}$。

(4)最大航程速度 V_{maxR}。

(5)最大航时速度 V_{maxE}。

(6)绝对升限速度。

(7)巡航速度 V_C。

上述每一个速度都有一种或多种特定应用,并且飞行员根据期望的任务将采用其中一个。例如,喷气运输机应该以最低成本来运输载荷,而喷气战斗机的任务是与敌方战斗机作战,或者侦察机必须飞越敌方防区以保护自己免受攻击。每架飞机必须以特定的速度飞行,才能有效执行任务。因此,了解这些速度是飞行员经济或成功飞行的前提条件。图 5.11 所示为巡航飞行中的一架民用运输飞机波音757,它装备两台涡扇发动机。注意,图中迎角很大。

图 5.11 巡航速度为 458kn($Ma0.8$)的波音 757(Gustavo Corujo – Gusair 提供)

本节分析了最大速度 V_{max}、最小阻力速度 V_{maxD} 和最大升阻比速度 $V_{(L/D)max}$ 三种特殊速度。最大航程航速 V_{maxR}、最大航时速度 V_{maxE}、巡航航速 V_C 和绝对升限速度四种特殊速度将分别在 5.4 节~5.6 节中讨论。值得一提的是,速度是一个向量,具有大小和方向,但是速率是一个标量,只有大小。"速率"一词在大多数情况下只是为了更方便使用。

5.3.1 最大速度

对任何飞机来说,最重要的性能标准之一就是它的最大速度 V_{max}。水平飞行中的最大持续速度是使用最大发动机推力时达到的。为了使发动机具有更长的寿命和更低的燃油消耗,强烈建议不要长时间使用最大推力飞行。因此,飞机很少以最大速度飞行。然而,战斗机在战场上以其最大速度飞行而获得胜利/生存却是至关重要的。当比较两架飞机时,最大速度越高的飞机巡航性能则越好。

每年都会记录最大速度的提高。实验飞机 X - 15A 于 1967 年 10 月 3 日达到了最高的最大速度(7297km/h、$Ma6.72$)。值得注意的是,这一速度是在 X - 15A 从另一架母机发射后获得的。20 世纪 70 年代独立飞机飞行最高的最大速度纪录属于洛克希德·马丁公司 SR - 71"黑鸟"(图 4.33),速度为 1905.8kn(略大于 $Ma3$)。目前,最大速度的记录属于 X - 51"乘波者"。波音 X - 51 是一架超燃冲压发动机的无人驾驶验证飞机,2013 年 5 月 1 日,它完成了超过 6min 的飞行,速度超过 $Ma5$ 的飞行时间达 210s,这是高超声速飞行时间最长的一次。

飞机的最大速度取决于多个参数,包括发动机推力、飞机重量以及巡航高度。当飞机的重量(如乘客、行李、货物、货仓或燃油)下降时,最大速度将会增大。因此,公开发布的飞机最大空速值(如简氏[3])往往是基于飞机的最大重量和高度表示的。

高度的增加对飞行有多种影响。空气密度随着高度的升高而降低,由于这种降低,升力、阻力等气动力和发动机推力都会减小。这三种力的减小速度是不一样的。为了补偿高空的升力下降,必须增大升力系数(实际上是迎角)。但升力系数的增大会引起阻力系数的增大。同时,空气密度的降低(随高度)会导致阻力的降低。这一过程具有双重影响,即在低空时,最大速度增加,但在高空时,最大速度减小。因此,通常存在一个特殊高度,其最大速度达到其绝对最大值 $V_{max_{max}}$。当飞行员想要绝对最大化其最大速度时,这个高度是最有利的高度之一。因此,最大空速是高度的非线性函数。

现在,看看如何分析和计算这个绝对最大速度及其对应的高度。在匀速巡航飞行中,阻力和推力必须相等(式(2.7))。这适用于如下的最大速度飞行:

$$T_{max} = D_{max} = \frac{1}{2}\rho V_{max}^2 SC_D \tag{5.29}$$

已经确定了如下的阻力极曲线和升力系数:

$$C_D = C_{D_0} + KC_L^2 \tag{3.12}$$

$$C_L = \frac{2W}{\rho V_{max}^2 S} \tag{5.10}$$

将式(5.10)和式(3.12)代入式(5.29),可得

$$T_{max} = \frac{1}{2}\rho V_{max}^2 SC_{D_0} + \frac{2KW^2}{\rho V_{max}^2 S} \tag{5.30}$$

或者

$$\frac{1}{2}\rho V_{max}^2 SC_{D_0} + \left(\frac{2KW^2}{\rho S}\right)\frac{1}{V_{max}^2} - T_{max} = 0 \tag{5.31}$$

第 4 章中,喷气发动机推力作为一个高度(空气密度)的函数引入,最大推力

计算如下：

$$T_{\max} = T_{\max SL}\left(\frac{\rho}{\rho_0}\right)^{0.9} \text{（涡喷、对流层）} \tag{4.21}$$

$$T_{\max} = T_{\max SL}\left(\frac{\rho_{11000}}{\rho_0}\right)^{0.9}\left(\frac{\rho}{\rho_{11000}}\right) \text{（涡喷、平流层）} \tag{4.22}$$

$$T_{\max} = T_{\max SL}\left(\frac{\rho}{\rho_0}\right)^{1.2} \text{（涡扇）} \tag{4.24}$$

式中：$T_{\max}$、$T_{\max SL}$分别为任意高度处的最大推力和海平面处的最大推力。

将式(4.21)~式(4.24)代入式(5.31)，得到如下非线性表达式：

$$AV_{\max}^2 + \frac{B}{V_{\max}^2} - CT_{\max} = 0 \tag{5.32}$$

其中

$$A = \frac{1}{2}\rho SC_{D_0} \tag{5.33}$$

$$B = \frac{2KW^2}{\rho S} \tag{5.34}$$

$$C = \left(\frac{\rho}{\rho_0}\right)^{0.9} \text{（涡喷、对流层）} \tag{5.35}$$

$$C = \left(\frac{\rho_{11000}}{\rho_0}\right)^{0.9}\left(\frac{\rho}{\rho_{11000}}\right) \text{（涡喷、平流层）} \tag{5.36}$$

$$C = \left(\frac{\rho}{\rho_0}\right)^{1.2} \text{（涡扇）} \tag{5.37}$$

式中：S为机翼面积；W为飞机重力；C_{D_0}为飞机零升阻力系数；K为诱导阻力修正系数；ρ为任意高度的空气密度；ρ_0为海平面的空气密度；ρ_{11000}为高度11000m处的空气密度。

式(5.32)中唯一未知的是最大速度。该方程是一个代数非线性方程，其阶数为4。当求解这个方程时，将有四个解。其中只有一个解是可以接受的，通常是最大的解。

图5.12所示为喷气飞机最大速度随飞行高度的典型变化。图中分别显示了真空速V_T和当量空速V_E的变化情况。如前所述，当量空速总是随着高度的增加而减小，但真空速开始时先增大，然后再减小。因此，最大真空速有一个绝对最大值（即最大空速的最大值）。根据这张图可知，每架飞机在每个高度上都有一个最大速度。然而，最大速度的最大值只出现在某一个高度处。该高度取决于飞机重量、发动机功率和推力、飞机零升阻力系数和构型等参数。

飞机在高空飞行的原因之一是飞行成本较低。这是由于在高空以更高速度飞行时，燃油消耗较低，这也会使航程更长。表5.3展示了几种喷气飞机的最大速度。在现有技术条件下，超声速飞机的最大速度可达$Ma3$，并且在特殊构型下可超

216

过 $Ma5$。高亚声速飞机的最大速度约为 $Ma0.95$。

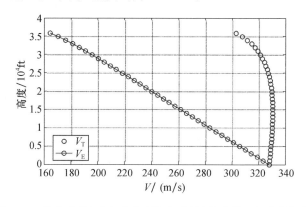

图 5.12　最大速度（真空速和当量空速）随高度的一般变化规律

协和超声速运输机的巡航空速为 $Ma2.2$。它是仅有的两架进入商业运营的超声速运输机之一，另一架是 Tu - 144 客机。协和飞机在一次起飞过程中的坠机事故后，于 2003 年退役。2000 年 7 月 25 日，星期二，协和飞机的第一次致命事故发生在协和 203 飞机上，当时该飞机正从巴黎飞往纽约。飞机起飞 60s 后坠毁，原因是轮胎爆胎导致油箱破裂。这引发了一系列事件并导致火灾，最终导致两台发动机失效和飞机坠毁。机上 109 人（100 名乘客和 9 名机组人员）全部遇难。此外，当地一家酒店的 4 人当场死亡。图 5.13 展示了洛克希德·马丁公司的 F - 22A"猛禽"战斗机，它在高空的最大速度超过 $Ma2.25$。飞机最大起飞质量 38000kg，机翼面积 78m²，并装备两台涡扇发动机，单台产生 116kN 的推力。

图 5.13　洛克希德·马丁公司 F - 22A"猛禽"战斗机（Weimeng 提供）

飞机重力与机翼面积之比 W/S 称为机翼载荷。机翼载荷是飞机性能评估中的一个重要参数。例如，对于重力为 2650lb，机翼面积为 160ft² 的飞机，则机翼载荷为 2650/160 或 17.67lb/ft²。许多性能公式中出现的另一项是 T/W，称为推重比。大多数喷气飞机的这一比值小于 1（0.2 ~ 0.3）。对于垂直起降（VTOL）飞机来说，这个比值是大于 1 的。

W/S 和 T/W 两项是飞机性能的基本参数，它们影响最大速度等性能参数（式（5.31））。随着机翼载荷和推重比的增加，最大速度将提高。

表 5.3 多架喷气飞机的巡航速度和最大速度

序号	飞机	类型	推力 T/kN	重力 W_{TO}/N	高度 (ft)	V_{max} (kn)	V_{max} (Ma)	V_c/kn
1	"湾流" G650[6]	公务喷气机	2×71.6	450000	41000	516	0.9	488
2	Manchang Q-5M	战斗机	36.8	120000	36000	688	1.2	—
3	"复仇者"TG-10	战斗机	13	28800	SL	485	0.72	—
4	"幻影"F1	攻击机	70.6	162000	高	—	2.2	—
5	"狂风"	战斗机	2×71.2	140000	18000	800	2	—
6	微型喷气 200B	教练机	2.6	13000	30000	250	—	210
7	空客 A300	运输机	2×262	1650000	32800	—	—	484
8	阿尔法喷气机	教练机	2×14.1	80000	36000	—	0.86	—
9	诺斯罗普 F-5A	战斗机	2×18.5	93790	36000	—	1.4	Ma 0.97
10	图波列夫 Tu-28P	攻击机	120	450000	60000	1000	1.75	—
11	协和	运输机	4×142	1850000	52000	—	—	Ma2.04
12	图波列夫 Tu-144	运输机	4×172	1800000	23000	—	2.3	Ma2.35
13	福克 F-28	运输机	2×43.8	321150	—	—	—	445
14	霍尼韦尔 B-1"枪骑兵"	轰炸机	4×133	1768000	500	650	—	562
15	米高扬 MiG-25	战斗机	2×108	350000	—	—	2.8	—
16	波音 E-3"哨兵"	早期预警机	4×93.4	1474170	3000	460	—	455
17	里尔喷气机 55	运输机	2×16.5	88450	SL	477	—	412
18	格鲁曼 A-6	攻击机	2×41.4	273970	—	560	—	430
19	马基 MB-326	轻型运输机	15.17	45770	—	—	—	—
20	洛克希德·马丁公司 F-16"战隼"	战斗机	131.6	123310	40000	—	2.1	—
21	波音 777	运输机	2×342	2993700	36000	—	—	Ma0.87
22	塞斯纳 525	通航	2×8.45	47170	33000	—	0.7	383
23	洛克希德·马丁公司 F-22A"猛禽"	隐身战斗机	2×155	272160	30000	—	2.25	Ma1.82
24	诺斯罗普·格鲁曼 RQ-4"全球鹰"	无人机	34	143450	60000	—	—	310
25	"台风"战斗机	战斗机	2×60	230456	55000	—	2	—

飞机的最大速度有两个极限:一个下限和一个上限。飞机的最大速度应该始终大于失速速度,因为非垂直起降、固定翼、重于空气的飞机无法低于失速速度而持续水平飞行。因此,如果计算中遇到这样的结果,这意味着发动机功率不足:

$$V_{max} \geq V_s \qquad (5.38)$$

垂直起降飞机和旋翼飞机的最大水平速度没有下限。

飞机最大速度的上限通常是结构极限。这一极限,也称为不可超越速度 V_{NE},当飞机飞行超过限制后,飞机结构将受到破坏。当速度超过 V_{NE} 时,结构上的弯矩(如翼根上的弯矩)将超过飞机结构的设计限制。另外,飞机结构的关键位置处的温度(如机翼前缘或机身机头)可能超出热限制。

例 5.4 一架大型喷气运输机,质量为 165000kg,发动机推力为 320kN,机翼面积为 260m²,其零升阻力系数为 0.02 且 $K = 0.05$。确定海平面的最大速度。

解 利用式(5.27)~式(5.30),可得

$$A = \frac{1}{2}\rho S C_{D_0} = 0.5 \times 1.225 \times 260 \times 0.02 = 3.185 \qquad (5.33)$$

$$B = \frac{2KW^2}{\rho S} = \frac{2 \times 0.05 \times (165000 \times 9.81)^2}{1.225 \times 260} = 822614701 \qquad (5.34)$$

$$C = \left(\frac{\rho}{\rho_0}\right)^{0.9} = 1(海平面) \qquad (5.35)$$

现在,把这些系数代入式(5.27),可得

$$AV_{max}^2 + \frac{B}{V_{max}^2} - CT_{max} = 0 \Rightarrow 3.185V_{max}^2 + \frac{822614701}{V_{max}^2} - 320000 = 0$$
$$(5.32)$$

式(5.32)有四个解,唯一可接受的解是 285.8。因此,有

$$V_{max} = 285.8m/s = 556kn = Ma0.84$$

5.3.2 最小阻力速度

直线水平飞行中另一个有趣的速度是飞机产生最小阻力时的速度。因为在水平飞行中,推力等于飞机的阻力,最小阻力意味着最小推力,进而意味着更低的燃油消耗。式(2.5)表明阻力是空速的直接函数。粗略看一下这个公式,最初会发现随着速度的增加,阻力也会增加。这个结论并不适用于所有速度。

原因如下。当飞行员要增大速度时,必须增大推力。如果高度保持不变,飞机的迎角就必须减小。迎角的减小意味着升力系数的减小,从而导致诱导阻力系数 C_{D_i} 的减小。回想一下,阻力包括两部分:诱导阻力和零升阻力。

因此,随着速度的增大,诱导阻力系数会减小。然而,速度的增大导致了更大的诱导阻力 D_i,而诱导阻力系数的降低导致了诱导阻力 D_i 的降低。总的结果通

常是诱导阻力的降低。此外,空速的增大导致零升阻力 D_0 的增大。因此,空速的增加增大了零升阻力 D_0,同时减小了诱导阻力 D_i,如图5.5所示,当速度变化时,阻力具有最小值。这个速度称为最小阻力速度 $V_{\min_D}$。很明显,飞机在这种速度下水平飞行需要的推力最小。因此,这种飞行消耗的燃油最少,飞行成本最低。

可以得到以下结论:当飞行目标是使燃油消耗最小时,飞行员必须选择并以这个速度飞行。这种任务的一个例子是空中侦察,以监视一条边界或一个区域。在这种任务中,目标不是冲向目的地,而是尽可能长时间在空中飞行。另一个例子是:飞行任务是最大限度提高航时。这个速度对于任意特定飞机都是唯一的,并且是飞行高度的函数。

为计算最小阻力速度,必须将式(2.5)对速度求导,并将其设为0。为了进行推导,从阻力公式开始:

$$D = \frac{1}{2}\rho V^2 S C_D \qquad (2.5)$$

因为

$$C_D = C_{D_0} + K C_L^2 \qquad (3.12)$$

且

$$C_L = \frac{2mg}{\rho V^2 S} \qquad (5.10)$$

将式(3.12)和式(5.10)代入式(2.5),可得

$$D = \frac{1}{2}\rho V^2 S C_{D_0} + \frac{2K(mg)^2}{\rho V^2 S} \qquad (5.39)$$

通过将式(5.39)对 V 求导,令其等于0,可得

$$\frac{\partial D}{\partial V} = \rho V S C_{D_0} - \frac{4K(mg)^2}{\rho V^3 S} = 0 \qquad (5.40)$$

或者

$$V^4 = \frac{4K(mg)^2}{(\rho S)^2 C_{D_0}} \qquad (5.41)$$

则

$$V_{\min_D} = \sqrt{\frac{2\sqrt{K}(mg)}{\rho S \sqrt{C_{D_0}}}} = \sqrt{\frac{2mg}{\rho S \sqrt{C_{D_0}/K}}} = \left(\frac{2mg}{\rho S}\right)^{1/2} \left(\frac{K}{C_{D_0}}\right)^{1/4} \qquad (5.43)$$

将式(5.42)与式(5.10)进行比较,可以将式(5.42)改写为

$$V_{\min_D} = \sqrt{\frac{2mg}{\rho S C_{L_{\min_D}}}} \qquad (5.43)$$

最小阻力速度是空气密度的倒函数。因此,最小阻力速度随高度而增大。这是一般趋势。式(5.43)进一步表明,当飞机重量减小时,最小阻力速度将减小。

比较式(5.42)和式(5.43)可知,最小阻力速度时的升力系数等于零升阻力系

数 C_{D_0} 与诱导阻力系数 K 之比的平方根,即

$$C_{L_{\min D}} = \sqrt{\frac{C_{D_0}}{K}} \tag{5.44}$$

式(5.44)是一个数学表达式,$C_{L_{\min D}}$ 的理论值必须在实际飞行极限以内。式(5.44)中 $C_{L_{\min D}}$ 的值不能大于最大升力系数 $C_{L_{\max}}$。如果方程的输出大于 $C_{L_{\max}}$,则忽略结果并选择一个略小于 $C_{L_{\max}}$ 的新值。

当飞机以最小阻力速度飞行时,研究升力和阻力系数之间的关系是很有趣的。为了确定这种关系,将升力系数除以阻力系数,并插入它们的等效项,即

$$\left(\frac{C_L}{C_D}\right)_{\min D} = \frac{\sqrt{C_{D_0}/K}}{C_{D_0} + K(C_{D_0}/K)} = \frac{\sqrt{C_{D_0}/K}}{2C_{D_0}} \tag{5.45}$$

式(5.45)可简化为

$$\left(\frac{C_L}{C_D}\right)_{\min D} = \frac{1}{2\sqrt{KC_{D_0}}} \tag{5.46}$$

将式(5.44)和式(3.12)进行比较,可得

$$C_{D_{\min D}} = 2C_{D_0} \tag{5.47}$$

式(5.47)表明,当飞机以与最小阻力相对应的速度飞行时,其阻力系数等于 C_{D_0} 值的2倍。

仔细分析图5.5可以发现,关于最小阻力速度存在一个重要的飞行安全点。图5.14只对图5.5做了一点小小的改动。速度稳定性是安全飞行的关键要求,这表明当飞行员减小发动机油门时,飞机的速度必须降低,当飞行员增大发动机油门时,飞机的速度必须提高。此外,如果飞行员不改变油门,但飞机的速度由于阵风的影响而改变(或增大或减小)时,阵风影响消失后速度必须恢复到其原来的值。如果这样,就认为该飞机具有"速度稳定性"。图5.14表明,飞机只有在超过最小阻力速度时才具有速度稳定性,并且当空速低于最小阻力速度时飞机就不具有速度稳定性。这一事实揭示了水平飞行中的危险区域。

产生的结果如下。当阵风扰动使飞机速度降低时,飞机必须提高速度才能恢复到原来的速度。然而,当飞机以低于最小阻力速度飞行时,空速的减小会导致阻力的增大。同样,空速的增加会导致阻力的减小。由于发动机的推力保持不变,则推力和阻力之差导致了速度的变化。

当空速大于最小阻力速度,并且遭遇扰动时,空速的变化为负的。这意味着飞机将恢复到它的初始配平速度,并且是安全的(速度稳定)。但是,当空速低于最小阻力速度,并且遭遇扰动时,空速的变化为正的。这意味着飞机不能恢复到它的初始配平速度,也不安全(没有速度稳定性)。

考虑当速度低于最小阻力速度($V_1 < V_{\min D}$)时的喷气飞机的情况。现在,假设阵风将飞机速度降低到 V_2,且低于初始速度 V_1($V_2 < V_1$)。由于速度减小,则阻力

增大。因此,由于阻力增大,速度进一步减小(图5.14中曲线的左侧)。这个过程将继续,直到速度达到失速速度,甚至速度还会继续下降。众所周知,如果速度低于失速速度,飞机就无法保持水平飞行。因此,这一过程首先导致飞机失速,然后发生致命事故。

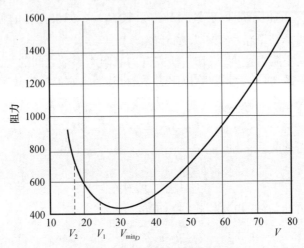

图5.14 阻力随速度的典型变化

这是一个不稳定的状态。飞行员在以低于最小阻力速度飞行时必须格外小心。一旦飞行员感觉到阵风降低了速度,就必须加大油门以保持原来的速度。幸运的是,对于大多数飞机来说,最小阻力速度低于失速速度。因此,对于大多数飞机来说,以最小阻力速度飞行是不切实际的。

对于最小阻力速度大于失速速度的飞机,飞行员在起降过程中起着至关重要的作用。这是与其他飞行状态相比飞机起降时坠毁率更高的原因之一。对于最小阻力速度小于失速速度的飞机,选择比失速速度高10%~20%的安全最小阻力速度:

$$V_{minD} = kV_s \tag{5.48}$$

其中

$$1.1 < k < 1.2 \tag{5.49}$$

例5.5 小型喷气飞机有以下特点:

$$m = 2500kg, S = 20m^2, C_{D_0} = 0.03, K = 0.06, V_s = 72kn$$

(1)这架飞机必须以什么速度巡航,可使发动机在10000ft高度处产生最小推力?

(2)当飞机在海平面飞行时重复(1)。

解 发动机产生最小推力时的速度是最小阻力速度。该速度由式(5.44)决定。最小阻力速度的升力系数由下式计算得到:

222

$$C_{L_{minD}} = \sqrt{\frac{C_{D_0}}{K}} = \sqrt{\frac{0.03}{0.06}} = 0.707 \tag{5.44}$$

（1）由附录 B 中的标准大气表可知，10000ft 高度处的空气密度为

$$\rho = 0.412\text{kg/m}^3$$

则

$$V_{minD} = \sqrt{\frac{2mg}{\rho S C_{L_{minD}}}} = \sqrt{\frac{2 \times 2500 \times 9.81}{0.412 \times 20 \times 0.707}} \tag{5.43}$$

$$= 91.7\text{m/s} = 178.3\text{kn}$$

（2）海平面时，有

$$V_{minD} = \sqrt{\frac{2mg}{\rho S C_{L_{minD}}}} = \sqrt{\frac{2 \times 2500 \times 9.81}{1.225 \times 20 \times 0.707}} \tag{5.43}$$

$$= 53\text{m/s} = 103.4\text{kn}$$

由此可知，最小阻力速度随高度的增加而增加。对于两个高度，最小阻力速度大于失速速度，这是可以的。

计算飞机稳定水平飞行所需的最小推力是很有趣的。将最小阻力速度（式(5.65)）、最小阻力速度对应的阻力系数（式(5.47)）、最小阻力速度对应的升力系数（式(5.44)）分别插入阻力方程（式(3.1)，$D = (1/2)\rho V^2 S C_D$）可得

$$T_{min} = D_{min} = \frac{1}{2}\rho V_{minD}^2 S C_{D_{minD}}$$

$$= \frac{1}{2}\rho \left(\sqrt{\frac{2mg}{\rho S C_{L_{minD}}}}\right)^2 S(2C_{D_0}) \tag{5.50}$$

$$= \frac{1}{2}\rho \left(\sqrt{\frac{2mg}{\rho S \sqrt{C_{D_0}/K}}}\right)^2 S(2C_{D_0})$$

式(5.50)简化为

$$T_{min} = 2W\sqrt{KC_{D_0}} \tag{5.51}$$

但是，如式(5.28)所示，$\sqrt{KC_{D_0}} = (1/2)(L/D)_{max}$。因此，最小推力为

$$T_{min} = \frac{W}{(L/D)_{max}} \tag{5.52}$$

这是式(5.15)的另一种证明。

5.3.3　最大升阻比速度

飞机以升阻比达到最高值时的速度 $V_{(L/D)_{max}}$ 巡航，其气动效率最佳。当飞行成本是首要考虑因素时，飞行员就会对这个速度十分感兴趣。为了推导出这个速度

223

的表达式,比较式(5.23)和式(5.46)。式(5.46)的右边与式(5.23)的右边完全一样。因此,最小阻力速度下的升阻比与最大升阻比完全相等,即:

$$\left(\frac{C_L}{C_D}\right)_{\min_D} = \left(\frac{C_L}{C_D}\right)_{\max} \tag{5.53}$$

这意味着最小阻力速度是升阻比达到最大值时的速度。这种关系如图5.10所示。因此,最小阻力(最小所需推力)对应的速度也是$(L/D)_{\max}$对应的速度,即

$$V_{(L/D)_{\max}} = V_{\min_D} \tag{5.54}$$

因此,由式(5.42),式(5.54)可以改写为

$$V_{(L/D)_{\max}} = \sqrt{\frac{2mg}{\rho S \sqrt{C_{D_0}/K}}} \tag{5.55}$$

将该式与式(5.10)进行比较,可以将式(5.55)重新改写为

$$V_{(L/D)_{\max}} = \sqrt{\frac{2mg}{\rho S C_{L_{(L/D)_{\max}}}}} \tag{5.56}$$

最大升阻比速度是空气密度的反比例函数。因此,最大升阻比速度随高度的增加而增加。这是一般趋势。式(5.56)进一步表明,当飞机重量减小时,最大升阻比速度减小。

比较式(5.55)和式(5.56)可知,最大升阻比速度下的升力系数等于零升阻力系数C_{D_0}与诱导阻力系数K比值的平方根,即

$$C_{L_{(L/D)_{\max}}} = \sqrt{\frac{C_{D_0}}{K}} \tag{5.57}$$

其他特殊速度的定义和推导(最大航程航速、最大航时速度以及最大升限速度)将在以下三部分介绍。

5.4 航程

航程是民用飞机性能和设计中最重要的参数之一。这对运输机来说是首要优先级,但对战斗机来说是次要优先级。根据定义,航程是飞机在油箱满油而不空中加油的情况下飞行的总距离。这包括起飞、爬升、巡航、下降和着陆(图5.15),并且不包括风的影响(无论有利的或不利的)。通常情况下,巡航阶段是最长的。航程是相对于地面测量的。在民用飞机中,定义是满油减去备用燃油时的最大地面距离。

当目的地机场着陆不安全时,需要考虑备用燃油。因此,飞机必须以剩余的燃油飞到另一个附近的机场。但是对于军用飞机来说,航程定义为往返飞行距离,包括起飞、爬升、巡航、下降、机动、完成任务(如战斗、轰炸和侦察)、再次爬升、返回

巡航、下降和着陆(图5.15),称为作战半径或活动半径。

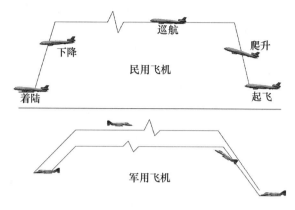

图 5.15　民用和军用飞机的航程

当考虑不同国家的城市和首都之间的距离时,就会体会到这一性能标准的重要性。每架飞机以特定速度和特定高度飞行时都有有限的航程性能。不同飞行条件(如高度、速度)的飞行会导致不同的航程。因此,当讨论航程时,它自然而然的代表最大航程,即以最佳飞行条件获得最大航程。飞机在不同高度的航程是不一样的。同样,不同速度的飞机航程也不相同。然而,每架飞机以最大起飞重量飞行时都有唯一的最大航程。当以特定(最佳的)高度和特定(最佳的)空速飞行时,就会获得这个最大航程。

1927 年 5 月 20 日至 21 日,查尔斯·林德伯格(Charles Lindbergh)独自完成了一次伟大的飞越大西洋的飞行,当时他非常关心最大速度、最大爬升率或最大续航时间。他最关心的是他可以用圣路易斯精神号(Spirit of St. Louis.)单活塞发动机飞机携带燃油飞行的最大距离(航程)。在这场惊人的飞行中,5834km 的航程(从纽约到巴黎的距离)是林德伯格最担心的问题(除导航和睡眠外)。

本节将首先回顾各种航程的定义,然后推导相关关系,最后讨论每个公式的应用。表 5.4 展示了多架喷气式飞机的航程。值得注意的是,航程的差异与它们的燃油容量的差异直接相关。空中加油是一种增加战斗机航程的技术。在空中加油情况下,一架加油机正在该区域飞行,当战斗机需要燃油时,它必须使用探头连接加油机的锥套。在冷战时期,许多军用飞机[4],如洛克希德·马丁 SR – 71"黑鸟"(图4.33)和洛克希德·马丁 F – 117"夜鹰",进行过空中加油,以便能够在更远的航程完成任务。

另一种增加航程的技术是使用外部油箱。这些外部油箱通常在燃油耗尽后就被丢弃,因此它们不是永久油箱。最长航程的记录属于一架双活塞螺旋桨发动机飞机——鲁坦 76 型"航行者"(Rutan Model 76 Voyager)和一架单涡扇发动机飞机——缩比复合材料 311 型维珍大西洋环球飞行者(Scaled Composites Model 311

Virgin Atlantic GlobalFlyer)[9]。它的航程等于地球的周长(约38000km),因为它可以环绕地球一周。从2005年2月28日到2005年3月3日,史蒂夫·福塞特在2天19小时1分钟(67小时1分钟)的时间里独自驾驶缩比复合材料311型维珍大西洋环球飞行者完成了环球不间断飞行,飞行速度为590.7km/h(342.2mile/h),打破了之前76型"航行者"9天3分钟不间断不加油环球飞行的绝对世界纪录,后者的平均速度为186.11km/h(115.65mile/h)。

表5.4 多种喷气飞机的航程

序号	飞机	国别	类型	推力 T/kN	质量/kg	航程/km
1	空客310-300	欧洲	运输机	2×237	150000	7320
2	"幻影"2000	法国	战斗机	95.1	17000	1480
3	阿尔法喷气飞机	法国	战斗机	2×13.24	8000	4000
4	"鹰"-200	英国	攻击机	25.3	5700	2433
5	麦道F-25"鹰"	美国	战斗机	2×106.5	13084	4631
6	诺斯罗普F-5E"老虎"	美国	战斗机	24	11192	2567
7	协和	法-英	运输机	4×180	185056	6580
8	波音737-500	美国	运输机	2×88.9	52390	3437
9	波音747-C-19A	美国	运输机	4×233.5	235870	13520
10	麦道DC-10	美国	运输机	3×178	199580	4355
11	福克100	荷兰	运输机	2×61.6	43090	2483
12	HAL HJT-16	印度	教练机	18.4	4950	615
13	Aeromachi MB-326GB	意大利	教练机	15.2	4577	1850
14	苏霍伊Su-22	俄罗斯	战斗机	76.5	19500	2300
15	BAE 125-700	英国	公务机	2×16.5	11566	4482
16	洛克希德银河	美国	运输机	4×191.2	379657	10411
17	沃特A-7	美国	战斗机	66.7	28030	4604
18	"全球鹰"	美国	侦察机	31.4	11600	40000
19	麦道F/A-18	美国	战斗机	2×71.2	16500	3300
20	塞斯纳560	美国	公务喷气机	2×13.55	7393	3630
21	"环球飞行者"	美国	不间断环球飞行	10	10024	41466

另一种远程喷气式飞机是诺斯罗普·格鲁曼公司的RQ-4"全球鹰"[8]无人机,其重量11600kg,机翼面积50.2m²,装备一台最大推力31.4kN的涡扇发动机。这架侦察机的航程超过14000km,巡航速度为310kn,升限为60000ft。

5.4.1 航程的定义

文献中有几种不同类型的航程定义(如文献[2])。这里介绍以下四种重要类型。

(1)安全航程:安全航程是飞机正常飞行而不出现任何问题时,两个机场之间的最远距离。安全航程包括起飞、爬升、巡航、下降和着陆。在这种类型航程中,不考虑风(逆风或顺风)的影响,并且假设油箱一开始就充满燃油。为安全起见,飞行后(即降落后)油箱必须保留备用燃油。最低备用燃油要求是由联邦航空条例规定的。备用燃油通常为总油量的20%或飞行45min时间所需的燃油。这是一种实际情况,但是由于安全航程的计算并不容易,所以还给出了其他定义。

(2)无风航程:在无风航程(still air range,SAR)(或净SAR)的计算中,假设飞行从起飞开始,一直持续到燃油耗尽,并且始终不着陆。同时假设空气是静止的,也就是说,飞行期间没有风。这种定义不是一种实际飞行情况,而是使SAR的计算更加方便。图5.16说明了这种定义。下一种定义类型提供了更为简单的计算方法。

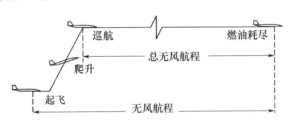

图5.16 净无风航程和总无风航程

(3)总无风航程:总无风航程(GSAR)不包括巡航飞行以外的任何部分,并且也假定飞行从满油开始。根据定义,这种飞行在空中结束,直到全部燃油消耗殆尽。这是令人感兴趣的一种定义,并且GSAR的计算很简单。与SAR一样,GSAR也忽略了风对航程的影响。大家知道,飞机的重量是不断下降的,因为发动机在不断消耗燃油。为了便于数学推导,还将借助于第四个定义,即比航程。GSAR有时称为"巡航航程"。

(4)比航程(SR):比航程定义为飞行距离除以所消耗的燃油量。简单地说,每lb燃油飞过的英里数称为SR。这类似于汽车的英里数,尤其是用mile/gal表示时。

为了推导航程的表达式,这里使用SR。当用数学语言表示时,SR[1]是飞行距离X对飞机重力W的微分,或者实际上是燃油重力:

$$SR = \frac{dX}{dW} \tag{5.58}$$

SR 的单位是 km/N、nm/lb 和 mile/lb。在这四个定义中,第一个定义是最精确的,但很难计算,而最后一个定义是最不实际的,但最容易推导。第三个定义(GSAR)相对容易处理。因此,下面将基于 GSAR 推导出多个关系。5.4 节的最后将讨论如何包含风对航程的影响。

5.4.2 航程的计算

航程是一种类型的距离,而距离定义为速度乘以运动持续时间。下面,从速度的定义开始推导 SR。瞬时速度定义为运动距离对时间 t 的微分,即

$$V = \frac{\mathrm{d}X}{\mathrm{d}t} \tag{5.59}$$

另外,燃油质量流量 Q_f 定义为飞机重力 W 对时间的微分,即

$$Q_f = \frac{\mathrm{d}W}{\mathrm{d}t} \tag{5.60}$$

第 4 章定义了燃油消耗率(SFC)为单位时间内每单位推力消耗的燃油质量,即

$$SFC = C = \frac{-\mathrm{d}W/\mathrm{d}T}{t} = -\frac{Q_f}{T} \tag{5.61}$$

式(5.61)加上负号,因为飞机重量变化率为负值,而 C 总视为正值。综合式(5.54)~式(5.56),并且代入式(5.58),可得

$$SR = \frac{\mathrm{d}X}{\mathrm{d}W} = \frac{V\mathrm{d}t}{Q_f\mathrm{d}t} = \frac{V}{Q_f} = -\frac{V}{CT} \tag{5.62}$$

巡航飞行(匀速)时,阻力 D 必须等于发动机推力 T。因此,用 D 代替 T,则

$$SR = -\frac{V}{CD} \tag{5.63}$$

现在,式(5.63)的分子分母同时乘以升力,则

$$SR = -\frac{VL}{CDL} \tag{5.64}$$

回顾一下,在巡航飞行中,升力 L 也等于飞机的重力 W,所以分母上的 L 用 W 代替,即

$$SR = -\frac{VL}{CDW} = -\frac{VL/D}{CW} \tag{5.65}$$

这种关系的信息量是很大的。这意味着 SR 是关于四个参数的函数:速度、SFC、飞机重力(实际上是燃油重力)和升阻比。根据 SFC 的定义,对于喷气发动机来说,假设 SFC 为常数是正确的。所以,SR 是速度乘以升阻比的函数。这意味着要提高 SR,必须同时提高速度和升阻比。但是升阻比是速度的函数,它的最大值只出现在一个特定的速度。图 5.17 展示了一架装备四台涡扇发动机的缩比复合

材料 348"白骑士"2 号。这架货机用来将"太空船"2 号宇宙飞船抬升到发射高度。"太空船"2 号的目标是搭载多达 6 名乘客进行高速亚轨道飞行,飞到太空边缘。在这样的高度(实用升限为地球上空 110km),6 名乘客可以体验几分钟的失重状态,还可以看到黑色天空(而不是普通的蓝色)以及下方的地球。"太空船"2 号载荷为 9740kg,最大速度为 4000km/h。

图 5.17　缩比复合材料 348"白骑士"2 号(Kas van Zonneveld 提供)

在实际应用中,为了使飞机性能工程师确定最大 SR,首先要确定与最大升阻比 $(L/D)_{max}$ 相对应的升力系数 C_L。在实际应用中,通常选择一个稍小的 C_L。下一步将是确定与此 C_L 对应的最大高度。图 5.18 展示了喷气飞机在不同高度下 SR 随速度的一般变化。注意,每条曲线都有一个唯一的最大值。当速度(就马赫数而言)超过这个值,就会使阻力(由于波阻)增加的百分比大于速度增加的百分比,SR 就开始减小。在这个高度和这个速度下,SR 处于最佳值。通常建议选择巡航速度接近这个值。

例如,考虑一架装备有两台涡扇发动机的运输机,其质量为 100000kg、机翼面积为 240m²、低亚声速马赫数下的 C_{D_0} 为 0.02、高亚声速马赫数下的 C_{D_0} 为 0.04。这架飞机的阻力随速度的变化类似于图 5.5 所示。为了确定最大的 SR,这里研究了 8000m、9000m 和 10000m 三个飞行高度。由此可知,8000m 的 SR 低于 9000m (0.114 < 0.122)的 SR,9000m 的 SR 低于 10000m(0.113 < 0.122)的 SR。那么,可以推断 SR 最大值出现在 10000m 处,且对应的速度为 Ma0.75。显然,只有当飞机的初始质量为 100000kg 时,情况才会如此。换句话说,当起飞质量与此值不同时,最大 SR 的飞行条件也会不同。

以低于最小阻力速度飞行会导致速度不稳定。当飞机在 $V_{(L/D)_{max}}$ 飞行时,由于扰动引起的速度下降会增大阻力,并使飞机进一步减速。为了保持巡航速度,需要不断修正油门。这样的飞机缺乏速度稳定性。如果飞机的巡航速度超过 $V_{(L/D)_{max}}$,偶然的减速会降低阻力。然后,推力超过阻力,那么飞机倾向于自动加速,回到预定的巡航速度。

$Ma(L/D)$ 的表达式是由喷气飞机特性决定的 SR 能力的一种度量。图 5.19

给出了图 5.18 所示飞机在不同高度下的 $Ma(L/D)$ 随巡航马赫数的变化曲线。由于 $V = Ma \cdot a$, 式(5.65), 喷气飞机的 SR 公式可以重新写为

$$SR = -a \frac{Ma}{C} \frac{L}{D} \frac{1}{W} \tag{5.66}$$

$Ma(L/D)$ 随巡航马赫数的变化曲线图形化地显示了前面讨论的 SR 随速度增加而增加的事实。最大 $Ma(L/D)$ 是在 $Ma0.77$ 和海拔 10000m 时获得的。此外, 如果在 $Ma0.77$ 条件下, 海拔高度降低到 9000m, $Ma(L/D)$ 仅降低 6.6% $(10.6 - 9.9)$。图 5.9 也表明, 为获得最大航程, 这架喷气飞机不需要飞行在一个精确的高度。图 5.18 和图 5.19 说明, 最大航程的速度随着飞行高度的增加而增大。

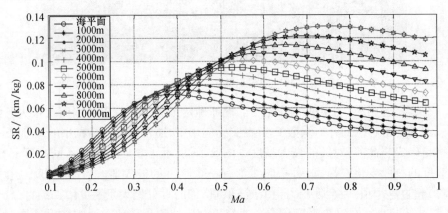

图 5.18 (见彩图)喷气式运输机的 SR 随速度的变化

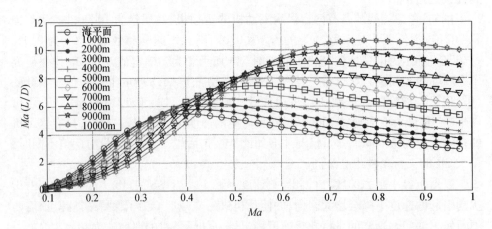

图 5.19 (见彩图)喷气式运输机的马赫数与升阻比的乘积随马赫数的变化

图 5.18 和图 5.19 是基于本章介绍的方法用 MATLAB 文件生成的。这意味着喷气式飞机的飞行速度越快, 航程也越大。

现在回到关于航程的数学计算。一般来说,性能评估可以基于两种方法:

(1)瞬时或点性能;

(2)任务性能。

飞机的点性能是指飞机在某一特定时间点或航路上某一特定点的性能。任务性能主要取决于整体飞行性能。比如,一架特定的飞机用给定的燃油可以飞多远,或者相反,飞行某一期望的航程需要多少燃油。这可以通过在指定的初始和最终点(通常是巡航飞行的开始和结束点)之间的时间间隔内积分点性能获得。

SR 是衡量点性能的一种指标,但这里关心的是整个航程或任务的性能。下面,使用式(5.58)来进行积分。巡航开始时的条件用下标 1 表示,巡航结束时用下标 2 表示。通过 SR 的定义,可以表示为

$$R = \int_0^R \mathrm{d}X = \int \mathrm{SR}\mathrm{d}W \tag{5.67}$$

由于对于喷气发动机而言,燃油消耗率 C 可以假设为常数,则式(5.65)可以表示为

$$R = -\frac{1}{C}\int_{W_1}^{W_2} V \frac{L}{D}\frac{\mathrm{d}W}{W} \tag{5.68}$$

式中:W_1 为飞行开始时的飞机重力;W_2 为飞行结束时的飞机重力。

变量 W_1 通常假定为最大起飞重力 W_{TO},而变量 W_2 为最大起飞重力与燃油重力之差。式(5.68)是喷气飞机航程的一般公式。在任何重力和高度,速度都与迎角有关,而且确实升力系数 C_L 为

$$C_L = \frac{2W}{\rho SV^2} \tag{5.10}$$

考虑式(5.10),式(5.68)有四个独立参数:重力 W、速度 V、高度或其相应的空气密度 ρ 和迎角或其相关的升力系数 C_L。为求解积分并得到一种封闭解,需要设置一些简化假设。由于燃油在飞行中不断消耗,所以飞机重力在飞行中不断下降。为了保持水平飞行,还必须降低升力。在许多可能的解决办法中,只有三种比较实际,这里将进行解释。每一种情况下,两个飞行参数将在整个巡航过程中保持不变。在巡航过程中,持续降低升力有三种方式(图5.20)。

(1)降低飞行速度(定高度、定升力系数飞行)。

(2)增加高度(定空速、定升力系数飞行)。

(3)减小迎角(定高度、定空速飞行)。

对于每个飞行方式,将建立积分公式(5.68),然后只列出和讨论最终的航程公式。在第 1 种方式中,速度下降的速率必须与飞机重力降低的速率相同。在第 2 种方式中,必须降低空气密度。换句话说,必须增加飞行高度。第 3 种方式是减小飞机迎角,即减小升力系数。从飞行员操纵的角度,第 1 种方式是通过油门来实

现的,而第 3 种方式是通过驾驶杆/驾驶盘来实现的。在第 2 种方式中,飞行员不需要进行任何操纵,飞机就会逐渐爬高。

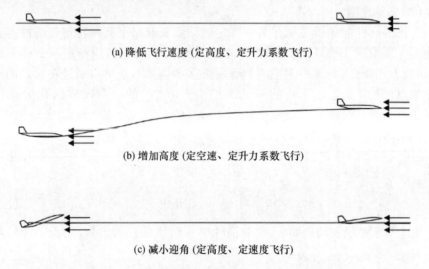

(a) 降低飞行速度 (定高度、定升力系数飞行)

(b) 增加高度 (定空速、定升力系数飞行)

(c) 减小迎角 (定高度、定速度飞行)

图 5.20　巡航过程中持续减小升力的三种选择

基于安全法规和实际考虑,第 2 种方式对大多数飞机是有利的。原因将在稍后解释。一般来说,当飞行在联邦航空条例的管辖下进行时,公认的飞行计划是定高度、定空速飞行计划。

5.4.2.1　飞行方式 1:定高度,定升力系数飞行

在此方式中,随着飞机重力的降低,速度将通过油门降低。这种飞行方式解释为定高度,定升力系数飞行方式。由于升力系数在整个巡航过程中保持不变,升阻比 L/D 也将保持恒定。因此,将瞬时阻力表示为瞬时重力与瞬时升阻比的比值是很方便的。由于 L/D 和 C 在整个巡航过程中都假设为常数,因此将它们从式(5.68)的积分中提出来:

$$R = -\frac{1}{C}\frac{L}{D}\int_{W_1}^{W_2} V\frac{\mathrm{d}W}{W} \tag{5.69}$$

使用速度 V 公式进行积分,得到航程公式如下:

$$R = -\frac{1}{C}\frac{L}{D}\int_{W_1}^{W_2}\sqrt{\frac{2W}{\rho SC_L}}\frac{\mathrm{d}W}{W} = -\frac{1}{C}\frac{L}{D}\sqrt{\frac{2}{\rho SC_L}}\int_{W_1}^{W_2}\frac{1}{\sqrt{W}}\mathrm{d}W \tag{5.70}$$

对式(5.70)积分后,可得

$$R = \sqrt{\frac{2}{\rho SC_L}}[2(\sqrt{W_1}-\sqrt{W_2})] = \frac{2}{C}\frac{L}{D}\sqrt{\frac{2W_1}{\rho SC_L}}\left(1-\sqrt{\frac{W_2}{W_1}}\right) \tag{5.71}$$

式(5.71)最终简化为

232

$$R_1 = \frac{2}{C} \frac{L}{D} V_1 \left(1 - \sqrt{1 - \frac{W_f}{W_1}} \right) \qquad (5.72)$$

式中：V_1 为初始空速；W_1 为飞行开始时的飞机总重；W_f 为燃油重力，可由下式获得

$$W_f = W_1 - W_2 \qquad (5.73)$$

飞机最终重力将是

$$W_2 = W_1 \left(1 - \frac{W_f}{W_1} \right) \qquad (5.74)$$

由式(5.10)可以看出，如果飞行过程中，随着重力的减小，C_L 为常数，那么空速必须随着燃油的消耗而减小。为了确定飞机的最终空速 V_2，已知飞机的重力等于飞行开始和结束时的升力，即

$$W_1 = L_1 = \frac{1}{2} \rho V_1^2 S C_L \qquad (5.75)$$

$$W_2 = L_2 = \frac{1}{2} \rho V_2^2 S C_L \qquad (5.76)$$

将式(5.75)和式(5.76)代入式(5.74)，可得

$$\frac{1}{2} \rho V_2^2 S C_L = \frac{1}{2} \rho V_1^2 S C_L \left(1 - \frac{W_f}{W_1} \right) \qquad (5.77)$$

式(5.77)简化为

$$V_2 = V_1 \sqrt{1 - \frac{W_f}{W_1}} \qquad (5.78)$$

由于升力系数 C_L 保持不变，由式(5.12)可知，随着燃油的消耗(毛重减少)，推力必须不断下降(通过不断减小油门实现)。这种飞行方式的飞行参数变化作为燃油重量比的函数如图5.21所示，这是飞行航程的一种度量。

升力系数在整个飞行过程中为常数，并且由式(5.75)、式(5.76)和下式确定，即

$$C_L = \frac{2W_1}{\rho V_1^2 S} = \frac{2W_2}{\rho V_2^2 S} \qquad (5.79)$$

从飞行员控制的角度来看，这种飞行方式有三个缺点：①需要连续计算沿飞行轨迹的空速，并相应地降低油门；②降低空速会增加飞行时间；③空中交通管制规则要求巡航飞行保"恒定"的真空速。目前恒定意味着 ±10kn。幸运的是，目前大型运输机的自动驾驶仪已经部分解决了这一问题(无须飞行员计算)。

5.4.2.2　飞行方式2：定空速、定升力系数飞行

第二种飞行方式为定空速、定升力系数飞行方式，通常称为巡航爬升飞行。在这种方式中，空气密度会随着飞机重量的减少而自动降低。不需要飞行员干

预。在飞行轨迹角足够小的假设前提下,利用水平飞行公式对巡航爬升飞行进行评估。因此,巡航爬升飞行的基本操纵条件是飞机瞬时重量与空气密度之比为常数。

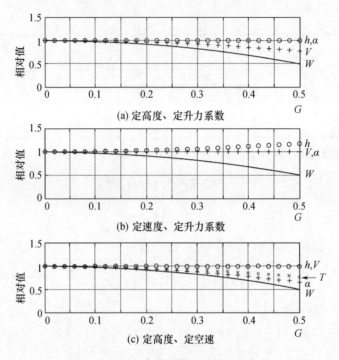

图 5.21　飞行参数随燃油重量比的变化

由于速度 V 和升阻比 L/D 均为常数,变量 C、V 和 L/D 将可从积分中提出来,因此式(5.68)可表示为

$$R = -\frac{1}{C}V\frac{L}{D}\int_{W_1}^{W_2}\frac{\mathrm{d}W}{W} \tag{5.80}$$

该积分的结果为

$$R = -\frac{V}{C}\frac{L}{D}[\ln W_2 - \ln W_1] \tag{5.81}$$

或者

$$R = \frac{V}{C}\frac{L}{D}\ln\left(\frac{W_1}{W_2}\right) \tag{5.82}$$

由于飞机在飞行结束时的重力等于初始重力减去燃油重力,即

$$W_2 = W_1 - W_f \tag{5.83}$$

因此,式(5.82)可以按照燃油重力的形式重新列写为

$$R_2 = \frac{V(L/D)}{C}\ln\left(\frac{1}{1-(W_f/W_1)}\right) \tag{5.84}$$

这是 Breguet 航程公式的一般形式。为使空速和升力系数随飞机重力的减小而保持恒定,由式(5.10)可知,空气密度 ρ 必须以某种保持升力与重力之比恒定的规律减小。唯一的办法就是以适当的方式增加高度。因此,飞机将进入连续爬升(因此得名巡航爬升),这似乎违反了零飞行轨迹角的水平飞行条件。下一节将说明巡航爬升飞行轨迹角足够小,以证明巡航爬升过程中使用水平飞行公式以及解是合理的。所需推力在飞行过程中将以某种方式减小,而可用推力将以相同的方式减少。

因此,巡航爬升飞行不需要飞行员进行计算或操纵。在配备自动驾驶仪的飞机上,飞机巡航控制将由自动驾驶仪实现。在确定了所需巡航空速后,飞行员只需在自动驾驶仪上启动马赫数保持模式(或定空速模式),然后当燃油消耗时,飞机将以期望的飞行轨迹角缓慢爬升。飞行过程中飞行参数的变化情况如图5.21所示。只有在某些特定限制条件下,空中交通管制才允许巡航爬升飞行。协和式超声速运输机被允许使用这种程序,因为它飞行高度位于高空(50000ft 以上)。

巡航高度对于巡航爬升飞行方式来说是逐渐增加的。巡航爬升飞行结束时的高度 h_2 可以用初始高度 h_1 和燃油重量比表示。推导过程见5.7节。巡航爬升飞行结束时的密度比 σ_2 可以用初始密度比和燃油重量比表示,即

$$\sigma_2 = \sigma_1(1 - G) \tag{5.85}$$

式中: σ_1 为巡航飞行开始时的空气密度比;G 为燃油重量比。

爬升角很小,可以忽略不计。当得到巡航爬升飞行结束时的空气密度比 σ_2 时,可以利用附录 A 或 B 来确定最终高度。

整个飞行过程中的升力系数为常数,根据升力公式,它可由下式确定:

$$C_L = \frac{2W_1}{\rho_1 V^2 S} = \frac{2W_2}{\rho_2 V^2 S} \tag{5.86}$$

5.4.2.3 飞行方式3:定高度、定空速飞行

在这种方式中,当飞机重量降低时,迎角将通过驾驶杆/盘来降低。为方便起见,积分航程公式(式5.68)在此再次列写:

$$R = -\frac{1}{C}\int_{W_1}^{W_2} V \frac{L}{D} \frac{dW}{W} \tag{5.68}$$

由于升力等于巡航时的重力,所以分子上的 L 和分母上的 W 可以消去。因此,对于该飞行方式,式(5.68)可以简化为

$$R = -\frac{V}{C}\int_{W_1}^{W_2} \frac{dW}{D} \tag{5.87}$$

由于在该飞行方式中高度和空速是恒定的,所以动压 q 将是恒定的:

$$q = \frac{1}{2}\rho V^2 = 常值 \tag{5.88}$$

因此,阻力可表示为

$$D = qSC_D = qSC_{D_0} + \frac{KW^2}{qS} \tag{5.89}$$

将式(5.89)代入式(5.87),将常数参数(系数)移出积分可得

$$R = \frac{V}{CqSC_{D_0}} \int_{W_1}^{W_2} \frac{-\mathrm{d}W}{1 + (KW^2/(q^2 S^2 C_{D_0}))} \tag{5.90}$$

积分结果为

$$R = \frac{V}{CqSC_{D_0}\sqrt{KW^2/(q^2 S^2 C_{D_0})}} \left[\arctan \sqrt{\frac{K}{q^2 S^2 C_{D_0}}} W_1 - \arctan \sqrt{\frac{K}{q^2 S^2 C_{D_0}}} W_2 \right] \tag{5.91}$$

式(5.90)括号内的项表示两个角之间的差值,可以写为

$$\arctan \sqrt{\frac{K}{q^2 S^2 C_{D_0}}} W_1 - \arctan \sqrt{\frac{K}{q^2 S^2 C_{D_0}}} W_2 \tag{5.92}$$

$$= \arctan \left[\frac{\sqrt{KC_{D_0}} W_1 (W_f/W_1)}{D_1 (1 - (KC_{L_1} W_1 (W_f/W_1))/D_1)} \right]$$

由于 $W_1/D_1 = L_1/D_1 = C_{L_1}/C_{D_1}$,即初始升阻比,$\sqrt{KC_{D_0}} = \frac{1}{2}(C_L/C_D)_{\max}$ 为抛物线阻力极曲线,可以重写式(5.92),并将其代入式(5.91)得到本例的航程公式为

$$R_3 = \frac{2V(C_L/C_D)_{\max}}{C} \arctan \left[\frac{(C_L/C_D)_1 (W_f/W_1)}{2(C_L/C_D)_{\max}(1 - KC_{L_1}(C_L/C_D)_1(W_f/W_1))} \right] \tag{5.93}$$

式中:反正切项中的角必须用 rad 表示;C_{L_1}/C_{D_1} 为初始升阻比;C_{L_1} 为初始升力系数,可表示为

$$C_{L_1} = \frac{2W_1}{\rho V_1^2 S} \tag{5.94}$$

易得最终升力系数为

$$C_{L_2} = \frac{2W_2}{\rho V_1^2 S} \tag{5.95}$$

式中:W_2 为巡航结束时的最终重力。

在整个飞行过程中(包括飞行开始和结束时),升力等于重力,即

$$W_1 = L_1 = \frac{1}{2}\rho V^2 S C_{L_1} \tag{5.96}$$

$$W_2 = L_2 = \frac{1}{2}\rho V^2 S C_{L_2} \tag{5.97}$$

式中:飞机在飞行开始和结束时的重力关系由式(5.74)给出。将式(5.96)和

236

式(5.97)代入式(5.74),可得

$$\frac{1}{2}\rho V^2 S C_{L_2} = \frac{1}{2}\rho V^2 S C_{L_1}\left(1 - \frac{W_f}{W_1}\right) \tag{5.98}$$

式(5.98)简化为

$$C_{L_2} = C_{L_1}\left(1 - \frac{W_f}{W_1}\right) \tag{5.99}$$

式(5.99)将最终升力系数表示为了初始升力系数的函数。

从理论角度看,这三种情况都是可以实现的,但在实践中,只有第三种情况是可以接受的,并被 FAA 批准用于运输飞机。这种情况很难理解,因为飞行员必须通过升降舵的偏转不断减小迎角。然而,对于配备自动驾驶仪的飞机来说,这却是一项简单任务。这是三种可能的飞行方式中最安全的。图 5.21 说明了在这三种情况下,几种飞行参数随燃油重量比 W_f/W_1 的变化情况。

空客 A320 飞机的最大起飞质量为 77000kg,且初始巡航高度为 37000ft,而最大认证的高度是 39800ft。公务飞机达索"猎鹰"50 的最大起飞质量为 18000kg,且初始巡航高度为 41000ft,而最大认证的高度是 49800ft。图 5.22 展示了一架空客 A380,该飞机配备 4 台涡扇发动机且航程为 15200km。这架飞机目前是最大的民用喷气运输机,可搭载多达 600 名乘客。

图 5.22　空客 A380 飞机(Jan Seler 提供)

5.4.3　最大航程速度

5.4.2 节介绍了 Breguet 航程公式的推导。这个公式能够确定任何喷气式飞机的航程。这个公式中有一个速度参数,在航程计算之前必须事先已知。最大航程速度 $V_{\max_R}$ 是飞机获得最大航程的速度。在巡航飞行中,当飞机重量下降时,基本上有三种方式来降低升力。

(1)降低飞行速度(定高度,定升力系数飞行)。

(2)增加高度(定空速,定升力系数飞行)。

(3)减小迎角(定高度、定空速飞行)。

由于式(5.68)的积分中,除飞机重力以外,唯一的变量是空速,因此这三种方式可分为两组：①定速巡航飞行（飞行方式2和飞行方式3）；②降速巡航飞行（飞行方式1）。这两组巡航速度的数学计算是不同的。所以下面分别进行介绍。

5.4.3.1 定速巡航飞行

本节包括第二种和第三种飞行方式获得最大航程的速度。在巡航飞行中，当速度保持不变的情况下，为最大化航程有两种方式：①减小升力系数；②增大巡航高度。对于这两种方式，数学解是用同样的方法推导出来的。为了确定这一速度，只需将 SR 对速度求导，并令它等于0。回想一下，SFC 随空速的变化很小，且可以假设为常值。正如前面定义的，SR 在数学上是两个变量(V 和 D)的比值，其中分母 D 也是另一个参数 V 的函数，即

$$SR = -\frac{V}{CD} \tag{5.63}$$

对式(5.63)进行微分，需要使用以下微分运算法则，即

$$\frac{\mathrm{d}}{\mathrm{d}x}\left(\frac{u}{v}\right) = \frac{(\mathrm{d}u/x)v - (\mathrm{d}v/x)u}{v^2} \tag{5.100}$$

式(5.63)对速度 V 求导如下：

$$\frac{\mathrm{d}}{\mathrm{d}V}(SR) = 0 \Rightarrow \frac{\mathrm{d}}{\mathrm{d}V}\left(-\frac{V}{CD}\right) = -\frac{CD}{(CD)^2} - \frac{CV}{(CD)^2}\left(\frac{\mathrm{d}D}{\mathrm{d}V}\right) = 0 \tag{5.101}$$

或者

$$\frac{\mathrm{d}}{\mathrm{d}V}(SR) = 0 \Rightarrow \frac{\mathrm{d}}{\mathrm{d}V}\left(-\frac{V}{CD}\right) = -\frac{CD}{(CD)^2} - \frac{CV}{(CD)^2}\left(\frac{\mathrm{d}D}{\mathrm{d}V}\right) = 0 \tag{5.102}$$

因此，最大航程条件变为

$$\frac{\mathrm{d}D}{\mathrm{d}V} - \frac{D}{V} = 0 \Rightarrow \frac{\mathrm{d}D}{\mathrm{d}V} = \frac{D}{V} \tag{5.103}$$

其中

$$D = \frac{1}{2}\rho V^2 S C_{D_0} + \frac{2K(mg)^2}{\rho V^2 S} \tag{5.39}$$

$$\frac{\partial D}{\partial V} = \rho V S C_{D_0} - \frac{4K(mg)^2}{\rho V^3 S} = 0 \tag{5.40}$$

将式(5.39)、式(5.40)代入式(5.103)，可得

$$\frac{2mg}{\rho V^2 S}\sqrt{\frac{3K}{C_{D_0}}} = 1 \tag{5.104}$$

或者

$$V_{\max_R} = \sqrt{\frac{2mg}{\rho S \sqrt{C_{D_0}/3K}}} = \left(\frac{2mg}{\rho S}\right)^{1/2}\left(\frac{3K}{C_{D_0}}\right)^{1/4} \tag{5.105}$$

式(5.105)就是计算喷气飞机最大航程速度的公式。通过比较该公式和式(5.42),可以看到最大航程速度总是大于最小阻力速度。注意到,$V_{\max_R}$与密度比的平方根成反比,因此随海拔的增大而增大。此外,$V_{\max_R}$的增加与机翼载荷W/S的平方根成正比。机翼载荷增加1倍,则航程增加14%。此外,$V_{\max_R}$与零升阻力系数的1/4次方根成反比,因此随C_{D_0}增大而降低。文献[13]表明,该速度使每英里消耗的燃油lb数达到最小化($\mathrm{d}W_f/\mathrm{d}X_{\min}$)。根据文献[13],该速度有时称为卡森(Carson)速度。

在飞行方式2中,飞行过程中升力系数保持不变,将式(5.105)与式(5.43)进行比较,可得:

$$C_{L_{\max_R}} = \sqrt{\frac{C_{D_0}}{3K}} = 0.577 C_{L_{(L/D)_{\max}}} \tag{5.106}$$

且

$$C_{D_{\max_R}} = \frac{4}{3} C_{D_0} \tag{5.107}$$

最大航程的升阻比为

$$\left(\frac{L}{D}\right)_{\max_R} = \frac{C_{L_{\max_R}}}{C_{D_{\max_R}}} = \frac{\sqrt{C_{D_0}/3K}}{4/3 C_{D_0}} = \frac{\sqrt{3}}{4\sqrt{KC_{D_0}}}$$

$$= \frac{\sqrt{3}}{2}\left(\frac{L}{D}\right)_{\max} = 0.866\left(\frac{L}{D}\right)_{\max} \tag{5.108}$$

换句话说,最大航程时的升阻比为最大升阻比的86.6%。

5.4.3.2 非定速巡航飞行

本节介绍第一种飞行方式获得最大航程的速度。在该方式中,飞行速度是始终降低的,并且是一种定高度、定升力系数飞行。在巡航飞行中,为使航程最大化,当速度降低时,将不存在使航程最大化的唯一速度。那么在这两种情况下,不得不确定至少两个速度:初始速度和最终速度。

对于这两种情况,初始速度产生最大航程的特殊速度,并且由式(5.105)确定,即

$$V_1 = V_{\max_R} = \sqrt{\frac{2mg}{\rho S \sqrt{C_{D_0}/3K}}} = \left(\frac{2mg}{\rho S}\right)^{1/2}\left(\frac{3K}{C_{D_0}}\right)^{1/4} \tag{5.109}$$

最终速度是用本章前面推导出的公式确定,即

$$V_2 = V_1 \sqrt{1 - \frac{W_f}{W_1}} \tag{5.78}$$

对于这两种情况,整个巡航飞行的速度可以相应确定。

5.4.4 最大航程的计算

本节专门用来计算最大航程。在巡航飞行中，随着飞机重量的减小，基本上存在三种方式来降低升力：①降低飞行速度（定高度、定升力系数飞行）；②增大高度（定空速、定升力系数飞行）；③减小迎角（定高度、定空速飞行）。这三种飞行方式将分别讨论。

5.4.4.1 定高度、定升力系数飞行

在定高度、定升力系数（飞行方式 1）的情况下，将最大航程速度代入式(5.72)得到最大航程为

$$R_{\max_1} = \frac{1.732 V_{\max_R}(L/D)_{\max}}{C}\left(1 - \sqrt{1 - \frac{W_f}{W_1}}\right) \tag{5.110}$$

在式(5.110)中，$V_{\max_R}$ 设置为初始速度。因此，初始速度由式(5.109)确定，而最终速度由式(5.78)确定。此外，升力系数由式(5.106)确定。

5.4.4.2 定空速、定升力系数飞行

飞行方式 2(定空速、定升力系数飞行)的最大航程公式通过将式(5.105)和式(5.108)代入式(5.78)，可得

$$R_{\max} = R_{\max_2} = \frac{0.866 V_{\max_R}(L/D)_{\max}}{C}\ln\left(\frac{1}{1 - W_f/W_1}\right) \tag{5.111}$$

注意，这个公式是基于定速度、恒升力系数假设(巡航爬升)。在该飞行方式中，升力系数由式(5.106)确定，速度由式(5.105)确定。

5.4.4.3 定高度、定空速飞行

在定速度、定高度飞行情况下（飞行方式 3），最大航程公式的推导由式(5.92)推导如下。由式(5.108)可知，"最大航程升阻比"与"最大升阻比"之比为 0.866，则

$$\frac{(C_L/C_D)_1}{2(C_L/C_D)_{\max}} = \frac{0.866}{2} = 0.433$$

由式(5.106)可知，初始升力系数为

$$C_{L_1} = C_{L_{\max_R}} = \sqrt{\frac{C_{D_0}}{3K}} = 0.577 C_{L_{(L/D)\max}} \tag{5.112}$$

另外，根据式(5.108)，初始升阻比为

$$\left(\frac{C_L}{C_D}\right)_1 = \left(\frac{L}{D}\right)_{\max_R} = 0.866\left(\frac{L}{D}\right)_{\max} \tag{5.113}$$

240

使用式(5.28)和式(5.27),代入式(5.93)的一部分,可得

$$KC_{L_1}\left(\frac{C_L}{C_D}\right)_1 = K(0.577C_{L(L/D)_{max}})0.866\left(\frac{L}{D}\right)_{max}$$

$$= K(0.577)\sqrt{\frac{C_{D_0}}{K}}(0.866)\frac{1}{2\sqrt{KC_{D_0}}}$$

$$= \frac{0.577 \times 0.866}{2} = 0.25$$

因此,由下式可得最大航程:

$$R_{max_3} = \frac{2V_{max_R}(L/D)_{max}}{C}\arctan\left(\frac{0.433(W_f/W_1)}{1-0.25(W_f/W_1)}\right) \qquad (5.114)$$

在式(5.114)中,反正切项中的角必须用 rad 表示。采用与 5.4.2.3 节相同的方法,得到最终升力系数作为初始升力系数的函数为

$$C_{L_2} = C_{L_1}\left(1 - \frac{W_f}{W_1}\right) \qquad (5.115)$$

再次强调,在三种飞行方式的三个最大航程中(式(5.100)~式(5.114)),第二种飞行方式(即巡航爬升,式(5.111))提供了最大航程。下面的例子说明了这一点。

例5.6 一架重量为 100000kg、燃油质量为 30000kg 的喷气运输机正在 30000ft 高度飞行,其物理特性如下:

$$S = 341.5m^2、C_{D_0} = 0.016、K = 0.065、C = 0.8lb/(h \cdot hp)$$

(1)如果飞机以 325.8kn 的速度飞行,无空中加油情况下能飞多远? 确定以下三种方式的航程。

① 定高度、定升力系数飞行。

② 定空速、定升力系数飞行。

③ 定高度、定空速飞行。

(2)飞机获得最大航程的速度是多少?

(3)确定三种方式中的最大航程。

解

(1)正常航程

使用附录 B,在 30000ft 高空,空气密度比为 0.374,计算如下参数

$$C_L = V\frac{2W}{\rho SV^2} = \frac{2 \times 100000 \times 9.81}{1.225 \times 0.374 \times 341.5 \times (325.8 \times 0.5144)^2} = 0.446 \qquad (5.10)$$

$$C_D = C_{D_0} + KC_L^2 = 0.016 + 0.065 \times 0.446^2 = 0.0289 \qquad (3.12)$$

$$\frac{L}{D} = \frac{C_L}{C_D} = \frac{0.446}{0.0289} = 15.4 \qquad (5.17)$$

最大升阻比为

$$\left(\frac{C_L}{C_D}\right)_{\max} = \frac{1}{2\sqrt{KC_{D_0}}} = \frac{1}{2\sqrt{0.065 \times 0.016}} = 15.5 \qquad (5.28)$$

现在,计算三种不同情况下的航程。

① 定高度、定升力系数飞行为

$$R_1 = \frac{2}{C}\frac{L}{D}V_1\left(1 - \sqrt{1 - \frac{W_f}{W_1}}\right) = \frac{2 \times 15.4 \times 325.8}{0.8}$$

$$\left(1 - \sqrt{1 - \frac{30000 \times 9.81}{100000 \times 9.81}}\right) = 2048\,\mathrm{nm} = 3794\,\mathrm{km} \qquad (5.72)$$

(注意,V 的单位为 nm/h,即 kn,而 C 的单位为 h^{-1}。)

② 定空速、定升力系数飞行为

$$R = \frac{V(L/D)}{C}\ln\left(\frac{1}{1 - (W_f/W_1)}\right) = \frac{325.8 \times 15.4}{0.8}$$

$$\ln\left(\frac{1}{1 - 0.3}\right) = 2237\,\mathrm{nm} = 4143\,\mathrm{km} \qquad (5.84)$$

③ 定高度、定空速飞行为

$$R_3 = \frac{2V(C_L/C_D)_{\max}}{C}\arctan\left[\frac{(C_L/C_D)_1(W_f/W_1)}{2(C_L/C_D)_{\max}1 - KC_{L_1}(C_L/C_D)_1(W_f/W_1)}\right]$$

$$= \frac{2 \times 325.8 \times 15.5}{0.8}\arctan\left[\frac{15.4 \times 0.3}{2 \times 15.5 \times (1 - 0.065 \times 0.446 \times 15.4 \times 0.3)}\right]$$

$$= 2151.4\,\mathrm{nm} = 3984\,\mathrm{km} \qquad (5.93)$$

对比三种飞行方式的航程表明,巡航爬升飞行的航程比定高度、定速度飞行大4%,比定高度、定升力系数飞行大9%。但是,这些航程数据不一定是最大航程。

(2)最大航程速度。最大航程速度与飞行方式无关,但却是初始飞行高度的函数,即

$$C_{L_{\max R}} = \sqrt{\frac{C_{D_0}}{3K}} = \sqrt{\frac{0.016}{3 \times 0.065}} = 0.286 \qquad (5.106)$$

$$V_{\max R} = \sqrt{\frac{2mg}{\rho S C_{L_{\max R}}}} = \sqrt{\frac{2 \times 100000 \times 9.81}{1.225 \times 0.374 \times 341.5 \times 0.286}}$$

$$= 209.4\,\mathrm{m/s} = 407.1\,\mathrm{kn} \qquad (5.105)$$

(3)最大航程。将最大航程速度代入式(5.109)~式(5.111)以确定三种飞行方式的最大航程:

① 定高度、定升力系数飞行时,最大航程为

$$R_{\max_1} = \frac{1.732V_{\max R}(L/D)_{\max}}{C}(1 - \sqrt{1 - \frac{W_f}{W_1}})$$

$$= \frac{1.732 \times 407.1 \times 15.5}{0.8}(1 - \sqrt{1 - 0.3})$$

$$= 2230\text{nm} = 4127\text{km} \tag{5.110}$$

② 定空速、定升力系数飞行时,最大航程为

$$R_{\max} = R_{\max_2} = \frac{0.866V_{\max_R}(L/D)_{\max}}{C}\ln\left(\frac{1}{1 - (W_f/W_1)}\right)$$

$$= \frac{0.866 \times 15.5 \times 407.1}{0.8}\ln\left(\frac{1}{1 - 0.3}\right)$$

$$= 2436\text{nm} = 4505\text{km} \tag{5.111}$$

③ 定高度、定空速飞行时,最大航程为

$$R_{\max_3} = \frac{2V_{\max_3}(C_L/C_D)_{\max}}{C}\arctan\left[\frac{0.433(W_f/W_1)}{1 - 0.25(W_f/W_1)}\right]$$

$$= \frac{2 \times 407.1 \times 15.5}{0.8}\arctan\left(\frac{0.433 \times 0.3}{1 - 0.25 \times 0.3}\right)$$

$$= 2199\text{nm} = 4070\text{km} \tag{5.93}$$

由此可知,巡航爬升飞行条件下的最大航程比 325.8kn 飞行时的最大航程大 9%。此外的结果非常类似于(1)的结果。结果表明,巡航爬升飞行的最大航程比定高度、定速度飞行的最大航程多 1.3%,比定高度、定升力系数飞行的航程多 9%。

5.4.5 实际考虑因素

5.4.5.1 最优燃油重量

航程性能分析的设计应用之一是确定最优燃油重量。很明显,飞机油箱里的燃油越多,就能飞得越长。由例 5.7 可知,三种飞行方式的航程是不同的。这里想要找到答案的问题是,当油箱里装更多燃油时,三种飞行方式的最大航程之间会有什么不同。

巡航爬升飞行的最大航程与定高度、定升力系数飞行的最大航程之比为

$$\frac{R_{\max_2}}{R_{\max_1}} = \frac{[0.866V_{\max_R}(L/D)_{\max}/C]\ln[1/(1 - G)]}{[1.732V_{\max_R}(L/D)_{\max}/C](1 - \sqrt{1 - G})}$$

$$= \frac{\ln(1/(1 - G))}{2(1 - \sqrt{1 - G})} \tag{5.116}$$

类似地,巡航爬升飞行的航程与定高度、定速度飞行的航程之比为

$$\frac{R_{\max_2}}{R_{\max_3}} = \frac{[0.866V_{\max_R}(L/D)_{\max}/C]\ln[1/(1 - G)]}{[2V_{\max_R}(L/D)_{\max}/C]\arctan[0.43G/(1 - 0.25G)]}$$

243

$$= \frac{0.433\ln[1/(1-G)]}{\arctan[0.43G/(1-0.25G)]} \tag{5.117}$$

式中：G 为燃油重量与飞机重量之比，它有时称为燃油重量比，即

$$G = \frac{W_f}{W_1} \tag{5.118}$$

这些相对航程如图 5.23 所示。随着燃油重量比的增加（G 值的增加），三种飞行方式的飞行航程差异越来越大。从图中可以看出，不同飞行方式之间的航程差异对近程飞行的影响不如对远程飞行的影响大。

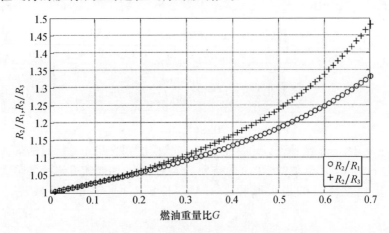

图 5.23 相对最大航程随燃油重量比的变化

巡航燃油重量比是衡量巡航可用燃油的一个指标。舷梯上装载的所有燃油都不能用于巡航。部分燃油用于滑行、起飞和爬升到巡航高度。此外，为了安全起见，在巡航结束时，必须有剩余的燃油。例如，风速和风向都超出预定计划或目的地机场没有开放着陆。在后一种情况下，根据仪表飞行规则，必须有足够的燃油飞到备降机场。

对于大型运输机，可以假设巡航开始前消耗总燃油的 3%、备用燃油是燃油重量的 10%、剩下 87% 的燃油可供巡航使用。对于一架通航飞机，可以假设在到达巡航高度之前消耗总燃油 W_f 的 6%，备用燃油是相同的，因此 84% 的总燃油可以用于巡航。在这些假设下，初始巡航重量 W_1 为

$$W_1 = W_{TO} - 0.03W_f（大型运输飞机） \tag{5.119}$$

$$W_1 = W_{TO} - 0.06W_f（小型通航飞机） \tag{5.120}$$

如果不需要或不消耗巡航可用燃油，则所带燃油将成为死重而降低飞机的性能。

5.4.5.2 风的作用

风、阵风和紊流是大气的几个固有特征。飞行动力特性受大气现象的影响。

244

阵风、紊流等大气现象主要影响飞机的稳定性和控制。然而,风主要影响飞机的性能。按照联邦航空条例的规定,飞机必须在阵风和紊流下保持稳定,才能安全飞行。强阵风或紊流可能导致飞机坠毁。因此,大气现象是飞机性能评价的重要因素。本节介绍风对航程的影响。

航程是风速影响下的地速的函数。空气动力(如升力和阻力)是相对空速的函数,而不是风速的函数。实际上,当飞机遇到逆风时,升力和阻力不会改变,而航程将会减小。相反,当飞机遇到顺风时,航程将会增加。当飞机逆风巡航时,地速为

$$V_G = V_\infty - V_W \tag{5.121}$$

相反,当飞机顺风巡航时,地速为

$$V_G = V_\infty + V_W \tag{5.122}$$

飞机的航程受到风的影响非常显著。北半球盛行风向为西南 - 东北,南半球盛行风向为东北 - 西南。然而,由于地球的自转及柯氏效应,风向倾斜了几度。柯氏效应是地球自转对包括大气在内的所有自由运动物体的偏转效应。北半球是右偏,而南半球是左偏。此外,由于地面摩擦减速作用,高空风速大于低空风速。

根据飞机的方向,风向与飞机方向存在一个夹角(0° ~ 360°)。直线水平飞行的两种重要的风向是0°(顺风)和180°(逆风)。在这些情况下,风可以是逆风,也可以是顺风。逆风与飞机方向相反,而顺风与飞机方向相同。假设30kn的风从东向西吹。这种风对从西向东飞行的飞机来说是逆风。然而,这种风对从东向西巡航的飞机来说是顺风。

第2章介绍了"空速"一词。飞机的空速不受任何风的影响,但风会影响地速。逆风会降低飞机的地速,而顺风会增大飞机的地速。由于航程是相对于地面计算的,因此使用地速而不是空速。这就是风影响航程的原因。

为计算飞机在有风情况下的飞行航程,采用如下公式:

$$V_G = V_\infty \pm V_W \tag{5.123}$$

式中:V_∞为飞机空速;V_W为风速。

当飞机遇到顺风时用正号,遇到逆风时用负号。因此,逆风会降低航程,而顺风会增加航程。由于风会影响飞行航程,因此就会影响飞行时间。根据巡航飞行中的三种飞行操作方式,截至目前已经推导出六个公式:正常航程的三个公式和最大航程的三个公式。为了考虑风对航程的影响,在所有这六个公式中,只要用$V_G(V_\infty \pm V_W)$替换V。例如,巡航爬升飞行操作(定速、定升力系数)的航程公式和最大航程公式表示如下:

$$R_{W_2} = \frac{(V_\infty \pm V_W)(L/D)}{C} \ln\left(\frac{1}{1 - W_f/W_1}\right) \tag{5.124}$$

$$R_{\max W} = R_{\max W_2} = \frac{0.866(V_{\max_R} + V_W)(L/D)_{\max}}{C} \ln\left(\frac{1}{1 - W_f/W_1}\right) \quad (5.125)$$

式中:R_{W_2}、$R_{\max W_2}$ 分别为包含风效应时的航程和最大航程,而其他参数不变。

例5.7　载有100个座位的DC-9-30型喷气运输机正在30000ft高空巡航,速度为$Ma0.78$。这架飞机在巡航飞行开始时的质量为44000kg,计划下降,然后当消耗掉7000kg燃油后准备着陆。这架飞机的涡扇发动机(JT8D-1S)的燃油消耗率为$0.82lb/(h \cdot hp)$。假设ISA条件,这架飞机的其他参数为

$$e = 0.82 \text{、} b = 29m \text{、} C_{D_0} = 0.02 \text{、} S = 93m^2$$

(1)这架飞机本次飞行的最大航程是多少?

(2)确定本次飞行的航程(定高度,定空速)。

(3)确定本次飞行所需推力。

(4)燃油消耗率(以 kg/h 为单位)是多少?

(5)确定本次飞行的续航时间。

(6)如果飞行计划的目标是最大航程,确定飞行结束时飞行高度。

(7)这架飞机每升燃油的座位千米能力是多少?

(8)将飞机的这一特性与消耗 10L/100km 燃油的汽车进行比较。

假设 ISA 状态。

解

(1)最大航程时有

$$AR = \frac{b^2}{S} = \frac{29^2}{93} = 9 \quad (3.9)$$

$$K = \frac{1}{\pi e AR} = \frac{1}{3.14 \times 0.82 \times 9} = 0.043 \quad (3.8)$$

$$C_{L_{\max_R}} = \sqrt{\frac{C_{D_0}}{3K}} = \sqrt{\frac{0.02}{3 \times 0.043}} = 0.394 \quad (5.106)$$

$$V_{\max_R} = \sqrt{\frac{2mg}{\rho S \sqrt{C_{D_0}/3K}}} = \sqrt{\frac{2 \times 44000 \times 9.81}{1.225 \times 0.374 \times 93 \times 0.394}} = 226.8 m/s \quad (5.105)$$

在 30000ft 高空,声速为 303m/s,则

$$V_{\max_R} = \frac{226.8}{303} = Ma0.748$$

$$\left(\frac{C_L}{C_D}\right)_{\max} = \frac{1}{2\sqrt{KC_{D_0}}} = \frac{1}{2\sqrt{0.043 \times 0.02}} = 17 \quad (5.28)$$

$$G = \frac{W_f}{W_1} = \frac{m_f}{m_1} = \frac{7000}{44000} = 0.159 \quad (5.118)$$

$$R_{\max} = R_{\max_2} = \frac{0.866V_{\max_R}(L/D)_{\max}}{C}\ln\left(\frac{1}{1-W_f/W_1}\right)$$

$$= \frac{0.866 \times 17 \times 226.8 \times 3.6}{0.82}\ln\left(\frac{1}{1-0.159}\right) = 2538.4\text{km}$$

$$(5.110)$$

注意,数值3.6用于将 C 转换为 $1/\text{s}$。

（2）特定飞行条件下的航程为

$$C_L = \frac{2W}{\rho V^2 S} = \frac{2 \times 44000 \times 9.81}{1.225 \times 0.374 \times 93 \times (303 \times 0.78)^2} = 0.363 \qquad (5.10)$$

$$C_D = C_{D_0} + KC_L^2 = 0.02 + (0.043 \times 0.363^2) = 0.0256 \qquad (3.12)$$

升阻比为

$$\frac{L}{D} = \frac{C_L}{C_D} = \frac{0.363}{0.0256} = 14.13$$

$$R = \frac{2V(C_L/C_D)_{\max}}{C}\arctan\left[\frac{(C_L/C_D)_1(W_f/W_1)}{2(C_L/C_D)_{\max}(1-KC_{L_1}(C_L/C_D)_1(W_f/W_1))}\right]$$

$$= \frac{2 \times 0.78 \times 303 \times 3.6 \times 17}{0.82}\arctan\left[\frac{14.13 \times 0.159}{2 \times 17 \times (1-0.043 \times 0.363 \times 14.13 \times 0.159)}\right]$$

$$= 2413.18\text{km}$$

$$(5.93)$$

可以看出,该航程为125km,短于最大航程。

（3）阻力为

$$D = \frac{1}{2}\rho V^2 S C_D = \frac{1}{2} \times 1.225 \times 0.374$$

$$\times (303 \times 0.78)^2 \times 93 \times 0.0256 = 30463\text{N} \qquad (3.1)$$

发动机的推力必须等于飞机的阻力,所以这次飞行中发动机必须产生大约30kN的推力。

（4）流量为

$$C = \frac{Q_f}{T} \Rightarrow Q_f = TC = \frac{30463 \times 0.82}{9.81} = 2546\text{kg/h} \qquad (5.61)$$

（5）续航时间为

$$t = \frac{m_f}{Q_f} = \frac{7000}{2546.3} = 2.75\text{h} \qquad (5.60)$$

（6）如果飞机采用巡航爬升飞行,则获得最大航程。因此,本次飞行结束时的高度将为

$$\sigma_2 = \sigma_1(1-G) = 0.374 \times (1-0.159) = 0.3145 \qquad (5.85)$$

参照附录B,该密度比等于34500ft高度处的密度比。由于这架飞机最初的飞行高度为30000ft,因此高度将增加4500ft。

(7)座位·千米与燃油质量比为

$$\frac{座位·千米}{燃油质量} = \frac{100 \times 0.78 \times 303 \times 3.6}{2546.3} = 33.4$$

（8）对比汽车。一辆可搭载 5 名乘客的汽车具有 50 座位·千米的载客能力$(5 \times 100/10 = 50)$，因此汽车载客能力与该飞机载客能力之比为

$$\frac{50}{33.4} = 1.497 \approx 1.5$$

这意味着一辆汽车与一架飞机相比，每千克燃油的座位公里要多出大约 50% 。

5.4.6　比较与结论

表 5.5 总结了带有相应飞行变量的航程公式。表中，"给定"表示飞行员可以选择任何可接受的其所希望的速度（从失速速度到最大速度）。此外，"相同"表示最终值与初始值相同。

表 5.5　航程公式总结

飞行方式	航程		飞行参数						
	类型	公式	速度		高度		升力系数		质量
			初始	最终	初始	最终	初始	最终	最终
1	一般	式(5.72)	给定	式(5.78)	给定	相同	式(5.79)	式(5.79)	式(5.83)
	最大	式(5.110)	式(5.109)	式(5.78)	给定	相同	式(5.106)	式(5.106)	式(5.83)
2	一般	式(5.84)	给定	相同	给定	式(5.85)	式(5.86)	式(5.86)	式(5.83)
	最大	式(5.111)	式(5.105)	式(5.105)	给定	式(5.85)	式(5.106)	式(5.106)	式(5.83)
3	一般	式(5.93)	给定	相同	给定	相同	式(5.94)	式(5.99)	式(5.83)
	最大	式(5.114)	式(5.105)	式(5.105)	给定	相同	式(5.112)	式(5.115)	式(5.83)

5.5　航时

另一个重要的飞机性能项目和设计参数是航时。对于某些飞机，最重要的任务性能参数是尽可能的长时间在空中飞行（最长航时）。

（1）一架飞机准备降落在目的地机场，但机场没有准备好或异常繁忙。在这种情况下，飞行员必须在机场上空徘徊，直到机场塔台发出着陆许可。

（2）反潜飞机必须在空中等待飞行，直到它可以确定敌方潜艇位置。在这种情况下，飞行员必须绕着特定的目标区域飞行，直到潜艇出现。

（3）侦察飞机必须在接近目标区域的空中等待飞行,直到它能收到敌方的信号。

（4）早期预警飞机(机载预警和控制(AWACS),如波音 E-3"哨兵")必须隐藏在一个特定区域飞行以传输命令信号给其友军飞机。

（5）一架飞机准备降落在机场,但在该地区的天气短时间内不适合降落。在这种情况下,飞行员必须一直在空中飞行,直到天气转好,并允许飞机着陆。

（6）边境管制飞机必须长时间飞行,以便机组人员能够尽可能长时间的监视特定的边境地区。

（7）中继飞机的设计目的是接收来自指挥所的信号,然后在放大后中继和传输这些信号到最终接收机(如地面站)。

以上所有的飞行条件下,飞行员的最佳选择就是以某一尽可能长时间保持在空中飞行的速度进行飞行。航时和航程的许多基本要素是相似的。唯一的区别是考虑飞机能飞多长时间,而不是能飞多远。这种飞行的目标是尽量减少燃油消耗,因为飞机的燃油是有限的。盘旋是一种以航时为主要目标的飞行状态。

维京环球飞机[9]是由伯特·鲁坦设计的一架缩比的复合材料飞机,史蒂夫·福塞特在 2005 年 2 月 28 日至 2005 年 3 月 3 日,以 67h1min 的时间独自完成了一次不间断环球飞行(世界纪录)。319kn 的飞行速度打破了之前"航行者"号飞机以 9 天 3min、平均速度 100kn 最快的不间断不加油环球飞行的绝对世界纪录。另一种长航时喷气式飞机是诺斯罗普·格鲁曼公司的 RQ-4"全球鹰"[8],它是一种无人机,质量为 11600kg,机翼面积为 50.2m²,配有最大推力为 31.4kN 的涡扇发动机。这种侦察机的续航时间为 28h。通用原子公司表示,新改进的"灰鹰"无人机可以在空中停留 50h,每次任务可以监视超过 24h,同时携带 1000lb 的载荷。

本节将给出航时的定义,然后讨论确定最大航时速度和最大航时的方法。

5.5.1 航时的定义

航时 E 是飞机在一定的燃油消耗和特定的飞行条件下可以在空中停留的时间长度。实际上,航时包括飞行的所有阶段,如起飞、爬升、巡航、下降和着陆。然而,为简化分析,这里只考虑飞行的水平飞行部分(巡航)。对于远程运输飞机,70%~80% 的飞行将在巡航部分。例如,一架从纽约飞往西雅图的运输机巡航时间约为 5h,起飞/爬升时间约为 20min,下降/着陆时间约为 30min。感兴趣的读者可以加入其他飞行部分以计算总飞行时间。

为推导航时的表达式,这里使用术语"比航时"(SE),它定义为每单位燃油质量(m,单位为 kg/slug)或燃油重力(W,单位为 N/lb)的飞行持续时间。对于使用

涡喷或涡喷发动机的飞机,SE 定义为

$$SE = \frac{\mathrm{d}t}{-\mathrm{d}W} \tag{5.126}$$

式中"–"号是用来说明飞行过程中燃油重力的减少。

注意,本书只考虑水平飞行,所以升力几乎等于飞机重力($L = W$),发动机推力大约等于飞机阻力($T = D$)。

利用燃油消耗率($C = Q/T$)和燃油流量($Q = \mathrm{d}W/\mathrm{d}t$)的定义,可以得到以下关系:

$$\frac{\mathrm{d}t}{\mathrm{d}W} = \frac{\mathrm{d}t}{Q\mathrm{d}t} = \frac{1}{Q} = \frac{1}{CT} = \frac{1}{CD} \tag{5.127}$$

分子和分母同时乘以升力 L,并用重力 W 替换其中一个,则

$$\frac{\mathrm{d}t}{\mathrm{d}W} = \frac{1}{CD} = \frac{L}{CDL} = \frac{L}{CDW} \Rightarrow \mathrm{d}t = \frac{1}{CD} = \frac{-L}{CD}\frac{\mathrm{d}W}{W} \tag{5.128}$$

为了推导航时公式,现在对 SE 在整个巡航飞行时间内进行积分。这意味着从飞机具有初始重力的时间到飞机消耗其燃油 W_f 的时间,即

$$E = \int_0^E \mathrm{d}t = \int_{W_1}^{W_2} \frac{-L}{CD}\frac{\mathrm{d}W}{W} \tag{5.129}$$

5.5.2　航时的计算

式(5.129)是飞机航时的一般表达式。如果已知 C、L、D 和 V 的详细变化,就可以通过数值积分得到航时的确切结果。数学积分需要考虑实际因素的实现,这里将进行相关讨论。为了求解积分(式(5.129))并得到一个封闭形式的解,需要设置一些简化假设。在巡航飞行期间(稳定水平),升力应该保持几乎等于飞机重力(如果忽略发动机推力的贡献),而重力是逐渐下降的:

$$L = W = \frac{1}{2}\rho V^2 S C_L \tag{5.10}$$

在任何重量下,速度都与迎角有关,也就是实际上与升力系数 C_L 和高度有关。假设燃油消耗率是恒定的,考虑式(5.10)、式(5.129)具有独立参数:重力 W、速度 V,高度或其相应的空气密度(ρ),迎角或其相应的升力系数(C_L)。由于燃油在飞行过程中不断消耗,因此飞机重力不断减少。为了保持水平飞行,则不得不降低升力。在众多可能的解决方式中,只有三种较为实用,并将进行研究。每种情况下,在整个巡航过程中两个飞行参数将保持不变。如5.4节所述,为维持巡航飞行,使升力持续下降的主要飞行方式有三种(图5.20)。

(1)降低飞行速度(定高度、定升力系数飞行)。

(2)增大高度(定空速、定升力系数飞行)。

(3)减小迎角(定高度、定空速飞行)。

对于每种飞行方式,将对式(5.129)进行积分,然后只显示和讨论最终航时公式。在第一种飞行方式中,速度必须以飞机重量下降的相同速度降低。在第 2 种方式中,必须降低空气密度。换句话说,飞行高度必须增大。第三种飞行方式是减小飞机迎角,即减小升力系数。从飞行员操作角度来看,第一种飞行方式是通过油门来实现的,第三种飞行方式是通过驾驶杆/盘来实现的。在第二种飞行方式中,飞行员不需要采取任何行动,并且飞机将逐渐增加高度(爬升)。基于安全法规和实际考虑,第二种飞行方式是大多数飞机感兴趣的选择。原因将在稍后解释。一般来说,当飞行是在联邦航空条例的管辖下进行时,公认的飞行方式是定高度、定空速飞行方式。

5.5.2.1 飞行方式1:定高度、定升力系数飞行

在该飞行方式中,速度随着重量的下降而下降。阻力系数已定义为

$$C_D = C_{D_0} + K C_L^2 \tag{3.12}$$

把式(3.121)代入式(5.129),因为巡航飞行中 $L/D = C_L/C_D$,可得

$$E = -\frac{1}{C}\frac{C_L}{C_D}\int_{W_1}^{W_2}\frac{\mathrm{d}W}{W} = -\frac{1}{C}\int_{W_1}^{W_2}\frac{C_L}{C_{D_0} + K C_L^2}\frac{\mathrm{d}W}{W} \tag{5.130}$$

比值 $C_L/(C_{D_0} + K C_L^2)$ 为常数,可从积分中提出,则

$$E = -\frac{1}{C}\frac{C_L}{C_{D_0} + K C_L^2}\int_{W_1}^{W_2}\frac{\mathrm{d}W}{W} = \frac{1}{C}\frac{C_L}{C_D}\int_{W_1}^{W_2}\frac{\mathrm{d}W}{W} \tag{5.131}$$

式(5.131)积分的结果为

$$E_1 = -\frac{C_L/C_D}{C}\ln\left(\frac{W_1}{W_2}\right) = \frac{C_L/C_D}{C}\ln\left(\frac{1}{1 - W_f/W_1}\right)$$

$$= \frac{C_L/C_D}{C}\ln\left(\frac{1}{1 - G}\right) \tag{5.132}$$

式中:$\ln(W_1/W_2) = \ln(W_1) - \ln(W_2)$;$W_f$ 为燃油重量:

$$W_f = W_1 - W_2 \tag{5.132}$$

由式(5.132)可知,航时是升阻比和燃油重量的函数。这也表明,航时是 SFC 的反比函数,随着燃油重量和升阻比的增加,航时也会增加。此外,随着 SFC 的减少,航时将提高。

由式(5.10)可以看出,随着燃油在飞行过程中的消耗,空速必然降低。为了确定最终的空速 V_2,已知飞行开始和结束时飞机的重力等于升力。正如 5.4 节中的推导,这可得出这样一个事实:飞行结束时的速度降低到

$$V_2 = V_1\sqrt{1 - \frac{W_f}{W_1}} \tag{5.134}$$

由于 C_L 保持恒定,式(5.9)、式(5.10)和式(3.1)表明,当燃油消耗(即毛重减小)时,推力必须不断减小(通过不断减小油门)。

5.5.2.2 飞行方式 2:定空速、定升力系数飞行

在本飞行方式中,随着飞机重量的下降,高度增加(巡航爬升)。通过分析,注意到这种飞行方式得到与第一种飞行方式相同的封闭形式的解,即

$$E_2 = \frac{C_L/C_D}{C} \ln\left[\frac{1}{1-G}\right] \tag{5.135}$$

通过分析,可以得出这样的结论:

$$E_1 = E_2 \tag{5.136}$$

两种飞行方式具有相似的航时。

巡航爬升飞行方式的巡航高度是逐渐增加的。巡航爬升飞行结束时的高度 h_2 可表示为初始高度 h_1 和燃油重量比的函数。推导过程见 5.7 节。巡航爬升飞行结束时的密度比 σ_2 可表示为初始密度比和燃油重量比的函数,即

$$\sigma_2 = \sigma_1(1-G) \tag{5.85}$$

式中:σ_1 为巡航开始时的密度比;G 为燃油重量比。

爬升角很小,以至于可以忽略不计。当得到巡航爬升飞行结束时的空气密度比 σ_2 时,可以利用附录 A 或 B 来确定最终高度。

5.5.2.3 飞行方式 3:定高度、定空速飞行

该飞行方式中,升力系数随着飞机重力的下降而减小。实际上,随着飞机重力的降低,迎角将通过驾驶杆/盘来降低。由于巡航时升力等于重力,所以将式(5.129)的分子 L 和分母 W 消去。因此,该飞行方式的航时公式可以用简化为

$$E = -\frac{1}{C}\int_{W_1}^{W_2} \frac{\mathrm{d}W}{D} \tag{5.137}$$

阻力随飞机重量的变化是非线性的。由式(5.39)推导可知,阻力是关于飞机重力的如下函数:

$$D = \frac{1}{2}\rho V^2 S C_{D_0} + \frac{2KW^2}{\rho V^2 S} \tag{5.138}$$

将式(5.138)代入式(5.137),可得

$$E_3 = -\frac{1}{C}\int_{W_1}^{W_2} \frac{\mathrm{d}W}{\frac{1}{2}\rho V^2 S C_{D_0} + \frac{2KW^2}{\rho V^2 S}} \tag{5.139}$$

或

$$E_3 = -\frac{1}{C(2K/\rho V^2 S)}\int_{W_1}^{W_2} \frac{\mathrm{d}W}{(\rho V^2 S)^2 C_{D_0}/(4K) + W^2} \tag{5.140}$$

利用文献[9],确定具有相似形式的积分解,即

$$\int \frac{\mathrm{d}x}{a^2 + x^2} = \frac{1}{a}\arctan\left(\frac{x}{a}\right) \tag{5.141}$$

其中

$$a = \frac{1}{2} \rho V^2 S \left(\frac{C_{D_0}}{K} \right)^{1/2} \tag{5.142}$$

因此,式(5.140)积分的解为

$$E_3 = - \frac{1}{C2K/(\rho V^2 S) \rho V^2 S \left(C_{D_0}/K \right)^{1/2}/2} \left(\arctan \frac{W}{\rho V^2 S \left(C_{D_0}/K \right)^{1/2}/2} \right) \Big|_{W_1}^{W_2} \tag{5.143}$$

由于最大升阻比与 $\sqrt{KC_{D_0}}$ 有关,为 $\sqrt{KC_{D_0}} = 1/(2 \left(C_L/C_D \right)_{\max})$,因此将式(5.143)简化为

$$E_3 = \frac{2 \left(C_L/C_D \right)_{\max}}{C} \left(\arctan \frac{2W_1}{\rho V^2 S \sqrt{C_{D_0}/K}} - \arctan \frac{2W_2}{\rho V^2 S \sqrt{C_{D_0}/K}} \right) \tag{5.144}$$

如式(5.44)的推导, $\sqrt{C_{D_0}/K}$ 等于最小阻力升力系数 $C_{L_{\min D}}$:

$$E_3 = \frac{2 \left(C_L/C_D \right)_{\max}}{C} \left(\arctan \frac{2W_1}{\rho V^2 S C_{L_{\min D}}} - \arctan \frac{2W_2}{\rho V^2 S C_{L_{\min D}}} \right) \tag{5.145}$$

式中:括号内的项表示两个角之间的差值(以 rad 表示)。

式(5.83)适用于任何给定的恒定高度以及任何给定的恒定速度,只要高度和速度是允许的(即在飞机的飞行包线内)。在该飞行方式中,初始升力系数和最终升力系数很容易分别由式(5.94)和式(5.95)求得。将初始重力、最终重力与燃油重力比之间的关系($W_2 = W_1 (1 - G)$)代入式(5.84),将两个角的切线之差转换为式(5.145),可得

$$E_3 = \frac{2 \left(C_L/C_D \right)_{\max}}{C} \arctan \left(\frac{\left(C_L/C_D \right)_1 G}{2 \left(C_L/C_D \right)_{\max} (1 - KC_{L_1} \left(C_L/C_D \right)_1 G)} \right) \tag{5.146}$$

式中: C_{L_1} 为初始升力系数(式5.94);$\left(C_L/C_D \right)_1$ 为初始升阻比($C_{L_1}/(C_{D_0} + KC_{L_1}^2)$)。

理论上,所有这三种飞行方式都是可行的。但实际上,只有第三种飞行方式是可以接受的,并得到美国联邦航空局的认可。第三种飞行方式是飞行员很难跟随的,因为飞行员必须通过偏转升降舵来不断减小迎角。然而,对于配备自动驾驶仪的飞机来说,这是一项简单的任务。这种情况是三种可能的飞行方式中最安全的。

航时公式(式(5.132)、式(5.135)、式(5.146))与航程公式(式(5.84))的比较表明,航时可简单的表示为航程除以空速。三个航时公式(E_1、式(5.132);E_2、式(5.135);和 E_3、式(5.146))给出了给定飞行条件下,喷气飞机巡航飞行时的航时计算方法。在航时公式中,航时的单位是燃油消耗率 C 单位的倒数。例如,如果 C 的单位为 h^{-1},那么航时将以 h 为单位。

5.5.3 最大航时速度

如5.4节所述,对于航时任务的巡航飞行有三种方式:①定高度、定升力系数飞行;②定空速、定升力系数飞行;③定高度、定空速飞行。这些可再分为两组:定速飞行(飞行方式2和飞行方式3)和非定速飞行(方式1)。针对飞行方式2和飞行方式3,给出了确定最大航时速度 $V_{\max_E}$ 以最大化航时的方法。

本节针对飞行方式2和飞行方式3(定速飞行)介绍了确定最大航时速度 $V_{\max_E}$ 以最大化航时的方法。非垂直起降飞机(如固定翼飞机海瑶或旋翼飞机贝尔206),不可能以零速度飞行(事实上,不可能以低于失速速度飞行)。因此,为了最大限度地延长飞行时间,飞机必须以某个特定的速度飞行,从而达到最大航时。

在喷气式飞机上,SFC随速度变化几乎是恒定的,所以为了最小化燃油消耗,飞机的飞行需要的推力应该是最小的。这意味着飞机的巡航空速产生的阻力最小。此外,式(5.135)证实,为了最大限度地提高航时,飞机必须以使 $(L/D)_{\max}$ 最大的速度飞行。因此,最大航时速度与最小阻力速度相等,即

$$V_{\max_E} = V_{\max_D} = \sqrt{\frac{2mg}{\rho S \sqrt{C_{D_0}/K}}} \tag{5.147}$$

由式(5.147)可知,最大航时速度是关于飞机重量和高度的函数,是关于机翼面积和零升阻力系数的反比函数。如前所述,最大航时速度正比于空气密度的平方根(高度),它随高度增加而增加。

比较式(5.147)和式(5.65)可知,最大航时速度下的升力系数等于零升阻力系数 C_{D_0} 与诱导阻力系数 K 之比的平方根,即

$$C_{L_{\max_E}} = C_{L_{\max_D}} = C_{L_{(L/D)_{\max}}} = \sqrt{\frac{C_{D_0}}{K}} \tag{5.148}$$

最大航时升力系数 $C_{L_{\max_E}}$ 的典型值为 $0.3 \sim 0.6$。

理论上,最大航时速度可能低于最小阻力速度($V_{\max_E} < V_{\min_D}$)或可能大于最小阻力速度($V_{\max_E} > V_{\min_D}$)。然而,事实上,只允许最大航时速度大于最小阻力速度。如5.3.2节所述,当最大航时速度低于最小阻力速度时,飞机将处于不稳定状态。因此,对于大多数飞机来说,以最小阻力速度飞行是不切实际的。此外,理论上,最大航时速度可能小于失速速度($V_{\max_E} < V_s$)或可能大于失速速度($V_{\max_E} > V_s$)。然而,实际上,只允许最大航时速度大于失速速度。

对于最大航时速度小于失速速度的飞机,安全的最大航时速度选择为比失速速度高出 $10\% \sim 20\%$,则

$$V_{\max_E} = k V_s \tag{5.149}$$

其中

$$1.1 < k < 1.2 \tag{5.150}$$

需要强调的是,这一速度是在假设 SFC 随速度变化而恒定不变的假设前提下推导出来的。

对于非定速飞行方式(方式1),为最大化航时,假设飞行开始时的速度等于最大航时速度,则

$$V_1 = V_{\max_E} = \sqrt{\frac{2mg}{\rho S \sqrt{C_{D_0}/K}}} \tag{5.151}$$

为了求出最终空速 V_2,已知飞行开始和结束时飞机的重力等于升力。正如5.4 节中推导的那样,则

$$V_2 = V_1 \sqrt{1 - \frac{W_f}{W_1}} \tag{5.152}$$

由于 C_L 保持恒定不变,式(5.12)表明,当燃油消耗(毛重减小)时,推力必须不断减小(通过不断回收油门)。

5.5.4 最大航时

三个航时公式(E_1、式(5.132),E_2、式(5.135)和 E_3、式(5.144))给出了计算喷气飞机一般航时的方法。然而,这里更感兴趣的是确定喷气飞机的最大航时。本节提出了一种确定飞机最大航时 $E_{\max}$ 的方法。

正如前面分类(5.4 节),在巡航飞行中有三种飞行方式来完成航时任务:①定高度、定升力系数飞行;②定空速,定升力系数飞行;③定高度、定空速飞行。5.5.2 节推导了计算任意飞行条件下的一般航时的三个公式。此外,5.5.3 节还推导了用速度来最大化航时的公式。式(5.132)、式(5.135)、式(5.144)说明,为了最大化航时,在飞机设计阶段 SFC 必须最小化,而燃油重量应该最大化(携带尽可能多的燃油)。当飞机制造出来后,飞行员可以通过选择飞行条件来最大化航时。在本节推导过程中,假设燃油消耗率 C 随着速度和高度的变化是恒定不变的。表5.6给出了几种喷气式飞机的有关参数。

表 5.6 几种飞机的有关参数

序号	飞机	类型	推力 T/kN	质量/kg	航时/h
1	英国航空航天"鹞"Ⅱ	近距支援	105.9	14061	3h
2	英国皇家空军"红箭"飞行表演队60	强击机	25.35	5700	2h42min
3	波音 E-3"哨兵"	预警机	2×273.6	171255	10h

序号	飞机	类型	推力 T/kN	质量/kg	航时/h
4	麦道 F/A – 18 "大黄蜂"	战斗机	2×71.2	25401	1h45min
5	诺格 E – 8 "联合星"	早期预警机	4×80.1	152407	11h
6	诺格 RQ – 4 "全球鹰"	侦察机	31.4	11600	28h
7	Aeromacchi MB – 339C	战斗机	19.57	6350	3h50min
8	Avioane IAR 99	对地攻击	17.79	4400	2h40min
9	米格 – 31	截击机	2×91.3	41000	3h36min
10	洛克希德 U – 2	侦察机	76	18600	>10h
11	维珍环球飞行者	绕地球不间断飞行	10	10024	67h
12	达索/道尼尔阿尔法喷气飞机	教练机	2×14.1kN	8000	3h30min
13	"狂风"	战斗机	2×71.2kN	24500	2h
14	Saai – marchetti S. 211	战斗机	11.12kN	2750	3h50min
15	英国皇家空军 "红箭" 飞行表演队 60	教练机	23.75kN	8570	4h
16	英国皇家空军 "红箭" 飞行表演队	截击机	95.6kN	11880	1h30min
17	波音 E – 3 "哨兵"	早期预警机	4×93.4kN	147417	11h
18	波音 E – 6A	中继机	4×97.9kN	155128	15h24min
19	南昌 L – 8	教练机	15.57kN	4200	4h30min
20	"幻影" F – 1	战斗机	70.6kN	16200	2h15min
21	宝玑 1150 "大西洋"	巡逻机	2×1600hp	46200	18h

5.5.4.1　定高度、定升力系数飞行

该飞行方式中,速度随重量的下降而下降。5.3.3 节推导了计算一般航时的公式(式(5.132))。由式(5.132)可知,当升阻比达到最大值时,航时将达到最大值(式(5.23))。因此,最大航时为

$$E_{\max_1} = -\frac{(C_L/C_D)_{\max}}{C}\ln\left(\frac{1}{1 - W_f/W_1}\right) \tag{5.153}$$

这种关系意味着,为了最大化航时(在该飞行方式中),飞行员巡航飞行必须始终以升力系数、速度和高度的任意组合使得飞行达到最大的升阻比$(L/D)_{\max}$。这意味着升力系数应该总是

$$C_{L_{\max E}} = \sqrt{\frac{C_{D_0}}{K}} \tag{5.154}$$

由于在该飞行方式中速度是减小的,那么初始速度为

$$V_1 = \sqrt{\frac{2W_1}{\rho S \sqrt{C_{D_0}/K}}} \qquad (5.155)$$

类似地,最终速度为

$$V_2 = \sqrt{\frac{2W_2}{\rho S \sqrt{C_{D_0}/K}}} \qquad (5.156)$$

理论上,只要飞行条件切实可行,这种最大航时可以在任意固定的高度上实现。

5.5.4.2 定空速、定升力系数飞行

在该飞行方式中,高度是随飞机重量的下降而增加的(巡航爬升)。5.3.3.1 节推导了计算一般航时的公式(式(5.135))。通过分析式(5.135),注意到当升阻比达到最大值时,航时会达到最大值(式(5.23))。因此,最大航时为

$$E_{\max_2} = \frac{(L/D)_{\max}}{C}\ln\left(\frac{1}{1-G}\right) \qquad (5.157)$$

这种关系意味着,为了最大化航时(在该飞行方式条件下),飞行员必须始终以某一速度保持巡航,该速度($V_{\max_E}$,式(5.140))能够产生最大的升阻比$(L/D)_{\max}$且使升力系数的值等于$\sqrt{C_{D_0}/K}$(式(5.150))。飞行员唯一能做到的是选择一个初始高度,并在飞行过程中增大高度。

如5.3.3 节所述,以最大航时速度飞行通常是不可能实现的。原因是速度不稳定性。为了解决这个问题,大多数飞机选择以比最小阻力速度高10% ~20% 的速度飞行。这会导致实际航时低于计算值。

5.5.4.3 定高度、定空速飞行

在该飞行方式中,升力系数随飞机重量下降而逐渐减小。5.3.3.1 节推导了一般航时的计算公式(式(5.146))。通过分析式(5.146),注意到当括号内的比值最大时可得最大航时,有

$$E_{\max_3} = \frac{2(C_L/C_D)_{\max}}{C}\arctan$$
$$\left(\frac{(C_L/C_D)_{\max}(W_f/W_1)}{2(C_L/C_D)_{\max}(1-KC_{L_{\max_E}}(C_L/C_D)_{\max}(W_f/W_1))}\right) \qquad (5.158)$$

将式(5.28)、式(5.150)代入式(5.158),可得

$$E_{\max_3} = \frac{2(C_L/C_D)_{\max}}{C}\arctan\left(\frac{G}{2(1-K\sqrt{C_{D_0}/K}(1/2\sqrt{KC_{D_0}})G)}\right) \qquad (5.159)$$

式(5.159)可改写为

$$E_{max_3} = \frac{2 \, (L/D)_{max}}{C} \arctan\left(\frac{0.5G}{1 - 0.5G}\right) \tag{5.160}$$

这种关系意味着,为了最大化航时(在该飞行方式条件下),飞行员必须始终以某一初始速度巡航,该初始速度(V_{max_E},式(5.140))能够产生最大的升阻比$(L/D)_{max}$且使初始升力系数的值等于$\sqrt{C_{D_0}/K}$(式(5.150))。飞行员唯一能做到的是选择一个固定高度,并在飞行过程中保持该高度。式(5.160)中,初始升力系数为

$$C_{L_1} = \sqrt{C_{D_0}/K} \tag{5.161}$$

最终升力系数降低为

$$C_{L_2} = C_{L_1} \frac{W_2}{W_1} \tag{5.162}$$

式中:W_2 为巡航结束时的最终重力。

例 5.8 对于定空速、定升力系数飞行方式,确定运输机 DC-9-30 的最大航时。例 5.7 给出了这种飞机的特性。然后,确定飞机在海平面巡航时的最大航时速度。

解 利用例 5.7 的结果,可得

$$(L/D)_{max} = 17, \; G = 0.159$$

这种定空速、定升力系数飞行方式是飞行方式 2,所以 $E_{max} = E_{max_2}$,则

$$E_{max} = \frac{(L/D)_{max}}{C} \ln\left(\frac{1}{1-G}\right) = \frac{17}{0.82} \ln\left(\frac{1}{1-0.159}\right) = 3.59(h) \tag{5.157}$$

将该值与例 5.7 "(5)" 中结果进行比较,可以看出,如果飞行员为了获得最大航程,则相应航时为 3h,比本例情况短 0.59h。

要计算最大航时速度:

$$C_{L_{max_E}} = \sqrt{\frac{C_{D_0}}{K}} = \sqrt{\frac{0.02}{0.043}} = 0.682 \tag{5.148}$$

$$V_{max_E} = \sqrt{\frac{2mg}{\rho S \sqrt{C_{D_0}/K}}} = \sqrt{\frac{2 \times 44000 \times 9.81}{1.225 \times 0.374 \times 93 \times 0.682}}$$

$$= 172.4 m/s = Ma0.57 \tag{5.147}$$

注意,最大航程速度为 $Ma0.748$。这意味着最大航时比最大航程对应的飞行时间长 20% 左右。还要注意,最大航时速度比最大航程速度慢 24% 左右。

5.5.5 实际考虑因素

本节将简要讨论与航时实际考虑因素有关的四个主题:最大航时的高度、最大航程与最大航时的时间比较、V_{max_E} 与 V_{max_R} 的比较以及风对航时的影响。

5.5.5.1 最大航时的高度

5.3.3 节推导了三种最大航时公式(式(5.153)、式(5.157)和式(5.160))。

分析这些公式可知,假设特定燃油条件不随高度和速度变化,那么最大航时与高度无关。假如每次飞行都有适当的最大航时速度,那么在高巡航高度巡航的飞机与在海平面巡航的飞机具有相同的航时。这是因为,高空的最大航时速度比海平面处的最大航时速度快。但是,飞行高度越高,航程越长。

式(5.153)、式(5.157)和式(5.160)也表明,最大航时与机翼载荷(W/S)无关。这意味着,假设其他飞行条件(如速度)适当,大而重的飞机或小而轻的飞机都可以达到长航时。

请注意,本节推导过程假设燃油消耗率 C 不随速度和高度的变化而变化。但是,SFC 实际上是随速度和高度而变化的。对于配备涡扇发动机的喷气飞机,SFC 随高度增加而减小,但随马赫数增大而增大(图4.54 和图4.57)。将这一实际情况考虑在内时,可以得出结论:最大航时随高度的增加而略有增加,随马赫数的增加而略有减小。

5.5.5.2 $t_{\max_R}$ 与 $E_{\max}$ 的对比

例 5.7 表明,最大化航时任务的飞行持续时间要比最大航程任务的飞行持续时间长。这两种持续时间的差别取决于它们的燃油重量比。为了更好地理解,这里借助于数学运算。例如,考虑定高度、定速度飞行方式(方式3),式(5.160)给出了最大航时的表达式,式(5.114)给出了最大航程的关系式。为了方便起见,下面重复列出两个公式:

$$E_{\max_3} = \frac{2 (L/D)_{\max}}{C} \arctan\left(\frac{0.5G}{1 - 0.5G}\right) \tag{5.160}$$

$$R_{\max_3} = \frac{2V_{\max_R} (L/D)_{\max}}{C} \arctan\left(\frac{0.433G}{1 - 0.25G}\right) \tag{5.114}$$

最大航程的飞行时间等于最大航程除以最大航程速度,即

$$t_{\max_R} = \frac{R_{\max_3}}{V_{\max_R}} = \frac{2 (L/D)_{\max}}{C} \arctan\left(\frac{0.433G}{1 - 0.25G}\right) \tag{5.163}$$

如果将两个时间段(式(5.160)和式(5.163))相除,可得

$$\left[\frac{E_{\max_3}}{t_{\max_R}}\right]_{h,V常数} = \frac{\arctan[0.5G/(1 - 0.5G)]}{\arctan[0.433G/(1 - 0.25G)]}$$

$$\cong \frac{1.155 \times (1 - 0.25G)}{1 - 0.5G} \tag{5.164}$$

这一关系说明,燃油重量比越大,最大航时时间与最大航程时间的差别越大。最大航时时间至少比最大航程时间长 15.5%。当燃油重量比为 50% 时,这一差距为 34.8%(图5.24)。

5.5.5.3 $V_{\max_E}$ 与 $V_{\max_R}$ 的对比

对比最大航时速度与最大航程速度是非常有趣和有益的。为对比最大航时速

度与最大航程速度,将使用式(5.147)和式(5.105)。图 5.25 显示了这两种速度及其与阻力的关系。对于喷气飞机来说,最大航程速度总是大于最大航时速度。

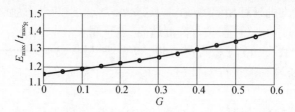

图 5.24 定高度、定速度飞行方式的 $t_{\max_R}$ 与 $E_{\max}$ 的对比

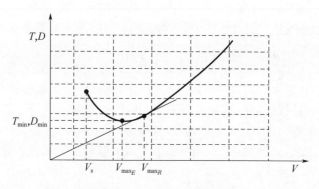

图 5.25 $V_{\max_E}$ 与 $V_{\max_R}$ 的对比

最大航时速度等于最小阻力速度。但是,最大航程速度由图 5.25 所示的渐近线与阻力 - 速度曲线的交点来确定。

5.5.5.4 风对航时的影响

风、阵风和紊流的影响是大气的一些永久性特征。飞行动力学特性受大气现象的影响。北半球流行风向为从西南向东北,而南半球流行风向为从东北向西南。另外,由于地面摩擦的作用,高空风速大于低空风速。

第 2 章介绍了"空速"一词。飞机的空速不受任何风的影响,但风会影响地速。逆风会降低飞机的地速,而顺风会增大飞机相对地面的速度。空气动力(如升力和阻力)是相对空速的函数,而不是风速的函数。实际上,当飞机遇到逆风时,升力和阻力不会改变,而航程会减小。反之,当飞机遇到顺风时,航程将会增加。

航时不是受风速影响的地速的函数。风不影响空速或航时,但它会影响飞行一定距离的持续时间。风不会改变飞机航时。原因是航时是根据空速而不是地速来计算的。比如,如果飞机的航时是 10h,那么它在遇到 30kn 顺风或逆风时的航时是一样的。同样的道理,飞机的最大航时在有或没有风的情况下也是一样的。

5.6 升限

5.6.1 升限的定义

升限是另一个非常重要的飞机性能标准。升限定义为飞机能够安全直线水平飞行的最大高度。另一种定义是飞机靠自身发动机能达到的最大飞行高度。升限越高,飞机的性能越好。该性能参数在民用飞机上的应用有限,但对军用飞机却具有重要意义。例如,如果战斗机的升限高于某一特定区域的导弹升限,那么该战斗机就可以在该区域自由飞行并生存。飞机的重量越轻、发动机推力越大、阻力越小等参数对其升限都有积极影响。本节内容不适用于带有火箭发动机的飞机,因为其升限没有限制。

目前飞机的最大飞行升限约为 120000ft。这一纪录属于苏联的米格 – 25,1987 年它的飞行高度达到了 123523ft。1962 年,X – 15A – 3 实验飞机从另一架飞机上发射后,可以达到 314750ft 的高度。2014 年,高空气球和太空舱首次成功完成小型试飞。该项目(让游客飞离地球 20mile)打破了翼伞飞行的最高世界纪录,并将有效载荷送到了 120000ft 高度。有趣的是,2014 年 Alan Eustace 打破了 2012 年 Felix Baumgartner 创造的 7790ft 前世界纪录,创造了 135890ft 的新世界降落伞纪录。

存在升限的主要原因是大气密度。在高空,没有足够的空气供飞机发动机燃烧。因此,喷气发动机推力随高度增加而下降。另外,随着大气密度的降低,阻力也减小。但是推力的下降速率要大于阻力的下降速率(图 5.26)。这两条曲线的交点就是升限的高度。

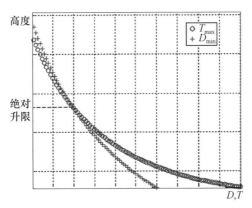

图 5.26　发动机推力和飞机阻力随高度的变化

随着飞机飞得越来越高,可用的空气量也在减少,所以可用推力也在降低。因此,在某一高度,最大可用推力勉强能够使飞机保持其水平飞行,该高度就是升限。

这种情况适用于120000ft高度以内。火箭通过在其燃料箱中同时携带空气和燃料已经解决了这个问题。因此,火箭和带有火箭发动机的导弹没有任何升限限制。任何升限高于目标区域敌方导弹升限的战斗机就可以生存。否则,战斗机必须依靠其机动性才能在目标空域作战。

一般来说,升限有五种类型。

(1)绝对升限 h_{ac}。顾名思义,绝对升限是飞机保持水平飞行的绝对最大高度。换句话说,绝对升限是爬升速度(见第7章)为零时的高度。所以,飞机无法爬升到绝对升限以上。绝对升限有时称为最大飞行高度(Maximum Operating Altitude,MOA)。

(2)实用升限 h_{sc}。实用升限定义为飞机能以100ft/min(0.5m/s)的速度爬升的最大高度。实用升限低于绝对升限。

(3)巡航升限 h_{cc}。巡航升限定义为飞机能以300ft/min(1.5m/s)的速度爬升的最大高度。巡航升限低于实用升限。

(4)战斗升限 h_{cc}。战斗升限定义为战斗机以500ft/min(2.5m/s)的速度爬升的最大高度。战斗升限低于巡航升限。这种升限仅适用于战斗机。

(5)MOA。根据美国联邦航空条例(FAR)第25部分[12]1527节,MOA定义为"受飞行、结构、动力装置、功能或设备特性限制的允许飞行高度"。例如,在MOA,增压座舱和客舱必须能够提供不超过8000ft(舱室压差为7.8psi(1psi=6.9kpa))的舱压高度。另一个要求是能够在4min内从最大飞行高度紧急下降到15000ft。MOA更多的是设备限制,而不是性能限制。

图5.27描述了三种类型的升限(绝对升限、实用升限和巡航升限)及其特点。对于军用战斗机来说,绝对升限是主要性能和设计准则之一,而巡航升限是民用运输机的主要性能和设计准则之一。在大多数飞机上,实用升限约为绝对升限的90%,而巡航升限约为绝对升限的80%。一般来说,喷气飞机的升限高于螺旋桨飞机的升限。

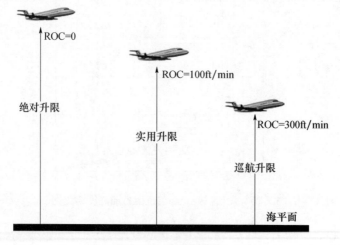

图5.27 飞机的升限

表 5.7[5,7] 给出了几种喷气飞机的实用升限。巴西航空工业公司支线客机 Embraer ERJ145 的 MOA 为 37000ft，因为这是飞机保持 7.8psi 的舱室压差时能飞到的最大高度，即使发动机继续爬高没有问题。载有正常载荷的波音 747 - 400 客机(图 8.12(a))的 MOA 为 41000ft，而波音 747 - 8 的实用升限为 43000ft，绝对升限为 45100ft。

表 5.7 各种喷气飞机的实用升限

序号	飞机	国别	类型	推力/kN	质量/kg	实用升限/ft
1	FAMAIA63 Pampa	阿根廷	教练机	15.57	5000	42325
2	"角鲨"F1300	比利时	教练机	5.92	2400	42000
3	"挑战者"601	加拿大	运输机	2×33.36	19550	24000
4	南昌 Q - 5M	中国	战斗机	36.8	12000	52000
5	"达索幻影"F - 1	法国	强击机	70.6	16200	65000
6	"达索幻影"2000	法国	强击机	95.1	17000	59000
7	Microjet 200B	法国	教练机	2.6	1300	30000
8	达索/道尼尔阿尔法喷气飞机	法 - 德	侦察机	2×14.12	8000	48000
9	诺斯罗普 F - 5A	美国	战斗机	2×18.5	9379	50000
10	苏霍伊 Su - 28	俄罗斯	近距支援	120	45000	65620
11	米高扬 MiG - 25	俄罗斯	截击机	2×107.9	35000	8000
12	诺·格 E - 2 "鹰眼"	美国	早期预警机	4×93.4	147417	29000
13	巴西航空 EMB - 121A	巴西	运输机	52.4	5670	26000
14	HAL HJT - 16	印度	教练机	18.4	4950	39375
15	达索 - 宝玑 "超军旗"	法国	战斗机	49	12000	45000
16	三菱 T - 2	日本	教练机	2×22.75	12800	50000
17	阿利塔利亚 G91Y	意大利	战斗机	2×12.1	8700	41000
18	BAC 167"打击者"	英国	教练机	15.2	5215	40000
19	波音 B - 52 "同温层堡垒"	美国	轰炸机	8×61.2	221350	55000
20	麦道 F - 15"鹰"	美国	战斗机	2×105.7	30845	60000
21	洛克希德 SR - 71"黑鸟"	美国	侦察机	2×151.3	77110	85000
22	洛克希德 U - 2C	美国	侦察机	75.6	7835	90000
23	达索"猎鹰"2000	法国	运输机	2×26.7	16238	47000
24	霍克 850	英 - 美	商务机	2×20.7	12700	41000
25	波音 747 - 400	美国	客机	4×282	396890	43000
26	巴西航空 ERJ 145	美国	支线喷气客机	2×42	22000	37000
27	F - 22"猛禽"	洛克希德·马丁	隐身战斗机	2×155	39000	65000

5.6.2　升限的计算

本节将介绍绝对升限的计算公式。例 5.9 将演示如何应用该方法。在任何直线稳定水平飞行中,沿 x 轴的力平衡会得到阻力为

$$D = T\cos(\alpha + i_e) \tag{5.11}$$

为简便起见,忽略飞机迎角 α 和发动机安装角 i_e 的影响,因此假设发动机推力等于阻力,即

$$T = D \tag{2.20}$$

如第 4 章所述,喷气发动机的可用发动机推力是大气密度的函数。这里只讨论涡扇发动机,有兴趣的读者可以使用这种方法来推导涡喷发动机的类似表达式。涡扇发动机推力随高度的变化近似符合经验公式(式(4.24)~式(4.26)),即

$$T_{\max} = T_{\max SL}\left(\frac{\rho}{\rho_0}\right)^{1.2} \quad (\text{对流层}) \tag{5.165}$$

$$T_{\max} = T_{\max SL}\left(\frac{\rho}{\rho_{11000}}\right)\left(\frac{\rho_{11000}}{\rho_0}\right)^{1.2} \quad (\text{平流层}) \tag{5.166}$$

或

$$T_{\max} = T_{\max SL}\rho\,\frac{(\rho_{11000})^{0.2}}{(\rho_0)^{1.2}} (\text{平流层}) \tag{5.167}$$

式中:$T_{\max}$ 为任意高度的最大推力;$T_{\max SL}$ 为海平面的最大推力;ρ_{11000} 为高度 11000m 处的大气密度。

阻力也是大气密度的函数,即

$$D = \frac{1}{2}\rho V^2 S C_D \tag{2.5}$$

根据图 5.26,如果飞机想要飞到它的升限,它必须使用最大推力。另外,它必须产生最小的阻力。理论上,绝对升限的前提条件是发动机的最大推力等于飞机的最小阻力,即

$$T_{\max} = D_{\min} \tag{5.168}$$

如 5.3.3 节所述,飞机在以最小阻力速度飞行时,其阻力最小,即

$$D_{\min} = \frac{1}{2}\rho V^2_{\min D_T} S C_{D_{\min D}} = \frac{1}{2}\rho_0 V^2_{\min D_E} S C_{D_{\min D}} \tag{5.169}$$

式中:下标 E 表示当量空速,下标 T 表示真空速。

之前已经推导了最小阻力真空速公式(式(5.43))。当量最小阻力空速为

$$V_{\min D_E} = \sqrt{\frac{2m_{ac}g}{\rho_0 S \sqrt{C_{D_0}/K}}} \tag{5.170}$$

式中:m_{ac} 为飞机到达绝对升限时的最大质量,则

$$C_{D_{\min D}} = 2C_{D_0} \tag{5.171}$$

将式(5.166)、式(5.40)和式(5.28)代入式(5.165),由于公式中大气密度 ρ 为绝对升限处的大气密度,故采用新的参数 ρ_{ac},则

$$T_{\max_{SL}} \left(\frac{\rho_{ac_1}}{\rho_0} \right)^{1.2} = \frac{1}{2} \rho_0 V_{\min_{D_E}}^2 S(2C_{D_0}) \quad (\text{对流层}) \tag{5.172}$$

$$T_{\max_{SL}} \rho_{ac_2} \frac{(\rho_{11000})^{0.2}}{(\rho_0)^{1.2}} = \frac{1}{2} \rho_0 V_{\min_{D_E}}^2 S(2C_{D_0}) \quad (\text{平流层}) \tag{5.173}$$

式中: ρ_{ac_1}、ρ_{ac_2} 分别为大气第一层和第二层(对流层和平流层)中绝对升限处的大气密度。

在式(5.172)和式(5.173)中,唯一未知的是绝对升限处的大气密度 ρ_{ac}。解这些方程,求取绝对升限处的大气密度 ρ_{ac},将得到一个封闭形式的解:

$$\rho_{ac_1} = \left(\frac{C_{D_0}(\rho_0)^{2.2} V_{\min_{D_E}}^2 S}{T_{\max_{SL}}} \right)^{1/1.2} \quad (\text{对流层}) \tag{5.174}$$

$$\rho_{ac_2} = \frac{C_{D_0}(\rho_0)^{2.2} V_{\min_{D_E}}^2 S}{T_{\max_{SL}}(\rho_{11000})^{0.2}} \quad (\text{平流层}) \tag{5.175}$$

当最小阻力速度大于失速速度时,可以进一步简化公式。将最小阻力当量速度(式(5.170))代入式(5.174)和式(5.175),可得

$$\rho_{ac_1} = \left(\frac{2m_{ac}g C_{D_0}(\rho_0)^{2.2} S/(\rho_0 S \sqrt{C_{D_0}/K})}{T_{\max_{SL}}} \right)^{1/1.2} \quad (\text{对流层}) \tag{5.176}$$

$$\rho_{ac_2} = \frac{2m_{ac}g C_{D_0}(\rho_0)^{2.2} S/(\rho_0 S \sqrt{C_{D_0}/K})}{T_{\max_{SL}}(\rho_{11000})^{0.2}} \quad (\text{平流层}) \tag{5.177}$$

式(5.176)和式(5.177)进一步简化为

$$\rho_{ac_1} = \rho_0 \left(\frac{2m_{ac}g \sqrt{KC_{D_0}}}{T_{\max_{SL}}} \right)^{1/1.2} \quad (\text{对流层}) \tag{5.178}$$

$$\rho_{ac_2} = \frac{2m_{ac}g \sqrt{KC_{D_0}}(\rho_0)^{1.2}}{T_{\max_{SL}}(\rho_{11000})^{0.2}} \quad (\text{平流层}) \tag{5.179}$$

但是,$2\sqrt{KC_{D_0}}$ 用于计算最大升阻比(式(5.28))。将 $2\sqrt{KC_{D_0}}$ 的等效值代入式(5.176)和式(5.177),然后重新列写可得绝对升限公式的另一种形式,即

$$\rho_{ac_1} = \rho_0 \left(\frac{W_{ac}}{T_{\max_{SL}}(L/D)_{\max}} \right)^{1/1.2} \quad (\text{对流层}) \tag{5.180}$$

$$\rho_{ac_2} = \frac{W_{ac}(\rho_0)^{1.2}}{T_{\max_{SL}}(\rho_{11000})^{0.2}(L/D)_{\max}} \quad (\text{平流层}) \tag{5.181}$$

式中: W_{ac} 为飞机到达绝对升限时的最大重力。

最大升阻比为

$$\left(\frac{C_L}{C_D}\right)_{\max} = \frac{1}{2\sqrt{KC_{D_0}}} \tag{5.28}$$

飞机到达绝对升限时的最大质量/重量 m_{ac},由扣除起飞和爬升过程中的燃油消耗决定,即

$$m_{ac} = m_{TO} - t_{cl}C\frac{T_{cl}}{g} - m_{f_{TO}} \tag{5.182}$$

$$W_{ac} = m_{ac}g \tag{5.183}$$

式中:t_{cl} 为爬升到绝对升限的时间;C 为燃油消耗率(1/单位时间);$m_{f_{TO}}$ 为起飞阶段的消耗的燃油质量;T_{cl} 为爬升阶段的发动机平均推力。

式(5.178)和式(5.180)用于确定位于对流层的绝对升限,而式(5.179)或式(5.181)用于确定位于平流层的绝对升限。由于吸气式飞机不可能高于平流层飞行,因此没有必要推导超过平流层的绝对升限公式。

式(5.180)和式(5.181)中,ρ_{ac_1} 和 ρ_{ac_2} 分别表示对流层和平流层绝对升限处的大气密度,ρ_{11000} 表示 11000ft 高度处的大气密度,$T_{\max_{SL}}$ 为海平面处发动机的最大可用推力。注意下标 E 表示当量空速。当大气密度由这两个公式中的一个确定时,就可参考大气模型数据表(如附录 A 或 B)来找到它对应的高度,也就是绝对升限。

在实践中,明智的做法是首先假定绝对升限位于对流层。在这种情况下,使用式(5.178)或式(5.180)。如果计算得到的结果 ρ_{ac_1} 对应于平流层,则结果无效。因此,就必须使用式(5.179)或式(5.181)重新计算。新的结果 ρ_{ac_2} 将是正确的答案。

注意,如果最小阻力当量空速小于海平面失速速度,则不能使用式(5.178)与式(5.180)、式(5.179)与式(5.181)。在这种情况下,假设一个稍大于海平面失速速度的最小阻力当量空速:

$$V_{\min_{D_E}} = kV_s \tag{5.184}$$

式中:$1.1 < k < 1.2$。那么,使用式(5.176)或式(5.177)。

由式(5.178)和式(5.179)可知,绝对升限是飞机重量、零升阻力系数和诱导阻力系数的反比函数。此外,绝对升限是发动机推力的一个直接函数。要增大绝对升限,就必须换装推力更大更好的发动机。另外,还可以通过降低飞机重量,使飞机更轻。此外,飞机应该通过降低零升阻力系数来增强气动特性。由于诱导阻力系数是展弦比的函数,因此还可以得出结论:展弦比越大,绝对升限越高。

关于天气和位置与绝对升限的关系,可以得出另一个有趣的结论。与较冷的天气(如冬季)相比,喷气飞机在较暖的天气(如夏季)中飞行时,绝对升限会更高。此外,与较暖的地区(靠近赤道)相比,喷气飞机在较冷的地区(靠近极点)飞行时,绝对升限会更高。例如,一架喷气飞机在飞越墨西哥上空时的绝对升限将低于飞越阿拉斯加上空时的绝对升限。

式(5.178)和式(5.179)说明,绝对升限不是机翼面积和机翼载荷的函数。这

意味着小型飞机(机翼面积小)可能比大型飞机具有更高的绝对升限,前提是它有足够的发动机推力。由于绝对升限是飞机重量的函数,随着时间的推移,绝对升限逐渐增大。这是由于燃油逐渐消耗,而飞机重量逐渐下降。

式(5.180)和式(5.181)为飞机设计师指明了提高绝对升限的方向。要增大绝对升限,必须采取某种方法,使大气密度减小(高度增加)。首先,由于 T_{max} 出现在分母上,因此必须采用具有更大推力的发动机。第2种方式是通过提高飞机气动特性来降低 C_{D_0}。第3种方式是减小飞机的质量。最后一种提高绝对升限的方法是降低诱导阻力系数 K,这意味着要增大机翼展弦比。

例5.9 考虑一架配备涡扇发动机的商务喷气飞机,质量为11000kg,机翼面积为35m²,且海平面发动机推力为33kN。假设爬升到绝对升限需要25min,爬升过程中发动机平均推力等于海平面最大推力的90%。飞机其他特性包括:

$$K = 0.055, C_{D_0} = 0.018, C_{L_{max}} = 2.2, C = 0.8N/(h \cdot N)$$

确定这架飞机在ISA条件下的绝对升限。忽略起飞过程中燃油消耗的影响。

解

$$m_{ac} = m_{TO} - t_{cl}C\frac{T_{cl}}{g} - m_{f_{TO}}$$

$$= 11000 - 0.2 \times 0.8 \times \frac{0.9 \times 33000}{9.8} - 0$$

$$= 10192.4kg \tag{5.182}$$

最小阻力当量空速为

$$V_{min_{D_E}} = \sqrt{\frac{2mg}{\rho_0 S \sqrt{C_{D_0}/K}}} = \sqrt{\frac{2 \times 10192.4 \times 9.81}{1.225 \times 35 \times \sqrt{0.018/0.055}}}$$

$$= 90.23m/s \tag{5.42}$$

海平面的失速速度为

$$V_{min_{D_E}} = \sqrt{\frac{2mg}{\rho_0 S C_{L_{max}}}} = \sqrt{\frac{2 \times 10192.4 \times 9.81}{1.225 \times 35 \times 2.2}} = 89.5m/s \tag{2.49}$$

最小阻力速度大于海平面失速速度,可以用式(5.178)或式(5.179)。首先,假定绝对升限位于对流层,则

$$\rho_{ac_1} = \rho_0 \left(\frac{2mg\sqrt{KC_{D_0}}}{T_{max_{SL}}}\right)^{1/1.2} = 1.225 \left(\frac{2 \times 10192.4 \times 9.81 \times \sqrt{0.055 \times 0.018}}{33000}\right)^{1/1.2}$$

$$= 0.3078kg/m^3 \tag{5.178}$$

附录B中与该密度比对应的高度为12090m。这个高度位于平流层,但是这里假设绝对升限位于对流层。因此,结果是无效的,必须通过公式重新计算以得到平流层内的一个高度。从附录A可知,11000m处的大气密度为0.3638kg/m²,则

$$\rho_{ac_2} = \frac{2m_{ac}g\sqrt{KC_{D_0}}(\rho_0)^{1.2}}{T_{max_{SL}}(\rho_{11000})^{0.2}}$$

$$= \frac{2 \times 10192.4 \times 9.81 \times \sqrt{0.055 \times 0.018} \times 1.225^{1.2}}{33000 \times 0.3638^{0.2}}$$

$$= 0.2977 \text{kg/m}^3 \tag{5.179}$$

与此大气密度对应的高度为 12290m 或 40321ft。因此,这架喷气飞机的绝对升限为 40321ft。

5.7 巡航性能

如图 5.1 所示,运输机执行任务的主要阶段是巡航,巡航也是最长的阶段。对于运输机来说,巡航阶段的飞行消耗了大部分燃油。由于这个原因,运输机通常在其巡航速度下设计为最佳性能,这往往意味着最远的航程。通过优化巡航飞行,可以使运输机的飞行成本降到最低。许多机翼参数,如翼型截面和安装角主要取决于巡航性能[10]。与其他飞行阶段相比,巡航是飞行历史上最安全的阶段。本节主要分析巡航速度和巡航高度两个主题。

5.7.1 巡航速度

5.3.1 节介绍了飞机最大速度的意义和计算方法。在长时间飞行中,出于经济原因和维护考虑,飞机通常不会以最大速度飞行。它们以一种称为巡航速度的高效速度飞行。这一速度低于(70% ~90%)最大速度。在这种飞行状态下,不使用全油门。另一个原因是让发动机持续更长时间。建议汽车司机在长途旅行时也不要使用最大油门且不要以最大速度长时间驾驶。原因是高温和高油耗会对发动机造成损伤。以巡航速度飞行的原因与开车的原因非常相似。

巡航速度的限制之一是激波和音爆。自 1973 年以来,由于对音爆的担忧,美国已经禁止民用超声速飞行。然而,欧洲和许多其他国家允许超声速飞越陆地,但他们不允许音爆引起的干扰。2003 年,两家欧洲航空公司出于机龄和安全考虑(20 多年后)退役了唯一的超声速运输机飞机,协和号。因此,现在已经超过 13 年没有超声速民航飞行了。

巡航飞行中喷气发动机推力的使用量取决于飞机重量、飞行高度和飞机任务等参数。这可以是最大推力的 60% ~90% 。因此,巡航速度总是低于最大速度。表 5.3 展示了几种喷气飞机的巡航速度。

长航程商用客机的典型巡航速度为 440 ~500kn(Ma0.75 ~0.85)。大型运输机如波音 747(图 8.12(b))和空客 340(图 1.11(b))的巡航速度约为 Ma0.85。在跨声速范围,特别是接近 Ma1 时,激波很强,并产生波阻力。因此,以非常接近 Ma1 的巡航速度飞行是不可取的。波音 747 - 400(图 8.12(b))的巡航速度为

$Ma0.8$，波音787"梦幻"客机（图 5.32(a) 在本章后面）的巡航速度为 $Ma0.85$，而波音 767 的巡航速度为 $Ma0.84$。商用三喷气发动机飞机达索"猎鹰"50 最大起飞质量为 18000kg，海平面的最大操纵速度为 350kn，而在 23700ft 高度时为 370kn。它还有一个最大巡航速度 487kn($Ma0.85$)，一个正常巡航速度 459kn($Ma0.8$)以及一个在 35000ft 高度处的远程巡航速度 430kn($Ma0.75$)。

5.7.1.1 基于发动机数据表

图 5.28 展示了阻力随速度变化的抛物线关系。图中还给出了几条推力线。注意，为了简单起见，假设发动机推力相对于空速是恒定的。每条推力线和阻力曲线的交点显示了两种可能的解。数值较大（最大速度）的解为巡航速度。

根据 5.3.1 节的推导，考虑式(5.32)，可以得到如下确定飞机巡航速度的关系式：

$$AV_C^2 + \frac{B}{V_C^2} - nCT_{maxSL} = 0 \tag{5.185}$$

式中：系数 A、B、C 由式(5.33)~式(5.37)求得。

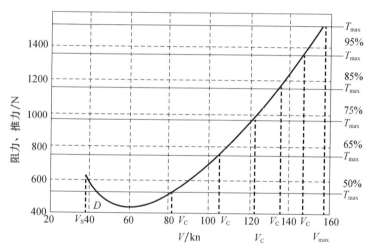

图 5.28　不同推力线下的巡航速度

参数 n 为发动机推力的使用百分比，取值范围为

$$0.9 > n > 0.65 \tag{5.186}$$

系数 n 是燃油成本、发动机类型、发动机维护、飞行时间、市场需求、飞行任务、飞机重量和高度等多个参数的系数。它是通过一个优化过程来确定的，需要同时优化几个参数（即最低化燃油成本、最小化飞行时间、最大化发动机寿命、最小化发动机维修成本、满足市场竞争）。该参数作为高度和飞机重量的函数通常由飞机制造商提供给飞行员（在飞行员操作手册中）。

例 5.10　以下喷气飞机配备了涡轮喷气发动机，并利用其最大发动机推力的

80% 在 30000ft 高度巡航飞行。

$$m = 47000\text{kg}, C_{D_0} = 0.022, T_{\text{maxSL}} = 103.16\text{kN}, S = 127\text{m}^2, K = 0.047$$

确定这架飞机在 30000ft 高度的巡航速度。

解 由附录 B 的大气表可知,30000ft 高空的大气密度为

$$\rho = 0.347 \times 1.225 = 0.458(\text{kg/m}^3)$$

巡航速度可由下式求得

$$A V_C^2 + \frac{B}{V_C^2} - 0.8 C T_{\text{maxSL}} = 0 \tag{5.185}$$

30000ft 高度处,涡轮喷气发动机的最大推力为

$$T = T_{\text{maxSL}} \left(\frac{\rho}{\rho_0}\right)^{0.9} = 103160 \times 0.374^{0.9} = 42569.2\text{N} \tag{4.21}$$

系数 A、B、C 分别表示为 ($n = 0.8$)

$$A = \frac{1}{2}\rho S C_{D_0} = 0.5 \times 0.458 \times 127 \times 0.022 = 0.64 \tag{5.33}$$

$$B = \frac{2KW^2}{\rho S} = \frac{2 \times 0.047 \times (47000 \times 9.81)^2}{0.458 \times 127} = 343551924 \tag{5.34}$$

$$C = \left(\frac{\rho}{\rho_0}\right)^{0.9} = (0.374)^{0.9} = 0.3857 \tag{5.36}$$

将 A、B、C 的值代入式(5.185),可得

$$0.64 V_C^2 + \frac{343551924}{V_C^2} - 0.8 \times 0.3857 \times 103160 = 0$$

该代数方程的解可得到如下可接受的结果:

$$V_C = 184.13\text{m/s} = 357\text{kn}(\text{KTAS})$$

5.7.1.2 基于航程任务

在不提供最优性能(最佳航程)发动机性能表的情况下,利用最大航程和巡航高度的升力系数来确定巡航速度的理论值。在定高度巡航中,升力与重力相等,特别是当飞机为最大化航程而巡航飞行时,有

$$W = L_{\text{maxR}} = \frac{1}{2}\rho_C V_C^2 S C_{L_{\text{maxR}}} \tag{5.187}$$

当已知巡航高度时,可根据使巡航航程最大的速度(式(5.105))来求得巡航速度:

$$V_C = \sqrt{\frac{2W}{\rho_C S C_{L_{\text{maxR}}}}} \tag{5.188}$$

式中:巡航升力系数 C_{L_C} 由式(5.106)确定:

$$C_{L_C} = C_{L_{\text{maxR}}} = \sqrt{\frac{C_{D_0}}{3K}} \tag{5.189}$$

大多数民用亚声速飞机巡航升力系数的典型值在 0.1～0.5 之间。这些巡航升力系数对应的飞机的迎角为 1°～5°。大多数大型运输机(如波音 747 (图 8.12(b)和空客 380(图 5.22))在巡航开始时迎角为 4°～5°,而巡航结束时迎角为 2°～3°。最大起飞质量为 77000kg 的空客 A320 的最大操纵速度为 $Ma0.82$(ISA 条件下为 350kn),而最佳巡航速度为 $Ma0.78$。目前大多数客机的巡航速度为 $Ma0.8～0.9$。

式(5.188)表明巡航速度随高度(通过 ρ_c)增加而减小,随飞机重量增加而减小。此外,飞机巡航速度的大小与机翼面积成反比(实际上是其平方根)。随着机翼面积的减小,巡航速度是增大的。此外,飞机巡航速度是机翼载荷(W/S)平方根的直接函数。5.7.2 节将介绍确定巡航高度的方法。

5.7.2 巡航高度

巡航高度是影响巡航性能的另一个重要参数,这是飞机飞行中燃油效率最高的水平部分。不同高度飞行的成本取决于速度。为了优化巡航性能,喷气飞机必须在每个高度以特定的巡航速度飞行。不同飞机的巡航高度是不一样的。这个高度是多个参数的函数,如飞机重量、航空法规和到目的地的距离。2014 年,美国每天有 8.7 万架次飞机飞行[14]。这一庞大的数字给飞行工程师和航空公司在为各种飞机选择经济巡航高度,同时确保安全带来了极大的限制和挑战。

事实上,除了实际因素(如交通和安全法规),飞行成本是决定巡航高度的主要因素。巡航高度的计算是一个具有挑战性的问题,需要同时考虑大量参数。本节将回顾确定巡航高度的步骤,并讨论相关的重要图表。

由于在较高的海拔(18000ft 以上),空气压力不足以保证人正常呼吸,因此必须为飞行员、机组人员和乘客提供压缩空气。通常在海拔超过 12000ft 时,飞机需要配备空调系统。在繁忙的空中交通中,由于安全原因,所有飞机不能在同一高度飞行。因此,航空规则决定了每架飞机的巡航高度(高度间隔要求)。

巡航或实用升限的选择也与爬升性能有关。第 7 章对塞斯纳奖状Ⅲ型商务喷气飞机的爬升性能进行了分析。图 7.26 展示了塞斯纳奖状Ⅲ爬升到绝对升限的时间,其实用升限为 51000ft,最大爬升率为 3700ft/min。有趣的是,爬到其实用升限大约需要 43min,而从实用升限爬升到绝对升限需要更长的时间(大约 50min)。因此,在实用升限而不是绝对升限巡航是划算的。这是这种选择的原因之一。

FAA 法规之一是"垂直间隔",即所有往东飞行的飞机必须使用 1000ft 的奇数倍高度,而要求所有返回(往西飞行)的飞机飞在 1000ft 的偶数倍高度。这就为两架方向相反的飞机带来了 1000ft 高度差的安全措施。标准规则定义了东/西轨迹分界:①往东——磁轨迹 000～179°——奇数千位(FL 250、FL270 等);②往西——磁轨迹 180°～359。——偶数千位(FL 260、FL280 等)。

在地面和海拔 29000ft(8800m)之间,除非提供一定形式的水平间隔,否则任何飞机的垂直间隔都不应小于300m。高于29000ft(8800m),任何飞机的垂直间隔都不应小于600m(或2000ft),但适用"减少垂直间隔最小值"的空域除外。高于FL 410,垂直间隔为2000ft,以下两种情况除外:①位于海洋空域中、高于 FL 450ft 的超声速飞机与任何其他飞机之间垂直间隔为4000ft;②高于 FL 600 的军用飞机之间,垂直间隔为5000ft。

大多数通航飞机的巡航高度在 10000~20000ft。大多数运输机的巡航高度在 20000~40000ft。大多数战斗机的巡航高度在 40000~60000ft。图5.29所示为运输飞机波音747在不同飞机重量下的巡航高度。

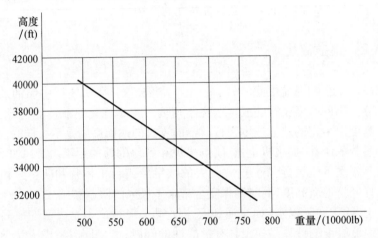

图 5.29　波音747(JT9D 7A 发动机)在不同飞机重量下的巡航高度

空客 A320 飞机的最大起飞重量为77000kg,初始巡航高度为37000ft,而最大认证高度是 39800ft。商用三发喷气飞机达索"猎鹰"50 的最大起飞重量为18000kg,初始巡航高度为41000ft,而最大认证高度是49800ft。商用飞机巴西航空"飞鸿"300 的 MOA 为45000ft,巡航速度为450kn。

如图 5.18 和图 5.19 所示,高度越高对于额外的燃油经济性越高效。一般来说,出于运行和空中交通管制的原因,FAA 要求每架飞机的飞行员在其巡航飞行过程中保持固定的飞行高度。在远程飞行中,经空中交通管制部门许可,飞行员可以从一个飞行高度爬升到更高的飞行高度。这种操作称为阶梯爬升。对于特定的飞机类型和每种飞行条件,包括有效载荷重量、大气温度和飞行距离,都有一个最佳巡航高度。

高亚声速大型运输机的典型巡航高度为 30000~40000ft。波音 747-400 飞机(图8.12(b))以最大起飞重量起飞时,初始巡航高度为 35000~38000ft,而波音 777 飞机(图7.21)的初始巡航高度为39400ft。空客 320 的最大认证高度[7]是39800ft。

根据上面的分类,巡航飞行有三种方式:①定高度、定升力系数飞行;②定空速、定升力系数飞行;③定高度、定空速飞行。这些可以重新分成两组:①定高度飞行(飞行方式1和飞行方式3);②非定高度飞行(飞行方式2)。对于飞行方式1和飞行方式3,将介绍确定巡航高度的方法。讨论计算初始巡航高度的方法。

虽然巡航爬升飞行对于远程飞行可以大大增加飞机的航程,但它确实需要不断增加高度,当必须考虑其他飞机的存在时,这并不符合安全飞行要求。因此,使用巡航爬升飞行的机会受到 FAA 规定的限制。然而,远程飞行可能使用阶梯高度飞行,这是在不同高度(每个阶梯约为 2000ft)上实施的一系列定高度、定空速飞行片段。阶梯高度飞行通常用于远程飞行,如洲际和越洋飞行。这种飞行方式将给空中交通管制部门带来负担,以确保在爬升到新的巡航高度过程中,从任何高度穿越的安全许可。

正如 5.6 节推导的那样,在绝对升限处,升阻比等于飞机的最大升阻比。由式(5.108)可知,对于定速飞行来说,最大航程所需的升阻比仅比水平飞行所需的最大升阻比大 15.5%,但相差不大:

$$\left(\frac{L}{D}\right)_{\max} = 1.155\left(\frac{L}{D}\right)_{R_{\max}} \tag{5.188}$$

这表明最大航程飞行的高度在与油门位置相关的绝对升限之下,但很接近。如式(5.12)所示,在巡航高度,升力几乎等于重力:

$$W = L + T\sin(\alpha + i_e) \tag{5.191}$$

如果忽略小迎角和小安装角的发动机推力的贡献,可以表示为

$$\frac{T_{\max_R}}{W} = \frac{1}{(L/D)_{\max_R}} = \frac{1}{0.866\,(L/D)_{\max}} = \frac{1.155}{(L/D)_{\max}} \tag{5.192}$$

由式(5.188)可知,对于定速飞行来说,为使航程最大化,推重比仅比最大升阻比的倒数大 15.5%,但相差不大。所以,巡航高度处的需用推力为

$$T_{\max_R} = \frac{1.155W}{(L/D)_{\max}} \tag{5.193}$$

第 4 章近似计算了涡扇发动机推力随高度的变化:

$$T = T_0\left(\frac{\rho}{\rho_0}\right)^{1.2} \tag{4.24}$$

在巡航高度,式(5.193)和式(4.24)中推力是相同的,把这两个公式等价可得

$$\frac{1.155W}{(L/D)_{\max}} = T_0\left(\frac{\rho}{\rho_0}\right)^{1.2} \tag{5.194}$$

式(5.194)中唯一未知变量为巡航高度的大气密度,其表达式为

$$\rho_C = \left(\frac{1.155W\rho_0^{1.2}}{(L/D)_{\max}T_{SL}}\right)^{1/1.2} \tag{5.195}$$

对于使用涡轮喷气发动机的飞机,鼓励读者自行推导类似的表达式。使用附录 A 或 B,可以确定相应的巡航高度 h_C。

式(5.195)表明,巡航高度(通过 ρ_C)取决于飞机重量、发动机推力和最大升阻比。随着发动机推力和最大升阻比的增大,巡航高度也随之增大。由于最大升阻

比是飞机零升阻力系数 C_{D_0} 的反比函数,所以飞机的气动特性越好,巡航高度就越高。这一事实推动了高空侦察机的设计,如 U-2 和 SR-71"黑鸟"(图4.33)。他们的喷气发动机应该足以支持 60000ft 以上的巡航高度。此外,零升阻力系数 C_{D_0} 应该足够小,以允许飞机在非常高的高度飞行。

然而,随着飞机重量的增加,由于大气密度 ρ_c 的降低,巡航高度将下降。这表明在设计阶段减轻飞机重量的重要性。还注意到,巡航高度是推重比(T/W)的直接函数。随着推重比的增大,巡航高度也随之增加。这表明高空飞行需要高的推重比。

对于最大航程飞行,单位时间内瞬时油耗为

$$\left(\frac{\mathrm{d}W_{\mathrm{f}}}{\mathrm{d}t}\right)_{R_{\max}} = CT_{\max_R} = \frac{1.155CW}{(L/D)_{\max}} \tag{5.196}$$

SFC 随高度的增加而缓慢减小,在对流层顶达到其最小值,然后在平流层更为缓慢的增大。此外,推重比大于最大升阻比的倒数,这是水平飞行所需要的,但相差不大。这表明,最大航程飞行的高度位于与油门位置相关的绝对升限之下,但很接近。此外,大多数大型运输机的绝对升限为 40000~50000ft。因此,对于特定的油门位置,最大航程高度比绝对升限低几千英尺(约5000ft)。因此,在其他条件相同的情况下,在对流层顶附近飞行具有小的优势。

在对流层顶附近巡航飞行的另一个优点是没有强风和湍流。在对流层顶附近飞行的一个潜在缺点是大气压力的剧烈突然下降和严重的湍流,这是罕见的情况,会导致飞机迅速损失高度。这将导致未系安全带的乘客撞到顶棚,导致他们受伤和住院。例如,2010 年 7 月 21 日,美国联合航空公司(United Airlines)的 30 名乘客在飞行中受伤,当时飞机由于剧烈颠簸突然陷入自由落体状态,导致乘客直接飞向机舱顶棚。

为了精确计算最佳巡航高度,应考虑整个任务[11]。理论上,成本最低的巡航高度是最佳高度(图5.30)。当考虑到实际限制和考虑因素时,将确定最佳巡航高度。飞机操作手册中的图表[5]允许飞行员为预定的飞行选择最佳的高度/速度/航程/航时等参数组合。

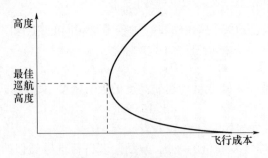

图 5.30　飞行成本随高度的变化

飞行的总燃油成本 S 是飞行的五个主要部分的成本之和:起飞和滑行、爬升、巡航、下降和着陆,即

$$S = S_{TO} + S_{cl} + S_{cr} + S_d + S_L \qquad (5.197)$$

每段的燃油成本是由每段燃烧的燃油量乘以每单位重量/质量的燃油成本 f_C 决定的,即

$$S = W_f f_C \qquad (5.198)$$

2015 年,预计每加仑航空燃油约为 8 美元,约为每升 2 美元。每段燃烧的燃油量由 SFC 的定义计算(式 5.61):

$$W_f = tTC \qquad (5.199)$$

式中:t 为一段飞行的时间;T 为一段飞行中的平均发动机推力;C 为一段飞行的燃油消耗。

ERJ - 145 区域喷气客机的最大起飞质量为 20600kg[5],爬升到 35000ft 高度(FL350)的时间为 20min,而最大起飞质量 37500kg 的巴西航空 Embraer 175 的这一时间是 16min。商用三发喷气飞机达索"猎鹰"50 的最大起飞质量为 18600kg,爬升到 41000ft 高度(FL410)的时间为 23min。喷气战斗机达索"幻影"2000 爬升到 11000m 高度(36080ft)和 $Ma1.8$ 时,时间大约为 5min。

在巡航过程中,推力几乎等于阻力,正如前面的推导(式(5.11)),即

$$D = T\cos(\alpha + i_e) \qquad (5.11)$$

随着巡航高度的增加,爬升成本是增加的,但巡航成本是降低的。这是由于阻力和推力随高度的增加而减小。此外,随着巡航高度的增加,参数 $M(L/D)$ 的最优值是增大的(图 5.19)。

根据运输飞机飞行的五个阶段(图 5.1),燃油的总消耗重量为

$$W_f = t_{TO} \cdot T_{TO} \cdot C_{TO} + t_{cl} \cdot T_{cl} \cdot C_{cl} + t_{cr} \cdot T_{cr} \cdot C_{cr} + t_d \cdot T_d \cdot C_d + t_L \cdot T_L \cdot C_L$$

$$(5.200)$$

注意,发动机的推力和燃油消耗在下降和着陆过程中是最小的,因此为简单起见可以忽略。大型运输机通常使用反向推力来减少着陆行程,因此在着陆过程中消耗的燃油最少。作为一种近似,可以考虑在起飞、下降和着陆过程中消耗了约 5% 的总燃油,因此将式(5.200)简化为

$$W_f = 1.05(t_{cl} \cdot T_{cl} \cdot C_{cl} + t_{cr} \cdot T_{cr} \cdot C_{cr}) \qquad (5.201)$$

图 5.31 显示了两种不同巡航高度的飞行任务之间的比较。两次飞行的起降距离和时间相似。但是,爬升和下降的地面距离和时间是不同的。其中一个原因是爬升率随着高度的升高而降低,所以飞到较高高度的平均爬升角小于飞到较低高度的爬升角。同样地,飞到较高高度的地面距离要大于飞到较低高度的地面距离。为了确定最佳巡航高度,需要编写一个计算机程序来计算飞行不同巡航高度任务所需的燃油。整个飞行中需要最低燃油重量的高度选为最佳巡航高度。

影响巡航高度的因素很多,包括飞行运营成本、飞行时间、飞行距离、航线竞争等。定高度,定空速飞行方式的巡航飞行时间通过航程除以空速可以很容易确定。同样的步骤也可用于巡航爬升飞行时间的计算。

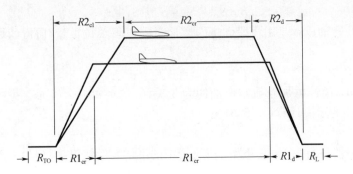

图 5.31　两种不同巡航高度飞行任务的比较

定升力系数飞行方式(定升力系数、定速度;或定升力系数、定高度)的巡航段中任意最大航程所需的时间;或定常升力系数、定常高度)可通过反向使用式(5.68),并从 W_1 到 W_2 对飞行轨迹进行积分得到,即

$$t_{\max_R} = \frac{R_{\max}}{V_{\max_R}} = \frac{0.866\,(L/D)_{\max}}{C}\ln\left(\frac{1}{1-G}\right) \tag{5.202}$$

对于任意高度的最大航程、定升力系数飞行方式,所有最大航程的飞行时间都是相同的。也就是说,它与实际飞行距离无关。这意味着在较高的高度巡航(航程较长)将与在较低的高度巡航(航程较短)具有相同的持续时间。这表明,在满油箱的情况下,高海拔巡航的成本低于低海拔巡航的成本。运输机在 30000ft 高空的航程比在海平面长约 50%。但是,当计算过程中考虑爬升成本时,才能确定最佳巡航高度。

考虑最大航程速度的公式(式(5.78)和式(5.105))。注意到 $V_{\max_R}$ 与大气密度的平方根成反比,因此随着高度的增加而增加。还注意到,所需推力与高度无关,只取决于飞机的瞬时重量和最大升阻比。换句话说,海平面的所需推力(和阻力)与在高海拔的所需推力完全相同。在高空(空气密度较低)飞行有利于获得航程效益(以及在大气湍流上方飞行的次要效益),从而增大所需的空速,以产生所需升力。但是,当增加高度时,可用推力却会减小,必须确保巡航高度有足够的可用推力来满足式(5.11)。

巡航爬升飞行的巡航高度是逐渐增加的。巡航爬升飞行结束时的高度 h_2 可用初始高度 h_1 和燃油重量比表示。燃油重量、初始重量和最终重量之间的关系为

$$W_2 = W_1\left(1 - \frac{W_f}{W_1}\right) \tag{5.203}$$

在初始巡航高度和最终巡航高度,升力均等于重力:

$$W_1 = L_1 = \frac{1}{2}\rho_1 V^2 S C_L \tag{5.204}$$

$$W_2 = L_2 = \frac{1}{2}\rho_2 V^2 S C_L \tag{5.205}$$

回想一下,在巡航爬升过程中,空速和升力系数保持不变。

将式(5.204)和式(5.205)代入式(5.203)可得

$$\frac{1}{2}\rho_2 V^2 S C_L = \frac{1}{2}\rho_1 V^2 S C_L \left(1 - \frac{W_f}{W_1}\right) \tag{5.206}$$

或

$$\rho_2 = \rho_1 \left(1 - \frac{W_f}{W_1}\right) \tag{5.207}$$

巡航爬升飞行结束时的密度比 σ_2 可表示为初始密度比($\sigma = \rho/\rho_0$)和燃油重量比的函数,即

$$\sigma_2 = \sigma_1 (1 - G) \tag{5.85}$$

式中: σ_1 为巡航开始时的大气密度比。

巡航爬升中的爬升角很小,可以忽略不计。但是,高度差异可能是相当大的(如10000ft)。例如,例5.6中的飞机,巡航爬升飞行方式中的航程为45050km,高度增加了8500ft,且爬升角为0.033°。当获得巡航爬升飞行结束时的大气密度比 σ_2 时,可以使用附录 A 或 B 来确定最终高度。需要指出的是,用水平定高度飞行航程公式代替巡航爬升公式时,造成的航程误差量级为1%~2%。

图5.32显示了两架喷气运输机以巡航速度在巡航高度飞行。喷气运输飞机波音787 – 8"梦幻"客机(最新的波音产品)配备2台涡扇发动机,最大巡航高度为43000ft。战略空运货物飞机安东诺夫 An – 225 Mriya 配备6台涡扇发动机,巡航速度为800km/h,实用升限为11000m。1989年,这架巨型飞机曾在巴黎航空展上搭载过一架航天飞机。

例5.11 一架重70000kg、机翼面积125m² 的喷气运输机,配备两台涡扇发动机,具有以下特性:

$$C_{D_0} = 0.02, T_{SL} = 2 \times 87 \text{kN}, K = 0.05$$

(1)计算巡航高度;

(2)计算巡航速度,并用 Ma 表示。

忽略飞行的其他阶段(包括爬升阶段),并假设巡航高度是为了最大化航程。

解 最大升阻比为

$$\left(\frac{C_L}{C_D}\right)_{\max} = \frac{1}{2\sqrt{KC_{D_0}}} = \frac{1}{2\sqrt{0.05 \times 0.02}} = 15.81 \tag{5.28}$$

巡航高度的大气密度为

$$\begin{aligned}
\rho_C &= \left(\frac{1.155 W \rho_0^{1.2}}{(L/D)_{\max} T_{SL}}\right)^{1/1.2} \\
&= \left(\frac{1.155 \times (70000 \times 9.81) \times 1.225^{1.2}}{15.81 \times 2 \times 87000}\right)^{1/1.2} \\
&= 0.434 \text{kg/m}^3 \tag{5.195}
\end{aligned}$$

277

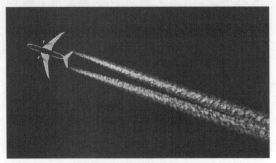

(a) 波音787-8"梦幻"客机

(b) 安东诺夫An-225 Mriya

图 5.32 两架喷气运输机在巡航高度飞行(Kas van Zonneveld 提供)

利用附录 A,该大气密度相当于巡航高度 9600m 或 31500ft。巡航升力系数由下式计算:

$$C_{L_{\max R}} = \sqrt{\frac{C_{D_0}}{3K}} = \sqrt{\frac{0.02}{3 \times 0.05}} = 0.365 \tag{5.106}$$

则可得巡航速度为

$$V_C = \sqrt{\frac{2W}{\rho_C S C_{L_{\max R}}}} = \sqrt{\frac{2 \times 70000 \times 9.81}{0.434 \times 125 \times 0.365}} = 263.15 \text{m/s} \tag{5.188}$$

这个高度的声速是 301.2m/s,所以巡航马赫数为

$$Ma_C = \frac{V_C}{a} = \frac{263.15}{301.2} = 0.874 \tag{1.36}$$

习　题

5.1　确定具有以下特性的滑翔机的最大升阻比:

$$AR = 25, e = 0.9, C_{D_0} = 0.012$$

5.2 一架20000kg的喷气飞机正以4°迎角在海平面飞行。如果发动机推力为50kN,则确定该飞机在此飞行条件下产生的升力和阻力。假设推力线与机身中心线重合。

5.3 考虑一架具有以下特性的喷气(涡扇)飞机:

$$T_{max} = 27kN, S = 56m^2, m_{TO} = 11000kg, C_{L_{max}} = 1.7, K = 0.05, C_{D_0} = 0.018$$

确定以下参数:

(1)失速速度;

(2)最小阻力速度;

(3)最大航程速度;

(4)最大航时速度;

(5)以75%发动机推力在20000ft高度飞行的巡航速度;

(6)海平面的最大速度。

5.4 考虑一架具有以下特性的喷气(涡扇发动机)运输机:

$$T_{max} = 757kN, S = 476m^2, m_{TO} = 270000kg, C_{L_{max}} = 2.3, K = 0.04, C_{D_0} = 0.017, m_f = 50000kg, C = 0.7lb/(h \cdot lb)$$

确定在25000ft高度飞行时的最大航程。

5.5 绘制习题5.3中飞机的最大速度与高度之间的变化关系(40000ft以内)。在什么高度上最大速度最高$V_{max_{max}}$?

5.6 确定习题5.4中飞机的绝对升限。

5.7 某喷气(涡扇发动机)飞机具有以下特性数据:

$$T_{max} = 300kN, S = 217m^2, m_{TO} = 63000kg, C_{L_{max}} = 2.1, K = 0.043, C_{D_0} = 0.021$$

这架飞机能在20000ft高空以$Ma1.7$飞行吗?

5.8 确定习题5.7中的飞机能否逃脱拦截高度达40000ft的导弹。

5.9 如果习题5.7中的飞机需要在25000ft的高度以70%的发动机推力飞行,那么速度是多少?

5.10 假设习题5.4中的飞机有两台发动机。如果一台发动机失灵,这架飞机能在24000ft高空飞行吗?

5.11 如果习题5.4中的飞机需要执行巡航爬升飞行,当油箱耗光时,飞机的最终高度是多少? 忽略这次飞行的安全限制。

5.12 确定习题5.4中飞机的航程,如果它只携带最大燃油的½,并且需要以定高度、定速度飞行。

5.13 确定习题5.4中飞机的最大航时。

5.14 考虑习题5.7中的战斗机,它的燃油容量为20000kg,燃油消耗率为$0.8lb/(h \cdot lb)$。如果这架战斗机在空中加油三次,它的航程是多少?

5.15 如果习题5.14中的战斗机携带一个可装载30000kg燃油的外部油箱,

其最大航程是多少？

5.16 考虑习题 5.4 中的飞机，它已经消耗了 70% 的燃油，准备在跑道上着陆。飞行员突然收到机场塔台发来的信息，跑道还没有准备好着陆。飞行员发现最近的备用机场距离当前位置有 600km。这架飞机能安全降落在新的目的地吗？

5.17 一架反潜喷气飞机正在大西洋上空搜寻敌方潜艇。这架飞机有以下特性数据：

$T_{\max} = 64kN$、$S = 41m^2$、$m_{TO} = 17000kg$、$C_{L_{\max}} = 2.2$、$K = 0.09$、$C_{D_0} = 0.025$、$m_f = 5000kg$、$C = 0.84lb/(h \cdot lb)$

(1)这架飞机能搜索多长时间？

(2)在此期间，如果它在 10000ft 的高空飞行，它的速度应该是多少？

5.18 习题 5.4 中的飞机在滑行、起飞和爬升过程中消耗了 10% 的燃油，并且需要有 20min 的备用燃油。它的最大航程是多少？

5.19 习题 5.7 中的飞机需要在 2000km 的距离和 20000ft 的高度完成任务。如果燃油消耗率为 0.8lb/(h·lb)，这次任务需要多少燃油？忽略起飞、爬升所需的燃油。

5.20 习题 5.4 中的飞机以 20000ft(恒定速度)飞行，逆风 30kn。在这种飞行条件下，这架飞机能飞多远？

5.21 习题 5.7 和习题 5.17 中的两架飞机，哪一架在海平面上的最大速度更高？

5.22 习题 5.4 中要求飞机在海平面上飞行速度提高 20%。它的发动机必须产生多大的推力？

5.23 比较习题 5.3、习题 5.4、习题 5.7 和习题 5.17 中 4 架飞机的最大升阻比。

5.24 习题 5.7 要求飞机以 200kn 在海平面垂直飞行。所需的发动机推力是多少？

5.25 习题 5.4 中飞机的哪种飞行方式能够获得更长的航程？以最大速度飞行或 $1.5V_s$ 飞行(均在海平面)。考虑定高度、定空速飞行。

5.26 习题 5.25 中飞机的飞行方式能够获得更长的航时？

5.27 习题 5.4 中的运输机有 200 个座位，但只能搭载 100 名乘客。假设每名乘客的平均重量为 75kg，每人携带一个 20kg 的袋子。考虑定高度、定空速飞行。如果在 25000ft 高度飞行，计算最大航程。

5.28 隐形飞机 F-117 起飞重量 23814kg，机翼面积 105.9m²，两台涡扇发动机，每台发动机提供 48kN 推力。如果零升阻力系数为 0.03，诱导阻力系数为 0.1，计算：

(1)在 30000ft 高度，这架飞机的最大速度。

(2)这架飞机的绝对升限。

假设爬升到绝对升限需要 7min，爬升过程中发动机平均推力等于海平面最大推力的90%。忽略起飞过程中燃油消耗的影响。$C_{L_{\max}} = 2, C = 0.9 \text{N}/(\text{h} \cdot \text{N})$。

5.29 F/A-18(大黄蜂)战斗机起飞质量25400kg,机翼面积37.16m²,两台涡扇发动机,每台发动机产生71.2kN推力。如果$AR = 25, e = 0.9, C_{D_0} = 0.012$。

(1)确定其绝对升限。假设爬升到绝对升限需要15min,爬升过程中发动机平均推力等于海平面最大推力的90%。忽略起飞过程中燃油消耗的影响。$C_{L_{\max}} = 1.8, C = 0.7 \text{N}/(\text{h} \cdot \text{N})$。

(2)飞机结构质量为10455kg。如果飞行员的体重是95kg,而飞机只有50kg的燃油,则它的绝对升限是多少?

5.30 战斗机超军旗的起飞质量为12000kg,机翼面积28.4m²,喷气发动机推力49kN。假设它有5000kg燃油和以下特性数据:

$$AR = 3.23, e = 0.78, C_{D_0} = 0.024, C_{L_{\max}} = 1.8, C = 0.9 \text{lb}/(\text{h} \cdot \text{lb})$$

如巡航高度为35000ft,计算:

(1)最大航程。

(2)最大航时。

5.31 设计师正在设计一款喷气(涡扇发动机)战斗机,它需要有100000ft的绝对升限。其初始数据为

$$S = 40 \text{m}^2 \, , m_{\text{TO}} = 20000 \text{kg} \, , K = 0.06 \, , C_{D_0} = 0.017$$

确定发动机必须有多大的推力才能使这架战斗机完成这项任务。假设爬升到绝对升限需要60min,爬升过程中发动机平均推力等于海平面最大推力的90%。忽略起飞过程中燃油消耗的影响。

$$C_{L_{\max}} = 2.1, C = 1.1 \text{N}/(\text{h} \cdot \text{N})$$

5.32 X-31A试验飞机起飞质量为6335kg,机翼面积21m²,机翼翼展6.95m,涡轮风扇发动机推力47.2kN。如果$C_{D_0} = 0.016 \, 、e = 0.92$,则确定飞机的绝对升限。假设$C_{L_{\max}} = 1.7$。

5.33 根据以下特性数据,确定U-2A侦察喷气(涡扇发动机)飞机的绝对升限:

$S = 1000 \text{ft}^2 \, 、m_{\text{TO}} = 16000 \text{lb} \, 、T = 11200 \text{lb} \, 、AR = 11 \, 、C_{D_0} = 0.018 \, 、e = 0.94$

假设爬升到绝对升限需要10min,爬升过程中发动机平均推力等于海平面最大推力的90%。忽略起飞过程中燃油消耗的影响。$C_{L_{\max}} = 2, C = 0.92 \text{N}/(\text{h} \cdot \text{N})$。

5.34 用以下数据确定洛克希德·马丁SR-71"黑鸟"侦察飞机的最大速度和绝对升限(图4.33):

$S = 170 \text{m}^2 \, 、m_{\text{TO}} = 78000 \text{kg} \, 、T = 2 \times 151 \text{kN} \, 、b = 16.94 \text{m} \, 、AR = 1.7 \, 、e = 0.94 \, 、C_{D_0} = 0.032$(超声速时)、$C_{D_0} = 0.017$(低亚声速时)

假设爬升到绝对升限需要12min,爬升过程中发动机平均推力等于海平面最大推力的90%。忽略起飞过程中燃油消耗的影响。$C_{L_{\max}} = 2.4, C = 1.9 \text{N}/(\text{h} \cdot \text{N})$。发动机为涡轮喷气发动机(部分冲压发动机),具有合成的模型。在这

个问题中,使用式(4.21)(对于对流层和平流层),其中 $c = 0.37$。

5.35　用以下数据确定无人机"全球鹰"在60000ft飞行时,匀速飞行的最大航程:

$$S = 50.2 m^2、m_{TO} = 14600 kg、$$

$$T = 31.4 kN、b = 39.9 m、AR = 22、e = 0.94、$$

$$C_{D_0} = 0.018、C = 0.61/h、m_f = 6590 kg$$

5.36　推导涡扇发动机飞机绝对升限的计算公式(类似于式(5.180)和式(5.181)),当 $V_{min_D} = V_s$。

5.37　某运输机配备双涡扇发动,单台产生3000lbf的推力,且具有以下特性:

$$W_{TO} = 16300 lbf、W_f = 4000 lbf、S = 312 ft^2、K = 0.025、C_{D_0} = 0.038、C_{L_{max}} = 1.2$$

计算绝对升限,如果需要30min才能爬上该高度,平均燃油消耗为1800lbf/h。

5.38　考虑具有以下特征的单法喷气(涡扇)飞机:

$$S = 110 m^2、m_{TO} = 7400 kg、AR = 9.2、e = 0.92、C_{D_0} = 0.024$$

在12000ft的最大速度是270KTAS。你必须给这架飞机增加一台推力相同的发动机(双发)。确定双发配置在25000ft高度的最大速度(单位为KEAS)。

5.39　考虑以下喷气飞机,其燃油容量为10000kg,燃油消耗率为0.7lb/(h·lb)。

$$S = 217 m^2、m_{TO} = 63000 kg、K = 0.043、C_{D_0} = 0.021、C_{L_{max}} = 1.7$$

(1)假设飞机在18000ft的高度开始飞行,以160m/s的恒定速度和恒定迎角飞行,航程是多少?

(2)这次飞行结束时的新高度是多少?

5.40　一架具有下列特性的反潜喷气飞机正在大西洋上空搜寻目标潜艇:

$$m_{TO} = 17000 kg、m_f = 5000 kg、$$

$$S = 42 m^2、C_{L_{max}} = 2.2、C_{D_0} = 0.025、$$

$$e = 0.87、b = 20 m、C = 0.84 lb/(h·lb)$$

(1)确定该飞机能够搜索目标的最大持续时间(以小时为单位)。

(2)在这段时间内,如果它在10000ft的高度飞行,速度应该是多少?

5.41　一架喷气飞机的任务是在18000ft高度飞行5000km(最大航程)。该飞机具有以下特性:

$$m_{TO} = 11000 kg、S = 32 m^2、$$

$$C_{L_{max}} = 1.8、C_{D_0} = 0.021、K = 0.07、$$

$$T_{max_{SL}} = 8000 N、C = 0.6 lb/(h·lb)$$

(1)要成功执行这项任务,飞机的初始重量应占燃油重量的多少百分比?

(2)这项任务(单位为小时)需要多长时间?

5.42　具有下列特性的喷气飞机在12000ft高空(ISA + 15飞行条件)的最大速度为 $Ma0.62$。确定飞机新的最大速度(单位为KTAS),如果它采用加力使最大发动机推力增大 30%。

$$m_{TO} = 13000\text{kg} \text{、} S = 21\text{m}^2 \text{、} C_{D_0} = 0.029 \text{、} AR = 8.5 \text{、} e = 0.83$$

5.43　考虑习题 5.40 中的飞机。飞机高度 15000ft，速度 240kn。确定航程：

（1）如果飞行员在整个飞行过程中保持高度和速度不变。

（2）如果飞行员在整个飞行过程中保持升力系数和速度不变。

（3）如果飞行员在整个飞行过程中保持升力系数和高度不变。

5.44　考虑习题 5.40 中的飞机。飞机在 25000ft 高度，速度 180KTAS。确定航时：

（1）如果飞行员在整个飞行过程中保持高度和速度不变。

（2）如果飞行员在整个飞行过程中保持升力系数和速度不变。

（3）如果飞行员在整个飞行过程中保持升力系数和高度不变。

5.45　一架超大型喷气运输机，重 600000kg，机翼面积 900m²，装有 4 台涡扇发动机，具有以下特性：

$$C_{D_0} = 0.018 \text{、} K = 0.04 \text{、} T_{SL} = 4 \times 300\text{kN} \text{、} C_{L_{max}} = 2.7$$

试确定：

（1）巡航高度。

（2）以马赫数表示的巡航速度。

忽略飞行的其他阶段（包括爬升阶段），并假设该巡航高度是为了最大化航程。

5.46　一架支线客机，起飞重量 36000kg，机翼面积 83m²，装有两台涡扇发动机，具有以下特性：

$$C_{D_0} = 0.022 \text{、} K = 0.035 \text{、} T_{SL} = 2 \times 60\text{kN} \text{、} C_{L_{max}} = 2.6$$

试确定：

（1）巡航高度。

（2）以马赫数表示的巡航速度。

忽略飞行的其他阶段（包括爬升阶段），并假设该巡航高度是为了最大化航程。

5.47　一架商务喷气飞机（塞斯纳奖状），起飞质量 9000kg，机翼面积 35m²，配备两台涡扇发动机。假设特性如下：

$$C_{D_0} = 0.022 \text{、} K = 0.042 \text{、} T_{SL} = 2 \times 18\text{kN} \text{、} C_{L_{max}} = 1.9$$

试确定：

（1）巡航高度。

（2）以马赫数表示的巡航速度。

忽略飞行的其他阶段（包括爬升阶段），并假设该巡航高度是为了最大化航程。

5.48　小型喷气（涡扇发动机）飞机具有以下特性：

$$m = 2400\text{kg} \text{、} S = 24\text{m}^2 \text{、} C_{D_0} = 0.02 \text{、} K = 0.05 \text{、} V_s = 80\text{kn}$$

确定最小阻力速度和喷气发动机在海平面需要产生的最小推力，以便飞机在 5000m 高空稳定水平飞行。

5.49　一架公务机具有以下特性：

$$W = 90000 \text{lb}、S = 400 \text{ ft}^2、C_{D_0} = 0.021、K = 0.045、V_s = 92 \text{kn}$$

确定最小阻力速度和喷气发动机在海平面需要产生的最小推力,以便飞机在30000ft 高空进行稳定水平飞行。

5.50　绘制习题 5.3 中飞机在海平面飞行时升阻比随速度的变化。速度范围为失速速度到最大速度之间。

参考文献

[1] Shevell, R., Fundamentals of Flight, Prentice Hall, New Jersey, 2003.

[2] Hale, F. J., Introduction to Aircraft Performance, Selection and Design, John Wiley, Hoboken, NJ, 1984.

[3] Jackson, P. et al., Jane's All the World's Aircraft, Jane's Information Group, UK, Several years.

[4] Krivinyi, N., Taschenbuch der Luftflotten 1994/95 Warplanes of the Worlds, Bernard & Graefe Verlag, Bonn, Germany, 1994.

[5] Aircraft Operator's & Owner's Guide: ERJ – 135/ – 140/ – 145, Aircraft Commerce, Issue No. 61, December 2008/January 2009, Nimrod Publications Ltd, West Sussex, UK.

[6] Flight Operations, Operating Manual Supplement for G350, G450, G500 and G550 Airplanes, Gulfstream Aerospace Corporation, Atlanta, GA, 2012.

[7] Airbus A318/A319/A320/A321 Flight Crew Operating Manual, Airbus Industries, Blagnac, France, 2008.

[8] Naftel, J. C., NASA Global Hawk: Project Overview and Future Plans, NASA Dryden Flight Research Center, Palmdale, CA, 2011.

[9] Virgin Atlantic GlobalFlyer, Steve Fossett's adventure challenges, http://www.strangebirds.com/Steve – Fossett.html, 2008. Accessed September, 2015.

[10] Menon, P. K., Study of aircraft cruise, Journal of Guidance, Control and Dynamics, 12 (5), 631 – 639, September – October 1989.

[11] Ardema, M. D. and Asuncion, B. C., Flight path optimization at constant altitude, Chapter 2, in: Buttazzo, G. and Frediani, A. (eds.), Variational Analysis and Aerospace Engineering, Springer Optimization and Its Applications, Springer, Berlin, Germany, 2009.

[12] U. S. Department of Transportation, Federal Aviation Administration, www.faa.gov, FAR Part 25.

[13] Carson, B. H., Fuel efciency of small aircraft, AIAA – 80 – 1847, AIAA Aircraft Meeting, Anaheim, CA, August 4 – 6, 1980.

[14] Werner, D., FAA Struggles to Control Small Drone Rollouts, Aerospace America, American Institute of Aeronautics and Astronautics, Reston, VA, September 2014, pp. 39 – 43.

第6章
螺旋桨飞机的直线水平飞行

6.1 引言

第5章对喷气式飞机的直线水平飞行性能进行了分析。本章探索同样的主题,但针对的是螺旋桨飞机。与喷气式飞机一样,螺旋桨飞机的直线水平飞行重要性能包括:巡航飞行、最大速度、航程、航时和升限。如上所述,第5章的主题与本章的主题非常相似。唯一的不同之处在于所使用的动力装置类型,即螺旋桨发动机。正如第4章所讨论的,喷气发动机和螺旋桨发动机的主要区别在于喷气发动机直接产生推力,而螺旋桨发动机产生功率。这种动力装置将通过螺旋桨转化为推力。虽然这一差异不是很重要,但这在螺旋桨飞机的直线水平飞行性能分析中产生了巨大的差异。

本章介绍了在稳定状态下,使用活塞发动机或涡桨发动机的螺旋桨飞机的性能分析技术。因为第5章已经讨论了喷气式飞机稳态水平飞行的基本原理,这里就不重复了。需要重申的是,直线水平飞行是一种所有力(推力、阻力、重力和升力)和力矩处于平衡状态的稳态条件。第5章中介绍的大多数简化假设也适用于本章。

虽然第5章和本章的唯一区别是发动机类型,但这导致了一系列全新的方法和方程,需要在单独的一章中讨论。然而,分析方法非常相似,基本原理也相同。一般情况下,螺旋桨飞机的直线水平飞行性能低于喷气式飞机。

本章的组织结构如下:首先,介绍并推导了直线水平飞行的基本公式;然后,讨论了评估下列性能指标的方法:直线水平飞行中的特定速度、航程、航时和升限。直线水平飞行中的特定速度包括最大速度、巡航速度、最小阻力速度、最小功率速度、最大航程速度、绝对升限速度和最大航时速度。本章的表中给出的各种螺旋桨飞机性能数据主要来自文献[1],各种示例演示了本章所述方法的应用。

6.2 基本原理

直线水平飞行最基本的控制原理是牛顿第二运动定律。当飞机沿直线处于平衡状态时,牛顿第二定律简化为力的平衡。如第 5 章所述,有用的外力包括飞机重力 W、发动机推力 T、阻力 D 和升力 L,这些力已在第 2 章 ~ 第 4 章中推导出来。因此,在非加速的直线水平飞行中(恒定空速),运动控制方程(图 6.1)为

$$\sum F_x = 0 \tag{6.1}$$

$$\sum F_z = 0 \tag{6.2}$$

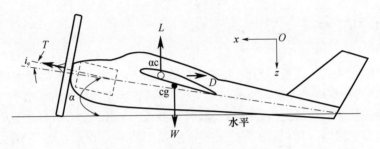

图 6.1 直线水平飞行中的力平衡

这意味着飞机处于配平或平衡状态。飞机巡航飞行时的迎角(通常小于 5°)和发动机安装角较小。图 6.1 显示了巡航飞机的迎角 α 和发动机安装角。因此,巡航中沿 z 轴和 y 轴的配平方程分别为

$$D = T\cos(\alpha + i_e) \tag{6.3}$$

$$W = L + T\sin(\alpha + i_e) \tag{6.4}$$

式中:α 为飞机迎角;i_e 为发动机安装角。

为了简单起见,在平衡状态中忽略飞机迎角和发动机安装角的影响。通过这样假设,非加速直线水平飞行中的运动控制方程简化为

$$D = T \tag{6.5}$$

$$W = L \tag{6.6}$$

式中:T、D、W、L 分别为发动机推力、飞机阻力、飞机重力、飞机升力。

根据这式(6.5)和式(6.6),发动机必须产生足够的推力来抵消阻力,而飞机(主要是机翼)必须产生足够的升力来支撑飞机的重力。式(6.5)和式(6.6)是式(6.3)和式(6.4)的近似形式。用于巡航、航程、航时和升限分析的方程是基于控制方程的近似形式推导出来的。为了得到准确的结果,感兴趣的读者可以根据式(6.3)和式(6.4)推导出巡航、航程、航时和升限的新表达式。

飞机推进系统负责产生推力。螺旋桨发动机通过螺旋桨产生推力,是关于发动机功率 P、飞机空速 V 以及螺旋桨效率 η_P 的函数:

$$T = \frac{P\eta_P}{V} \qquad (6.7)$$

注意,式(6.7)不适用于直线水平稳定飞行中飞行速度小于失速速度的情况;如起飞速度或超过最大速度。这意味着在飞机起飞的初期,飞机速度为0,发动机的推力不是无限的。式(6.7)是用于螺旋桨飞机性能分析的第三个基本公式(另外两个公式是式(6.3)和式(6.4))。

由于发动机推力是发动机功率的函数,为了增大推力,必须增加发动机的功率。当飞行员偏转发动机油门时,发动机的功率是随之变化的。那么,螺旋桨/轴的转速(以 r/min 为单位)会发生变化,因此发动机推力也会发生变化。这将导致加速,最终导致更快的速度。这同时增加了飞机的阻力。所以,加速度将因此而减小。这个过程会一直持续到飞机到达一个新的平衡空速。图 6.3(见本章后面的部分)说明了螺旋桨发动机中发动机推力和功率的典型变化。

本章的第四个基本方程是螺旋桨发动机的燃油消耗率(SFC 或简称 C)关系。如第 4 章所述,螺旋桨发动机的燃油消耗率 C 定义为单位时间内每单位功率 P 消耗的燃油量 w,即

$$C = \left(\frac{-\mathrm{d}w}{\mathrm{d}t}\right)\frac{1}{P} \qquad (6.8)$$

大多数活塞螺旋桨发动机的典型燃料是一种汽油,每加仑约重 6lb 或 0.8kg/L。大多数涡轮螺旋桨发动机的典型燃料是一种煤油,每加仑约重 6.75lb 或 0.82kg/L。C 的典型值为 $0.4 \sim 0.7 \mathrm{lb}/(\mathrm{h} \cdot \mathrm{hp})$。

螺旋桨飞机中,飞机迎角与飞机速度、最大升阻比 $(L/D)_{max}$ 与升阻比最大时的升力系数和阻力系数的关系与喷气飞机相同(见 5.2 节)。因此,式(5.28)、式(5.27)、式(5.24)对螺旋桨飞机是有效的。所以,为了方便起见,重新定义如下:

$$\left(\frac{C_L}{C_D}\right)_{max} = \frac{1}{2\sqrt{KC_{D_0}}} \qquad (6.9)$$

$$C_{L(L/D)_{max}} = \sqrt{\frac{C_{D_0}}{K}} \qquad (6.10)$$

$$C_{D(L/D)_{max}} = 2C_{D_0} \qquad (6.11)$$

因此,螺旋桨飞机的最大升阻比仅是飞机零升阻力系数 C_{D_0} 和诱导阻力系数 K 的函数。

例 6.1 考虑一架装备活塞螺旋桨发动机的飞机。发动机最大功率为200hp,SFC 为 0.52lb/($\mathrm{h} \cdot \mathrm{hp}$),螺旋桨效率为 0.8。这架飞机正以最大功率沿水平直线巡航飞行,且以 120kn 的恒定空速巡航 2h。

(1)计算 2h 内消耗了多少燃油。

(2)确定飞机阻力。

解

(1)燃油质量为

$$C = \left(\frac{-\mathrm{d}W}{\mathrm{d}t}\right)\frac{1}{P} \Rightarrow W = C \cdot P \cdot t$$

$$= 0.52 \times 200 \times 2 = 208lb = 94.5(\mathrm{kg}) \tag{6.8}$$

(2)飞机阻力为

$$T = \frac{P\eta_P}{V} = \frac{200 \times 745 \times 0.8}{120 \times 0.5144} = 1931(\mathrm{N}) \tag{6.7}$$

$$D = T = 1931\mathrm{N} \tag{6.5}$$

6.3　特殊速度

正如 5.3 节所讨论的,螺旋桨飞机可以以所有可能的、但允许的速度(即从失速速度至最大速度)。在无限多的速度中,以下速度具有特殊的意义、特殊的应用。

(1)最小阻力速度 $V_{\min_D}$。

(2)最小功率速度 $V_{\min_P}$。

(3)最大速度 $V_{\max}$。

(4)最大航程速度 $V_{\max_R}$。

(5)最大航时速度 $V_{\max_E}$。

(6)最大(绝对)升限速度 V_{ac}。

(7)巡航速度 V_C。

以上 7 个特殊速度中,最小阻力速度与喷气飞机的最小阻力完全相同。确定最大速度的方法将在 6.3.4 节介绍。最大航程速度和最大航时速度将在 6.4 节和 6.5 节。确定最大(绝对)升限速度的方法将在 6.6 节介绍。确定巡航速度的方法将在 6.7 节介绍。

6.3.1　最小功率速度

正如第 4 章所述,影响发动机轴功率的变量有很多,如油门位置、大气密度、大气温度、大气压力、歧管压力(活塞发动机)、油气比以及飞机空速。螺旋桨飞机在直线水平飞行中的最小功率速度所需的发动机功率 P_R 是直线水平稳定飞行的最小值。飞机以这样的速度飞行,需要的发动机功率最小。

区分可用功率 P_A、所需功率 P_R 和轴功率 P_S 是非常重要的(图 6.2)。轴功率是发动机直接产生的、螺旋桨之前的功率。轴功率简单地称为发动机功率 P。然而,可用功率是发动机 – 螺旋桨组合的输出功率(螺旋桨后)。随着油门的改变,可用功率也将变化。注意,可用功率总是小于轴功率 P,因为螺旋桨的旋转消耗了一部分(约 10%)轴功率/能量。相反,所需功率是特定任务所需的发动机功率。如果所需功率大于某个任务的可用功率,那么以当前功率是不可能完成任务的。

因此,可用功率定义为发动机轴功率乘以螺旋桨效率,即

$$P_A = P\eta_P \tag{6.12}$$

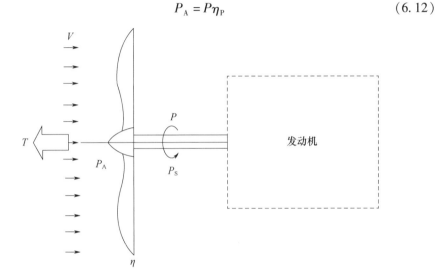

图 6.2 功率向推力的转换

简单起见,除非另有说明,本章假设螺旋桨效率是恒定的。因此,当使用术语"最小功率"时,指的是最小所需功率而不是最小可用功率。然而,在直线水平稳定飞行中所需功率等于可用功率。因此,最小所需功率也等于最小可用功率。

飞机所需功率是关于多个参数的函数,本节主要关注空速。飞机所需功率和发动机可用功率都随飞机的空速变化而变化。稳定水平飞行时,飞机所需功率和发动机可用功率的变化情况如图 6.3 所示。在任何给定的高度,飞机所需的功率都是速度的非线性函数,随空速的变化规律类似抛物线。发动机可用功率随速度的变化假定是线性的。在水平飞行中,当所需功率小于可用功率时,飞机将加速。当所需功率大于可用功率时,飞机将减速。根据油门位置和空速,可用功率可以是最大功率的 0~100%。

如图 6.3 所示,随着飞机速度的增加,飞机所需的功率先减小后增大。这条曲线的最低点是一个有趣的位置。与此点对应的速度(此处功率为其最小值)称为最小功率速度 $V_{\min p}$。该速度的主要应用是在高空,如绝对升限。该速度是发动机产生最小功率进行稳定水平飞行的速度。反过来说,当发动机产生的功率低于这

个值时是无法进行稳定水平飞行的。稳定水平飞行的最小所需功率的典型值约为发动机最大可用功率的30%。

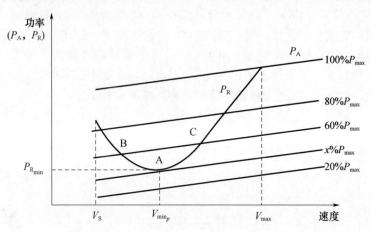

图 6.3   最小功率速度、巡航速度和最大速度

根据油门位置和空速,P_A 和 P_R 曲线可能没有、一个或两个交点。如果 P_A 太低(如发动机最大功率的20%),就不会有交点。当 P_A 达到所需值(如发动机最大功率的60%)时,将会出现两个交点(点 B 和点 C)。这意味着飞机在两种水平飞行速度下需要相同的发动机功率。然而,如果发动机功率等于最小所需功率,则只有一个交点(点 A)。这个速度称为最小功率速度 $V_{\min_P}$。现在感兴趣的是推导出这个速度的公式。

通过式(6.5)和式(6.6),可以确定任何速度下稳定水平飞行的所需功率。根据物理原理(力学/动力学),对于运动中的物体,功率基本上定义为作用力乘以速度。所需功率 P_R 是关于所需力(推力 T_R)的函数。在稳定水平飞行中,所需推力等于飞机的阻力(式(6.6))。因此,飞机在直线水平飞行中以特定速度飞行所需的功率可定义为

$$P_R = FV = T_R V = DV \tag{6.13}$$

第5章推导了以下阻力的表达式:

$$D = \frac{1}{2}\rho V^2 S C_{D_0} + \frac{2K(mg)^2}{\rho V^2 S} \tag{5.39}$$

将式(5.39)代入式(6.13),可得

$$P_R = \frac{1}{2}\rho V^3 S C_{D_0} + \frac{2K(mg)^2}{\rho VS} \tag{6.14}$$

这说明所需功率是关于速度的非线性函数,该方程的典型曲线如图6.3所示。在匀速直线水平飞行时,可用功率等于所需功率:

$$P_A = P_R \tag{6.15}$$

所以,式(6.14)可以整理为

$$\frac{1}{2}\rho V^4 S C_{D_0} - P_A V + \frac{2K(mg)^2}{\rho S} = 0 \qquad (6.16)$$

对于速度变量,方程的幂为4;因此,对于任意给定的 P_A 值,四个速度值能够满足这个方程。然而,只有一个或两个解是可接受的,它们是非负实值,并且都在飞机飞行包线内。

在数学中,当一个因变量(如功率)是一个自变量(如 V)的函数时,该参数的最大值/最小值是通过相对该变量对方程微分并使其等于0来确定的。因此,为了求出最小功率速度,相对速度微分式式(6.14),则

$$\frac{\partial P_A}{\partial V} = \frac{\partial P}{\partial V} = 0 \Rightarrow \frac{1}{2}\rho(3V^2)SC_{D_0} - \frac{2K(mg)^2}{\rho V^2 S} = 0 \qquad (6.17)$$

为求解 V,可得

$$V^4 = \frac{4K(mg)^2}{3C_{D_0}(\rho S)^2} \qquad (6.18)$$

对于速度变量,方程的幂为4。因此,求两次平方根得到最小功率速度为

$$V = \pm \sqrt{\frac{2mg}{\rho S}\sqrt{\frac{K}{3C_{D_0}}}} \qquad (6.19)$$

或

$$V_{minP} = \pm \sqrt{\frac{2mg}{\rho S \sqrt{3C_{D_0}/K}}} \qquad (6.20)$$

对于任意给定的 P_A 值,有四个速度值满足这个方程。然而,只有一个或两个解是可接受的,它们是非负实值。然而,只有飞机飞行包线内的速度值才是可行的。

将这式(6.20)与式(5.10)进行比较,可得

$$V_{minp} = \sqrt{\frac{2mg}{\rho S C_{L_{minP}}}} \qquad (6.21)$$

正如6.4节所证明的,最小功率速度的主要应用之一是最大化螺旋桨飞机的航时。对比式(6.21)和式(6.20),可得飞机最小功率速度的升力系数为

$$C_{L_{minp}} = \sqrt{\frac{3C_{D_0}}{K}} \qquad (6.22)$$

式中:$C_{L_{minp}}$ 的理论值必须在实际飞行极限之内,$C_{L_{minp}}$ 的值不能大于飞机最大升力系数 $C_{L_{max}}$。

如果式(6.22)大于 $C_{L_{max}}$,则忽略该结果,选择略小于 $C_{L_{max}}$ 的新值。

将式(6.22)与式(6.10)($C_{L(L/D)_{max}} = \sqrt{C_{D_0}/K}$)进行比较,还可以得到最小功率升力系数与最大升阻比升力系数之间的关系表达式为

$$C_{L_{\min P}} = \sqrt{3}\, C_{L_{(L/D)_{\max}}} \tag{6.23}$$

使用式(3.12)可得最小功率阻力系数为

$$C_{D_{\min P}} = C_{D_0} + KC_{L_{\min P}}^2 = C_{D_0} + K\left(\sqrt{\frac{3C_{D_0}}{K}}\right)^2 = C_{D_0} + 3C_{D_0} \tag{6.24}$$

则结果为

$$C_{D_{\min P}} = 4C_{D_0} \tag{6.25}$$

当螺旋桨飞机以最小功率速度巡航时,升阻比为

$$\left(\frac{L}{D}\right)_{\min P} = \frac{C_{L_{\min P}}}{C_{D_{\min P}}} = \frac{\sqrt{3C_{D_0}/K}}{4C_{D_0}} = \frac{\sqrt{3}}{2} \times \frac{1}{2\sqrt{KC_{D_0}}} \tag{6.26}$$

将式(6.26)与式(6.9)比较,可得

$$\left(\frac{L}{D}\right)_{\min P} = 0.866\left(\frac{L}{D}\right)_{\max} \tag{6.27}$$

最小功率速度随高度的增加而增加,因此在某些高度它将等于最大速度。最小功率速度存在一个重要的飞行安全点,它与失速速度有关。注意,有时由式(6.21)得到的最小功率速度小于飞机失速速度。因此,这是不可接受的。对于最小功率速度小于失速速度的螺旋桨飞机,安全的最小功率速度选择为比失速速度高10%~20%,则

$$V_{\min P} = kV_s \tag{6.28}$$

其中

$$1.1 < k < 1.2 \tag{6.29}$$

为了将飞机性能与飞机设计特性联系起来,应强调发动机最小功率与飞机气动特性之间的联系。如式(6.13)所示,所需功率等于所需推力乘以空速。在巡航飞行中,升力等于重力(式(6.6)),且推力等于阻力(式(6.5)),因此可以写为

$$P_R = DV = DV\frac{L}{L} = DV\frac{W}{L} = W\frac{D}{L}V = W\frac{1}{L/D}V = W\frac{1}{C_L/C_D}V \tag{6.30}$$

然而,速度(式(5.10))是飞机重力、大气密度、机翼面积和升力系数的函数,即

$$V = \sqrt{\frac{2W}{\rho S C_L}} \tag{6.31}$$

将式(6.31)代入式(6.30)可得

$$P_R = W\frac{1}{C_L/C_D}\sqrt{\frac{2W}{\rho S C_L}} = \left(\frac{2W^3 C_D^2}{\rho S C_L^3}\right)^{1/2} \tag{6.32}$$

式(6.32)可以重新整理为

$$P_R = \left(\frac{2W^3}{\rho S}\right)^{1/2}\left(\frac{C_D^2}{C_L^3}\right)^{1/2} \tag{6.33}$$

这说明所需功率是 C_L^3/C_D^2 的倒数的函数:随着 C_L^3/C_D^2 比值的增大,所需功率

减小。因此可以得出结论:最小功率是比值 C_L^3/C_D^2 的最大值的反比函数,即

$$P_{R_{min}} \propto \frac{1}{(C_L^3/C_D^2)_{max}} \tag{6.34}$$

应用式(3.12)可得

$$P_{R_{min}} \propto (C_L^{3/2}/C_D)_{max} \tag{6.35}$$

因此,当飞机巡航使比值 C_L^3/C_D^2 (或 $C_L^{3/2}/C_D$) 达到其最大值($(C_L^3/C_D^2)_{max}$ 或 $(C_L^{3/2}/C_D)_{max}$)时,所需功率会出现最小值。这里还可以得出结论:当螺旋桨飞机巡航使发动机功率处于其最小值时,升阻比为

$$\left(\frac{L}{D}\right)_{minP} = \left(\frac{C_L^3}{C_D^2}\right)_{max} \tag{6.36}$$

为了得到气动比 $(C_L^{3/2}/C_D)_{max}$ 的表达式,下面从 $C_L^{3/2}/C_D$ 开始;那么,用阻力极曲线中的等效值替代 C_D (式(3.12)),则

$$\frac{C_L^{3/2}}{C_D} = \frac{C_L^{3/2}}{C_{D_0} + KC_L^2} \tag{6.37}$$

相对于升力系数 C_L 对式(6.37)求导并令其结果等于 0,可得该比值的最大值:

$$\frac{d(C_L^{3/2}/C_D)}{dC_L} = 0 \Rightarrow \frac{d}{dC_L}\frac{C_L^{3/2}}{C_{D_0} + KC_L^2} = \frac{\frac{3}{2}C_L^{1/2}(C_{D_0} + KC_L^2) - 2KC_LC_L^{3/2}}{(C_{D_0} + KC_L^2)^2} = 0$$

$$\tag{6.38}$$

令式(6.38)中分子等于 0,可得(读者自行推导)

$$C_L = \sqrt{\frac{3C_{D_0}}{K}} \tag{6.39}$$

式(6.39)是水平稳定飞行中最大化比值 $C_L^{3/2}/C_D$ 且最小化所需功率的升力系数。将式(6.39)代入式(6.37),可得

$$\left(\frac{C_L^{3/2}}{C_D}\right)_{max} = \frac{\left(\sqrt{3C_{D_0}/K}\right)^{3/2}}{C_{D_0} + K\left(\sqrt{3C_{D_0}/K}\right)^2} = \frac{(3C_{D_0}/K)^{3/4}}{4C_{D_0}} \tag{6.40}$$

式(6.40)可简化为

$$\left(\frac{C_L^{3/2}}{C_D}\right)_{max} = \frac{0.57}{K^{3/4}C_{D_0}^{1/4}} \tag{6.41}$$

注意,分母中 K 和 C_{D_0} 的幂都小于 1。因此,这个表达式表明最小功率与 K 和 C_{D_0} (阻力极曲线中的两个变量)成反比。当 K 和 C_{D_0} 减小时,比值将增大,而最小功率(式(6.35))将减小。假设飞机重量、机翼面积和大气密度不变,飞机的气动力越强,稳定水平飞行的发动机所需功率就越小。由于诱导阻力因子 K 也是机翼展弦比(AR)的反比函数,且机翼展弦比增大,最小功率将减小。

计算螺旋桨飞机稳定飞行的最小所需功率(图 6.3 中的 A 点)也很有趣。由式(6.13)可知,最小功率由最小功率阻力乘以最小功率速度确定,即

$$P_{\min} = D_{\min P} V_{\min P} \tag{6.42}$$

在式(6.42)中代入最小功率速度(式(6.21))、最小功率对应的阻力系数(式(6.25))、相应的升力系数(式(6.22))以及最小功率对应的阻力(式(3.1)),可得

$$\begin{aligned} P_{R_{\min}} &= \frac{1}{2}\rho V_{\min D}^2 S C_{D_{\min D}} \sqrt{\frac{2mg}{\rho S C_{L_{\min P}}}} \\ &= \frac{1}{2}\rho \frac{2mg}{\rho S C_{L_{\min P}}} S(4 C_{D_0}) \sqrt{\frac{2mg}{\rho S C_{L_{\min P}}}} \end{aligned}$$

$$\tag{6.43}$$

或

$$P_{R_{\min}} = \frac{4mg}{\sqrt{3 C_{D_0}/K}} C_{D_0} \sqrt{\frac{2mg}{\rho S \sqrt{3 C_{D_0}/K}}} \tag{6.44}$$

式(6.44)进一步简化为

$$P_{R_{\min}} = 2.48 \frac{(mg)^{3/2}}{\sqrt{\rho S}} \left(\frac{C_{D_0}}{K^5}\right)^{-0.25} \tag{6.45}$$

由于可用功率是螺旋桨效率的函数(式(6.12), $P_A = P\eta_P$),式(6.45)可改写为:

$$P_{\min} = 2.48 \frac{(mg)^{3/2}}{\eta_P \sqrt{\rho S}} \left(\frac{C_{D_0}}{K^5}\right)^{-0.25} \tag{6.46}$$

这是螺旋桨飞机空中稳定水平飞行必须的一个绝对最小功率。分析这个方程表明,随着飞机重量的增加,最小功率也会增加。相比之下,随着机翼面积的增加,飞机在空中飞行时所需的最小功率将会减少。此外,高度越高,最小功率越高(式(4.19)、式(4.27)和式(4.28))。

注意,如果最小功率速度小于失速速度,则不允许使用式(6.46)来确定最小功率。在这种情况下,根据式(6.13),用新的速度来确定最小功率。

例 6.2 活塞螺旋桨超轻型飞机 Quicksilver MX Sport 最大起飞重量为 238kg,机翼面积为 14.5m²,机翼翼展为 8.53m。假设飞机具有以下特征:

$$C_{D_0} = 0.032, e = 0.8, \eta_P = 0.75, C_{L_{\max}} = 1.8$$

确定飞机在 4000m 高空进行稳定水平飞行时,发动机在海平面上必须产生的最小功率速度和最小功率。

解 如附录 A 所示,在 4000m 高空,大气密度为 0.819kg/m³。首先需要计算展弦比 AR 和诱导阻力因子 K:

$$AR = \frac{b^2}{S} = \frac{8.53^2}{14.5} = 5.02 \tag{3.9}$$

$$K = \frac{1}{\pi \cdot e \cdot AR} = \frac{1}{3.14 \times 0.8 \times 5.02} = 0.079 \qquad (3.8)$$

4000m 高度处的最小功率速度为

$$V_{minP} = \sqrt{\frac{2mg}{\rho S \sqrt{3C_{D_0}/K}}}$$

$$= \sqrt{\frac{2 \times 238 \times 9.81}{0.8195 \times 14.5 \times \sqrt{3 \times 0.032/0.079}}}$$

$$= 18.9\,\text{m/s} = 36.47\,\text{kn} \qquad (2.49)$$

4000m 高度处的失速速度为

$$V_s = \sqrt{\frac{2W}{\rho S C_{L_{max}}}} = \sqrt{\frac{2 \times 238 \times 9.81}{0.8195 \times 14.5 \times 1.6}}$$

$$= 15.67\,\text{m/s} = 30.47\,\text{kn} \qquad (6.20)$$

最小功率速度大于失速速度,所以可以用式(6.46)。4000m 高度处的最小功率为

$$P_{min} = 2.48 \frac{(mg)^{3/2}}{\eta_P \sqrt{\rho S}} \left(\frac{C_{D_0}}{K^5}\right)^{-0.25}$$

$$= 2.48 \frac{(238 \times 9.81)^{3/2}}{0.75 \times \sqrt{0.819 \times 14.5}} \left(\frac{0.032}{0.079^5}\right)^{-0.25}$$

$$= 10.76\,\text{kW} = 14.4\,\text{hp} \qquad (6.46)$$

在海平面处,发动机最小功率应该为

$$P = P_{SL}\left(\frac{\rho}{\rho_0}\right)^{1.2} \Rightarrow P_{SL} = \frac{P_{min}}{(\rho/\rho_0)^{1.2}} = \frac{10.76}{(0.819/1.225)^{1.2}} \qquad (4.19)$$

或

$$P_{SL_{min}} = 17.45\,\text{kW} = 23.4\,\text{hp}$$

注意,飞机装备 40hp 的活塞发动机。

6.3.2 最小阻力速度

螺旋桨飞机可以以产生最小阻力的速度飞行。螺旋桨飞机的最小阻力速度的重要性与喷气飞机非常相似。有关更多信息,见 5.3.3 节。螺旋桨飞机的最小阻力速度的推导与喷气飞机完全相同,所以这里不再重复。因此,仅将结果(式(5.37)、式(5.39)、式(5.41)和式(5.42))再次列写如下:

$$V_{minD} = \sqrt{\frac{2mg}{\rho S \sqrt{C_{D_0}/K}}} \qquad (6.47)$$

$$C_{L_{\min D}} = \sqrt{\frac{C_{D_0}}{K}} \qquad (6.48)$$

$$\left(\frac{L}{D}\right)_{\min D} = \left(\frac{L}{D}\right)_{\max} \qquad (6.49)$$

$$C_{D_{\min D}} = 2C_{D_0} \qquad (6.50)$$

应用式(6.47)和式(6.48)时,应考虑两个飞机的操作极限。最小阻力速度存在一个重要的飞行安全点(式(6.47)),该点与失速速度有关。注意,有时由式(6.47)得到的最小阻力速度小于飞机失速速度。因此,这是不可接受的。对于最小阻力速度小于失速速度的螺旋桨飞机,安全的最小阻力速度应该选择比失速速度高 10% ~ 20% ,则

$$V_{\min D} = kV_s \qquad (6.51)$$

其中

$$1.1 < k < 1.2 \qquad (6.52)$$

式(6.48)仅是一个数学表达式;$C_{L_{\min D}}$ 的理论值必须在实际飞行极限以内。式(6.47)中 $C_{L_{\min D}}$ 的值不能大于飞机最大升力系数 $C_{L_{\max}}$。方程的输出大于 $C_{L_{\max}}$ 时,则忽略结果,并选择一个略小于 $C_{L_{\max}}$ 的新值。

6.3.3 最大升阻比速度

螺旋桨飞机以始终保持最大升阻比的速度 $V_{(L/D)_{\max}}$ 巡航时,气动效率最佳。该速度对飞行成本是非常重要的。螺旋桨飞机可以某一速度飞行,该速度可以使飞机的最大升阻比达到最大值。最大升阻比速度对螺旋桨飞机的重要性与喷气飞机非常相似。有关更多信息,见 5.3.3 节。螺旋桨飞机的最小阻力速度的推导与喷气飞机完全相同,所以这里不再重复。因此,只将结果(式(5.37),式(5.39)、式(5.41)和式(5.42))列写如下:

$$\left(\frac{C_L}{C_D}\right)_{\min D} = \left(\frac{C_L}{C_D}\right)_{\max} \qquad (6.53)$$

$$V_{(L/D)_{\max}} = V_{\min D} \qquad (6.54)$$

$$V_{(L/D)_{\max}} = \sqrt{\frac{2mg}{\rho S \sqrt{C_{D_0}/K}}} \qquad (6.55)$$

$$C_{L_{(L/D)_{\max}}} = \sqrt{\frac{C_{D_0}}{K}} \qquad (6.56)$$

应用式(6.55)和式(6.56)时,应考虑两个飞机的操作极限。最大升阻比速度(式(6.55))存在一个重要的飞行安全点,该点与失速速度有关。注意,有时由式(6.55)得到的最大升阻比速度小于飞机失速速度,因此这是不可接受的。对于

最大升阻比速度小于失速速度的螺旋桨飞机,安全的最大升阻比速度应该选择大约比失速速度高10% ~20%,则

$$V_{(L/D)_{max}} = kV_s \qquad (6.57)$$

其中

$$1.1 < k < 1.2 \qquad (6.58)$$

式(6.56)仅是一个数学表达式;$C_{L_{min}D}$ 的理论值必须在实际飞行极限以内。使用式(6.48)计算的 $C_{L_{min}D}$ 值不能大于飞机最大升力系数 $C_{L_{max}}$。该式的输出大于 $C_{L_{max}}$ 时,则忽略结果,并选择一个略小于 $C_{L_{max}}$ 的新值。

对比式(6.21)、式(5.47)和式(5.55),可得

$$V_{minP} = 0.76V_{minD} \qquad (6.59)$$

$$V_{minP} = 0.76V_{(L/D)_{max}} \qquad (6.60)$$

对应于最小功率速度的所有三种速度、最小阻力速度和对应于最大升阻比的速度随高度成正比增加。最小功率速度和最小阻力速度之间的对比如图6.4所示。很明显,最小功率速度总是小于最小阻力速度。

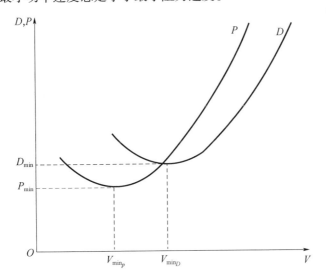

图6.4　最小功率速度与最小阻力速度的比较

例6.3　飞机重量4500kg,机翼面积30m² 的螺旋桨飞机的阻力极曲线如下:

$$C_D = 0.025 + 0.06C_L^2$$

飞机采用涡轮螺旋桨发动机,最大升力系数为1.8。确定失速速度 V_s、最小功率速度 V_{minP}、最小阻力速度 V_{minD}。（海平面 ISA 条件）。

解　根据阻力极曲线,可得 $C_{D_0} = 0.025, K = 0.06$。

失速速度为

$$V_s = \sqrt{\frac{2mg}{\rho S C_{L_{\max}}}} = \sqrt{\frac{2 \times 4500 \times 9.81}{1.225 \times 30 \times 1.8}} = 36.5 \text{m/s} = 71 \text{kn} \qquad (2.49)$$

最小功率速度为

$$V_{\min P} = \sqrt{\frac{2mg}{\rho S \sqrt{3 C_{D_0}/K}}}$$

$$= \sqrt{\frac{2 \times 4500 \times 9.81}{1.225 \times 30 \times \sqrt{3 \times 0.025/0.06}}}$$

$$= 46.35 \text{m/s} = 90.1 \text{kn} \qquad (6.20)$$

最小阻力速度为

$$V_{\min D} = \sqrt{\frac{2mg}{\rho S \sqrt{C_{D_0}/K}}} = \sqrt{\frac{2 \times 4500 \times 9.81}{1.225 \times 30 \times \sqrt{0.025/0.06}}}$$

$$= 61 \text{m/s} = 118.6 \text{kn} \qquad (6.47)$$

该飞机的最小功率速度和最小阻力速度都大于失速速度,因此这些速度是可接受的值。

6.3.4 最大速度

最大速度 $V_{\max}$ 是螺旋桨飞机的另一个重要性能参数。最大速度是关于多个变量的函数,包括发动机功率、几何参数和飞机重量。要达到最大速度,必须使用最大的发动机功率。有关理论背景的更多细节见 5.3.1 节。当使用最大的发动机功率时飞机最终将达到平衡状态,此时对应的速度称为最大速度。为了得到最大速度的表达式,将式(6.12)代入式(6.14)。由于使用了最大功率,则速度用 $V_{\max}$ 代替,即

$$P_{\max} \eta_P = \frac{1}{2} \rho V_{\max}^3 S C_{D_0} + \frac{2K (mg)^2}{\rho V_{\max} S} \qquad (6.61)$$

式中:$P_{\max}$ 为飞行高度处的发动机轴功率;ρ 为飞行高度处的大气密度。

涡轮螺旋桨发动机和活塞螺旋桨发动机的功率变化是大气密度的函数,分别由式(4.19)和式(4.27)给出,将这两个公式代入式(6.61),将得到第一层大气(对流层)中最大速度与最大功率的关系为

$$P_{\max SL} \eta_P \left(\frac{\rho}{\rho_0}\right)^{0.9} = \frac{1}{2} \rho V_{\max}^3 S C_{D_0} + \frac{2K (mg)^2}{\rho V_{\max} S} \text{(涡轮螺旋桨)} \qquad (6.62)$$

$$P_{\max SL} \eta_P \left(\frac{\rho}{\rho_0}\right)^{1.2} = \frac{1}{2} \rho V_{\max}^3 S C_{D_0} + \frac{2K (mg)^2}{\rho V_{\max} S} \text{(活塞螺旋桨)} \qquad (6.63)$$

式中:$P_{\max SL}$ 为海平面处的发动机的最大功率。

式(6.62)和式(6.63)是飞机最大速度的非线性函数,而飞机最大速度是唯

一未知的。式(6.62)作为发动机最大功率、高度(大气密度)、机翼面积、飞机重量、螺旋桨效率和零升阻力系数的函数,给出了涡轮螺旋桨飞机的最大速度。式(6.63)也可求解活塞螺旋桨飞机的最大速度。因此,式(6.62)和式(6.63)中唯一未知的是飞机的最大速度 V_{max}。感兴趣的读者可以推导出第二层大气(平流层)的类似表达式。式(6.62)和式(6.63)理论上都有不止一个解。然而,实际上,只有一个真正的答案。因此,应该忽略不可接受的解(如负数和复数)。

由于发动机功率是高度的函数,飞机的最大速度也随高度而变化。如图5.12所示,飞机的最大速度最初随高度(大气密度不断降低)增加而增加,但随后会下降。因此,最大速度在某个高度有一个绝对的最大速度,称为最大速度的最大值 $V_{max_{max}}$。活塞螺旋桨飞机的典型最大速度马赫数约为0.3,涡轮螺旋桨飞机的最大速度马赫数约为0.5。一般情况下,螺旋桨发动机飞机的最大速度小于喷气发动机飞机的最大速度。

表6.1给出了几种螺旋桨飞机的最大速度[1]。由于螺旋桨的存在,螺旋桨飞机的最大速度不能超过声速(马赫数为1)。这背后的原因不是由于发动机功率的大小,而是由于螺旋桨的叶尖速度;因为螺旋桨是承受激波能力较弱的部件[2]。图波列夫 Tu-95 飞机是速度最快的螺旋桨飞机之一,如图6.5所示。该飞机有4台涡轮螺旋桨发动机,最大速度为510kn。过去的51年里,图波列夫 Tu-114 一直保持着最快螺旋桨飞机的世界纪录。该飞机有4台涡轮螺旋桨发动机(每台发动机产生 11000kW 的功率),最大速度为541kn。在旋翼飞机领域,2013年,欧洲直升机 X3 直升机[3]在一次水平飞行中创下了 255kn 的速度纪录。这打破了此前由西科斯基 X2 所保持的纪录。

表6.1 各种螺旋桨飞机的最大速度和巡航速度

序号	飞机	m_{TO}/kg	发动机类型	功率 P/hp	类型	V_{max}		V_C/kn
						kn	Ma	
1	道尼尔 DO-128-6	4350	涡轮螺旋桨	2×400	运输	183	—	167
2	速度鸭翼-B	715	活塞螺旋桨	116	通航	146	—	143
3	皮拉图斯 PC-7	2250	涡轮螺旋桨	950	教练	278	—	278
4	庞巴迪 CL-215T	19730	活塞螺旋桨	2×2100	水陆两栖	—	—	157
5	欧洲直升机 SA365"海豚"	1050	活塞螺旋桨	112	教练	130	—	116

序号	飞机	m_{TO}/kg	发动机类型	功率/Php	类型	V_{max} kn	V_{max} Ma	V_C/kn
6	巴西航空/FMA CBA-123	7800	涡轮螺旋桨	2×1300	运输	—	—	360
7	哈尔滨Y-12	5300	涡轮螺旋桨	2×500	运输	—	—	177
8	陕西Y-8	61000	涡轮螺旋桨	4×1100	运输	357	—	297
9	索卡达TB 30"艾司隆"	1250	活塞螺旋桨	300	教练	205	—	193
10	大西洋2	45000	涡轮螺旋桨	2×6100	侦察	320	—	300
11	索卡达TBM 7006	2672	涡轮螺旋桨	700	商用	—	—	300
12	比亚乔P180"阿凡提"	4767	涡轮螺旋桨	2×800	运输	400	0.67	320
13	图波列夫Tu-20	163000	涡轮螺旋桨	4×14795	轰炸	—	0.83	408
14	洛克希德C-130"大力神"	79380	涡轮螺旋桨	4×4508	运输	334	—	320
15	比奇T-34"导师"	1950	涡轮螺旋桨	400	教练	223	—	215
16	O-1E"猎犬"	1090	活塞螺旋桨	213	运输	99	—	90
17	费尔柴尔德C-119"飞行卡车"	33778	活塞螺旋桨	2×2500	运输	257	—	174
18	Hu-168"信天翁"	17010	活塞螺旋桨	2×1425	侦察	248	—	242
19	汉德利·Page HP.137"射流"	5680	涡轮螺旋桨	2×996	教练	248	—	242
20	阿利塔利亚G-222	26500	涡轮螺旋桨	2×3400	运输	292	—	238
21	"银鹰"	251	活塞螺旋桨	23	超轻型	55	—	50

任何时候,如果螺旋桨的叶尖速度达到声速,就会产生激波和螺旋桨振动,从而降低飞机性能(包括最大速度)。回顾线速度(螺旋桨叶尖速度 V_{tip})和转速(ω (r/min))的关系,$V_{tip}=R\omega$,螺旋桨叶尖速度等于轴转速乘以螺旋桨半径 R。这一关系说明随着螺旋桨直径的增大,轴的转速必然减小。因此,大多数涡轮螺旋桨发动机都有一个减速器来降低轴转速。

图 6.5　图波列夫 Tu – 95 飞机:最快的螺旋桨飞机(Alex Snow 提供)

例 6.4　单发教练机 Pilatus PC – 9[4] 配备一台涡轮螺旋桨发动机,具有以下特性:

$$m_{TO} = 2250\text{kg}, S = 16.3\text{m}^2, P_{\text{maxSL}} = 900\text{hp}, C_{D_0} = 0.02, K = 0.063, \eta_P = 0.9$$

确定海平面和 5000ft 处的飞机最大速度。

解　海平面处($\rho = 1.225\text{kg/m}^3, \sigma = 1$),有

$$
\begin{aligned}
P_{\text{maxSL}} \eta_P \left(\frac{\rho}{\rho_0}\right)^{0.9} &= \frac{1}{2}\rho V_{\text{max}}^3 S C_{D_0} + \frac{2K(mg)^2}{\rho V_{\text{max}} S} \Rightarrow 900 \times 745 \times 0.9 \times 1^{0.9} \\
&= 0.5 \times 0.02 \times 1.225 \times 16.3 \times V_{\text{max}}^3 \\
&\quad + \frac{2 \times 0.063 \times (2250 \times 9.81)^2}{1.225 \times 16.3 \times V_{\text{max}}} \Rightarrow 603450 \\
&= 0.199 V_{\text{max}}^3 + \frac{3074326}{V_{\text{max}}}
\end{aligned}
\tag{6.62}
$$

该方程唯一可接受的解是 142.1,则

$$V_{\text{max}} = 142.1\text{m/s} = 276.2\text{kn}$$

5000ft 处($\rho = 1.056\text{kg/m}^3$),有

$$
\begin{aligned}
P_{\text{maxSL}} \eta_P \left(\frac{\rho}{\rho_0}\right)^{0.9} &= \frac{1}{2}\rho V_{\text{max}}^3 S C_{D_0} + \frac{2K(mg)^2}{\rho V_{\text{max}} S} \Rightarrow 900 \times 745 \times 0.9 \times \left(\frac{1.056}{1.225}\right)^{0.9} \\
&= 0.5 \times 0.02 \times 1.056 \times 16.3 \times V_{\text{max}}^3 \\
&\quad + \frac{2 \times 0.063 \times (2250 \times 9.81)^2}{1.056 \times 16.3 \times V_{\text{max}}} \Rightarrow 527978 \\
&= 0.172 V_{\text{max}}^3 + \frac{3566334.5}{V_{\text{max}}}
\end{aligned}
\tag{6.62}
$$

该方程唯一可接受的解为 143,则

$$V_{\text{max}} = 143\text{m/s} = 278\text{kn}$$

5000ft 高度处的最大速度稍大于海平面。

6.4 航程

6.4.1 引言

航程是螺旋桨飞机性能分析的一个重要因素,特别是运输机。如5.4.1节的定义,航程是飞机油箱中装载一次燃油的飞行总距离。一般来说,通航活塞螺旋桨飞机的航程为200～5000km,涡轮螺旋桨飞机的航程为1000～10000km。5.4节已经介绍了各种类型的航程,所以本章不再讨论。本节给出了一种计算螺旋桨飞机航程的方法。

20世纪,最长航程一直在增长,目前纪录是由"旅行者"号飞机(图6.6)保持的,达到了地球的周长。1985年,"旅行者"号载有2名飞行员向东起飞,经过连续8天的环球飞行(不加油的直飞),并安全着陆。2名飞行员日夜轮流驾驶飞机。这次历史性的飞行掀开了非常规飞机新的一页。现在,"旅行者"号、"莱特飞行者"(Wright Flyer)号和查尔斯·林德伯格的圣路易斯精神号一起,永久陈列在史密森学会位于华盛顿特区的国家航空航天博物馆的主展厅。

图6.6 鲁坦76型"旅行者"号(NASA提供)

一般情况下,涡轮螺旋桨飞机的航程要比活塞螺旋桨飞机的航程长。例如,活塞螺旋桨飞机的最大航程为1692km,而涡轮螺旋桨飞机比奇·星际飞船[5]的最大航程为4032km。涡轮螺旋桨飞机最大航程纪录是14052km,由HC－130"大力神"[6]保持。直升机最大航程纪录是3561km,由YOH－6A保持。最后,超轻型飞机最大航程纪录是1249km,该纪录属于Quicky。有趣的是,滑翔机的最大航程纪录是 14608km,该纪录属于施莱克尔 ASW12。

5.4.1 节定义了喷气飞机几种类型的航程,包括安全航程、静止大气航程和总静止大气航程。感兴趣的读者可以参考该部分以获得更多信息。这些定义也适用于螺旋桨飞机。由于喷气飞机和螺旋桨飞机的主要区别在于发动机类型,所以航程分析的主要区别表现在航程公式中。这一节将介绍三种不同飞行方式的航程计算方法。表 6.2 所列为多种螺旋桨飞机的最大航程[1]。

表 6.2　各种螺旋桨飞机的航程

序号	飞机	国别	m_{TO}/kg	发动机	P/hp	类型	燃油量/L	航程/km
1	BN－2B	英国	2993	活塞	300	运输	518	1400
2	Shorts 330	英国	10387	涡桨	2×1198	运输	2546	1695
3	"航行者"	美国	5150	涡桨	$100 + 130$	打破纪录者	5076	40212
4	比奇·富豪 A36	美国	1655	活塞	300	多用途	—	1692
5	比奇·星际飞船	美国	6350	涡桨	2×120	商用	1923	4032
6	Thrush S2R－600	美国	2721	活塞	600	农业	401	648
7	慕尼 201 LM	美国	1243	活塞	200	通航	242	1804
8	Partenavia AP68TP－600	意大利	2850	涡桨	2×328	运输	840	824
9	索卡达 TB20B	法—德	1400	活塞	250	通航	326	1907
10	罗宾 R3000	法国	1050	活塞	140	通航	200	1185
11	DHC－8 Dash 8－100	加拿大	14968	涡桨	2×1800	运输	3160	1650
12	巴西航空 EMB－110P2A	巴西	5670	涡桨	2×750	运输	1720	2001
13	FAMAIA 58A	阿根廷	6800	涡桨	2×978	侦察	1280	3710
14	巴西航空"啄木鸟"	巴西	2550	涡桨	750	教练	694	1844
15	福克 50	荷兰	18990	涡桨	2×2250	运输	5136	1028
16	Shin Meiwa SS－2A	日本	43000	涡桨	4×3490	搜救	22500	3817
17	PZL M－24 "单峰骆驼"	波兰	5000	活塞	1000	农业	—	1800
18	安东诺夫 An－32	俄罗斯	27000	涡桨	2×5112	运输	—	2000
19	NAC1"自由作者"	英国	1225	活塞	180	多用途	280	1955
20	豪客比奇 "空中王"300	美国	6350	涡桨	2×1050	运输	1438	3632
21	洛克希德"大力神" C－130J	美国	74389	涡桨	4×4591	中型运输	25552	5244

6.4.2 一般航程计算

根据 5.4.1 节的定义,比航程定义为消耗单位质量燃油飞过的距离:

$$\mathrm{SR} = \frac{\mathrm{d}X}{\mathrm{d}W} \tag{6.64}$$

式中:飞机质量变化率为负,因为燃油质量是降低的。

另外,螺旋桨发动机的燃油流量 Q 定义为燃油消耗率 C 乘以发动机功率,即

$$Q = -\frac{\mathrm{d}W}{\mathrm{d}t} = C \cdot P \tag{6.65}$$

飞机速度定义为单位时间内飞行的距离,即

$$V = \frac{\mathrm{d}X}{\mathrm{d}t} \tag{6.66}$$

将式(6.65)和式(6.66)代入式(6.64),可得

$$\frac{\mathrm{d}X}{\mathrm{d}W} = -\frac{V\mathrm{d}t}{Q\mathrm{d}t} = -\frac{V\mathrm{d}t}{C \cdot P\mathrm{d}t} = -\frac{V}{C \cdot P} \tag{6.67}$$

利用发动机功率与发动机推力之间的关系(式(6.7)),并且由于稳态水平飞行升力等于重力(式(6.6)),推力等于阻力(式(6.5)),可得

$$\frac{\mathrm{d}X}{\mathrm{d}W} = -\frac{V}{C \cdot P} = -\frac{\eta_P}{C \cdot T} = -\frac{\eta_P}{C \cdot D} = -\frac{\eta_P L}{C \cdot D \cdot L} = -\frac{\eta_P (L/D)}{C \cdot W} \tag{6.68}$$

因此,飞过的距离 X 为

$$\mathrm{d}X = -\frac{\eta_P (L/D)}{C \cdot W}\mathrm{d}W \tag{6.69}$$

总飞行距离即航程,在满油箱时的初始重力($W = W_1$)与空油箱时的最终重力($W = W_2$)之间,由式(6.69)的积分得到。假设飞机飞行只包括一个稳定水平部分。换句话说,此时不考虑起飞、爬升和下降等变量:

$$R = \int_0^R \mathrm{d}X = -\int_{W_1}^{W_2} \frac{\eta_P (L/D)}{C} \frac{\mathrm{d}W}{W} \tag{6.70}$$

式(6.70)是螺旋桨飞机航程的一般公式。有趣的是,由式(6.70)可知,航程显然与飞机速度无关。然而,燃油消耗率 C、螺旋桨效率 η_P 和升阻比 L/D 都是飞机速度的函数。因此,航程是飞机速度的一个间接的强相关函数。这些参数并不是相互独立的。由式(6.70)可知,为了增大航程,必须减小飞机质量和燃油消耗率,提高螺旋桨效率和升阻比。为了简单起见,假设整个飞行过程中,SFC 和螺旋桨效率是恒定的。此外,在稳定水平飞行中,比值 L/D 等于 C_L/C_D,则

$$R = -\frac{\eta_P}{C}\int_{W_1}^{W_2} \frac{C_L}{C_D} \frac{\mathrm{d}W}{W} \tag{6.71}$$

对式(6.70)积分,需要指定飞行条件。如5.4.2节所述,在巡航过程中,可考虑采用以下三种方式持续减小升力(图5.20)。

(1)减小飞行速度(定高度、定升力系数飞行)。

(2)增大高度(定空速、定升力系数飞行)。

(3)减小迎角(定高度、定空速飞行)。

除飞机质量外,由于式(6.71)积分中唯一的变量是升力系数 C_L,这三种方式可分为两组:①定升力系数巡航飞行(飞行方式1和飞行方式2);②减小升力系数巡航飞行(方式3)。这两种方式航程的数学计算方法是不同的,所以分开进行介绍。

6.4.2.1 定升力系数巡航飞行

在巡航飞行中,当升力系数保持不变时,有两种选择:减小空速和增大巡航高度。对于这两种方式,数学解是用同样方法推导出来的。

如果考虑第一种飞行方式,其中飞机迎角(升力系数)保持不变,阻力系数 C_D 也保持不变。然后比值 C_L/C_D 可以从积分式(6.71)中提出来。因此,积分式(6.71)的解为

$$R = -\frac{\eta_P C_L}{C C_D}(\ln W_2 - \ln W_1) = -\frac{\eta_P}{C}\frac{L}{D}\ln\left(\frac{W_2}{W_1}\right) = \frac{\eta_P}{C}\frac{L}{D}\ln\left(\frac{W_1}{W_2}\right) \quad (6.72)$$

由于飞机在飞行结束时的重力等于初始重力减去燃油重力,即

$$W_2 = W_1 - W_f \quad (6.73)$$

因此,式(6.72)可以根据燃油重力重新列写为

$$R_{1,2} = -\frac{\eta_P(L/D)}{C}\ln\left(\frac{1}{1 - W_f/W_1}\right) = \frac{\eta_P(L/D)}{C}\ln\left(\frac{1}{1 - G}\right) \quad (6.74)$$

这称为螺旋桨飞机的 Breguet 航程公式(类似于喷气飞机的式(5.84))。下标"1、2"表示这个航程公式适用于飞行方式1和飞行方式2。式(6.74)与喷气飞机的航程公式相似。唯一的不同是,空速没有直接出现在方程中。参数 G 是燃油重力比,即燃油重力 W_f 与飞行开始时飞机重力 W_1 之比:

$$G = W_f/W_1 \quad (6.75)$$

式(6.74)中,除 C 外,所有参数均无单位。由于航程的单位是距离单位(如 m、km、ft 和 nm),所以 C 的单位必须转换为距离的倒数(如 1/m、1/km、1/ft 和 1/nm)。C 的最初单位是"lb/(h·hp)"或"N/(h·W)"。

实际中,随着飞机重量的下降,为了保持升力系数不变,式(5.10)表明飞行员有两种选择:①必须减小大气密度 ρ;②必须减小空速。在第一种选择中,大气密度 ρ 的减小方式必须保持升力与重力的比值不变。实现这种情况的唯一方法是以合适的方式增大高度。因此,飞机将处于连续爬升状态(巡航爬升),这似乎违反了飞行轨迹角为0的水平飞行条件。如5.4.2节所述,巡航爬升飞行轨迹角足够小时,可以证明水平飞行方程及其解用于巡航爬升是合理的。在第二种选择中,通

过减少油门,推力应该沿飞行轨迹而减小。巡航爬升和油门减小过程的更多细节参见第5章。

式(6.74)说明螺旋桨飞机的航程是螺旋桨效率、燃油重量比、升阻比的函数,以及SFC的反比函数。为了增大航程,必须增大螺旋桨效率、燃油重量比、升阻比,并减小SFC。在第一种飞行方式中,当给定初始速度 V_1 时,最终速度 V_2 由式(5.78)计算得到。在第二种飞行方式中,当给定初始高度 ρ_1 时,最终高度 ρ_1 由式(5.214)计算得到。

6.4.2.2 非定升力系数巡航飞行

在巡航飞行中,当升力系数沿飞行轨迹减小时,空速和巡航高度都保持不变。飞行员会逐渐推杆/盘,以减小迎角。这将导致升力系数降低,以保持升力等于飞机重力。为求解该飞行条件下的积分(式(6.70)),首先从分母中消去重力,从分子中消去升力,即

$$R_3 = -\frac{\eta_P}{C}\int_{W_1}^{W_2}\frac{\mathrm{d}W}{D} \tag{6.76}$$

阻力随飞机重力的变化是非线性的。根据式(5.39)的推导,阻力是飞机重力的如下函数,即

$$D = \frac{1}{2}\rho V^2 S C_{D_0} + \frac{2KW^2}{\rho V^2 S} \tag{6.77}$$

将式(6.77)代入式(6.76),可得

$$R_3 = -\frac{\eta_P}{C}\int_{W_1}^{W_2}\frac{\mathrm{d}W}{\rho V^2 S C_{D_0}/2 + 2KW^2/(\rho V^2 S)} \tag{6.78}$$

或

$$R_3 = -\frac{\eta_P}{C2K/(\rho V^2 S)}\int_{W_1}^{W_2}\frac{\mathrm{d}W}{(\rho V^2 S)^2 C_{D_0}/(4K) + W^2} \tag{6.79}$$

积分的解的类似形式为[7]

$$\int\frac{\mathrm{d}x}{a^2 + x^2} = \frac{1}{a}\arctan\left(\frac{x}{a}\right) \tag{6.80}$$

式中

$$a = \frac{1}{2}\rho V^2 S\left(\frac{C_{D_0}}{K}\right)^{1/2} \tag{6.81}$$

因此,积分的解为

$$R_3 = -\frac{\eta_P}{C2K/(\rho V^2 S)(1/2)\rho V^2 S(C_{D_0}/K)^{1/2}}\left[\arctan\left(\frac{W}{\rho V^2 S(C_{D_0}/K)^{1/2}}\right)\right]_{W_1}^{W_2}$$

$$\tag{6.82}$$

由于最大升阻比与 $\sqrt{KC_{D_0}}$ 有关,当 $\sqrt{KC_{D_0}} = \dfrac{1}{2(C_L/C_D)_{max}}$ 时,方程将简化为

$$R_3 = \frac{2\eta_P (L/D)_{max}}{C}\left[\arctan\left(\frac{2W_1}{\rho V^2 S \sqrt{C_{D_0}/K}}\right) - \arctan\left(\frac{2W_2}{\rho V^2 S \sqrt{C_{D_0}/K}}\right)\right] \quad (6.83)$$

如式(5.44), $\sqrt{KC_{D_0}}$ 等于最小阻力升力系数 $C_{L_{minD}}$,即

$$R_3 = \frac{2\eta_P (L/D)_{max}}{C}\left[\arctan\left(\frac{2W_1}{\rho V^2 SC_{L_{minD}}}\right) - \arctan\left(\frac{2W_2}{\rho V^2 SC_{L_{minD}}}\right)\right] \quad (6.84)$$

式中:括号[ ]内的项表示两个角之间的差值(以 rad 表示)。式(6.83)适用于任何给定的恒定高度和给定的恒定速度,只要高度和速度是允许的(在飞机飞行包线内)。在该飞行方式中,初始升力系数为

$$C_{L_1} = \frac{2W_1}{\rho V^2 S} \quad (6.85)$$

最终升力系数为

$$C_{L_2} = \frac{2W_2}{\rho V^2 S} \quad (6.86)$$

式中: W_2 为巡航结束时的最终重力。

将初始重力、最终重力与燃油重力($W_2 = W_1(1-G)$)的关系代入式(6.84),可得

$$R_3 = \frac{2\eta_P (L/D)_{max}}{C}\left[\arctan\left(\frac{2W_1}{\rho V^2 SC_{L_{minD}}}\right) - \arctan\left(\frac{2W_1(1-G)}{\rho V^2 SC_{L_{minD}}}\right)\right]$$

$$(6.87)$$

理论上,这三种飞行方式都是可以实现的,但实际中,只有第三种方式是美国联邦航空局接受并批准用于通航飞机的。这种情况很难跟随操纵,因为飞行员必须通过升降舵不断减小迎角。然而,对于配备自动驾驶仪的飞机来说,这就是一项简单的任务。这是三种可能的飞行方式中最安全的。此外,相比于喷气飞机的三种航程公式(见5.4节),螺旋桨飞机有两种航程公式。

例6.5 一架质量为 2000kg 的通航飞机装备最大功率为 500hp 的活塞螺旋桨发动机。这架飞机的其他特性参数如下:

$$S = 20m^2, C_{D_0} = 0.023, K = 0.04, m_f = 300kg,$$
$$C = 0.5lb/(h \cdot hp), \eta_P = 0.8, C_{L_{max}} = 1.8$$

(1)确定这架飞机的航程,如果它开始巡航速度为 150kn,高度为 7000m。在这种飞行方式中,升力系数保持不变。忽略备用燃油,假设油箱中的燃油已经耗尽。

(2)确定这架飞机的航程,如果它以恒定速度 150kn,恒定高度 7000m 巡航。忽略备用燃油,假设油箱里的燃油已经耗尽。

解 （1）航程。如果飞机开始巡航速度为 150kn，高度为 7000m，且升力系数保持不变（巡航爬升）。

在高度 7000m 时，大气密度为 0.59kg/m^3。本次飞行的升力系数为

$$C_L = \frac{2mg}{\rho V^2 S} = \frac{2 \times 2000 \times 9.81}{0.59 \times 20 \times (150 \times 0.541)^2} = 0.56 \tag{6.85}$$

阻力系数为

$$C_D = C_{D_0} + K C_L^2 = 0.023 + 0.04 \times 0.56^2 = 0.035 \tag{3.12}$$

升阻比为

$$\frac{L}{D} = \frac{C_L}{C_D} = \frac{0.56}{0.035} = 15.74$$

$$C = 0.5\text{lb/(h} \cdot \text{hp)} = 0.5 \times \frac{6080}{3600 \times 550 \times 1.853}$$

$$= 0.000828 \text{ km}^{-1} \tag{5.17}$$

燃油质量与飞机质量之比为

$$G = m_f / m_{TO} = 300/2000 = 0.15 \tag{6.75}$$

因此，航程为

$$R_{1,2} = \frac{\eta_P (L/D)}{C} \ln\left(\frac{1}{1-G}\right)$$

$$= \frac{0.8 \times 15.74}{0.000828} \ln\left(\frac{1}{1-0.15}\right) = 2470.2\text{km} \tag{6.74}$$

假设 SFC 为常数，该飞行条件下的航程为 2470.2km。虽然实际中，SFC 是高度的函数，因此，航程会稍有不同。

（2）以恒定速度 150kn，恒定高度 7000m 巡航时的航程为

$$\left(\frac{C_L}{C_D}\right)_{\max} = \frac{1}{2\sqrt{K C_{D_0}}} = \frac{1}{2\sqrt{0.04 \times 0.025}} = 15.8 \tag{6.9}$$

$$R_3 = \frac{2\eta_P (L/D)_{\max}}{C} \left[\arctan\left(\frac{2W_1}{\rho V^2 S \sqrt{C_{D_0}/K}}\right) - \arctan\left(\frac{2W_2}{\rho V^2 S \sqrt{C_{D_0}/K}}\right) \right]$$

$$= \frac{2 \times 0.8 \times 15.74}{0.000828} \left[\arctan\left(\frac{2 \times 2000 \times 9.81}{0.59 \times (150 \times 0.541)^2 \times \sqrt{0.023/0.04}}\right) \right.$$

$$\left. - \arctan\left(\frac{2 \times (2000-300) \times 9.81}{0.59 \times (150 \times 0.541)^2 \times \sqrt{0.023/0.04}}\right) \right]$$

$$= 1575\text{km} \tag{6.83}$$

（3）两种航程的对比为

$$\Delta = \frac{2470.2 - 1575}{2470.2} = 36.2\%$$

值得注意的是，巡航爬升的航程比定高度飞行的航程长 36.2% 左右。

6.4.3　最大航程计算

式(6.74)和式(6.83)表明,螺旋桨飞机的航程是螺旋桨效率、燃油重量比、升阻比的函数,也是 SFC 的反比函数。假设对于给定的飞机,螺旋桨效率、燃油重量比和 SFC 是常数。现在的问题是,在什么飞行条件(高度、速度和升力系数)下能够获得最大航程。如之前章节所述,确定航程有两种方法:定升力系数巡航飞行(方式1和方式2)和非定升力系数巡航飞行(方式3)。这两种情况将分别进行研究。

6.4.3.1　定升力系数巡航飞行

对于定升力系数的两种飞行方式,即降低飞行速度(定高度、定升力系数飞行)和增大飞行高度(定空速、定升力系数飞行),推导出了式(6.74)。为了最大化航程 $R_{\max}$,可以使用两种方法。第一种方法是将式(6.58)的微分设为0,并求解速度、高度等参数。第二种方法是相对于速度对式(6.74)求导,并令其为0。使用这种方法,可以得出结论:假设 SFC 和螺旋桨效率为常数时,飞机以最大升阻比对应的速度巡航时,可以达到最大航程。图6.7所示为例6.5中飞机航程随速度的变化。如图6.7所示,只有一个速度可以获得最大航程。6.4.4节将推导这个速度。

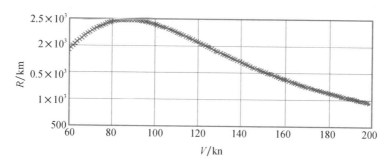

图 6.7　航程随速度的变化

因此,对于第一种情况(升力系数 C_L 保持不变),飞行方式1和飞行方式2的最大航程公式为

$$R_{\max_{1,2}} = \frac{\eta_P (L/D)_{\max}}{C} \ln\left(\frac{1}{1-G}\right) \qquad (6.88)$$

这个方程不是高度的函数。然而,最大升阻比对应的速度是高度的函数。因此,为使航程最大化,飞行员可以在任意高度飞行,但应以相应的速度飞行。在第一种飞行方式中,当给定初始速度 V_1 时,最终速度 V_2 由式(5.78)计算得到。在第二种飞行方式中,当给定初始高度 ρ_1 时,最终高度 ρ_2 由式(5.206)计算得到。

在式(6.88)中,除 C 外的所有参数都没有单位。由于航程的单位是距离单位(如 m、km、ft 和 nm),所以 C 的单位必须转换为距离单位的倒数(如 1/m、1/km、1/ft 和 1/nm)。C 的单位最初是"lb/(h·hp)"或"N/(h·W)"。

6.4.3.2　非定升力系数巡航飞行

对于第三种飞行方式,迎角在整个飞行过程中都在减小(定高度、定空速飞行),推导了一般航程公式(6.83)。对于给定的飞机,这个公式只是高度和速度的函数,它们都是括号内的项,表示两个角之间的差值。对于这种飞行方式,为了最大化航程,必须最大化这两个角之间的差值。

图6.8 显示了例6.5 中介绍的飞机按第三种飞行方式飞行时,飞行航程随速度和三种高度(海平面、5000m 和 11000m)的变化。这种趋势代表了任意螺旋桨飞机的典型变化[8]。每条曲线的起始点都是最小允许速度,即在特定高度的失速速度。在海平面、5000m、11000m 三种高度的失速速度分别为 58kn、74.7kn 和 106.2kn。三种飞行的最大航程相同,均为 2478km。

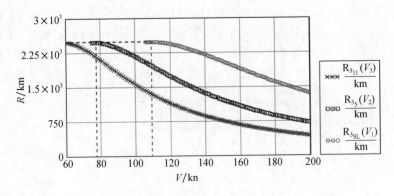

图6.8　航程随速度和高度的变化

高度(大气密度 ρ)并不影响最大航程。然而,对于每一次飞行,最大航程出现在一个特定速度,即最小允许速度。因此,在任意高度都能达到最大航程,但要以最小允许速度 $V_{\min}$ 飞行。因此,第三种飞行方式的最大航程表达式为

$$R_{\max_3} = \frac{2\eta_P (L/D)_{\max}}{C}\left[\arctan\left(\frac{2W_1}{\rho V_{\min}^2 S \sqrt{C_{D_0}/K}}\right) - \arctan\left(\frac{2W_2}{\rho V_{\min}^2 S \sqrt{C_{D_0}/K}}\right)\right]$$

$$(6.89)$$

由式(5.44)推导,$\sqrt{C_{D_0}/K}$ 等于最小阻力升力系数 $C_{L_{\min D}}$。利用初始重力、最终重力和燃油重力之间的关系($W_2 = W_1(1-G)$),可得

$$R_3 = \frac{2\eta_P (L/D)_{\max}}{C}\left[\arctan\left(\frac{2W_1}{\rho V_{\min}^2 SC_{L_{\min D}}}\right) - \arctan\left(\frac{2W_1(1-G)}{\rho V_{\min}^2 SC_{L_{\min D}}}\right)\right] \quad (6.90)$$

式中:ρ 为给定高度处的大气密度;V_{min} 为给定高度处的最小允许真空速。

假设最小速度等于失速速度,则式(6.90)可以写为

$$R_3 = \frac{2\eta_P (L/D)_{max}}{C}\left[\arctan\left(\frac{C_{L_{max}}}{C_{L_{min_D}}}\right) - \arctan\left(\frac{C_{L_{max}}(1-G)}{C_{L_{min_D}}}\right)\right] \quad (6.91)$$

需要强调的是,式(6.91)是基于螺旋桨效率和 SFC 不随速度变化的假设得到的。实际上,螺旋桨效率和 SFC 是速度的函数,所以感兴趣的读者应该相应修正公式。上述关于航程的单位也适用于这里。

6.4.4 最大航程速度

如 6.4.3 节所述,在航程任务的三种飞行方式中,飞行方式 2(定空速、定升力系数飞行)的最大航程只有当以唯一的恒定速度飞行时才能获得。此外,在第一种飞行方式(定高度、定升力系数飞行)中,只有当以唯一初始速度开始飞行时才能获得最大航程。两种飞行方式的最大航程均由式(6.86)确定。

虽然空速并没有直接出现在式(6.86)中,经过分析可以确定飞机必须飞行的空速,以使飞机的飞行航程最大化。在该公式中,升阻比在分子上,因此,任何包含特定升阻比的特定速度都将对应特定的速度。要达到最大航程,必须以产生最大升阻比的速度飞行。由式(6.47)和 6.3.2 节可知,最大航程速度 V_{max_R} 与最大升阻比速度相同,且等于最小阻力速度 V_{min_D}。对于螺旋桨飞机,原因是最小阻力速度等于最大升阻比速度。因此,对于螺旋桨飞机,以及对于第一种和第二种飞行方式,最大航程速度为

$$V_{max_{R1}} = V_{max_{R2}} = V_{min_D} \quad (6.92)$$

或

$$V_{max_{R1}} = V_{max_{R2}} = \sqrt{\frac{2mg}{\rho S \sqrt{C_{D_0}/K}}} \quad (6.93)$$

$$C_{L_{maxR}} = \sqrt{C_{D_0}/K} \quad (6.94)$$

很明显,以这样的速度飞行要求飞行员在整个飞行过程中保持这个速度不变。注意,由于速度稳定性(见 5.3.3 节),建议飞行员以比最小阻力速度大 5% ~ 10% 的速度飞行。但是,此时航程将比理论值小 2% 左右。第一种飞行方式(定高度、定升力系数飞行),当给定初始速度 V_1,最终速度 V_2 则是使用式(5.78)进行计算。

对于最大航程速度小于失速速度的螺旋桨飞机,安全的最大航程速度应该选择为大于失速速度 10% ~ 20%:

$$V_{max_R} = kV_s \quad (6.95)$$

式中

$$1.1 < k < 1.2 \quad (6.96)$$

第三种飞行方式的最大航程由式(6.91)确定。对于给定的飞机,这个公式只是高度和速度的函数,两者都在括号内,表示两个角之间的差值。为最大化这一飞行方式的航程,必须最大化两个角度之差。因此,在任意高度都能达到最大航程,但要以最小允许速度 V_{min} 飞行。在第三种飞行方式中,V_{min} 是该高度处的最小允许真实空速:

$$V_{max_{R3}} = V_{min} = kV_s \qquad (6.97)$$

式中

$$1.1 < k < 1.2 \qquad (6.98)$$

选择 k 值时应该充分考虑安全因素。

例6.6 一架质量3500kg的通航飞机装备一台涡轮螺旋桨发动机,最大动力为750hp。该飞机的其他特性如下:

$$S = 28m^2, C_{D_0} = 0.025, K = 0.051, m_f = 700kg,$$

$$C = 0.5lb/(h \cdot hp), \eta_P = 0.75, C_{L_{max}} = 1.8$$

(1)确定这架飞机的最大航程,如果它初始高度15000ft,以恒定速度和恒定升力系数巡航。

(2)确定与该航程对应的速度。

(3)计算飞行航时。

(4)在飞行开始时,本次飞行需要多大的发动机功率?

(5)在海平面高度重复(2)(3)(4)。

解 15000ft 高度处的大气密度为 $0.768kg/m^3$。

(1)最大航程

第二种飞行方式包括恒定速度和恒定升力系数:

$$\left(\frac{C_L}{C_D}\right)_{max} = \frac{1}{2\sqrt{KC_{D_0}}} = \frac{1}{2\sqrt{0.051 \times 0.025}} = 14 \qquad (6.9)$$

参考例4.6可得

$$C = 0.5lb/(h \cdot hp) = 0.5 \times \frac{6080}{3600 \times 550 \times 1.853} = 0.000828 \ km^{-1}$$

燃油质量与飞机质量的比值为

$$G = \frac{m_f}{m_{TO}} = \frac{700}{3500} = 0.2$$

由于高度和升力系数保持不变,所以本次飞行属于第二种飞行方式(巡航爬升)。因此,最大航程为

$$R_{max_2} = \frac{\eta_P \ (L/D)_{max}}{C} \ln\left(\frac{1}{1-G}\right)$$

$$= \frac{0.75 \times 14}{0.000828} \ln\left(\frac{1}{1-0.2}\right) = 2828.3 (km) \qquad (6.88)$$

假设 SFC 是常数,则 2829km 的航程就是最大航程。虽然实际中 SFC 是高度的函数,因此最大航程可能略有不同。

(2)最大航程速度为

$$V_{\max_{R2}} = \sqrt{\frac{2mg}{\rho S \sqrt{C_{D_0}/K}}} = \sqrt{\frac{2 \times 3500 \times 9.81}{0.768 \times 28 \times \sqrt{0.025/0.051}}}$$
$$= 67.53\text{m/s} = 131.2\text{kn} \tag{6.93}$$

而

$$V_s = \sqrt{\frac{2mg}{\rho S C_{L_{\max}}}} = \sqrt{\frac{2 \times 3500 \times 9.81}{0.768 \times 28 \times 1.8}} = 42.1\text{m/s} = 81.9\text{kn} \tag{2.49}$$

由于最大航程速度大于失速速度,所以(1)部分的计算是有效的。

(3)飞行航时为

$$t = \frac{R_{\max}}{V_{\max_R}} = \frac{2828.6 \times 1000}{67.53 \times 3600} = 41.888\text{s} = 11.64\text{h}$$

(4)飞行开始时的发动机功率为

$$C_{L_{\max R}} = \sqrt{C_{D_0}/K} = \sqrt{0.025/0.051} = 0.7 \tag{6.94}$$
$$C_D = C_{D_0} + KC_L^2 = 0.025 + 0.051 \times 0.7^2 = 0.05 \tag{3.12}$$
$$D = \rho V^2 S C_D/2 = 0.768 \times 67.5^2 \times 28 \times 0.5/2 = 2451\text{N} \tag{3.1}$$
$$T = D = 2451\text{N} \tag{6.5}$$

$$T = \frac{P\eta_P}{V} \Rightarrow P = \frac{TV}{\eta_P} = \frac{2451 \times 67.53}{0.75} = 22069\text{W} = 220.69\text{kW} = 296\text{hp} \tag{6.7}$$

(5)在海平面上,有

$$V_{\max_{R2}} = \sqrt{\frac{2mg}{\rho S \sqrt{C_{D_0}/K}}} = \sqrt{\frac{2 \times 3500 \times 9.81}{1.225 \times 28 \times \sqrt{0.025/0.051}}} = 53.46\text{m/s} = 103.93\text{kn}$$
$$\tag{6.93}$$

$$t = \frac{R_{\max}}{V_{\max_R}} = \frac{2828.6 \times 1000}{53.46 \times 3600} = 14.7\text{h}$$

$$T = D = \rho V^2 S C_D/2 = 1.225 \times 53.46^2 \times 28 \times 0.5/2 = 2451\text{N} \tag{6.5}$$

注意,推力完全相同,则

$$T = \frac{P\eta_P}{V} \Rightarrow P = \frac{TV}{\eta_P} = \frac{2451 \times 53.46}{0.75} = 174736\text{W} = 174.7\text{kW} = 234.3\text{hp} \tag{6.7}$$

通过对比可得到以下结论

海平面的飞行航时比 15000ft 高度的飞行航时长约 20.8%。但是,海平面的空速比 15000ft 高度的空速慢约 20.8%。

海平面处要获得最大航程,所需功率约为最大发动机功率的 31.2%。然而,15000ft 高度处要获得最大航程,所需功率约为最大发动机功率的 39.5%。

例6.7　单发螺旋桨教练机皮拉图斯 PC-9 需要以两种空速(巡航速度和最大航程速度)在 20000ft 高度飞行 2000km。如果 SFC 为 0.5lb/(h·hp),每次飞行需要多少油料? 假设在这两种情况下整个飞行过程中空速和迎角保持不变,但高度增加。这架飞机的特性由例6.4 给出。

解　(1)以最大航程速度飞行。第二种飞行方式包含恒定空速和迎角,则

$$R_{\max_2} = \frac{\eta_P (L/D)_{\max}}{C} \ln\left(\frac{1}{1-G}\right) \tag{6.88}$$

$$\left(\frac{C_L}{C_D}\right)_{\max} = \frac{1}{2\sqrt{KC_{D_0}}} = \frac{1}{2\sqrt{0.063 \times 0.02}} = 14.09 \tag{6.9}$$

$$C = 0.5\text{lb}/(\text{h}\cdot\text{hp}) = 0.5 \times \frac{6080}{3600 \times 550 \times 1.853} = 0.000828 \text{ km}^{-1}$$

$$2000 = \frac{0.9 \times 14.09}{0.000828} \ln\left(\frac{1}{1-G}\right)$$

$$\ln\left(\frac{1}{1-G}\right) = 0.1306$$

$$\frac{1}{1-G} = 1.139$$

$$G = 0.1224 \tag{6.88}$$

$$G = \frac{W_f}{W_1} = \frac{m_f}{m_1} \Rightarrow m_f = 0.1224 \times 2250 = 275.5 \text{(kg)} \tag{6.75}$$

(2)以巡航速度飞行,则

$$R_2 = \frac{\eta_P (L/D)}{C} \ln\left(\frac{1}{1-G}\right) \tag{6.74}$$

$$C_L = \frac{2mg}{\rho V^2 S} = \frac{2 \times 2250 \times 9.81}{0.653 \times 125.7^2 \times 16.3} = 0.262 \tag{5.10}$$

$$C_D = C_{D_0} + KC_L^2 = 0.02 + 0.063 \times 0.262^2 = 0.0243$$

$$\tag{3.12}$$

$$\frac{L}{D} = \frac{C_L}{C_D} = \frac{0.262}{0.0243} = 10.76$$

$$2000 = \frac{0.9 \times 10.76}{0.000828} \ln\left(\frac{1}{1-G}\right)$$

$$\ln\left(\frac{1}{1-G}\right) = 0.171$$

$$\frac{1}{1-G} = 1.1865$$

$$G = 0.15718 \tag{6.74}$$

$$G = \frac{W_f}{W_1} = \frac{m_f}{m_1}$$

$$m_f = 0.1571 \times 2250 = 353.65(\text{kg}) \tag{6.75}$$

这表明,以巡航速度飞行需要多消耗 28% 的燃油。注意,这里忽略了最终结果中高度变化的影响。

6.4.5 对比与结论

第一种飞行方式的最大航程(图 5.20)由式(6.88)确定,第三种飞行方式的最大航程由式(6.91)确定。式(6.88)和式(6.91)将得到两个不同的值。值得注意的是,两种飞行场景的最大航程差异是很大的。第一种方式是基于随着飞机重量的下降,降低空速或增加高度,而第二种方法是减小迎角。这两个公式相除可得

$$\frac{R_{\max_{1,2}}}{R_{\max_3}} = \frac{\ln\left(\dfrac{1}{1-G}\right)}{2\left[\arctan\left(\dfrac{C_{L_{\max}}}{C_{L_{\min D}}}\right) - \arctan\left(\dfrac{C_{L_{\max}}(1-G)}{C_{L_{\min D}}}\right)\right]} \tag{6.99}$$

式(6.99)很好地反映了两种航程之间的差异,取决于它们的燃油重量比 G 之间的差异。图 6.9 是式(6.99)的图形表示。与等速、等高飞行相比,随着燃油重量比的增大,以恒定迎角飞行的航程将长得多。从这两个方程可以看出,航程性能有较大的差异。例如,如果飞机的燃油重量比为 30%($G = 0.3$)且以恒定迎角飞行,飞行方式一和飞行方式二(包括巡航爬升飞行)的航程比定速度和定高度的飞行方式三多 73%。

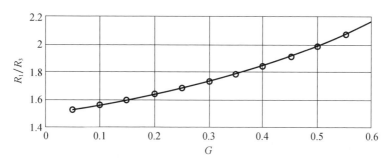

图 6.9 式(6.99)的图形表示

然而,与喷气飞机不同的是,对于螺旋桨飞机,飞行方式一和飞行方式二的最大航程相同。因此,巡航爬升在第一种飞行方式中没有提高航程。因此,即使飞行规则允许在整个飞行过程中增加高度[9](阶梯爬升),航程的增加也不是很大。因此,在航程任务中,螺旋桨飞机进行巡航爬升没有实际的优势或需要。事实上,这三种飞行方式的最大航程都与高度无关。但在任意给定的高度,必须保持一个特定的速度,以保持飞行的平衡状态。

因此,对于螺旋桨飞机来说,获得最大航程的最佳实际方式是保持飞行高度不变、升力系数不变,但降低速度(图 6.10)。飞行速度以初始重量时的最小阻力速度开始,并以最终重量时的最小阻力速度结束。根据式(5.101),不推荐用高度来最大化航程。然而,当选择的高度越高时,最小阻力速度是增大的。因此,高度越高会使飞行时间越短,航程任务建议尽可能高的飞行高度(接近绝对升限)。

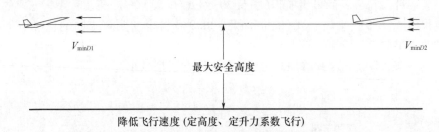

降低飞行速度(定高度、定升力系数飞行)

图 6.10 最佳航程飞行方式

如 5.4 节所述,飞机长时间飞行时,由于燃油消耗,飞机重量是减少的。飞行员需要使用以下三种方式中的一种(或多种)来保持平衡。

(1)降低速度;

(2)通过增加高度来降低大气密度;

(3)减小升力系数。

降低速度是通过减小油门来实现的。减小升力系数是通过减小飞机迎角(通过推杆)来实现的。"航行者"号飞机在其长途飞行中采用了降低速度的方式。当油箱全满时,"航行者"号飞行开始时的速度是 120kn。但在飞行结束时,当油箱几乎全空时,它的速度约为 110kn。第二种方式是巡航爬升飞行,但美国联邦航空局的规定不允许大多数飞机这么做。值得注意的是,两种飞行操作(飞行方式一和飞行方式二)的航程是相同的,但巡航爬升的飞行时间较短。因此,第三种飞行方式的航程最短,所以不建议用于航程任务。单发轻型飞机塞斯纳 172(图 3.19)在 8000ft 高空飞行时,其航程为 485nmile[10],而在 10000ft 高空飞行时,其航程为 750nmile。对这两种情况,飞机携带 50 加仑的燃油,45min 的备用燃油,并使用 75% 的发动机功率:

$$C_{L_1} = \frac{2W_1}{\rho_1 V_1^2 S} \tag{6.100}$$

$$C_{L_2} = \frac{2W_1}{\rho_2 V_2^2 S} \tag{6.101}$$

表 6.3 汇总了带有相应飞行变量的航程公式式。式(6.100)和式(6.101)揭示了初始和最终飞行条件下升力系数与高度(大气密度)、空速之间的关系。

表 6.3　航程公式总结

飞行方式	航程		飞行参数						
			速度		高度		升力系数		重量
	类型	方程	初始	最终	初始	最终	初始	最终	最终
方式一	一般	式(6.74)	给定	式(5.78)	给定	相同	式(6.98)	相同	式(6.73)
	最大	式(6.88)	式(6.93)	式(5.78)	a*	相同	式(6.98)	相同	式(6.73)
方式二	一般	式(6.74)	给定	相同	给定	式(5.206)	式(6.98)	相同	式(6.73)
	最大	式(6.88)	式(6.93)	相同	a*	式(5.176)	式(6.98)	相同	式(6.73)
方式三	一般	式(6.87)	给定	相同	给定	相同	式(6.98)	式(6.99)	式(6.73)
	最大	式(6.90)	式(6.95)	相同	a*	相同	式(6.85)	式(6.99)	式(6.73)

注:a * 表示任意高度飞行(以适当的速度和升力系数)都能获得相同的最大航程。然而,最大高度能获得最短的飞行时间。

6.5　航时

螺旋桨飞机的另一个重要飞机性能和设计参数是航时。航时 E 是飞机在给定的燃油消耗和特定的飞行条件下可以在空中停留的时间长度。有关详细信息见5.5节。本节将讨论确定螺旋桨飞机在给定飞行条件下的一般航时的方法。此外,本节还将介绍计算最大航时 E_{max} 及其相应速度 V_{max_E} 的方法。

6.5.1　一般航时

为了计算航时,假设飞机在整个飞行过程中处于稳定水平飞行。对于配备涡轮螺旋桨或活塞螺旋桨发动机的飞机,比航时定义为

$$\text{SE} = \frac{\mathrm{d}t}{-\mathrm{d}W} \tag{6.102}$$

式中:负号"–"用于表示飞行任务期间燃油重量的减少(沿飞行轨迹的燃油消耗)。

利用 SFC(C)和燃油流量 Q 的定义(式(6.65)),可得

$$\frac{\mathrm{d}t}{-\mathrm{d}W} = \frac{1}{CP} \tag{6.103}$$

发动机推力是发动机功率、螺旋桨效率和飞机速度的函数,即

$$T = \frac{P\eta_P}{V} (6.7) \tag{6.104}$$

在稳定水平飞行中,假设升力等于重力,推力等于阻力(式(6.5)和式(6.6))。将式(6.7)代入式(6.103),推力 T 用阻力 D 代替。此外,分子和分母都乘以升力 L,然后分母中的 L 用重力 W 代替,则

$$\mathrm{d}t = \frac{-\,\mathrm{d}W}{CP} = -\frac{\eta_\mathrm{P}\mathrm{d}W}{CTV} = -\frac{\eta_\mathrm{P}\mathrm{d}W}{CTV}\frac{L}{L} = -\frac{\eta_\mathrm{P}\mathrm{d}W}{CTV}\frac{L}{W} \qquad (6.104)$$

或

$$\mathrm{d}t = -\frac{\eta_\mathrm{P}(L/D)}{CV}\frac{\mathrm{d}W}{W} \qquad (6.105)$$

式(6.105)说明,螺旋桨效率、速度、SFC、升阻比、燃油质量等五个参数对航时有显著影响。然而,这些参数并不是相互独立的。为了提高航时,必须提高螺旋桨效率,降低飞机速度、SFC 和飞机质量,并提高升阻比。升阻比是速度的函数。

为了推导出航时公式,现在要在整个飞行时间内积分比航时。航时可以通过在 $t=0$(此时油箱全满,$W=W_1$)与 $t=E$(此时油箱全空,$W=W_2$)之间积分式(6.105)而得到。巡航开始时的状态将用下标 1 表示,而巡航最终时的状态用下标 2 表示,有

$$E = \int \mathrm{d}t = -\int_{W_1}^{W_2} \frac{\eta_\mathrm{P}(L/D)}{CV}\frac{\mathrm{d}W}{W} \qquad (6.106)$$

式中:W_1、W_2 分别为飞机在飞行开始和结束时的重力。

式(6.106)是螺旋桨飞机航时的一般公式。由于燃油在飞行过程中始终消耗,所以飞机重量在飞行过程中不断下降。为了保持稳定水平飞行,不得不降低升力。考虑升力公式,它有三个独立参数:速度 V、高度或其相应的大气密度 ρ 和迎角 α 或其相关的升力系数 C_L。许多可能的解中,只分析其中三个:每种情况下,在飞行过程中保持两个飞行参数不变,只减少一个参数。有用的三种方式(图5.20)如下。

(1)降低飞行速度(定高度、定升力系数飞行)。

(2)增加高度(定空速、定升力系数飞行)。

(3)减小迎角(定高度、定空速飞行)。

对于每种飞行方式,在式(6.106)的基础上首先建立积分方程;然后求解航时方程的封闭解。在第一种方式中,速度降低速率必须与飞机重力下降的速率相同。在第二种方式中,必须降低大气密度;换句话说,飞行高度必须增加。第三种方式是减小飞机迎角,即减小升力系数。根据安全规定和实际考虑,第一种方式完全适用于大多数飞机。原因将在稍后解释。现在考虑螺旋桨飞机航时的个例。

6.5.1.1　飞行方式1:定高度、定升力系数飞行

在该飞行方式中,速度随着重量的下降而下降。为此,在整个飞行过程中要逐

渐减小油门,以降低速度。注意,在稳定水平飞行中,$L/D = C_L/C_D$,因此,对于这种飞行操纵,航时积分(式(6.106))为

$$E_1 = -\frac{\eta_P}{C} \frac{C_L}{C_D} \int_{W_1}^{W_2} \frac{1}{V} \frac{\mathrm{d}W}{W} \qquad (6.107)$$

这里需要将所有非常值参数(除重力以外)转换为常值参数。式(6.14)中唯一的变量是速度,在稳定水平飞行中(升力 = 重力)其值为

$$V = \sqrt{\frac{2W}{\rho S C_L}} \qquad (6.108)$$

将式(6.108)代入式(6.107),可得

$$E_1 = -\frac{\eta_P}{C} \frac{C_L}{C_D} \int_{W_1}^{W_2} \sqrt{\frac{\rho S C_L}{2W}} \frac{\mathrm{d}W}{W} = \frac{\eta_P}{C} \sqrt{\frac{\rho S}{2}} \frac{C_L^{3/2}}{C_D} \int_{W_1}^{W_2} \frac{\mathrm{d}W}{W^{3/2}} \qquad (6.109)$$

式(6.109)的解为

$$E_1 = \frac{\eta_P}{C} \sqrt{2\rho S} \frac{C_L^{3/2}}{C_D} \left[\frac{1}{\sqrt{W_2}} - \frac{1}{\sqrt{W_1}} \right] \qquad (6.110)$$

式中升力系数由式(6.85)计算得到。正如5.4节中推导的那样,这使飞行结束时的速度降低到由式(5.78)或式(5.134)决定的一个新值。

6.5.1.2 飞行方式2:定空速、定升力系数飞行

在该飞行方式中,随着飞机重量的下降,高度是增加的(巡航爬升)。通过分析可知,对于该飞行方式,式(6.106)的封闭解如下:

$$E_2 = \frac{\eta_P (L/D)}{CV} \ln\left(\frac{1}{1-G}\right) \qquad (6.111)$$

式中:G 为燃油重量比(W_f/W_1)。巡航爬升飞行结束时的高度 h_2 可由式(5.136)计算巡航爬升飞行结束时的密度比 σ_2 确定。然后,可以使用附录 A 或附录 B 来确定最终的高度。

6.5.1.3 飞行方式3:定高度、定空速飞行

对于该飞行方式,为了找到式(6.106)的封闭解,使用与5.5.2.3节相同的方法。因此,这里不讨论推导的细节。由于升力等于巡航时的重力,所以可以将式(6.106)的分子 L 和分母 W 消去。因此,该飞行方式的航时公式可简化为

$$E = -\frac{\eta_P}{CV} \int_{W_1}^{W_2} \frac{\mathrm{d}W}{D} \qquad (6.112)$$

通过代入阻力公式(5.39),并利用式(5.141)和式(5.142),可得封闭解为

$$E_3 = \frac{\eta_P}{V} \frac{2 (L/D)_{max}}{C} \left[\arctan\left(\frac{2W_1}{\rho V^2 S \sqrt{C_{D_0}/K}}\right) - \arctan\left(\frac{2W_2}{\rho V^2 S \sqrt{C_{D_0}/K}}\right) \right]$$

$$(6.113)$$

319

根据式(5.44)的推导，$\sqrt{C_{D_0}/K}$ 等于最小阻力升力系数 $C_{L_{\min D}}$，则

$$E_3 = \frac{\eta_P}{V} \frac{2 (L/D)_{\max}}{C} \left[\arctan\left(\frac{2W_1}{\rho V^2 S C_{L_{\min D}}}\right) - \arctan\left(\frac{2W_2}{\rho V^2 S C_{L_{\min D}}}\right) \right]$$

(6.114)

在该飞行方式中，初始升力系数和最终升力系数分别由式(5.94)和式(5.95)得到。将初始重力、最终重力与燃油重力（$W_2 = W_1(1-G)$）之间的关系代入式(6.113)，并转换两个角的正切之差，则式(6.114)可以重新整理为

$$E_3 = \frac{2\eta_P (L/D)_{\max}}{CV} \arctan\left(\frac{G (L/D)_1}{2 (L/D)_{\max} [1 - K C_{L_1} G (L/D)_1]}\right)$$

(6.115)

式中：下标 1 表示飞行的开始。这种表达式在短航时飞行操纵中更加方便。飞行员将推动升降舵逐渐减小飞机的迎角。

注意，在式(6.110)、式(6.111)、式(6.113)和式(6.115)中，C 和 V 的单位必须统一。例如，如果 V 的单位是 m/s，则 C 的单位必须是 1/s。在这种情况下，航时的单位是 s。同样，当 V 的单位是 kn 时，C 的单位必须是 1/h。在这种情况下，航时的单位是 h。注意不要在这个公式中使用 lb/(h·hp) 作为 C 的单位。

6.5.2 最大航时速度

为保持稳定水平飞行，平衡状态的三种飞行方式中，两种方式在整个飞行过程中具有恒定的速度（飞行方式 2 和飞行方式 3）。这里想要确定螺旋桨飞机最大化航时的速度。在这个过程中，假设 C、η_P 和 G 是常数。

6.6.1.1 飞行方式 1：定高度、定升力系数飞行

该飞行方式中，螺旋桨飞机的最大航时速度与飞行方式 2 相同，将在下面介绍。通过分析式(6.110)可以间接证明。感兴趣的读者请推导这种情况，并自行证明。

6.5.1.2 飞行方式 2：定空速、定升力系数飞行

对于定空速、定升力系数飞行（飞行方式 2）的情况，需要使 $(L/D)/V$ 最大化。分析式(6.111)可知，当飞机以最小功率速度飞行时，螺旋桨飞机可以获得最大航时，即

$$V_{E_{\max}} = V_{P_{\min}}$$

(6.116)

由式(6.20)、式(6.22)、式(6.23)，可得

$$V_{\max E} = V_{\min P} = \sqrt{\frac{2mg}{\rho S \sqrt{3C_{D_0}/K}}}$$

(6.117)

$$C_{L_{\max_E}} = C_{L_{\min_P}} = \sqrt{\frac{3C_{D_0}}{K}} \tag{6.118}$$

因此,当比值 $C_L^{3/2}/C_D$ 为最大值时,螺旋桨飞机的航时将达到最大,则

$$(L/D)_{\max_E} = 0.866 \, (L/D)_{\max} \tag{6.119}$$

对于最大航时速度小于失速速度的螺旋桨飞机来说,安全的最大航时速度应选择比失速速度大 10% ~ 20%,则

$$V_{\max_E} = kV_s \tag{6.120}$$

其中

$$1.1 < k < 1.2 \tag{6.121}$$

获得最大航时(飞行方式 1)的最小功率为

$$P_{\min} = T_{\min_P} \cdot V_{\min_P} \tag{6.122}$$

利用式(5.15)和式(6.119),可得:

$$P_{\max_E} = P_{\min} = \frac{WV_{\max_E}}{0.866 \, (L/D)_{\max}} \tag{6.123}$$

注意,当发动机功率低于该功率时,巡航飞行是无法实现的。将这个最小功率的表达式与前面推导的式(6.46)进行比较是十分有益的。

6.5.1.3 飞行方式 3:定高度、定空速飞行

对于飞行方式 3,需要将式(6.114)中括号内表示两个角的差值的项最大化。然而,对于每次飞行,最大航时出现在某个特定速度,也就是最小允许速度。因此,在任意高度都能获得最大航时,但要以最小允许速度 $V_{\min}$ 飞行。在第三种飞行方式中,$V_{\min}$ 是该高度处的最小允许真空速,即

$$V_{\max_{E3}} = V_{\min} = kV_s \tag{6.124}$$

其中

$$1.1 < k < 1.2 \tag{6.125}$$

选择 k 值时应充分考虑安全因素。需要强调的是,式(6.120)是基于螺旋桨效率和 SFC 不随速度变化的假设得到的。实际上,螺旋桨效率和 SFC 是速度的函数,所以感兴趣的读者应该相应修正公式。

6.5.3 最大航时

现在可以通过使用 6.5.1 节和 6.5.2 节中所述的内容推导出最大航时的关系。在长时间飞行中有三种选择来补偿飞机重量的减少并保持平衡:①定高度、定升力系数飞行;②定空速、定升力系数飞行;③定高度、定空速飞行。本节将介绍确定螺旋桨飞机最大航时的方法。表 6.4 显示了几种螺旋桨飞机的最大航时。

表6.4　几种螺旋桨飞机的最大航时

序号	飞机	发动机	类型	m_{TO}/kg	P/hp	燃油/L	E_{max}
1	ENAEA军用·拉维亚诺	活塞螺旋桨	通航	600	83	80	3h32min
2	布鲁克兰·"侦察兵"	活塞螺旋桨	侦察	1315	260	123	6h
3	恩斯特龙F-28	活塞螺旋桨	直升机	1179	225	151	3h30min
4	Aerotec	活塞螺旋桨	教练	960	200	—	4h
5	智利航空T-36	活塞螺旋桨	特技	1338	300	291	5h30min
6	哈尔滨SH-5	涡轮螺旋桨	轰炸	45000	4×3150	—	15h
7	Aviones	活塞螺旋桨	农业	1499	300	204	2h36min
8	艾司隆	活塞螺旋桨	教练	1250	300	210	3h45min
9	维美德L-70	活塞螺旋桨	教练	1040	200	170	6h12min
10	鲁坦·模型76"航行者"	活塞螺旋桨	打破纪录	5148	100+130	4060	235h
11	洛克希德C-130J"大力神"	涡轮螺旋桨	运输	70305	4×4591	25552	10h
12	皮拉图斯PC-9	涡轮螺旋桨	教练	2250	1150	535	2h20min

6.5.3.1　飞行方式1:定高度、定升力系数飞行

对于高度和升力系数保持不变、速度减小的飞行方式,最大航时的表达式由式(6.110)得到。假设η_P、C、G为常数,则该飞行方式的航时就仅是高度ρ和速度V的函数。为使航时最大化,必须在最低高度或最大大气密度(海平面)处飞行,并且以使$C_L^{3/2}/C_D$最大的速度飞行。因此,最大航时为

$$E_{1\,max} = \frac{\eta_P}{C}\sqrt{2\rho_{SL}S}\left(\frac{C_L^{3/2}}{C_D}\right)_{max}\left(\frac{1}{\sqrt{W_2}} - \frac{1}{\sqrt{W_1}}\right) \tag{6.126}$$

如前所述,使$C_L^{3/2}/C_D$最大化的速度是最小功率速度(式(6.117))。比值$(C_L^{3/2}/C_D)_{max}$仅是(式(6.41))零升阻力系数和诱导阻力因子的函数,即

$$\left(\frac{C_L^{3/2}}{C_D}\right)_{max} = \frac{0.57}{K^{3/4}C_{D_0}^{1/4}} \tag{6.127}$$

因此,飞行开始和结束时的速度为

$$V_{max\,E1} = \sqrt{\frac{2W_1}{\rho S \sqrt{3C_{D_0}/K}}} \tag{6.128}$$

$$V_{\max E2} = \sqrt{\frac{2W_2}{\rho S \sqrt{3C_{D_0}/K}}} \tag{6.129}$$

整个飞行过程中的升力系数为常数,且由式(6.118)决定。飞行高度越高,航时越短。此外,空速越大,航时越短。

6.5.3.2 飞行方式2:定空速、定升力系数飞行

对于速度和升力系数保持不变的飞行方式,最大航时的表达式很容易从式(6.111)得到。假设 η_P、C、G 为常数,这种飞行方式的航时仅是升阻比 L/D 和速度 V 的函数,与高度无关。然而,升阻比是空速的函数。因此,为了最大化航时,必须以使 $(L/D)/V$ 最大的速度飞行。因此,最大航时为

$$E_{2\max} = \frac{\eta_P}{C}\left(\frac{L/D}{V}\right)_{\max}\ln\left(\frac{1}{1-G}\right) \tag{6.130}$$

一架典型飞机巡航速度等于最小功率速度(式(6.117))时,$(L/D)/V$ 是最大的。如前所述(式(6.119)),最小功率升阻比是最大升阻比的86.6%,则

$$\left(\frac{L/D}{V}\right)_{\max} = \frac{(L/D)_{\min P}}{V_{\min P}} = \frac{0.866\,(L/D)_{\max}}{V_{\min P}} \tag{6.131}$$

因此,最大航时为

$$E_{2\max} = \frac{0.866\eta_P\,(L/D)_{\max}}{CV_{\min P}}\ln\left(\frac{1}{1-G}\right) \tag{6.132}$$

式中:升阻比是最大升阻比的86.6%。

在这种飞行方式中,飞行高度逐渐增加,即巡航爬升。由式(5.136)计算出巡航爬升飞行结束时的密度比 σ_2,从而可以确定巡航爬升飞行结束时的高度 h_2。然后,可以用附录 A 或附录 B 来确定最终的高度。升力系数在整个飞行过程中是常数,且由式(6.118)决定。在这种飞行方式中,任何高度的飞行都会获得相同的最大航时。

6.5.3.3 飞行方式3:定高度、定空速飞行

对于高度、空速保持不变,迎角逐渐减小的飞行方式,由式(6.113)或式(6.114)或式(6.115)很容易得到最大航时的表达式。假设 η_P、C、G 为常数,那么这种飞行方式中的航时只是升阻比 L/D、速度 V 和高度 ρ 的函数。

然而,升力系数和升阻比是空速和高度的函数。因此,为了最大化航时,必须以使所需功率最小的速度($V_{\max E} = V_{\min P}$)且在最低海拔(海平面)处飞行。因此,最大航时为

$$E_{3\max} = \frac{\eta_P}{V_{\min P}}\frac{2\,(L/D)_{\max}}{C}\left[\arctan\left(\frac{2W_1}{\rho_{SL}V_{\min P}^2 S\,\sqrt{C_{D_0}/K}}\right) - \arctan\left(\frac{2W_2}{\rho_{SL}V_{\min P}^2 S\,\sqrt{C_{D_0}/K}}\right)\right]$$

$$\tag{6.133}$$

$$E_{3_{max}} = \frac{2\eta_P \, (L/D)_{max}}{CV_{min_P}} \arctan\left(\frac{G \, (L/D)_{min_P}}{2 \, (L/D)_{max} \, [1 - KC_{L_{min_P}} G \, (L/D)_{min_P}]}\right)$$

$$(6.134)$$

初始升力系数为最小功率升力系数,即

$$C_{L_1} = C_{L_{min_P}} = \sqrt{\frac{3C_{D_0}}{K}}$$

$$(6.135)$$

将式(6.118)和式(6.119)中的最小功率升阻比L/D_{min_P}和最小功率升力系数的表达式代入式(6.134),可得

$$E_{3_{max}} = \frac{2\eta_P \, (L/D)_{max}}{CV_{min_P}} \arctan\left(\frac{0.866G \, (L/D)_{max}}{2 \, (L/D)_{max} \, \left[1 - K \, \sqrt{3C_{D_0}/K} G\left(\frac{0.866}{2\sqrt{KC_{D_0}}}\right)\right]}\right)$$

$$(6.136)$$

式(6.134)可简化为

$$E_{3_{max}} = \frac{2\eta_P \, (L/D)_{max}}{CV_{min_P}} \arctan\left(\frac{0.433G}{1 - 0.75G}\right)$$

$$(6.137)$$

虽然式(6.137)不是显含高度的函数,但式(6.133)表明,对于螺旋桨飞机,最大航时是在最低高度巡航时获得的(海平面)。最终升力系数为

$$C_{L_2} = \frac{2W_2}{\rho_{SL} V_{min_P}^2 S}$$

$$(6.138)$$

注意,在航时公式(式(6.126)、式(6.132)、式(6.133)和式(6.137))中,SFC的单位必须是距离单位的倒数(如 1/m、1/nmile、1/km 或 1/ft)。式(6.58)括号内的比值单位为弧度。最大航时公式(式(6.126)、式(6.133)和式(6.137))表明,如果飞行员想要获得最大航时,必须在最低高度飞行(海平面)。

例 6.8 考虑例6.6中的飞机。确定这架飞机在两种高度的最大航时:海平面和15000ft 高度。

解 由例6.6可知 $m = 3500 \text{kg}, P = 750 \text{hp}, S = 28 \text{m}^2, C_{D_0} = 0.025, K = 0.051, m_f = 700 \text{kg}, C = 0.5 \text{lb}/(\text{h} \cdot \text{hp}), \eta_P = 0.75, C_{L_{max}} = 1.8, \rho_{15000} = 0.768 \text{kg/m}^3, (L/D)_{max} = 14$。

$$W_2 = W_1 - W_f = (3500 \times 9.81) - (700 \times 9.81) = 27459 \text{N} \qquad (6.73)$$

(1)海平面。最大航时速度为

$$V_{max_E} = \sqrt{\frac{2mg}{\rho S \sqrt{3C_{D_0}/K}}} = \sqrt{\frac{2 \times 3500 \times 9.81}{1.225 \times 28 \times \sqrt{3 \times 0.025/0.051}}}$$

$$= 40.6 \text{m/s} = 79(\text{kn}) \qquad (6.117)$$

失速速度为

$$V_s = \sqrt{\frac{2mg}{\rho_0 S C_{L_{max}}}} = \sqrt{\frac{2 \times 3500 \times 9.81}{1.225 \times 28 \times 1.8}} = 33.3 \text{m/s} = 64.8(\text{kn}) \qquad (2.49)$$

324

由于最大航时速度大于失速速度,可以根据推导出的公式进行计算,即

$$C = 0.5 \, \mathrm{lb}/(\mathrm{h \cdot hp}) = 0.5 \times \frac{6080}{3600 \times 550 \times 1.853}$$

$$= 0.000828 \, \mathrm{km}^{-1} = 8.28 \times 10^{-7} \mathrm{m}^{-1} \tag{2.49}$$

$$\left(\frac{C_L^{3/2}}{C_D}\right)_{\max} = \frac{0.57}{K^{3/4} C_{D_0}^{1/4}} = \frac{0.57}{0.051^{3/4} \times 0.025^{1/4}} = 13.36 \tag{6.127}$$

$$E_{1_{\max}} = \frac{\eta_P}{C}\sqrt{2\rho_{SL}S}\left(\frac{C_L^{3/2}}{C_D}\right)_{\max}\left(\frac{1}{\sqrt{W_2}} - \frac{1}{\sqrt{W_1}}\right) = \frac{0.75}{8.28 \times 10^{-7}}\sqrt{2 \times 1.225 \times 28} \times 13.36$$

$$\times \left(\frac{1}{\sqrt{27459}} - \frac{1}{\sqrt{34323}}\right) = 63805\mathrm{s} = 17.724\mathrm{h} \tag{6.126}$$

$$E_{2_{\max}} = \frac{0.866\eta_P\,(L/D)_{\max}}{CV_{\min P}}\ln\left(\frac{1}{1-G}\right)$$

$$= \frac{0.866 \times 0.75 \times 14}{8.28 \times 10^{-7} \times 40.6}\ln\left(\frac{1}{1-0.2}\right) = 63805\mathrm{s} = 16.7\mathrm{h} \tag{6.132}$$

$$E_{3_{\max}} = \frac{2\eta_P\,(L/D)_{\max}}{CV_{\min P}}\arctan\left(\frac{G\,(L/D)_{\min P}}{2\,(L/D)_{\max}[1 - KC_{L_{\min P}}G\,(L/D)_{\min P}]}\right)$$

$$= \frac{2 \times 0.75 \times 14}{8.28 \times 10^{-7} \times 46.92}\arctan\left(\frac{0.433 \times 0.2}{1 - 0.75 \times 0.2}\right) = 17.6\mathrm{h} \tag{6.134}$$

(2)15000ft 高度处的最大航时速度为

$$V_{\max E} = \sqrt{\frac{2mg}{\rho S\sqrt{3C_{D_0}/K}}} = \sqrt{\frac{2 \times 3500 \times 9.81}{0.768 \times 28 \times \sqrt{3 \times 0.025/0.051}}}$$

$$= 51.3\mathrm{m/s} = 99.74(\mathrm{kn}) \tag{6.117}$$

在 15000ft 高度重复"(1)"中计算,可得

$$E_{1_{\max}} = 14\mathrm{h} \tag{6.126}$$

$$E_{2_{\max}} = 13.3\mathrm{h} \tag{6.132}$$

$$E_{3_{\max}} = 13.93\mathrm{h} \tag{6.134}$$

注意,在 15000ft 高度时,飞机的最大航时降低了 21% 左右。对于这架飞机来说,在定高度、定迎角的情况下飞行,将获得最大航时(飞行方式 1)。

6.5.4　对比与结论

三种飞行方式下螺旋桨飞机的最大航时由式(6.126)、式(6.132)和式(6.137)确定。值得注意的是,三种飞行方式的最大航时差别很大,特别是在燃油重量比较大的情况下。一般来说,第一种飞行方式(定高度、定升力系数飞行)可获得最大航时。把这三个方程相除,可得

$$\frac{E_{1_{\max}}}{E_{2_{\max}}} = \frac{\dfrac{\eta_P}{C}\sqrt{2\rho_{SL}S}\left(\dfrac{C_L^{3/2}}{C_D}\right)_{\max}\left(\dfrac{1}{\sqrt{W_2}} - \dfrac{1}{\sqrt{W_1}}\right)}{\dfrac{0.866\eta_P\,(L/D)_{\max}}{CV_{\min p}}\ln\left(\dfrac{1}{1-G}\right)} \tag{6.139}$$

$$\frac{E_{1_{\max}}}{E_{3_{\max}}} = \frac{\dfrac{\eta_P}{C}\sqrt{2\rho_{SL}S}\left(\dfrac{C_L^{3/2}}{C_D}\right)_{\max}\left(\dfrac{1}{\sqrt{W_2}} - \dfrac{1}{\sqrt{W_1}}\right)}{\dfrac{2\eta_P\,(L/D)_{\max}}{CV_{\min p}}\arctan\left(\dfrac{0.433G}{1-0.75G}\right)} \tag{6.140}$$

式(6.139)和式(6.140)反映了三种飞行方式时之间的差异,这取决于它们的燃油质量比 G 之间的差异。图 6.11 是式(6.139)和式(6.140)的图形表示。

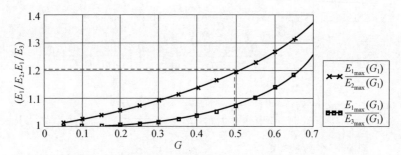

图 6.11 式(6.139)和式(6.140)的图形表示

相比于定速飞行(飞行方式 1 和飞行方式 2),飞行方式 1 的燃油重量比更高,航时就更长。三个公式的飞机航时相差较大。例如,如果飞机的燃油重量比为 50%($G = 0.5$),则飞行方式 1(定高度、定升力系数)的航时相比飞行方式 2 大约高 20%,而相比飞行方式 3 大约高 8%。需要强调的是,所有三种飞行方式的最大航时均与飞行高度有关,在海平面具有绝对最大航时。表 6.5 汇总了带有相应飞行参数的航时公式。

表 6.5 航时公式汇总

飞行方式	航时		飞行参数						
			速度		高度		升力系数		重量
	类型	公式	初始	最终	初始	最终	初始	最终	最终
1	一般	式(6.110)	给定		给定	相同	式(6.85)	相同	式(6.73)
	最大	式(6.126)	式(6.128)	式(6.129)	海平面	相同	式(6.85)	相同	式(6.73)
2	一般	式(6.11)	给定	相同	给定	给定	式(6.85)	相同	式(6.734)
	最大	式(6.132)	式(6.117)	相同	海平面	式(5.136)	式(6.85)	相同	式(6.73)
3	一般	式(6.115)	给定	相同	给定	相同	式(6.85)	式(6.86)	式(6.73)
	最大	式(6.135)	式(6.117)	相同	海平面	相同	式(6.135)	式(6.138)	式(6.73)

6.6 升限

6.6.1 升限的定义

升限是一个非常重要的飞机性能。升限定义为飞机可以安全进行直线稳定持续飞行的最大高度。另一种定义是飞机靠发动机能达到的且能持续飞行的最大飞行高度。升限越高,性能越好。更多详细说明见 5.6 节。存在升限的主要原因是在高空缺少足够的空气。高空没有足够的空气用于发动机的燃烧消耗,因此发动机功率/推力随高度而减小。

另外,随着大气密度的降低,阻力也随之减小。所需功率定义为所需推力(稳定水平飞行时等于飞机的阻力)乘以空速。在低空,可用功率大于所需功率。但是,可用发动机功率的降低速率大于所需功率的降低速率。可用发动机功率和飞机所需功率的变化由图 6.12 中的两条曲线表示。因此,这两条曲线存在一个交点,该点对应的高度就是升限。随着飞机升高,可用的空气量减少,可用功率减少。因此,在某一特定高度,最大可用功率勉强使飞机保持水平飞行,这就是升限。

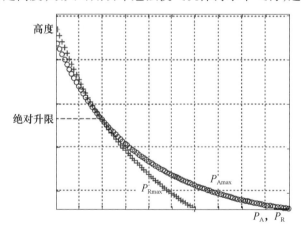

图 6.12 发动机功率和飞机所需功率随高度的变化

在高度 120000ft 以内情况确实如此,120000ft 高度处的空气对于发动机燃烧来说已经过于稀薄。火箭解决这一问题是在它的燃料箱中自带了空气和燃料。因此,火箭和带有火箭发动机的导弹不存在由大气密度导致的升限限制。

第 5 章定义了五种类型的升限:绝对升限、实用升限、巡航升限、战斗升限和最大飞行高度。这些升限的定义和特征已在第 5 章中讨论过,这里不再重复。但是,通航飞机的最大飞行高度的定义与螺旋桨飞机略有不同。大多数螺旋桨飞机是根据美国联邦航空条例(FAR)第23部分分类的。根据 FAR 第 23 部分[11] 第 1527 节,最大飞行高度定义如下。

(1)必须确定飞行、结构、动力装置、功能或设备特性所限制的允许飞行的最大高度。

(2)除非符合第23.775(e)条的规定,否则密封加压飞机的最大飞行高度限制不得超过25000ft。

一般来说,喷气飞机的升限比螺旋桨飞机的升限高。表6.6 给出了几种涡轮螺旋桨飞机的功率、质量和升限。配备活塞螺旋桨发动机的飞机的最大升限约为25000ft,而配备涡轮螺旋桨发动机的飞机的最大升限约为40000ft。

表 6.6　几种涡轮螺旋桨飞机的功率、质量和升限

序号	飞机	类型	发动机	功率/hp	质量/kg	实用升限/ft
1	兰斯 – 塞斯纳 F406 "大篷车"Ⅱ	通航	涡轮螺旋桨	2×500	4246	30000
2	DR 400"海豚"	教练机	活塞螺旋桨	112	1050	12000
3	巴西航空工业/ 菲利普 – 马萨 CBA – 123	运输机	涡轮螺旋桨	2×1300	7800	41000
4	哈尔滨 Y – 12	运输机	涡轮螺旋桨	2×500	5300	22960
5	陕西 Y – 8	运输机	涡轮螺旋桨	4×1100	61000	34120
6	索卡达 TB30 艾司隆	教练机	活塞螺旋桨	300	11250	23000
7	宝玑 Br. 1150 "大西洋"	海上巡逻机	涡轮螺旋桨	2×6100	45000	30000
8	比亚乔 P180 阿凡提	运输机	涡轮螺旋桨	2×800	4767	41000
9	塞斯纳 0 – 1E "捕鸟猎犬"	巡逻机	活塞螺旋桨	213	1090	18500
10	洛克希德·马丁 C – 130"大力神"	运输机	涡轮螺旋桨	4×4508	79380	30000
11	洛克希德 P – 3C "奥利安"	侦察机	涡轮螺旋桨	4×4910	64410	28300
12	北美航空 T – 28 特洛伊	教练机	活塞螺旋桨	800	3385	24000
13	洛克威尔涡轮 "指挥官"680	运输机	活塞螺旋桨	2×290	3062	27880
14	图波列夫 Tu – 126	侦察机	涡轮螺旋桨	4×14795	170000	33000

序号	飞机	类型	发动机	功率/hp	质量/kg	实用升限/ft
15	格鲁曼 S-2E "追踪者"	军用	活塞螺旋桨	2×1525	13222	21000
16	C-123"提供者"	运输机	活塞螺旋桨	2×2500	27216	23000
17	比奇 C-12C 休伦	运输机	涡轮螺旋桨	2×850	5670	35000
18	比奇-150"火枪手"	教练机	活塞螺旋桨	150	1020	11080
19	"空中货车"3M	运输机	涡轮螺旋桨	2×715	6577	21000
20	图波列夫 Tu-20	轰炸机	涡轮螺旋桨	4×14795	163000	41000
21	"银鹰"	超轻型	活塞螺旋桨	23	251	12000

6.6.2 活塞螺旋桨飞机的绝对升限

本节将给出活塞螺旋桨发动机飞机绝对升限的计算方法。在水平直线稳定飞行中，推力等于阻力：

$$T = D \tag{6.5}$$

此外，所需功率 P_R 等于发动机提供的可用功率 P_A：

$$P_R = P_A \tag{6.141}$$

所需功率定义为飞机阻力乘以空速：

$$P_R = D \cdot V \tag{6.142}$$

可用功率等于发动机轴功率乘以螺旋桨效率：

$$P_A = \eta_P \cdot P \tag{6.143}$$

根据式(4.19)，可用发动机功率是大气密度的函数：

$$P_{max} = P_{max_{SL}} \left(\frac{\rho}{\rho_0} \right)^{1.2} \tag{6.144}$$

在绝对升限处，飞机必须以最小所需功率(最小功率空速，图6.12)飞行，并提供最大可用功率：

$$P_{R_{min}} = P_{A_{max}} \tag{6.145}$$

或

$$D_{minP} \cdot V_{minP} = \eta_P \cdot P_{max} \tag{6.146}$$

6.3节推导出了最小功率空速公式。最小功率真空速为

$$V_{minP_T} = \sqrt{\frac{2mg}{\rho S \sqrt{3C_{D_0}/K}}} \tag{6.20}$$

另外，最小功率当量空速为

$$V_{minP_E} = \sqrt{\frac{2mg}{\rho_0 S \sqrt{3C_{D_0}/K}}} \tag{6.147}$$

329

式中:下标 E 表示当量空速,下标 T 表示真空速。此外,飞机阻力是大气密度的函数:

$$D = \frac{1}{2}\rho V^2 SC_D \tag{3.1}$$

如 6.3 节所述,如果飞机以最小功率速度巡航时需要最小功率,则

$$D_{\min P} = \frac{1}{2}\rho V_{\min P_T}^2 SC_{D_{\min P}} = \frac{1}{2}\rho_0 V_{\min P_E}^2 SC_{D_{\min P}} \tag{6.148}$$

其中

$$C_{D_{\min P}} = 4C_{D_0} \tag{6.25}$$

将式(6.25)、式(6.148)和式(6.144)代入式(6.146)。由于式(6.144)中大气密度 ρ 是升限处的大气密度,因此用 ρ_{ac} 代替,则

$$\eta_P P_{\max SL}\left(\frac{\rho_{\mathrm{ac}}}{\rho_0}\right)^{1.2} = \frac{1}{2}\rho_0 V_{\min P_E}^2 S(4C_{D_0})V_{\min P_T} \tag{6.149}$$

真空速 V_T 与当量空速 V_E 可以表示为关于大气密度的如下关系:

$$\frac{V_E}{V_T} = \sqrt{\frac{\rho}{\rho_0}} \tag{2.47}$$

所以,式(6.147)重新改写为

$$\eta_P P_{\max SL}\left(\frac{\rho_{\mathrm{ac}}}{\rho_0}\right)^{1.2} = \frac{1}{2}\rho_0 V_{\min P_E}^2 S(4C_{D_0})\frac{V_{\min P_E}}{\sqrt{\rho_{\mathrm{ac}}/\rho_0}} \tag{6.150}$$

或

$$(\rho_{\mathrm{ac}})^{1.2}\rho_{\mathrm{ac}}^{0.5} = \frac{\rho_0^{1.2}\rho_0\rho_0^{0.5}V_{\min P_E}^3 S(4C_{D_0})}{2\eta_P P_{\max SL}} \tag{6.151}$$

通过求解绝对升限 ρ_{ac} 处的大气密度的非线性方程,可得

$$\rho_{\mathrm{ac}} = \left(\frac{2\rho_0^{2.7}V_{\min P_E}^3 SC_{D_0}}{\eta_P P_{\max SL}}\right)^{1/1.7} \tag{6.152}$$

该式可用来确定活塞螺旋桨飞机的绝对升限。注意下标 E 表示当量空速。当由式(6.152)确定大气密度 ρ_{ac} 时,参照大气模型表(如附录 A 或附录 B)求出其对应的高度,即绝对升限。注意最小功率速度必须大于失速速度,否则,要使用 kV_s(式(6.28))。

6.6.3 涡轮螺旋桨飞机的绝对升限

本节将给出涡轮螺旋桨飞机绝对升限的计算方法。在绝对升限处,飞机必须以最小所需功率飞行(最小功率空速),并提供最大可用功率。计算方法类似于活塞螺旋桨飞机。主要区别在于涡轮螺旋桨发动机功率随高度的变化:

$$P = P_0 \left(\frac{\rho}{\rho_0} \right)^{0.9} \quad (\text{对流层}) \tag{4.27}$$

$$P = P_{11000} \left(\frac{\rho}{\rho_{11000}} \right) \quad (\text{平流层}) \tag{4.28}$$

将这两个方程代入式(6.146),可以得到绝对升限的两个表达式。这里存在两种情况:①假设绝对升限在第一层大气内;②假设绝对升限在第二层大气内。下面分别介绍每种情况。

(1)绝对升限假设在第一层大气(对流层)内。将式(4.27)、式(6.25)、式(6.148)代入式(6.148),可得

$$\eta_P P_{\max SL} \left(\frac{\rho_{ac}}{\rho_0} \right)^{0.9} = \frac{1}{2} \rho_0 V_{\min P_E}^2 S(4C_{D_0}) \frac{V_{\min P_E}}{\sqrt{\rho_{ac}/\rho_0}} \tag{6.153}$$

或

$$(\rho_{ac})^{0.9} \rho_{ac}^{0.5} = \frac{\rho_0^{0.9} \rho_0 \rho_0^{0.5} V_{\min P_E}^3 S(4C_{D_0})}{2\eta_P P_{\max SL}} \tag{6.154}$$

经过简单代数运算可得如下结果:

$$\rho_{ac} = \left(\frac{2\rho_0^{2.4} V_{\min P_E}^3 S C_{D_0}}{\eta_P P_{\max SL}} \right)^{1/1.4} \tag{6.155}$$

式(6.155)用来确定涡轮螺旋桨飞机的绝对升限。当由式(6.155)确定大气密度 ρ_{ac} 时,参照大气模型表(如附录A或附录B)求出其对应的高度,即绝对升限。

(2)绝对升限假设在第二层大气(平流层)内。将式(4.28)、式(6.25)、式(6.148)代入式(6.146),可得

$$\eta_P P_{\max SL} \left(\frac{\rho_{ac}}{\rho_0} \right)^{0.9} \left(\frac{\rho}{\rho_{11000}} \right) = \frac{1}{2} \rho_0 V_{\min P_E}^2 S(4C_{D_0}) \frac{V_{\min P_E}}{\sqrt{\rho_{ac}/\rho_0}} \tag{6.156}$$

或

$$(\rho_{ac})^{0.9} \rho_{ac} \rho_{ac}^{0.5} = \frac{\rho_0^{0.9} \rho_0 \rho_0^{0.5} \rho_{11000} V_{\min P_E}^3 S(4C_{D_0})}{2\eta_P P_{\max SL}} \tag{6.157}$$

经过简单代数运算可得如下结果:

$$\rho_{ac} = \left(\frac{2\rho_0^{2.4} \rho_{11000} V_{\min P_E}^3 S C_{D_0}}{\eta_P P_{\max SL}} \right)^{1/2.4} \tag{6.158}$$

式(6.158)用来确定涡轮螺旋桨飞机的绝对升限。当由式(6.158)确定大气密度 ρ_{ac} 时,参照大气模型表(如附录A或附录B)求出其对应的高度,即绝对升限。

式(6.155)和式(6.158)给出了涡轮螺旋桨飞机的绝对升限。在实际应用中,首先要假定绝对升限位于第一层大气,采用式(6.155)。如果计算结果与此假设不一致,即绝对升限位于第二层大气,则使用式(6.158)。注意,最小功率速度必须大于失速速度,否则,要使用 kV_s(式(6.28))。

例 6.9 考虑一架具有以下特性的螺旋桨飞机：

$S = 42\mathrm{m}^2, C_{D_0} = 0.024, K = 0.06, m = 4500\mathrm{kg}, P_{\max_{\mathrm{SL}}} = 900\mathrm{hp}, \eta_{\mathrm{P}} = 0.7, C_{L_{\max}} = 1.8$

确定该飞机的绝对升限。

（1）假设飞机有一台活塞螺旋桨发动机。

（2）假设飞机有一台涡轮螺旋桨发动机。

解

（1）活塞螺旋桨发动机，有

$$V_{\min P_{\mathrm{E}}} = \sqrt{\frac{2mg}{\rho_0 S \sqrt{3C_{D_0}/K}}} = \sqrt{\frac{2 \times 4500 \times 9.81}{1.225 \times 42 \times \sqrt{3 \times 0.024/0.06}}} = 39.6\mathrm{m/s} = 76.9\mathrm{kn}$$

$$(6.147)$$

失速速度为

$$V_{s_{\mathrm{E}}} = \sqrt{\frac{2mg}{\rho_0 S C_{L_{\max}}}} = \sqrt{\frac{2 \times 4500 \times 9.81}{1.225 \times 42 \times 1.8}} = 30.9\mathrm{m/s} = 60\mathrm{kn} \qquad (2.49)$$

最小功率速度大于失速转速，即

$$\rho_{\mathrm{ac}} = \left(\frac{2\rho_0^{2.7} V_{\min P_{\mathrm{E}}}^3 S C_{D_0}}{\eta_{\mathrm{P}} P_{\max_{\mathrm{SL}}}}\right)^{1/1.7} = \left(\frac{2 \times 1.225^{2.7} \times 39.6^3 \times 42 \times 0.024}{0.7 \times 900 \times 745}\right)^{1/1.7}$$

$$= 0.633\mathrm{kg/m}^3 \qquad\qquad (6.152)$$

根据附录 A，该大气密度对应的高度为 6370m 或 20900ft。因此，这架活塞螺旋桨飞机的绝对升限为 20900ft。

（2）涡轮螺旋桨发动机。假设绝对升限位于第一层大气，所以使用式（6.155），有

$$\rho_{\mathrm{ac}} = \left(\frac{2\rho_0^{2.4} V_{\min P_{\mathrm{E}}}^3 S C_{D_0}}{\eta_{\mathrm{P}} P_{\max_{\mathrm{SL}}}}\right)^{1/1.4} = \left(\frac{2 \times 1.225^{2.4} \times 39.57^3 \times 42 \times 0.024}{0.7 \times 900 \times 745}\right)^{1/1.4}$$

$$= 0.55\mathrm{kg/m}^3 \qquad\qquad (6.155)$$

根据附录 A，该大气密度对应的高度为 7590m，即 24900ft，因此，这架涡轮螺旋桨飞机的绝对升限为 24900ft。由于这里猜测是正确的，不需要进一步计算。

正如预料，涡轮螺旋桨飞机的绝对升限比活塞螺旋桨飞机的绝对升限要高。

6.7 巡航性能

如图 5.1 所示，运输机执行任务的主要阶段是巡航，巡航也是最长的阶段。对于运输机来说，巡航阶段的飞行消耗了大部分燃油。运输机通常在其巡航速度下设计为最佳性能，这往往意味着最远的航程。通过最优化巡航飞行，可以使运输机

的飞行成本降到最低。许多机翼参数,如翼型截面和安装角主要是根据巡航性能[12]决定的。与其他飞行阶段相比,巡航是历史上最安全的飞行阶段。本节将分析两个主题,即巡航速度和巡航高度。

6.7.1 巡航速度

飞机通常不会以最大速度飞行很长时间,主要是受限于发动机寿命和维护成本。发动机制造商经常公布的两种发动机额定功率是最大功率和巡航功率。发动机的最大功率通常用于起飞操作,起飞操作通常需要不到1min的时间。发动机巡航功率是特定于巡航速度的额定功率。这种功率允许长时间使用。例如,艾利森225涡轮螺旋桨发动机起飞时产生420hp,而巡航时产生369hp。因此,发动机制造商不建议长时间使用发动机最大功率;相反,他们建议长时间使用发动机部分功率,如巡航飞行。

巡航速度总是小于最大速度。单发轻型飞机塞斯纳172(图3.19)采用160hp的活塞发动机[10],在8000ft高空飞行时巡航速度为122kn,使用发动机功率的75%,而在海平面时最高速度为125kn。表6.7给出了塞斯纳172在两种飞行高度的标准飞行条件下的巡航性能。单座运动飞机CAP 232[1]最大水平航速为189kn,75%功率下最大巡航速度为174kn,而经济巡航速度为145kn。有趣的是,这架飞机的速度从未超过219kn和失速速度56kn。

表6.7 ISA飞行条件下塞斯纳172的巡航性能

气压高度/ft	轴转速/(r/min)	发动机功率百分比/%	速度/kn
8000	2650	75	122
	2600	71	120
	2500	64	114
	2400	58	109
	2300	52	103
	2200	47	97
12000	2600	64	118
	2500	58	113
	2400	53	107
	2300	48	101
	2200	44	95

采用部分发动机功率(图6.3)进行长时间巡航飞行时,飞机的速度称为巡航速度 V_C。巡航速度是多种参数的函数,如飞机质量、飞行高度、飞行时间、飞行距离、燃油消耗、大气条件等。巡航高度也是多种参数的函数,包括美国联邦航空法

规和国际飞行规则。一般来说,轻型飞机有以下限制:

$$0.7V_{\max} < V_C < 0.9V_{\max} \qquad (6.159)$$

有关如何确定飞机巡航速度的更多细节见5.7节。

6.7.1.1 基于发动机数据表

当飞机发动机制造商提供了发动机长时间巡航使用的数据(表6.7)时,就可采用6.3节推导的方法来确定巡航速度。由式(6.62)和式(6.63)可得飞机巡航速度为

$$nP_{\max SL}\eta_P\left(\frac{\rho}{\rho_0}\right)^{0.9} = \frac{1}{2}\rho V_C^3 SC_{D_0} + \frac{2K(mg)^2}{\rho V_C S} \text{(涡轮螺旋桨)} \qquad (6.160)$$

$$nP_{\max SL}\eta_P\left(\frac{\rho}{\rho_0}\right)^{1.2} = \frac{1}{2}\rho V_C^3 SC_{D_0} + \frac{2K(mg)^2}{\rho V_C S} \text{(活塞螺旋桨)} \qquad (6.161)$$

式中:$n = 0.5 \sim 0.9$,该数值决定了巡航(长时间)飞行中推荐用于巡航的发动机最大功率的百分比。

各种飞行条件下 n 的推荐值应从发动机数据表中选取。因此,$nP_{\max}$ 是巡航飞行的额定发动机功率。表6.1列出了多种螺旋桨飞机的巡航速度。一般来说,大多数活塞螺旋桨飞机在巡航飞行中仅使用发动机最大功率的75%左右。在运输机中,巡航速度是确定发动机尺寸的主要考虑因素之一。

例6.10 例6.4 中的飞机在 20000ft 高空巡航飞行时,建议仅使用其发动机最大功率的75%。确定飞机的巡航速度。

解 由例6.4可知:

$$m_{TO} = 2250\text{kg}, S = 16.3\text{m}^2, P_{\max SL} = 900\text{hp}, C_{D_0} = 0.02, K = 0.063, \eta_P = 0.9$$

在 20000ft 处,由附录 A 可知,大气密度 $\rho = 0.001267\text{slug/ft}^3 = 0.653\text{kg/m}^3$。由于该飞机配备涡轮螺旋桨发动机,则

$$nP_{\max SL}\eta_P\left(\frac{\rho}{\rho_0}\right)^{0.9} = \frac{1}{2}\rho V_C^3 SC_{D_0} + \frac{2K(mg)^2}{\rho V_C S} 0.75 \times 900 \times 745 \times 0.9 \times \left(\frac{0.653}{1.225}\right)^{0.9}$$

$$= 0.5 \times 0.653 \times V_C^3 \times 16.3 \times 0.653 +$$

$$\frac{2 \times 0.653(2250 \times 9.81)^2}{0.653 \times V_C \times 16.3} \qquad (6.160)$$

上式唯一可接受的解是 125.7,则

$$V_C = 125.7\text{m/s} = 244.4\text{kn} \Rightarrow Ma = 0.398$$

巡航速度为最大速度的88%。由此可知,虽然只使用了发动机最大功率的75%,但巡航速度却是最大速度的88%。

6.7.1.2 基于航程任务

当无法提供最优性能(最佳航程)的发动机性能数据表时,利用最大航程和巡

航高度的升力系数来确定巡航速度的理论值。在定高度巡航中,升力与重力相等,特别是当飞机为最大化航程而进行巡航时,有

$$W = L_{\max_R} = \frac{1}{2}\rho_C V_C^2 S C_{L_{R_{\max}}} \tag{6.162}$$

当已知巡航高度时,则可根据使航程最大的速度(见式(6.93))求得巡航速度:

$$V_C = \sqrt{\frac{2W}{\rho_C S C_{L_{R_{\max}}}}} \tag{6.163}$$

式中:巡航升力系数 C_{L_C} 由式(6.94)确定,即

$$C_{L_C} = C_{L_{R_{\max}}} = \sqrt{\frac{C_{D_0}}{K}} \tag{6.164}$$

大多数螺旋桨飞机巡航升力系数的典型值为 0.2 ~ 0.5。这些巡航升力系数对应的飞机迎角为2°~5°。大多数螺旋桨飞机(如洛克希德·马丁公司的C-130超级"大力神"运输机,图8.3)巡航开始时的迎角为4°~5°,而巡航结束时的迎角为2°~3°。

螺旋桨飞机的巡航速度通常为 150 ~ 350kn。轻型多用途涡轮螺旋桨飞机塞斯纳208"大篷车"[1]在10000ft高度的巡航速度为175kn。中型运输机洛克希德·马丁公司的C-130J超级"大力神"运输机(图8.3)配备4台涡轮螺旋桨发动机[1],其经济巡航速度为339kn,25000ft高度处的最大巡航速度为355kn。

式(6.163)表明巡航速度随高度(ρ_C)增加而减小,随飞机重量增加而减小。此外,飞机巡航速度的大小取决于机翼面积(实际上是其平方根)的倒数。随着机翼面积的减小,巡航速度是增大的。此外,飞机巡航速度是机翼载荷 W/S 平方根的直接函数。6.7.2节将介绍确定巡航高度的方法。

6.7.2 巡航高度

影响巡航性能的另一个重要参数是巡航高度,它是飞机飞行中燃油效率最高的水平部分。不同高度下飞行的成本取决于速度。为了最优化巡航性能,螺旋桨飞机在每个高度必须以特定的巡航速度飞行。不同飞机的巡航高度是不一样的。该高度是多个参数的函数,如飞机重量、航空法规和与目的地的距离。事实上,除了实际因素(如交通和安全法规),飞行成本是决定巡航高度的主要因素。巡航高度的计算是一个具有挑战性的问题[12],并且需要同时考虑多个参数。

图6.13所示为轻型飞机派珀PA-28切诺基箭头(最大起飞重量为2650lb且油门位置变化)的航程与高度之间的关系。从图6.13中可以看出,航程随着高度的增加呈线性增加,同时也随着发动机功率的增加而增加。当使用75%的发动机功率时,在7000ft高空的航程为740mile,而当使用55%的发动机功率

时,航程为 800mile。这种差异的主要原因是额定功率时 SFC 会降低。当 75%
的发动机功率用于巡航飞行时,飞机[13]每小时燃烧 10.15 加仑的燃油。然而,
当额定功率为 65% 时,其值为 9.16 加仑/时,而当额定功率为 55% 时,其值仅为
加仑/时。

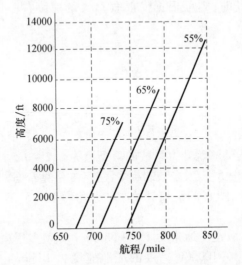

图 6.13   切诺基箭头飞机的航程随高度的变化

中型运输机的巡航高度一般为 25000 ~ 30000ft,而典型的轻型通航飞机巡航
高度 15000 ~ 25000ft。6 座多用途飞机配备 1 台活塞发动机,其实用升限为
18500ft。轻型多用途飞机塞斯纳 208"大篷车"配备一台涡轮螺旋桨发动机,其实
用升限为 22800ft。中型运输机洛克希德·马丁公司"超级大力神"C – 130J
(图 8.3)配备 4 台涡轮螺旋桨发动机[6],其巡航高度为 28000ft,而重量为 66680kg
时的实用升限为 30560ft。确定螺旋桨飞机巡航高度的基本原理与喷气飞机非常
相似(5.7.3 节)。

6.8   总结与对比

螺旋桨飞机和喷气飞机的一些性能参数的相似性是非常有用的。其中,两个
重要的速度是最小阻力速度 V_{minD} 和最小功率速度 V_{minp}。表 6.8 对比了三种重要
升阻比的升力系数、阻力系数和速度之间的相似性。当实际应用时,它们是非常有
用的。表 6.8 提供了各种飞行参数。表 6.9 列出螺旋桨飞机和喷气飞机的航程、
航时和升限三个性能参数。事实上,这两个表比较了喷气发动机和螺旋桨飞机的
几个性能参数。

表 6.8　喷气飞机与螺旋桨飞机的飞行参数

序号	C_L与C_D	C_L	C_D	C_{D_0}	速度	对应速度	V
1	$\left(\dfrac{C_L}{C_D}\right)_{max}$ 式(5.28)	$\sqrt{\dfrac{C_{D_0}}{K}}$ 式(6.10) 式(5.44)	$2C_{D_0}$ 式(5.47) 式(6.11)	KC_L^2 式(5.23)	$\sqrt{\dfrac{2W}{\rho_\infty S}\sqrt{C_{D_0}/K}}$ 式(5.43) 式(6.47)	最小阻力速度	$V_{(L/D)_{max}}$
2	$\left(\dfrac{C_L^{3/2}}{C_D}\right)_{max}$	$\sqrt{\dfrac{3C_{D_0}}{K}}$ 式(6.22)	$4C_{D_0}$ 式(6.25)	$\dfrac{1}{3}KC_L^2$ 式(6.24)	$\sqrt{\dfrac{2W}{\rho_\infty S}\sqrt{3C_{D_0}/K}}$ 式(6.20)	最小功率速度	$0.76V_{(L/D)_{max}}$
3	$\left(\dfrac{C_L^{1/2}}{C_D}\right)_{max}$	$\sqrt{\dfrac{C_{D_0}}{3K}}$ 式(5.105)	$\dfrac{4}{3}C_{D_0}$ 式(5.107)	$3KC_L^2$ 式(5.107)	$\sqrt{\dfrac{2W}{\rho_\infty S}\sqrt{C_{D_0}/3K}}$ 式(5.105)	喷气飞机的最小航程速度	$1.32V_{(L/D)_{max}}$

表 6.9　多种飞行任务的速度汇总

飞机	最大航程	最大航时	绝对升限
螺旋桨飞机	V_{min_D}	V_{min_P}	V_{min_P}
喷气飞机	$V_{(C_L^{1/2}/C_D)_{max}}$	V_{min_D}	V_{min_D}

习　题

注:除非另外说明,假设为 ISA 条件。

6.1　飞机配备 100hp 的螺旋桨发动机,正以 120kn 的速度飞行。如果螺旋桨产生 200lb 推力,确定螺旋桨效率。

6.2　习题 6.1 中的飞机重量为 1000kg,机翼面积为 15m²,诱导阻力系数 K 为 0.057。这架飞机的最大升阻比是多少?

6.3　计算习题 6.2 中飞机的最小阻力速度、最小功率速度、最大航程速度和最大航时速度。假设飞机最大升力系数为 1.5。

6.4　活塞螺旋桨飞机具有以下特性:
$$m_{TO}=1500\text{kg}, S=16\text{m}^2, P=300\text{hp}, C_{D_0}=0.025,$$
$$K=0.065, \eta_P=0.82, C_{L_{max}}=1.7, m_f=300\text{kg}$$
绘制最大速度随高度的变化。在什么高度最大速度会达到它的绝对最大值?

6.5　习题 6.4 中的飞机以最大发动机功率的 75% 在 10000ft 巡航,飞机的巡

337

航速度是多少?

6.6 确定习题6.4中飞机的绝对升限。

6.7 习题6.4中飞机的飞行员是200kg。飞行员想通过携带更少的燃料,也就是减轻重量,来增加飞机的绝对升限。当油箱全空时,绝对升限是多少?

6.8 习题6.4中飞机发动机的SFC为0.54lb/(h·hp)。飞行员想要飞行500km。必须携带多少燃油?假设高度不变,升力系数不变。

6.9 习题6.4中的飞机可以在空中停留多长时间(确定最大航时)?假设高度为15000ft。

6.10 一架配备2台涡轮螺旋桨发动机的飞机具有以下特性:
$$m_{TO} = 3500\text{kg}, S = 20\text{m}^2, P = 2 \times 300\text{hp}, C_{D_0} = 0.023,$$
$$K = 0.057, \eta_P = 0.86, C_{L_{max}} = 1.8,$$
$$m_f = 800\text{kg}, C = 0.6\text{lb}/(\text{h} \cdot \text{hp})$$

这架飞机能在25000ft的高空以280kn的速度飞行吗?海平面呢?

6.11 习题6.10中的飞机能飞越高8880m的喜马拉雅山吗?

6.12 习题6.10中的飞机携带了总燃油的½,它的最大航程是多少?

6.13 习题6.10中的飞机以最大发动机功率的80%在15000ft的高度飞行到2600km外的城市。当飞机即将着陆时,飞行员收到一条信息,跑道(海平面高度)繁忙,他必须等待一段时间。这架飞机能安全飞行多长时间(保持恒定的速度)?假设在飞行开始时油箱是满的。

6.14 习题6.10中飞机的一台发动机失灵,在这种情况下飞机的绝对升限是多少?

6.15 习题6.10中的飞机计划以最大速度在5000ft的高度飞行。这次飞行的航程是多少?

6.16 确定问题6.10中飞机在下列飞行条件下的最大航程。

(1)升力系数不变。

(2)速度和高度都不变。

6.17 习题6.10中的飞机需要将绝对升限提高30%。对于这个要求,新的发动机功率是多少?

6.18 习题6.10中飞机的任务是通过空中加油绕赤道飞行,假设没有风和且高度为海平面,完成这项任务需要加油多少次?地球半径为6371km。

6.19 某军用运输机配备4台涡轮螺旋桨发动机,具有以下特性:
$$m_{TO} = 80000\text{kg}, S = 160\text{m}^2, P = 18000\text{hp},$$
$$C_{D_0} = 0.03, K = 0.05, \eta_P = 0.86, C_{L_{max}} = 2.1,$$
$$m_f = 25000\text{kg}, C = 0.75\text{lb}/(\text{h} \cdot \text{hp})$$

飞机需要搭载额外的包裹,每个包裹的质量为100kg。如果要飞行2000km,则可以搭载多少个这种包裹,相当于节省了多少燃油?

6.20 飞机设计师正在为一架比赛飞机选择活塞螺旋桨发动机,该飞机具有以下特性:

$$m_{TO} = 1800\text{kg}, S = 12\text{m}^2, C_{D_0} = 0.021, K = 0.055, \eta_P = 0.86, C_{L_{max}} = 2.1$$

飞机需要以 500kn 的最大速度飞行。所需的发动机功率是多少?

6.21 人力螺旋桨飞机具有以下特性:

$$m_{TO} = 95\text{kg}, S = 93\text{m}^2, e = 0.95, C_{D_0} = 0.019, \eta_P = 0.96, C_{L_{max}} = 1.4, b = 30\text{m}$$

据估计,飞行员能够提供 0.5hp 的人力并维持 10min。

(1)最大升阻比是多少?

(2)确定最小阻力速度和最小功率速度。

(3)计算这架飞机的最大速度。

(4)这架飞机的绝对升限是多少?

(5)这架飞机的最大航程是多少?

6.22 带有活塞螺旋桨发动机的超轻型飞机具有以下特性:

$$m_{TO} = 110\text{kg}, S = 10\text{m}^2, P = 5\text{hp},$$
$$C_{D_0} = 0.015, K = 0.02, \eta_P = 0.8, C_{L_{max}} = 1.6,$$
$$m_f = 10\text{kg}, C = 0.6\text{lb}/(\text{h} \cdot \text{hp})$$

计算最大速度。

6.23 计算习题 6.22 中飞机的最大航程。

6.24 计算习题 6.22 中飞机的最大航时。

6.25 计算习题 6.22 中飞机的绝对升限。

6.26 计算习题 6.19 中飞机的最大速度。

6.27 计算习题 6.19 中飞机的绝对升限。

6.28 某轿车具有以下特性:

$$m = 800\text{kg}, C_{D_0} = 0.05, P = 120\text{hp}$$

这辆车需要改装成一辆能在海平面以 200km/h 的速度飞行的飞行汽车。

(1)实现这一要求所需的机翼面积是多少? 假设 $K = 0.04, V_s = 40\text{kn}, \eta_P = 0.7, C_{L_{max}} = 1.5$,增加机翼和尾翼而不增加飞机重量。

(2)这种汽车飞机的绝对升限是多少?

6.29 对于下列活塞螺旋桨飞机:

$$m_{TO} = 5000\text{kg}, S = 53\text{m}^2, C_{D_0} = 0.038, b = 18\text{m},$$
$$e = 0.86, \eta_P = 0.83, C_{L_{max}} = 1.5, m_f = 1300\text{kg},$$
$$C = 0.64\text{lb}/(\text{h} \cdot \text{hp})$$

(1)如果起始高度为 15000ft,确定最大航程。假设升力系数不变。

(2)确定最大航程速度。

(3)确定飞完该航程的持续时间。

6.30 一架配备 2 台涡轮螺旋桨发动机的支线运输机的绝对升限为 34000ft。飞机在 12000ft 的最大速度是多少?

$$W_{TO} = 18000lb, S = 342\ ft^2, C_{D_0} = 0.028, AR = 9.3,$$
$$e = 0.86, \eta_P = 0.84, C_{L_{max}} = 1.9$$

6.31 配备涡轮螺旋桨发动机的通航飞机具有以下特性:

$$W_{TO} = 8500lb, S = 280\ ft^2, C_{D_0} = 0.025, K = 0.07,$$
$$\eta_P = 0.76, C_{L_{max}} = 1.7, W_f = 1400lb,$$
$$C = 0.67lb/(h \cdot hp), P_{max} = 800hp$$

确定其最大航时,假设飞行员在整个飞行过程中保持空速和高度不变。

6.32 一架两栖飞机配备 2 台涡轮螺旋桨发动机,单台产生 210hp 的功率,具有下列特性:

$$W = 3900lbf, S = 270\ ft^2, C_{D_0} = 0.034, e = 0.85, \eta_P = 0.73, C_{L_{max}} = 1.3, b = 42ft$$

计算该飞机的绝对升限。

6.33 下列涡轮螺旋桨运输机的燃油质量为 17300kg, $C = 0.66lb(h \cdot hp)$。如果它以恒定的空速和恒定的迎角飞行,确定该飞机的最大航时(以 h 为单位)。假设飞机在 25000ft 的高度开始飞行。

$$S = 253m^2, m_{TO} = 69200kg, C_{L_{max}} = 2.3, C_{D_0} = 0.022, K = 0.06, \eta_P = 0.76$$

6.34 考虑习题 6.33 中的飞机。飞机高度为 12000ft,速度为 160kn(KTAS)。确定航程。

(1)如果飞行员在整个飞行过程中保持高度和速度不变。

(2)如果飞行员在整个飞行过程中保持升力系数和速度不变。

(3)如果飞行员在整个飞行过程中保持升力系数和高度不变。

6.35 考虑习题 6.33 中的飞机。飞机高度为 18000ft,速度为 110kn(KTAS)。确定航时。

(1)如果飞行员在整个飞行过程中保持高度和速度不变。

(2)如果飞行员在整个飞行过程中保持升力系数和速度不变。

(3)如果飞行员在整个飞行过程中保持升力系数和高度不变。

6.36 活塞螺旋桨超轻型飞机最大起飞重量为 300kg,机翼面积为 16m²,机翼翼展为 10m。假设飞机具有以下特征:

$$C_{L_{max}} = 1.6, C_{D_0} = 0.03, e = 0.82, \eta_P = 0.7$$

确定最小功率速度和发动机在海平面需要产生的最小功率,以使飞机在 4000m 高空进行稳定水平飞行。

6.37 一架四螺旋桨发动机驱动的货机,最大起飞重量 150000lb,机翼面积 1800ft²,翼展 130 ft。假设飞机具有如下特性:

$$C_{L_{max}} = 2.2, C_{D_0} = 0.027, e = 0.82, \eta_P = 0.8$$

确定最小功率速度和发动机在海面需要产生的最小功率,以使飞机在25000ft高空进行稳定水平飞行。

6.38 一架质量为2200kg的通航飞机配备一台最大功率为600hp的活塞螺旋桨发动机。该飞机的其他特性如下:

$$S = 23m^2, C_{D_0} = 0.026, K = 0.05, \eta_P = 0.72, C_{L_{max}} = 1.7,$$
$$m_f = 400kg, C = 0.6lb/(h \cdot hp)$$

(1)如果这架飞机以150kn的速度在6000m的高度开始巡航时,确定飞行航程。在本次飞行中,升力系数保持不变。忽略备用燃油,并假设油箱中的燃油已被完全耗尽。

(2)如果这架飞机以150kn的恒定速度在6000m的恒定高度巡航时,确定飞行航程。假设油箱中燃油已被完全耗尽。忽略备用燃油,并假设油箱中的燃油已被完全耗尽。

6.39 一架质量为3000kg的通航飞机配备一台最大功率为1100hp的涡轮螺旋桨发动机。该飞机的其他特性如下:

$$S = 17m^2, C_{D_0} = 0.022, K = 0.045, \eta_P = 0.74, C_{L_{max}} = 2.1,$$
$$m_f = 550kg, C = 0.62lb/(h \cdot hp)$$

(1)如果这架飞机以300kn的速度在6000m的高度开始巡航时,确定飞行航程。在本次飞行中,升力系数保持不变。忽略备用燃油,并假设油箱中的燃油已被完全消尽。

(2)如果这架飞机以300kn的恒定速度在6000m的恒定高度巡航时,确定飞行航程。假设油箱中燃油已被完全耗尽。忽略备用燃油,并假设油箱中的燃油已被完全耗尽。

6.40 消防两栖飞机配备有两台涡轮螺旋桨发动机,并具有以下特性:

$$m_{TO} = 17000kg, S = 100m^2, C_{D_0} = 0.03, K = 0.04, \eta_P = 0.73, P_{max} = 2 \times 1500kW$$

建议飞机在15000ft的高度巡航飞行时仅使用其最大发动机功率的60%。确定飞机巡航速度。

参考文献

[1] Jackson, P. et al. , Jane's All the World's Aircraft, Jane's Information Group, UK, Several years.

[2] Lan, C. E. and Roskam J. , Airplane Aerodynamics and Performance, DAR, Lawrence, KS, 2003.

[3] Daily Launch, American Institute of Aeronautics and Astronautics, Piper Company Publication, Vero Beach, FL, June 12, 2013.

[4] PC – 9 M Factsheet, Pilatus Aircraft Ltd, Pilatus Aircraft Company Publication, Stans, Switzerland, 2002.

[5] Beech Starship 1 Model 2000 Airplane, Flight Manual, Beechcraft/Raytheon Aircraft, Wichita, KS, 1993.

[6] Lockheed C – 130 Hercules, Standard Aircraft Characteristics, NAVAIR, Commander of the Naval Air System Command, Saint Mary, MD, 1967.

[7] Spiegel, M. R. , Schaum's Mathematical Handbook of Formulas and Tables, Schaum's Outlines, 2nd edn. , McGraw – Hill, New York, NY, 1998.

[8] Hale, F. J. , Introduction to Aircraft Performance, Selection and Design, Wiley, Hoboken, NJ, 1984.

[9] McCormick, B. W. , Aerodynamics, Aeronautics, and Flight Mechanics, Wiley, Hoboken, NJ, 1979.

[10] Cessna 172, Pilot's Operating Handbook, Cessna Aircraft Company, Wichita, KS, 1978.

[11] Federal Aviation Regulations, US Department of Transportation, Federal Aviation Administration (www. faa. gov) , FAR Part 23.

[12] Menon, P. K. , Study of aircraft cruise, Journal of Guidance, Control and Dynamics, 12 (5) , 631 – 639, September – October 1989.

[13] Anonymous, Cherokee Arrow Pilot's Operating Manual, Piper Company, Reston, VA, 1973.

第7章
爬升与下降

7.1 引言

飞机的常规飞行都包括爬升和下降,爬升和下降是飞机性能评估中的另外两个参数,爬升通常在起飞之后,而着陆前必须下降(图 5.1)。爬升是相对于参考平面(通常是海平面或有时是出发机场的高度)的高度增加,但下降是高度的降低。爬升过程中,飞机势能(PE)增加,但下降过程中势能是消耗的。爬升需要能量来源,主要是发动机,但是下降不需要任何能量来源,因为飞机的重力是下降的主要力。来自地球的引力把飞机拉向地心。当不消耗能源或不使用发动机动力(如上升的暖空气)的情况下飞机上升高度时就称为滑翔。

爬升性能评价有多个参数,如爬升率(Rate of Climb,ROC)、爬升时间、爬升角等。ROC 最高、爬升时间最短、爬升角最大的飞机具有较高的性能。ROC 通常是最重要的一个。一般来说,在各种有人飞机中,战斗机的 ROC 最高。在各种无人飞机中,防空导弹的 ROC 最高。从以下两个方面来看 ROC 是至关重要的:操作的角度和安全的角度。出于这两个原因,飞机设计师都试图交付一架具有最高 ROC 的飞机。在爬升分析中,主要关注三个主要参数。

(1)最大 ROC(最快爬升)。

(2)最大爬升角(最陡爬升)。

(3)最低成本爬升(最经济爬升)。

第 5 章和第 6 章分别讨论了喷气飞机和螺旋桨飞机的稳定水平飞行。本章把注意力转移到进行平稳、加速和非加速爬升飞行的飞机上。以下几种飞行任务实例中,爬升起着至关重要的作用。假设一架飞机正在飞行,突然在前方遇到一个巨大的障碍——一座高楼、一座小山甚至一座高山。飞机向上爬升并飞越这些障碍的能力主要取决于它的爬升特性。或者,假设在某个高度遇到了恶劣的天气或湍流,想通过快速爬升到更高的高度来摆脱它。能多快完成这一过程也取决于飞机的爬升特性。在山区之间的城市,飞行员需要格外小心才能安全起飞和爬升,以及安全下降和降落。

或者,假设一名军用战斗机飞行员,紧急起飞并拦截某个预定高度的目标,需要尽快达到目标。能多快做到这一点取决于战斗机的爬升特性。在同一架战斗机上,如果发现被敌方导弹跟踪并锁定,摆脱导弹的一种方法就是快速爬升到更高的高度。作为一个安全问题,如果多发飞机在起飞过程中因故障丧失一台发动机,飞机仍必须能够安全爬升,以避免撞上周围的建筑物。

由于这些和其他原因,飞机的爬升性能是整体性能评价的基础部分。在某些情况下,ROC 很重要,但在另一些情况下爬升角更重要。爬升性能正是本章的主题。

据统计,轻型飞机的 ROC 为 1000 ~ 2000ft/min,运输机的 ROC 为 2000 ~ 8000ft/min,战斗机的 ROC 为 20000 ~ 60000ft/min。滑翔机的 ROC 值为 0(实际上是负数),这是意料之中的。唯一的例外是当滑翔机遇到上升暖流时。在这种情况下,滑翔机会爬升到更高的高度。

最大 ROC 值基本是在海平面到达,并且随高度的增加而减小。在四个特定高度上,ROC 有确定的值。

(1)在绝对升限,最大 ROC 为 0。

(2)在实用升限,最大 ROC 为 100ft/min(0.5m/s)。

(3)在巡航升限,最大 ROC 为 300ft/min(1.5m/s)。

(4)在战斗升限,最大 ROC 为 500ft/min(2.5m/s)。

这四个高度(升限)是不同的,但它们对于给定的飞机而言是唯一的。下面几节将介绍一些爬升和下降的术语和基本性能基础。本章首先介绍爬升飞行的基本原理;然后推导爬升的运动方程;介绍确定爬升飞行的最大 ROC、最大爬升角和爬升时间等几个方面的方法;最后介绍下降飞行,因为它与爬升在许多方面是非常相似的。第 7 节是关于滑翔飞行,即无动力下降。

7.2 基本原理

根据定义,飞行中的飞机在飞行轨迹的方向上具有空速。考虑一个正交的三轴坐标系,其中 x 沿水平方向,z 垂直于 x 且向上,y 垂直于 xOz 平面。基于此假设,空速在三个轴上有三个分量:①水平分量为前向速度(x 方向);②侧向分量或侧向速度(y 方向);③垂直分量或向上速度(z 方向)。ROC 是飞机空速的垂直分量。ROC 取决于飞机空速 V 和爬升角 γ。图 7.1 所示的爬升飞行中的飞机示意图说明了这些变量。

在爬升分析中,有三个角度是有影响的:飞机迎角 α、俯仰角 θ 和爬升角 γ。飞机迎角定义为飞机航迹与参考线(通常为机身中心线)之间的夹角。爬升角定义为瞬时飞行轨迹方向(相对空速 V 的方向)与水平方向的夹角。俯仰角是迎角和

爬升角之和,即

$$\theta = \gamma + \alpha \qquad\qquad (7.1)$$

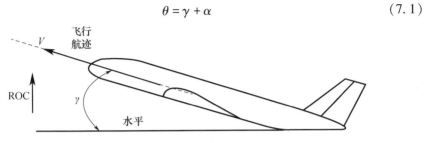

图 7.1　爬升飞行参数

图 7.2 阐明了这些定义。飞机迎角和俯仰角主要由升降舵通过驾驶杆控制,爬升角主要由推力控制。然而,这三个角度同时又相互影响。

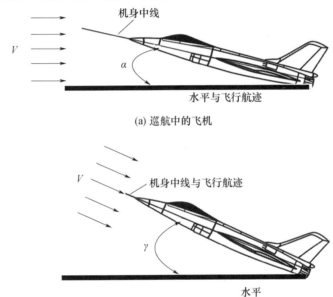

(a) 巡航中的飞机

(b) 迎角为0°的飞机爬升

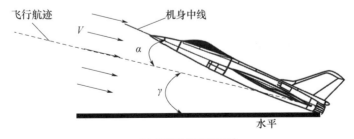

(c) 带迎角的飞机爬升

图 7.2　爬升角与迎角

大多数飞机的最大迎角往往小于15°,但最大爬升角往往在10°~30°。注意,γ 既不是飞机的迎角 α 也不是俯仰角 θ,迎角通常是参考线与相对风之间的夹角。

对于不同的飞机部件,测量迎角的基准线是不同的。对于机翼迎角 α_w,参考线为机翼的平均几何弦。对于水平尾翼迎角 α_{ht},参考线为水平尾翼的平均几何弦。对于机身迎角 α_f,参考线为机身中心线。最后,对于飞机迎角 α_a,参考线是一条通过机身中心线的直线。

最重要的爬升参数是 ROC。ROC 是单位时间内高度的变化率,即

$$\mathrm{ROC} = \frac{\mathrm{d}h}{\mathrm{d}t} = \dot{h} \qquad (7.2)$$

式中:h 为高度;t 为时间。

例如,如果一架飞机每5s增加100m的高度,那么 ROC 将是 $100/5 = 20\mathrm{m/s}$ 或 $1200\mathrm{m/min}$ 或 $3936\mathrm{ft/min}$。

图7.3 说明了稳态匀速爬升时作用在飞机上的力(重力 W、升力 L、阻力 D、推力 T)。飞机发动机通常有一个安装角 i_T(通常为2°~5°)。

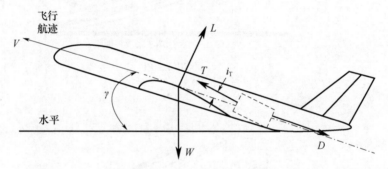

图7.3　爬升飞行中飞机的受力

图7.3 中的飞机以恒定加速度 a 爬升。根据牛顿第二定律,利用式(2.30),可以将飞行方向上力的平衡写为

$$T\cos(i_T + \alpha) - D - W\sin\gamma = ma = m\frac{\mathrm{d}V}{\mathrm{d}t} \qquad (7.3)$$

如果计算中忽略发动机的安装角,推力就与飞行轨迹方向平行。一般来说,这并不完全正确,但在常规飞机上,推力矢量倾斜的影响小到可以忽略。此外,为了简单起见,可以假设推力线在飞行方向(忽略迎角对发动机推力的影响)。为了进一步简化,假设所有的力都通过飞机的重心,且飞机的迎角为0°。基于这些简化假设,可得

$$T - D - mg\sin\gamma = m\frac{\mathrm{d}V}{\mathrm{d}t} \qquad (7.4)$$

图7.4 将飞机空速矢量 V 分别分解为水平分量 $\dot{x}$ 和垂直分量 $\dot{h}$。变量 $\dot{x}$ 是水

平方向上的速度分量（dx/dt）。特别是根据定义，垂直分量 $\dot{h}$ 是飞机的 ROC。因此，前向速度 V 与 ROC 的关系（图 7.4）为

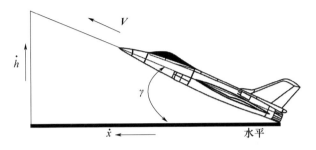

图 7.4　飞机速度与 ROC

$$V\sin\gamma = \frac{\mathrm{d}h}{\mathrm{d}t} = \dot{h} \tag{7.5}$$

式（7.5）两边同时乘以 V，将式（7.5）代入式（7.4），可得

$$TV - DV - mg\dot{h} = mV\frac{\mathrm{d}V}{\mathrm{d}t} \tag{7.6}$$

或

$$(T - D)V = \frac{\mathrm{d}}{\mathrm{d}t}\left(\frac{1}{2}mV^2 + mgh\right) \tag{7.7}$$

式中：mgh 为飞机的 PE；$mV^2/2$ 为飞机的 KE，它们之和为飞机的总能量；$T - D$ 为飞机的剩余力；$(T - D)V$ 为飞机的剩余功率 P_{ex}。

由式（7.7）可知，爬升飞行中飞机的剩余功率等于飞机能量单位时间的变化率。换句话说，爬升导致了飞机总能量的变化。这里包括 PE 和 KE。如果飞机正以恒定空速爬升，则剩余功率就等于 PE 的变化率（高度增加）。

因此，飞机爬升性能可以看作是动力装置与飞机 KE、PE 之间的能量交换。如果飞机在稳定水平飞行中，动力增加到超过持续水平飞行所需的量，在飞机上所做功就比克服阻力所需做功要多。结果，KE 或 PE，或两者都将增加，即使机身中心线和水平面之间夹角为零。哪个量增加取决于飞机是如何操作的。

发动机推力 T 和飞机空速 V 的乘积称为可用功率 P_{av}。同样，飞机气动阻力 D 和飞机水平飞行空速的乘积称为需用功率 P_{req}。因此，剩余功率 P_{ex} 为

$$P_{ex} = (T - D)V = TV - DV = P_{av} - P_{req} \tag{7.8}$$

"可用功率"和"需用功率"的概念对喷气飞机和螺旋桨飞机都适用。图 7.5 显示了可用功率和需用功率随空速的变化。当剩余功率增大时，ROC 也随之增大。从图 7.5 可以看出，剩余功率是有极限的（最大值），这表示任何飞机的 ROC 也有极限。由第 4 章的讨论可知，发动机功率随高度升高而减小。所以，ROC 也会随着高度的升高而下降。ROC 在称为绝对升限的高度变为 0，因为此高度已经

没有剩余功率。在那样的高度,飞机几乎不能保持它的高度,而只能巡航。

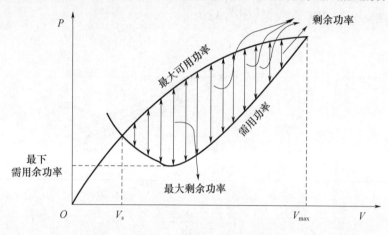

图 7.5　功率与空速的变化

一般来说,爬升中有飞机速度和高度两个参数可以控制。换句话说,爬升飞行有两种方式。

(1)消耗巡航飞行不需要的发动机的剩余功率;

(2)消耗飞机的 KE,即减速。

第一种方式是典型的爬升方法,在爬升过程中,只要发动机有剩余功率,飞机就会爬升。第二种方式意味着没有剩余功率,但空速和高度是互相转换的。在这种方式中,KE 转换为 PE。这意味着,要获得高度,就必须损失速度。滑翔机(翱翔机)和风筝能够利用暖气流能量来爬升。这是一种例外,这种情况不能作为其他飞机的选择。

爬升飞行可以加速也可以不加速。大多数爬升操纵的第一部分通常是加速到一定高度。之后进入第二部分,直到飞机达到最佳爬升状态。在这部分爬升是不加速的。本章主要讨论的是非加速爬升。

飞行性能工程师的典型工作之一是进行必要的计算并向飞行员提供飞行手册。编写飞行指令的飞机性能工程师必须意识到普通飞行员不喜欢复杂的爬升。飞行员喜欢看到并遵循易于实施的飞行指令。发动机功率或发动机推力的连续变化不是大多数飞行员所希望的。因此,在大多数飞机情况下(民用或军用),爬升是基于恒定速度 V 或恒定马赫数。

在这两种情况下,爬升都会引起 PE(有时是 KE)的变化。图 7.6 显示了三种爬升飞行策略。在图 7.6(a)中,爬升的目标是保持当量空速(V_E 或 EAS)不变。因此,真空速和马赫数随着高度的增加而增加。在图 7.6(b)中,飞行员保持恒定的马赫数。因此,当量空速 V_E 和真空速 V_T 均随高度而减小。在第三种策略中,飞行员首先将保持 EAS 恒定,直到预定的高度(图中为 30000ft);然后保持恒定的马赫数。在这种方式中,真空速和马赫数都将增加,直到某一高度,随后当量空速 V_E 和真空速 V_T 均随高度增加而减小。

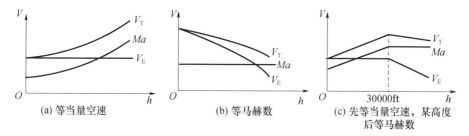

图 7.6　三种爬升飞行策略

　　虽然这三种方式[1]都很容易实施,但飞行员要完成连续的、累人的操纵。发动机功率(螺旋桨发动机)和发动机推力(涡轮喷气发动机和涡扇发动机)都是高度和大气条件的函数。由于飞机重量在任何飞行(包括爬升飞行)中逐渐减少,所以飞行员必须在所有三种方式下减小发动机油门,以补偿这种重量减少。因此,最好的爬升飞行需要发动机功率或发动机推力以恒定的速率减小。

　　图 7.7 显示了麦道 DC – 10 – 10 运输机分别在两种起飞重量(240000 和 440000lb)条件下的爬升策略和爬升率随高度的变化。飞机配备 3 台 GE CF6 – 8D 高涵道比涡扇发动机,单台发动机产生 185kN 的推力。起飞后,飞机先是加速爬升,直到达到 250kn 的空速。然后,它计划以 250kn(EAS)的速度爬升到 10000ft,再以 340kn(EAS)的速度爬升到 27880ft,最后以 Ma 0.85 继续爬升到巡航高度。第四爬升段与其他爬升段相比,爬升角小得多。

7.3　爬升运动方程

　　以如图 7.3 所示二维平面上爬升的飞机为例。在这种情况下,认为 x 轴是沿着飞行轨迹的,而 z 轴垂直于 x 轴。回顾 2.4 节可知,对于两轴的运动方程为

$$T\cos(i_T + \alpha) - D - W\sin\gamma = m\frac{\mathrm{d}V}{\mathrm{d}t} \tag{7.9}$$

$$L + T\sin(i_T + \alpha) - W\cos\gamma = m\frac{\mathrm{d}(V\sin\gamma)}{\mathrm{d}t} \tag{7.10}$$

　　假设飞机为质点,且推力线与飞行轨迹重合($i_T = 0°$)。飞机迎角也假设忽略不计($\alpha = 0°$)。该飞行状态的受力情况如图 7.8 所示,也就是图 7.3 的另一种形式。此外,考虑以恒定速度 V 稳定(非加速)爬升。因此,式(7.9)和式(7.10)的等号右侧将为 0。通过这些简化假设,式(7.9)可改写为

$$T - D - W\sin\gamma = 0 \tag{7.11}$$

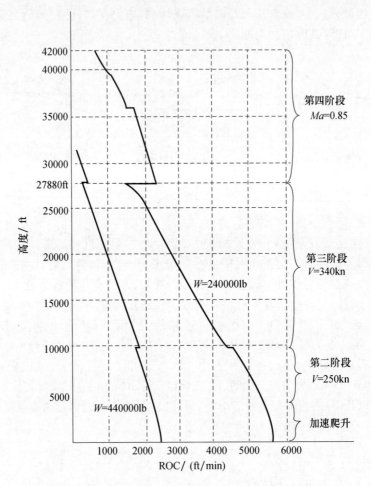

图 7.7 麦道 DC - 10 - 10 运输机的 ROC 随高度的变化

这表示 x 方向上的力的平衡。因此,爬升角可由下式计算:

$$\sin\gamma = \frac{T - D}{W} \qquad (7.12)$$

在 z 方向上,力会达到平衡,即

$$L - W\cos\gamma = 0 \qquad (7.13)$$

由式(7.12)和式(7.13)可以得到一些结果。由式(7.12)可知,爬升角是发动机推力、阻力的函数,是飞机重力的倒数。为了增大爬升角,必须增大发动机推力,降低飞机的阻力和重力。飞机越重,爬升角就越小。飞机的气动特性越好(这意味着阻力越小),爬升角就会越大。随着发动机产生更大的推力,飞机可以以更大的爬升角爬升。最大可能的爬升角为90°(垂直爬升),这只有当式(7.12)的分子 $T - D$ 大于分母(即 W)时才是可以实现的。此外,飞机飞得越快,爬升角就会越

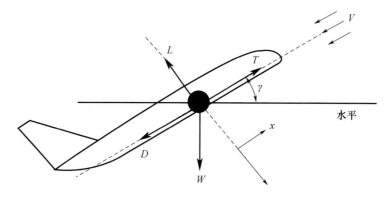

图 7.8 爬升飞行的受力

小。这是因为随着空速的增大,飞机的阻力也随之增大。因此,轻型飞机比重型飞机具有更好的爬升性能。

另外,由式(7.13)可知,在爬升飞行过程中,升力始终小于飞机重力,这意味着爬升能力的主要部分取决于发动机推力。发动机推力大的飞机比发动机推力小的飞机爬升性能更好。

式(7.11)和式(7.13)的联立解可以用来分析爬升飞行。根据问题的类型(分析或设计),可以解两个未知的变量,例如用于飞机性能分析的爬升角和空速,以及用于飞机设计的发动机推力和升力。下面将介绍针对不同情况的各种求解方法。

爬升飞行中的飞机有以下三种速度:

(1)飞机速度或空速 V,即飞机相对于沿飞行轨迹的空气的速度。

(2)空速的水平分量,或平行于水平面的飞机速度 V_H。如果没有风,这个速度等于飞机的地速。这个速度在导航中非常重要,有

$$V_H = \dot{x} = V\cos\gamma \tag{7.14}$$

(3)空速的垂直分量,或垂直于水平面的飞机速度 V_V,即 ROC,则

$$V_V = \dot{h} = V\sin\gamma \tag{7.15}$$

图 7.4 所示为这三种速度。这些速度在爬升飞行分析中非常重要。式(7.12)两边同时乘以空速 V 可得

$$V\sin\gamma = \frac{(T-D)V}{W} \tag{7.16}$$

式(7.16)的左边看起来很熟悉。本章的前面定义了需用功率和可用功率,利用这些项可得

$$V\sin\gamma = \frac{TV-DV}{W} = \frac{P_{req}-P_{av}}{W} = \frac{P_{ex}}{W} \tag{7.17}$$

式(7.16)等号左边根据定义为飞机的 ROC(式(7.5)),即

$$ROC = V\sin\gamma \qquad (7.18)$$

很明显,ROC 直接依赖于剩余功率(图 7.5)和飞机重力的倒数。推力越大、阻力越小、重量越轻,则爬升性能越好。

对于稳定爬升飞行来说,强调升力小于重力是有益的(式(7.13))。这是因为,对于爬升飞行,飞机的部分重力由推力平衡,因此比水平飞行时需要的升力更小。反过来,这对阻力也有影响:升力越小,则由升力引起的阻力就越小。对于给定的速度 V,爬升飞行中的阻力小于水平飞行中的阻力。例如,飞机在爬升飞行中,爬升角为 45°,需要产生的升力为其重力的 86.6%(cos30° = 0.866)。

例 7.1 一架质量为 12700kg 的公务机配备 2 台 23.7kN 推力的涡扇发动机,正在以 250kn 的空速爬升。如果飞机阻力为 12000N,确定 ROC 和爬升角。另外,2min 内飞机能飞多高?忽略这一过程中飞机质量、阻力和发动机推力的变化。

解:

飞机的 ROC 为

$$ROC = \frac{(T-D)V}{W} = \frac{(2\times23700-12000)\times(500\times0.5144)}{12700\times9.81} = 36.55\,\mathrm{m/s}$$

$$(7.16)$$

爬升角为

$$ROC = V\sin\gamma$$

$$\gamma = \arcsin\left(\frac{ROC}{V}\right) = \arcsin\left(\frac{36.55}{250\times0.5144}\right) = 0.288\,\mathrm{rad} = 16.5° \qquad (7.18)$$

$$ROC = \frac{\mathrm{d}h}{\mathrm{d}t}$$

$$h = ROC \cdot t = 36.55\times2\times60 = 4386.7\,\mathrm{m} = 14392\,\mathrm{ft} \qquad (7.2)$$

因此,飞机将在 2min 内爬升 4387m 或 14392ft。

爬升分析中的两个重要参数是爬升角 γ 和 ROC。在下面的分析中,要看看这些参数在何种条件下取最大值。因此,这里希望确定最大爬升率 ROC_{max} 和最大爬升角 γ_{max}。通过了解这两个参数,可以判断飞机的爬升性能。因此,两个重要的爬升标准如下。

(1)最快爬升,即当飞机的 ROC 值达到最大值时。

(2)最陡爬升,即当爬升角最大时。

这两个参数在爬升性能分析中都是至关重要的。最陡爬升是飞行安全中的一个重要因素(如起飞过程中)。最快爬升对飞机的机动性至关重要(如面对敌方战斗机时的机动性)。

回顾第 4 章,功率(对于螺旋桨驱动的发动机)和推力(对于喷气式发动机)都随高度而下降。由式(7.17)可知,这使得剩余功率降低,从而降低了 ROC。图 7.9 所示为 ROC 随海拔高度的典型变化。由式(7.12)可知,爬升角随海拔高度的增加而减小。图 7.10 显示了爬升角随高度的典型变化。

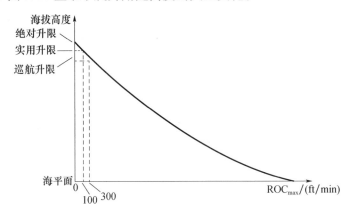

图 7.9 ROC 随海拔高度的典型变化

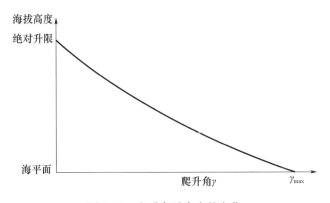

图 7.10 爬升角随高度的变化

ROC 的最大值为 0 的高度是在稳定水平飞行中可以达到的最大高度。第 5 章将绝对升限定义为 $\text{ROC}_{max} = 0$ 时的海拔高度。实用升限是一个更有用的变量，通常定义为 $\text{ROC}_{max} = 100\text{ft/min}$ 时的海拔高度。实用升限代表稳定水平飞行的实际上限。

图 7.9 描述了绝对升限、实用升限和巡航升限，还给出了一种确定这些升限的简单图形方法。图 7.9 中，最大 ROC(横坐标)绘制为关于海拔高度(纵坐标)的曲线。对于许多常规飞机来说，这种变化几乎是线性的(但不是精确的)。绝对升限、实用升限和巡航升限的图形解法简单直接。接下来的两部分将介绍一种确定喷气和螺旋桨飞机最大 ROC 和最大爬升角的解析解法。

任何飞机在海平面上都有最大 ROC 和最大爬升角。在绝对升限处，最大 ROC 为 0、最大爬升角为 0°(图 7.9 和图 7.10)。第 5 章和第 6 章给出了确定喷气和螺旋桨飞机绝对升限的解析方法。"霍克"800 公务机质量为 12700kg，最大推力为

$2 \times 23.7\text{kN}$,图 7.11 所示为 ROC 计算值随飞机速度的变化。图中显示了从海平面到 10000m 之间 11 个高度的结果。可以观察到,每个高度都有唯一的最大 ROC,而且它是出现在唯一的空速处。例如,海平面的最大 ROC 为速度 379kn 处的 9328ft/min,而在 10000m 高度的最大 ROC 为速度 402kn 处的 2400ft/min。图中假设飞机零升系数为 0.02,诱导阻力系数 K 为 0.05。

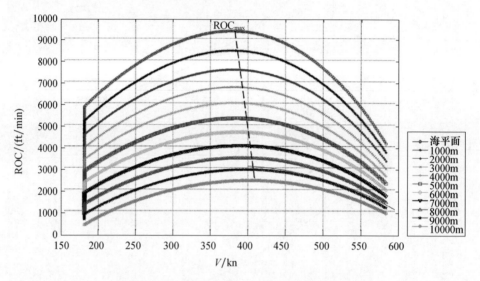

图 7.11 (见彩图)"霍克"800 公务机的理论 ROC

例 7.2 飞机 A 正在以 200kn 的速度爬升,爬升角为 15°。飞机 B 正在以 100kn 的速度爬升(速度低),爬升角为 30°(角度大)。

(1)确定哪架飞机的 ROC 最高。

(2)确定飞机 A 和飞机 B 爬升到 10000ft 高度的时间。忽略发动机推力随高度的变化。

解:

计算 ROC:

$$\text{ROC}_\text{A} = V \sin \gamma = 200 \times 0.5144 \times \sin 15° = 26.63\text{m/s} = 5242\text{ft/min} \quad (7.18)$$

$$\text{ROC}_\text{B} = V \sin \gamma = (100 \times 0.5144) \times \sin 30° = 25.72\text{m/s} = 5063.4\text{ft/min} (7.18)$$

因此,飞机 A 的 ROC 要高于飞机 B 的 ROC。

计算爬升时间:

$$\text{ROC} = \frac{\text{d}h}{\text{d}t}$$

$$t = \frac{h}{\text{ROC}_\text{A}}$$

$$t_A = \frac{10000}{5242} = 1.908 \text{min} \qquad (7.2)$$

$$t_B = \frac{10000}{5063.4} = 1.975 \text{min} \qquad (7.2)$$

例7.3 飞机 A 正在以 180kn 的速度爬升,ROC 为 2600ft/min。飞机 B 正在以 150kn 的速度爬升,ROC 为 3000ft/min。哪架飞机的爬升角最高?

解 计算爬升角:

$$\text{ROC} = V \sin\gamma \Rightarrow \gamma_A = \arcsin\left(\frac{\text{ROC}}{V}\right) = \arcsin\left(\frac{2600}{180 \times 0.5144 \times 196.85}\right) = 8.2° \qquad (7.18)$$

$$\text{ROC} = V \sin\gamma \Rightarrow \gamma_B = \arcsin\left(\frac{\text{ROC}}{V}\right) = \arcsin\left(\frac{3000}{150 \times 0.5144 \times 196.85}\right) = 11.4° \qquad (7.18)$$

因此,飞机 B 的爬升角大于飞机 A 的爬升角。

目前,战斗机具有最大爬升率和最大爬升角。这些飞机能够以 90° 爬升角爬升,如通用动力公司的 F-16 "战隼" 单座战斗机,图 7.22,其 ROC 高达 60000ft/min。所以,除直升机外,一些战斗机能够垂直爬升。这意味着它们的发动机推力大于飞机重力。

例7.4 例 7.3 中飞机 A 和飞机 B 正对着一座高 200m、直径 2500m 的山飞行,哪架飞机能安全飞越这座山而幸存下来?

解 根据山的几何形状(图 7.12),山的斜率为

$$\gamma = \arctan\left(\frac{200}{2500/2}\right) = 9.1°$$

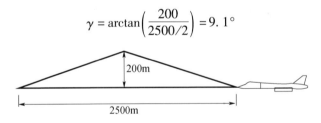

图 7.12 例 7.4 中的飞机

飞机的爬升角必须至少大于 9.1° 才能安全飞越这座山。

任何爬升角低于这个数值的飞机都会撞山坠毁。由于

$$\gamma_A < 9.1°, \gamma_B > 9.1°$$

飞机 B 将安全飞越这座山,但飞机 A 将撞上这座山。

例7.5 以 "霍克" 800 公务机为例,飞机的质量为 12700kg,发动机的最大推力为 2×23.7kN。假设飞行员在爬升飞行中使用最大推力,飞机参数如下:

$$S = 34.75\text{m}^2, C_{D_0} = 0.02, K = 0.05$$

绘制爬升率和爬升角随海拔高度的变化。包括在此期间发动机推力的变化。

忽略飞机爬升过程中质量的减少。

解 当飞机爬升时,发动机推力随高度升高而下降。此外,飞机的速度不是恒定的,所以阻力也是变化的。两个爬升运动方程如下:

$$\sin\gamma = \frac{T-D}{W} \tag{7.12}$$

$$\cos\gamma = \frac{L}{W} \tag{7.13}$$

而升力和阻力都是空速的函数。因此,式(7.12)和式(7.13)实际上有两个未知变量(爬升角 γ 和空速 V)。由于存在两个非线性代数联立方程,需要用数值方法来求解。为此,将飞行高度划分为更小的步长,并使用数学运算(如积分)来求解。为此,编写一个 MATLAB ®文件来计算海拔高度。图 7.13 所示为最大爬升率及对应的爬升角随高度的变化。

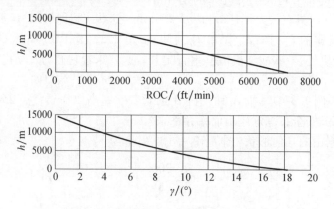

图 7.13 最大爬升率及其对应的爬升角随高度的变化

7.4 最快爬升

战斗机最重要的爬升参数是最快爬升。最快爬升是飞机爬升速度为 $\mathrm{ROC_{max}}$ 时的爬升。最快爬升是最大速度爬升的同义词,比最陡爬升更有价值。最快爬升需要最短的时间爬升到指定高度,这对空中交通管制人员来说非常重要,因为他们必须保持空域的畅通。最快爬升通常需要最少的燃油量,因此可以为巡航飞行提供更多的可用燃油。这种飞行状态有一个特定的爬升速度和特定的爬升角度。

影响最快爬升的三个参数:①发动机功率(螺旋桨飞机)或发动机推力(喷气式飞机);②飞机速度;③爬升角。随着发动机推力的增加,爬升速度越来越快(也越来越陡)。这从式(7.12)和式(7.18)可以看出。另外两个因素对 ROC 没有直接的线性影响。随着飞机速度的增大,ROC 会先增大到最大值,然后减小。如果飞行员想进一步增大 ROC,则必须减小爬升角,这就导致 ROC 的减小(图 7.14)。这将持续到飞机达到最大速度。在这种情况下,不可能再继续爬升,且 ROC 将为 0。

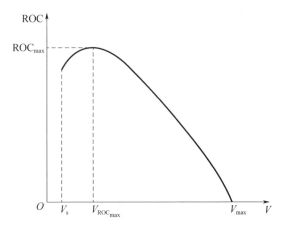

图 7.14　飞机速度对 ROC 的影响

临时或瞬时爬升不作为性能值。例如,考虑一架不能垂直爬升的通用航空飞机。如果飞行员突然想增大飞机爬升角到 90°,这在很短时间内是可能的,因为飞机的初始能量能够保证飞行员这样做。但是这种飞行状态不能持续下去,因为飞机的速度会迅速下降到零。因此,飞行员不得不回到正常的巡航飞行。否则,飞机肯定会进入下降状态(如尾旋),这可能是无法控制的。本节提出了一种确定喷气飞机和螺旋桨飞机最大 ROC 的分析方法。7.5 节将讨论爬升角对爬升飞行的影响。7.4.1 节主要分析喷气飞机的最快爬升,而 7.4.2 节主要分析螺旋桨飞机的最快爬升。

7.4.1　喷气飞机

由式(7.18)可知,最快爬升或ROC_{max}是飞机以最大爬升率对应的速度 $V_{ROC_{max}}$ 进行的爬升,并采用产生最大爬升率对应的爬升角 $\gamma_{ROC_{max}}$,即

$$ROC_{max} = V_{ROC_{max}} \sin\gamma_{ROC_{max}} \qquad (7.19)$$

现在,需要确定 $V_{ROC_{max}}$ 和 $\gamma_{ROC_{max}}$ 两个参数。这两个变量是相互独立的,其计算方法分别介绍如下。

7.4.1.1　最大爬升率对应的空速

根据7.3节的定义(结合式(7.16)和式(7.18)),ROC 为

$$\mathrm{ROC} = \frac{TV - DV}{W} \tag{7.20}$$

该表达式表明,ROC 与单位质量的剩余功率成正比(图7.5)。若要使 ROC 最大,分子必须取最大值,而分母(飞机质量)必须取最小值:

$$\mathrm{ROC}_{\max} = \frac{(TV - DV)_{\max}}{W_{\min}} \tag{7.21}$$

为简单起见,假设发动机推力不随飞机速度而变化。若将 ROC 对真空速的一阶导数设为0,则 ROC 可取最大值,即

$$\frac{\mathrm{d}}{\mathrm{d}V}\mathrm{ROC} = \frac{\mathrm{d}}{\mathrm{d}V}\left(\frac{TV - DV}{W}\right) = 0 \tag{7.22}$$

当飞机质量假设为常数时,求解该微分,可得喷气飞机的最快爬升条件:

$$T - D - V\frac{\mathrm{d}D}{\mathrm{d}V} = 0 \tag{7.23}$$

5.3.1 节中,对于水平飞行,存在以下阻力公式,即

$$D = C_{D_0}\frac{1}{2}\rho V^2 S + \frac{2KW^2}{\rho V^2 S} \tag{5.39}$$

由于爬升角通常很小,这个表达式也可用来表示爬升飞行中的阻力。该阻力对速度的微分为

$$\frac{\mathrm{d}D}{\mathrm{d}V} = C_{D_0}\rho VS - \frac{4KW^2}{\rho V^3 S} \tag{7.24}$$

将式(5.39)和式(7.24)代入式(7.23)并重新列写,可得

$$T - C_{D_0}\frac{1}{2}\rho V^2 S - \frac{2KW^2}{\rho V^2 S} - V\left(C_{D_0}\rho VS - \frac{4KW^2}{\rho V^3 S}\right) = 0 \tag{7.25}$$

或

$$T - C_{D_0}\frac{3}{2}\rho V^2 S - C_{D_0}\rho V^2 S + \frac{4KW^2}{\rho V^2 S} = 0 \tag{7.26}$$

式(7.26)可简化为

$$T - \frac{3}{2}C_{D_0}\rho V^2 S + \frac{2KW^2}{\rho V^2 S} = 0 \tag{7.27}$$

式(7.27)除以 $3\rho C_{D_0}S/2$ 可得

$$V^2 - \frac{2T}{3\rho C_{D_0}S} - \frac{4KW^2}{3\rho^2 V^2 C_{D_0}S^2} = 0 \tag{7.28}$$

回顾第5章可知,最大升阻比为

358

$$\left(\frac{L}{D}\right)_{\max} = \frac{1}{2\sqrt{KC_{D_0}}} \tag{5.28}$$

则式(7.28)可以进一步简化为

$$V^4 - \frac{2T}{3\rho C_{D_0}S}V^2 - \frac{4KW^2}{3C_{D_0}\rho^2 S^2} = 0 \tag{7.29}$$

式(7.29)是关于 V^2 的二次方程。求解一个可接受的解(一个合理的空速),即

$$V_{\mathrm{ROC_{max}}} = \sqrt{\frac{T}{3\rho C_{D_0}S}\left[1 + \sqrt{1 + \frac{3}{\left(\frac{L}{D}\right)_{\max}^2\left(\frac{T}{W}\right)^2}}\right]} \tag{7.30}$$

式(7.30)给出了最大爬升率对应的空速。任何负速度或任何复数解都应忽略,因为它不符合实际。此外,任何小于失速速度的速度也是不能接受的。在飞行员术语中,V_y 表示达到 $\mathrm{ROC_{max}}$ 时的速度,而 V_x 表示达到最大爬升角时的速度。

值得注意的是,最大爬升率对应的速度很大程度上取决于发动机推力,对于给定的油门位置,随高度升高而减小。为了增大 $\mathrm{ROC_{max}}$(通过 $V_{\mathrm{ROC_{max}}}$),必须增加发动机推力。这个速度也是高度、机翼面积、零升阻力系数以及最大升阻比的函数。

当给定油门位置且位于绝对升限时,推重比等于最大升阻比的倒数。因此,在升限处,式(7.30)中括号内的项等于 $3(1+2)$。由于比值 T/W 在海平面处的值最大,所以 $(L/D)_{\max}$ 与 T/W 乘积较大时,括号内的项在海平面的值将趋近于2。因此,括号中的项将在 $2\sim3$ 之间取值。

式(7.29)是一个数学表达式,它可能不总是存在一个可行的解。如果求解结果是小于失速速度 V_s 的某一速度,就必须选择一个安全速度。原因是,对于常规飞机来说,速度小于失速速度的安全连续爬升是不可能的。在这种情况下,$\mathrm{ROC_{max}}$ 的速度必须大于失速速度,即

$$V_{\mathrm{ROC_{max}}} = kV_s \tag{7.31}$$

式中:k 的值为 $1.1\sim1.3$。

对于民用飞机,参数 k 的值为 $1.2\sim1.3$,对于军用飞机,参数 k 的值为 $1.05\sim1.15$,参数 k 的准确值取决于飞机的任务和适航规则等多个因素。将式(7.30)的 $V_{\mathrm{ROC_{max}}}$ 代入式(7.19)可得 $\mathrm{ROC_{max}}$。

7.4.1.2 最大爬升率对应的爬升角

式(7.19)中有两个变量,其中一个变量在7.4.1.1节计算获得(式(7.30))。本节将介绍第二个变量 $\gamma_{\mathrm{ROC_{max}}}$ 的计算方法。用于推导 $\mathrm{ROC_{max}}$ 的飞机爬升运动方程来源于一般爬升飞行的原始运动方程(式(7.11)和式(7.13))。只需要将一般爬升角 γ 替换为最大爬升率对应的爬升角 $\gamma_{\mathrm{ROC_{max}}}$,并且将一般空速替换为最大爬升

率对应的速度 $V_{\text{ROC}_{\text{max}}}$：

$$T - D - W\sin\gamma_{\text{ROC}_{\text{max}}} = 0 \tag{7.32}$$

$$L - W\cos\gamma_{\text{ROC}_{\text{max}}} = 0 \tag{7.33}$$

式中：升力 L 和阻力 D 的计算方法与任何其他飞行条件相似（式（2.4）和式（2.5））。

还需要将一般空速 V 和升力系数（C_L）替换为最大爬升率对应的值 $V_{\text{ROC}_{\text{max}}}$，即

$$L = \frac{1}{2}\rho V_{\text{ROC}_{\text{max}}}^2 S C_{L_{\text{ROC}_{\text{max}}}} \tag{7.34}$$

$$D = \frac{1}{2}\rho V_{\text{ROC}_{\text{max}}}^2 S C_{D_{\text{ROC}_{\text{max}}}} \tag{7.35}$$

升力系数与阻力系数表示为抛物线阻力极曲线关系（式（3.12）），即

$$C_{D_{\text{ROC}_{\text{max}}}} = C_{D_0} + K C_{L_{\text{ROC}_{\text{max}}}}^2 \tag{7.36}$$

式（7.32）～式（7.36）是五个联立的非线性代数方程。为了求解 $\gamma_{\text{ROC}_{\text{max}}}$，需要联立解这五个方程。五个未知变量分别是最大爬升率对应的爬升角 $\gamma_{\text{ROC}_{\text{max}}}$、升力 L、阻力 D、升力系数 C_L、阻力系数 C_D。第一个未知变量是需要求解的，其他四个未知变量是中间变量。求解这些未知变量的一种方法是采用数值分析技术。

如果你是一名工程师，可以使用工程软件包，如 MATLAB、MathCad® 或 Mathematica® 来求解这五个方程。如果是一名学生，并且使用计算器，可以使用"试错"方式来解出 $\gamma_{\text{ROC}_{\text{max}}}$。最佳起始点是假设一个合理的爬升角 $\gamma_{\text{ROC}_{\text{max}}}$ 初值，如 15°；然后把爬升角 $\gamma_{\text{ROC}_{\text{max}}}$ 代入式（7.33）求升力；最后将升力 L 代入式（7.34）计算升力系数。

将升力系数 C_L 代入式（7.36）计算阻力系数。第四步是将阻力系数代入式（7.34）计算阻力。第一次尝试的最后一步是将这个阻力 D 代入式（7.32）来计算爬升角 $\gamma_{\text{ROC}_{\text{max}}}$。如果这个爬升角和第一次尝试的一样，那么就是正确答案。否则，需要使用第二个试验值再试一次。综上所述，试错方式包括以下步骤。

（1）假设 $\gamma_{\text{ROC}_{\text{max}}}$ 的一个初值；

（2）将该 $\gamma_{\text{ROC}_{\text{max}}}$ 初值代入式（7.33）求得升力 L；

（3）将该升力值代入式（7.34）求得升力系数 C_L；

（4）将该升力系数值代入式（7.36）求得阻力系数 C_D；

（5）将该阻力系数值代入式（7.35）求得阻力 D；

（6）将该阻力值代入式（7.32）求得新的 $\gamma_{\text{ROC}_{\text{max}}}$。

一直持续这种试错，直到步骤（6）中的 $\gamma_{\text{ROC}_{\text{max}}}$ 值与步骤（1）中的值相似（或非常接近）。这种方法一定会收敛到最终的解。例 7.6 将讨论这种方法。然而，还有另一种更简单、更直接的方法来求解最大爬升率对应角的封闭解 $\gamma_{\text{ROC}_{\text{max}}}$。解式（7.32）求 $\gamma_{\text{ROC}_{\text{max}}}$ 可得

$$\gamma_{ROC_{max}} = \arcsin\left(\frac{T - D_{ROC_{max}}}{W}\right) \qquad (7.37)$$

将式(7.33)～式(7.36)代入式(7.37),并经过一些代数处理(具体细节留给感兴趣的读者),可得

$$\gamma_{ROC_{max}} = \arcsin\left(\frac{T}{W} - \frac{\rho V_{ROC_{max}}^2 S C_{D_0}}{2W} - \frac{2KW}{\rho S V_{ROC_{max}}^2}\right) \qquad (7.38)$$

通过对重力 W 进行因式分解可得式(7.38)的详细表达式。运算可得最大爬升率对应爬升角的公式为

$$\gamma_{ROC_{max}} = -\arcsin\left(\frac{0.25}{KW}\left(\sqrt{-8K\rho TSV_{ROC_{max}}^2 + \rho^2 S^2 V_{ROC_{max}}^4 (1 + 4KC_{D_0})} - \rho S V_{ROC_{max}}^2\right)\right)$$

$$(7.39)$$

因此,要求得最大爬升率对应的爬升角 $\gamma_{ROC_{max}}$,有以下两种选择。

(1)根据式(7.32)～式(7.36)使用试错法;

(2)直接使用式(7.38)或式(7.39)。

然后,将此爬升角 $\gamma_{ROC_{max}}$ 与 ROC_{max} 对应的速度(式(7.30))代入式(7.19),以得到喷气飞机的 ROC_{max}。

如果没有飞行约束或限制,当使用最大推力时,显然喷气飞机会达到最快爬升。最快爬升的关系式(包括式(7.32)和式(7.39))表明,大爬升率飞机具有以下一个或多个特性:发动机推力 T 大、机翼面积 S 大、重力 W 小、最大升阻比 $(L/D)_{max}$ 大,而零升阻力系数小。绝对 ROC_{max} 出现在海平面,并随着海拔高度的升高而降低,最终在绝对升限处变为0。

图 7.15 为最大起飞质量 200000kg 的大型双发喷气式运输机计算得到的 ROC_{max}。从图中可以看出,这架飞机的绝对升限大约为 38000ft。图 7.15 展示了两种飞行条件:所有(两台)发动机工作和一台发动机工作。仅使用一台发动机重复计算以估算一发失效的性能。观察到,一发失效后,爬升率会减少 1/2 以上,因为爬升率与推力和阻力的差值成正比,而不仅仅是推力。

式(7.19)、式(7.21)和式(7.35)可以得出一些重要的结论。为了提高喷气飞机的爬升性能,提高最大爬升率,就必须做到以下几点。

(1)提高发动机推力;

(2)减轻飞机质量;

(3)增大机翼面积;

(4)减小机翼展弦比;

(5)降低飞机零升阻力系数。

这些都是飞机设计过程中可以改变的因素。对于设计和优化分析,这些因素都是最关键的。

例 7.6 麦道公司的(现在的波音公司)F/A-18(图 8.12(a))战斗机具有以

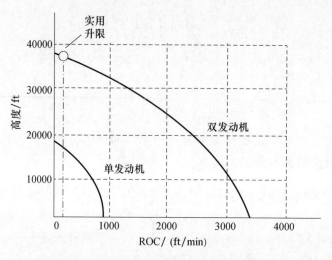

图 7.15　大型双发喷气式运输机的最大爬升率

下特性:

$$m_{TO} = 23500\text{kg}, S = 38\text{m}^2, b = 12.3\text{m}, e = 0.9, C_{L_{max}} = 2.4, T = 2 \times 79.2\text{kN}(加力)$$

假设该战斗机的净零升阻力系数为 0.015。如果飞机飞行时质量为 16000kg,确定最大爬升率。用两种方法计算爬升角:试错法和直接代换法(式(7.36))。

解　首先需要计算以下参数:

$$AR = \frac{b^2}{S} = \frac{12.3^2}{38} = 3.98 \tag{3.9}$$

$$K = \frac{1}{\pi e AR} = \frac{1}{3.14 \times 0.9 \times 3.98} = 0.089 \tag{3.8}$$

$$\left(\frac{C_L}{C_D}\right)_{max} = \frac{1}{2\sqrt{KC_{D_0}}} = \frac{1}{2\sqrt{0.089 \times 0.015}} = 13.7 \tag{5.28}$$

$$V_{ROC_{max}} = \sqrt{\frac{T}{3\rho C_{D_0}S}\left(1 + \sqrt{1 + \frac{3}{\left(\frac{L}{D}\right)_{max}^2\left(\frac{T}{W}\right)^2}}\right)}$$

$$= \sqrt{\frac{2 \times 79200}{3 \times 1.225 \times 0.015 \times 38}\left[1 + \sqrt{1 + \frac{3}{13.7^2 \times \left(\frac{2 \times 79200}{16000 \times 9.81}\right)^2}}\right]}$$

$$= 389.6(\text{m/s}) \tag{7.30}$$

需要在当前质量下比较这个速度和失速速度:

$$V_s = \sqrt{\frac{2mg}{\rho S C_{L_{max}}}} = \sqrt{\frac{2 \times 16000 \times 9.81}{1.225 \times 38 \times 2.4}} = 53(\text{m/s}) \tag{2.49}$$

ROC_{max} 速度大于失速速度,所以该速度是可行的。

用试错法计算爬升角。为了用试错法确定ROC_max对应的爬升角,首先假设爬升角为10°(第一次猜测)。

① 首次尝试 $\gamma_{ROC_{max}} = 10°$,则

$$L - W\cos\gamma_{ROC_{max}} = 0$$
$$L = 16000 \times 9.81 \times \cos10° = 154523(N) \tag{7.33}$$

$$L = \frac{1}{2}\rho V_{ROC_{max}}^2 SC_L$$

$$C_L = \frac{2 \times 154523}{1.225 \times 389.6^2 \times 38} = 0.044 \tag{7.34}$$

$$C_{D_{ROC_{max}}} = C_{D_0} + KC_{L_{ROC_{max}}}^2 = 0.015 + 0.089 \times 0.044^2 = 0.015 \tag{7.36}$$

$$D = \frac{1}{2}\rho V_{ROC_{max}}^2 SC_D = \frac{1}{2} \times 1.225 \times 389.6^2 \times 38 \times 0.015 = 53607(N) \tag{7.35}$$

$$T - D - W\sin\gamma_{ROC_{max}} = 0$$

$$\gamma_{ROC_{max}} = \arcsin\left(\frac{2 \times 79200 - 53607}{16000 \times 9.81}\right) = 0.731(rad) = 41.9° \tag{7.32}$$

这与一开始假设的很不一样。因此,需要为 $\gamma_{ROC_{max}}$ 假设一个新的值。最好以刚刚获得的最新值开始二次尝试。

② 第二次尝试 $\gamma_{ROC_{max}} = 41.9°$,则

$$L - W\cos\gamma_{ROC_{max}} = 0$$
$$L = 16000 \times 9.81 \times \cos41.9° = 116782N \tag{7.33}$$

$$L = \frac{1}{2}\rho V_{ROC_{max}}^2 SC_L$$

$$C_L = \frac{2 \times 116782}{1.225 \times 389.6^2 \times 38} = 0.033 \tag{7.34}$$

$$C_{D_{ROC_{max}}} = C_{D_0} + KC_{L_{ROC_{max}}}^2 = 0.015 + 0.089 \times 0.033^2 = 0.0151 \tag{7.36}$$

$$D = \frac{1}{2}\rho V_{ROC_{max}}^2 SC_D = \frac{1}{2} \times 1.225 \times 389.6^2 \times 38 \times 0.0151 = 53349N \tag{7.35}$$

$$T - D - W\sin\gamma_{ROC_{max}} = 0$$

$$\gamma_{ROC_{max}} = \arcsin\left(\frac{2 \times 79200 - 53349}{16000 \times 9.81}\right) = 0.734rad = 42° \tag{7.32}$$

这个答案与前面的解非常接近。因此,选择第二次试验的解作为最终答案,所以 $\gamma_{ROC_{max}} = 42°$。

如果继续,将会得到一个更为精确的解。

③ 使用直接法计算爬升角,则

$$\gamma_{ROC_{max}} = -\arcsin\left(\frac{0.25}{KW}\left(\sqrt{-8K\rho TSV_{ROC_{max}}^2 + \rho^2 S^2 V_{ROC_{max}}^4(1 + 4KC_{D_0})} - \rho SV_{ROC_{max}}^2\right)\right)$$

$$\tag{7.39}$$

将已知数据代入式(7.39),可得

$$\gamma_{\text{ROC}_{\max}} = -\arcsin\left(0.000018\left(-7.95\times10^{11}+5\times10^{13}\sqrt{1+0.0053}-7.07\times10^{6}\right)\right)$$
$$= 42.3° \tag{7.39}$$

其中

$$\frac{0.25}{KW} = \frac{0.25}{0.089\times156906} = 0.000018\text{N}^{-1}$$

$$8K\rho TSV_{\text{ROC}_{\max}}^2 = 8\times0.089\times1.225\times158400\times38\times389.6^2 = 7.95\times10^{11}\text{N}^2$$

$$\rho^2 S^2 V_{\text{ROC}_{\max}}^4 = 1.225^2\times38^2\times389.6^4 = 5\times10^{13}\text{N}^2$$

$$4KC_{D_0} = 4\times0.089\times0.015 = 0.0053$$

$$\rho SV_{\text{ROC}_{\max}}^2 = 1.225\times38\times389.6^2 = 7.07\times10^{6}\text{N}$$

这两种方法得到的结果是相同的。因此,最大爬升率为

$$\text{ROC}_{\max} = V_{\text{ROC}_{\max}}\sin\gamma_{\text{ROC}_{\max}} = 389.6\times\sin43.34° = 262.4\text{m/s} = 51658\text{ft/min}$$

$$\tag{7.19}$$

7.4.2 螺旋桨飞机

螺旋桨飞机(无论是涡轮螺旋桨,还是活塞螺旋桨发动机)$\text{ROC}_{\max}$的计算基本原理和一般方法与喷气飞机非常相似。与喷气飞机的计算方法相似,螺旋桨飞机的$\text{ROC}_{\max}$可由下式计算:

$$\text{ROC}_{\max} = V_{\text{ROC}_{\max}}\sin\gamma_{\text{ROC}_{\max}} \tag{7.19}$$

但是,最大爬升速度$V_{\text{ROC}_{\max}}$和最大爬升角$\gamma_{\text{ROC}_{\max}}$的确定方法与喷气飞机不同。$V_{\text{ROC}_{\max}}$和$\gamma_{\text{ROC}_{\max}}$将分别确定,其计算方法分别在以下内容介绍。

7.4.2.1 最大爬升率对应的空速

对于螺旋桨飞机,发动机推力是功率、螺旋桨效率和空速的函数(式(4.12))。因此,可用功率(TV)为

$$TV = P\eta_{\text{P}} \tag{7.40}$$

将式(7.40)代入式(7.20),可得

$$\text{ROC} = \frac{P\eta_{\text{P}} - DV}{W} \tag{7.41}$$

分析式(7.41)可知,假设飞机质量不变,则当可用功率最大且需用功率DV最小时,螺旋桨飞机的爬升率达到最大值:

$$\text{ROC}_{\max} = \frac{(P\eta_{\text{P}})_{\max} - (DV)_{\min}}{W} \tag{7.42}$$

因此,为最大化爬升率,需要做到以下几点。

364

（1）最大化发动机功率；

（2）最大化螺旋桨效率；

（3）最小化飞机阻力 D 与空速 V 的乘积。

（1）、（2）和（3）项的组合意味着必须最大化剩余功率：

$$\text{ROC}_{max} = \frac{(P_{exc})_{max}}{W} \qquad (7.43)$$

回顾第 6 章，当飞机以最小功率速度 V_{minP} 飞行时，剩余功率最大，即

$$V_{\text{ROC}_{max}} = V_{minP} \qquad (7.44)$$

因此，由式（6.20）可知，螺旋桨飞机的最大爬升率对应的空速为

$$V_{\text{ROC}_{max}} = \sqrt{\frac{2mg}{\rho S \sqrt{\frac{3C_{D_0}}{K}}}} \qquad (7.45)$$

在飞行员的术语中，V_x 表示达到最大爬升角时的速度（最大爬升角对应的速度），V_y 表示达到 ROC_{max} 时的速度（最大 ROC 对应的速度）。将最快爬升对应的真空速 V_T 表示为当量空速 V_E：

$$V_{T_{\text{ROC}_{max}}} = \frac{V_{E_{\text{ROC}_{max}}}}{\sigma} \qquad (7.46)$$

式（7.46）表明，虽然真空速随高度增加而增大，但当量空速在爬升过程中始终保持恒定，使得爬升操作对飞行员来说更加简单。图 7.16 展示了典型活塞螺旋桨飞机的 ROC 和爬升角随空速的一般变化规律。

以除最小功率空速外的任何空速爬升将导致爬升率小于最大爬升率。由图 7.16 中曲线可以看出，对于给定的机翼载荷，爬升率的大小对偏离最小功率空速的程度非常敏感。换句话说，爬升速度高于最小功率空速时，最快爬升性能将受到显著影响。

7.4.2.2　最大爬升率对应的爬升角

螺旋桨飞机最大爬升率对应的爬升角 $\gamma_{\text{ROC}_{max}}$ 的计算方法与喷气飞机相似，主要的区别要联立求解六个代数方程，而不是五个联立的代数方程。第六个方程是发动机功率与螺旋桨效率、发动机推力的关系。六个代数方程如下：

$$T - D - W\sin\gamma_{\text{ROC}_{max}} = 0 \qquad (7.47)$$

$$L - W\cos\gamma_{\text{ROC}_{max}} = 0 \qquad (7.48)$$

$$L = \frac{1}{2}\rho V_{\text{ROC}_{max}}^2 S C_L \qquad (7.49)$$

$$D = \frac{1}{2}\rho V_{\text{ROC}_{max}}^2 S C_D \qquad (7.50)$$

365

$$C_D = C_{D_0} + KC_L^2 \qquad (7.51)$$

$$T = \frac{P\eta_P}{V_{ROC_{max}}} \qquad (7.52)$$

式(7.47)~式(7.52)是六个联立非线性代数方程。为了计算 $\gamma_{ROC_{max}}$，需要联立求解这六个方程。六个未知变量是最大爬升率对应的爬升角 $\gamma_{ROC_{max}}$、推力 T、阻力 D、升力 L、升力系数 C_L、阻力系数 C_D。这里感兴趣的是第一个未知变量，其他五个是中间未知变量。

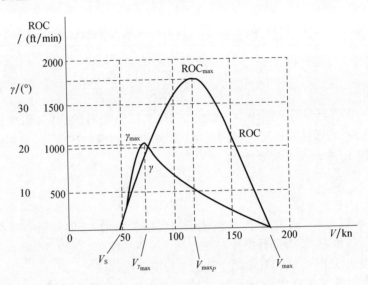

图 7.16 典型活塞螺旋桨飞机的爬升率和爬升角随空速的变化

如果是一名工程师，可以使用工程软件包，如 MATLAB、MathCad® 或 Mathematica® 来求解这 6 个方程。如果是一名学生，并且使用计算器，可以使用数值分析法或试错法来求解。最佳的起始点是假设一个合理的爬升角 $\gamma_{ROC_{max}}$ 初值，如 10°。

然而，还有另一种更简单、更直接的方法来求解最大爬升率对应角的封闭解 $\gamma_{ROC_{max}}$。解式(7.44)可得

$$\gamma_{ROC_{max}} = \arcsin\left(\frac{T - D_{ROC_{max}}}{W}\right) \qquad (7.53)$$

将式(7.48)~式(7.52)代入式(7.53)，经过一些代数处理(具体细节留给感兴趣的读者)，可得

$$\gamma_{ROC_{max}} = \arcsin\left(\frac{P\eta_P}{V_{ROC_{max}}W} - \frac{\rho V_{ROC_{max}}^2 S C_{D_0}}{2W} - \frac{2KW}{\rho S V_{ROC_{max}}^2}\right) \qquad (7.54)$$

通过对重力 W 进行因式分解可得式(7.54)的详细表达式。运算可得最大爬

升率对应爬升角的公式为

$$\gamma_{ROC_{max}} = -\arcsin\left(\frac{0.25}{KW}\left(\sqrt{16K^2W^2 - 8PKS\rho\eta_P V_{ROC_{max}} + \rho^2 S^2 V_{ROC_{max}}^4 (1 + 4KC_{D_0})} - \rho S V_{ROC_{max}}^2\right)\right)$$

(7.55)

因此,要求得最大 ROC 对应的爬升角 $\gamma_{ROC_{max}}$,有以下两种选择。

(1)根据式(7.47)~式(7.52)使用试错法;

(2)直接使用式(7.55)。

这两种方法将获得相同的解。然后,将爬升角 $\gamma_{ROC_{max}}$ 与速度 $V_{ROC_{max}}$ (式(7.45))代入式(7.19),以确定螺旋桨飞机的 ROC_{max}。表 7.1 给出了多种喷气和螺旋桨飞机(最大起飞重量)在海平面高度的 ROC_{max}[3]。

表 7.1   多种喷气和螺旋桨飞机的 ROC_{max}

序号	飞机	制造商	类型	发动机	P 或 T	m_{TO}/kg	ROC/(ft/min)
1	"海豚"	罗宾	教练机	活塞	180hp	1100	600
2	CL-125T	庞巴迪	水陆两用	活塞	2×2100hp	19731	1000
3	艾司隆	法国宇航	军用教练机	活塞	300hp	1250	1850
4	U-7A"超立方体"	派珀	侦察机	活塞	135hp	794	946
5	"银鹰"	米切尔翼	超轻型	活塞	23hp	251	640
6	F406	莱姆斯/塞斯纳	多用途	涡桨	2×500hp	4246	1850
7	CBA-123	巴西航空	运输机	涡桨	2×1300hp	7800	2900
8	哈尔滨 Y-12	哈尔滨	运输机	涡桨	2×500hp	5300	1655
9	陕西 Y-8	陕西	运输机	涡桨	4×1100hp	61000	1968
10	大西洋-2	法国达索	海上侦察机	涡桨	2×6100hp	45000	2000
11	TBM 700	索卡达/穆尼	公务机	涡桨	700hp	2672	2303
12	P180"阿凡提"	比亚乔	运输机	涡桨	2×800hp	4767	3650
13	"超级霸王"B200	比奇	运输机	涡桨	2×850hp	5670	740
14	阿尔法喷气	达索/多尼尔	教练机	涡扇	2×14.1kN	8000	11220
15	"幻影"2000	达索	战斗截击机	涡扇	95.1kN	17000	56000
16	欧洲战斗机	BAE、空客、阿莱尼亚	战斗机	涡扇	2×90kN	23500	62000
17	B747-400	波音	运输机	涡扇	4×252kN	362875	2350
18	F/A-18	麦道	战斗机	涡扇	2×71.2kN	25400	59945
19	F-4"鬼怪"	麦道	战斗机	涡喷	2×79.6kN	28030	9340
20	"天鹰"	麦道	战斗轰炸机	涡喷	50kN	4581	8000
21	B707-320C	波音	运输机	涡喷	4×80kN	148780	3994

序号	飞机	制造商	类型	发动机	P 或 T	m_{TO}/kg	ROC/(ft/min)
22	F – 5A	诺斯罗普	战斗机	涡喷	$2 \times 18.1kN$	9379	28700
23	微型喷气200B	微型喷气	教练机	涡喷	$2 \times 1.3kN$	1300	1705

从式(7.19)和式(7.53)可以得出几个重要的结论。为了提高螺旋桨飞机的爬升性能,增大最大爬升率,必须做到以下几点。

(1)增加发动机功率;

(2)减轻飞机重量;

(3)增大机翼面积;

(4)增大机翼展弦比;

(5)降低飞机零升阻力系数。

这些都是飞机设计过程中可以改变的因素。对于设计和优化分析,这些因素都是最关键的。

例7.7 塞斯纳172飞机(图3.19)最大起飞重量为1110kg,其活塞发动机最大功率为120kW。飞机的特性参数如下:

$$S = 16.2m^2, AR = 7.32, C_{D_0} = 0.032, e = 8, \eta_P = 0.6, V_s = 51kn$$

(1)确定海平面高度处的ROC$_{max}$。

(2)确定飞机实用升限。

解 (1)在海平面高度处,空气密度为1.225kg/m³。首先需要计算K:

$$K = \frac{1}{\pi e AR} = \frac{1}{3.14 \times 0.8 \times 7.32} = 0.054 \tag{3.8}$$

最大爬升率对应的速度为

$$V_{ROC_{max}} = \sqrt{\frac{2mg}{\rho S \sqrt{\frac{3C_{D_0}}{K}}}} = \sqrt{\frac{2 \times 1110 \times 9.81}{1.225 \times 16.2 \times \sqrt{\frac{3 \times 0.032}{0.054}}}} = 28.7m/s = 55.8kn \tag{7.45}$$

最大爬升率对应的空速大于失速速度,可以接受,则

$$\gamma_{ROC_{max}} = -\arcsin\left(\frac{0.25}{KW}\left(\sqrt{16K^2W^2 - 8PKS\rho\eta_P V_{ROC_{max}} + \rho^2 S^2 V_{ROC_{max}}^4 (1 + 4KC_{D_0})} - \rho S V_{ROC_{max}}^2\right)\right) \tag{7.55}$$

将有关数值代入式(7.55)后,可得

$$\gamma_{ROC_{max}} = 0.136rad = 7.77°$$

该螺旋桨飞机的最大爬升率为

$$ROC_{max} = V_{ROC_{max}} \sin\gamma_{ROC_{max}} = 28.7 \times \sin 7.77° = 3.88m/s = 765(ft/min) \tag{7.19}$$

文献[3]中最大爬升率的值为721ft/min。

（2）为了确定绝对升限，对不同高度重复上述计算，以获得最大爬升率为100ft/min的高度。使用MATHCAD软件生成图7.17中的曲线，它说明了最大爬升率随高度的变化。

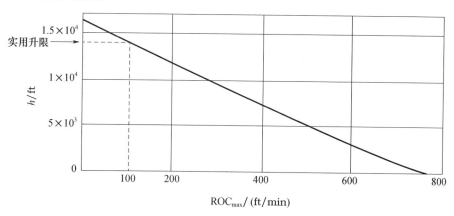

图 7.17 塞斯纳 172 飞机最大爬升率随高度的变化

从图 7.17 中的曲线可以看出，实用升限的高度为 13900ft。文献[3]中实用升限的值为 13500ft。

7.5 最陡爬升

飞机的爬升飞行航迹总是与水平面成一定角度。这个角度存在一个最大值，对每架飞机来说，在任何飞行条件（如飞机重量、高度）下都是唯一的。爬升的最大角度只有在特殊情况下才能达到（如特定的空速）。本节将介绍获得最大爬升角度的飞行条件，还提出了一种针对任何飞机都能够计算该角度的方法。以最大爬升角的爬升飞行称为最陡爬升。

在起飞操作中，最重要的是飞越障碍，如山脉、树木和跑道尽头的建筑物。最陡爬升是飞机性能评估中的另一个重要因素，是飞机爬升角的上限。

对一些飞机来说最快爬升比最陡爬升更重要，但对另一些飞机来说最陡爬升比最快爬升更重要。性能要求通常需要最快爬升，而适航性要求（特别是运输机）通常影响最陡爬升。最大爬升角是多个参数的函数，如发动机功率（螺旋桨飞机）、发动机推力（喷气飞机）、飞机速度和飞机重量、飞机重心、高度和升降舵控制功率（升降舵面积、最大升降舵偏转角和平尾力臂）。

图 7.18 为爬升角随发动机功率和推力的变化。图 7.19 展示了爬升角随飞机重量的变化。为了增大爬升角，飞行员必须增大发动机功率（螺旋桨飞机）或发动

机推力(喷气飞机)。当发动机推力或发动机功率最大,而且飞机重量最小时,飞机将获得最高爬升角。

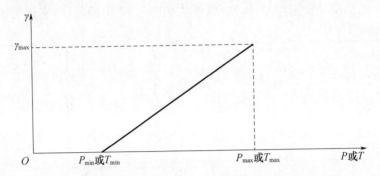

图 7.18 爬升角随发动机功率(螺旋桨飞机)或发动机推力(喷气飞机)的变化

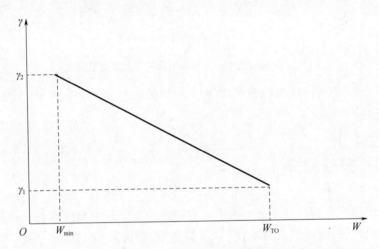

图 7.19 爬升角随飞机重量的变化

影响最陡爬升的另一个因素是空速。飞机速度对最大爬升角没有直接的线性影响。飞机速度必须变化到一个特定值才会影响最陡爬升。对于给定的飞机,飞行员可以最大化 ROC(最快爬升),也可以最大化爬升角(最陡爬升)。这两种爬升性能目标出现在不同的飞行条件下。图 7.20 为 ROC 与爬升角之间的关系。

假设一架飞机在爬升飞行中,飞行员使用最大可用推力,保持恒定的空速。当飞行员增大 ROC 时,爬升角也会增加。这将持续上升到一个固定点,从此之后爬升角将减小。因此,在某一个角度出现了最陡爬升,而在另一个角度出现了最快爬升。

大多数飞机的最大爬升角为 15°~20°。然而,战斗机有更大的爬升角,一些战斗机(如通用动力公司的(现在的洛克希德·马丁)F-16"战隼",(图 7.22),米

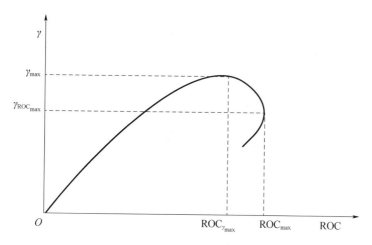

图 7.20　ROC 与爬升角之间的关系

高扬 MiG – 29 飞机(图 3.24),和麦道公司的(现在的波音)AV – 8B"鹞"Ⅱ飞机)最大爬升角为 90°。换句话说,这些喷气战斗机可以垂直爬升("鹞"Ⅱ飞机也可以垂直起降)。海军版本的先进战斗机洛克希德·马丁公司的 F – 35"闪电"Ⅱ飞机(图 5.8)也有这样的能力。图 7.21 展示了一架装备 2 台涡扇发动机的运输机波音 777 飞机正在爬升。图 7.22 展示了一架装备一台涡扇发动机的洛克希德·马丁公司的 F – 16CJ"战隼"飞机,其爬升角接近 90°。

采用一般爬升方程(式(7.14))研究最陡爬升。式(7.14)重新表示为

$$\gamma = \arcsin\left(\frac{T - D}{W}\right) \tag{7.56}$$

从数学上讲,为了增加这个方程中的爬升角,分子必须增大,分母必须减小。因此,对于给定的飞机重力 W_{min},为了最大化爬升角 γ_{max},需要最大化推力 T_{max},同时最小化阻力 D_{min}。这相当于最大化推重比。

$$\gamma_{max} = \arcsin\left(\frac{T_{max} - D_{min}}{W_{min}}\right) \tag{7.57}$$

发动机推力取决于飞行高度和油门,而阻力取决于飞行高度、飞机速度和飞机外形。式(7.11)可以写为

$$\gamma = \arccos\left(\frac{L}{W}\right) \tag{7.58}$$

或

$$\gamma_{max} = \arccos\left(\frac{L_{max}}{W_{min}}\right) \tag{7.59}$$

这意味着必须增大升力以最大化爬升角(最大化升力与重力的比值)。这一点对于旋翼飞机来说是显而易见的。但是,对于固定翼飞机,第 9 章给出了这个比

(a) 巴西航空190LR

(b) 波音777飞机

图 7.21　两架运输机在爬升飞行(Jan Seler 提供)

图 7.22　洛克希德·马丁公司的 F - 16CJ"战隼"飞机正在爬升飞行(Steve Dreier 提供)

值的名称,并说明了其重要性。式(7.57)和式(7.59)两种准则不是线性相关的,因为它们是速度的非线性函数。为了精确分析,必须考虑发动机的类型,并进行深入探究。对于两种类型的飞机(喷气飞机和螺旋桨飞机),最大爬升角取决于高度,因此在绝对升限时,爬升角为0°。那么,最陡爬升的爬升率为

$$\text{ROC}_{\gamma_{\max}} = V_{\gamma_{\max}} \sin\gamma_{\max} \tag{7.60}$$

式(7.60)有两个未知数:最陡爬升的速度 $V_{\gamma_{\max}}$ 和最大爬升角 $\gamma_{\max}$。下面将在7.5.1节和7.5.2节分别讨论喷气飞机和螺旋桨飞机的这些参数。

本节所述的计算方法为常规飞机提供了可接受的精度。对于高性能飞机,如截击机,还应特别考虑沿飞行航迹的加速度。

7.5.1 喷气飞机

喷气飞机的最大爬升角由式(7.57)直接确定。在飞行中,飞行员必须使用最大推力,同时以产生最小阻力的速度飞行。因此,最大爬升角对应的速度 $V_{\gamma_{\max}}$ 是第5章中介绍的最小阻力速度(式(5.42)),即

$$V_{\gamma_{\max}} = V_{\min D} = \left(\frac{2mg}{\rho S}\right)^{1/2} \left(\frac{K}{C_{D_0}}\right)^{1/4} \tag{7.61}$$

因此,最小阻力为

$$D_{\min} = \frac{1}{2}\rho S C_{D_{\min D}} \left(V_{\min D}\right)^2 \tag{7.62}$$

为方便起见,第5章中的最小阻力的阻力系数(式(5.47))再次列写出来,即

$$C_{D_{\min D}} = 2C_{D_0} \tag{5.47}$$

将式(7.62)代入式(7.57),可得喷气飞机的最大爬升角,即

$$\gamma_{\max} = \arcsin\frac{1}{W}\left(T_{\max} - \frac{1}{2}\rho S(2C_{D_0})\frac{\dfrac{2W}{\rho S\sqrt{\dfrac{C_{D_0}}{K}}}}{}\right) = \arcsin\frac{1}{W}\left(T_{\max} - 2W\sqrt{KC_{D_0}}\right)$$

$$\tag{7.63}$$

那么,将式(7.63)和最陡爬升速度 $V_{\gamma_{\max}}$ 代入式(7.61)就能够分析喷气飞机的最陡爬升。因此,最大爬升角对应的爬升率由下式计算,即

$$\text{ROC}_{\gamma_{\max}} = \sqrt{\frac{2W}{\rho S\sqrt{\dfrac{C_{D_0}}{K}}}}\left(\frac{T_{\max}}{W} - 2\sqrt{KC_{D_0}}\right) \tag{7.64}$$

只有当最陡爬升的理论空速(式(7.61))大于失速速度时,才能使用该方程;否则,使用式(7.57)。由式(7.63)可知,$\gamma_{\max}$ 不依赖于机翼载荷,但由式(7.61)可

知, $V_{\gamma_{max}}$ 直接随 $(W/S)^{1/2}$ 变化而变化。因此,在其他条件相同的情况下,以 γ_{max} 飞行时,机翼载荷越大,则爬升率越大。此外,从这些结果中可以清楚地看到高度的影响。由于 $(L/D)_{max}$ 与高度无关,则由式(7.57)可知, γ_{max} 随着高度的升高而减小,因为 T 随着高度的升高而减小。但是,由式(7.61)可知, γ_{max} 随高度的升高而增大。由式(7.60)可知,这些因素在确定 $ROC_{\gamma_{max}}$ 时是互相矛盾的。但是,高度对 γ_{max} 的影响通常是主导性的,而 $ROC_{\gamma_{max}}$ 通常随高度的升高而减小。

式(7.61)可能并不总是提供一个合理的值。对于任何给定的飞机,理论上 $V_{\gamma_{max}}$ 小于失速速度是可能的。在这种情况下,飞机不可能达到理论上的最大爬升角。如果求解的速度小于失速速度 V_s,就必须选择一个安全速度。原因是,对于常规飞机来说,速度小于失速速度的安全连续爬升是不可能的。因此,在这种情况下,最大爬升角对应的速度必须略大于失速速度,即

$$V_{\gamma_{max}} = kV_s \tag{7.65}$$

式中:k 的值为 $1.1 \sim 1.3$。对于民用飞机,参数 k 的值为 $1.2 \sim 1.3$,对于军用飞机,参数 k 的值为 $1.05 \sim 1.15$。参数 k 的确切值取决于多个因素,如飞机的任务以及军用或适航条例。

由式(7.63)可以得出几个重要的结论。为提高喷气飞机的爬升性能,增大最大爬升角,必须做到以下几点。

(1)增大发动机推力;

(2)减轻飞机重量;

(3)减少机翼面积;

(4)缩小机翼展弦比;

(5)降低飞机零升阻力系数。

这些都是飞机设计过程中可以改变的因素。对于设计和优化分析,这些因素是最关键的。

例7.8 麦道 F-4C"幻影"战斗机装备两台涡喷发动机,单台产生 75.6kN 的推力。该型战斗机的其他参数如下:

$m = 24765\text{kg}, S = 49.24\text{m}^2, C_{D_0} = 0.029, b = 11.7\text{m}, e = 0.7, C_{L_{max}} = 2.2$

假设 C_{D_0} 在所有高度上都是同一个常数。在海平面和 30000ft 高度,分析该型飞机最陡爬升(确定最大爬升角)。然后计算两个高度对应的 ROC。

解 首先计算 K 和 $C_{D_{min_D}}$:

$$AR = \frac{b^2}{S} = \frac{11.7^2}{49.24} = 2.78 \tag{3.9}$$

$$K = \frac{1}{\pi e AR} = \frac{1}{3.14 \times 0.7 \times 2.78} = 0.164 \tag{3.8}$$

$$C_{D_{min_D}} = 2C_{D_0} = 2 \times 0.029 = 0.058 \tag{5.47}$$

（1）海平面。最陡爬升对应的速度为

$$V_{\gamma_{max}} = V_{min_D} = \left(\frac{2mg}{\rho S}\right)^{1/2}\left(\frac{K}{C_{D_0}}\right)^{1/4} = \left(\frac{2\times24765\times9.81}{1.225\times49.24}\right)^{1/2}\left(\frac{0.164}{0.029}\right)^{1/4} = 138.49\text{m/s}$$

$$(7.61)$$

下面需要比较该速度与失速速度：

$$V_s = \sqrt{\frac{2mg}{\rho S C_{L_{max}}}} = \sqrt{\frac{2\times24765\times9.81}{1.225\times49.24\times2.2}} = 60.5\text{m/s} \qquad (2.49)$$

最大爬升角速度大于失速速度，因此该速度可以接受。那么，该条件下的最小阻力为

$$D_{min} = \frac{1}{2}\rho S C_{D_{minD}}V_{min_D}{}^2 = \frac{1}{2}\times1.225\times49.24\times0.058\times138.49^2 = 33549.7\text{N}$$

$$(7.62)$$

因此，最大爬升角为

$$\gamma_{max} = \arcsin\left(\frac{T_{max}-D_{min}}{W_{min}}\right) = \arcsin\left(\frac{2\times75.6\times1000-33549.7}{24765\times9.81}\right) = 28.96°$$

$$(7.57)$$

因此，最陡爬升对应的 ROC 由下式计算，即

$$\text{ROC}_{\gamma_{max}} = V_{\gamma_{max}}\sin\gamma_{max} = 138.49\times\sin28.96° = 67.05(\text{m/s}) = 13196(\text{ft/min})$$

$$(7.60)$$

（2）30000ft 高度处。

根据附录 B，30000ft 高度处的空气密度为 0.00089slug/ft^3，相当于 0.4586kg/m^3，则最陡爬升对应的速度为

$$V_{\gamma_{max}} = V_{min_D} = \left(\frac{2mg}{\rho S}\right)^{1/2}\left(\frac{K}{C_{D_0}}\right)^{1/4} = \left(\frac{2\times24765\times9.81}{0.4586\times49.24}\right)^{1/2}\left(\frac{0.164}{0.029}\right)^{1/4} = 226.34\text{m/s}$$

$$(7.61)$$

下面需要比较该速度与失速速度：

$$V_s = \sqrt{\frac{2mg}{\rho S C_{L_{max}}}} = \sqrt{\frac{2\times24765\times9.81}{0.4586\times49.24\times2.2}} = 98.96\text{m/s} \qquad (2.49)$$

最大爬升角速度高于失速速度，因此该速度可以接受。那么，该条件下的最小阻力为

$$D_{min} = \frac{1}{2}\rho S C_{D_{minD}}V_{min_D}{}^2 = \frac{1}{2}\times0.4586\times49.24\times0.058\times138.49^2 = 24038.3\text{N}$$

$$(7.62)$$

在 30000ft 高度处（第一层大气），发动机推力下降为

$$T = T_0\left(\frac{\rho}{\rho_0}\right)^{0.9} = 2\times75.6\times1000\times\left(\frac{0.4586}{1.225}\right)^{0.9} = 62448.2\text{N} \qquad (4.21)$$

因此,最大爬升角为

$$\gamma_{\max} = \arcsin\left(\frac{T_{\max} - D_{\min}}{W_{\min}}\right) = \arcsin\left(\frac{62448.2 - 24038.3}{24765 \times 9.81}\right) = 6.83° \quad (7.57)$$

最陡爬升对应的 ROC 由下式计算,即

$$\text{ROC}_{\gamma_{\max}} = V_{\gamma_{\max}}\sin\gamma_{\max} = 226.34 \times \sin6.83° = 26.92(\text{m/s}) = 5297.3\text{ft/min}$$

$$(7.60)$$

由此可知,飞机在高空的最陡爬升性能明显降低。

7.5.2　螺旋桨飞机

对于螺旋桨飞机,从爬升角与发动机推力的关系出发,开始计算最大爬升角。由式(7.56)可得

$$\gamma = \arcsin\left(\frac{T - D}{W}\right) \quad (7.56)$$

发动机推力是关于发动机功率、螺旋桨效率和飞机速度的函数。从 7.4 节的讨论可以明显看出,当使用最大发动机功率 $P_{\max}$ 时,可以获得最大爬升角。利用式(4.2)并假设螺旋桨效率为常数,可以表示为

$$T_{\gamma_{\max}} = \frac{P_{\max}\eta_\text{P}}{V_{\gamma_{\max}}} \quad (7.66)$$

此外,爬升角是飞机速度的函数。因此,需要为最大爬升角找出合适的飞机速度 $V_{\gamma_{\max}}$。为了最大化爬升角,需要最大化剩余推力(可用推力和以给定空速巡航所需的推力之间的差值),并最小化飞机重量。这意味着,需要增大推力,同时减小阻力。发动机推力取决于飞机的高度和速度,阻力取决于飞机的高度、速度和外形。将式(7.66)代入式(7.56),可得最大爬升角为

$$\gamma_{\max} = \arcsin\left(\frac{(P_{\max}\eta_\text{P}/V_{\gamma_{\max}} - D)_{\max}}{W_{\min}}\right) \quad (7.67)$$

这里有两个未知变量 $\gamma_{\max}$ 和 $V_{\gamma_{\max}}$。不存在任何数学方法可以从一个代数方程中同时求出两个未知变量。下面将在 7.5.2.1 节和 7.5.2.2 节分别确定它们。当计算这些参数时,最大爬升角对应的 ROC 可由下式计算,即

$$\text{ROC}_{\gamma_{\max}} = V_{\gamma_{\max}}\sin\gamma_{\max} \quad (7.60)$$

这个方程与喷气飞机的方程相似。

7.5.2.1　最大爬升角对应的空速

在稳定爬升中,z 方向存在力平衡:

$$L - W\cos\gamma = 0 \quad (7.13)$$

其中

$$L = \frac{1}{2}\rho V^2 S C_L \tag{2.4}$$

将式(7.13)代入式(7.11),可得

$$C_L = \frac{2W\cos\gamma}{\rho V^2 S} \tag{7.68}$$

前向(x 方向)的力平衡为

$$T - D - W\sin\gamma = 0 \tag{7.11}$$

其中阻力为

$$D = \frac{1}{2}\rho V^2 S C_D \tag{2.5}$$

使用阻力极曲线方程式(3.12)可得

$$D = \frac{1}{2}\rho V^2 S (C_{D_0} + K C_L^2) \tag{7.69}$$

将式(7.68)代入式(7.69),可得

$$D = \frac{1}{2}\rho V^2 S \left(C_{D_0} + K \left(\frac{2W\cos\gamma}{\rho V^2 S} \right)^2 \right) \tag{7.70}$$

把式(7.70)和式(4.2)代入式(7.56),经过一些代数运算(细节留给感兴趣的读者),可得

$$\sin\gamma = \frac{P\eta_P/V - \rho V^2 S C_{D_0}/2}{W} - \frac{2WK\,(\cos\gamma)^2}{\rho V^2 S} \tag{7.71}$$

这是一个关于爬升角 γ 的非线性代数方程,并不存在一个封闭的解。下面需要做一个假设来简化这个方程,同时又不损失期望的精度。假设只在阻力表达式中有 $\cos\gamma = 1$,这是一个合理的假设。这一假设在爬升角高达 $45°$ 内都能获得非常准确的爬升性能结果。这种假设是非常合理的,因为常规飞机的正常爬升角通常小于 $30°$。利用假设将式(7.71)简化为

$$\sin\gamma = \frac{P\eta_P/V - \rho V^2 S C_{D_0}/2}{W} - \frac{2WK}{\rho V^2 S} \tag{7.72}$$

式(7.72)对飞机速度微分并令其等于 0,可求得最大爬升角为

$$\frac{\mathrm{d}(\sin\gamma)}{\mathrm{d}V} = \frac{-P\eta_P/V^2 - \rho V S C_{D_0}}{W} + \frac{4WK}{\rho V^3 S} = 0 \tag{7.73}$$

展开式(7.73)(细节留给感兴趣的读者)可得

$$V_{\gamma_{max}}^4 + \frac{P\eta_P}{\rho S C_{D_0}} V_{\gamma_{max}} - \frac{4W^2 K}{\rho^2 C_{D_0} S^2} = 0 \tag{7.74}$$

这个非线性方程没有解析解。可以用强大的数值运算软件直接解这个方程。然而,对于典型的螺旋桨飞机来说,式(7.74)中最后两项的幅值比第一项的幅值大得多。因此,将式(7.74)中的第一项 $V_{\gamma_{max}}^4$ 去掉,可以得到合理的近似,从而得到

螺旋桨飞机最大爬升角对应的速度。该假设将得到以下结果,即

$$V_{\gamma_{\max}} = \frac{4W^2 K}{P_{\max}\eta_P \rho S} \tag{7.75}$$

如前所述,理论上 $V_{\gamma_{\max}}$ 小于失速速度是可能的。在这种情况下,飞机不可能达到理论上的最大爬升角。如果求解的速度小于失速速度 V_s,就必须选择一个安全速度。原因是,对于常规飞机来说,速度小于失速速度的安全连续爬升是不可能的。因此,在这种情况下,最大爬升角对应的速度必须略大于失速速度,即

$$V_{\gamma_{\max}} = kV_s \tag{7.65}$$

式中:k 的值为 $1.1 \sim 1.3$。对于民用飞机,参数 k 的值为 $1.2 \sim 1.3$;对于军用飞机,参数 k 的值为 $1.1 \sim 1.2$ 之间。参数 k 的确切值取决于多个因素,如飞机的任务以及军用或适航条例。

通过比较最大爬升角和最大爬升率对应的爬升角,可以看出最大爬升角总是大于最大爬升率对应的爬升角,即

$$\gamma_{\max} > \gamma_{\text{ROC}_{\max}} \tag{7.76}$$

思考一下"最大值"的含义,就能显然理解这一点。

7.5.2.2 最大爬升角

为计算螺旋桨飞机的最大爬升角,需要将式(7.75)代入式(7.72),有

$$\gamma_{\max} = \arcsin\left(\frac{P\eta_P}{WV_{\gamma_{\max}}} - \frac{1}{2W}\rho V_{\gamma_{\max}}^2 SC_{D_0} - \frac{2WK}{\rho V_{\gamma_{\max}}^2 S} \right) \tag{7.77}$$

由式(7.77)可以得出几个重要的结论。为了提高螺旋桨飞机的爬升性能,增大最大爬升角,必须做到以下几点。

(1)增大发动机功率;

(2)减轻飞机重量;

(3)增加机翼面积;

(4)增大展弦比;

(5)降低飞机零升阻力系数。

这些都是飞机设计过程中可以改变的因素。对于设计和优化分析,这些因素是最关键的。图 7.23 所示为水平飞行和两种爬升方案(最快和最陡)的空速之间的关系。可以看出,在绝对升限处,最陡爬升、最快爬升、最大速度和最小阻力速度是非常接近的(图 7.23)。

例7.9 一架装备 2 台涡桨发动机的通用飞机,其性能参数如下:

$m = 6000\text{kg}, S = 30\text{m}^2, P = 2 \times 900\text{hp}, b = 16\text{m}, C_{L_{\max}} = 1.8, \eta_P = 0.85, C_{D_0} = 0.024, e = 0.87$

计算最大爬升角度在 12000ft 及其对应的 ROC。

解 首先计算 K 和发动机功率:

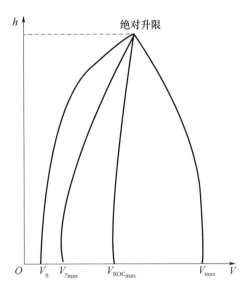

图 7.23　水平飞行和爬升速度与高度的关系

$$AR = \frac{b^2}{S} = \frac{16^2}{30} = 8.53 \qquad (3.9)$$

$$K = \frac{1}{\pi e AR} = \frac{1}{3.14 \times 0.87 \times 8.53} = 0.043 \qquad (3.8)$$

根据附录 B，12000ft 高度的大气密度为 0.001648slug/ft³，相当于 0.849kg/m³。
在 12000ft 高度(第一层大气)，涡桨发动机的可用功率下降为

$$P = P_0 \left(\frac{\rho}{\rho_0}\right)^1 = 2 \times 900 \times \left(\frac{0.849}{1.225}\right)^1 = 1247.3\mathrm{hp} = 9302121\mathrm{W} \qquad (4.27)$$

因此，最陡爬升对应的速度为

$$V_{\gamma_{max}} = \frac{4W^2 K}{P_{max}\eta_P \rho S} = \frac{4 \times (6000 \times 9.81)^2 \times 0.043}{930212 \times 0.849 \times 0.85 \times 30} = 29.47\mathrm{m/s} \qquad (7.75)$$

下面需要比较该速度与失速速度：

$$V_s = \sqrt{\frac{2mg}{\rho S C_{L_{max}}}} = \sqrt{\frac{2 \times 6000 \times 9.81}{0.849 \times 30 \times 1.8}} = 50.65\mathrm{m/s} \qquad (2.49)$$

最大爬升角对应的空速小于失速速度，不能接受。可接受的空速可按下式确定(假设 $k = 1.2$)，即

$$V_{\gamma_{max}} = kV_s = 1.2 \times 50.65 = 60.78\mathrm{m/s} \qquad (7.65)$$

因此，最大爬升角为

$$\gamma = \arcsin\left(\frac{P\eta_P/V - \rho V^2 S C_{D_0}/2}{W} - \frac{2WK}{\rho V^2 S}\right)$$

$$= \arcsin\left(\frac{2 \times 930212 \times 0.85/60.78 - 0.849 \times 60.78^2 \times 30 \times 0.024/2}{6000 \times 9.81} - \frac{2 \times 6000 \times 9.81 \times 0.043}{0.849 \times 60.78^2 \times 30}\right)$$

$$= 8.53(°) \tag{7.72}$$

最陡爬升对应的爬升率为：

$$\text{ROC}_{\gamma_{\max}} = V_{\gamma_{\max}} \sin\gamma_{\max} = 60.78 \times \sin 8.53° = 9.013\text{m/s} = 1774.2\text{ft/min} \tag{7.60}$$

7.6 中期总结

本节对爬升性能进行总结(表7.2)，并给出喷气飞机和螺旋桨飞机的两种爬升方式:最快爬升和最陡爬升的计算公式。

表7.2 爬升性能计算公式

序号	爬升方案	最大变量	爬升角		空速		爬升率	
			喷气	螺旋桨	喷气	螺旋桨	喷气	螺旋桨
1	最快爬升	爬升率	式(7.38)或式(7.39)	式(7.54)或式(7.55)	式(7.30)	式(7.45)	式(7.19)	式(7.19)
2	最陡爬升	爬升角	式(7.63)	式(7.77)	式(7.61)	式(7.75)	式(7.60)或式(7.64)	式(7.60)

7.7 图解分析

图解法是分析爬升性能的一种非常有用的方法。利用这种方法绘制一种曲线(也称为速端曲线[5])，它是空速垂直分量 V_V 相对于空速水平分量 V_H 的变化。纵坐标为 V_V，也就是爬升率，横坐标为空速水平分量 V_H，如图7.24所示。图7.24说明了前向空速 V、水平速度、垂直速度与爬升角 γ 的几何关系:

$$V_H = V\cos\gamma \tag{7.14}$$

$$V_V = V\sin\gamma \tag{7.15}$$

这些关系也显示在图7.24中。利用图7.24，可以同时确定最大爬升率和最大爬升角 $\gamma_{\max}$。

在图7.24中，三个点(1、2、3)是非常有趣的，每个点都代表了爬升飞行中的一个重要特征。考虑曲线上的任意一点，用图7.24中的点1表示。从原点到该点画一条直线。从几何意义看，这条线的长度是空速 V，而它与横轴的夹角是该速度下相应的爬升角 γ。图7.24中的点2(最高点)表示最大爬升率。从原点到点2的

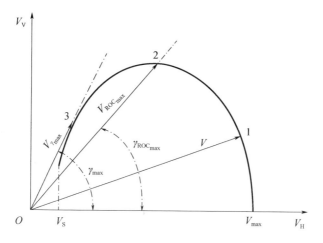

图 7.24　爬升性能分析

直线长度为飞机在最大爬升率下的空速用 $V_{\mathrm{ROC_{max}}}$ 表示,而它与横轴的夹角为最大爬升率对应的爬升角或 $\gamma_{\mathrm{ROC_{max}}}$。

图 7.24 中从原点画一条直线与速端曲线相切于点 3。这条线与横轴的夹角为最大爬升角 γ_{max}。从原点到切点(点 3)的直线长度是最大爬升角对应的速度。

此外,图 7.24 可以用来形象地比较最陡爬升和最快爬升。该图表明,最大爬升率并不对应于最大爬升角。如前所述,当飞行员需要飞越障碍物,同时要求沿着地面投影的水平距离最小时,最大爬升角 γ_{max} 是很重要的。当飞行员想要在最短的时间内达到一定的高度时,最大爬升率是很重要的。注意,γ_{max} 时 V 几乎是最小的,并且 V 随着 γ 的减小而增大。这就是 γ_{max} 时不会出现最大爬升率的原因。此外,由于 $\mathrm{ROC}=V\sin\gamma$,从点 3 到点 2,V 的增大程度超过了 $\sin\gamma$ 的减小程度,因此导致 $V\sin\gamma$ 是增加的。

要绘制速端曲线图,需要绘制出空速垂直分量 V_{V} 相对于空速水平分量 V_{H} 的变化。空速垂直分量和水平分量(V_{V} 和 V_{H})分别通过式(7.14)和式(7.15)确定。在这个过程中,需要从失速速度到最大速度范围内选择一个空速。然后计算各空速对应的爬升角 γ。将升力和阻力方程(式(2.4)式(2.5))代入式(7.11)和式(7.13)可得喷气飞机爬升角随空速变化的表达式,即

$$\gamma = \arcsin\left(\frac{T}{W} - \frac{1}{2W}\rho V^2 S C_{D_0} - \frac{2WK(\cos\gamma)^2}{\rho V^2 S}\right) \qquad (7.78)$$

类似地,对于螺旋桨飞机,使用式(7.40),则式(7.78)可改写为

$$\gamma = \arcsin\left(\frac{P\eta_{\mathrm{P}}}{WV} - \frac{1}{2W}\rho V^2 S C_{D_0} - \frac{2WK(\cos\gamma)^2}{\rho V^2 S}\right) \qquad (7.79)$$

注意,爬升角 γ 出现在式(7.78)和式(7.79)的两边。这两个方程是高度非线

性的,因此没有封闭形式的解。对于典型的爬升角,可以令 $\cos\gamma = 1$ 而不损失精度。因此,式(7.78)和式(7.79)可简化为

$$\gamma = \arcsin\left(\frac{T}{W} - \frac{1}{2W}\rho V^2 S C_{D_0} - \frac{2WK}{\rho V^2 S}\right)(\text{喷气飞机}) \tag{7.80}$$

$$\gamma = \arcsin\left(\frac{P\eta_P}{WV} - \frac{1}{2W}\rho V^2 S C_{D_0} - \frac{2WK}{\rho V^2 S}\right)(\text{螺旋桨飞机}) \tag{7.81}$$

对于给定的飞机重量(如最大起飞质量)、给定的最大发动机推力和给定的高度,式(7.80)展示了喷气飞机爬升角与空速之间的非线性关系。类似地,对于给定的最大起飞质量、给定的最大发动机功率和给定的高度,式(7.81)展示了螺旋桨飞机爬升角与空速之间的非线性关系。式(7.80)和式(7.81)对于给定的每组数据各自只有一个可接受的解,并为爬升性能分析提供精确的解。如果有多个解满足式(7.80)(或式(7.81)),则挑选最小的正值,角度应该为0°~90°。

绘制速端曲线图(图7.24)的步骤如下:

(1)选择一个空速(从失速开始);

(2)从式(7.80)(喷气飞机)或式(7.81)(螺旋桨飞机)计算出该空速对应的爬升角;

(3)由式(7.14)求出空速的水平的分量 V_H;

(4)由式(7.15)求出空速的垂直分量 V_V;

(5)选择一个新的空速(可以把之前的速度增大1kn);

(6)重复这个过程一直到最大速度,理论上意味着零爬升角 γ 和零空速的垂直分量 V_V;

(7)绘制 V_H(来自步骤(3))与 V_V(来自步骤(4))的值;

(8)确定曲线中的最高点(如图7.24中的点2所示)。该点代表最快爬升。

(9)当从原点画一条线时,确定曲线中斜率最大的点(如图7.24中的点3)。该点表示最陡爬升。

在此过程中,每条曲线都基于给定的飞机重量(如最大起飞重量)、给定的发动机推力(如最大推力)和给定的高度(如海平面)。第10章给出了一个用MAT-LAB编程演示该方法的例子。

7.8 最经济爬升

7.4节和7.5节介绍了两种有用的爬升飞行,最快爬升和最陡爬升。第三种有用的爬升方案是最经济爬升,即消耗燃油最少的爬升。这种飞行方案对客机和运输机来说是最有用的,因为它的燃油成本最低。为了增加高度,就必须消耗燃油,因此飞机的重量降低了。在第4章中,根据喷气飞机的燃油消耗率 C 的定义,

可得

$$\frac{\mathrm{d}W}{\mathrm{d}t} = -CT \tag{7.82}$$

式中:负号"$-$"表示燃油重量随时间减少。

结合式(7.2)和式(7.17),爬升率可表示为

$$\frac{\mathrm{d}h}{\mathrm{d}t} = \frac{TV - DV}{W} \tag{7.83}$$

式(7.83)除以式(7.82)(并消掉 $\mathrm{d}t$),燃油重量$-$高度交换比为

$$\frac{\mathrm{d}W}{\mathrm{d}h} = \frac{-CTW}{TV - DV} \tag{7.84}$$

或

$$\frac{\mathrm{d}h}{\mathrm{d}W} = \frac{TV - DV}{-CTW} \tag{7.85}$$

对于理想的喷气发动机(涡扇或涡喷发动机),假设推力与空速无关,且燃油消耗率 C 是常值。式(7.85)中负号表示在爬升过程中重量是减少的。分子是剩余功率。这个表达式表示每单位飞机重量的剩余功率的燃油流量。对于最经济爬升,希望将这个值最大化,即

$$\left(\frac{\mathrm{d}h}{\mathrm{d}W}\right)_{\max} = \frac{(TV - DV)_{\max}}{(-CTW)_{\min}} \tag{7.86}$$

将式(7.86)与式(7.21)进行比较,注意到最快爬升和最经济爬升之间有很强的相似性,这两种情况都需要最大化剩余功率。因此,根据所做的假设和近似,最快爬升几乎就是最经济爬升。在现实中,最经济爬升对应的空速稍小于最快爬升对应的空速,因为发动机推力和燃油消耗率是随速度变化的。但是,相较于最陡爬升空速,最经济爬升对应的空速更接近于最快爬升空速。

由于飞机在爬升时空气密度逐渐减小,最经济爬升对应的空速也会随之减小,因此,爬升率会逐渐减小,必须改变爬升角以满足最经济爬升的要求。由于这一点,这里无法推出爬升角、爬升速度、爬升率的公式。

7.9 爬升时间与爬升油耗

在爬升分析中,还有其他值得关注的参数,如"爬升时间"和"爬升油耗"。爬升时间是另一个爬升性能分析指标。对于运输机来说,爬升时间是一个经济性问题。而对于战斗任务中的战斗机来说,它意味着胜负。根据定义,爬升率是飞机速度的垂直分量,即高度的时间变化率 $\mathrm{d}h/\mathrm{d}t$,则

$$\dot{h} = \frac{dh}{dt} = \text{ROC} = V\sin\gamma \tag{7.87}$$

因此,在给定的瞬时高度下获得小高度 dh 所需的时间为

$$dt = \frac{dh}{\text{ROC}} = \frac{dh}{V\sin\gamma} \tag{7.88}$$

由于飞机在爬高的过程中会消耗大量的燃油,所以必须考虑质量变化(减少)的影响,不能简单地线性化这个方程,并将高度除以一个恒定的最大爬升率。式(7.61)中,V 和 γ 都是高度的函数。从高度 h_1 爬升到高度 h_2 的时间可以通过在两个高度之间对式(7.88)积分,可得

$$t = \int_{h_1}^{h_2} \frac{dh}{\text{ROC}} = \int_{h_1}^{h_2} \frac{dh}{V\sin\gamma} \tag{7.89}$$

当从海平面开始考虑爬升时间时,h_1 为 0。因此,时间从海平面上升到任意给定高度 h 的时间为

$$t = \int_{0}^{h} \frac{dh}{\text{ROC}} = \int_{0}^{h} \frac{dh}{V\sin\gamma} \tag{7.90}$$

若式(7.90)中每一高度均使用$\text{ROC}_{\max}$,则式(7.90)就是爬升到高度 h 的最小时间,即

$$t_{\min} = \int_{0}^{h} \frac{dh}{\text{ROC}_{\max}} = \int_{0}^{h} \frac{dh}{V_{\text{ROC}_{\max}}\sin\gamma_{\text{ROC}_{\max}}} \tag{7.91}$$

由于 $V_{\text{ROC}_{\max}}$ 和 $\gamma_{\text{ROC}_{\max}}$ 都是高度的非线性函数,因此通常很难对这个方程进行积分来求解爬升时间。在初步分析中,建议使用平均值来确定特定高度间隔的时间增量,而不是尝试对式(7.91)进行积分。由于对每个高度间隔使用线性化的方程,因此这是一种近似方法,会产生不准确的结果。

此外,这样的计算改善了近似精度,并允许包含由于高度变化而导致的推力减小。在翼展方向计算中,也可以估算爬升过程中所用的燃油。利用该方法可以将积分转化为以下代数和的表达式:

$$t_{\min} = \sum_{i=0}^{n} \frac{\Delta h}{\text{ROC}_{\max_i}} = \sum_{i=0}^{n} \frac{\Delta h}{V_{\text{ROC}_{\max_i}}\sin\gamma_{\text{ROC}_{\max_i}}} \tag{7.92}$$

这些步骤的总和可以得到到达期望高度的总时间。为此,总高度需要分成 n 个小的高度间隔。

爬升的燃油质量 m_f 是飞机发动机达到期望高度所消耗的燃油量。利用式(7.82)以及之前介绍的爬升时间,可得爬升油耗的表达式,即

$$m_f = \sum_{i=0}^{n} \frac{C_i T_i}{W_i}\Delta t \tag{7.93}$$

式中: C 为燃油消耗率。爬升距离 X 是飞机为达到期望高度所飞过的水平距离（或地面距离,如果忽略风）。用类似的方法可以计算爬坡中的地面距离,即

$$X = \sum_{i=0}^{n} \mathrm{ROC}_i \Delta t = \sum_{i=0}^{n} V_i \cos \gamma_i \Delta t \tag{7.94}$$

图 7.25 显示了派珀 PA-28 切诺基箭头轻型飞机的最大爬升率（最大起飞重量为 2650lb 且全油门）与高度的关系[8]。分析图 7.25 可知,最大爬升率几乎随高度线性变化。根据这种近似可得

$$\mathrm{ROC}_{\max} = \mathrm{ROC}_{\max_{\mathrm{SL}}} + kh \tag{7.95}$$

式中: h 为期望高度; $\mathrm{ROC}_{\max_{\mathrm{SL}}}$ 为海平面处的 $\mathrm{ROC}_{\max}$; k 为直线斜率。

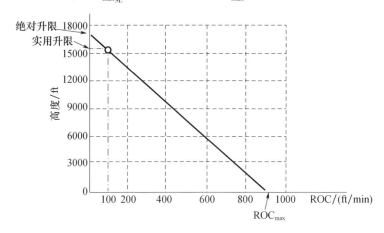

图 7.25　切诺基箭头飞机的最大爬升率与高度的关系

为确定 k 的值,针对绝对升限使用式(7.95)。在绝对升限处, $\mathrm{ROC}_{\max}$ 为 0,则

$$\mathrm{ROC}_{\max_{\mathrm{ac}}} = 0 = \mathrm{ROC}_{\max_{\mathrm{SL}}} + kh_{\mathrm{ac}} \tag{7.96}$$

因此,斜率为

$$k = \frac{-\mathrm{ROC}_{\max_{\mathrm{SL}}}}{h_{\mathrm{ac}}} \tag{7.97}$$

将式(7.97)代入式(7.95),可得

$$\mathrm{ROC}_{\max} = \mathrm{ROC}_{\max_{\mathrm{SL}}} + \frac{-\mathrm{ROC}_{\max_{\mathrm{SL}}}}{h_{\mathrm{ac}}}h = \mathrm{ROC}_{\max_{\mathrm{SL}}}\left(1 - \frac{h}{h_{\mathrm{ac}}}\right) \tag{7.98}$$

式中: h 为期望高度; h_{ac} 为绝对升限高度。

将式(7.98)代入式(7.91),求解积分可得

$$t_{\min} = \frac{h_{\mathrm{ac}}}{\mathrm{ROC}_{\max_{\mathrm{SL}}}} \ln \frac{1}{1 - h/h_{\mathrm{ac}}} \tag{7.99}$$

注意,这个方程的参考基准高度是海平面。式(7.99)可以推广为从高度 h_1 爬升到高度 h_2 的最短时间:

$$t_{min} = \frac{h_{ac}}{ROC_{max_1}} \ln \frac{1}{1 - h_2/h_{ac}} \qquad (7.100)$$

式中:ROC_{max_1} 为高度 h_1 处的最大爬升率。

爬升时间是高度的非线性函数,高度越高,爬升时间越长。然而,由于公式的对数性质,爬升的后半部分比第一部分要长得多。

图 7.26 展示了"塞斯纳奖状"Ⅲ喷气飞机爬升到绝对升限的时间,该飞机的实用升限为 51000ft,且 $ROC_{max} = 3700ft/min$。有趣的是,爬升到它的实用升限大约需要 43min,而从实用升限爬升到绝对升限需要更长的时间(大约 50min)。图中前半部分,时间随高度的变化几乎是线性的,而在后半部分,斜率逐渐呈对数递减。渐近线表明飞机已达到绝对升限。表 7.3 显示了波音 777 飞机(图 7.21)爬升飞行的速度、高度和时间。另一架波音飞机 B – 717 正在爬升,收起减速板后的 4min 内爬升了 10000ft,爬升速度为 289kn。

例 7.10　波音 747 – 400 飞机(图 8.12(b))装备 4 台涡扇发动机,单台产生 252kN 的推力,它在海平面高度的 $ROC_{max} = 2350ft/min$,其实用升限为 43000ft。假设绝对升限为 46000ft。爬升到实用升限的最短时间是多少?

解　爬升到实用升限的最短时间为

$$t_{min} = \frac{h_{ac}}{ROC_{max_{SL}}} \ln \frac{1}{1 - h/h_{ac}} = \frac{46000}{2350} \ln \frac{1}{1 - 43000/46000} = 53.4min \qquad (7.99)$$

即爬到 43000ft 高度需要 53.4min。

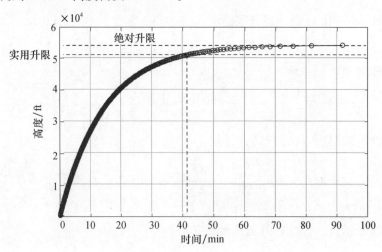

图 7.26　"塞斯纳奖状"Ⅲ喷气飞机的爬升时间与高度的关系

表 7.3　波音 777 飞机爬升飞行中的速度、高度和时间

序号	速度/kn	高度/km	距机场距离/km	时间/min	备注
1	154	0	0	0	旋转
2	205	2130	24	3.5	
3	250	3000	29	5	
4	389	3600	38	6	
5	397	4000	44	7	
6	420	4960	57	9	
7	440	5700	72	11	
8	458	6400	84	13	
9	474	8000	120	18	
10	480	10000	258	30	
11	495	11000	450	41	巡航高度

7.10　下降

　　下降飞行是飞机性能分析中必须评估的另一种飞行操作。它不像爬升飞行那样重要,但在一些情况下飞机必须谨慎操纵;否则,飞机可能会坠毁。下降飞行是常规飞机着陆前的主要飞行操作(图 7.27)。这是成本最低的飞行操作。飞行过程中的下降是飞机降低高度且与上升或爬升相反的任何飞行部分。下降是着陆的重要组成部分。大型运输飞机在长途飞行中,当飞机距离目的地机场 150～250km 时,开始下降(从巡航升限)。这相当于 20～30min 的远程飞行。

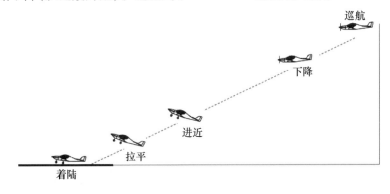

图 7.27　从巡航到着陆的飞行阶段

巡航飞行之后和着陆之前的正常下降是减速的。也就是说,飞机的速度应该从巡航速度降低到进近速度。其他主动下降可能是为了避开交通、恶劣的飞行条件(乱流、结冰条件或恶劣天气)、云(特别是在目视飞行规则下),为了观察较低的东西,为了进入温度较高的高度,或利用不同高度的风向,特别是用气球。

另一种可能需要飞机下降的是在紧急情况下,如突然失压迫使飞机紧急下降到 10000ft 以下,这是非加压飞机的最大安全高度。非自主下降可能是由于发动机功率下降(所有发动机失效)、升力下降(如机翼结冰)、阻力增加,或者在向下移动的气团中飞行(如地形引起的下沉气流)、在雷暴附近(见第 1 章)、处于下击暴流或微击暴流中。机舱内气压急剧变化而导致的压力骤降会使耳朵中部不适,即使是密封加压飞机。

通常,下降时保持下降角恒定(大多数飞机为 3°~5°)。飞行员通过改变发动机功率/推力来控制下降角,占总功率/推力的 10%~30%,而改变俯仰姿态(降低机头)来保持空速恒定。在极端情况下,需要紧急下降。紧急下降(由于无法控制的火灾和机舱突然失压等情况)是一种为了紧急着陆而尽可能快地下降到较低高度或地面的机动。无动力下降(如发动机故障)比动力下降更陡,但飞行方式与滑翔机相似。对于所选择的功率,如果机头太高,空速将会下降,直到最终飞机失速。大型运输机典型下降角为 1°~3°,并且很少以大于 10° 的角度下降。值得注意的是,航天飞机(图 4.35)的空间下降率为 21°,而空气下降角为 3°(图 7.27)。

当垂直力(升力加上发动机推力的垂直分量)小于飞机重力时,飞机就会损失高度并下降。下降可以简单地看作是一种负向爬升。如果发动机在下降飞行时关闭,这种飞行操作称为滑翔飞行。一种极端情况是下降角为 90°,而这种飞行方式称为俯冲。俯冲通常是特技飞机机动飞行中的一种绚丽表演部分。由于俯冲方向向下,因此飞行常常是不断加速的。

图 7.28 给出了飞机下降飞行(恒定速度)时的作用力(重力 W、升力 L、阻力 D 和推力 T)。根据牛顿第二定律,在无加速的下降飞行中,x 和 z 方向上的力的平衡为

$$\sum F_z = 0$$
$$L - W\cos\gamma = 0 \qquad (7.101)$$
$$\sum F_x = 0$$
$$D - T - W\sin\gamma = 0 \qquad (7.102)$$

飞机在下降飞行中,阻力大于推力,升力小于重力。如果保持飞机速度不变,则动能不变,势能以损失高度的形式减小。利用式(7.101)可得

$$\gamma = \arccos\frac{L}{W} \qquad (7.103)$$

因此,飞机高度的变化率取决于升力与重力的比值。当降低发动机的推力时,飞机下降率也增大了。下降率(ROD)定义为

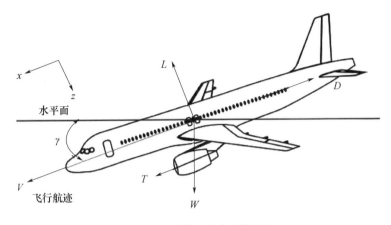

图 7.28　下降飞行中的作用力

$$ROD = V\sin\gamma \tag{7.104}$$

式中:V 为飞机空速;γ 为下降角。

对于典型的减速下降,需要在运动方程中包含减速度 a。根据牛顿第二定律,在减速下降过程中,x、z 方向的运动方程分别为

$$\sum F_z = ma_z$$
$$L - W\cos\gamma = ma_z \tag{7.105}$$

$$\sum F_x = ma_x$$
$$D - T - W\sin\gamma = ma_x \tag{7.106}$$

式中:a_x 为 x 方向的加速度(实际上飞机减速);a_z 为 z 方向的加速度。

x 方向的加速度是最终和初始空速的函数,可表示为

$$a_x = \frac{V_2^2 - V_1^2}{2X} \tag{7.107}$$

式中:X 为飞机沿 x 方向飞过的总距离;V_2 为最终速度;V_1 为初始速度。

表 7.4 列出了波音 777 飞机在下降飞行(从巡航到着陆)中的高度、速度和襟翼偏转角(图 7.21)。

表 7.4　波音 777 飞机下降飞行中的典型速度和襟翼偏转角

序号	速度/kn	高度/(ft)	飞机与机场之间的距离/km	襟翼偏转角/(°)	下降率/(ft/min)	扰流板
1	485	36000	265	0	0	不使用
2	428	20000	180	0	2500	不使用
3	351	15000	140	0	2500	展开
4	286	10000	112	0	2500	展开

389

続表

序号	速度/kn	高度/(ft)	飞机与机场之间的距离/km	襟翼偏转角/(°)	下降率/(ft/min)	扰流板
5	245	6000	53	0	1500	展开
6	214	4000	38	5	1500	展开
7	183	3000	21	10	1500	展开
8	156	1500	10	15~20	1500	展开
9	152	500	3,最终进近	30~40	1000	展开
10	148	0	接地	30~40	0	展开

例7.11 塞斯纳560喷气飞机最大推力为13.55kN,质量为7000kg,要求以5°下降角且保持恒定速度下降飞行。

飞机性能参数如下:

$$S = 31.83\text{m}^2, C_{D_0} = 0.02, a = 5.2(1/\text{rad}), K = 0.05$$

(1)如果期望的速度是250kn,这种飞行操纵需要多少比例的发动机推力?

(2)假设空气密度保持1.1kg/m³不变。飞机的迎角必须是多少? 假设 $\alpha_0 = 0$。

(3)确定 ROD。

解 (1)发动机推力比例。升力为

$$L - W\cos\gamma = 0$$
$$L = W\cos\gamma = 7000 \times 9.81 \times \cos5° = 68409\text{N} \tag{7.101}$$

升力系数为

$$L = \frac{1}{2}\rho V^2 S C_L$$

$$C_L = \frac{2L}{\rho V^2 S} = \frac{2 \times 68409}{1.1 \times (250 \times 0.5144)^2 \times 31.83} = 0.236 \tag{2.4}$$

$$C_D = C_{D_0} + KC_L^2 = 0.02 + 0.05 \times 0.236^2 = 0.0228 \tag{3.12}$$

$$D = \frac{1}{2}\rho V^2 S C_D = 0.5 \times 1.1 \times (250 \times 0.5144)^2 \times 31.83 \times 0.0228 = 6601\text{N} \tag{2.5}$$

$$D - T - W\sin\gamma = 0$$
$$T = D - W\sin\gamma = 6601 - 7000 \times 9.81 \times \sin5° = 616\text{N} \tag{7.102}$$

使用发动机推力比例为

$$\frac{616}{13550} = 0.045$$

因此,飞行员仅需要使用4.5%的发动机推力就可实现这种下降飞行。

(2)飞机迎角为

$$a = C_{L_\alpha} = \frac{C_L}{\alpha}$$

$$\alpha = \frac{C_L}{C_{L_\alpha}} = \frac{0.236}{5.2} = 0.04538 \text{rad} = 2.6° \qquad (2.10)$$

（3）下降率为

$$\text{ROD} = V\sin\gamma = 250 \times 0.5144 \times \sin 5° = 11.208 \text{m/s} = 2208 \text{ft/min} \qquad (7.104)$$

例 7.12 波音 777 – 200（图 7.21（b））飞机质量为 200000kg，装备 2 台涡扇发动机，单台产生 342kN 的海平面推力，要求从 12000ft 下降到 11000ft。在本次下降飞行中，当飞过 10mile 水平距离时，空速应该从 195m/s 减小到 185m/s。确定本次下降飞行开始时应该使用多大比例的发动机推力。假设 z 方向（图 7.28 和图 7.29）的加速度为 0。其他飞机参数如下：

$$S = 427.8 \text{m}^2, C_{D_0} = 0.02, b = 60.9 \text{m}, e = 0.87$$

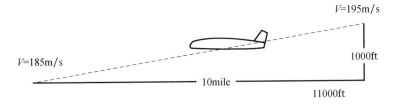

图 7.29 例 7.12 中的下降飞行的飞机（图与比例不符）

解 在 12000ft 高度处，空气密度为 0.001648slug/ft³ 或 0.849kg/m³。沿飞行航迹（x 轴）飞行的总距离为

$$X = \sqrt{h^2 + D^2} = \sqrt{(1000\text{ft})^2 + (10\text{mile})^2} = 16096.3 \text{m}$$

沿 x 轴的加速度为

$$a_x = \frac{V_2^2 - V_1^2}{2X} = \frac{185^2 - 195^2}{2 \times 16096.3} = -0.118 \text{m/s}^2 \qquad (7.107)$$

由图 7.29 可知，下降角为

$$\gamma = \arctan\frac{1000\text{ft}}{10\text{mile}} = 0.019 \text{rad} = 1.085°$$

首先需要计算下面一些参数：

$$\text{AR} = \frac{b^2}{S} = \frac{60.9^2}{427.8} = 8.67 \qquad (3.9)$$

$$K = \frac{1}{\pi e \text{AR}} = \frac{1}{3.14 \times 0.87 \times 8.67} = 0.042 \qquad (3.8)$$

在 z 方向，有

$$L - W\cos\gamma = ma_z \qquad (7.105)$$

由于 $a_z = 0$，则升力为

$$L - W\cos\gamma = 0$$

$$L = W\cos\gamma = 200000 \times 9.81 \times \cos1.085° = 1960978 \text{N} \qquad (7.105)$$

391

升力系数为

$$C_L = \frac{2L}{\rho V^2 S} = \frac{2 \times 1960978}{0.849 \times 195^2 \times 427.8} = 0.284 \tag{2.4}$$

下降开始时,阻力为

$$C_D = C_{D_0} + KC_L^2 = 0.02 + 0.042 \times 0.284^2 = 0.0234 \tag{3.12}$$

$$D = \frac{1}{2}\rho V^2 SC_D = 0.5 \times 0.849 \times 195^2 \times 427.8 \times 0.0234 = 161664\mathrm{N} \tag{2.5}$$

本次下降飞行所需的推力为

$$D - T - W\sin\gamma = ma_x$$

$$T = D - W\sin\gamma + ma_x$$

$$T_{\mathrm{req}} = 161664 - 200000 \times 9.81 \times \sin1.085° + 200000 \times (-0.118) = 100916\mathrm{N}$$

$$\tag{7.106}$$

然而,在12000ft(对流层)的可用推力为

$$T_{\mathrm{av}} = T_0 \frac{\rho}{\rho_0} = 2 \times 342000 \times \frac{0.849}{1.225} = 474025\mathrm{N} \tag{4.24}$$

需用推力与可用推力的比值为

$$\frac{T_{\mathrm{req}}}{T_{\mathrm{av}}} = \frac{100916}{474025} = 0.213$$

因此,飞行员仅需要使用21.3%的发动机推力就可实现这种下降飞行。

7.11　滑翔飞行

滑翔是最重要的娱乐活动和竞技飞行运动,滑翔时飞行员驾驶无动力飞机,如风筝、悬挂滑翔机、滑翔机。有动力重于空气的飞行器在飞行过程中,当所有发动机都停止工作或燃油耗尽时,也要进行滑翔飞行。滑翔是一种基本机动,在这种机动中,飞机在受控下降过程中损失高度,只有很少或没有发动机动力。飞机的向前运动是由飞机的重力沿倾斜航迹拉动飞机来维持的。滑翔速率是通过平衡重力、升力和阻力来控制的。滑翔操作通常是在相对接近地面的情况下进行的,因此对于飞行员来说,动作的准确性以及正确的技术和习惯的形成尤为重要。

在发射/辅助起飞后,滑翔机飞行员寻找当地上升空气以获得高度。如果条件足够好,有经验的飞行员可以在返回机场前飞行几小时,偶尔也可以飞行100km以上。当发动机的燃油耗尽后,有动力飞机也期望尽可能长时间的滑翔。如果起始高度是14000ft,轻型飞机派珀 PA-28 切诺基"箭头"(最大起飞重量 2650lb,螺旋桨风车状态)可以滑翔 22mile 的水平距离[7]。然而,当飞机在 8000ft 的高度开始滑行,水平距离则是 12.5mile。

在滑翔飞行中,飞行员的飞行技能和天气状况对安全着陆至关重要。当附近没有经过认证的机场可以降落时,飞行员只能在最近的地面降落(可能是农场,也可能只是公路)。有动力飞机、绞盘(用于滑翔机)和自发射(用于电动滑翔机)是三种最常见的起飞方式。第一种方法需要另一架飞机的协助,二者需要同时起飞。本节讨论滑翔的概念和影响这种飞行方式的参数。

当滑翔机处于上升热空气中,飞机将飘升并获得势能(爬升但不消耗能量)。这种飞行操作类似于热气球的爬升飞行。然而,当空气平静且温度与周围环境相同时,滑翔机应以势能换取动能。由于操纵面在滑翔中的应用与有动力下降有所不同,滑翔机需要完善的技术,而这与普通有动力机动需要的技术有所不同[8]。

由于没有发动机推力,飞机只能滑翔/下降。在这种情况下,只有三种力会影响其性能:重力、升力和阻力。无动力飞机滑翔时的受力示意图如图 7.30 所示。对于加速滑翔,其中 γ 是滑翔角(飞行航迹角),应用牛顿第二定律可得

$$L - W\cos\gamma = ma_z \tag{7.108}$$
$$D - W\sin\gamma = ma_x \tag{7.109}$$

式中:a_x 为飞行航迹轴方向的加速度;a_z 为 z 方向的加速度。

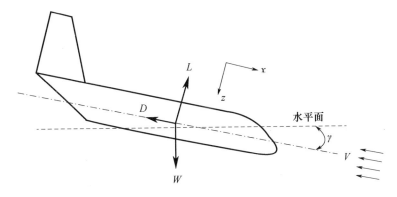

图 7.30　滑翔飞行中无动力飞机的受力示意图

极端的情况是没有升力的自由落体(俯冲),滑翔角为90°,则

$$D - W = ma_x \tag{7.110}$$

对于稳定的非加速滑翔,有

$$L - W\cos\gamma = 0 \tag{7.111}$$
$$D - W\sin\gamma = 0 \tag{7.112}$$

式(7.112)除以式(7.111)可得平衡滑翔角为

$$\frac{\sin\gamma}{\cos\gamma} = \frac{D}{L} = \frac{C_D}{C_L} \tag{7.113}$$

或

$$\tan\gamma = \frac{D}{L} = \frac{1}{L/D} \tag{7.114}$$

因此,滑翔角为

$$\gamma = \arctan\left(\frac{1}{L/D}\right) \tag{7.115}$$

这表明滑翔角完全是升阻比的函数,L/D 越大,滑翔角越小。因此,滑翔角并不取决于飞机重量或飞行高度。两种主要的滑翔飞行方式如下。

(1)以最大地面距离滑翔;

(2)以最大飞行时间滑翔(最小下沉率,ROS)。

将分别在 7.11.1 节和 7.11.2 节中讨论这两种情况。这两种飞行方式如图 7.31所示。图 7.31 比较了两架飞机(飞机 A 和飞机 B)在相同时间内不同滑翔飞行方案下的情况。两架飞机都已经飞行了 1min,但是飞机 A 损失的高度更小,而飞机 B 则飞过了更长的水平距离。飞机 A 使用了第一种飞行方式,但是飞机 B 采用了第二种飞行方式。

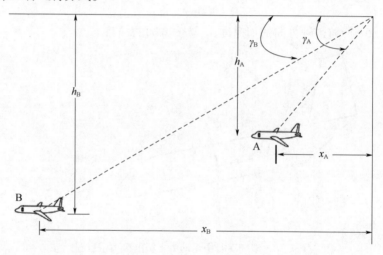

图 7.31 滑翔飞行的两种方式

7.11.1 以最大地面距离滑翔

当飞机以最小滑翔角 $\gamma_{\min}$ 飞行时,就能实现最大地面距离滑翔。在这种情况下,飞过的地面距离最大(最大航程)。这种滑翔飞行适用于发动机全部失灵的飞机。飞行员必须最大化水平距离,才能找到安全降落的合适地点。这种飞行操作关心的一个参数是滑降比,即损失单位高度所飞过的水平距离。滑降比越高,飞机损失单位高度所飞过的水平距离就越长。对于大多数现代飞机来说,该比值为 10 ~

15。但对于滑翔机来说,这个比值为 30 ~ 40。

由式(7.114)可以很容易得出结论:当飞机处于升阻比最大,即$(L/D)_{\max}$的飞行状态时,滑翔角最小,即

$$\gamma_{\min} = \arctan \frac{1}{(L/D)_{\max}} \qquad (7.116)$$

例如,最大升阻比为 19 的飞机必然会以 3°的滑翔角滑翔($\tan 3° = 1/19$)。要以特定的滑翔角滑翔,飞行员必须通过偏转飞机升降舵,将飞机的迎角 α 调整到一个特定的值(图 7.32)。由第 5 章可知,最大升阻比为

$$\left(\frac{L}{D}\right)_{\max} = \frac{1}{2\sqrt{KC_{D_0}}} \qquad (5.28)$$

则

$$\gamma_{\min} = \arctan \left(2\sqrt{KC_{D_0}} \right) \qquad (7.117)$$

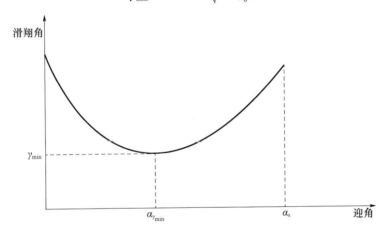

图 7.32 滑翔飞行的两种方式

从第 3 章可以看出,诱导阻力修正系数 K 与机翼展弦比成反比,即

$$K = \frac{1}{\pi e \mathrm{AR}} \qquad (3.8)$$

因此,为了使滑翔角最小,必须降低诱导阻力修正系数 K,这意味着必须增大机翼展弦比。从结构上看,机翼展弦比和翼展有一定的限制。实践中,滑翔机的展弦比最大,其值为 25 ~ 40。

由式(7.116)可知,滑翔角仅是升阻比的函数,因此,当飞机以产生最大升阻比或最小阻力的空速滑翔飞行时,才能获得最小滑翔角。第 5 章推导出了如式(5.42)所定义的这个速度,则

$$V_{\gamma_{\min}} = V_{D_{\min}} = \sqrt{\frac{2mg\cos\gamma_{\min}}{\rho S \sqrt{C_{D_0}/K}}} \qquad (7.118)$$

式中：γ_{min}由式(7.117)确定,这个速度不是飞机的水平速度。它是等效滑翔空速(在飞行航迹方向)。

注意,正如之前的讨论,理论上$V_{\gamma_{min}}$小于失速速度是可能的。在这种情况下,飞机不可能获得理论上的最小下降角。如果求得的速度小于失速速度V_s,就必须选择一个安全速度。原因是,对于常规飞机来说,速度低于失速速度的安全连续滑翔是不可能的。在这种情况下,最小滑翔角对应的速度必须大于失速速度,则

$$V_{\gamma_{min}} = kV_s \tag{7.119}$$

式中：参数k的值为$1.1 \sim 1.3$。于民用飞机,参数k的值为$1.2 \sim 1.3$;而对于军用飞机,参数k的值为在$1.1 \sim 1.2$。参数k的准确值取决于多种因素,如飞机的任务和适航性规则。利用式(7.104)可得最小滑翔角下的下沉率为

$$\text{ROS}_{\gamma_{min}} = V_{\gamma_{min}} \sin\gamma_{min} \tag{7.120}$$

式中：飞机速度$V_{\gamma_{min}}$由式(7.118)给出。无动力滑翔飞行飞过的最大水平距离为

$$d_{max} = \frac{\Delta h}{\tan\gamma_{min}} \tag{7.121}$$

式中：Δh为滑翔飞行中损失的高度。

7.11.2　以最大飞行时间滑翔

爬升飞行通常希望尽可能快地爬升,而滑翔飞行的目标是尽可能慢地、尽可能长地下降。当飞机以最小下沉率飞行时可实现以最大飞行时间(航时)的滑翔飞行,ROD或ROS是飞机滑行速度V的垂直分量V_z。对于无动力滑翔,它与动力飞行的ROC类似。如图7.26所示,与7.8节中看到的一样,ROS可表示为

$$\text{ROS} = V_z = V\sin\gamma \tag{7.122}$$

虽然ROS是一个正数,但它的方向是向下的。式(7.112)两边同时乘以飞机滑翔速度V,可得

$$DV - W\sin(\gamma)V = 0 \Rightarrow DV = WV_z \tag{7.123}$$

或

$$V_z = \frac{DV}{W} = \frac{\rho V^3 SC_D/2}{W} \tag{7.124}$$

这里希望最小化飞机的ROS(或V_z),可以通过最小化式(7.124)的分子来实现,唯一能控制的参数是飞机的速度V。根据定义,DV是稳定水平飞行需用功率,因此需用功率对应的滑翔速度最小时能够获得最小的下沉率。根据第6章,最小功率对应的速度为

$$V_{\text{ROS}_{min}} = V_{minP} = \sqrt{\frac{2mg}{\rho S\sqrt{3C_{D_0}/K}}} \tag{7.125}$$

396

注意,这个速度最初是为水平飞行推导的。然而,这里,这个速度是滑翔速度(不是水平)。这是正确的,因为理论目标是最小化需用功率,但是实际目标是最小化下沉率。这两个目标是一致的。这就是 $\cos\gamma$ 没有出现在式(7.125)分子中的原因。

注意,正如前面的讨论,理论上 $V_{\mathrm{ROS_{min}}}$ 小于失速速度是可能的。在这种情况下,飞机不可能获得理论上的最小下沉率。如果求得的速度小于失速速度 V_s,就必须选择一个安全速度。原因是,对于传统飞机来说,低于失速速度的安全连续滑翔是不可能的。在这种情况下,最小下沉率对应的速度必须大于失速速度:

$$V_{\mathrm{ROS_{min}}} = kV_s \tag{7.126}$$

式中:参数 k 的值为 $1.1\sim1.3$。对于民用飞机,参数 k 的值为 $1.2\sim1.3$;而对于军用飞机,参数 k 的值为 $1.1\sim1.2$。k 的准确值取决于多种因素,如飞机的任务和适航性规则。

为了求得最小下沉率:首先将建立下沉率和飞行变量之间的关系;然后将针对一个变量(如滑翔角 γ)进行微分。将式(7.111)和式(2.4)代入式(7.122),可得

$$\mathrm{ROS} = V\sin\gamma = \sqrt{\frac{2mg\cos\gamma}{\rho SC_L}}\sin\gamma \tag{7.127}$$

将式(7.113)中的 $\sin\gamma$ 代入式(7.127),可得

$$\mathrm{ROS} = \sqrt{\frac{2mg}{\rho SC_L}}\cos(\gamma)\frac{C_D}{C_L} = \sqrt{\frac{2mg}{\rho SC_L}}\sqrt{\cos^2\gamma \cdot \frac{C_D^2}{C_L^2}} \tag{7.128}$$

或

$$\mathrm{ROS} = \sqrt{\frac{2mg\cos^2\gamma}{\rho S(C_L^3/C_D^2)}} \tag{7.129}$$

该非线性方程对滑翔角进行微分是非常困难的。一种更简单的方法是假设 γ 足够小,可以忽略,或者假设 $\cos^2\gamma \approx 1$(这是正确的),明显地知道 $(C_L^3/C_D^2)_{\mathrm{max}}$ 时可得 $\mathrm{ROS_{min}}$。第6章证明了当飞机以最小功率速度飞行时,参数 C_L^3/C_D^2 将是最大的(式(6.20)和式(6.41))。最小下沉率对应的滑翔速度小于最小滑翔角对应的滑翔速度,因为最小下沉率对应的飞机角度大于最小滑翔角对应的飞机角度。因此,最小下沉率为

$$\mathrm{ROS_{min}} = \sqrt{\frac{2W}{\rho S(C_L^3/C_D^2)_{\mathrm{max}}}} \tag{7.130}$$

该方程表明,下沉率随高度的降低(空气密度的增大)而减小,并随翼载荷的平方根 W/S 的增加而增大。

最小下沉率(对应 $(C_L^3/C_D^2)_{\mathrm{max}}$)对应的飞机速度小于最小滑翔角(对应

$(C_L/C_D)_{max}$)对应的飞机速度,由式(6.41)可得

$$\left(\frac{C_L^{3/2}}{C_D}\right)_{max} = \frac{0.57}{K^{3/4}C_{D_0}^{1/4}}$$ (6.41)

则

$$ROS_{min} = \sqrt{\frac{2W}{\rho S[0.57/(K^{3/4}C_{D_0}^{1/4})]}}$$ (7.131)

最小下沉率为

$$ROS_{min} = V_{ROS_{min}}\sin\gamma_{ROS_{min}}$$ (7.132)

所以,最小下沉率对应的滑翔角为

$$\gamma_{ROS_{min}} = \arcsin\left(\frac{ROS_{min}}{V_{ROS_{min}}}\right)$$ (7.133)

式中:ROS_{min} 由式(7.130)确定;$V_{ROS_{min}}$ 由式(7.125)确定。

速端曲线是分析滑翔飞行的一种图形方法。滑翔飞行的速端曲线(垂直速度随水平速度的变化)如图7.33所示。可以用图形化的方式提供两个重要的结论:①从原点发出且与曲线相切的直线定义了 γ_{min};②图上的最低点代表最小下沉率。这两点通常不重合。这说明最小下沉率与最小滑翔角并不对应。

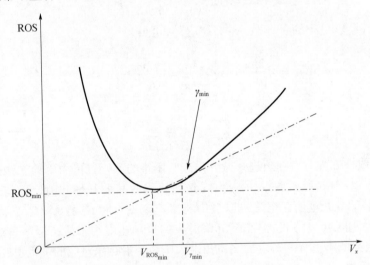

图 7.33　滑翔飞行的速端曲线

飞机从高度 h 滑翔飞行的最大持续时间为

$$t_{max} = \frac{h}{ROS_{min}}$$ (7.134)

飞机将在飞过以下水平距离后着陆:

398

$$d_{t_{\max}} = \frac{h}{\tan\gamma_{\mathrm{ROS}_{\min}}} \tag{7.135}$$

例7.13 质量为120kg、机翼面积为17m² 的悬挂式滑翔机的驾驶员将从500m的高度滑翔至海平面。飞机的 $C_{D_0} = 0.016, K = 0.09, C_{L_{\max}} = 1.2$。

(1)悬挂式滑翔机的最大飞行时间是多少?

(2)目标是尽可能长时间地在空中飞行,滑翔角是多少?

(3)在这种滑翔方案中,飞机从这一点滑翔到地面的水平距离是多少?

假设整个飞行过程中空气密度恒定,为 1.225kg/m³。

解 (1)滑翔时间。为了获得最长的飞行时间,滑翔机必须以最小的下沉率飞行,即

$$\left(\frac{L}{D}\right)_{\max}^{3/2} = \frac{1}{4}\left(\frac{3}{KC_{D_0}^{1/3}}\right)^{3/4} = \frac{1}{4}\left(\frac{3}{0.09 \times 0.016^{1/3}}\right)^{3/4} = 9.75 \tag{6.41}$$

$$\mathrm{ROS}_{\min} = \sqrt{\frac{2mg}{\rho S\left(C_L^3/C_D^2\right)_{\max}}} = \sqrt{\frac{2 \times 120 \times 9.81}{1.225 \times 17 \times 9.75}} = 3.4\mathrm{m/s} \tag{7.130}$$

确定 $\mathrm{ROS}_{\min}$ 的另一种方法是直接使用式(7.131)。

在这种情况下,飞机飞行的最大持续时间为

$$t_{\max} = \frac{h}{\mathrm{ROS}_{\min}} = \frac{500}{3.4} = 147\mathrm{s} = 2.45\mathrm{min} \tag{7.134}$$

(2)最佳滑翔角。这次飞行的飞机速度为

$$V_{\mathrm{ROS}_{\min}} = \sqrt{\frac{2mg}{\rho S\sqrt{3C_{D_0}/K}}} = \sqrt{\frac{2 \times 120 \times 9.81}{1.225 \times 17 \times \sqrt{3 \times 0.016/0.09}}} = 12.4\mathrm{m/s} \tag{7.125}$$

其中,需要通过比较这个值和失速速度来检验飞行是否安全:

$$V_s = \sqrt{\frac{2mg}{\rho S C_{L_{\max}}}} = \sqrt{\frac{2 \times 120 \times 9.81}{1.225 \times 17 \times 1.2}} = 9.7\mathrm{m/s} \tag{2.49}$$

飞机滑行速度为12.4m/s,大于失速速度,可以接受。这个速度用来确定最小滑翔角,即

$$\gamma_{\mathrm{ROS}_{\min}} = \arcsin\left(\frac{\mathrm{ROS}_{\min}}{V_{\mathrm{ROS}_{\min}}}\right) = \arcsin\left(\frac{3.4}{12.4}\right) = 0.277\mathrm{rad} = 15.9° \tag{7.133}$$

例7.14 一架总质量为500kg、机翼面积为18m² 的滑翔机正从500m的高度滑翔至海平面。飞机具有如下特性: $C_{D_0} = 0.014, \mathrm{AR} = 35, e = 0.8, C_{L_{\max}} = 1.2$。确定最小滑翔角。假设整个飞行过程中空气密度恒定,为 1.225kg/m³。

解 诱导阻力修正系数为

$$K = \frac{1}{\pi e \mathrm{AR}} = \frac{1}{3.14 \times 0.8 \times 35} = 0.011 \tag{3.8}$$

最大升阻比为

$$\left(\frac{L}{D}\right)_{\max} = \frac{1}{2\sqrt{KC_{D_0}}} = \frac{1}{2\sqrt{0.011 \times 0.014}} = 39.63 \tag{5.28}$$

则

$$\gamma_{\min} = \arctan\frac{1}{(L/D)_{\max}} = \arctan\frac{1}{39.63} = 0.025\,\text{rad} = 1.44° \tag{7.116}$$

习 题

注意,除非另外说明,所提供的数据和所需的参数均在海平面高度。

7.1 一架喷气式教练机正在以 300kn 的速度和 120°的爬升角爬升。它的爬升率是多少?

7.2 一架质量为 3200kg 的轻型飞机正在爬升,爬升角度为 9°,确定这架飞机产生了多大的升力。

7.3 涡桨飞机在海平面的最大发动机功率为 10000hp,螺旋桨效率为 0.9。飞机能在 10000ft 高度以 400km/h 的速度爬升吗? 假设 $C_D = 0.04$,$S = 100\text{m}^2$。

7.4 飞机空中霸主 C – 54 装备 4 台活塞发动机,且具有以下特性:

$m = 33113\text{kg}$,$S = 135.9\text{m}^2$,$P = 4 \times 1450\text{hp}$,$K = 0.042$,$C_{L_{\max}} = 1.9$,$\eta_\text{P} = 0.85$,

$V_{\max} = 240\text{kn}$

(1)绘制需用功率随飞机速度的变化。

(2)最大剩余功率是多少?

(3)当飞机以什么速度飞行时会产生最大的剩余功率?

7.5 一架飞机需要爬升到 20000ft 的高度。确定哪种情况下爬升时间更短。

(1)以速度 150kn、爬升角 13°爬升。

(2)以速度 170kn、爬升角 11°爬升。

7.6 F – 117“夜鹰”隐身轰炸机质量为 45360kg 且装备 2 台涡扇发动机,单台发动机的额定推力为 111.7kN。在爬升飞行条件下,飞机产生 423000N 的升力。计算爬升角和飞机阻力。

7.7 一架喷气飞机正在爬升,爬升率为 115m/s,速度为 400kn,确定飞机的水平速度。

7.8 装备涡扇发动机的 Saab – 37(Viggen)战斗机具有以下特性:

$m = 20500\text{kg}$,$S = 52.2\text{m}^2$,$T = 115.5\text{kN}$,$e = 0.8$,$C_{L_{\max}} = 2.4$,$C_{D_0} = 0.022$,

$b = 10.6\text{m}$

确定这架飞机在海平面的最大爬升率。

7.9 比奇 C – 12 运输飞机装备 2 台涡桨发动机,且具有以下特性:

$m = 5670\text{kg}, S = 28.15\text{m}^2, P = 2 \times 850\text{hp}, b = 16.61\text{m}, C_{L_{\max}} = 1.8, \eta_P = 0.83, C_{D_0} = 0.026, e = 0.86$

计算最大爬升率对应的速度。

7.10　计算习题 7.8 中飞机的最大爬升角。

7.11　习题 7.8 中飞机的最大爬升角是多少?

7.12　一架喷气飞机正在爬升,速度为 300kn,爬升角为 12°。到达 30000ft 的高度需要多长时间? 忽略整个飞行过程中密度的变化。

7.13　一架农用飞机的飞行员(在海平面飞行)突然发现飞机前方 1000m 的地方有一座山。这座山高 2000m、底径 8000m。飞行员决定以 2500ft/min 的最大爬升率和 70kn 的爬升速度爬升,这架飞机是幸免于难还是毁于大山?

7.14　一架战斗机正在 40000ft 的高空飞行。飞行员发现一枚导弹刚刚朝自己射来。导弹的速度是 2000kn,且它的绝对升限是 60000ft。如果飞机的绝对升限是 70000ft,那么飞机的爬升率必须是多少才能逃脱这枚导弹? 假设飞机和导弹都保持恒定的爬升率。

7.15　装备 4 台涡喷发动机的 140B 运输机具有以下特性:

$m = 19051\text{kg}, S = 50.4\text{m}^2, T = 4 \times 14.7\text{kN}, b = 16.6\text{m}, C_{L_{\max}} = 2.3, C_{D_0} = 0.028, e = 0.77$

计算飞机的实用升限。

7.16　绘制习题 7.15 中飞机速度随爬升角的变化,从图中确定飞机的最大速度和最大爬升角。

7.17　确定习题 7.15 中飞机在海平面上当一台发动机失效时的最大爬升率。

7.18　绘制习题 7.4 中飞机最大爬升率随高度的变化。

7.19　绘制习题 7.15 中飞机最大爬升角随高度的变化。

7.20　装备 2 台涡喷发动机的米格 - 25 战斗机具有以下特性:

$m = 35000\text{kg}, S = 56\text{m}^2, T = 2 \times 120.6\text{kN}, b = 14\text{m}, C_{L_{\max}} = 1.8, C_{D_0} = 0.022, e = 0.8, C = 1\text{lb}/(\text{h} \cdot \text{lb})$

飞机需要尽快爬升到 40000ft 的高度。

(1)这次爬升需要多长时间?

(2)消耗了多少燃油?

(3)确定这次爬升的地面距离。可以假定这一阶段的速度是线性变化的。

7.21　一只重 110kg 的风筝一边滑翔一边产生 1075N 的升力。

(1)确定滑行角。

(2)计算飞机本次飞行中的阻力。

7.22　德国好乐 H - 101 型滑翔机具有以下特性:

$m = 280\text{kg}, S = 8.58\text{m}^2, b = 13.3\text{m}, (L/D)_{\max} = 34.5, e = 0.85, C_{L_{\max}} = 1.6$

(1)计算飞机零升阻力系数 C_{D_0}。

(2)确定最小滑翔角。

(3)计算最小下沉率。

(4)如果飞机处于(c)部分的飞行状态,15min后飞机会损失多少高度?假设空气密度恒定为$1kg/m^3$。

(5)如果飞机处于(b)部分的飞行状态,15min后飞机将飞过多少地面距离?假设空气密度恒定为$0.8kg/m^3$。

(6)如果初始高度为10000ft,则确定飞机可以在空中飞行的最大时间。

7.23 北极星超16风筝具有以下特性:

$$m = 116kg, S = 15.8m^2, AR = 6.2, C_{L_{max}} = 2.27, e = 0.75, C_{D_0} = 0.056$$

(1)确定最大滑降比,$(L/D)_{max}$。

(2)最小滑翔角是多少?

(3)计算最小阻力速度。

(4)如果飞行员希望在空中飞行10min,飞行开始时的初始高度必须是多少?

7.24 一架装备2台活塞螺旋桨发动机的通航机具有以下特性:

$$m = 1270kg, S = 12m^2, P = 2 \times 150hp, AR = 7, C_{L_{max}} = 1.8, C_{D_0} = 0.024, e = 0.84$$

当飞机在15000ft高度飞行时,飞行员突然发现油箱空了。如果距离机场50km,飞机能否安全降落?

7.25 一架最大推力为18.2kN、质量为8200kg的喷气飞机需要以6°下滑角下降。假设

$$S = 40m^2, C_{D_0} = 0.022, a = 5.11/rad, K = 0.04。$$

(1)如果期望的速度是260kn,这次飞行需要多大比例的发动机推力?假设空气密度恒定为$1.2kg/m^3$。

(2)迎角应该是多少?

(3)确定ROD。

7.26 一架发动机最大推力为15kN(海平面高度)、质量为6000kg的喷气(涡扇发动机)飞机正以150kn的速度下降。假设$S = 45m^2, C_{D_0} = 0.018, K = 0.05$。

(1)如果飞行员仅使用10%的发动机推力,确定5000ft高度处的下滑角。

(2)确定ROD。

7.27 分析习题7.9中飞机在10000ft高度的最陡爬升(确定最大爬升角),然后计算相应的爬升率。

7.28 分析习题7.9中飞机在10000ft高度的最快爬升(确定最大爬升率),然后,计算相应的爬升角。

7.29 具有下列特性的喷气飞机的最快爬升性能见表7.5。

$$T_{max} = 20000lb, W = 80000lb, S = 800 ft^2$$

首先绘制飞机速度、最大爬升率及其爬升角随高度的变化;然后确定实用升限。

表 7.5　习题 7.29 中喷气飞机的最大爬升率和爬升角

$h/(1000\text{ft})$	T/W	$V/(\text{ft}/\text{s})$	$\text{ROC}_{\text{max}}/(\text{ft}/\text{s})$	$\gamma/(°)$
0	0.25	698	106.7	8.8
5	0.216	702	89.7	7.35
10	0.184	708	74.0	6.00
15	0.157	717	61.3	5.7
20	0.133	728	47.2	3.72
25	0.112	743	35.3	2.72
30	0.0935	763	24.0	1.8
35	0.0775	790.4	13.4	0.97
40	0.0615	832.3	1.244	0.08
40.58	0.06	837.4	0	0

7.30　考虑下列双涡喷发动机飞机：

$m = 12500\text{kg}, S = 74\text{m}^2, C_{D_0} = 0.019, K = 0.042, C_{L_{\max}} = 2.2, T_{\max\text{SL}} = 2 \times 40000\text{N}$

（1）确定 10000ft 处的最大爬升角。

（2）确定相应的爬升率。

7.31　一架战斗机正以 380kn 的速度爬升，爬升角为 24°，爬升高度为 15000ft，大气条件为 ISA +20。如果驾驶员决定以相同的推力巡航，那么巡航速度（以马赫数计算）是多少？

$$m_{\text{TO}} = 72000\text{kg}, S = 232\text{m}^2, C_{D_0} = 0.026, K = 0.035, C_{L_{\max}} = 2.3$$

7.32　一架喷气（涡扇发动机）飞机在 12000ft 时的最大爬升角为 21°。其在 18000ft 时的最大速度（以 KTAS 表示）是多少？该飞机具有以下特性：

$$W = 12300\text{lb}, S = 342\text{ft}^2, C_{D_0} = 0.022, e = 0.92, \text{AR} = 6.3, C_{L_{\max}} = 2.1$$

确定海平面高度的最大爬升角（°）。

7.33　一架运输机装备 4 台活塞发动机，海平面高度单台产生 2350hp。它具有以下特性：

$$W_{\text{TO}} = 73000\text{lb}, S = 1464\text{ft}^2, \text{AR} = 7.5, C_{L_{\max}} = 2.4, \eta_P = 0.85, C_{D_0} = 0.022,$$
$$e = 0.83$$

确定海平面高度的最大爬升角。

7.34　以"湾流"G-550 商务喷气飞机为例，它最大起飞重量为 41277kg，机翼面积为 105.63m²，翼展为 27.69m，2 台涡扇发动机各产生 68.4N 的推力，飞机的参数如下：

$$C_{D_0} = 0.02, e = 0.85, V_s = 85\text{kn}, V_{\max} = 600\text{kn}$$

为这架飞机绘制海平面高度的速端曲线，从图中确定最大爬升率和最大爬升角。

7.35 通用动力公司的(现在的洛克希德·马丁公司)F-16"战隼"战斗机(图7.22)(一台加力涡扇发动机)在海平面高度最大爬升率为50000ft/min,且其实用升限是56000ft。假设绝对升限是60000ft,爬升到实用升限的最短时间是多少?

7.36 波音737-300运输飞机(2台涡扇发动机)在海平面上的最大爬升率为1800ft/min,其实用升限为37000ft。假设绝对升限为40000ft,爬升到实用升限的最小时间是多少?

7.37 总质量为140kg、机翼面积为16m^2的悬挂式滑翔机的驾驶员将从400m的高度滑翔到海平面。飞机的参数为$C_{D_0}=0.017$,$K=0.08$,$C_{L_{max}}=1.1$。

(1)悬挂式滑翔机在空中的最大飞行时间是多少?

(2)目标是尽可能长时间地在空中飞行,滑翔角是多少?

(3)这种滑翔方案中,飞机从这一点滑翔到地面飞过的距离是多少?

假设整个飞行过程中的空气密度是恒定的,为1.225kg/m^3。

7.38 总质量为110kg、机翼面积为14m^2的悬挂式滑翔机的驾驶员将从300m的高度滑翔至海平面。飞机的参数为$C_{D_0}=0.019$,$K=0.07$,$C_{L_{max}}=1.2$。

(1)悬挂式滑翔机在空中的最大飞行时间是多少?

(2)目标是尽可能长时间地在空中飞行,滑翔角是多少?

(3)这种滑翔方案中,飞机从这一点滑翔到地面飞过的距离是多少?

假设整个飞行过程中的空气密度是恒定的,为1.225kg/m^3。

7.39 假设一架总质量为700kg的滑翔机从1000m的高度滑翔到海平面。飞机的参数为$C_{D_0}=0.015$,AR=40,$e=0.85$,$C_{L_{max}}=1.3$。确定最小滑翔角。假设整个飞行过程中的空气密度是恒定的。

7.40 考虑一架总质量为800kg的滑翔机从1500m的高度滑翔到海平面。飞机的参数为$C_{D_0}=0.016$,AR=30,$e=0.91$,$C_{L_{max}}=1.4$。确定最小滑翔角。假设飞行过程中空气密度恒定,为1.2kg/m^3。

7.41 计算并绘制习题7.38中飞机飞过的水平距离随高度(最高8000ft)的变化。

7.42 计算并绘制习题7.40中飞机的最小滑翔角随高度(最高12000ft)的变化。假设$S=8m^2$。

7.43 波音767-200飞机的质量为143000kg,2台涡扇发动机产生222kN的海平面推力,要求从15000ft下降到14000ft。在这次下降飞行中,当飞过15km水平距离时,空速应该从200m/s减少到190m/s。确定在下降开始时应该使用多大比例的发动机推力。假设z轴上的减速(图7.28)为0。飞机的其他特性如下:

$$S=283.3m^2, b=47.6m, C_{D_0}=0.019, e=0.92$$

7.44 波音737-100飞机的质量为40000kg,2台涡扇发动机产生64kN的海平面推力,要求从20000ft下降到19000ft。在这次下降飞行中,当飞过18km水平距离时,空速应该从 240m/s 减少到 230m/s。确定在下降开始时应该使用多大比例的发动机推力。假设 z 轴上的减速(图 7.28)为 0。飞机的其他特性如下:

$$S = 102.3\text{m}^2, b = 28.35\text{m}, C_{D_0} = 0.021, e = 0.9$$

参考文献

[1] Hale, F. J. , Introduction to Aircraft Performance, Selection and Design, John Wiley, Hoboken, NJ, 1984.

[2] Shevell, R. , Fundamentals of Flight, Prentice Hall, New Jersey, 2003.

[3] Jackson, P. et al. , Jane's All the World's Aircraft, Jane's Information Group, UK, Several years.

[4] Cessna 172 Pilot's Operating Handbook, Cessna Aircraft Company, Wichita, KS, 1978.

[5] Anderson, J. , Aircraft Performance and Design, McGraw-Hill, several years.

[6] McCor m ick, B. W. , Aerodynamics, Aeronautics, and Flight Dynamics, John Wiley, Hoboken, NJ, 1995.

[7] Anonymous, Cherokee Arrow Pilot's Operating Manual, Piper Company, Vero Beach, FL, 1973.

[8] Airplane Flying Handbook, U. S. Department of Transportation, Federal Aviation Administration, Flight Standards Service, 2004.

第8章
起飞与着陆

8.1 引言

任何传统飞机要想升空,首先必须从地面或海面起飞。为了让飞机返回机库或基地,它必须最终在一个合适的机场着陆。起飞和着陆是飞行的两个重要阶段,是飞机性能分析的两个重要因素。这两个飞行阶段必然是加速运动,因为飞机在起飞开始和着陆结束时的速度为0(图8.1)。起飞时的加速度是正的,而着陆时的加速度是负的。飞行员必须在起飞时增大飞机速度,在着陆时降低飞机速度。

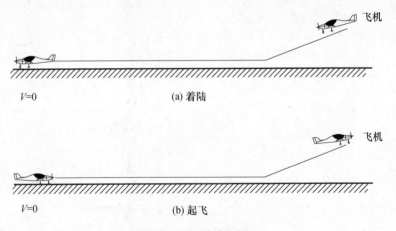

图8.1 飞机着陆与起飞

飞机通常在起飞时使用最大的发动机功率或推力,而在着陆时发动机通常是慢车或低功率/推力。起飞使飞机实现了从跑道到空中的状态改变,而着陆使飞机实现了从空中到地面的状态改变。起飞和着陆阶段在技术上具有相反的特征,但与其他飞行阶段(如巡航和爬升)相比,它们有以下几个共同的特征:

(1)飞机在起飞和着陆时的运动必须加速(正的或负的),但在其他飞行阶段,可能没有加速度。

（2）飞机起飞和着陆时的迎角变化较大（超过10°），但在其他飞行阶段，迎角变化较小。

（3）起落架在起飞和着陆中都起着至关重要的作用，但在飞行的其他阶段被认为是一种死重。

（4）多种危险威胁着这两个飞行阶段，包括失速、撞上障碍物和坠毁，而这些很少发生在其他飞行阶段。因此，起飞和着陆操作比其他飞行阶段（如巡航或爬升）更容易出现危险。

（5）起飞和着陆时的空速很低（接近失速速度），所以在这些飞行阶段要使用高升力装置。

（6）决定修建跑道（也就是机场）成本的两个重要因素是起飞和着陆性能，如起飞速度、着陆速度和地面滑跑距离。

（7）跑道道面的类型（如水泥、草地和沥青）只在起飞和着陆时重要，在其他飞行阶段不重要。

（8）飞机通常在起飞时重量最大，而在着陆时重量最小。

（9）在过去的20年里，自动控制已经证明是有效的、安全的、可靠的、实用的，因此自动驾驶仪目前已广泛用于大型运输机。尽管这种设备已经在起飞和着陆阶段进行了测试，但它仍然不够可靠，未被航空公司采用。这是因为人的生命至关重要，不能与其他因素交换。据预测，飞行员将长期控制飞机的起飞和降落，近期，除人控制外，没有其他可靠的选择。

飞机的主要起飞性能通常取决于所需的跑道。跑道越短，飞机起飞性能越好。在航空母舰上，诸如弹射器等其他技术和设备用来实现起飞和降落，并使起飞和降落滑跑距离更短。能够在长度小于500ft的跑道上起飞和降落的飞机称为短距起降（STOL）飞机。能够垂直起飞和降落的飞机称为垂直起降（VTOL）飞机。这两类飞机称为V/STOL飞机。大多数战斗机属于V/STOL类型。例如，V-22"鱼鹰""鹞"AV-8B和贝尔XV-15就是垂直起降飞机的例子。

从适航性的角度出发，建议按短距起降要求来设计飞机。例如，联邦航空条例（FAR）和欧洲联合航空要求（JAR，即现在的欧洲航空安全局（EASA））等适航标准规定了飞行阶段，并要求飞机在特定的数值范围内起飞和降落。尽管飞机经过精心设计，飞行员具有熟练的预防措施，世界上最大比例的飞机坠毁仍然发生在这两个飞行阶段。当着陆条件不令人满意时（如空中交通管制要求、跑道意外出现危险及机械故障），飞行员必须停止进近，并在更有利的条件（复飞）下选择其他可行的进近。

本章将详细介绍起飞和着陆过程，并介绍影响起降性能的参数。在此基础上：首先推导飞机起降运动方程；然后提出飞机起降运动性能的测量和计算方法。由于起飞和着陆之间有许多相似之处，所以起飞过程所涉及的内容在着陆中将不再重复。本章专门讨论起降性能分析方法,并介绍起飞和着陆的基本原理、运动方程、术语和一些实例。

8.2 起飞基本原理

起飞可以理解为飞机从静止开始加速,经过一小段时间(10~60s)跑道滑跑后,升空并开始爬升。如图8.2所示,这个飞行阶段包括地面滑跑、过渡或抬前轮和空中三个阶段。

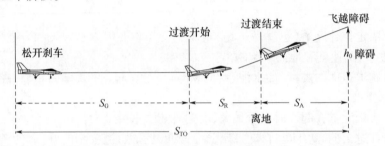

图 8.2 起飞操作的三个主要阶段

滑行结束后,飞行员将飞机行驶到跑道起点,等待控制塔台的许可。在这个阶段,发动机处于慢车,刹车防止飞机前进。飞行员收到起飞许可后,立即将发动机油门推到底,然后松开刹车。这会产生最大允许(见4.7.1节的额定发动机)发动机推力,然后根据牛顿第二定律,飞机开始加速。此时飞行员的主要工作是操纵飞机使其保持在跑道中央,避免任何偏差(保持直线)。这种操纵一直持续到飞机达到一个特定的速度,即抬前轮(或过渡)速度。此时,驾驶员必须拉驾驶杆(或驾驶盘),使升降舵向上偏转。当升降舵向上偏转时,平尾将产生一个负的平尾升力,从而绕主起落架产生一个正的俯仰力矩。这个俯仰力矩将使飞机绕主起落架旋转,因此机头将抬起。

随着机头的上仰,飞机(和机翼)的迎角将增大。为了安全起见,飞行员会非常谨慎,不让飞机达到失速迎角。根据空气动力学原理,迎角的增大会使升力系数增大,从而产生更大的升力。起飞操作的第二阶段对于大多数类型飞机只需要1~5s。在这个阶段,只有主起落架与地面接触并滚动,而前起落架将在空中。这一起飞阶段称为过渡或抬前轮,它是地面滑跑和空中飞行之间的阶段。在过渡过程中,飞行员必须非常谨慎不要让飞机超过失速迎角,大多数飞机的失速迎角通常在15°左右。虽然机身围绕主起落架旋转,但运动轨迹仍是沿跑道方向的,因此飞行员必须保证飞机不偏离直线轨迹。

当升力加上推力的垂直分量大于飞机重力时,飞机就开始离地。离地时的速度称为离地速度,略大于失速速度。从这一时刻开始,飞机将离开地面逐渐爬升。虽然起飞的第三阶段类似于爬升,此时飞机与地面没有接触,但仍然把它视为起飞操作的一部分,直到飞机飞越一个假想的障碍物高度。因此,把飞机航迹下的跑道视为起飞跑道的一部分。美国联邦航空局(FAA)适航标准将这一障碍物高度定义为民用运输机50ft,战斗机35ft。表8.1给出了起飞三个阶段的升力系数、飞机速度、迎角、俯仰角等参数的变化。

表8.1 具备前起落架(三轮车)结构的常规飞机起飞三个阶段的操作细节

序号	阶段	升力加推力垂直分量		升力系数 C_L		飞机速度 V		机身与跑道的夹角		俯仰角 θ		机轮与地面接触	
		开始	结束	开始	结束	开始	结束	开始	结束	开始	结束	开始	结束
1	地面滑跑	0	$<W$	a	a	0	$1.1V_s$	0	0	0	0	所有机轮	所有机轮
2	过渡	$<W$	$=W$	a	b	$1.1V_s$	$1.2V_s$	0	d	0	d	所有机轮	仅主轮
3	空中	$=W$	$>W$	b	c	$1.2V_s$	$1.3V_s$	d	d	d	e	仅主轮	无

注:① 起飞过程中襟翼角度为常值;
② 过渡阶段开始时升降舵将向上偏转;
③ a, $C_{LC} + \Delta C_{L\text{flap}}$;
④ b, $C_{L_{\max}}/(k_1)^2$, $k_1 = 1.1 \sim 1.2$;
⑤ c, $C_{L_{\max}}/(k_2)^2$, $k_2 = 1.2 \sim 1.3$;
⑥ d, $0 \leqslant \alpha \leqslant \alpha_s - 1$, $0 \leqslant \theta \leqslant \alpha_s - 1$;
⑦ e, $0 \leqslant \theta \leqslant \gamma_{\max}$

起飞和着陆是飞行中最危险的两个阶段,因为如果发生事故,接近地面时控制飞机不是一件容易的事。可能发生的意外事故[1]有发动机熄火、起落架失灵、爆胎、撞到障碍物、侧风效应、鸟撞以及后机身擦地。据统计,相当数量的飞机在起飞和降落时坠毁,由于这些原因,在遇到此类事故时需要训练飞行员做出正确决定。另外,相比巡航或爬升,适航规定更多地强调了起飞和着落的安全性。例如,如果多发飞机失去一台发动机,不对称的推力将迫使飞机绕其重心偏航。此时,飞行员必须迅速决定,是继续飞行并抑制不期望的偏航,还是中止起飞。影响飞行员决策的因素之一是,事故发生的时间是在起飞初期,还是离地之后。

当飞机达到安全的机动高度,或建立了航线爬升,就认为起飞完成。从飞行员的角度来看,起飞在技术上是松开刹车与到达距地面1500ft的安全高度之间的飞行过程。因此,即使已经飞越障碍物,飞行员也必须按照起飞飞行航线继续飞行,直到飞机达到这个高度。图8.3显示了一架洛克希德·马丁公司的C – 130J“大力神”运输机在起飞和着陆时的情况。

本节将介绍对起飞分析至关重要的几个重要速度(图8.4)及其特性。当飞机由静止起飞,在进入过渡过程开始爬升阶段之前要经历以下速度。

(1)静止速度($V = 0$)。这是飞机在跑道起点相对于地面的速度,在这个速度下,飞行员在得到控制塔台的许可后,就可以准备松开刹车并起飞。

(a) 起飞

(b) 着陆

图 8.3　洛克希德·马丁公司的 C-130J"大力神"运输机(Steve Dreier 提供)

(2)最小控制速度 V_{mc}。如果一台或多台发动机在起飞过程中出现故障,这是多发飞机可以控制偏航并沿跑道直线飞行的最小速度。这意味着,起飞过程中发动机发生故障时,如果飞机的速度小于 V_{mc},那么飞机就不能安全控制偏航(航向)。这种情况下,唯一的选择是关闭所有其他发动机,停止飞机起飞。如果速度大于 V_{mc},飞机就可以保持直线飞行,并安全地继续起飞和离地,因为航向控制可以通过航向控制舵面(方向舵)进行控制。

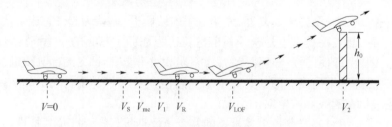

图 8.4　起飞操纵中的参考速度

在一台或多台发动机失效(OEI)的情况下,不对称的推力(图 8.5)将产生方

向力矩,即

$$N_{\text{asym}} = \sum T_i \cdot Y_{cgi} \tag{8.1}$$

式中:T_i 为第 i 台失效发动机的推力;Y_{cgi} 为第 i 台发动机推力到飞机重心在 y 方向的距离。

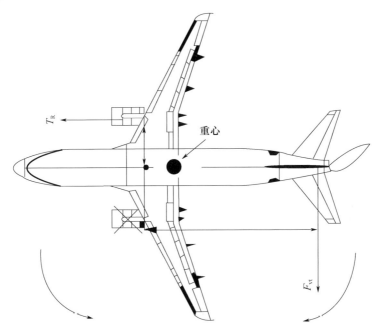

图 8.5　不对称推力情况下用于方向控制的垂尾偏航力矩

这个力矩只能通过气动偏航力矩来抵消或配平。对于航向配平的飞机,飞机重心的偏航力矩 N 之和为 0,即

$$\sum N_{\text{cg}} = 0 \tag{8.2}$$

空气动力的偏航力矩是垂尾升力(侧力)与其到飞机重心距离(作为力臂 l_{vt})的乘积。垂尾升力 F_{vt}(侧力)作为气动力,可以用下式计算:

$$F_{\text{vt}} = \frac{1}{2}\rho V^2 S_{\text{vt}} C_{L_{\text{vt}}} \tag{8.3}$$

式中:S_{vt} 为垂尾平面面积(包括方向舵);$C_{L_{\text{vt}}}$ 为垂尾升力系数。

式(8.3)表明,垂尾侧力与飞机速度、垂尾面积、跑道高度处的空气密度以及垂尾升力系数有关。

对于在特定高度的具有特定构型的飞机,唯一的变量是飞机的速度。实际上,最大垂直升力系数是由方向舵的最大偏角获得的,其典型值为 0.9～1.6。当其他正常发动机在起飞过程中产生最大推力时,不对称推力力矩是已知的。当垂尾产生的偏航力矩 N_{vt} 与推力不对称力矩 N_{asym} 相等时,就能实现航向的配平:

$$N_{vt} = F_{vt} \cdot l_{vt} \tag{8.4}$$

式中：l_{vt}为垂尾气动中心到飞机重心的距离。

将式(8.1)、式(8.3)和式(8.4)代入式(8.2)，可得最小控制速度：

$$V_{mc} = \sqrt{\frac{2 \sum T_i \cdot Y_{cgi}}{\rho S_{vt} C_{L_{vt}} l_{vt}}} \tag{8.5}$$

如果飞机速度小于V_{mc}，同时出现OEI，并且飞行员没有关闭其他发动机，飞机将无法航向控制。因此，飞机会偏离跑道，撞上障碍物并损坏。速度V_{mc}不应超过失速速度V_s，否则，将认为飞机存在重大设计问题和重大安全问题。这样的飞机将无法获得联邦航空局的认证，必须重新设计。

例8.1 图8.6所示的运输机装备双涡扇发动机，单台发动机产生170kN的推力。各发动机推力线与飞机重心之间的距离为12m，而垂尾气动中心与飞机重心之间的距离l_{vt}为42m。如果垂尾最大升力系数为0.9，垂尾面积为40m^2，试确定该飞机在海平面处的最小控制速度。

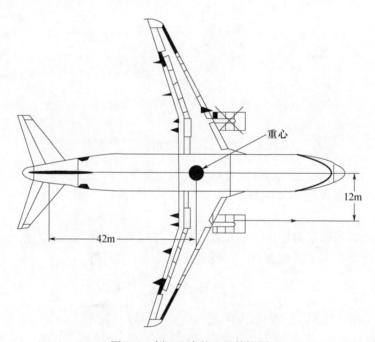

图8.6 例8.1中的飞机俯视图

解 当一台发动机(如左发动机)不工作时，右发动机将产生一个不希望的偏航力矩，需要进行抵消。这是平衡条件的要求，所以不对称推力Tl_{vt}的偏航力矩必须与垂尾的偏航力矩相反，即

$$\sum N_{cg} = 0 \Rightarrow T_{left} l_T = L_{vt} l_{vt}$$

$$L_{vt} = \frac{T_{left}l_T}{l_{vt}} = \frac{170 \times 1000 \times 12}{42} = 48571.4N \quad (8.2)$$

最小控制速度可由以下垂尾升力公式确定,即

$$L_{vt} = \frac{1}{2}\rho V_{mc}^2 S_{vt} C_{L_{max vt}}$$

$$V_{mc} = \sqrt{\frac{2L_{vt}}{\rho S_{vt} C_{L_{max vt}}}} = \sqrt{\frac{2 \times 48571.4}{1.225 \times 40 \times 0.9}} = 46.93m/s = 91.24kn \quad (8.3)$$

(3)失速速度V_s。如第2章所述,失速速度是飞机保持水平飞行的最小速度。如果空速小于失速速度,飞机升力将不足以保持飞机在空中飞行。在这个速度下,机翼失速并产生最大的升力系数。飞机速度必须大于V_s才能离地。此时,飞机是不稳定的,容易发生一些不希望的情况,如尾旋。失速可能导致深度失速和坠毁。因此,飞行员在失速速度以上保持安全缓冲。

(4)发动机故障速度V_{EF}。这是与发动机故障以及飞机在跑道头前停止有关的一个临界速度。机场建设者计算跑道长度是基于起飞过程中飞机发动机故障发生在最临界的条件。这种情况受到了FAR的严格约束。如果一台或多台发动机在起飞过程中出现故障,飞行员有两种选择:中断飞机起飞或继续起飞。影响飞行员决策的参数之一是飞机速度。如果发动机故障发生在这个临界速度之前,飞行员可以关闭所有发动机,并使用刹车和其他手段来中断飞机起飞,因为此时可用跑道长度足够。但是,如果故障发生在V_{EF}之后,则要求飞行员继续起飞操作,因为没有足够长度的跑道可用。

(5)决断速度(V_d或V_1)。决断速度通常略大于临界发动机故障速度,因为飞行员需要1s或2s才能发现发动机故障。在此期间,飞机的速度将从V_{EF}增大到V_d。在这个速度下,飞行员将决定是中断飞行还是继续起飞。如果飞行员在V_d后发现发动机故障,飞行员不应中断飞机起飞,因为跑道不够长,飞机无法安全停止。但是,当飞机加速超过这个速度后,即使关键的发动机发生故障,也必须继续起飞。图8.7说明了V_d、V_{EF}和安全停止之间的典型关系。最佳跑道长度是在决断速度V_d和离地速度V_{LO}相等的情况下仍保证飞机安全停止的长度。决断速度V_d必须由飞机设计师设定。然而,V_d必须不小于V_{EF}加上飞行员采取适当减速行动的时间间隔内的速度增量。平衡场长度[1]是实现平衡场起飞(符合安全规定)的最短跑道。在这种情况下,所需的加速-停止距离等于所需的起飞距离。

(6)抬前轮速度V_R。抬前轮速度是驾驶员拉动驾驶杆或驾驶盘,开始围绕主起落架上仰时的速度。此时,升降舵会向上偏转,由于水平尾翼产生的俯仰力矩,飞机的机头和前起落架也会向上翘起。这是地面滑跑和空中飞行之间过渡过程的开始。因此,该速度也称为过渡速度。速度V_R必须大于V_d且大于$1.05V_{mc}$。

(7)离地速度V_{LO}。过渡阶段结束时的速度称为离地状态速度。这时飞机将

开始空中飞行。在这个速度下,主起落架将离开跑道。因此,飞机将离开地面。

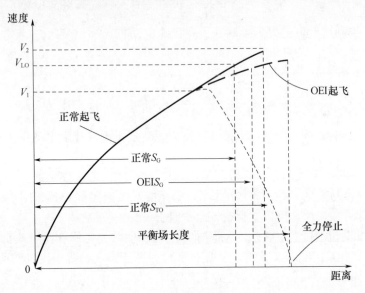

图 8.7 决断速度与平衡场长度

(8)最小安全速度 V_2。即使在一台发动机不工作的情况下,也能安全爬升的速度称为最小安全速度。最小安全速度 V_2 是如图 8.4 所示的在障碍物高度(35ft 或 50ft)处的空速。最小安全速度 V_2 必须大于 $1.1V_{mc}$,而对于双发和三发螺旋桨飞机,或对于最关键发动机停止工作且未规定降低失速速度的涡扇/涡喷飞机,可能还要不小于 $1.2V_s$。速度 V_2 必须由飞机设计师选择,以提供 FAR 规定的爬升梯度 23.121 或 25.121,但可能不小于 V_R 加上达到障碍物高度前获得的速度增量。

实际的速度顺序比本节介绍的要复杂得多,读者可以参考 FAR 23.53 和 FAR 25.107[2] 获得关于这些起飞速度的详细内容。这些速度大多是在飞机设计阶段选择的,并且会影响飞行员起飞过程的操作。飞行员必须熟悉所有这些速度,以便在各种情况和天气条件下做出适当的反应。从操作角度看,跑道长度必须使飞机能够在以下四种情况下安全操作:①加速—停止,且所有发动机正常工作(AEO);②加速—停止,且 OEI;③加速—前进,且 OEI;④加速—前进,且 AEO。

下面总结 FAR 规定的几个重要要求[2],即

$$
\begin{cases}
V_{mc} \leqslant V_1 \leqslant V_R \\
V_R \geqslant 1.05V_{mc} \\
V_{LO} \geqslant 1.1V_s \\
V_2 \geqslant 1.2V_s
\end{cases}
\tag{8.6}
$$

其中一些速度要求可以转化为起飞抬前轮要求。该标准还规定了飞机重心的

414

最前位置。

　　飞机起飞操作有很多性能要求,其中一个要求是关于起飞抬前轮。对于使用三轮车起落架的飞机,在重心的前方位置,当飞机达到80%的离地速度时,飞机必须能够围绕主起落架上仰(并抬起机头)。对于运输机,绕主起落架(旋转点)的初始角加速度应该是6(°)/s² ~ 8(°)/s²[3];然后保持2(°)/s ~ 3(°)/s的平均角速度,使起飞抬前轮过程不超过3s。

　　飞机离地后,飞机应该以大致上仰的姿态飞行[4],以加速到$V_{ROC_{max}}$,这是飞机在最短时间内获得最大高度的速度。

8.3　起飞性能分析

　　8.2节提到了起飞性能分析中最重要的参数是起飞距离S_{TO},本节将介绍一种估计起飞距离的方法。分析起飞性能和求解起飞距离的方法有很多。所有可用方法的原理和公式都是相同的,但求解方程或积分的方法不同。

　　起飞距离分为三个部分(图8.8):地面滑跑S_G、过渡或抬前轮阶段S_R和空中(初始爬升)部分S_A。每一部分将分别处理。起飞距离S_{TO}将是这三个部分的总和,即

$$S_{TO} = S_G + S_R + S_A \tag{8.7}$$

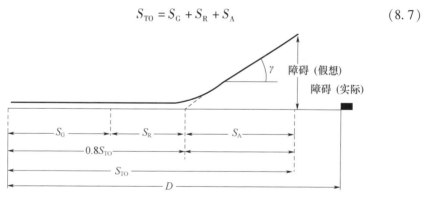

图8.8　起飞距离分段

　　一般来说,大多数机场的跑道通常比最大飞机所需的最长起飞距离长30%左右,主要目的是确保安全,并且如果飞行员决定中断起飞可以提供额外的跑道以停止飞机。前两部分(地面滑跑和过渡阶段)的和约占起飞距离的80%。虽然在第三部分(空中部分)中,飞机起落架与跑道之间并不接触,但仍然认为是起飞距离的一部分。原因是基于适航性的要求,飞机与地面之间的高度太小,这部分跑道不能用于任何其他用途。

8.3.1　地面阶段

考虑图 8.9 中正在跑道上加速的飞机,同时存在五种作用力。

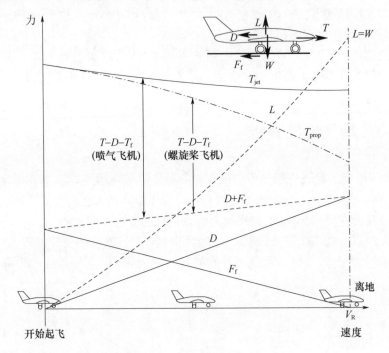

图 8.9　起飞过程中力的变化

(1) 发动机推力 T;

(2) 气动阻力 D;

(3) 气动升力 L;

(4) 飞机重力 W;

(5) 起落架机轮与跑道之间的摩擦力 F_f。

这些力的变化在图 8.9 中用空速的函数来表示。随着飞机速度的增大,阻力和升力都逐渐增大。然而,无论是螺旋桨发动机还是喷气式发动机,发动机的推力都会降低,但是两种发动机的推力变化率是不同的。降低的速率是飞机构型和螺旋桨类型等多因素的函数。第 4 章介绍了各种发动机的特点。此外,摩擦力将逐渐减小,当飞机离地时降低为零。

摩擦力 F_f 与地面反作用力的法向分量 N 成正比,即

$$F_f = \mu N \tag{8.8}$$

式中:μ 为常数,称为静态滚动摩擦系数。

416

表8.2给出了起落架滚动轮与各种跑道表面之间的摩擦系数[5]。尽管在任何给定的时刻滚动轮与地面的接触点相对于地面都没有相对运动,但如果机身与地面直接接触就会产生很大的摩擦力,此时机轮可以抵消该摩擦力。然而,机轮在滚动过程中会产生一些摩擦,原因有两个:①每个机轮都装有一个存在微小摩擦的轴/轴承(通常是润滑的)。②机轮变形(一个小的平面区域),所以接触将发生在一定区域而不是一个点上。这个区域与飞机重量、轮胎内部压力和空气温度有关。随着飞机重量的增加,摩擦面积会增大,而当轮胎内部压力增大时,摩擦面积会减少。这就是滚动摩擦/阻力。由于这种摩擦的复杂性和所涉及的参数,滚动系数的准确值还未有明确结论。跑道表面的数值范围取决于表面的质量和使用年限。新的沥青跑道的质量比旧的沥青跑道要好得多,因为它的摩擦系数更小。

表8.2　各种跑道表面的滚动地面摩擦系数

序号	表面	摩擦系数 μ	
		起飞(松刹车)	着陆(刹车)
1	干混凝土/沥青	0.03 ~ 0.05	0.04 ~ 0.06
2	湿混凝土/沥青	0.04 ~ 0.06	0.05 ~ 0.07
3	干短草地	0.05 ~ 0.06	0.06 ~ 0.07
4	湿短草地	0.07 ~ 0.08	0.08 ~ 0.09
5	长干草地	0.08 ~ 0.12	0.09 ~ 0.14
6	软地	0.1 ~ 0.3	0.13 ~ 0.4
7	结实的干土地	0.06 ~ 0.1	0.08 ~ 0.14
8	金属机身与地面摩擦	0.4 ~ 0.7	0.5 ~ 0.7

表8.2介绍了每种表面的两个摩擦系数值:松刹车和刹车。在起飞过程中不使用刹车(松刹车),但在着陆过程中使用刹车(刹车)以减少着陆距离。另外,表8.2的最后一行是金属机身与地面的摩擦,这是当起落架无法打开,飞机不得不靠机腹着陆的特殊情况。一般来说,潮湿的表面比干燥的表面产生更大的摩擦。因此,当跑道潮湿时,地面滑跑长 10% ~ 30% 。起飞过程中典型的加速度为 2 ~ 5m/s²。对于使用三轮车式起落架的飞机来说,加速度在前起落架上会产生一个额外的法向力,而减小主起落架上的法向力。

根据牛顿第二定律,这些力的总和导致了飞机动量的变化:

$$\sum F = \frac{d}{dt}(mV) = m\frac{d}{dt}V + V\frac{d}{dt}m \qquad (8.9)$$

正常起飞通常需要几秒到1min,消耗的燃油不到飞机总油量的1%。因此,飞机起飞时的重量变化小于1%。因此,起飞过程中可以忽略飞机重量的变化,并假设飞机起飞时的重量是恒定的($dm/dt = 0$)。因此,式(8.9)可以简化为

$$\sum F = m \frac{\mathrm{d}}{\mathrm{d}t} V \tag{8.10}$$

式(8.10)可以应用于两个方向:水平方向和法线方向。地面滑跑是沿跑道或水平方向测量的。这意味着在水平(x)方向上,三个水平力的和等于飞机重量乘以飞机速度的变化率,即

$$T - D - \mu N = m \frac{\mathrm{d}V}{\mathrm{d}t} \tag{8.11}$$

虽然可以假设发动机推力是恒定的(实际上是其最大值),但其他两个力(阻力和法向力)变化很大,而且是飞机速度的函数,如图8.9所示。因此,这些公式不能解出加速度。式(8.11)需要进行扩展,使其成为只含一个变量(如速度或加速度)的函数。加速度定义为速度随时间的变化率:

$$a = \frac{\mathrm{d}V}{\mathrm{d}t} \tag{8.12}$$

由式(8.11)和式(8.12)可知,瞬时加速度为

$$a = \frac{T - D - \mu N}{m} \tag{8.13}$$

速度(或空速)定义为位移随时间的变化率:

$$V = \frac{\mathrm{d}S}{\mathrm{d}t} \tag{8.14}$$

将式(8.12)展开,用 V 替换 $\mathrm{d}S/\mathrm{d}t$(式(8.14)),可得

$$a = \frac{\mathrm{d}V}{\mathrm{d}t} = \frac{\mathrm{d}V}{\mathrm{d}S}\frac{\mathrm{d}S}{\mathrm{d}t} = \frac{\mathrm{d}V}{\mathrm{d}S}V$$

或

$$a\mathrm{d}S = V\mathrm{d}V \tag{8.15}$$

对式(8.15)两边积分可以得到地面滑跑或地面距离 S_G:

$$S_G = \int \frac{V}{a}\mathrm{d}V \tag{8.16}$$

将式(8.13)代入式(8.16),可得

$$S_G = \int \frac{mV}{T - D - \mu N}\mathrm{d}V \tag{8.17}$$

式中:T 为发动机推力;μ 为摩擦系数。

法向力 N 为飞机重力与气动升力的代数和:

$$N = W - L \tag{8.18}$$

式中:升力 L 是飞机速度的函数,可表示为

$$L = L_{\mathrm{TO}} = \frac{1}{2}\rho V^2 S C_{L_{\mathrm{TO}}} \tag{8.19}$$

式中:起飞升力系数为巡航升力系数与襟翼偏角的函数,且有

418

$$C_{L_{\text{TO}}} = C_{L_C} + \Delta C_{L_{\text{flapTO}}} \tag{8.20}$$

第3章给出了确定襟翼升力系数的方法。由式(3.1)可知,起飞阻力方程为

$$D = D_{\text{TO}} = \frac{1}{2}\rho V^2 S C_{D_{\text{TO}}} \tag{8.21}$$

式中:$C_{D_{\text{TO}}}$为起飞阻力系数,可表示为

$$C_{D_{\text{TO}}} = C_{D_{0_{\text{TO}}}} + K C_{L_{\text{TO}}}^2 \tag{8.22}$$

式(8.20)背后的逻辑含义将在下文介绍。地面滑跑过程中的飞机往往处于水平状态,所以机翼迎角与机翼巡航迎角相似。另外,高升力设备(如襟翼)会偏转以增大升力。因此,这两个系数的和就是起飞升力系数。根据式(5.10),参数C_{L_C}(巡航升力系数)是巡航速度V_C和巡航高度(ρ_C)的函数:

$$C_{L_C} = \frac{2mg}{\rho_C V_C^2 S} \tag{8.23}$$

附加升力系数$\Delta C_{L_{\text{flapTO}}}$是飞机起飞时襟翼偏转而施加到机翼上的附加升力系数。第3章介绍了各种类型的襟翼及其特点。这个参数不仅取决于襟翼的类型,还取决于它的偏转角。襟翼偏转角取决于大气条件(如温度),加上有效载荷重量。对于初始计算由襟翼偏转引起的附加升力系数$\Delta C_{L_{\text{flapTO}}}$,可以假设如下值:通用飞机0.3~0.5,大型运输机0.4~0.7,战斗机0.4~0.6。

第3章讨论了确定飞机起飞构型的零升阻力系数的方法。一般来说,$C_{D_{0_{\text{TO}}}} = C_{D_{\text{clean}}} + \Delta C_{D_{0_{\text{TO}}}}$(式(3.62))。$\Delta C_{D_{0_{\text{TO}}}}$的值:通用航空飞机的$\Delta C_{D_{0_{\text{TO}}}}$为0.005~0.01,小型运输机(如公务机)的$\Delta C_{D_{0_{\text{TO}}}}$为0.014~0.018,大型运输机的$\Delta C_{D_{0_{\text{TO}}}}$为0.014~0.018,大型运输机的$\Delta C_{D_{0_{\text{TO}}}}$为0.02~0.03。"塞斯纳"172通用航空飞机(图3.19)的$\Delta C_{D_{0_{\text{TO}}}} = 0.006$,襟翼偏转角为0°的波音747(图8.12(b)(在本章后面))大型运输机的$\Delta C_{D_{0_{\text{TO}}}} = 0.028$,而洛克希德·马丁公司的F-22"猛禽"单座战斗机(图5.13)的$\Delta C_{D_{0_{\text{TO}}}} = 0.014$。

为了准确确定起飞型的升力和阻力系数,以及接近地面时地面效应对升力和阻力系数的影响。一般来说,飞机在起飞和着陆时接近地面会增大升力系数,降低阻力系数。接近地面会使流线变直,降低翼面弧度的影响。地面对绕机翼和尾翼气流的影响是飞机与地面之间距离以及机翼尺寸的函数。当机翼与地面之间的垂直距离h小于机翼的半翼展$b/2$时,这种影响是相当大的。在这种情况下,机翼的上洗流和下洗流以及水平尾翼的下洗流都会受到影响。此外,地面效应会降低翼尖效应,从而增大有效机翼展弦比。地面效应的分析推荐文献[6]。

将式(8.18)、式(8.19)和式(8.21)代入式(8.17),并假设发动机推力在起飞过程中是恒定的,可以求解S_G。该积分区间为0到抬前轮速度V_R:

$$S_G = \int_0^{V_R} \frac{mV}{T - \rho V^2 S(C_{D_{\text{TO}}} - \mu C_{L_{\text{TO}}})/2 - \mu mg} \mathrm{d}V \tag{8.24}$$

式(8.24)可以直接使用数学或工程软件包求解。然而,这里介绍一种简便的解法。这种积分可以建模为

$$S_G = \int_0^{V_R} \frac{V}{A + BV^2} \mathrm{d}V \tag{8.25}$$

式中

$$A = \frac{T}{m} - \mu g \tag{8.26}$$

$$B = -\frac{\rho S}{2m}(C_{D_{TO}} - \mu C_{L_{TO}}) \tag{8.27}$$

式(8.25)的积分由标准数学手册[7],可得

$$S_G = \frac{1}{2B} \ln\left(V^2 + \frac{A}{B}\right) \tag{8.28}$$

式中:V 为 $0 \sim V_R$。

当取极限且对 ln 中的项进行简化,可得

$$
\begin{aligned}
S_G &= \left[\frac{1}{2B} \ln\left(V^2 + \frac{A}{B}\right)\right]_0^{V_R} \\
&= \frac{1}{2B} \ln\left(\frac{A}{B}\right) - \frac{1}{2B} \ln\left(V_R^2 + \frac{A}{B}\right) \\
&= \frac{1}{2B} \ln \frac{A/B}{V_R^2 + A/B} \\
&= \frac{1}{2B} \ln \frac{A/B}{(BV_R^2 + A)/B}
\end{aligned}
$$

或

$$= \frac{1}{2B} \ln \frac{BV_R^2 + A}{A} = \frac{-1}{2B} \ln \frac{A}{BV_R^2 + A} \tag{8.29}$$

将式(8.26)和式(8.27)代入式(8.29),可得

$$S_G = \frac{-1}{2(-\rho S/2m)(C_{D_{TO}} - \mu C_{L_{TO}})} \ln \frac{T/m - \mu g}{(-\rho S/2m)(C_{D_{TO}} - \mu C_{L_{TO}})V_R^2 + T/m - \mu g} \tag{8.30}$$

但是,假设 $V_R = k_{LO} V_s$,其中 $k_{LO} = 1.1 \sim 1.3$,则

$$V_R = k_{LO} V_s$$

$$V_R^2 = k_{LO}^2 V_s^2 = k_{LO}^2 \frac{2mg}{\rho S C_{L_{max}}} \tag{8.31}$$

通过这种替换并消去分子和分母上类似的变量之后,最终结果将为

$$S_G = \frac{m}{\rho S(C_{D_{TO}} - \mu C_{L_{TO}})} \ln \frac{T/(mg) - \mu}{-k_{LO}^2 (C_{D_{TO}} - \mu C_{L_{TO}})/C_{L_{max}} + T/(mg) - \mu} \tag{8.32}$$

式(8.24)和式(8.32)都可用于确定地面滑跑距离,两者都获得相同的结果。

式(8.24)必须积分,而式(8.32)是代数方程且很容易求解。这在式(8.24)和式(8.32)中,除了发动机推力外,所有变量都是已知的。实践中,发动机推力是飞机速度的函数。因此,当飞机加速时,发动机的推力会发生变化。为了获得一个精确的结果,必须知道发动机推力和飞机速度之间的关系。这可以从发动机制造商处获得。例如,以下与飞机速度的经验关系适用于波音747飞机的涡扇发动机推力(图8.12)[8]:

$$T = 46100 - 56.7V + 0.0467V^2 \tag{8.33}$$

式中:T 的单位为 lbf;V 的单位为 ft/s。

由式(8.33)可知,从速度0到离地速度(139kn 或 236ft/s),发动机推力减少了23%以上。

对于给定的飞机,如果不知道发动机推力和空速之间的准确关系,就不得不进行估算。对于喷气发动机,可假设起飞推力为(85% ~ 95%)T_{max}。但是,对于螺旋桨飞机,螺旋桨效率是飞机速度的函数,发动机起飞推力 T_{TO} 可表示为

$$T_{TO} = \frac{0.5P_{max}}{V_R} (固定螺距螺旋桨) \tag{8.34}$$

$$T_{TO} = \frac{0.6P_{max}}{V_R} (可变螺距螺旋桨) \tag{8.35}$$

由式(8.34)和式(8.35)可知,固定螺距和可变桨距螺旋桨的平均效率分别为0.5、0.6,这种推力估计适用于大多数航空发动机。发动机制造商可能会提供更好的推力模型。

由式(8.32)可以得到以下结论

(1)随着发动机推力 T 和发动机功率 P 的增大,地面滑跑距离会减小。

(2)随着最大升力系数 $C_{L_{max}}$ 的增大,地面滑跑距离会减小。

(3)随着机翼面积 S 的增大,地面滑跑距离会减小。

(4)随着螺旋桨效率 η_P 的增大,地面滑跑距离会减小。

(5)随着高度的增加(空气密度 ρ 下降),地面滑跑距离会增大。

对于给定飞机、给定常值推力的某些情况,需要确定要用多少额外推力来满足一个新的给定(较短的)地面滑跑距离。例如,一架具有特定推力的飞机需要在比其额定起飞距离短的跑道上起飞。实现这一目标的方法之一是使用辅助火箭发动机来提高推力,这种技术称为喷气助推式起飞(JATO)。

如果给定了起飞地面滑跑距离 S_G,但必须确定所需的发动机推力 T,则应对式(8.32)进行相应的处理。整理式(8.32)之后,将得到以下关系(推导过程留给感兴趣的读者):

$$T_{TO} = W \frac{\mu - \left(\mu + \dfrac{C_{D_{TO}} - \mu C_{L_{TO}}}{C_{L_{TO}}}\right) \exp\left[\dfrac{S_G \rho S(C_{D_{TO}} - \mu C_{L_{TO}})}{m}\right]}{1 - \exp\left[\dfrac{S_G \rho S(C_{D_{TO}} - \mu C_{L_{TO}})}{m}\right]} \tag{8.36}$$

式中：T_{TO} 为满足给定地面滑跑距离要求所需的发动机总推力。

例 8.2 一架起飞质量为 150000kg 的运输机的机翼面积为 280m²。飞机在 25000ft 高度的巡航速度为 525kn，发动机推力（单位为 lbf）与空速（单位为 ft/s）的关系如下：

$$T = 9200 - 90V + 0.1V^2$$

飞机的其他参数如下：

$K = 0.05, C_{D_{0TO}} = 0.055, \Delta C_{L_{flapTO}} = 0$（起飞时襟翼没有偏转），$V_s = 105\text{kn}, V_R = 1.3V_s$

如果跑道是干混凝土，试确定地面滑跑距离。

解 在 25000ft 高度处，空气密度为 0.55kg/m³。巡航升力系数为

$$C_{L_C} = \frac{2mg}{\rho_C V_C^2 S} = \frac{2 \times 150000 \times 9.81}{0.55 \times (525 \times 0.5144)^2 \times 280} = 0.262 \quad (8.23)$$

起飞升力和阻力系数分别为

$$C_{L_{TO}} = C_{L_C} + \Delta C_{L_{flapTO}} = 0.262 + 0 = 0.262 \quad (8.20)$$

$$C_{D_{TO}} = C_{D_{0TO}} + KC_{L_{TO}}^2 = 0.055 + 0.05 \times 0.262^2 = 0.0584 \quad (8.22)$$

通过积分法确定地面滑跑距离：

$$S_G = \int_0^{V_R} \frac{mV}{T - \rho V^2 S(C_{D_{TO}} - \mu C_{L_{TO}})/2 - \mu mg} dV \quad (8.24)$$

由于发动机推力和空速之间的关系是用英制单位表示的，所以其他参数也用英制单位给出。由表 8.2 可知，混凝土表面的摩擦系数为 0.02，计算如下：

$$C_{D_{TO}} - \mu C_{L_{TO}} = 0.0584 - 0.02 \times 0.262 = 0.05316$$

$$V_R = 1.3V_s = 1.3 \times 105 \times 1.688 = 230.2\text{ft/s}$$

其中，$1\text{kg} = 0.0683\text{slug}, 1\text{m}^2 = 0.0929\text{ft}^2$，则

$$\mu mg = 0.02 \times 150000 \times 0.0683 \times 32.2 = 660\text{lb}$$

$$\rho V^2 S/2 = 0.002378 \times (280 \times 0.0929)V^2/2 = 0.0309V^2$$

现在把积分中的所有项的数值代入上面 S_G 的表达式，可得

$$S_G = \int_0^{V_R} \frac{mV}{T - \rho V^2 S(C_{D_{TO}} - \mu C_{L_{TO}})/2 - \mu mg} dV$$

$$= \int_0^{230.2} \frac{150000 \times 0.0683V}{(9200 - 90V + 0.1V^2) - 0.0309V^2 \times 0.05316 - 660} dV$$

$$= 3707\text{ft} \quad (8.24)$$

例 8.3 一架类似 G-650"湾流"飞机双发涡扇发动机商务飞机，起飞质量为 45000kg，机翼面积为 120m²，具有以下特性：

$b = 30\text{m}, C_{D_{0flapTO}} = 0.004, C_{D_{0LG}} = 0.007, \Delta C_{L_{flapTO}} = 0.6, e = 0.86, V_C = 488\text{kn}$（高度 25000ft），$C_{D_0} = 0.019$

跑道摩擦系数为 0.04，确定海平面跑道起飞地面滑跑距离 1100m 时所需的总

发动机推力。

解 首先需要计算几个参数：

$$AR = \frac{b^2}{S} = \frac{30^2}{120} = 7.5 \tag{3.9}$$

$$K = \frac{1}{\pi e AR} = \frac{1}{3.14 \times 0.86 \times 7.5} = 0.049 \tag{3.8}$$

在 25000ft 高度处，空气密度为 0.55kg/m^3，巡航升力系数为

$$C_{L_C} = \frac{2mg}{\rho_C V_C^2 S} = \frac{2 \times 45000 \times 9.81}{0.55 \times (488 \times 0.5144)^2 \times 120} = 0.212 \tag{8.23}$$

起飞升力和阻力系数为

$$C_{L_{TO}} = C_{L_C} + \Delta C_{L_{flapTO}} = 0.212 + 0.8 = 1.012 \tag{8.20}$$

$$C_{D_{0TO}} = C_{D_0} + C_{D_{0flapTO}} + C_{D_{0LG}} = 0.019 + 0.004 + 0.007 = 0.03 \tag{3.62}$$

$$C_{D_{TO}} = C_{D_{0TO}} + K C_{L_{TO}}^2 = 0.03 + 0.049 \times 1.012^2 = 0.081 \tag{8.22}$$

发动机所需的总推力为

$$T_{TO} = W \frac{\mu - \left(\mu + \dfrac{C_{D_{TO}} - \mu C_{L_{TO}}}{C_{L_{TO}}}\right) \exp\left(\dfrac{S_G \rho S (C_{D_{TO}} - \mu C_{L_{TO}})}{m}\right)}{1 - \exp\left(\dfrac{S_G \rho S (C_{D_{TO}} - \mu C_{L_{TO}})}{m}\right)}$$

$$= 45000 \times 9.81 \times$$

$$\frac{0.04 - \left(0.04 + \dfrac{0.081 - 0.04 \times 1.012}{1.012}\right) \exp\left(\dfrac{1100 \times 1.225 \times 120(0.081 - 0.04 \times 1.012)}{45000}\right)}{1 - \exp\left(\dfrac{1100 \times 1.225 \times 120(0.081 - 0.04 \times 1.012)}{45000}\right)}$$

$$= 147930\text{N} = 147.9\text{kN} \tag{8.36}$$

因此，每台涡扇发动机需要产生 73.96kN 的推力才能满足 1100m 的地面滑跑距离。有趣的是，G-650"湾流"的每台涡扇发动机产生的推力为 71.6kN。

8.3.2 过渡阶段

起飞操作的第二阶段称为过渡或抬前轮阶段。抬前轮阶段是从地面滑跑到空中的过渡状态（图 8.10）。抬前轮阶段开始时，所有机轮都与地面接触，最后所有机轮都不与地面接触。抬前轮阶段的最后一部分称为离地。对于装备三轮车式起落架的飞机，这段时间飞机围绕主起落架上仰，飞机迎角逐渐增大直到接近失速迎角。因为这期间飞机迎角的增大，飞机升力也显著增大。理想情况下，飞机应该平稳起飞离地（或通过拉驾驶杆/驾驶盘（升降舵上偏）使飞机上仰）以达到最佳的爬升角空速。许多运输机起飞和降落时容易发生擦尾，抬前轮必须以建议的速率柔

和地进行。通常,机头上仰不超过8°。

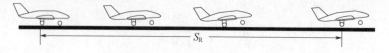

图 8.10 抬前轮(过渡)阶段

由于飞机在加速过程中经历从地面阶段到空中阶段的转变,因此抬前轮阶段不易进行分析。为了进行精确分析,需要进一步了解飞机重心、升降舵控制功率和起落架几何形状。因为这一阶段很短(与总起飞距离相比),所以飞机速度几乎是恒定的,处理这一阶段最简单的方法是,假设在这一阶段飞机的速度和飞过的距离呈线性关系。换句话说,假设飞机速度是恒定的。在直线运动中,飞机飞过的距离等于运动速度乘以运动时间。因此,抬前轮距离(S_R 或 S_T)为

$$S_R = T_R \cdot V_R \tag{8.37}$$

式中:T_R 为抬前轮阶段的持续时间,表 8.3 给出了不同类型飞机的估计值;V_R 为抬前轮开始时的抬前轮速度。

表 8.3 不同飞机的过渡阶段时间

序号	飞机类型	T_R/s
1	高机动(战斗机)	0.5 ~ 1
2	特技	1 ~ 2
3	通用航空 - 普通、多用途	1 ~ 4
4	运输机	3 ~ 6

不同飞机的抬前轮速度不同。一个典型的值是 $1.1V_s$(V_s 为飞机失速速度)。第 2 章给出了各种飞机的典型失速速度。

第 10 章将介绍起飞过渡阶段更为详细的内容,并给出一个完整的算例。

8.3.3 空中阶段

起飞的第三个阶段是空中阶段(也称为初始爬升)。空中阶段开始时的离地速度用 V_{LO} 表示,而结束时用 V_2 表示。这一阶段实际上是一种加速爬升(图 8.11),并且它持续几秒到 $1\min$。在此阶段,飞机加速飞越一个障碍物高度 h_o,而速度从 V_{LO} 增大到 V_2。空中阶段飞过的水平距离用 S_A 表示。

虽然不再有摩擦力(起落架和地面之间没有接触),但是飞机离地后加速将减慢(空速在这段时间只增加不到 10%)。这是由于飞机正在爬升而且阻力更大。飞机在这一阶段没有与跑道接触,但它是起飞操作的一个重要部分。在空中阶段末端,飞机正在飞越一个假想的障碍物。图 8.11 说明了初始爬升的加速性质。

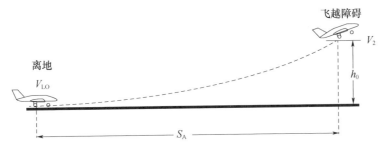

图 8.11 空中阶段

障碍物高度 h_o 由适航标准决定。根据 FAR 的规定[2]，障碍物高度对于客机为 35ft，而对于通航飞机为 50ft。此外，MIL - STD[9] 要求军用飞机在起飞时飞越 50ft 的障碍物。建议起落架和襟翼保持在起飞位置，直到飞越障碍物，甚至直到建立最佳爬升率速度。图 8.12 显示了正在起飞的战斗机（麦道公司的 EF - 18A "大黄蜂"）和运输机（波音 747）。

(a) 麦道公司的 EF-18A "大黄蜂" 战斗机

(b) 波音 747 运输机

图 8.12　一架战斗机和一架运输机正在起飞飞行（Gustavo Corujo 提供）

上述两架飞机都有大迎角,波音747-100运输机离地后的起飞性能如图8.13所示,图中飞机正在爬升,且每个时间节点之间的间隔是不同的。

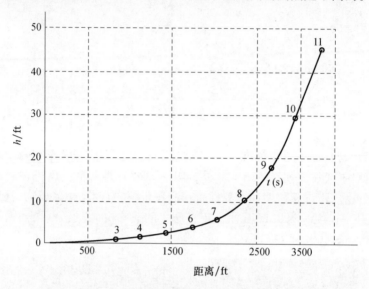

图 8.13 波音 747-100 运输机离地后的性能

功-能原理指出,飞机能量的变化等于发动机推力和其他力对飞机所做的功,即

$$功 = \Delta E_K + \Delta E_P \qquad (8.38)$$

在空中阶段末端,飞机具有更多的动能 E_K 和更多的势能 E_P,质量为 m 的飞机在这一阶段的动能变化量为

$$\Delta E_K = \frac{1}{2} m (V_2^2 - V_{LO}^2) \qquad (8.39)$$

由于飞机在空中阶段获得高度 h_o,所以它的势能也增加了,即

$$\Delta E_P = mgh_o \qquad (8.40)$$

图 8.14 描绘了在起飞的空中阶段施加的力。如果假设平均爬升角为 γ,由牛顿第二定律获得的加速爬升运动方程为

$$T - D - mg\sin\gamma = ma \qquad (8.41)$$

式中:加速度是初始速度和最终速度的函数,即

$$a = \frac{V_2^2 - V_{LO}^2}{2S'_A} \qquad (8.42)$$

式中:S'_A 为沿飞行航线所飞过的距离。

图 8.14 还显示了参数 S_A 和 S'_A 之间的关系。根据三角形关系,由毕达哥拉斯方程可得

$$S'^2_A = S_A^2 + h_o^2 \qquad (8.43)$$

426

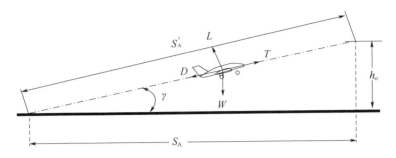

图 8.14 爬升过程中的力以及参数 S_A 和 S'_A 之间的关系

爬升角 γ 非常小:运输机约 $2°$,通航飞机约 $8°$。另外,对于平均爬升角 γ (图 8.14)可以表示为

$$\sin\gamma = \frac{h_o}{S'_A} \tag{8.44}$$

起飞空中阶段的起始速度 V_{LO} 和最终速度 V_2 是失速速度的函数,即

$$V_{LO} = k_{LO} V_s \tag{8.45}$$

$$V_2 = k_2 V_s \tag{8.46}$$

式中:系数 k_{LO} 和 k_2 由 FAR 规定,典型值如下:

$$k_{LO} = 1.1 \sim 1.2 \tag{8.47}$$

$$k_2 = 1.2 \sim 1.3 \tag{8.48}$$

对于战斗机和特技飞机,$k_{LO} = 1.1$,$k_2 = 1.2$。对于其他类型的飞机(如通航和运输),$k_{LO} = 1.2$,$k_2 = 1.3$。

将式(8.44)和式(8.42)代入式(8.41),可得

$$T - D - mg\frac{h_o}{S'_A} = m\frac{V_2^2 - V_{LO}^2}{2S'_A} \tag{8.49}$$

式(8.49)中只有一个未知数 S'_A,求解式(8.49)可得

$$S'_A = \frac{mg}{T - D}\left(\frac{V_2^2 - V_{LO}^2}{2g} + h_o\right) \tag{8.50}$$

推力 T 和阻力 D 是空速 V 的函数,而爬升角和质量是时间的函数。因此,方程的右边是时间和速度的函数。求解该方程和精确分析空中阶段需要用基于数值方法的计算机程序。一个完整算例将在 10.3 节介绍,第 10 章说明了如何应用数值方法分析起飞空中阶段。

还有一种不太复杂的方法可以得到相当准确的结果。在不影响精度的前提下,可以假设质量和爬升角是恒定不变的,并使用平均推力和阻力,则

$$S'_A = \frac{mg}{T_{ab} - D_{ab}}\left(\frac{V_2^2 - V_{LO}^2}{2g} + h_o\right) \tag{8.51}$$

式中:$T_{ab} - D_{ab}$ 为空中(ab)阶段飞机的平均推力减去平均阻力。运用动能关系可

以得到同样的结果。

由式(8.51)确定参数 S'_A 时,利用式(8.43)计算起飞的空中阶段 S_A,即

$$S_A = \sqrt{{S'_A}^2 - h_o^2} \qquad (8.52)$$

空中阶段的平均速度为

$$V_{ab} = k_{ab}V_s \qquad (8.53)$$

式中:系数 k_{ab} 可表示为

$$k_{ab} = \frac{k_{LO} + k_2}{2} \qquad (8.54)$$

因此,空中阶段飞机的平均阻力为

$$D_{ab} = \frac{1}{2}\rho S C_{D_A} (k_{ab}V_s)^2 \qquad (8.55)$$

式中:阻力系数可表示为

$$C_{D_A} = C_{D_{0TO}} + KC_{L_A}^2 \qquad (8.56)$$

空中阶段的升力系数是最大升力系数的函数,即

$$C_{L_A} = \frac{C_{L_{max}}}{k_{ab}^2} \qquad (8.57)$$

发动机平均推力估算如下:

$$T_{ab} = 0.9 T_{max} \qquad (8.58)$$

$$T_{ab} = \frac{\eta_{ab} P_{max}}{k_{ab}V_s} \qquad (8.59)$$

式(8.58)给出了涡扇或涡喷发动机飞机起飞时的平均发动机推力的估算公式。式(8.59)为涡桨或活塞螺旋桨发动机飞机起飞时的平均发动机推力的估算公式。如果螺旋桨是固定螺距,$\eta_{ab} = 0.6$;如果是可变螺距,$\eta_{ab} = 0.8$。

当起飞的三个阶段(S_G、S_R 和 S_A)均已经确定,它们的总和(式(8.7))很容易计算出来。表8.4显示了几种喷气飞机和螺旋桨飞机的起飞距离。图8.12(b)显示的是起飞时的波音747运输机,这架运输机的起飞距离是3333m。

表8.4 几种喷气飞机和螺旋桨飞机的起飞距离

螺旋桨飞机						
序号	飞机	制造商	类型	发动机	P(hp)	m_{TO}(kg)	S_{TO}(m)
1	CL-215T	加拿大	水陆两栖	活塞	2×2100	19731	811
2	F406/"大篷车"II	Raymz/塞斯纳	多用途	涡桨	2×500	4246	803
3	"海豚"	罗宾	教练	活塞	112	1050	535
4	达科塔	派珀	轻型通航	活塞	235	1361	371
5	比奇·繁荣	比奇	多用途	活塞	285	1633	383
6	"银鹰"	西尔弗	超轻型	活塞	23	251	69

428

螺旋桨飞机						
7	CBA – 123	巴西航空工业公司/法玛	运输	涡桨	2 × 1300	7800	1010
8	哈尔滨 Y – 12	哈尔滨	运输	涡桨	2 × 500	5300	425
9	陕西 Y – 8	陕西	运输	涡桨	4 × 1100	61000	1230
10	Epsilon	法国宇航公司	运输	活塞	300	1250	640
11	"大西洋"20	达索	军用教练	涡桨	2 × 6100	45000	1840
12	P180 阿凡提	比亚乔	运输	涡桨	2 × 800	4767	736
13	C – 130	洛克希德·马丁	运输	涡桨	4 × 4508	79380	1573
14	EMB – 312"图卡努"	巴西航空工业公司	教练	涡桨	750	2550	380
15	PC – 9	彼拉多	教练	涡桨	950	3200	391

喷气飞机						
序号	飞机	制造商	类型	发动机	T(kN)	m_{TO}(kg)	S_{TO}(m)
1	诺斯罗普 F – 5A	诺斯罗普	战斗机	涡喷	2 × 15.2	9379	1113
2	微型喷气 200	微型喷气		涡喷	2 × 1.3	1300	1180
3	萨博 35 龙式	萨博	战斗机	涡扇	56.9	16000	650
4	阿尔法喷气	达索/道尼尔	教练	涡扇	2 × 14.12	8000	370
5	AV – 8B"鹞"式Ⅱ	麦道	垂直起降战斗机	涡扇	94.2	13500	0
6	"银河"	洛克希德·马丁	运输	涡扇	4 × 191.2	379657	2530
7	波音 747 – 400	波音	运输	涡扇	4 × 285	394625	3333

例8.4 巴西航空工业公司 EMB – 312 图卡努教练机装备一台涡桨发动机和一个可变螺距螺旋桨,起飞质量为 2550kg。飞机在 10000ft 高度的巡航速度为 172kn。其他飞机的参数如下:

$S = 19.4\text{m}^2, P_{\max} = 750\text{hp}, V_s = 67\text{kn}, C_{D_{0_e}} = 0.021, C_{D_{0_{\text{flapTO}}}} = 0.004, C_{D_{0_{LG}}} = 0.007, b = 11.14\text{m}, e = 0.86, \Delta C_{L_{\text{flapTO}}} = 0.4$

计算飞机从海平面高度的干沥青跑道上起飞时起飞距离 S_{TO}。

解 下面首先确定三个阶段,然后将它们相加。由附录 B 可知,10000ft 高度处的空气密度为 0.904kg/m³。由表8.2可知,跑道摩擦系数为 0.04。

(1)地面滑跑。为计算地面滑跑距离,计算如下参数:

$$C_{L_C} = \frac{2mg}{\rho_C V_C^2 S} = \frac{2 \times 2550 \times 9.81}{0.904 \times (172 \times 0.5144)^2 \times 19.4} = 0.364 \quad (8.23)$$

$$C_{L_{TO}} = C_{L_C} + \Delta C_{L_{\text{flapTO}}} = 0.364 + 0.4 = 0.764 \quad (8.20)$$

$$C_{D_{0TO}} = C_{D_0} + C_{D_{0_{\text{flapTO}}}} + C_{D_{0_{LG}}} = 0.021 + 0.004 + 0.007 = 0.032 \quad (3.62)$$

$$AR = \frac{b^2}{S} = \frac{11.14^2}{19.4} = 6.4 \tag{3.9}$$

$$K = \frac{1}{\pi e AR} = \frac{1}{3.14 \times 0.86 \times 6.4} = 0.058 \tag{3.8}$$

$$C_{D_{TO}} = C_{D_{0TO}} + KC_{L_{TO}}^2 = 0.032 + 0.058 \times 0.764^2 = 0.066 \tag{8.22}$$

假设 $V_R = 1.1V_s$，$V_2 = 1.3V_s$ 且 $V_{ab} = 1.5V_s$。由式（8.47）可知，k_{LO} 的值选择为 1.1。由于螺旋桨能够变桨距，因此地面滑跑过程中的平均螺旋桨效率为 0.6，则

$$T_{TO} = \frac{0.6P_{max}}{V_R} = \frac{0.6 \times 750 \times 746}{1.1 \times 67 \times 0.5144} = 8851\mathrm{N} \tag{8.35}$$

$$\frac{T}{mg} = \frac{8851}{2550 \times 9.81} = 0.354$$

$$C_{D_{TO}} - \mu C_{L_{TO}} = 0.066 - 0.04 \times 0.764 = 0.035$$

$$C_{L_{max}} = \frac{2mg}{\rho S V_s^2} = \frac{2 \times 2550 \times 9.81}{1.225 \times 19.4 \times (67 \times 0.5144)^2} = 1.77 \tag{2.49}$$

$$\begin{aligned}
S_G &= \frac{m}{\rho S(C_{D_{TO}} - \mu C_{L_{TO}})} \ln \frac{T/(mg) - \mu}{-k_{LO}^2(C_{D_{TO}} - \mu C_{L_{TO}})/C_{L_{max}} + T/(mg) - \mu} \\
&= \frac{2550}{1.225 \times 19.4 \times 0.035} \ln \frac{0.354 - 0.04}{-1.1^2 \times 0.035/1.77 + 0.354 - 0.04} \\
&= 242.9\mathrm{m}
\end{aligned} \tag{8.32}$$

（2）抬前轮或过渡阶段。根据表 8.3，这类飞机的抬前轮时间为 1～4s。根据飞机（教练机）的类型，选择 1s，则

$$S_R = T_R \cdot V_R = 1 \times 1.1 \times 67 \times 0.5144 = 37.9\mathrm{m} \tag{8.37}$$

（3）空中阶段。确定空中阶段推力 T_{ab} 和阻力 D_{ab}：

$$\frac{\eta_{ab}P_{max}}{k_{ab}V_s} = \frac{0.8 \times 750 \times 746}{1.25 \times 67 \times 0.5144} = 10385\mathrm{N} \tag{8.59}$$

$$C_{L_A} = \frac{C_{L_{max}}}{k_{ab}^2} = \frac{1.77}{1.25^2} = 1.134 \tag{8.57}$$

$$C_{D_A} = C_{D_{0TO}} + KC_{L_A}^2 = 0.032 + 0.058 \times 1.134^2 = 0.106 \tag{8.56}$$

$$\begin{aligned}
D_{ab} &= \frac{1}{2}\rho S C_{D_A}(k_{ab}V_s)^2 \\
&= \frac{1}{2} \times 1.225 \times 19.4 \times 0.106 \times (1.25 \times 67 \times 0.5144)^2 = 2346\mathrm{N}
\end{aligned} \tag{8.55}$$

$$\begin{aligned}
S_A' &= \frac{mg}{T_{ab} - D_{ab}}\left(\frac{V_2^2 - V_{LO}^2}{2g} + h_o\right) \\
&= \frac{2550 \times 9.81}{10385 - 2346} \times \left[\frac{(1.3 \times 67 \times 0.5144)^2 - (1.2 \times 67 \times 0.5144)^2}{2 \times 9.81} + 15.24\right] \\
&= 94.5(\mathrm{m})
\end{aligned} \tag{8.50}$$

其中,对于通航飞机规定的障碍物高度为 50ft 或 15.24m,则

$$S_A = \sqrt{(S'_A)^2 - h_o^2} = \sqrt{94.5^2 - 15.24^2} = 93.3(\text{m}) \tag{8.52}$$

(4)计算总起飞距离:

$$S_{TO} = S_G + S_R + S_A = 242.9 + 37.9 + 93.3 = 374.1(\text{m}) \tag{8.7}$$

根据公开数据[10],"图卡努"飞机的起飞距离为 380m。

8.4　着陆

8.4.1　着陆阶段

着陆是正常飞行的最后阶段,它使飞机从空中回到地面。从巡航高度下降后,着陆将是最后的飞行操作。着陆操作从进近开始,其次拉平(拉平飘),然后滑跑,最后是刹车。

着陆操作在许多方面与起飞操作相似,但存在如下几个关键区别:

(1)降落是常规飞行的最后阶段,但起飞是第一阶段。

(2)起飞是从地面或海面(跑道)到空中,而着陆是从空中到地面或海面(跑道)。

(3)在起飞操作中使用最大的发动机推力,但在着陆操作中需要的推力最小(甚至为 0)。

(4)不使用发动机起飞(或外部辅助)是不可能的,但不使用发动机着陆是很可能的。

(5)飞机着陆时的重量通常比起飞时轻得多,因为燃油在飞行中不断消耗。

(6)着陆过程中的一个重要因素是刹车力,但这个力从来不用于起飞。刹车力有时用其他方法来加强,如减速伞、发动机反推力、尾钩和拦阻索以及扰流板。这些因素将减少着陆距离。

(7)一般来说,着陆距离比起飞距离短,主要原因是飞机着陆重量比起飞重量小(20% ~30%)。

与起飞相似,评估着陆性能最重要的参数是着陆距离。着陆距离越短,着陆性能越好。着陆距离是从进近到一个假想的障碍物(35ft 或 50ft(11m 或 15m))再到完全停止的距离。飞机在着陆操作开始时的速度通常与起飞操作结束时的速度相同。飞机着陆时的最大迎角通常比起飞时的最大迎角(如 10° ~15°)小 2° ~4°。

为了补偿这种迎角的减少,采用了更大的襟翼偏转角。大多数情况下,襟翼在着陆时的偏转角为 30° ~60°,而在起飞时的偏转角为 5° ~30°。例如,装载常规有效载荷的波音 727 运输机在各种飞行操作中具有以下迎角和襟翼偏转角。

巡航飞机迎角:3°。
起飞飞机迎角:10°;
着陆飞机迎角:6°;
起飞襟翼偏转角:15°;
着陆襟翼偏转角:30°。

与起飞相似,着陆也是一种加速飞行,但与起飞不同的是,它的加速是负的(实际上是减速)。飞机着陆时速度逐渐下降,同时迎角先增大后减小。这种变化使运动呈现非线性,从而使着陆分析更为复杂化。进近过程中,空速是由于迎角的增大而下降的;但地面滑跑过程中,空速是由于使用刹车而下降的。在拉平过程中,通过拉驾驶杆/驾驶盘而使升降舵向上偏转,进而使迎角增大。

着陆操作可能是飞行中最危险的部分,统计报告已经证实了这一点。造成这一危险的典型原因是侧风着陆、起落架失灵、飞行交通管制以及恶劣天气。因此,一些飞机可能不得不放弃在预定机场着陆,并改变目的地。飞行员必须在着陆过程中尽可能降低飞机速度,以确保安全着陆并降低事故发生的可能性。如果在着陆过程中发生碰撞,低速着陆会保证更少的人员伤亡和更轻的后果。

影响着陆距离的有效参数之一是刹车力,而起飞时刹车力是无效的。因此,每架飞机的起飞距离和着陆距离之间的关系并不相同。垂直起降飞机(如直升机)的着陆距离为0。对于大多数飞机,着陆距离比起飞距离短。据预测,随着新技术的进步,这种关系将会逆转。

如图8.15所示,着陆距离分为进近和拉平、地面滑跑和刹车三个部分。

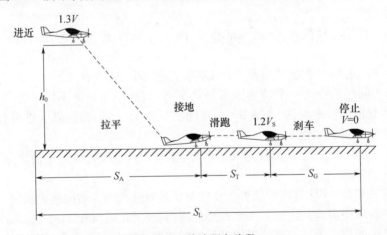

图 8.15　着陆距离阶段

着陆前的飞行阶段通常是下降阶段,其迎角较小(约为3°)。着陆操作的第一部分称为进近,此时飞机准备着陆。这部分从障碍物高度开始,并以接地结束。

拉平是进近的最后一部分,将机身机头拉起使飞机具有大的迎角。此时,飞机速度约为$1.3V_s$。在此期间,随着速度的降低,飞机与跑道之间的高度也逐渐降低,直到主起落架接地,这一阶段的着陆完全是在空中进行的。进近过程中飞过的地面距离称为进近距离(S_A)。

拉平是从正常的进近姿态到着陆姿态的一种缓慢、平稳的过渡过程,逐渐使弧线飞行轨迹下落到跑道上方几厘米内。当飞机离地$3\sim6m$范围内时,应该开始拉平直到飞机接地,发动机功率/推力在拉平过程中通常降为零。在拉平过程中,应逐步放下升降舵以缓慢增加迎角,这将使飞机机头逐渐上仰到期望的着陆俯仰姿态。

进近速度接近于失速速度。例如,空客A-300-600喷气客机的进近速度为135kn,而波音777-300运输机的接地速度为148kn(图7.21)。喷气式战斗机达索"幻影"2000的进近速度为140kn,而它的着陆速度为125kn。此外,商用三发喷气式飞机达索"猎鹰"50最大起飞质量为18000kg,其中包括8名乘客和IFR规定的备用燃油,其进近速度为107kn。

着陆距离的第二阶段包括飞机地面滑跑或从空中飞行转换到地面滑跑的距离S_T。在这一阶段,飞机下俯,使迎角从最大值降低到巡航角度。过渡阶段(对于三轮车式起落架的飞机)从主起落架的接地开始,以前起落架接地结束。当所有机轮都与地面接触时,着陆操作的最后阶段就开始了。在第三阶段(S_G)中,开始使用刹车和其他减速方法,直到飞机达到非常低的速度并准备滑行。在这一阶段,飞机在地面上行驶,并准备停止。

评估着陆操作的主要参数是着陆距离S_L,它是从进近到完全停止的水平距离。着陆距离越短,着陆性能越好。通航飞机的典型着陆距离为$150\sim1000m$,而大型运输机的着陆距离为$1500\sim3500m$。战斗机的着陆距离为$100\sim1000m$。只有在弹射系统的帮助下,才有可能达到最小起飞距离。派珀PA-28"切诺基箭"轻型飞机(最大起飞重量2650lb、$40°$襟翼、最大刹车)着陆需要760ft[11]的地面滑跑距离。然而,飞机从障碍物高度50ft到停止却需要1350ft的距离。与着陆距离相关的术语是着陆场长度,其计算方法是将着陆所需的实际距离乘以安全系数1.667。例如,波音757-200运输机在最大着陆重量下的着陆场长度(图5.11)约为1550m。

着陆距离受刹车影响,而起飞距离受发动机推力影响。大多数喷气式飞机的着陆距离通常比起飞距离短$10\%\sim30\%$。例如,G-550"湾流"商务喷气飞机,起飞距离1800m,但着陆距离880m。然而,对于螺旋桨飞机,发动机功率和刹车效率是非常关键的。因此,对于拥有大功率发动机和高效刹车的飞机,着陆距离比起飞距离短$10\%\sim30\%$。例如,塞斯纳172"天鹰"飞机(图3.19),起飞距离为497m,着陆距离为407m。然而,对于比奇"空中之王"250飞机来说,起飞距离为643m,着陆距离为867m。对于许多飞机来说,起飞和着陆距离几乎是一样的。例如,比亚乔P180"阿凡提"[12]采用双涡桨发动机,最大起飞重量为5239kg,起飞距离为

869m，着陆距离为872m。表8.5列出了几架飞机的起飞重量和着陆距离。

表8.5　几种飞机的起飞重量和着陆距离

序号	飞机	类型	发动机	起飞重量/kg	S/m^2	S_L/m
1	波音737－800	客机	涡扇	79015	125	1634
2	波音777－300	客机	涡扇	299370	427.8	1630
3	波音747－300	客机	涡扇	377840	511	1942
4	"湾流"G－550	商用喷气	涡扇	41300	105.6	880
5	比奇喷气400	商用喷气	涡扇	7303	22.43	832
6	皮拉图斯PC－9	教练机	涡桨	3200	16.29	700
7	比亚乔P180"阿凡提"	运输机	涡桨	5239	16	872
8	洛克希德C－130"大力神"	运输机	涡桨	58967	162.1	777
9	通用动力F－16"战隼"	战斗机	涡扇	16055	27.88	810
10	塞斯纳"天鹰"	通航	活塞	1157	16.2	407
11	派珀切诺基PA－28	通航	活塞	975	15.1	361
12	比奇"空中之王"250	商用喷气	涡桨	5670	28.8	876

8.4.2　着陆计算

本节主要介绍一种分析着陆性能的方法和确定着陆距离的方法。着陆距离 S_L 是指从障碍物高度到完全停止的水平距离。着陆距离的总长度 S_L 是三个主要部分的和：

$$S_L = S_A + S_T + S_G \qquad (8.60)$$

式中： S_A 为空中（进近）阶段的距离； S_T 为过渡阶段的距离； S_G 为地面滑跑的距离。

一般来说，分析飞机着陆阶段的方法与计算飞机起飞阶段的方法非常相似。空中阶段 S_A 从障碍物高度 h_o 开始测量，直到接地。着陆距离的过渡阶段的计算方法也与起飞距离的过渡阶段相似。但在计算地面滑跑距离 S_G 时，必须考虑新的制动力和其他阻力。因此，将为此提出一个新的方程。

8.4.2.1　进近阶段

进近实质上是一种减速下降，速度降低，同时高度降低。在进近（如同滑翔）过程中，有升力 L、阻力 D 和重力 W 在起作用。图8.16说明了进近过程中的力和进近角度 γ。

首先确定沿飞行轨迹的飞行距离 S'_A；然后计算该距离的水平分量 S_A。

434

图 8.15 描述了参数 S'_A 和 S_A 之间的关系。与起飞分析中使用的方法类似,可以使用牛顿第二定律和减速下降控制方程(或做功 – 能量关系)建立以下方程:

$$S'_A = \frac{m_L g}{-D_{ab}} \left(\frac{V_{TD}^2 - V_2^2}{2g} + h_o \right) \tag{8.61}$$

式中:D_{ab} 为飞机进近时的空中(ab)平均阻力。

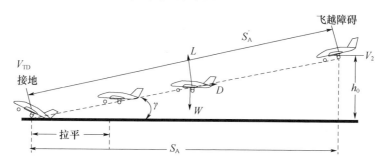

图 8.16 进近飞行轨迹和施加的力

飞机着陆时的质量用 m_L 表示。理论上,着陆质量等于起飞质量 m_{TO} 减去燃油质量 m_f,即

$$m_L = m_{TO} - m_f \tag{8.62}$$

然而,在中断起飞时,着陆质量与起飞质量非常接近。该方法的初始速度 V_2 和最终速度 V_{TD} 是失速速度的函数:

$$V_2 = k_2 V_s \tag{8.63}$$

$$V_{TD} = V_L = k_{TD} V_s \tag{8.64}$$

式中:系数 k_{TD} 和 k_2 由 FAR 规定,典型值为

$$k_{TD} = 1.1 \sim 1.2 \tag{8.65}$$

$$k_2 = 1.2 \sim 1.3 \tag{8.66}$$

对于战斗机和特技飞机,推荐使用 $k_{TD} = 1.1, k_2 = 1.2$。对于任何其他类型的飞机(如通航飞机和运输机),推荐使用 $k_{TD} = 1.2, k_2 = 1.3$。因此,空中阶段过程中的平均飞机阻力为

$$D_{ab} = \frac{1}{2} \rho S C_{D_A} (k_{ab} V_s)^2 \tag{8.67}$$

如第 3 章所述,进近过程中的阻力系数为

$$C_{D_A} = C_{D_{0_L}} + K C_{L_A}^2 \tag{8.68}$$

式中:$C_{D_{0_L}}$ 为着陆阻力系数。

由于使用了更大的襟翼偏角,$C_{D_{0_L}}$ 常常比 $C_{D_{0_{TO}}}$ 大。此外,在着陆过程中,还采用了扰流片等其他手段来增大飞机阻力。对于大型飞机,机身后部的减速伞可以用来产生阻力。第 3 章介绍了确定 $C_{D_{0_L}}$ 的方法。

空中阶段的升力系数 C_{L_A} 是最大升力系数的函数,即

$$C_{L_A} = \frac{C_{L_{max}}}{k_{ab}^2} \qquad (8.69)$$

空中阶段的平均速度为

$$V_{ab} = k_{ab} V_s \qquad (8.70)$$

式中:系数 k_{ab} 可表示为

$$k_{ab} = \frac{k_{TD} + k_2}{2} \qquad (8.71)$$

由图 8.16 中三角形的几何形状,可以推导出着陆距离的障碍物高度 h_o 与空中距离 S_A 的关系为

$$S_A = \sqrt{{S_A'}^2 - h_o^2} \qquad (8.72)$$

式中:参数 S_A' 由式(8.61)确定。

图 8.17 所示为加拿大航空公司的 CC – 144B"挑战者"公务机进近飞行。

图 8.17　加拿大航空公司的 CC – 144B"挑战者"公务机进近飞行

8.4.2.2　过渡阶段

着陆操作的第二部分称为过渡(或滑跑)阶段,该阶段以接地开始。过渡阶段是从空中飞行向地面滑跑过渡状态(图 8.18)。在这期间,采用三轮车式起落架的飞机绕着主起落架下俯。在过渡阶段开始时只有主起落架与地面接触,但在最后所有机轮都与地面接触。由于飞机迎角在此期间减小,所以飞机升力也明显减小。理想情况下,应该通过推驾驶杆/驾驶盘(升降舵下偏)使飞机平稳下俯恢复到水平姿态。

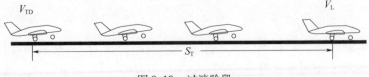

图 8.18　过渡阶段

436

因为飞机处于由空中阶段向地面阶段的减速过渡阶段,所以过渡阶段过于复杂,难以进行分析。为进行准确分析,需要更深入了解飞机重心、升降舵控制能力和起落架几何形状。由于这阶段很短(与总着陆距离相比),而且飞机速度几乎是恒定的,所以近似这一阶段的最简单方法是假设飞机速度和这一阶段所经过的距离之间存在线性关系。因此,假设飞机保持速度恒定。在线性运动中,经过的距离等于运动速度乘以运动时间。因此,过渡阶段距离(S_T 或 S_R)简化为

$$S_\mathrm{T} = T_\mathrm{R} V_\mathrm{TD} \tag{8.73}$$

式中:T_R 为过渡阶段持续时间,可从表8.3 中可以估计出各类飞机的数值;V_TD 为过渡阶段开始时的接地速度。

不同飞机的接地速度不同,典型值为$(1.1 \sim 1.3)V_\mathrm{s}$,其中 V_s 为飞机失速速度。

8.4.2.3 地面滑跑

在地面滑跑中,基本上有五种力(图8.19)在起作用:飞机重力、阻力、升力、制动力和摩擦力。其他力也可以添加,如反推力。图8.19 还说明了飞机着陆时作用于飞机上的力的变化。由于空速的降低,升力和阻力逐渐减小。此外,由于法向力(实际上是升力)的减小,摩擦力和制动力也在增大。

根据牛顿第二定律,所有力的和产生的飞机减速作用为

$$\sum F = m \frac{\mathrm{d}}{\mathrm{d}t} V$$

$$- T_\mathrm{rev} - D - F_\mathrm{f} - F_\mathrm{B} - F_\mathrm{S} = ma \tag{8.74}$$

式中:F_f 为摩擦力;F_B 为制动力;F_S 为其他阻力的和;D 为飞机阻力;T_rev 为发动机反推力。加速度 a 是负值(减加速度)。

摩擦力与表面反作用力的法向分量 N 成正比。比例系数为静滚动摩擦系数 μ。表8.2 给出了起落架滚动机轮与各类跑道表面之间的摩擦系数。该表为每种道面介绍了两个摩擦系数值:松刹车和刹车。在起飞操作中不使用刹车,但是在着陆操作中使用刹车来缩短着陆距离。确保使用刹车的摩擦系数值。

摩擦力与表面反作用力的法向分量 N 成正比:

$$F_\mathrm{f} = \mu N_\mathrm{L} \tag{8.75}$$

法向力是飞机重力与气动升力的代数和:

$$N_\mathrm{L} = W_\mathrm{L} + L_\mathrm{L} \tag{8.76}$$

着陆时的升力是飞机速度的函数:

$$L = L_\mathrm{L} = \frac{1}{2} \rho V^2 S C_{L_\mathrm{L}} \tag{8.77}$$

着陆升力系数为

$$C_{L_\mathrm{L}} = C_{L_\mathrm{C}} + \Delta C_{L_{\mathrm{flap}_\mathrm{L}}} \tag{8.78}$$

第3 章给出了附加襟翼升力系数的确定方法。参数 W_L 为飞机着陆重力。理

论上,着陆重力(式(8.62))等于起飞重力 W_{TO} 减去燃油重力 W_f。第 3 章的着陆阻
力为

$$D = D_L = \frac{1}{2}\rho V^2 S C_{D_L} \tag{8.79}$$

式中:着陆阻力系数可表示为

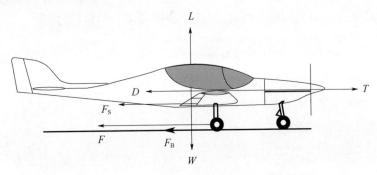

(a) 地面滑跑时的作用力

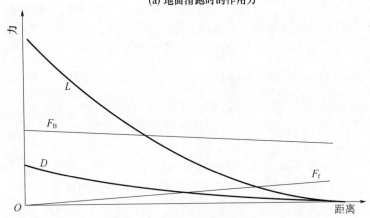

(b) 地面滑跑时的力的变化

图 8.19 飞机着陆时作用于飞机上的力的变化

$$C_{D_L} = C_{D_{0_L}} + K C_{L_L}^2 \tag{8.80}$$

$\Delta C_{L_{flap_L}}$ 是着陆过程中当襟翼偏转时额外附加到机翼上的升力系数。不同类型
的襟翼及其特性如第 3 章所述。该参数不仅取决于襟翼类型,还取决于其偏转角。
着陆时襟翼偏转角常常大于起飞时的机翼偏转角。襟翼偏转角和由襟翼偏转引起
的附加升力系数取决于大气条件(如温度)加载荷重量。为进行初始计算,可以假
设通航飞机 0.6 ~ 0.9,大型运输机 0.8 ~ 1.2,战斗机 0.3 ~ 0.9。

第 3 章介绍了确定着陆构型飞机零升阻力系数 $C_{D_{0_L}}$ 的方法。一般来说,$C_{D_{0_L}}$ 对

438

于通航飞机为 0.035~0.055,而对于喷气式运输机为 0.035~0.055,而对于喷气运输机为 0.03~0.045。通用动力公司(现在的洛克希德·马丁公司)的 F-16"战隼"战斗机(图 7.22)的 $C_{D_{0_L}}$ 为 0.032。

制动力取决于刹车机构、刹车片大小和材料以及飞机的速度。制动力可以粗略理解为摩擦力,它是飞机重力的函数:

$$F_B = \mu_B W_L \tag{8.81}$$

式中:W_L 为飞机着陆时的重力;μ_B 为刹车系数;μ_B 的典型值为 0.1~0.5。

着陆地面滑跑时的减加速度 a 的典型值为 $-6 \sim -3\mathrm{m/s^2}$。对于使用三轮车式起落架的飞机,减速会在主起落架上产生额外的法向力,但会减小前起落架的法向力。一般来说,潮湿道面比干燥道面产生更大的摩擦。然而,潮湿道面是滑的。因此,当跑道潮湿时,着陆地面滑跑长 10%~20%。

此外,反推力与推力反向机构和空速有关。反推力是发动机最大推力的 20%~50%。它最大可以减少约 50% 的着陆地面滑跑距离。

地面滑跑过程中发动机推力总为 0,除非当它用作阻力(推力反向 T_{rev})。大多数大型运输机都配备了着陆时的推力反向装置。使用 8.3 节介绍的用于起飞的方法,可以写出以下公式:

$$S_G = \frac{mV}{DNFT}\mathrm{d}V \tag{8.82}$$

将所需项代入式(8.82),经过简单代数运算,可得

$$S_G = \int_0^{V_L} \frac{mV}{\mu mg + F_B + \rho V^2 S(C_{D_L} - \mu C_{L_L}) + T_{rev}}\mathrm{d}V \tag{8.83}$$

式(8.83)的积分可以直接求解,也可以导出封闭形式的解。如果需要更准确地确定着陆构型的升力和阻力系数,需要包括地面效应来以确定在近地面的升力和阻力系数。一般来说,飞机在起飞和着陆时离地面太近会增大升力系数,并降低阻力系数。接近地面会使流线变直,降低机翼弯度的影响。地面对机翼和尾翼周围气流的影响与飞机与地面的距离和机翼的尺寸有关。当机翼与地面之间的垂直距离(高度 h)小于机翼半翼展 $b/2$ 时,这种影响是相当大的。在这种情况下,机翼的上洗和下洗以及水平尾翼的下洗都会受到影响。此外,地面效应会降低翼尖效应,因此有效机翼的展弦比增大。地面效应分析推荐文献[6]。

例 8.5 一架起飞质量为 80000kg 的喷气式运输机的机翼面积为 125m²。25000ft 高度处飞机的巡航速度为 570kn,且刹车摩擦系数为 0.2。飞机的其他特性如下:

$K = 0.05, C_{D_{0_L}} = 0.07, \Delta C_{L_{flapL}} = 0.9, V_s = 110\mathrm{kn}, m_f = 16000\mathrm{kg}, V_L = 1.3V_s$

不使用反推力。如果跑道是干混凝土,计算着陆地面滑跑距离。

解 在 25000ft 高度处,空气密度为 0.55kg/m³。巡航升力系数为

$$C_{L_C} = \frac{2mg}{\rho V_C^2 S} = \frac{2 \times 80000 \times 9.81}{0.55 \times (570 \times 0.5144)^2 \times 125} = 0.265 \tag{8.23}$$

着陆升力和阻力系数分别为

$$C_{L_L} = C_{L_C} + \Delta C_{L_{flap_L}} = 0.265 + 0.9 = 1.165 \tag{8.78}$$

$$C_{D_L} = C_{D_{0_L}} + KC_{L_L}^2 = 0.07 + 0.05 \times 0.265^2 = 0.138 \tag{8.80}$$

通过积分法直接确定地面滑跑距离为

$$S_G = \int_0^{V_L} \frac{mV}{\mu mg + F_B + \rho V^2 S(C_{D_L} - \mu C_{L_L}) + T_{rev}} dV \tag{8.83}$$

着陆时飞机重量为

$$m_L = m_{TO} - m_f = 80000 - 16000 = 64000 \text{kg} \tag{8.62}$$

制动力为

$$F_B = \mu_B W_L = 0.2 \times 64000 \times 9.81 = 125525 \text{N} \tag{8.81}$$

地面滑跑开始时的速度为

$$V_{TD} = 1.2 V_s = 1.2 \times 110 \times 0.5144 = 2 = 67.91 \text{m/s} \tag{8.64}$$

从表8.2可知,混凝土道面在着陆条件下的摩擦系数(刹车)为0.04。进行如下计算:

$$C_{D_L} - \mu C_{L_L} = 0.138 - 0.04 \times 1.165 = 0.091$$

$$\mu mg = 0.04 \times 64000 \times 9.81 = 25105 \text{N}$$

$$\frac{1}{2}\rho S = \frac{1}{2} \times 1.225 \times 125 = 76.6 \text{kg/m}$$

现在可以代入地面滑跑距离 S_G 积分中的所有参数,直接求解积分可得

$$S_G = \int_0^{67.91} \frac{64000 V dV}{25105 + 125525 + 76.6 \times 0.091 V^2 + 0} dV = 877.7 \text{ m} \tag{8.83}$$

为了分析着陆操纵以及着陆性能与多种飞机参数之间的关系,例如飞机重量、刹车力和襟翼偏转,需要象征性地求解积分式(8.83)。类似于处理起飞地面滑跑问题的方法,可以提出一个封闭形式的式(8.83)的积分来确定 S_G。这种积分可以建模为

$$S_G = \int_0^{V_L} \frac{V}{A + BV^2} dV \tag{8.84}$$

式中

$$A = \frac{1}{m}(T_{rev} + F_B) + \mu g \tag{8.85}$$

$$B = \frac{\rho S}{2m}(C_{D_L} - \mu C_{L_L}) \tag{8.86}$$

式(8.84)的积分由标准数学手册[7]可得

$$S_G = \frac{1}{2B}\ln\frac{A + BV_L^2}{A} \tag{8.87}$$

式中:A 和 B 由式(8.85)和式(8.86)代入。

通过这种替换和一些代数运算(细节留给感兴趣的读者),最终的结果为

$$S_{G} = \frac{m}{\rho S(C_{D_{L}} - \mu C_{L_{L}})} \ln \frac{(T_{rev} + F_{B})/m + \mu g + (\rho S/2m)(C_{D_{L}} - \mu C_{L_{L}})V_{L}^{2}}{(T_{rev} + F_{B})/m + \mu g} \quad (8.88)$$

着陆速度假设为 $k_{L}V_{s}$,则

$$S_{G} = \frac{-m}{\rho S(C_{D_{L}} - \mu C_{L_{L}})} \ln \frac{(T_{rev} + F_{B})/W + \mu}{(T_{rev} + F_{B})/W + \mu + (k_{L}^{2}/C_{L_{max}})(C_{D_{L}} - \mu C_{L_{L}})} \quad (8.89)$$

式中:k_{L} 的典型值是 $1.1 \sim 1.3$。由式(8.89)可以得出以下结论:

(1)随着最大升力系数 $C_{L_{max}}$ 的增大,地面滑跑距离减小。

(2)随着反推力 T_{rev} 的增大,地面滑跑距离减小。

(3)随着飞机阻力 C_{D} 的增加,例如使用扰流板,地面滑跑距离减小。

(4)随着制动力 F_{B} 的增加,地面滑跑距离减小。

(5)随着机翼面积 S 的增大,地面滑跑距离减小。

(6)随着接地速度 V_{TD} 的增大,地面滑跑距离增大。

(7)随着高度的增大(空气密度 ρ 减小),地面滑跑距离增大。

当替换式(8.60)中所有需要的元素后,总着陆距离 S_{L} 即可确定。

例8.6 确定巴西航空工业公司 EMB 312 图卡努教练机的着陆距离,其特性见例8.4。

$$\mu = 0.04, C_{D_{0_{flapL}}} = 0.009, \Delta C_{L_{flapL}} = 0.8, \mu_{B} = 0.3, k_{L} = 1.3, C_{L_{max}} = 1.77$$

这架飞机没有反推力($T_{rev} = 0$),并假设由于燃油消耗,飞机重量下降了20%。

解 由表8.2可知,采用刹车时,干沥青跑道的摩擦系数为 $\mu = 0.05$。从例8.4可得

$$C_{L_{C}} = 0.364, K = 0.058, C_{D_{0_{c}}} = 0.021, C_{D_{0LG}} = 0.007$$

着陆升力和阻力系数为

$$C_{L_{L}} = C_{L_{C}} + \Delta C_{L_{flapL}} = 0.364 + 0.8 = 1.164 \quad (8.78)$$

$$C_{D_{0_{L}}} = C_{D_{0_{c}}} + C_{D_{0_{flapL}}} + C_{D_{0LG}} = 0.021 + 0.009 + 0.007 = 0.037 \quad (3.68)$$

$$C_{D_{L}} = C_{D_{0_{L}}} + KC_{L_{L}}^{2} = 0.037 + 0.058 \times 1.164^{2} = 0.115 \quad (8.80)$$

在本例中,地面滑跑距离是通过代数方程(封闭形式的解)确定的。着陆时飞机重量为

$$m_{L} = m_{TO} - m_{f} = 2550 - 0.2 \times 2550 = 2040 (kg) \quad (8.62)$$

制动力为

$$F_{B} = \mu_{B}W_{L} = 0.3 \times 2040 \times 9.81 = 6002 (N) \quad (8.81)$$

$$S_{G} = \frac{-m}{\rho S(C_{D_{L}} - \mu C_{L_{L}})} \ln \frac{(T_{rev} + F_{B})/W + \mu}{(T_{rev} + F_{B})/W + \mu + (k_{L}^{2}/C_{L_{max}})(C_{D_{L}} - \mu C_{L_{L}})} \quad (8.89)$$

$$C_{D_{L}} - \mu C_{L_{L}} = 0.115 - 0.05 \times 1.164 = 0.057$$

$$S_G = \frac{-2040}{1.225 \times 19.4 \times 0.057} \ln \frac{(0+6002)/20005 + 0.05}{(0+6002)/20005 + 0.05 + (1.3^2/1.77) \times 0.057}$$

$$= 217.4 \mathrm{m} \tag{8.89}$$

注意,为了计算着陆速度,需要使用着陆重量,但是使用了相同的 $C_{L_{max}}$。

8.5 风和跑道坡度对起飞和着陆的影响

起飞和着陆作为两种加速/地面飞行操纵引入。初步性能分析假设飞机是在静止大气中飞行,且跑道没有坡度。换句话说,大气中没有风,且跑道不是上坡或下坡的。然而,风和跑道坡度两个参数对起飞和着陆性能有显著影响。飞行员也必须对这两种自然现象做出谨慎的反应。这两个参数分为逆风、顺风、侧风、正跑道坡度和负跑道坡度五个不同的影响变量。

这五个变量对起飞和着陆性能的影响是不同的。当存在其中一个变量时,本节将研究相应的起飞和着陆分析技术。回顾第2章,飞机的气动特性(升力和阻力)取决于空气相对于飞机的速度,即空速。因此,飞机在空气中的气动特性与风无关,而是与空速有关。然而,除了空速之外,起飞和着陆性能也与地速有关。因此,逆风会增大起飞和着陆时的升力和阻力,它将缩短起飞和着陆距离。

机场设计师和飞行员积极利用风的影响,以提高起飞和着陆的性能。例如,机场设计师选择的跑道位置和方向与盛行风的方向相反。例如,如果盛行风方向为西–东,则跑道将朝东–西方向建造。

如果风向在一年中不是恒定的,那么至少要建造两条相互交叉的跑道。同样地,如果盛行风是西南风至东北风,则采用同样的方法。旧金山国际机场有四条跑道,利用最佳的起飞方向来缩短飞机等待时间和起飞距离。

此外,飞行员在选择起飞和着陆方向时,要求飞机朝向逆风方向。为了安全起见,起飞和着陆的方向总是相同的。这种规定能防止相反方向飞行的飞机发生碰撞。然而,实际上许多跑道或着陆区域,着陆必须在侧风条件下进行,而不是平行于着陆方向风的条件下进行。

侧风对起飞和着陆的影响也很大,可以将侧风视为由逆风或顺风,以及垂直于飞机航迹(跑道)的风两个组成部分。以上刚刚研究了顺风和逆风的影响,但是垂直于跑道的风会迫使飞机偏离跑道(图8.20),这是非常危险的,必须设法避免。蟹形进场(飞机航向偏流修正)是侧风情况下保持飞机方向的一种常用技术。

蟹形进场是类似于螃蟹的动作,也就是说飞机机头的方向与跑道(预定航线)的方向不一致。蟹形进场的结果是使飞机沿着跑道的方向移动,因为直角三角形定理表明,两个垂直向量的和在直角三角形第三边(直角三角形的斜边)的方向上。所讨论的五个项目的基础是相似的,所以这里只讨论逆风和正跑道坡度的两种情况。读者应该能够从这里介绍的方法中得出其他情况的结论。

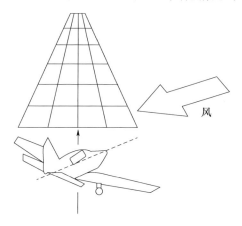

图 8.20　逆风对起飞的影响

需要指出的是,如果逆风速度与离地速度相比较大,则起飞是不安全的。原因是离地后的瞬间,空速会突然下降到一个新的值:地面上的空速减去风速。这可能会导致飞机失速,甚至速度更低。因此,本节计算仅适用于逆风风速 V_{hw} 与离地速度之间的关系满足以下不等式的情况:

$$V_{hw} = (k_R - 1) V_{LO} \tag{8.90}$$

例如,当离地速度(存在逆风时)大于失速速度 20% ,且风速为失速速度的 20% 时,离地后瞬间的飞机空速等于失速速度:

$$V_{LO} = 1.2 V_s - 0.2 V_s = V_s \tag{8.91}$$

这种离地是不安全的,尽管根据计算预测飞机的起飞距离将更短。

8.5.1　逆风对起飞的影响

到目前为止都假设地速和空速相等,现实中这种假设是不现实的,通常存在风。风强烈影响起飞和着陆的性能(距离)。一般来说,逆风将减少起飞和着陆的距离(包括地面滑跑),顺风将增大起飞和着陆的距离(包括地面滑跑)。

当飞机在地面(跑道)上移动,且存在逆风或顺风时,飞机相对于空气的速度(空速)与相对于地面的速度是不同的。把飞机相对于地面的速度称为地速 V_g。空速 V 和地速 V_g 之间的关系(已在第 2 章讨论,这里不再重复)可以写为

$$V = V_g + V_{hw} \tag{8.92}$$

$$V = V_g - V_{tw} \tag{8.93}$$

式中:V_{hw} 为逆风速度;V_{tw} 为顺风速度。

很明显,跑道起点处(飞机静止时)的空速与逆风或顺风相同。由于升力和阻力是空速的函数,所以在地面滑跑过程中,逆风会增大升力和阻力,而顺风会减小

443

升力和阻力。此外,由于滚动摩擦是通过法向力与升力有关,所以逆风会减小滚动摩擦;反之,顺风会增大滚动摩擦。

飞机在起飞过程中遇到逆风如图 8.20 所示,这种飞行条件下的起飞距离比没有逆风情况下的要短。可以通过修改式(8.24)和式(8.30),定义新的积分速度来确定逆风条件下的起飞地面滑跑距离 $S_{G_{hw}}$。地面阶段开始时的空速等于风速 V_w。另外,地面阶段结束时的空速等于抬前轮速度加风速 $V_R + V_w$。因此,用积分表示为

$$S_{G_{hw}} = \int_{V_w}^{V_R + V_w} \frac{m(V - V_w)}{T - \mu mg - \rho V^2 S(C_{D_{TO}} - \mu C_{L_{TO}})/2} dV \tag{8.94}$$

在过渡阶段 $S_{T_{hw}}$,抬前轮(地面)速度不受风速影响,则

$$S_{T_{hw}} = V_R T_R \tag{8.95}$$

式中:V_R 为过渡或抬前轮速度;T_R 为抬前轮时间(表 8.3)。

参照图 8.21,空中阶段从抬前轮过程的结束到飞越障碍物的距离为

$$S_{A_{hw}} = S_A \frac{V_{LO} - V_{hw}}{V_{LO}} \tag{8.96}$$

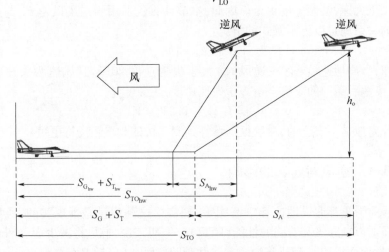

图 8.21　逆风起飞的飞机

逆风时的总起飞距离由图 8.21 中的三段之和确定,即

$$S_{TO_{hw}} = S_{G_{hw}} + S_{T_{hw}} + S_{A_{hw}} \tag{8.97}$$

式中:下标 hw 指的是逆风。

当有顺风时,式(8.94)~式(8.97)也可以使用,但 V_{hw} 的值为负。因此,逆风会减小起飞距离,而顺风则会增大起飞距离。

类似地,同样的逻辑也可以应用于着陆性能分析。逆风情况下的着陆地面滑跑可以通过修正式(8.83)和改变积分限进行确定,可得以下积分,即

$$S_G = \int_{V_{hw}}^{V_R + V_{hw}} \frac{m(V - V_w)}{\mu m g + F_B + \rho V^2 S(C_{D_L} - \mu C_{L_L}) + T_{rev}} dV \tag{8.98}$$

由式(8.98)可知,逆风会减小着陆距离,而顺风则会增大着陆距离。

8.5.2 跑道坡度对起飞的影响

许多城市及其机场都建在多山或不平坦的地区,因此跑道有一个正或负的跑道坡度。当跑道有正跑道坡度时,飞机在起飞和着陆过程中必须爬升。跑道坡度的作用类似于爬升角/下降角。为了提高起飞性能,建议在下坡方向起飞,上坡方向着陆,这种技术将减少起飞和着陆的距离。

在带坡度的跑道上,飞机重力的一个分量将有助于加速。在正坡度(上坡)的跑道上,重力沿跑道的分量会降小飞机的加速度,使跑道变长(图8.22)。在负坡度(下坡)的跑道上,重力沿跑道的分量会增大飞机的加速度,使滑跑变短。

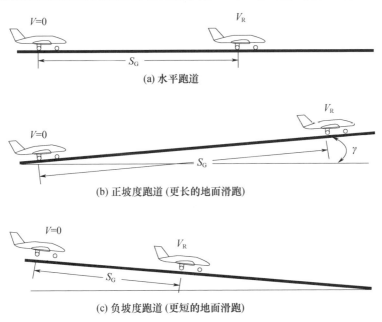

(a) 水平跑道

(b) 正坡度跑道(更长的地面滑跑)

(c) 负坡度跑道(更短的地面滑跑)

图 8.22 跑道坡度对起飞地面滑跑的影响

通过增加 $W\sin\gamma$ 项,可以将坡度角 γ 直接应用于起飞运动方程。这里,只研究起飞地面阶段 S_{G_s} 的方程。参照图8.23,利用牛顿第二定律可以得到这种加速运动(正坡度角 γ)的方程:

$$T - D - W\sin\gamma - \mu(W\cos\gamma - L) = ma \tag{8.99}$$

当负坡度(下坡)时,沿跑道方向的力的和等于飞机重量乘以加速度:

445

$$T - D + W\sin\gamma - \mu(W\cos\gamma - L) = ma \qquad (8.100)$$

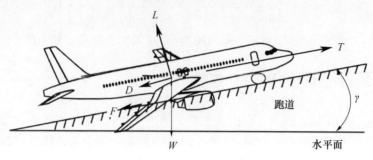

图 8.23　正坡度跑道

类似于 8.2 节,经过几步代数运算,可得

$$S_{G_s} = \int_0^{V_R} \frac{mV}{T - mg\sin\gamma - \mu mg\cos\gamma - \rho V^2 S(C_{D_{TO}} - \mu C_{L_{TO}})/2} dV \qquad (8.101)$$

$$S_{G_s} = \int_0^{V_R} \frac{mV}{T + mg\sin\gamma - \mu mg\cos\gamma - \rho V^2 S(C_{D_{TO}} - \mu C_{L_{TO}})/2} dV \qquad (8.102)$$

当正跑道坡度(上坡)时,使用式(8.101)(带"$-mg\sin\gamma$"),当负跑道坡度(下坡)时,使用式(8.102)(带"$+mg\sin\gamma$")。当跑道的坡度为正/负时,该积分的解可得出地面滑跑距离。

例 8.7　一架与波音 737 运输机类似的喷气式运输机,起飞质量为 50000kg,机翼面积为 120m^2。飞机的其他特性如下:

$$T_{max} = 130kN, C_{L_c} = 0.2, K = 0.04, C_{D_{oTO}} = 0.05, \Delta C_{L_{flapL}} = 0.3, V_s = 110kn, V_R = V_s$$

在以下三种情况下确定干混凝土跑道的起飞地面滑跑距离:

(1)跑道平坦、无坡度。

(2)跑道正坡度(上坡)为 5°。

(3)跑道负坡度(下坡)为 5°。

解　起飞升力和阻力系数为

$$C_{L_{TO}} = C_{L_c} + \Delta C_{L_{flapTO}} = 0.2 + 0.3 = 0.5 \qquad (8.20)$$

$$C_{D_{TO}} = C_{D_{oTO}} + K C_{L_{TO}}^2 = 0.5 + 0.04 \times 0.5^2 = 0.06 \qquad (8.22)$$

(1)无坡度。地面滑跑距离有以下积分确定,即

$$S_G = \int_0^{V_R} \frac{mV}{T - \rho V^2 S(C_{D_{TO}} - \mu C_{L_{TO}})/2 - \mu mg} dV \qquad (8.24)$$

由表 8.2 可知,混凝土道面的摩擦系数为 0.04,可得

$$C_{D_{TO}} - \mu C_{L_{TO}} = 0.06 - 0.04 \times 0.5 = 0.04$$

446

$$V_R = 1.32V_s = 1.32 \times 110 = 132\text{kn} = 67.91\text{m/s}$$

$$\mu mg = 0.04 \times 50000 \times 9.81 = 19613\text{N}$$

$$\rho S/2 = 1.225 \times 120/2 = 73.53\text{kg/m}$$

$$T = 0.9T_{max} = 0.9 \times 130000 = 117000\text{N}$$

现在将所有项代入式(8.24),可得

$$S_G = \int_0^{67.91} \frac{50000V}{117000 - 19613 - 73.53 \times 0.04 \times V^2}\text{d}V = 1275\text{ m} \quad (8.24)$$

(2)正坡度(上坡)。在正坡度(上坡)情况下,通过以下积分确定地面滑跑距离,即

$$S_{G_s} = \int_0^{V_R} \frac{mV}{T - mg\sin\gamma - \mu mg\cos\gamma - \rho V^2 S(C_{D_{TO}} - \mu C_{L_{TO}})/2}\text{d}V$$

$$= \int_0^{67.91} \frac{50000V}{117000 - 5000 \times 9.81 \times \sin5° - 19613\cos5° - 73.53 \times 0.04 \times V^2}\text{d}V$$

$$= 2421\text{ (m)} \quad (8.101)$$

值得注意的是,坡度为5°时,地面滑跑距离将增加90%,坡度为−5°时,地面滑跑距将减少32%。

习 题

注:除非另外说明,假设为 ISA 条件。

8.1 停在跑道起点的运输机以恒定的加速度滑跑。如果滑跑1700m后速度达到94kn,飞机加速度用 g 表示是多少?

8.2 计算质量为120000kg的飞机在跑道起点起飞时在干燥混凝土跑道上的摩擦力。

8.3 双涡扇发动机的多用途飞机"猎鹰"具有以下特性:

$m_{TO} = 8755\text{kg}, S = 24.1\text{m}^2, T = 2 \times 14.4\text{kN}, \Delta C_{L_{flapL}} = 0.8, C_{D_{oTO}} = 0.044, C_{L_c} = 2.2, K = 0.052$

飞机在25000ft的巡航速度是492kn。如果跑道是干沥青,并且机场位于海拔3000ft的高度,则计算地面坡度。

8.4 在 ISA + 15 的飞行条件下求解习题 8.3。

8.5 在 ISA − 15 的飞行条件下求解习题 8.3。

8.6 假设习题 8.3 中的跑道正坡度为3°,计算起飞地面滑跑距离。

8.7 假设习题 8.3 中的跑道负坡度为3°,计算起飞地面滑跑距离。

8.8 考虑习题 8.3 中的飞机。假设风速为 15kn 的顺风。计算起飞地面滑跑距离。

8.9 考虑习题 8.3 中的飞机。假设风速为 15kn 的逆风。计算起飞距离。

8.10 考虑习题 8.3 中的飞机。假设风速为 15kn 的逆风且跑道正坡度为 3°。计算起飞距离。

8.11 考虑习题 8.3 中的飞机。假设风速为 15kn 的顺风且跑道负坡度为 3°。计算起飞距离。

8.12 一架装备 2 台涡扇发动机的海军战斗机在 15000ft 的巡航速度为马赫数 2.4，具有以下特性：

$$m_{TO} = 33724 kg, S = 52.5 m^2, T = 2 \times 93 kN, \Delta C_{L_{flapTO}} = 1.1, C_{D_{oTO}} = 0.038, C_{L_{max}} = 2.4, AR = 7.3, e = 0.76$$

为了使飞机抬前轮起飞，当空速为 $1.1V_s$ 时，飞行员将偏转升降舵。飞机在达到这个速度之前滑跑了多长时间？假设跑道为干燥混凝土跑道。

8.13 一架装备 2 台活塞螺旋桨发动机（带有变距螺旋桨）的运输机，在 20000ft 高空的巡航速度为 260kn，具有以下特性：

$$m_{TO} = 29000 kg, S = 135 m^2, T = 2 \times 2500 hp, \Delta C_{L_{flapTO}} = 0.6, C_{D_{oTO}} = 0.053, C_{L_{max}} = 1.8, K = 0.048, \eta_P = 0.7$$

如果飞机在短草地跑道上起飞，但机场位于 5000ft 高度，计算起飞地面滑跑距离。

8.14 一架装备 2 台涡桨发动机（定距螺旋桨）的轻型飞机，在 20000ft 高空的巡航速度为 400kn，具有以下特性：

$$m_{TO} = 4400 kg, S = 26 m^2, P = 2 \times 550 hp, \Delta C_{L_{flapL}} = 0.7, C_{D_{oL}} = 0.06, V_s = 55 kn, K = 0.053, \eta_P = 0.65, m_L = 0.8 m_{TO}$$

飞机必须能够在长度为 600m 的跑道（干混凝土）上降落。当飞机以 $1.3V_s$ 着陆时，必须施加多大的制动力？

8.15 考虑习题 8.3 中的飞机。当飞机已经从跑道起点滑跑了 400m，且处于单发失效状态。

(1) 计算此时飞机速度。

(2) 到现在为止已经过去多少时间？

(3) 如果跑道总长度为 2500m，飞机能否安全起飞？如果能，起飞距离是多长？

(4) 如果飞行员决定中断起飞，飞机将在跑道上滑跑多长时间？假设刹车摩擦系数为 0.3。

8.16 一架公务机在 25000ft 高度的巡航速度为 500kn，发动机推力（单位为 lb）与空速（单位为 ft/s）的关系为

$$T = 0.1V^2 - 90V + 9200$$

其他特性如下：

$m_{TO} = 7000 \text{kg}, S = 20 \text{m}^2, T = 2 \times 12 \text{kN}, \Delta C_{L_{flap}} = 0.4, C_{D_{oTO}} = 0.05, C_{L_{max}} = 2,$
$K = 0.045$

如果跑道是湿混凝土跑道,计算起飞地面滑跑距离。

8.17 考虑习题 8.3 中的飞机。绘制升力、阻力和速度随跑道长度的变化(仅用于地面滑跑部分,即 976m)。

8.18 确定习题 8.3 中飞机的起飞过渡阶段的距离。

8.19 确定习题 8.3 中飞机的起飞空中阶段的距离。

8.20 考虑习题 8.13 中的飞机。跑道前方 3200m 远处有几棵 10m 高的树。当飞机一台发动机失效并在干沥青跑道上起飞,在这种情况下,这架飞机能否起飞并安全飞越这些树吗?

8.21 如果每台发动机位于距机身中心线 5m 处,垂直尾翼最大升力系数为 1.2,且其气动中心位于飞机重心后 14m 处,则确定习题 8.14 中飞机的最小可控速度。垂直尾翼平面面积为机翼参考面积的 1/4。

8.22 如果需要设计一套阻拦着陆制动系统,使战斗机在海军航空母舰上着陆。当战斗机以 180kn 的速度在甲板接地时,要求在 300m 跑道上停止。确定施加于飞行员的力(加速度),以 g 为单位。

8.23 推导式(8.82)中积分的封闭形式的解。

8.24 推导螺旋桨飞机的最小控制速度方程(类似于式(8.5))。

8.25 双涡扇发动机喷气式飞机具有以下特性:
$m_{TO} = 14500 \text{kg}, S = 92 \text{m}^2, b = 34 \text{m}, C_{L_{max}} = 1.7, e = 0.85, C_{D_{oclean}} = 0.019, C_{D_{oLG}} = 0.01, C_{D_{oflap}} = 0.007, \Delta C_{L_{flap}} = 0.4$

飞机在 32000ft 的巡航速度是 280kn。如果在 6000ft 高度的干混凝土跑道上地面滑跑距离是 1200m,计算海平面最大推力。

8.26 确定以下商用喷气(涡扇发动机)运输机起飞的空中阶段距离。机场位于海拔 6000ft 的 ISA 条件:
$S = 175 \text{ft}^2, W_{TO} = 4300 \text{lbf}, C_{L_{max}} = 1.8, C_{D_{oTO}} = 0.035, K = 0.07, T_{max} = 1260 \text{lbf}$

8.27 确定以下通航活塞螺旋桨发动机(固定螺距)飞机起飞的空中阶段距离。机场位于海拔 3000ft 的 ISA 条件。假设跑道是干沥青跑道。
$S = 20 \text{m}^2, m_{TO} = 3000 \text{kg}, P_{max} = 700 \text{hp}, V_s = 70 \text{kn}, C_{D_{oc}} = 0.023, C_{D_{oTO}} = 0.003,$
$C_{D_{oLG}} = 0.006, AR = 9, e = 0.8$

8.28 喷气式教练机具有以下特性:
$C_{L_{max}} = 1.9, m_{TO} = 4240 \text{kg}, S = 32 \text{m}^2, C_{D_{oclean}} = 0.03, C_{D_{oLG}} = 0.01, C_{D_{oflap}} = 0.007,$
$(L/D)_{max} = 9.4, \Delta C_{L_{flapTO}} = 0.4, T_{maxSL} = 9300 \text{N}$

在海拔 4000ft 的干燥混凝土跑道上,起飞地面滑跑距离多长?飞机在 22000ft 高度的巡航速度是 170kn。

8.29 考虑习题8.3中的飞机,地面滑跑距离要求缩短20%。计算飞机的质量应该减少多少才能满足这个要求。

8.30 由式(8.32)出发,推导式(8.36)(满足给定地面滑跑距离要求所需的发动机总推力 T_{TO})。

8.31 由式(8.30)出发,推导地面滑跑距离方程(式(8.32))。

8.32 由式(8.98)出发,推导逆风条件下地面滑跑距离积分方程的一个封闭形式的解(提示:使用式(8.28)的一般数学解)。

8.33 计算类似于空客 A‑300 飞机的喷气式运输机在干燥混凝土跑道上的着陆滑跑距离。其他飞机的特性如下:

$m_{TO} = 160000\text{kg}, V_c = 550\text{kn}(35000\text{ft}), S = 260\text{m}^2, C_{D_{o\text{flapL}}} = 0.01, \Delta C_{L_{\text{flapL}}} = 1.2,$
$\mu_B = 0.35, k_L = 1.3, C_{L_{\max}} = 2.1, K = 0.04, C_{D_{oC}} = 0.018, C_{D_{oLG}} = 0.007, T_{\max} = 2 \times 250\text{kN}$

这架飞机的反推力相当于最大推力的20%,并假设飞机着陆时由于燃油消耗而减少了30%的质量。机场在海平面高度,且符合标准条件。

8.34 计算习题8.33中飞机的着陆地面滑跑距离。机场位于8000ft高度,且ISA + 20 飞行条件。

8.35 计算具有以下特性的轻型活塞螺旋桨通航飞机的着陆地面滑跑距离:

$C_{L_{\max}} = 1.9, m_{TO} = 1000\text{kg}, S = 10\text{m}^2, C_{D_{o\text{clean}}} = 0.025, C_{D_{oLG}} = 0.007, C_{D_{o\text{flapL}}} = 0.005, AR = 8, \Delta C_{L_{\text{flapL}}} = 0.6, C_{L_C} = 0.3, e = 0.8, \mu = 0.037, \mu_B = 0.35, k_L = 1.2$

这架飞机没有反推力($T_{rev} = 0$),并假设由于燃油消耗,飞机重量下降了20%。

8.36 计算习题8.35中飞机的着陆地面滑跑距离。机场高度海拔3000ft,且ISA − 15 飞行条件。

8.37 一架类似于空客 340 ‑ 300 飞机(图1.11(b))的喷气式运输机,起飞质量为277000kg,机翼面积为360m^2。飞机的其他特性如下:

$T_{\max} = 4 \times 100\text{kN}, C_{L_c} = 0.3, K = 0.032, C_{D_{oTO}} = 0.03, \Delta C_{L_{\text{flap}}} = 0.4, V_s = 110\text{kn}, V_R = 1.2 V_s$

在以下三种情况下计算干混凝土跑道的起飞地面滑跑距离:
(1)跑道平坦,无坡度。
(2)跑道的正坡度(上坡)为3°。
(3)跑道的负坡度(下坡)为3°。

8.38 习题8.37的飞机使用了2台火箭发动机(除已安装的发动机外)进行紧急起飞,每台发动机产生40kN的推力。计算这种情况下的地面滑跑距离,跑道是平的,没有坡度。

8.39 一架起飞质量为30000kg、机翼面积为100m^{2}的双涡扇发动机公务机具有以下特性:

450

$b = 25\text{m}, C_{D_{o_{\text{flapTO}}}} = 0.003, C_{D_{o_{\text{LG}}}} = 0.008, \Delta C_{L_{\text{flapL}}} = 0.8, e = 0.9, C_{L_C} = 0.24, C_{D_o} = 0.022$

计算飞机在海平面高度、摩擦系数为 0.05 的跑道上的起飞地面滑跑距离为 2000m 时需要的总发动机推力。

8.40 一架起飞质量为 10000kg、失速速度为 80kn 的喷气式飞机具有以下特性:

$\text{AR} = 12, C_{D_{o_{\text{flapTO}}}} = 0.004, C_{D_{o_{\text{LG}}}} = 0.007, \Delta C_{L_{\text{flapL}}} = 0.6, e = 0.86, V_C = 488\text{kn}$ $(25000\text{ft}), C_{D_o} = 0.019, C_{L_{\text{max}}} = 1.8$

计算飞机在海平面高度、摩擦系数为 0.04 的跑道上的起飞地面滑跑距离为 1200m 时需要的总发动机推力。

参考文献

[1] K r eshner, W. K. , The Instrument Flight Manual, Iowa State University Press, IA, 1991.

[2] Federal Aviation Regulations, Parts 23 and 25.

[3] Roskam, J. , Airplane Flight Dynamics and Automatic Flight Controls, Part I, DAR Corporation, Lawrence, KS, 2007.

[4] Airplane Flying Handbook, U. S. Department of Transportation, Federal Aviation Administration, Washington, DC, 2004.

[5] Beer, F. , Johnston, R. , Mazur ex, D. , Cor n w ell, P. , and Eisenberg, E. , Vector Mechanics for Engineering: Statics & Dynamics, 9th edn. , McGraw – Hill, New York.

[6] Zhang, X. and Zerihan, J. , Off – surface aerodynamic measurements of a wing in ground effect, Journal of Aircraft, 40(4), July – August 2003.

[7] Spiegel, M. R. , Schaum's Mathematical Handbook of Formulas and Tables, 2nd edn. , Schaum's Outlines, McGraw – Hill, New York, 1998.

[8] McCor m ick, B. W. , Aerodynamics, Aeronautics, and Flight Mechanics, John Wiley, Hoboken, NJ, 1995.

[9] Anonymous, MIL – F – 1797C, Flying qualities of piloted airplanes, Air force ight dynamic laboratory, WPAFB, Dayton, OH, 1990.

[10] Jackson, P. et al. , Jane's All the World's Aircraft, Jane's Information Group, UK, several years.

[11] Anonymous, Cherokee Arrow Pilot's Operating Manual, Piper Company publication, Vero Beach, FL, 1973.

[12] Anonymous, P180 Ⅱ Avanti Specification and Description, Piaggio Aero Industries, Genoa, Italy, 2005.

第9章
转弯性能与飞行机动

9.1 引言

第5章~第8章主要介绍了起飞、爬升、巡航、下降和着陆等飞行阶段。此外，还讨论了航程、续航时间、爬升率、起飞距离和升限等基本性能参数。这些是典型飞行中的主要操作，但是还有其他飞行操作，如转弯和机动，对飞机性能也至关重要。机动能力是飞机性能评估中一个非常重要的指标。因此，本章专门讨论各种机动和非简单飞行操作。本章将介绍螺旋桨和喷气飞机进行机动飞行时的性能分析技术。

在飞机性能分析中，最重要的是确定飞机的机动性。毫无疑问，导弹和战斗机最具机动性，这是由它们在空战中的特殊任务决定的。如果有更强的机动能力（最高性能），战斗机就可以在战斗区域生存并安全返回基地。因此，世界市场上每年都会出现拥有新能力的新式战斗机（如洛克希德·马丁公司的F-35"闪电"战斗机（图5.8)[1-2]），都声称每架新式战斗机具有独特的性能，没有任何飞机能击败它。每年，许多国家都会展示其在战斗机技术上的新成就，并让其对手大吃一惊。

文献中的机动是指各种非简单运动。航空学中，机动是指从水平、恒定速度、恒定高度、直线飞行到至少需要一个转弯/旋转的加速飞行。换句话说，任何包含至少围绕三个机体轴之一（x轴、y轴或z轴）的旋转飞行操作都称为机动。图9.1显示了飞机轴系和三个机体轴。本书选择机体固连（或简称体）正交轴系，这意味着坐标轴是固定在飞机机体上的。

这些坐标轴互相垂直（正交），且它们的原点是飞机的重心（cg）。绕x轴（机身中心线）旋转称为滚转。绕y轴（机翼假想的中心线）旋转称为俯仰。绕z轴（垂直于xOy平面）旋转称为偏航。本章选择体轴系，这意味着飞机轴（以及相应平面）会随着机身的旋转而旋转。

452

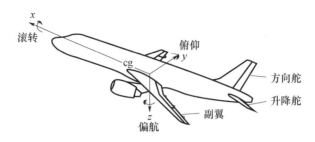

图9.1　飞机轴系与飞机控制面

　　飞行机动至少包括一个旋转(滚转、俯仰或偏航),这些旋转是在控制面的作用下产生的,传统控制面有副翼、升降舵和方向舵,这些控制面类似于襟翼,分别位于机翼、水平尾翼和垂直尾翼的后缘(图9.1)。图9.1还显示了控制面偏转对旋转的影响。大多数飞行机动都是这些旋转的组合。图9.2示出了两组飞机:图(a)英国航空航天公司的"鹰"式教练机和图(b)米高扬 – 古列维奇设计局的米格 – 29进行的引人注目的机动飞行表演。

(a) "鹰"式教练机 (Steve Dreier提供)　　(b) 米格–29战斗机 (Georgi Petkov提供)

图9.2　飞机进行的壮观机动表演

　　飞机机动能力的评估,原则上以飞机绕轴的旋转加速度/速度为基础。发动机的功率越大,飞机越容易控制,飞机机动中的性能就越高。除发动机功率/推力外,飞机逃脱地空或空空导弹的唯一方法是具有很高的旋转速度(高于导弹的旋转速度),如滚转。对于战斗机,当它被尾后的敌方导弹追击时,如果战斗机能够比导弹转得更快,就可以逃生,然后它将能够击落导弹。

　　一般来说,飞机分为以下四大类:

　　(1)正常或无机动性的;

　　(2)多用途或半机动性的;

　　(3)机动性的或特技飞行的;

　　(4)高度机动性的。

联邦航空法规第23部分(FAR 23[3])的标准描述的是前三类飞机的特点。军用标准,如 MIL – STD 等标准定义了高机动性飞机(如战斗机)的要求。随着先进技术的出现,高机动性飞机的机动能力不断提高。如果两个体力和智力相近的战斗机飞行员竞争,那么机动性更好的飞行员将获胜。上述四类飞机存在以下三个主要区别:

(1)绕轴旋转的加速度/速度;

(2)发动机功率/推力;

(3)飞机结构的强度。

在飞机机动分析中,要考虑这三个参数。一些基本机动是急转、急螺旋、急上升转弯、"懒 8 字"、尾旋、俯冲和倒飞。

最简单、最基本的机动是水平转弯。转弯飞行可以是水平的、垂直的或有斜面的。在所有转弯中,飞机都是绕着一个半径为 R 的圆形轨迹的假想中心飞行。如果转弯半径是恒定的,这种转弯就称为协调转弯。协调转弯通常涉及产生一个滚转角的滚转。在转弯性能分析中,需要确定转弯半径、滚转角、转弯速率、载荷因数(这将在后面定义)和飞机前向速度等飞行参数。

本章将定义影响转弯和机动的飞行参数,推导转弯飞行和各种机动的运动方程,描述一些飞行动作。由于转弯是大多数机动的主要组成部分,本章将详细介绍转弯性能。本章的另一个重要部分是介绍机动飞行中的机动性和飞机性能的计算,即最快转弯和最紧转弯。本章将分别讨论喷气飞机和螺旋桨飞机,描述两种重要的垂直运动(上拉和下推)并推导它们的运动方程,介绍机动过程中飞机结构和飞行员所受的力,介绍载荷因数的计算及其意义。9.9 节将讨论如何绘制对飞机结构设计至关重要的飞行包线($V-n$ 图)。

9.2 转弯飞行基本原理

低滚转角转弯(慢转弯)被认为是最简单的飞行机动。滚转角定义为飞机的 xOy 平面与水平面的夹角(从正面看)。转弯飞行中,飞机将沿圆轨迹的全部或部分飞行。这个圆或环可以是水平的、垂直的或与水平面成一定的角度。本节将从最简单的例子开始分析,也就是水平转弯。为了使飞机实现协调转弯,即保持恒定的转弯半径,有必要进行以下两个旋转:绕 x 轴旋转(滚转)和绕 z 轴旋转(偏航)。在这种情况下,一侧机翼(如右侧)向下偏转,而另一侧机翼(如左侧)向上偏转,因此,飞机开始围绕一个假想的中心旋转。另外,为了保持飞机的高度,还需要进行第三次旋转,即绕 y 轴旋转(俯仰)。这将通过增加飞机的迎角 α 来补偿升力的损失。这三次旋转的细节和原因将在本章后面解释。转弯是通过使机翼向期望的方向倾斜来实现的。当飞机产生的转弯速率越高、转弯半径越小时,认为转弯的效率越高。

9.2.1 运动方程

在水平转弯中,存在升力 L、重力 W、推力 T、离心力 F_C、阻力 D 和气动侧力 F_y。图 9.3 所示为飞机正在水平转弯。当转弯半径和转弯速率恒定不变时,该转弯称为协调转弯。当气动侧力为 0 时,这种转弯才能完成。因此,协调转弯的特点是没有侧移和侧滑。因此,飞机在一个半径 R 和空速 V 恒定的圆周轨道上飞行。为了使转弯协调,飞机应该绕 x 轴旋转(滚转)。绕 x 轴旋转的结果将会产生滚转角 ϕ。因此,升力有以下两个分量:水平分量 $L\sin\phi$ 和垂直分量 $L\cos\phi$。当飞机滚转时,升力的水平分量将抵消离心力。

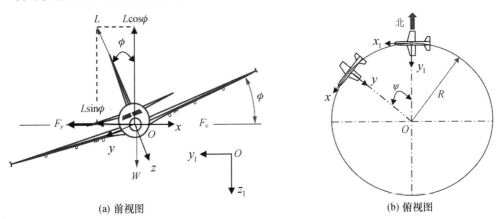

(a) 前视图   (b) 俯视图

图 9.3　飞机正在进行水平转弯飞行

气动侧力是空气密度(高度)、机翼面积、空速以及侧力系数 C_y 的函数:

$$F_y = \frac{1}{2}\rho V^2 S C_y \tag{9.1}$$

当指向 y 轴或 y_1 轴时,侧力是正的。侧力系数 C_y 是飞机构型 C_{y0}、侧滑角 β、方向舵偏转角 δ_R 以及副翼偏转角 δ_A 的函数[5]:

$$C_y = C_{y0} + C_{y\beta}\beta + C_{y\delta_A}\delta_A + C_{y\delta_R}\delta_R \tag{9.2}$$

式中:$C_{y\beta}$ 为飞机的稳定性导数;$C_{y\delta_A}$、$C_{y\delta_R}$ 分别为飞机的两个控制导数。

侧力系数的计算超出了本章的范围。感兴趣的读者可以参阅文献[5,6]。协调转弯时的气动侧力通常为 0(忽略不计)。因此,计算中忽略它(图 9.3 中未示出)。

机体固连轴系是指机体在运动和旋转时,其轴系也随之运动和旋转。因此,当飞机滚转时,升力的方向也会转动(从 $Ox_1y_1z_1$ 坐标系旋转到 $Oxyz$ 坐标系),它总是垂直于 xOy 平面。为了简单起见,假设 x_1 轴和 x 轴重合。当飞机转弯时,飞机的朝向(飞行轨迹或 x 轴)以转弯角或偏航角 ψ 进行转弯。偏航角通常是通过比较新的瞬时方向与初始(或参考)方向来确定的。习惯上,偏航角方向与北向比较。所以,北向是参考方向。在这种情况下,偏航角称为航向。在协调水平转弯中,y_1 轴是沿径向的。本节内容是关于协调稳态水平转弯。飞机以迎角 α 飞行(图中未示出)。

由于飞机具有恒定的空速和恒定的半径,所以作用力和合力处于平衡状态。在稳态转弯时,沿三个轴的力之和为0。因此,可以写出以下方程:

$$\sum F_x = 0$$
$$T\cos\alpha = D \tag{9.3}$$
$$\sum F_y = 0$$
$$L\sin\phi = F_C + F_y \text{(非协调转弯)} \tag{9.4}$$
$$\sum F_y = 0$$
$$L\sin\phi = F_C \text{(协调转弯)} \tag{9.5}$$
$$\sum F_z = 0$$
$$L\cos\phi = W \tag{9.6}$$

式(9.3)~式(9.6)是水平稳态转弯的运动方程,并用来说明水平稳态转弯的必要条件。对比式(9.4)和式(9.5)可知协调转弯时,气动侧力 F_y 为0。

任何物体,包括飞机在内,做旋转运动(如转弯)时都有径向加速度,称为向心加速度 a_C。这个加速度指向转弯(圆)的中心。向心加速度为

$$a_C = V^2/R \tag{9.7}$$

因此,合力等于质量乘以向心加速度,即

$$F_C = ma_C = mV^2/R \tag{9.8}$$

力 F_C 是一种惯性力,称为离心力。根据牛顿第一定律,任何加速度都会产生一个反方向的惯性力。因此,向心加速度就产生了离心力(图9.4(a))。在一些物理教科书中,这个力被错误地称为向心力。"向心力"是不正确的说法,正如下面的证明,这个力必须是向外的,以提供平衡并保持恒定的半径。另一个例子是宇宙飞船在太空围绕地球飞行。国际空间站(ISS)是一种航天器,它通过离心力绕地球旋转而不降低高度。国际空间站的离心力是由它的质量、速度和旋转半径产生的。国际空间站航天员正在享受失重的乐趣,因为他的体重是由离心力平衡的。因此,对于国际空间站和每个航天员来说,沿径向的力平衡可得

$$mg = mV^2/R \tag{9.9}$$

式中:m 为国际空间站或航天员的体重;V 为国际空间站或航天员的线速度;R 为旋转半径。

注意,图9.4(b)没有按比例显示,因为需要在一个图中演示大的半径 R 和小的国家空间站。

现在,回到水平协调转弯。将式(9.8)的力 F_C 代入式(9.5),可得

$$L\sin\phi = \frac{mV^2}{R} \qquad\qquad (9.10)$$

式(9.10)是证明径向离心力由升力分量 $L\sin\phi$ 平衡的物理表述。只要速度 V、半径 R、质量 m 以及滚转角 ϕ 的组合满足式(9.10),转弯就是协调的,并且不会有侧移和侧滑。

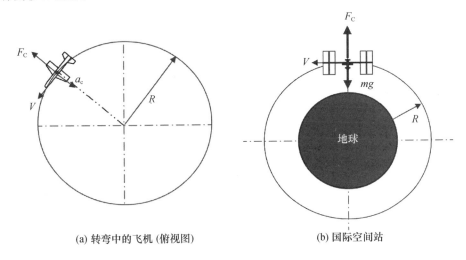

(a) 转弯中的飞机 (俯视图)　　　　　　　　(b) 国际空间站

图 9.4　向心加速度与离心力

此外,如图 9.3 所示,在水平飞行中,飞机必须始终产生与飞机重力相等的垂直力来保持高度。实际上,这个垂直力就是升力在 z 轴上的垂直分量 $L\cos\phi$。这表明,在转弯中,总升力 L 必须总是大于飞机的重力。

9.2.2　载荷因数与滚转角

升力与飞机重力 W 的比值是飞机转弯性能分析中的一个重要参数,称为载荷因数,用符号 n 表示:

$$n = \frac{L}{W} \qquad\qquad (9.11)$$

载荷因数实际上是一个归一化的加速度(在升力方向上)。此外,任何向心加速度都可以相对于重力加速度 g 进行归一化。因此,载荷因数通常用 g 表示。特别是飞行员习惯上用 g 表示载荷因数 n,即 g 载荷。参数 g 为重力常数,即 $9.81\mathrm{m/s^2}$ 或 $32.17\mathrm{lb/s^2}$。例如,当升力是飞机重力的 2 倍($n=2$)时,该转弯称为 2g 转弯。任何给定物体的质量都是恒定的,但它的重力是重力常数 g 的函数。

在巡航飞行中,升力等于重力($n=1$)。但当载荷因数大于 1 时,如转弯飞行,此时空速将小于巡航飞行时的空速。因此,如果飞行员决定在保持速度和高度

的同时转弯,必须通过偏转发动机油门来增大发动机推力。将式(9.11)代入式(9.6)中,载荷因数将为

$$n = \frac{1}{\cos\phi} \qquad (9.12)$$

因此,载荷因数只是滚转角的函数。这意味着随着飞机滚转角 ϕ 的增加,载荷因数 n 也会增加。例如,60°滚转角的水平转弯的载荷因数等于2($\cos 60° = 0.5$),这意味着升力必须是飞机重力的2倍。这在飞机结构设计中尤其重要,因为结构必须承受这么大的载荷。图9.5是式(9.12)的曲线表示。如图9.5所示,当滚转角大于60°的情况下,载荷因数的增加将很快。只有特技(和高机动性)飞机允许有60°以上的滚转角。在目视飞行中,任何滚转角大于45°的转弯都称为急转弯。图9.26(b)展示了一架"阵风"C型战机,它的转弯角度非常高(接近90°)。

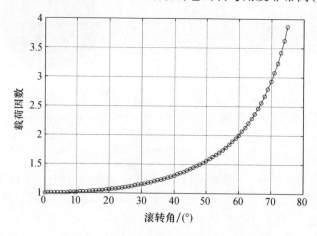

图9.5　载荷因数随飞机滚转角的变化

由于水平转弯时的荷载系数仅是滚转角的函数,所以最大允许荷载系数与最大允许滚转角等价:

$$n_{\max} = \frac{1}{\cos\phi_{\max}} \qquad (9.13)$$

最大允许载荷因数受飞机结构强度或人的承受能力的限制。基本上,当飞机上的载荷因数为1时,就表示飞机结构和机上人员都承受了1g的载荷。换句话说,其重力等于它的质量乘以1g($W = m(1g)$)。例如,如果载荷因数为3,则表明飞机结构必须承受相当于其重力3倍的载荷。在所有转弯飞行中,结构和机上的人都必须承受向心加速度,加速度可以表示为 g 的一个因式,也可以表示为施加的载荷。就人而言,这种负荷是有害的,特别是会扰乱血液系统和大脑。人体尤其是血液循环系统,是在1g的舒适环境中创造出来的。任何其他环境,包括零重力(失重)环境,对人体都是有害的,特别是长期的。血液循环受 g(载荷因数)的数量影响。

对于其他飞行操作,可以得出类似的表达式。在某些情况下,特别是对导弹来说,这种载荷因数可能会高达30,因此结构必须安全地承受如此巨大的载荷。飞机的结构必须足够坚固,以承受包括加速载荷在内的其他载荷,使飞机能够安全地执行任务。如图9.6所示,低载荷因数战斗机可能最终被高载荷因数导弹击中。

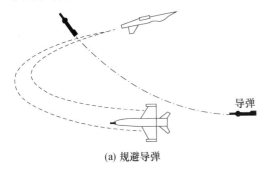 

(a) 规避导弹   (b) 苏–27飞机 (Weimeng提供)

图9.6　通过急转弯规避导弹以及眼镜蛇机动

规避导弹需要非常急的转弯,这会产生非常高的载荷 g。图9.6(b)所示为苏 – 27,一种双发超机动飞机,能够完成眼镜蛇机动。该战斗机起飞重量 30450kg,机翼面积62m²,装备 2 台涡轮风扇发动机,最大速度为马赫数2.35。

如果载荷 g 超过允许的设计值,结构将丧失其完整性,并可能在飞行中解体。载荷因数通常为正,但在某些情况下,包括下拉、倒飞以及遭遇阵风时,可能变为负值。一般情况下,最大负载荷因数的绝对值不得超过最大正载荷因数的0.4。以往的经验迫使美国联邦航空管理局规定了飞机的载荷因数。表9.1 给出了各类飞机载荷因数的典型值。

表9.1　各类飞机载荷因数的典型值

序号	飞机类型	最大正载荷因数	最大负载荷因数
1	正常(非特技)	2.5 ~ 3.8	– 1.5 ~ – 1
2	多用途(半特技)	4.4	– 1.8
3	特技	6	– 3
4	自制	5	– 2
5	运输	2.5 ~ 3.8	– 2 ~ – 1
6	轰炸	2 ~ 4	– 2 ~ – 1
7	高机动性	7 ~ 12	– 6 ~ – 3
8	导弹	15 ~ 30	– 30 ~ – 15

式(9.7)表明,随着空速在稳态转弯中增大,载荷 g 也会增大。这也意味着,随着转弯半径的减小,载荷因数将增大。这两种情况都会导致向心加速度和离心力的增大。

至此可以建立数学关系来分析转弯。下面从一些介绍性的方程开始,计算同一转弯中的转弯速率 ω、转弯半径 R 和失速速度 V_{s_t}。将式(2.4)代入式(9.11)和式(9.12),即可求得水平转弯飞行所需的升力系数,即

$$C_L = \frac{2nW}{\rho V^2 S} = \frac{2W}{\rho V^2 S \cos\phi} \qquad (9.14)$$

式(9.14)表明,随着滚转角 ϕ 的增大,所需的升力系数必然增大。此外,由于升力系数直接是迎角 α 的函数,所以当滚转角 ϕ 增大时,飞行员必须增大迎角。这是通过使升降舵向上偏转来实现的。

$$L = \frac{1}{2}\rho V_s^2 S C_{L_{\max}}$$

将式(2.48)代入式(9.11)和式(9.12),可以得到水平转弯中的失速速度 V_{s_t} 的特殊关系为

$$V_{s_t} = \sqrt{\frac{2mg}{\rho S C_{L_{\max}} \cos\phi}} = \sqrt{\frac{2nmg}{\rho S C_{L_{\max}}}} \qquad (9.15)$$

式(9.15)表明,飞机在任何速度转弯时都可能失速,即使在高速飞行时也是如此。为了进行转弯,当飞行员偏转副翼,随着飞机绕 x 轴旋转,滚转角增大,而载荷因数也增大。式(9.15)表明,失速速度与滚转角成反比关系 $1/\cos\phi$。这意味着,随着滚转角的增大,失速速度也增大。如果飞行员不小心,可能会低于飞机的失速速度(空速可能会降至失速速度以下)。因此,在转弯时增大发动机推力更安全。

这是对飞行员的安全警告,因为他们必须在水平转弯时提高飞机速度,避免在转弯飞行中失速。例如,以 45°滚转角进行水平转弯时的失速速度比水平巡航飞行的失速速度大 20%。这在起飞和降落时尤为重要,因为在某些情况下,飞行员必须在起飞或降落时转向以避开障碍。这时,飞行员必须格外注意飞机的速度,并确保速度高于转弯飞行时的失速速度 V_{s_t},即大于正常的失速速度 V_s。因此,式(9.15)可表示为

$$V_{s_t} = V_s \sqrt{n} \qquad (9.16)$$

式中:V_{s_t}、V_s 分别为水平转弯飞行和巡航飞行时的失速速度。

9.2.3 转弯半径

载荷因数是衡量飞机结构、飞行员、机组人员和乘客所承受载荷的一种重要指标。在巡航飞行中,升力等于重力,载荷因数为 1。这意味着飞机结构必须安全地承载飞机的质量,飞行员、机组人员和乘客必须承受与自身重量相等的载荷(通常情况下)。如果一架飞机在以 45°滚转角进行水平转弯飞行,在这种情况下,载荷因数(根据式(9.12))为 1.41,这导致飞机结构和机上人员的载荷增加 41%。注

意,机上的每个人将承受其体重的41%,而不是飞机质量的41%。

式(9.5)除以式(9.6),可得

$$\frac{L\sin\phi}{L\cos\phi} = \frac{F_C}{W} \tag{9.17}$$

参照式(9.8),可得

$$\tan\phi = \frac{mV^2}{RW} = \frac{V^2}{gR} = \frac{a_C}{g} \tag{9.18}$$

则

$$a_C = g\tan\phi \tag{9.19}$$

加速度 a_C 和 g 可以作为两个向量相加。因此,飞机结构和人的完整加速度为

$$a = \sqrt{g^2 + a_C^2} = \sqrt{g^2 + (g\tan\phi)^2} = g\sqrt{1 + \tan^2\phi} \tag{9.20}$$

例如,以45°滚转角进行水平转弯飞行时,总加速度为

$$a = g\sqrt{1 + \tan^2 45} = 1.41g$$

这意味着飞行员(以及机上的所有人)将不得不承受41%的额外载荷。当总加速度(式(9.20))等于0时,飞行操作可归类为失重状态。该内容将在本章后面进一步讨论。

将 $\cos\phi$ 的等效值($\cos\phi = 1/n$)从式(9.12)代入以下三角恒等式

$$\cos^2\phi + \sin^2\phi = 1 \tag{9.21}$$

可得

$$\left(\frac{1}{n}\right)^2 + \sin^2\phi = 1 \tag{9.22}$$

则

$$\sin\phi = \sqrt{1 - \frac{1}{n^2}} = \frac{1}{n}\sqrt{n^2 - 1} = \cos\phi\sqrt{n^2 - 1}$$

$$\tan\phi = \sqrt{n^2 - 1} \tag{9.23}$$

式(9.23)再次表明,水平转弯时的载荷因数仅是滚转角的函数。将式(9.23)代入式(9.18),可得转弯半径为

$$R = \frac{V^2}{g\sqrt{n^2 - 1}} \tag{9.24}$$

将式(9.23)中的 $\tan\phi$ 代入式(9.24),可得

$$R = \frac{V^2}{g\tan\phi} \tag{9.25}$$

由数学运算可知,当采用最大可能的滚转角和采用最小可能的空速时,可获得最小转弯半径,即

$$R = \frac{V_{min}^2}{g\tan\phi_{max}} \tag{9.26}$$

461

最大可能的滚转角和最小可能的空速是发动机最大推力/功率、飞机结构强度和机上人员的生理限制的函数,这将在9.2节中进一步研究。

　　这个方程表明,转弯半径只取决于飞机的空速和滚转角(载荷因数)。当空速保持不变(图9.7),滚转角越大将导致转弯半径越小。当滚转角保持不变时,随着空速的增大,转弯半径将增大(图9.8)。

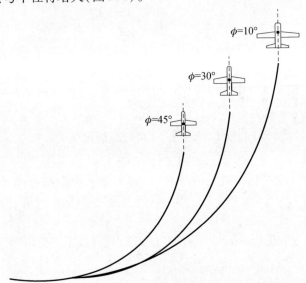

图9.7　以恒定的空速、变化的滚转角进行水平转弯飞行

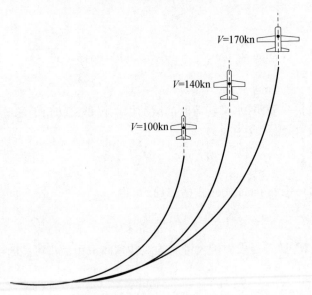

图9.8　以恒定的滚转角、变化的空速进行水平转弯飞行

为了获得尽可能小的转弯半径,飞行员必须将飞机的速度降低到尽可能低(飞机转弯时的失速速度 V_{s_t})和最大可能的载荷因数 n_{max}。更高的载荷因数要求飞机结构更坚固,机上人员也更强壮。式(9.26)表明,如果战斗机飞行员想要最小半径转弯(以最小转弯半径转弯),必须使用最高的载荷因数。之后将根据式(9.3)证明,要实现最小半径转弯,需要最大的发动机推力。

9.2.4 转弯速率

另一个转弯参数是完成转弯所用的时间,360°圆的周长为 $2\pi R$。所以,完成一次圆周转弯的时间为

$$t_{circle} = \frac{2\pi R}{V} \tag{9.27}$$

此外,一个完整圆的角度值是 2π。因此,完成一次圆周转弯需要的时间可以用航向变化量 ψ 表示,即

$$t = \frac{2\pi R}{V}\frac{\psi}{2\pi} = \frac{R\psi}{V} \tag{9.28}$$

式(9.28)意味着要缩短转弯时间,就必须增大空速并减小转弯半径。将式(9.25)代入式(9.28),可得

$$t = \frac{V\psi}{g\tan\phi} \tag{9.29}$$

式(9.29)意味着要缩短转弯时间,就必须增大转弯的滚转角。转弯性能分析中另一参数是转弯速率 ω 或角速度 $\dot{\psi}$。为推导转弯速率的表达式,下面从基本定义开始。转弯速率是给定时间内飞过的航向角 ψ 的量,即

$$\omega = \dot{\psi} = \frac{d\psi}{dt} \tag{9.30}$$

转弯速率的单位是 rad/s 或(°)/s。如图9.3所示,回想一下物理学中角速度与转弯速率以及转弯速度 V 的关系:

$$V = R\omega \tag{9.31}$$

将式(9.25)中的 R 代入式(9.31),可得

$$V = \frac{V^2}{g\sqrt{n^2-1}}\omega$$

或

$$\omega = \frac{g\sqrt{n^2-1}}{V} \tag{9.32}$$

由于 $\tan\phi = \sqrt{n^2-1}$,式(9.32)可表示为

$$\omega = \frac{g\tan\phi}{V} \qquad (9.33)$$

式(9.32)和式(9.33)表明,转弯速率只取决于空速和滚转角(载荷因数)。因此,要增大转弯速率,就必须增大滚转角、降低空速。

载荷因数的增大反映了滚转角的增大,因为载荷因数与滚转角成反比。式(9.25)和式(9.33)的图形表示分别如图9.7和图9.8所示。当空速保持不变时,滚转角越大(载荷因数越大)将导致转弯速率越大(图9.7)。当滚转角保持不变(n=常值)时,随着空速的增大,转弯速率将下降(图9.8)。当采用可能的最大滚转角和最低空速时,可以用数学方法求得最大转弯速率,即

$$\omega_{max} = \frac{g\tan\phi_{max}}{V_{min}} \qquad (9.34)$$

最大可能的滚转角和最低可能的空速是发动机最大推力/功率、飞机结构强度以及机上人员的生理限制的函数。这将在9.3节中进一步分析。

标准转弯速率[7-8]定义为3(°)/s,即2min内完成360°的圆周运动。这称为2min转弯,或每分钟180°的转弯速率,主要用于运输机。高速飞机(如战斗机或特技飞机),或某些精密进近的飞机,使用半标准速率(1.5(°)/s)。对于民用运输机,ICAO规定所有转弯都必须"以25°的滚转角或3(°)/s的速率转弯,以二者中滚转角较小的为宜[9]"。对于标准转弯速率或转弯速率(3(°)/s)和速度170kn,滚转角应该是25°,则

$$\phi = \arctan\left(\frac{V\omega}{g}\right) = \left(\frac{170 \times 0.514 \times \frac{3}{57.3}}{9.81}\right) = 0.437\text{rad} = 25° \qquad (9.35)$$

至此推导出的方程可以用于飞机转弯飞行的初步分析。注意,如果空速V的单位是m/s,重力常数g的单位是m/s^2,那么转弯速率ω的单位是rad/s。最大载荷因数的重要性和计算方法将在9.5.1节介绍。

在理想情况下,xOz平面在几何上就是飞机的对称面。因此,飞机左侧必然镜像右侧(前视图或俯视图)。虽然飞机在xOy平面上是对称的(俯视图),但在转弯时,可能会产生侧滑角β(无论是正的还是负的)。侧滑角定义为x轴与相对风之间的夹角(俯视图)。这将产生侧力,从而导致侧移/侧滑。

当飞机侧滑(进入转弯)或改平(退出转弯)时,飞行员必须偏转方向舵使转弯协调。在侧滑转弯过程中,转弯半径会减小,而在侧移转弯过程中,转弯半径会增大。

侧滑转弯时,飞机偏航转向飞行轨迹的外侧(负侧滑角)。此外,侧移转弯时,飞机偏航转向飞行轨迹的内侧(正侧滑角)。为修正这两种情况,应该偏转方向舵调整侧滑角,使侧力为0。在理想情况下,偏转方向舵应使机头回转到相对风的方向。油门、升降舵和副翼也分别用来保持速度、高度和滚转角。协调转弯过程中,

方向舵偏转角的典型值为0°～±4°,副翼偏转角的典型值为0°～±2°。然而,将飞机滚转到期望滚转角所需的方向舵/副翼偏转角要大得多(±10°～±20°)。使用"±"号是因为转弯可能是向左(负滚转角)或向右(正滚转角)。

飞行员不需要计算方向舵/副翼的偏转角来保证转弯时的协调性。每架现代飞机都有一个转弯协调器(图9.9),它用速率陀螺指示偏航率,而用曲面玻璃侧滑仪指示重力和向心加速度之间的关系。侧滑仪内有一个可以左右移动的球。如果球在中心,则表示转弯是协调的。如果球偏离中心,转弯就不协调,侧向力也不为0。

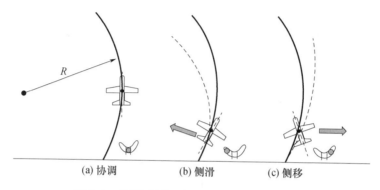

图9.9 协调、侧滑和侧移转弯(俯视图、左转)

左转弯时,球在侧滑仪的左侧,表示飞机正在侧滑。然而,球在侧滑仪的右侧,表示飞机正在侧移。右转弯时,球在侧滑仪的左侧,表示飞机正在侧移。然而,球在侧滑仪的右侧,表示飞机正在侧滑。对于力方程,当y轴上的力不平衡时,合力为正或负。如果合力为正,飞机将进入侧滑转弯;合力为负,飞机将进入侧移转弯。

$$L\sin\phi - F_C + F_y > 0(侧滑转弯,a_y > 0) \tag{9.36}$$

$$L\sin\phi - F_C + F_y < 0(侧移转弯,a_y < 0) \tag{9.37}$$

y轴正向在飞行员的右边。一般来说,当球在转弯的外侧时,飞机在侧移,而当球在转弯的内侧时,飞机在侧滑。飞行员的工作,在任何情况下都只是"踩在球上",这意味着他需要蹬球一侧的方向舵,直到球回到中心。这使得飞机机头向飞行轨迹偏转,以帮助转弯保持协调。

回想一下,"踩在球上"的目标不是使侧滑角为0。目标是使侧力等于0。侧滑角不为0时,侧力也可以为0。因此,方向舵不是用于使机头回转到相对风的方向。这是飞行员常见的错误认识。方向舵偏转能改变(纠正)机头的角度,使侧力为0。

例9.1 考虑一架超轻型飞机,质量为750kg,空速为100kn。

(1)如果最大允许载荷因数为3.8,那么该载荷因数的等效最大滚转角是多少?

(2)计算以这样的滚转角进行协调转弯的相应转弯半径。

(3)如果飞机以300m半径和30°滚转角协调转弯,计算空速和载荷因数。

解 (1)滚转角为

$$n = \frac{1}{\cos\phi} = 3.8$$

$$\phi = 75(°) \tag{9.12}$$

(2)转弯半径为

$$R = \frac{V^2}{g\sqrt{n^2-1}} = \frac{(100 \times 0.5144)^2}{9.81\sqrt{3.8^2-1}} = 72(m) \tag{9.24}$$

(3)载荷因数为

$$n = \frac{1}{\cos\phi} = \frac{1}{\cos 30°} = 1.154 \tag{9.12}$$

空速为

$$R = \frac{V^2}{g\sqrt{n^2-1}} \Rightarrow V = \sqrt{Rg\sqrt{n^2-1}} = \sqrt{300 \times 9.8\sqrt{1.154^2-1}} = 41.2(m/s) \tag{9.24}$$

例9.2 计算质量为4500kg、机翼面积为19.5m^2、最大升力系数为2.5的多用途飞机的失速速度。在海平面进行以下两种飞行条件的分析。

(1)巡航飞行。

(2)以30°滚转角转弯飞行。

解 海平面的空气密度为1.225kg/m^3。

(1)巡航飞行:

$$V_s = \sqrt{\frac{2mg}{\rho S C_{L_{\max}}}} = \sqrt{\frac{2 \times 4500 \times 9.81}{1.225 \times 19.5 \times 2.5}} = 74.7(kn) \tag{2.49}$$

(2)以30°滚转角转弯飞行:

$$V_{s_t} = \sqrt{\frac{2mg}{\rho S C_{L_{\max}}\cos\phi}} = \sqrt{\frac{2 \times 4500 \times 9.81}{1.225 \times 19.5 \times 2.5 \times \cos 30°}} = 41.32(m/s) = 80(kn) \tag{9.15}$$

例9.2表明,转弯飞行的失速速度高于巡航飞行。这是任意类型飞机在任意高度的一般结论。

例9.3 例9.2中介绍的飞机正以250kn的速度在海平面巡航。假设升力曲线斜率$C_{L\alpha}$为0.1/(°)且$\alpha_0 = 0$。

(1)计算此飞行条件下的飞机迎角。

(2)如果飞行员决定以45°的滚转角转弯,同时保持相同的空速,飞机的迎角是多少?

解 海平面的空气密度为1.225kg/m^3。

（1）计算飞机迎角：

$$C_L = \frac{2W}{\rho V^2 S} = \frac{2 \times 4500 \times 9.81}{1.225 \times (250 \times 0.5144)^2 \times 19.5} = 0.22 \tag{5.10}$$

$$C_{L\alpha} = \frac{C_L}{\alpha}$$

$$\alpha = \frac{C_L}{C_{L\alpha}} = \frac{0.22}{0.1} = 2.2(°) \tag{2.10}$$

（2）计算新的飞机迎角：

$$C_L = \frac{2W}{\rho V^2 S \cos\phi} = \frac{2 \times 4500 \times 9.81}{1.225 \times (250 \times 0.5144)^2 \times 19.5 \times \cos 45°} = 0.31 \tag{9.14}$$

$$C_{L\alpha} = \frac{C_L}{\alpha}$$

$$\alpha = \frac{C_L}{C_{L\alpha}} = \frac{0.31}{0.1} = 3.1(°) \tag{2.10}$$

这个例子的结果是一个一般性的结论。也就是说，与巡航飞行相比，飞机在水平转弯时需要更大的迎角。

9.3 喷气飞机的水平转弯性能

本节和9.4节专门分析喷气飞机和螺旋桨飞机的转弯性能,涵盖了飞机以执行水平转弯所需的转弯半径和转弯速率的要求。飞机发动机的类型将在多个方面影响飞机的转弯性能。飞机发动机分为若干类,其中两类是喷气发动机(如涡扇发动机和涡喷发动机)和螺旋桨发动机(如涡桨发动机和活塞发动机)。本节介绍喷气飞机的转弯性能,而9.4节介绍螺旋桨飞机的转弯性能。完成水平转弯的两个主要未知参数是发动机推力和发动机功率。

根据式(9.11),载荷因数定义为总升力与飞机重力之比。本质上,有两种类型的最大载荷因数:最大可能载荷因数(由发动机推力/功率产生)和最大允许载荷因数(飞机结构可承受)。对于读者来说,辨别两者的区别是至关重要的。对于飞机来说,这两种载荷因数几乎总是不相等的。在任意给定的速度下,持续水平转弯的最大可能载荷因数受到发动机最大推力/功率的限制。相反,在任意给定速度下,持续水平转弯的最大允许载荷因数受到最大结构强度的限制。对于战斗机而言,发动机推力所能产生的最大载荷因数往往大于飞机结构所能承受的最大载荷因数。然而,对于通航飞机来说,发动机所能产生的最大载荷因数往往小于飞机结构的最大可承受载荷因数。因此,战斗机飞行员应注意避免处于转弯飞行状态的飞机出现最大可产生的载荷因数。当用表达式描述载荷因数和发动机推力之间的关系时,这就是可产生的载荷因数。$V-n$ 关系图中的载荷因数(见9.7节)是可承受的(允许的)载荷因数。

9.5节和9.6节表明,最大转弯速率和最小转弯半径需要最大载荷因数。本节专门讨论装备喷气发动机(如涡扇发动机和涡喷发动机)的飞机的转弯性能分析。首先重写9.2节和第5章获得的方程;然后推导新的表达式来描述水平转弯。本节将描述四个重要的参数,并给出确定这些参数的方法:最大可产生的载荷因数、角点速度、最大载荷因数的最大值以及最大载荷因数最大值对应的空速。书中还介绍了一些设计和操作注意事项。

9.3.1 最大可产生的载荷因数

回到水平协调转弯的基本原理,注意到随着滚转角的增大,升力 L 的幅值也应该增大。对于给定的速度和给定的滚转角(滚转角与载荷 n 一一对应),则升力系数必须相应增大:

$$C_L = \frac{2nW}{\rho V^2 S} \tag{9.14}$$

随着 L 的增大,升致阻力将增大为

$$D = \frac{1}{2}\rho V^2 S C_D = \frac{1}{2}\rho V^2 S (C_{D_0} + K C_L^2) \tag{9.38}$$

为了保持持续水平转弯,发动机的推力也应该增大(与巡航飞行时的相应值相比)。如果忽略飞机迎角对推力分量的影响,则推力等于阻力,即 $T = D$,则

$$T = D = \frac{1}{2}\rho V^2 S \left[C_{D_0} + K \left(\frac{2nW}{\rho V^2 S} \right)^2 \right] \tag{9.39}$$

求解式(9.39)(细节留给读者),可得载荷因数为

$$n = \sqrt{\frac{\rho V^2 S}{2KW^2} \left(T - \frac{1}{2}\rho V^2 S C_{D_0} \right)} \tag{9.40}$$

式(9.40)表明,载荷因数是关于速度、发动机推力、高度、飞机重力和气动特性(K 和 C_{D_0})的函数。推力最大、质量最小和飞行高度最低可获得 n 的最大值:

$$n_{max} = \sqrt{\frac{\rho_0 V^2 S}{2KW_{min}^2} \left(T_{max} - \frac{1}{2}\rho_0 V^2 S C_{D_0} \right)} \tag{9.41}$$

假设对所有速度(从失速速度到最大速度)都有足够大的发动机推力,则最大载荷因数是速度的非线性函数。对于质量为16000kg、最大推力为60kN、机翼面积为50m^2的公务机,可产生的最大载荷因数随空速变化的典型曲线如图9.10所示。这种曲线通常有一个拐点(A 点),表示最大载荷因数的最大值。该点对应于以最大滚转角进行持续水平转弯时的速度。图中另一个有趣的位置是 D 点,表示最大速度。在这种飞行条件下,飞机载荷因数为1,且飞机无法转弯。图中第四个重要

的位置是 B 点,对应失速速度且载荷因数为1。

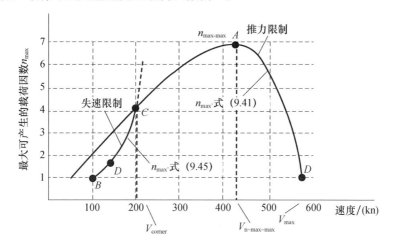

图9.10 水平转弯中最大载荷因数随空速的变化

由式(9.13)可以得出结论,在任意速度下,有

$$\phi_{\max} = \arccos\left(\frac{1}{n_{\max}}\right) \tag{9.42}$$

这是在任意给定速度下可达到的最大滚转角。飞机的滚转角不能超过式(9.42)确定的滚转角。这个最大的可达到的滚转角为最快转弯和最小半径转弯(飞机的机动性)设置了一个固定的限制。如果飞行员在进入转弯时不增大发动机推力,通过滚转飞机,飞机速度就会降低,而失速速度 V_{s_t} 会增大。

9.3.2 角点速度

由式(9.15)可知,随着载荷因数(或滚转角)的增大,水平转弯时失速速度也随之增大。因此,n 值不能使空速低于转弯失速速度。任何使飞机出现失速速度的 n 值都是不允许的。因此,最大升力系数与飞机设计相关的 n 值设置了一个明确的限制。为了使飞机能够达到这样的最大载荷因数,它必须能够产生足够的升力。角点速度 V^* 定义为某一速度,当小于该速度时,$n_{\max}$ 受最大升力系数的约束,而不是发动机最大推力。最大载荷因数为最大可产生的 n 或最大可承受的 n。这两个 n 的最小值定义了角点速度。

将式(9.41)代入式(9.14),可得

$$C_{L_{n-\max}} = \frac{2n_{\max}W}{\rho V^2 S} \tag{9.43}$$

由式(9.43)可以看出,需要提供多大的升力系数才能实现这样的转弯。

每架飞机的升力系数都有一个最大极限,也就是 $C_{L_{\max}}$。当使用最大推力

469

$C_{L_{n-\max}}$ 时,水平转弯所需的升力系数应等于或小于飞机的最大升力系数:

$$C_{L_{n-\max}} \leqslant C_{L_{\max}} \qquad (9.44)$$

否则,在这样一个给定的速度(通常是低速)下期望以最大推力进行转弯是不可行的。在这种情况下,由于失速限制,可能的最大载荷因数会减小,则

$$n_{\max} = \frac{\rho V^2 S C_{L_{\max}}}{2W} (V < V^*) \qquad (9.45)$$

飞机最大升力系数的典型值为 $1.5 \sim 2.5$。最大升力系数可以是使用或不使用高升力装置(如襟翼)。从理论上讲,可以使用带有增升装置的 $C_{L_{\max}}$。但是,从操作角度来看,不要在水平转弯时使用增升装置。

图 9.10 还展示了公务机可产生的最大载荷因数随空速和最大升力系数的变化曲线。令式(9.41)和式(9.45)的等号右侧相等,则可以确定某一空速,当空速小于该速度时,载荷因数受失速 $C_{L_{\max}}$ 的限制,而不受发动机最大推力的限制(图 9.10中的 C 点):

$$\frac{\rho V^2 S C_{L_{\max}}}{2W} = \sqrt{\frac{\rho V^2 S}{2KW^2}\left(T_{\max} - \frac{1}{2}\rho V^2 S C_{D_0}\right)} \qquad (9.46)$$

为了使式(9.46)适用于普遍的飞行条件,式(9.46)中使用任意高度 ρ 和给定的重力 W。推导过程如下:

首先,对式(9.46)两边平方:

$$\left(\frac{\rho V^2 S C_{L_{\max}}}{2W}\right)^2 = \frac{\rho V^2 S}{2KW^2}\left(T_{\max} - \frac{1}{2}\rho V^2 S C_{D_0}\right)$$

然后,对上式两侧消去同类项,可得

$$\rho V^2 S C_{L_{\max}}^2 = \frac{2}{K}\left(T_{\max} - \frac{1}{2}\rho V^2 S C_{D_0}\right)$$

或

$$K\rho V^2 S C_{L_{\max}}^2 = 2T_{\max} - \rho V^2 S C_{D_0} \Rightarrow \rho V^2 S(K C_{L_{\max}}^2 + C_{D_0}) = 2T_{\max}$$

因此,可得速度为

$$V^* = \sqrt{\frac{2T_{\max}}{\rho S(K C_{L_{\max}}^2 + C_{D_0})}} \qquad (9.47)$$

这个空速用 V^* 表示,称为角点速度。角点速度是使用最大发动机推力时的最低速度。角点速度(图 9.10 中的 C 点)对飞机的机动性起着非常重要的作用。注意,在这个空速以下,不使用最大推力。

利用式(9.45),可以确定角点速度对应的最大载荷因数为

$$n_{\max C} = \frac{\rho (V^*)^2 S C_{L_{\max}}}{2W} \qquad (9.48)$$

注意,推导式(9.47)时,假设角点速度对应的最大载荷因数 $n_{\max C}$ 是允许的。

如果飞机结构无法承受这样大的载荷因数(最大允许载荷因数小于最大可产生的载荷因数),则角点速度定义为

$$V^* = \sqrt{\frac{2 n_{\max} W}{\rho S C_{L_{\max}}}} \qquad (9.49)$$

在这种情况下,$n_{\max}$ 为一个给定参数,并不需要计算。

根据式(9.32),当飞机以角点速度转弯时的最大可能转弯速率为

$$\omega_{\max_C} = \frac{g \sqrt{n_{\max_C}^2 - 1}}{V^*} \qquad (9.50)$$

根据式(9.24),飞机以角点速度转弯时的最小可能转弯半径为

$$R_{\min_C} = \frac{V^{*2}}{g \sqrt{n_{\max_C}^2 - 1}} \qquad (9.51)$$

飞机的最大可能转弯速率和最小可能转弯半径是飞机机动性的关键参数。

如图9.10所示,在 C 点和 B 点之间有一个 D 点,这在某些转弯飞行情况下在该点,飞机利用最大升力系数,同时利用最大推力的一部分。飞机正以低于角点速度的速度飞行。该点处的转弯速率通常小于最大转弯速率,且转弯半径通常大于最小转弯半径。

9.3.3　最大载荷因数的最大值

为计算最大载荷因数的最大值 $n_{\max_{\max}}$ 及其对应的速度,需要在式(9.41)中关于 V 对 $n_{\max}$ 求导数,然后令其导数等于0,即

$$\frac{\mathrm{d} n_{\max}}{\mathrm{d} V} = \frac{\mathrm{d}}{\mathrm{d} V} \sqrt{\frac{\rho_0 V^2 S}{2 K W_{\min}^2} \left(T_{\max} - \frac{1}{2} \rho_0 V^2 S C_{D_0} \right)} = 0 \qquad (9.52)$$

求解式(9.52)可得到最大载荷因数的最大值对应的速度。然后,将该速度代入式(9.41),得到最大载荷因数的最大值。这种数学运算是很冗长的。另有一个更简单的方法来达到这个目标,这种方法基于载荷因数的基本定义。由于水平转弯中,飞机的阻力等于发动机的推力,可以把式(9.11)变换如下:

$$n = \frac{L}{W} \cdot \frac{T}{T} = \frac{L}{W} \cdot \frac{T}{D} = \frac{T}{W} \cdot \frac{L}{D} \qquad (9.53)$$

式(9.53)包括两个重要的比值,即推重比 T/W 和升阻比 L/D。因此,载荷因数等于推重比和升阻比的乘积。这两个比值的任何变化都会导致载荷因数的变化。如果发动机推力保持在最大值不变,当飞机有最大升阻比 $(L/D)_{\max}$ 时,可产生的载荷因数将达到其绝对最大值 $n_{\max_{\max}}$:

$$n_{\max_{\max}} = \frac{T_{\max}}{W} \left(\frac{L}{D} \right)_{\max} \qquad (9.54)$$

式(9.45)表明,可能的载荷因数的绝对最大值只对应于一个速度(最大 L/D 速度)。反过来,$n_{\max}$ 只对应一个(绝对最大)滚转角($\phi_{\max}$)。第 5 章获得的飞机最大升阻比的表达式为

$$\left(\frac{L}{D}\right)_{\max} = \frac{1}{2\sqrt{KC_{D_0}}}$$

将上式代入式(9.54),可产生的载荷因数的绝对最大值为

$$n_{\max_{\max}} = \frac{T_{\max}}{2W\sqrt{KC_{D_0}}} \tag{9.55}$$

根据式(9.55),最大可产生的载荷因数有两个约束:发动机最大推力和最大升阻比。这两者决定了最大可产生载荷因数。因此,最高可达的转弯性能是这两个约束条件共同作用的结果。为了提高转弯性能,设计者必须选择更强大的发动机,并提高最大升阻比。

再次强调,最大可承受载荷因数通常与最大允许载荷因数不同。推进和气动是飞行力学的两翼,它们决定了最大可产生的载荷因数,即最佳转弯性能。飞机结构是执行飞行任务的平台。这种平台必须重量轻、强度高。飞机结构和机上人员规定了最大允许载荷因数。给定飞机的结构设计极限是对最大允许载荷因数的一种实际材料约束。对于大多数机型,最大可产生的载荷因数小于最大允许载荷因数。但是,对于许多发动机过于强大的战斗机,如通用动力公司(现洛克希德·马丁公司)的 F-16"战隼"战斗机(图 7.22),可产生的最大载荷因数超过了最大允许载荷因数。对于这些飞机,飞行员必须小心驾驶不要超过飞机结构的承受能力。

将式(9.55)代入式(9.42),可得水平转弯中产生的绝对最大滚转角为

$$\phi_{\max_{\max}} = \arccos\left(\frac{2W\sqrt{KC_{D_0}}}{T_{\max}}\right) \tag{9.56}$$

因此,当推重比 T/W 和升阻比 L/D 达到最大值时,滚转角和载荷因数将达到最大值。第 5 章表明,在绝对升限处,推重比 T/W 等于最大升阻比$(L/D)_{\max}$的倒数。因此,式(9.55)表明绝对升限处的载荷因数等于 1。换句话说,绝对升限处的最大滚转角是 0°。这是显而易见的,因为在绝对升限处没有飞机能够转弯,除非它损失高度。

由式(9.54)可得出战斗机飞行员的另一个安全结论。战斗机飞行员不得增大发动机推力,使载荷因数超过其允许值,否则,飞机结构就会断裂,而飞机就会受损。因此,可以得出最大可用推力和最大允许推力的表达式如下:

$$\left(\frac{T_{\max}}{W}\right)_{\text{avl}} = \frac{n_{\max P}}{(L/D)_{\max}} (可用) \tag{9.57}$$

$$\left(\frac{T_{\max}}{W}\right)_{\text{allow}} < \frac{n_{\max A}}{(L/D)_{\max}} (允许) \tag{9.58}$$

式中:$n_{\max p}(n_{\max_{\max}})$为最大可产生的载荷因数;$n_{\max_A}$为最大允许载荷因数。

因此,最大允许载荷因数总是小于或等于最大可产生的载荷因数:

$$1 < n_{\max_A} \leqslant n_{\max p} \tag{9.59}$$

例如,考虑一架飞机,其最大可产生的载荷因数是12,但最大允许载荷因数是9。如果最大升阻比为10,则飞行员不得增大发动机推力,使其超过飞机推重比的90%,即

$$\frac{T_{\max}}{W} < \frac{9}{10}$$

$$\frac{T_{\max}}{W} < 90\%$$

上式意味着,在某些特定飞行条件下,飞行员不允许在水平转弯时使用最大的发动机推力。在战斗机设计和战斗机飞行员训练中必须注意这一点。此外,由于发动机推力随高度增加而减小,式(9.22)表明,载荷因数也随之减小,从而使转弯性能随高度增加而下降。

9.3.4 最大载荷因数最大值对应的空速

水平转弯性能分析中另一个值得关注的参数是最大可产生的载荷因数最大值对应的空速(当使用最大推力)。为此,首先要将转弯飞行中的空速表示为与发动机推力和滚转角有关的函数。参照式(3.1)和动压定义($q = \rho V^2/2$),阻力和升力分别为

$$D = qSC_D \tag{9.60}$$

$$L = qSC_L \tag{9.61}$$

式中:水平转弯中的升力和阻力系数(式(3.11)和式(9.14))可表示为

$$\begin{cases} C_D = C_{D_0} + KC_L^2 \\ C_L = \dfrac{nW}{qS} \end{cases} \tag{3.12}$$

将式(9.62)代入式(9.60),式(9.60)可简化为

$$D = qSC_{D_0} + \frac{Kn^2W^2}{qS} \tag{9.63}$$

在协调水平转弯时,发动机推力和飞机阻力的水平分量相等:

$$T\cos\alpha = D \tag{9.3}$$

迎角通常很小,所以上式可以简化为

$$T = D \tag{9.64}$$

将式(9.64)代入式(9.63),可得

$$q^2S^2C_{D_0} - TSq + Kn^2W^2 = 0 \tag{9.65}$$

假设式(9.65)中的未知数是载荷因数 n,那么式(9.65)的解为

$$n = \frac{S}{W}\sqrt{\frac{Tq}{KS} - \frac{q^2 C_{D_0}}{K}} = \frac{qS}{W}\sqrt{\frac{1}{K}\left(\frac{T}{qS} - C_{D_0}\right)} \quad (9.66)$$

当发动机推力和空速已知时,采用这个方程,且将要确定是可能的载荷因数。式(9.65)是关于 q(动压)的二次方程,根据二次方程式(9.65)可得其解为

$$q = \frac{T}{2SC_{D_0}}\left(1 \pm \sqrt{1 - \frac{4C_{D_0}Kn^2 W^2}{T^2}}\right) \quad (9.67)$$

根据动压的定义可得

$$q = \frac{\rho V^2}{2} = \frac{T}{2SC_{D_0}}\left(1 \pm \sqrt{1 - \frac{4C_{D_0}Kn^2 W^2}{T^2}}\right) \quad (9.68)$$

因此,转弯飞行中空速确定为

$$V = \sqrt{\frac{T}{\rho SC_{D_0}}\left(1 \pm \sqrt{1 - \frac{4C_{D_0}Kn^2 W^2}{T^2}}\right)} \quad (9.69)$$

特定的滚转角和特定的发动机推力将产生特定高度上的一个特定空速。式(9.69)有两个解,且通常两个解都是可接受的。虽然有两个解满足二次方程式(9.65),但不允许使用发动机推力和滚转角的任何组合,因为它们是相关的。对于给定的滚转角和高度,存在一个最小的发动机推力。

将式(2.21)和式(5.28)代入式(9.69),可得

$$V = \sqrt{\frac{T}{\rho SC_{D_0}}\left[1 \pm \sqrt{1 - \left(\frac{nW}{T(L/D)_{max}}\right)^2}\right]} \quad (9.70)$$

使用发动机最大推力 T_{max} 将产生最大载荷因数 n_{max},则

$$V = \sqrt{\frac{T_{max}}{\rho SC_{D_0}}\left(1 \pm \sqrt{1 - \frac{4C_{D_0}Kn_{max}^2 W^2}{T_{max}^2}}\right)} \quad (9.71)$$

式(9.71)通常有 V_1 和 V_2 两个解,这将产生 C_{L1} 和 C_{l2} 两个升力系数。然而,在一种飞行状态下,最大载荷因数将达到其绝对最大值 $n_{max_{max}}$。这里关注的是最大载荷因数最大值对应的空速:

$$V_{n_{max}} = \sqrt{\frac{T_{max}}{\rho SC_{D_0}}\left(1 \pm \sqrt{1 - \frac{4C_{D_0}Kn_{max_{max}}^2 W^2}{T_{max}^2}}\right)} \quad (9.72)$$

最大载荷因数的最大值已在式(9.55)中得到,将其代入式(9.72)可得

$$V_{n_{max}} = \sqrt{\frac{T_{max}}{\rho SC_{D_0}}\left(1 \pm \sqrt{1 - \frac{4C_{D_0}K\left(\frac{T_{max}}{2W\sqrt{KC_{D_0}}}\right)^2 W^2}{T_{max}^2}}\right)} \quad (9.73)$$

式(9.73)可进一步简化为

474

$$V_{n_{max}} = \sqrt{\frac{T_{max}}{\rho S C_{D_0}}(1 \pm \sqrt{1-1})} \qquad (9.74)$$

或

$$V_{n_{max}} = \sqrt{\frac{T_{max}}{\rho S C_{D_0}}} \qquad (9.75)$$

式(9.75)与最大载荷因数的最大值相对应的空速只与四个参数相关:高度、机翼面积、零升阻力系数和发动机最大推力。这个速度如图9.10(点 A)所示,小于最大速度,大于角点速度。

使用本节推导的公式,性能工程师必须能够绘制出特定飞机的推力、空速、转弯速率、转弯半径、滚转角和高度之间的曲线关系图。这些图通过减少飞行员的载荷来帮助和减轻他们的压力,从而使转弯飞行更安全。

例9.4 单发通用动力公司(现洛克希德·马丁公司)的 F－16"战隼"战斗机(图7.22)具有以下特性[10]:

$$m = 12000 \text{kg}, S = 27.87 \text{m}^2, b = 9.96 \text{m}, T_{max} = 127 \text{kN}$$

假设: $e = 0.85, C_{D_0} = 0.017$(低亚声速), $C_{D_0} = 0.032$(跨声速), $C_{D_0} = 0.04$(超声速), $C_{L_{max}} = 2$。质量的给定值是飞机的负载质量,发动机推力的给定值是加力推力。

对于海平面,试计算:

(1)最大可产生的载荷因数对应的速度。

(2)最大可产生的载荷因数。

(3)最大可产生的滚转角。

(4)角点速度。

(5)如果飞机以角点速度转弯,则转弯速率是多少?

(6)如果飞机以角点速度转弯,则转弯半径是多少?

解 首先需要计算下面新的参数:

$$\text{AR} = \frac{b^2}{S} = \frac{9.96^2}{28.87} = 3.43 \qquad (3.9)$$

$$K = \frac{1}{\pi e \text{AR}} = \frac{1}{3.14 \times 0.85 \times 3.43} = 0.109 \qquad (3.8)$$

(1)计算最大可产生的载荷因数对应的速度。首先假设飞机速度处于低亚声速范围。 $C_{D_0} = 0.017$,则

$$V_{n_{max}} = \sqrt{\frac{T_{max}}{\rho S C_{D_0}}} = \sqrt{\frac{127000}{1.225 \times 28.87 \times 0.017}} = 459.6 (\text{m/s}) \qquad (9.75)$$

然而这是一个处于跨声速范围的速度,因此,结果是无效的,需要使用另一个可压缩的 C_{D_0}。下面假设速度处于跨声速范围。 $C_{D_0} = 0.032$,则

$$V_{n_{\max}} = \sqrt{\frac{T_{\max}}{\rho S C_{D_0}}} = \sqrt{\frac{127000}{1.225 \times 28.87 \times 0.032}} = 335 \mathrm{m/s} \qquad (9.75)$$

这是一个跨声速的速度,是可以接受的。

(2)计算最大可产生的载荷因数。由于最大可产生的载荷因数对应的速度处于跨声速范围,这里使用的 $C_{D_0} = 0.032$,则

$$n_{\max\max} = \frac{T_{\max}}{2W\sqrt{KC_{D_0}}} = \frac{127000}{2 \times 12000 \times 9.81\sqrt{0.109 \times 0.032}} = 9.14 \qquad (9.55)$$

(3)最大可产生的滚转角为

$$\phi_{\max} = \arccos\left(\frac{1}{n_{\max}}\right) = \arccos\left(\frac{1}{9.14}\right) = 83.7° \qquad (9.42)$$

(4)计算角点速度。再一次假设角点速度处于低亚声速范围,所以使用 $C_{D_0} = 0.017$,则

$$V^* = \sqrt{\frac{2T_{\max}}{\rho S(KC_{L_{\max}}^2 + C_{D_0})}} = \sqrt{\frac{2 \times 127000}{1.225 \times 28.87(0.109 \times 2^2 + 0.017)}}$$
$$= 125.9 \mathrm{m/s} = 244.8 \mathrm{kn} \qquad (9.47)$$

这里的假设证明是对的。

(5)转弯速率,如果飞机以角点速度转弯。当飞机以角点速度转弯,载荷因数为

$$n_{\max C} = \frac{\rho V^{*2} S C_{L_{\max}}}{2W} = \frac{1.225 \times 125.9^2 \times 28.87 \times 2}{2 \times 12000 \times 9.81} = 4.76 \qquad (9.48)$$

$$\omega_{\max C} = \frac{g\sqrt{n_{\max C}^2 - 1}}{V^*} = \frac{9.81\sqrt{4.76^2 - 1}}{125.92}$$
$$= 0.363 \mathrm{rad/s} = 20.8(°)/\mathrm{s} \qquad (9.50)$$

(6)转弯半径,如果飞机以角点速度转弯,则

$$R_{\min C} = \frac{(V^*)^2}{g\sqrt{n_{\max C}^2 - 1}} = \frac{125.92^2}{9.81\sqrt{4.76^2 - 1}} = 347 \mathrm{m} \qquad (9.51)$$

例 9.5 民用亚声速喷气(涡喷发动机)运输机具有以下特点:

$m = 120000 \mathrm{kg}, S = 245 \mathrm{m}^2, T_{\max_{SL}} = 300 \mathrm{kN}, K = 0.06, C_{D_0} = 0.02$(低亚声速)

无襟翼偏转时飞机的最大升力系数为 1.8。飞行员决定在 30°滚转角的情况下,仅使用 110kN 的发动机推力进行水平转弯。

(1)计算这次转弯飞行的空速。

(2)什么空速能产生更高的转弯速度?

(3)什么空速能产生较小的转弯半径?

分别计算两个高度:海平面处和 30000ft 处。

解 首先需要计算以下新的参数:

$$\left(\frac{L}{D}\right)_{\max} = \frac{1}{2\sqrt{KC_{D_0}}} = \frac{1}{2\sqrt{0.06 \times 0.02}} = 14.4 \tag{5.28}$$

$$n = \frac{1}{\cos\phi} = \frac{1}{\cos 30°} = 1.155 \tag{9.12}$$

1)海平面高度处($\rho = 1.225 \text{ kg/m}^3$)

(1)计算空速。二次方程式(9.65)有以下速度解：

$$V = \sqrt{\frac{T}{\rho S C_{D_0}}\left(1 \pm \sqrt{1 - \left(\frac{nW}{T(L/D)_{\max}}\right)^2}\right)}$$

$$= \sqrt{\frac{110 \times 1000}{1.225 \times 245 \times 0.02}\left(1 \pm \sqrt{1 - \left(\frac{1.155 \times 120000 \times 9.8}{110 \times 1000 \times 14.4}\right)^2}\right)} \tag{9.70}$$

结果为 $V_1 = 166.7 \text{m/s}$ 和 $V_2 = 94 \text{m/s}$。

需要检查并确保这些空速大于这次转弯飞行的失速速度：

$$V_{s_t} = \sqrt{\frac{2mg}{\rho S C_{L_{\max}} \cos\phi}} = \sqrt{\frac{2 \times 120000 \times 9.81}{1.225 \times 245 \times 1.8 \times \cos 30°}} = 70.83 \text{m/s} = 182.8 \text{kn} \tag{9.15}$$

(2)计算速度 V_1 和 V_2 都大于失速速度，所以两个值都可接受。

计算转弯速率：

$$\omega = \frac{g\sqrt{n^2-1}}{V} \tag{9.32}$$

$$\omega_1 = \frac{g\sqrt{n^2-1}}{V_1} = \frac{9.81\sqrt{1.155^2-1}}{166.7}$$
$$= 0.034(\text{rad/s}) = 1.945(°)/\text{s} \tag{9.32}$$

$$\omega_2 = \frac{g\sqrt{n^2-1}}{V_2} = \frac{9.81\sqrt{1.155^2-1}}{94} = 0.06\text{rad/s} = 3.45(°)/\text{s} \tag{9.32}$$

因此，以越低的速度转弯，获得的转弯速率越大。

(3)计算转弯半径：

$$V = R\omega$$

$$R = \frac{V}{\omega} \tag{9.31}$$

$$R_1 = \frac{V_1}{\omega_1} = \frac{166.7}{0.034} = 4910.7\text{m} = 4.9\text{km} \tag{9.31}$$

$$R_2 = \frac{V_2}{\omega_2} = \frac{94}{0.06} = 1562.6\text{m} = 1.5\text{km} \tag{9.31}$$

可以看出，以越小的空速转弯，转弯半径越小。通过比较结果可以得出结论，在海平面，建议以较小的速度(94m/s 或 182.8kn)转弯，因为这样效率更高。

2)30000ft 高度处($\rho = 0.458\,\mathrm{kg/m^3}$)

30000ft 高度处的最大发动机推力为

$$T = T_0 \left(\frac{\rho}{\rho_0}\right)^{0.9} = 300 \times \left(\frac{0.458}{1.225}\right)^{0.9} = 123.7\mathrm{kN} \tag{4.21}$$

则飞机发动机产生足够的推力(大于 110kN)。

(1)计算空速。30000ft 高度处的两个新的空速。二次方程式(9.65)有以下速度解:

$$V = \sqrt{\frac{110 \times 1000}{0.458 \times 245 \times 0.02}\left(1 \pm \sqrt{1 - 1.155 \times \left(\frac{120000 \times 9.8}{110 \times 1000 \times 14.4}\right)^2}\right)} \tag{9.70}$$

结果为 $V_1 = 272.7\mathrm{m/s}$ 和 $V_2 = 153.8\mathrm{m/s}$。

需要检查并确保这些空速大于在 30000ft 高度转弯飞行的失速速度:

$$V_{s_t} = \sqrt{\frac{2mg}{\rho S C_{L_{\max}}\cos\phi}} = \sqrt{\frac{2 \times 120000 \times 9.81}{0.458 \times 245 \times 1.8 \times \cos 30}} = 116\mathrm{m/s} = 225.5\mathrm{kn} = 116.0\mathrm{m/s} \tag{9.15}$$

速度 V_1 和 V_2 都大于失速速度,所以两个值都可接受。

(2)计算转弯速率:

$$\begin{cases} \omega_1 = \dfrac{g\sqrt{n^2-1}}{V_1} = \dfrac{9.81\sqrt{1.155^2-1}}{272.7} = 0.021\mathrm{rad/s} = 1.19(°)/\mathrm{s} \\[2mm] \omega_2 = \dfrac{g\sqrt{n^2-1}}{V_2} = \dfrac{9.81\sqrt{1.155^2-1}}{153.8} = 0.037\mathrm{rad/s} = 2.11(°)/\mathrm{s} \end{cases} \tag{9.32}$$

因此,以越低的速度转弯,获得的转弯速率越大。

(3)计算转弯半径:

$$\begin{cases} R_1 = \dfrac{V_1}{\omega_1} = \dfrac{272.7}{0.021} = 13134\mathrm{m} = 13.1\mathrm{km} \\[2mm] R_2 = \dfrac{V_2}{\omega_2} = \dfrac{153.8}{0.037} = 4179\mathrm{m} = 4.2\mathrm{km} \end{cases} \tag{9.31}$$

由上面的公式可以看出,在 30000ft 高度,以越小的空速转弯,转弯半径越小。注意,在海平面,推力大约为最大可用发动机推力的 1/3,而在 30000ft 高度,推力大约为最大可用发动机推力的 90%。

通过比较海平面和 330000ft 高度的结果,可以得出适用于每架飞机的普遍结论。在高空,转弯性能会下降。也就是说,转弯速率降低,转弯半径增大。因此,飞机在高海拔地区的机动能力较低。值得一提的是,在 30000ft 高度时,第一个空速处于高亚声速区($Ma = 0.8$)。然而,在这样的速度下,C_{D_0} 要高得多。这个例子忽略了这一点。实际计算需要使用更高的 C_{D_0} 值来表示高亚声速。

例9.6 考虑具有以下特性[10]的麦道 F/A – 18"大黄蜂"双涡扇发动机超声

速战斗机(图8.12(a)):

$$m = 16770\text{kg}, S = 38\text{m}^2, b = 12.3\text{m}, T_{max} = 2 \times 79.2\text{kN}$$

假设最大允许荷载因数为 10 且 $\alpha_0 = 0, C_{L_\alpha} = 5\text{rad}^{-1}, e = 0.83, C_{D_0} = 0.022$(亚声速)，$C_{D_0} = 0.032$(跨声速)，$C_{D_0} = 0.042$(超声速)。质量是飞机的负载质量，发动机的推力是加力推力。

不使用襟翼的飞机最大升力系数为 1.4。这架战斗机能以 75° 滚转角和 1000m 转弯半径在 10000ft 高度转弯吗？如果能，确定完成 180° 转弯(半圈)所需要的时间。

解 为了探究飞机这次转弯的性能，需要分析以下四个项目。

(1)所要求的载荷因数是否小于最大允许载荷因数？

(2)所要求的载荷因数是否小于最大可产生的载荷因数？

(3)转弯空速是否大于失速速度？

(4)飞机在这次转弯时能产生足够的推力？

首先需要计算以下参数：

$$\text{AR} = \frac{b^2}{S} = \frac{12.3^2}{38} = 3.98 \qquad (3.9)$$

$$K = \frac{1}{\pi e \text{AR}} = \frac{1}{3.14 \times 0.83 \times 3.98} = 0.096 \qquad (3.8)$$

在 10000ft 高度处，空气相对密度为 0.738，空气密度为 0.904kg/m³。发动机在 10000ft 高度处的最大推力为

$$T = T_0 \left(\frac{\rho}{\rho_0}\right)^{0.9} = 2 \times 79.2 \times 0.738^{0.9} = 116.9\text{kN} \qquad (4.24)$$

(1)期望的载荷因数为

$$n = \frac{1}{\cos\phi} = \frac{1}{\cos 75°} = 3.86 \qquad (9.12)$$

期望的载荷因数小于最大允许载荷因数($n = 10$)。

(2)最大可产生的载荷因数为

$$n_{max_{max}} = \frac{T_{max}}{2W\sqrt{KC_{D_0}}} = \frac{116.9}{2 \times 16770 \times 9.81\sqrt{0.096 \times 0.022}} = 7.72 \qquad (9.55)$$

期望的载荷因数小于最大可产生的载荷因数。

(3)转弯空速为

$$R = \frac{V^2}{g\sqrt{n^2 - 1}}$$

$$V = \sqrt{Rg\sqrt{n^2 - 1}} = \sqrt{1000 \times 9.81\sqrt{3.86^2 - 1}} = 191.3\text{m/s} \qquad (9.24)$$

这是亚声速，所以用 $C_{D_0} = 0.022$ 来计算阻力。

180° 转弯的失速速度为

479

$$V_{s_t} = \sqrt{\frac{2mg}{\rho SC_{L_{max}}\cos\phi}} = \sqrt{\frac{2 \times 16770 \times 9.81}{0.738 \times 1.225 \times 38 \times 1.4 \times \cos(75°)}} = 162.5 \text{m/s}$$

$$(9.15)$$

转弯空速(191.3m/s)大于这次转弯的失速速度(162.5m/s)。

(4)所需的发动机推力为

$$D = \frac{1}{2}\rho V^2 S\left(C_{D_0} + K\left(\frac{2nW}{\rho V^2 S}\right)^2\right)$$

$$= \frac{1}{2} \times 0.904 \times 191.3^2 \times 38\left(0.022 + 0.096\left(\frac{2 \times 3.86 \times 16770 \times 9.81}{0.904 \times 191.3^2 \times 38}\right)^2\right)$$

$$= 75.696 \text{N} \tag{9.39}$$

升力系数为

$$C_L = \frac{2nW}{\rho V^2 S} = \frac{2 \times 3.86 \times 16770 \times 9.81}{0.904 \times 191.3^2 \times 38} = 1.011 \tag{9.14}$$

飞机的迎角为

$$C_{L\alpha} = \frac{C_L}{\alpha}$$

$$\alpha = \frac{C_L}{C_{L\alpha}} = \frac{1.011}{5} = 0.2\text{rad} = 11.6° \tag{2.10}$$

在水平协调转弯中,推力的水平分量等于阻力,即

$$T\cos\alpha = D \tag{9.3}$$

推力的水平分量为

$$T\cos\alpha = 116.9 \times \cos11.6° = 114.5 \text{kN}$$

对于这个机动,可用发动机推力的水平分量大于所需推力(114.5N > 75.7N)。

这四个要求都满足,因此 F/A-18"大黄蜂"战斗机有能力执行这种机动,完成半圆的时间为

$$t_{180} = \frac{\pi R}{V} = \frac{3.14 \times 1000}{191.3} = 16.4\text{s} \tag{9.27}$$

9.4　螺旋桨飞机的水平转弯性能

本节将介绍装备螺旋桨发动机的飞机的转弯性能分析,包括涡轮螺旋桨发动机和活塞螺旋桨发动机。首先再次列写9.3节和第5章推导出的方程;然后推导新的表达式来描述水平转弯。本节将介绍四个重要参数和确定它们的方法:最大可产生的载荷因数、角点速度、最大载荷因数的最大值以及最大载荷因数最大值对

480

应的空速。书中还将介绍一些设计和操作上的注意事项。

9.4.1 最大可产生的载荷因数

水平飞行中(包括水平协调转弯),发动机功率与飞机推力的关系为:

$$P = \frac{TV}{\eta_P} \tag{4.2}$$

式中:V 为飞机速度;P 为发动机的可用功率;η_P 为发动机效率。

9.3 节给出的大多数定义、概念和方程都适用于螺旋桨飞机。但是,由于螺旋桨的存在,需要定义新的术语,推导新的方程。

根据式(9.63)的推导,利用动压的定义,螺旋桨飞机水平转弯飞行的阻力可以表示为

$$D = \frac{1}{2}\rho V^2 S C_{D_0} + \frac{2Kn^2 W^2}{\rho V^2 S} \tag{9.76}$$

在平衡状态下,如水平转弯时,发动机的推力等于飞机的阻力,即

$$P = \frac{DV}{\eta_P} \tag{9.77}$$

将式(9.76)代入式(9.77),可得给定空速和特定滚转角水平转弯所需功率的表达式:

$$P = \frac{1}{2\eta_P}\rho V^3 S C_{D_0} + \frac{2Kn^2 W^2}{\rho V S \eta_P} \tag{9.78}$$

式(9.78)意味着在无加速的水平转弯中,所需功率等于可用发动机功率,由式(9.78)可以求出载荷因数:

$$P\rho V S \eta_P - \frac{1}{2}\rho^2 V^4 S^2 C_{D_0} = 2Kn^2 W^2$$

$$\frac{P\rho V S \eta_P}{2KW^2} - \frac{\rho^2 V^4 S^2 C_{D_0}}{4KW^2} = n^2$$

$$n = \sqrt{\frac{P\rho V S \eta_P}{2KW^2} - \frac{\rho^2 V^4 S^2 C_{D_0}}{4KW^2}}$$

或

$$n = \frac{S}{W}\sqrt{\frac{\rho V P \eta_P}{2KS} - \frac{\rho^2 V^4 C_{D_0}}{4K}} \tag{9.79}$$

式(9.79)给出了给定速度和发动机功率下的可产生的载荷因数(滚转角)。n 的最大值是使用发动机的最大功率得到的,即

$$n_{max} = \frac{S}{W}\sqrt{\frac{\rho V P_{max} \eta_P}{2KS} - \frac{\rho^2 V^4 C_{D_0}}{4K}} \tag{9.80}$$

最大可产生的载荷因数是速度的非线性函数。$n_{\max}$ 的值由设计参数 W/S、P、C_{D_0}、高度(ρ)决定，并且在某一速度达到绝对最大值。$n_{\max}$ 的这个值表示最大载荷因数的最大值。此时对应以最大滚转角进行的持续水平转弯的速度。

注意，$n_{\max}$ 在最大空速时的值为 1。由式(9.80)计算出的 $n_{\max}$ 随速度的典型变化如图 9.11 所示。

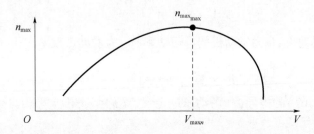

图 9.11　最大可产生的载荷因数随空速的变化

9.4.2　最大载荷因数最大值对应的空速

式(9.80)将最大可产生的载荷因数表示为速度的非线性函数。为了确定螺旋桨飞机(为简单起见，假设螺旋桨效率为常数。)情况下的绝对最大可产生的载荷因数，式(9.80)关于空速微分，并令其等于 0(零斜率)，即

$$\frac{\mathrm{d}n_{\max}}{\mathrm{d}V}=0 \Rightarrow \frac{\mathrm{d}}{\mathrm{d}V}\sqrt{\frac{\rho V P_{\max}\eta_{\mathrm{P}}}{2KS}-\frac{\rho^2 V^4 C_{D_0}}{4K}}=0 \tag{9.81}$$

$$\frac{\mathrm{d}u^n}{\mathrm{d}x}=n\,\frac{\mathrm{d}u}{\mathrm{d}x}u^{n-1}$$

式中：$n = 1/2$。因此，对式(9.81)微分可得

$$\frac{1}{2}\left(\frac{\rho P_{\max}\eta_{\mathrm{P}}}{2KS}-\frac{4\rho^2 V^3 C_{D_0}}{4K}\right)\left(\frac{\rho V P_{\max}\eta_{\mathrm{P}}}{2KS}-\frac{\rho^2 V^4 C_{D_0}}{4K}\right)^{-\frac{1}{2}}=0$$

上式第一项(1/2)和第三项不可能为 0，因此第二项必须是 0，即

$$\frac{\rho P_{\max}\eta_{\mathrm{P}}}{2KS}-\frac{4\rho^2 V^3 C_{D_0}}{4K}=0$$

$$\frac{P_{\max}\eta_{\mathrm{P}}}{2S}-\rho V^3 C_{D_0}=0$$

则

$$V_{\max_n}=\left(\frac{P_{\max}\eta_{\mathrm{P}}}{2\rho S C_{D_0}}\right)^{\frac{1}{3}} \tag{9.82}$$

与可产生的最大载荷因数相对应的空速,与发动机最大功率和螺旋桨效率直接相关,而与高度、机翼面积和零升阻力系数成反比关系。这个速度应该大于转弯失速速度。如果理论值低于转弯失速速度,则假设转弯失速速度为 $V_{\max_n}$ 的可接受值。

9.4.3　最大载荷因数的最大值

这里需要计算螺旋桨飞机可产生的最大载荷因数。

将式(9.82)中的空速代入式(9.80),可得可产生的最大载荷因数,即

$$n_{\max} = \frac{S}{W} \sqrt{\frac{\rho \left(\frac{P_{\max}\eta_P}{2\rho SC_{D_0}}\right)^{\frac{1}{3}} P_{\max}\eta_P}{2KS} - \frac{\rho^2 \left(\frac{P_{\max}\eta_P}{2\rho SC_{D_0}}\right)^{\frac{4}{3}} C_{D_0}}{4K}} \tag{9.83}$$

这可以简化为以下形式(推导过程留给感兴趣的读者):

$$n_{\max} = 0.687 \left(\frac{\rho P_{\max}^2 \eta_P^2 S (L/D)_{\max}}{KW^3}\right)^{\frac{1}{3}} \tag{9.84}$$

式中:$(L/D)_{\max}$ 为升阻比(式(5.28))。

式(9.84)允许计算螺旋桨飞机可产生的最大载荷因数。$n_{\max}$ 直接与最大发动机功率和螺旋桨效率、高度、机翼面积相关,而与飞机重量、零升阻力系数以及诱导阻力因数 K 成反比关系。回顾喷气飞机(见9.3节),可产生的最大载荷因数是推重比和升阻比的函数。在绝对升限处,可产生的最大载荷因数等于1。

由式(9.42)可得

$$\phi_{\max_{\max}} = \arccos\left(\frac{1}{n_{\max_{\max}}}\right) \tag{9.85}$$

这是在任意给定速度下可达到的最大滚转角。飞机不能使用任何大于 $\phi_{\max_{\max}}$ 的滚转角。这个可达到的最大滚转角为最快转弯和最紧转弯,即飞机的机动性,设置了一个固定的限制。

9.4.4　角点速度

飞行速度小于角点速度 V^* 时,$n_{\max}$ 受最大升力系数限制,而不受发动机最大功率限制。根据式(9.15),随载荷因数的增大,水平转弯时失速速度也会增大。因此,n 不能使空速低于转弯失速速度。使飞机出现失速速度的 n 的任何值都是不允许的/不安全的。因此,最大升力系数对与飞机设计相关的 n 值设置了一个明确的限制。螺旋桨飞机水平转弯时的失速速度(由式(9.15))与喷气飞机相似:

$$V_{S_t} = \sqrt{\frac{2nmg}{\rho S C_{L_{max}}}} \qquad (9.86)$$

当使用最大推力 $C_{L_{n-max}}$ 时,水平转弯所需的升力系数应等于或小于飞机的最大升力系数,即

$$C_{L_{n-max}} \leqslant C_{L_{max}} \qquad (9.87)$$

否则,在给定的速度(通常是低速)下,以发动机的最大功率进行期望的转弯是不可行的。在这种情况下,最大可能的载荷因数会由于失速限制而降低。最大载荷因数由下式计算:

$$n_{max} = \frac{\rho V^2 S C_{L_{max}}}{2W}(V < V^*) \qquad (9.88)$$

将式(9.88)和式(9.80)的等号右边设为相等,则可以确定以下空速,小于该速度时,载荷因数受失速($C_{L_{max}}$)而不是发动机最大功率的限制(图 9.10 中的 C 点):

$$\frac{\rho V^2 S C_{L_{max}}}{2W} = \frac{S}{W}\sqrt{\frac{\rho V P_{max} \eta_P}{2KS} - \frac{\rho^2 V^4 C_{D_0}}{4K}} \qquad (9.89)$$

推导过程如下:

首先,将式(9.89)两边都消掉 S/W:

$$\frac{\rho V^2 C_{L_{max}}}{2} = \sqrt{\frac{\rho V P_{max} \eta_P}{2KS} - \frac{\rho^2 V^4 C_{D_0}}{4K}}$$

然后,将式(9.89)两边同时平方:

$$\left(\frac{\rho V^2 C_{L_{max}}}{2}\right)^2 = \frac{\rho V P_{max} \eta_P}{2KS} - \frac{\rho^2 V^4 C_{D_0}}{4K}$$

将式(9.89)两边同时乘以 $4KS$:

$$\rho^2 V^4 C_{L_{max}}^2 KS = 2\rho V P_{max} \eta_P - \rho^2 V^4 C_{D_0} S$$

将式(9.89)两边同时除以 ρV:

$$\rho V^3 C_{L_{max}}^2 KS = 2 P_{max} \eta_P - \rho V^3 C_{D_0} S$$

关于 V^3 合并同类项:

$$V^3(\rho C_{L_{max}}^2 KS + \rho C_{D_0} S) = 2 P_{max} \eta_P$$

然后,根据发动机功率可得水平转弯时角点速度的表达式,即

$$V^* = \left(\frac{2 P_{max} \eta_P}{\rho C_{L_{max}}^2 KS + \rho C_{D_0} S}\right)^{\frac{1}{3}} \qquad (9.90)$$

角点空速与发动机最大功率成正比,与最大升力系数成反比。

角点空速是使用发动机最大功率时的最小速度。此外,角点速度是水平转弯中最大的可能失速速度。需要记住的是,以低于失速速度的速度进行水平飞

行是不可能的。此外,当使用式(9.82)、式(9.83)、式(9.90)时,应检查以下两个必要条件:①飞行速度应该大于转弯失速速度,即飞机升力系数应小于最大可用升力系数;②载荷因数大于单位1。任何满足这两个条件的解都是可以接受的。

利用式(9.88)可以确定角点速度对应的最大载荷因数,即

$$n_{\max_C} = \frac{\rho V^{*2} S C_{L_{\max}}}{2W} \qquad (9.91)$$

注意,推导式(9.90)时,假设角点速度对应的最大载荷因数 $n_{\max_C}$ 是允许的。如果飞机结构无法承受这样大的载荷因数(最大允许载荷因数小于最大可产生的载荷因数),则角点速度定义为

$$V^* = \sqrt{\frac{2n_{\max}W}{\rho S C_{L_{\max}}}} \qquad (9.49)$$

在这种情况下, $n_{\max}$ 为一个给定参数,并不需要计算。

根据式(9.32),飞机以角点速度转弯时的最大可能转弯速率为

$$\omega_{\max_C} = \frac{g\sqrt{n_{\max_C}^2 - 1}}{V^*} \qquad (9.92)$$

根据式(9.24),飞机以角点速度转弯时的最小可能转弯半径为

$$R_{\min_C} = \frac{V^{*2}}{g\sqrt{n_{\max_C}^2 - 1}} \qquad (9.93)$$

飞机的最大可能转弯速率和最小可能转弯半径是飞机机动性的关键参数。

例9.7 考虑装备单发涡桨发动机的塞斯纳208"大篷车"飞机,其具有以下特点:

$$m_{TO} = 3995\text{kg}, S = 25.9\text{m}^2, P = 647\text{kW}, b = 15.88\text{m}, V_s = 61\text{kn}, V_{\max} = 185\text{kn}$$

假设 $C_{D_0} = 0.038, \eta_P = 0.85, e = 0.9$。

(1)首先计算飞机的角点速度;然后计算相应的载荷因数、转弯速率以及转弯半径。

(2)水平转弯中最大可产生的载荷因数是多少?计算其相应的空速和滚转角。

(3)假设飞机以从角点速度到最大速度的空速进行转弯。绘制载荷因数、滚转角、转弯速率和转弯半径的变化曲线。

假设海平面高度,螺旋桨效率不变,零升阻力系数不变。

解 需要计算以下参数:

$$AR = \frac{b^2}{S} = \frac{15.88^2}{25.9} = 9.74 \qquad (3.9)$$

$$K = \frac{1}{\pi e AR} = \frac{1}{3.14 \times 0.9 \times 9.74} = 0.036 \qquad (3.8)$$

485

$$\left(\frac{L}{D}\right)_{\max} = \frac{1}{2\sqrt{KC_{D_0}}} = \frac{1}{2\sqrt{0.036 \times 0.038}} = 13.5 \tag{5.28}$$

(1)计算角点速度及其相应的载荷因数,转弯速率以及转弯半径:

$$C_{L_{\max}} = \frac{2mg}{\rho SV_s^2} = \frac{2 \times 3995 \times 9.81}{1.225 \times 25.9 \times (61 \times 0.514)^2} = 2.51 \tag{2.49}$$

角点速度为

$$V^* = \left(\frac{2P_{\max}\eta_P}{\rho C_{L_{\max}}^2 KS + \rho C_{D_0}S}\right)^{\frac{1}{3}}$$

$$= \left(\frac{2 \times 647000 \times 0.85}{1.225 \times 25.9 \times (0.038 + 0.036 \times 2.51^2)}\right)^{\frac{1}{3}} = 50.7\text{m/s} = 98.5\text{kn} \tag{9.90}$$

对应的载荷因数为

$$n_{\max C} = \frac{\rho V^{*2} SC_{L_{\max}}}{2W} = \frac{1.225 \times 50.7^2 \times 25.9 \times 2.51}{2 \times 3995 \times 9.81} = 2.61 \tag{9.91}$$

对应的转弯速率为

$$\omega_{\max C} = \frac{g\sqrt{n_{\max C}^2 - 1}}{V^*} = \frac{9.81\sqrt{2.61^2 - 1}}{50.7} = 0.466\text{rad/s} = 26.7(°)/\text{s} \tag{9.92}$$

对应的转弯半径为

$$R_{\min C} = \frac{V^{*2}}{g\sqrt{n_{\max C}^2 - 1}} = \frac{50.7^2}{9.81\sqrt{2.61^2 - 1}} = 108.7\text{m} \tag{9.93}$$

(2)计算最大可产生的载荷因数及其相应的空速和滚转角:

$$n_{\max} = 0.687\left(\frac{\rho P_{\max}^2 \eta_P^2 S (L/D)_{\max}}{KW^3}\right)^{\frac{1}{3}}$$

$$= 0.687\left(\frac{1.225 \times 0.85^2 \times 64700^2 \times 25.9 \times 13.5}{0.036 \times (3995 \times 9.81)^3}\right)^{\frac{1}{3}} = 2.68 \tag{9.84}$$

$$V_{\max_n} = \left(\frac{P_{\max}\eta_P}{2\rho SC_{D_0}}\right)^{\frac{1}{3}} = \left(\frac{647000.85}{2 \times 1.225 \times 25.9 \times 0.038}\right)^{\frac{1}{3}} = 61.3\text{m/s} = 119.3\text{kn} \tag{9.82}$$

$$\phi_{\max_{\max}} = \arccos\left(\frac{1}{n_{\max_{\max}}}\right) = \arccos\left(\frac{1}{2.68}\right) = 68.1° \tag{9.85}$$

(3)绘制载荷因数、滚转角、转弯速率和转弯半径的变化曲线。

对于每个空速,首先,用式(9.80)来计算相应的最大载荷因数:

$$n_{\max} = \frac{S}{W}\sqrt{\frac{\rho VP_{\max}\eta_P}{2KS} - \frac{\rho^2 V^4 C_{D_0}}{4K}} \tag{9.80}$$

486

然后,用式(9.13)计算相应的滚转角:

$$\phi_{\max} = \arccos\left(\frac{1}{n_{\max}}\right) \tag{9.13}$$

最后,分别用式(9.32)和式(9.24)计算其相应的转弯速率和转弯半径:

$$\omega_{\max} = \frac{g\sqrt{n_{\max}^2 - 1}}{V} \tag{9.32}$$

$$R_{\min} = \frac{V^2}{g\sqrt{n_{\max}^2 - 1}} \tag{9.24}$$

图9.12和表9.2展示了载荷因数、转弯速率、滚转角和转弯半径随空速的变化。正如所料,最大转弯速率和最小转弯半径出现在98.5kn的角点速度处。此外,在最大速度下,载荷因数为1,转弯速率为0,转弯半径为无穷大。最大可达滚转角68.1°。

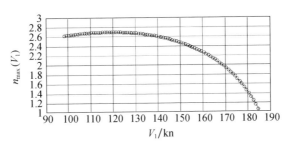

(a) 最大载荷因数随速度的变化

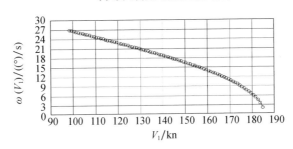

(b) 转弯速率随速度的变化

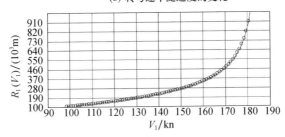

(c) 转弯半径随速度的变化

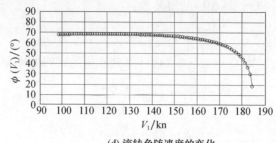

(d) 滚转角随速度的变化

图 9.12　例 9.7 中载荷因数、转弯速率、滚转角和转弯半径随空速的变化

表 9.2　例 9.7 中飞机的转弯性能

序号	V/kn	n_{max}	ϕ/(°)	ω/((°)/s)	R/m	备注
1	98.5	2.61	67.47	26.73	108.6	角点速度、最大转弯速率、最小转弯半径
2	100	1.62	67.56	26.4	111.4	
3	110	2.668	67.99	24.5	132	
4	119.3	2.683	68.11	22.8	154.3	最大载荷因数、最大滚转角
5	120	2.682	68.1	22.6	156	
6	130	2.66	67.92	20.7	185	
7	140	2.591	67.23	18.6	221	
8	150	2.464	66.05	16.4	269.6	
9	160	2.26	63.7	13.8	340.9	
10	170	1.944	59.04	10.7	467.8	
11	180	1.428	45.5	6.18	857.6	
12	185	1	0	0	∞	最大速度

9.5　喷气飞机的机动性

　　飞机性能的重要特征之一,特别是对战斗机、特技飞机而言,是机动能力[11]。两架敌机之间的空战,机动性能好通常会获胜。一般而言,"机动"一词指的是飞行轨迹的任何改变。本节与此相关的主题是飞机的敏捷性[12]。战斗机/导弹的整体机动性概念(战斗性能)被视为敏捷性。能够在 30000ft 高空以 $Ma=0.9$ 的速度转弯,还能拉出 $5g$,这是现代战斗机的重要特点之一。敏捷性定义为沿任意飞行轨迹快速机动的能力。感兴趣的读者可以参阅文献[13]了解更多关于敏捷性的历史、定义和基本概念。另一个相关的主题是超机动[14],它定义为"在过失速状态

488

下飞行的能力",这是大迎角(超过失速迎角)飞行范围。

评价机动性的两个标准是最快转弯和最小半径转弯。这两种转弯分别涉及转弯速率和转弯半径。随着转弯速率的增大,认为飞机机动性更强。此外,随着转弯半径的减小,机动性增强。最小转弯半径和最大转弯速率是特技/战斗飞机的重要性能指标。对于运输或普通通用航空飞机来说,它们的重要性要小得多。当转弯半径为最小值时,称为最小半径转弯。当转弯速率达到最大值时,称为最快转弯。

由于喷气发动机以推力 T 为代表,而螺旋桨发动机以功率 P 为代表,所以分别对喷气飞机和螺旋桨飞机的机动性进行分析。本节内容安排如下:9.5.1 节专门介绍喷气飞机的最快转弯,而喷气飞机的最小半径转弯在 9.5.2 节介绍。相对地,9.6.1 节专门分析螺旋桨飞机的最快转弯,而 9.6.2 节描述螺旋桨飞机的最小半径转弯。

9.5.1 喷气飞机的最快转弯

当飞机以最大转弯速率进行转弯(水平协调)时,此时转弯称为最快转弯。对于战斗机而言,几秒的差距就能赢得空战。本节的目的是确定最快转弯的要求。换句话说,如果飞行员决定以最大转弯速率转弯,那么滚转角、转弯半径和发动机推力是多少? 本节将推导出喷气飞机最大转弯速率的表达式。

通过对式(9.32)关于空速求微分(图 9.13),并将微分设为 0($\mathrm{d}\omega/\mathrm{d}V = 0$),可得最大的转弯速率(最优点),即

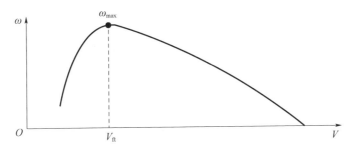

图 9.13 转弯速率随空速的变化

$$\omega = \frac{g\sqrt{n^2 - 1}}{V} \tag{9.32}$$

最大载荷因数有三个限制:发动机推力(最大可产生的 n)、失速(最大升力系数)、结构(最大强度)。最大的转弯速率不一定对应于 $n_{\max}$ 或最小空速 V。本节正是要寻找一组值(n 和 V)来获得最大转弯速率 $\omega_{\max}$。首先,假设所有可产生的 n 都是允许的,且相应的速度也是允许的。稍后将研究这种情况。

此外,载荷因数是发动机推力、飞机重量和速度的函数,即

$$n = \sqrt{\frac{\rho V^2 S}{2KW^2}\left(T - \frac{1}{2}\rho V^2 S C_{D_0}\right)} \tag{9.40}$$

将式(9.40)两边同时平方并代入式(9.32),可得

$$\omega = \frac{g\sqrt{\dfrac{\rho V^2 ST}{2KW^2} - \dfrac{\rho^2 V^4 S^2 C_{D_0}}{4KW^2} - 1}}{V}$$

分子和分母都是空速的函数。

$$\frac{\mathrm{d}}{\mathrm{d}x}\frac{u}{v} = \frac{(\mathrm{d}u/\mathrm{d}x)v - (\mathrm{d}v/\mathrm{d}x)u}{v^2}, \frac{\mathrm{d}}{\mathrm{d}x}u^k = k\frac{\mathrm{d}u}{\mathrm{d}x}u^{k-1}$$

其中 $k = 1/2$。关于空速微分转弯速率,可得

$$\frac{\mathrm{d}\omega}{\mathrm{d}V} = \frac{V\dfrac{\dfrac{1}{2}g\left(\dfrac{2\rho VST}{2KW^2} - \dfrac{4\rho^2 V^3 S^2 C_{D_0}}{4KW^2}\right)}{\sqrt{\dfrac{\rho V^2 ST}{2KW^2} - \dfrac{\rho^2 V^4 S^2 C_{D_0}}{4KW^2} - 1}} - g\sqrt{\dfrac{\rho V^2 ST}{2KW^2} - \dfrac{\rho^2 V^4 S^2 C_{D_0}}{4KW^2} - 1}}{V^2} = 0$$

上式分母不可能是 0,因此令分子为 0,即

$$V\frac{\dfrac{1}{2}\left(\dfrac{\rho VST}{KW^2} - \dfrac{\rho^2 V^3 S^2 C_{D_0}}{KW^2}\right)}{\sqrt{\dfrac{\rho V^2 ST}{2KW^2} - \dfrac{\rho^2 V^4 S^2 C_{D_0}}{4KW^2} - 1}} - \sqrt{\dfrac{\rho V^2 ST}{2KW^2} - \dfrac{\rho^2 V^4 S^2 C_{D_0}}{4KW^2} - 1} = 0$$

对上式两边都乘以第一项的分母,可得

$$\frac{1}{2}V\left(\frac{\rho VST}{KW^2} - \frac{\rho^2 V^3 S^2 C_{D_0}}{KW^2}\right) - \left(\frac{\rho V^2 ST}{2KW^2} - \frac{\rho^2 V^4 S^2 C_{D_0}}{4KW^2} - 1\right) = 0$$

即

$$\frac{\rho V^2 ST}{2KW^2} - \frac{\rho^2 V^4 S^2 C_{D_0}}{2KW^2} - \frac{\rho V^2 ST}{2KW^2} + \frac{\rho^2 V^4 S^2 C_{D_0}}{4KW^2} + 1 = 0$$

将上式消去包含 T 的项,可得

$$-\frac{\rho^2 V^4 S^2 C_{D_0}}{2KW^2} + \frac{\rho^2 V^4 S^2 C_{D_0}}{4KW^2} + 1 = 0$$

$$\frac{\rho^2 V^4 S^2 C_{D_0}}{2KW^2}\left(-1 + \frac{1}{2}\right) + 1 = 0$$

从而可得

$$\frac{\rho^2 V^4 S^2 C_{D_0}}{4KW^2} = 1$$

$$V^4 = \frac{4KW^2}{\rho^2 S^2 C_{D_0}}$$

$$V^2 = \frac{2W}{\rho S}\sqrt{\frac{K}{C_{D_0}}}$$

因此,空速的表达式为

$$V_{\text{ft}} = V_{\omega_{\max}} = \sqrt{\frac{2W}{\rho S}\sqrt{\frac{K}{C_{D_0}}}} = \sqrt{\frac{2W}{\rho S}\frac{1}{\sqrt{C_{D_0}/K}}} \qquad (9.94)$$

式(9.94)可以计算出最快转弯时的空速。这个方程和其他方程中的下标 ft 代表最快转弯。理论上的最快性能是很难达到的,因为它需要的空速往往小于失速速度。当飞机以小于角点速度 V^* (式(9.47))的速度转弯时,同时使用最大的发动机推力,则飞机将出现失速。因此,式(9.94)中小于 V^* 的任何 V_{ft} 的理论值都是无效的。对比式(9.94)与式(5.42)可知,喷气飞机最快转弯时的空速与巡航时的最小阻力速度完全相同:

$$V_{\text{ft-jet}} = V_{\min_D} \qquad (9.95)$$

注意,式(9.94)或式(9.95)中的 V_{ft} 值只有等于或大于角点速度($V_{\text{ft}} \geqslant V^*$)时才有效;否则,假设 $V_{\text{ft}} \geqslant V^*$。由式(9.47)可得

$$V_{\text{ft}} = \sqrt{\frac{2T_{\max}}{\rho S(KC_{L_{\max}}^2 + C_{D_0})}} \qquad (9.96)$$

对比式(9.14)和式(9.94),可以推导出如下关系:

$$C_{L_{\text{ft}}} = n_{\text{ft}}\sqrt{\frac{C_{D_0}}{K}} = n_{\text{ft}} C_{L_{(L/D)_{\max}}} \qquad (9.97)$$

式中:n_{ft}、$C_{L_{\text{ft}}}$ 分别为最快转弯飞行条件下的载荷因数和升力系数。

式(9.97)表明,最快转弯所需的升力系数等于 n_{ft} 乘以最大升阻比条件下的升力系数。式(9.97)可以表示为

$$\left(\frac{L}{D}\right)_{\text{ft}} = \left(\frac{L}{D}\right)_{\max}\left(\frac{2n_{\text{ft}}}{1 + n_{\text{ft}}^2}\right) \qquad (9.98)$$

因此,最快转弯中的升阻比等于最大升阻比乘以 $\dfrac{2n_{\text{ft}}}{1 + n_{\text{ft}}^2}$。将式(9.94)中的 V_{ft} 代入式(9.40)可得最快转弯载荷因数 n_{ft} 的表达式:

$$n = \sqrt{\frac{\rho\left(\frac{2W}{\rho S}\sqrt{\frac{K}{C_{D_0}}}\right)S}{2KW^2}\left[T - \frac{1}{2}\rho\left(\frac{2W}{\rho S}\sqrt{\frac{K}{C_{D_0}}}\right)SC_{D_0}\right]}$$

上式可进一步简化为

$$n = \sqrt{\frac{\sqrt{\frac{K}{C_{D_0}}}}{KW}\left(T - W\sqrt{\frac{K}{C_{D_0}}}C_{D_0}\right)} = \sqrt{\frac{\sqrt{\frac{K}{C_{D_0}}}}{K}\left(\frac{T}{W} - \sqrt{\frac{K}{C_{D_0}}}C_{D_0}\right)} = \sqrt{\frac{\sqrt{\frac{K}{C_{D_0}}}}{K}\left(\frac{T}{W} - \sqrt{KC_{D_0}}\right)}$$

或

$$n_{ft} = \sqrt{\frac{T_{max}}{W\sqrt{KC_{D_0}}} - 1} \tag{9.99}$$

式(9.99)给出了以发动机最大推力、飞机重量和气动特性(K 和 C_{D_0})表示的最快转弯的载荷因数。对比 n_{ft} 和 $n_{max_{max}}$(式(9.55)),可得

$$n_{ft} = \sqrt{2n_{max_{max}} - 1} \tag{9.100}$$

注意,只有当 V_{ft} 等于或大于角点速度($V_{ft} \geqslant V^*$),式(9.100)中的 n_{ft} 值才是有效的;否则,假设 $n_{ft} = n_{max_C}$。参照式(9.48)可得

$$n_{ft} = \frac{\rho(V^*)^2 SC_{L_{max}}}{2W} \tag{9.101}$$

参照式(9.12),最快转弯对应的滚转角为

$$\phi_{ft} = \arccos\left(\frac{1}{n_{ft}}\right) \tag{9.102}$$

根据定义,最快转弯的转弯速率 ω_{ft} 与最大转弯速率 ω_{max} 相同。利用式(9.33)和式(9.32),可得

$$\omega_{ft} = \frac{g\tan\phi_{ft}}{V_{ft}} = \frac{g\sqrt{n_{ft}^2 - 1}}{V_{ft}} \tag{9.103}$$

将式(9.99)和式(9.94)中的 n_{ft} 和 V_{ft} 代式(9.103)并展开,从而得到最大转弯速率更一般的表达式:

$$\omega_{ft} = \frac{g\sqrt{\frac{T_{max}}{W\sqrt{KC_{D_0}}} - 1 - 1}}{\sqrt{\frac{2W}{\rho S}\sqrt{\frac{K}{C_{D_0}}}}}$$

上式可以进一步简化为

$$\omega_{max} = \omega_{ft} = g\sqrt{\frac{\rho S}{W}\left(\frac{T_{max}}{KW} - \sqrt{\frac{C_{D_0}}{K}}\right)} \tag{9.104}$$

注意,只有当 V_{ft} 等于或大于角点速度($V_{ft} \geqslant V^*$),式(9.104)中的 ω_{ft} 值才是有效的;否则,假设 $\omega_{ft} = \omega_{max_C}$。由式(9.50)可得

$$\omega_{max} = \omega_{ft} = \frac{g\sqrt{n_{max_C}^2 - 1}}{V^*} \tag{9.105}$$

由式(9.24)可知,最快转弯的转弯半径为

$$R_{\mathrm{ft}} = \frac{V_{\mathrm{ft}}^2}{g \sqrt{n_{\mathrm{ft}}^2 - 1}} \qquad (9.106)$$

如果式(9.94)中的 V_{ft} 小于角点速度($V_{\mathrm{ft}} < V^*$),则根据式(9.50)可得

$$R_{\mathrm{ft}} = \frac{(V^*)^2}{g \sqrt{n_{\max_C}^2 - 1}} \qquad (9.107)$$

但是,对于目前的大多数飞机来说,最快转弯的理论空速 V_{ft} 小于失速速度 V_{s}。换句话说,相应的升力系数 $C_{L_{\mathrm{ft}}}$ 大于最大可用升力系数 $C_{L_{\max}}$。表9.3总结了一些最快转弯参数的公式。如表9.3所示,每个参数有两组方程:①一组针对 $V_{\mathrm{ft}} \geqslant V^*$ 的情况;②另一组针对 $V_{\mathrm{ft}} < V^*$ 的情况。因此,在确定最大转弯速率之前,需要计算 V_{ft} 与角点速度 V^*,并进行比较。V_{ft} 的值首先由式(9.94)确定。

表9.3　最快转弯参数的公式

序号	最快转弯参数	符号	$V_{\mathrm{ft}} \geqslant V^*$	$V_{\mathrm{ft}} < V^*$
1	最大转弯速率对应的空速	V_{ft}	式(9.94)	式(9.96)
2	最大转弯速率对应的载荷因数	n_{ft}	式(9.99)	式(9.101)
3	最大转弯速率	ω_{ft}	式(9.103)或式(9.104)	式(9.103)或式(9.105)
4	最大转弯速率对应的转弯半径	R_{ft}	式(9.106)	式(9.106)或式(9.107)
5	最大转弯速率对应的滚转角	ϕ_{ft}	式(9.102)	式(9.102)

现在,可以得出一些结论,无论是在操作方面还是在设计方面,使喷气飞机达到提高最快转弯性能的目的。式(9.94)~式(9.107)清楚地指示了各飞机参数在飞机机动性中的作用。可以得到一些有趣的结论,帮助设计者修改飞机以最优化转弯性能。要改善最快转弯,必须做到以下几点。

(1)增大发动机推力 $T_{\max}$。

(2)减轻飞机重力。战斗机在飞行任务时的重力通常是其最大起飞重力的85%。这是抛掉副油箱且消耗50%的燃油时的情况。

(3)增大机翼面积 S。

(4)减小诱导阻力因数 K。这表示增大机翼展弦比 AR。

(5)通过增大飞机气动效率来降低零升阻力系数 C_{D_0}。

(6)在低高度飞行(ρ 较大)。

(7)通过增强飞机结构强度和飞行员穿戴抗荷服来增大允许载荷因数。

值得注意的是,对于飞行员来说,为了实现最快转弯,不应该同时增大滚转角和空速,但是最快转弯只出现在特定的滚转角和空速下。

如图9.10所示,在 C 点和 B 点之间有一个 D 点,这在一些转弯飞行的情况下很有趣。在这一点,飞机使用最大升力系数,同时使用最大推力的一小部分。飞机

正以低于角点速度的速度飞行。这一点的转弯速率通常小于最大转弯速率。在一些特殊的情况下,这一点的转弯速率可能比以角点速度转弯时的转弯速率略大。

在现代战斗机中,除了大展弦比和大翼面积外,注意到了所有七种情况。现代战斗机小展弦比($AR \approx 2 \sim 3$)的原因主要是对结构因素、质量小、滚转控制能力以及超声速飞行中的气动考虑的要求。此外,尽管大机翼面积会产生高转弯速率,但大机翼面积并不实用,因为机翼面积的增加会降低滚转速率(滚转控制能力)、操纵效能以及机动性。大推力发动机和低零升阻力系数将能够弥补这一不足。

式(9.104)和式(9.105)表明,要获得最快转弯,飞行员必须在低空飞行,同时也要以低速飞行。空中交战通常在高空($50000 \sim 60000\mathrm{ft}$)以 $Ma = 1.5 \sim 2$ 的速度开始。但是战斗机飞行员试图降低飞行速度和高度来赢得战斗,并瞄准锁定敌机。对于战斗机而言,进行转弯的最低高度限制是在机动中安全地从俯冲中拉起所需的高度。

例9.8 分析 F/A-18"大黄蜂"战斗机(图8.12(a))在海平面和50000ft高度的最快转弯性能(确定最大转弯速率)。

(1)计算这次转弯的载荷因数、转弯速率、转弯半径和滚转角是多少?

(2)计算转半圈(180°)所需的时间。

这架飞机的特性在例9.6中给出。

解 由例9.6可知,$m = 16770\mathrm{kg}$,$S = 38\mathrm{m}^2$,$b = 12.3\mathrm{m}$,$T_{max} = 2 \times 79.2\mathrm{kN}$,$e = 0.83$,$C_{L_{max}} = 1.4$,$C_{D_0} = 0.022$(亚声速),$C_{D_0} = 0.032$(跨声速),$C_{D_0} = 0.042$(超声速),$AR = 3.98$,$K = 0.096$。

1)海平面时($\rho = 1.225\ \mathrm{kg/m}^3$)

假设最快转弯的空速是亚声速,所以使用的 $C_{D_0} = 0.022$。如果这个假设证明是错误的,那么在相应改变。

需要比较角点速度和最快转弯对应的空速:

$$V_{ft} = V_{\omega_{max}} = \sqrt{\frac{2W}{\rho S}}\sqrt{\frac{K}{C_{D_0}}} = \sqrt{\frac{2 \times 16770 \times 9.81}{1.225 \times 38}}\sqrt{\frac{0.096}{0.022}} = 58.1\mathrm{m/s} = 112.9\mathrm{kn}$$

$$(9.94)$$

$$V^* = \sqrt{\frac{2T_{max}}{\rho S(KC_{L_{max}}^2 + C_{D_0})}} = \sqrt{\frac{2 \times 127000}{1.225 \times 28.87 \times (0.109 \times 2^2 + 0.017)}}$$
$$= 179.7\mathrm{m/s} = 349.3\mathrm{kn}$$

$$(9.47)$$

由于 $V_{ft} < V^*$,根据式(9.96),考虑 $V_{ft} = V^* = 179.7\mathrm{m/s} = 349.3\mathrm{kn}$。根据表9.3,使用表中第5列中的公式。

由于最快转弯的空速是亚声速的,$C_{D_0} = 0.022$ 继续使用。

载荷因数为

$$n_{ft} = \frac{\rho (V^*)^2 SC_{L_{max}}}{2W} = \frac{1.225 \times 179.7^2 \times 38 \times 1.4}{2 \times 16770 \times 9.81} = 6.4$$

$$(9.101)$$

转弯速率为

$$\omega_{\text{ft}} = \frac{g\sqrt{n_{\text{ft}}^2-1}}{V_{\text{ft}}} = \frac{9.81 \times \sqrt{6.4^2-1}}{179.7} = 0.345(\text{rad/s}) = 19.8(°)/s$$

(9.103)

转弯半径为

$$R_{\text{ft}} = \frac{V_{\text{ft}}^2}{g\sqrt{n_{\text{ft}}^2-1}} = \frac{179.7^2}{9.81 \times \sqrt{6.4^2-1}} = 521(\text{m})$$

(9.106)

滚转角为

$$\phi_{\text{ft}} = \arccos\left(\frac{1}{n_{\text{ft}}}\right) = \arccos\left(\frac{1}{6.4}\right) = 81°$$

(9.102)

转过半圈所需时间为

$$t = \frac{\pi R}{V} = \frac{3.14 \times 521}{179.7} = 9.1(\text{s})$$

(9.27)

2）50000ft 时

海拔 50000ft 时,空气密度比为 0.153,空气密度为 0.188kg/m³。发动机在此高度的最大推力降低到 24.2kN（约减少 85%）。对这一高度重复同样的计算,对比结果见表 9.4。

表 9.4　例 9.7 中飞机的转弯性能

序号	V/kn	n	$\phi/(°)$	$\omega/((°)/s)$	R/m	t/s
海平面	349.3	6.4	81	19.8	521	9.1
50000ft	371	1.1	25.2	1.39	7876	129.6

由此可见,最快转弯性能在 50000ft 高度极度降低。请注意飞机在 50000ft 高度的 C_{D_0} 与海平面略有不同。为简单起见,故意忽略它。

9.5.2　喷气飞机的最小半径转弯

评估飞机机动性的另一个重要标准是它在最短可能半径内转弯的能力。这个半径越短,认为飞机的机动性越强。以最小半径转弯称为最小半径转弯。这是水平转弯性能分析的另一个方面。本节将推导确定喷气飞机最小转弯半径的表达式。

下面从式（9.24）开始分析,它表明转弯半径是空速和载荷因数的函数:

$$R = \frac{V^2}{g\sqrt{n^2-1}}$$

(9.24)

载荷因数是空速的函数,即

$$n = \sqrt{\frac{\rho V^2 S}{2KW^2}\left(T - \frac{1}{2}\rho V^2 S C_{D_0}\right)}$$

(9.40)

对上式两边同时平方，并代入式(9.24)，可得

$$R = \frac{V^2}{g\sqrt{\dfrac{\rho V^2 S}{2KW^2}\left(T - \dfrac{1}{2}\rho V^2 S C_{D_0}\right) - 1}} \tag{9.108}$$

式(9.108)关于空速求微分(图9.14)并令其等于0，可得最小半径(最优点)：

$$\frac{\mathrm{d}R}{\mathrm{d}V} = \frac{\mathrm{d}}{\mathrm{d}V}\left[\frac{V^2}{g\sqrt{\dfrac{\rho V^2 S}{2KW^2}\left(T - \dfrac{1}{2}\rho V^2 S C_{D_0}\right) - 1}}\right] = 0$$

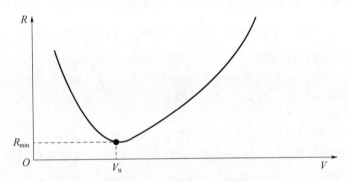

图9.14 转弯半径随空速的变化

式(9.112)中分子和分母都是空速的函数。

$$\frac{\mathrm{d}}{\mathrm{d}x}\frac{u}{v} = \frac{(\mathrm{d}u/\mathrm{d}x)v - (\mathrm{d}v/\mathrm{d}x)u}{v^2}, \frac{\mathrm{d}}{\mathrm{d}x}u^k = k\frac{\mathrm{d}u}{\mathrm{d}x}u^{k-1}$$

其中 $k = 1/2$。关于空速微分 R 可得

$$\frac{\mathrm{d}R}{\mathrm{d}V} = \frac{2Vg\sqrt{\dfrac{\rho V^2 ST}{2KW^2} - \dfrac{\rho^2 V^4 S^2 C_{D_0}}{4KW^2} - 1} - V^2\dfrac{\dfrac{1}{2}g\left(\dfrac{2\rho VST}{2KW^2} - \dfrac{4\rho^2 V^3 S^2 C_{D_0}}{4KW^2}\right)}{\sqrt{\dfrac{\rho V^2 ST}{2KW^2} - \dfrac{\rho^2 V^4 S^2 C_{D_0}}{4KW^2} - 1}}}{g^2\left(\dfrac{\rho V^2 ST}{2KW^2} - \dfrac{\rho^2 V^4 S^2 C_{D_0}}{4KW^2} - 1\right)} = 0 \tag{9.110}$$

上式分母不可能是0，因此令分子为0，即

$$2Vg\sqrt{\frac{\rho V^2 ST}{2KW^2} - \frac{\rho^2 V^4 S^2 C_{D_0}}{4KW^2} - 1} - V^2\frac{\dfrac{1}{2}g\left(\dfrac{\rho VST}{KW^2} - \dfrac{\rho^2 V^3 S^2 C_{D_0}}{KW^2}\right)}{\sqrt{\dfrac{\rho V^2 ST}{2KW^2} - \dfrac{\rho^2 V^4 S^2 C_{D_0}}{4KW^2} - 1}} = 0$$

上式两项都消去一个 V，然后把两项都乘以第二项的分母，可得

496

$$2g\left(\frac{\rho V^2 ST}{2KW^2} - \frac{\rho^2 V^4 S^2 C_{D_0}}{4KW^2} - 1\right) - V\frac{1}{2}g\left(\frac{\rho VST}{KW^2} - \frac{\rho^2 V^3 S^2 C_{D_0}}{KW^2}\right) = 0$$

即

$$\frac{g\rho V^2 ST}{KW^2} - \frac{g\rho^2 V^4 S^2 C_{D_0}}{2KW^2} - 2g - \frac{g\rho V^2 ST}{2KW^2} + \frac{g\rho^2 V^4 S^2 C_{D_0}}{2KW^2} = 0$$

上式第二项和第五项相互抵消,则

$$\frac{g\rho V^2 ST}{KW^2} - 2g - \frac{g\rho V^2 ST}{2KW^2} = 0$$

$$\frac{g\rho V^2 ST}{KW^2}\left(1 - \frac{1}{2}\right) = 2g$$

$$V^2 = \frac{4KW^2}{\rho ST}$$

由此得到空速表达式为

$$V_{tt} = V_{R_{\min}} = \sqrt{\frac{4KW^2}{\rho ST_{\max}}} \tag{9.111}$$

上式给出了与最小半径转弯(用下标 tt 表示)相对应的空速。理论上最小半径转弯的性能很难实现,因为它需要的空速常常小于失速速度。当飞机以低于角点速度 V^*(式(9.47))的速度转弯,同时使用最大的发动机推力时,飞机将出现失速。因此,式(9.111)中任何小于 V^* 的 V_{tt} 的理论值都是无效的。注意,式(9.111)中 V_{tt} 的值只有大于或等于角点速度($V_{tt} \geqslant V^*$)时才有效;否则,假设 $V_{tt} = V^*$。然后,根据式(9.47)可得

$$V_{tt} = \sqrt{\frac{2T_{\max}}{\rho S(KC_{L_{\max}}^2 + C_{D_0})}}$$

式中: $C_{L_{\max}}$ 是水平转弯时的最大升力系数。

注意,战斗机空战过程中的最大升力系数与巡航飞行时是不一样的,因为在这种情况下高升力装置的完全偏转是不实用的。此外,高速下的最大升力系数小于低速下的最大升力系数。因此,装备简单襟翼的战斗机的最大升力系数仅为 1 ~ 1.2,而装备先进襟翼的战斗机的最大升力系数为 1.2 ~ 1.6。

将式(9.111)中的 V_{tt} 代入式(9.40),可得最小半径转弯载荷因数 n_{tt} 表达式:

$$n_{tt} = \sqrt{\frac{\rho\frac{4KW^2}{\rho ST}S}{2KW^2}\left(T - \frac{1}{2}\rho\frac{4KW^2}{\rho ST}SC_{D_0}\right)} = \sqrt{\frac{2}{T}\left(T - \frac{2KW^2 C_{D_0}}{T}\right)} = \sqrt{2\left(1 - \frac{KW^2 C_{D_0}}{T^2}\right)}$$

上式可以进一步简化为

$$n_{tt} = \sqrt{2 - \frac{4KC_{D_0}}{(T_{\max}/W)^2}} \tag{9.113}$$

上式根号下第二项的模要比 2 小得多,该式的近似值是去掉这一项,有

$$n_{tt} \approx \sqrt{2} = 1.414 \tag{9.114}$$

最小半径转弯情况下的载荷因数最大理论值不可能超过 $\sqrt{2}$。这一结论,以及上式获得的 n_{tt} 的值,只有 V_{tt} 等于或大于角点速度($V_{tt} \geqslant V^*$)时才有效;否则,假设 $n_{tt} = n_{\max_C}$。然后,根据式(9.48)可得

$$n_{tt} = \frac{\rho (V^*)^2 SC_{L_{\max}}}{2W} \tag{9.115}$$

由式(9.12)可知,最小半径转弯对应的滚转角为

$$\phi_{tt} = \arccos\left(\frac{1}{n_{tt}}\right) \tag{9.116}$$

如果式(9.111)中的 V_{tt} 等于或大于角点速度($V_{tt} \geqslant V^*$),则最小半径转弯对应的滚转角的最大理论值为

$$\phi_{tt} \approx \arccos\left(\frac{1}{1.414}\right) \approx 45° \tag{9.117}$$

根据定义,最小半径转弯的转弯半径 R_{tt} 等于绝对最小转弯半径 $R_{\min}$。利用式(9.24)可得

$$R_{tt} = R_{\min} = \frac{V_{tt}^2}{g \sqrt{n_{tt}^2 - 1}} \tag{9.118}$$

将式(9.113)和式(9.111)代入式(9.118)并展开,可得最小转弯半径的更一般的表达式:

$$R_{tt} = \frac{\dfrac{4KW^2}{\rho ST_{\max}}}{g \sqrt{\left(\sqrt{2}\right)^2 - 1}}$$

上式进一步简化为

$$R_{tt} = R_{\min} = \frac{4Km^2}{g\rho ST_{\max}} \tag{9.119}$$

上式中 R_{tt} 的理论值只有式(9.111)中的 V_{tt} 等于或大于角点速度($V_{tt} \geqslant V^*$)时才有效;否则,使用式(9.118)。

现在,可以得出一些结论,无论是在操作方面还是在设计方面,使喷气飞机达到提高最小半径转弯性能的目的。式(9.111)~式(9.119)清楚地指示了各飞机参数在飞机机动性中的作用。式(9.119)表明,要减小最小半径,必须做到以下几点。

(1)增大发动机推力 T。

(2)增大飞机推重比 T/W。

(3)减小飞机质量 W。

(4)增大机翼面积 S。

（5）增大翼载荷 W/S。

（6）减小诱导阻力因数 K。这表示必须增大机翼展弦比 AR 和奥斯瓦尔德翼展效率系数 e。

（7）通过选择强大的高升力装置来增大 $C_{L_{\max}}$，如三开缝襟翼。

（8）降低失速速度 V_s。

（9）降低零升阻力系数 C_{D_0}。

另外，式（9.118）也表明：

（10）飞行员必须以低速飞行。

（11）飞行员必须以低高度（高 ρ）飞行。

在实际应用中，飞机重量、发动机推力、翼展、展弦比、机翼面积等设计参数是由多种要求决定的。因此，设计总是一种折中。例如，机翼载荷主要取决于着陆速度，而不是最快转弯。此外，机翼展弦比是由滚转速率决定的，而不是最小转弯半径。推重比主要取决于最大速度，而不是转弯性能要求。因此，超声速战斗机的作战区域通常在亚声速范围内。

注意，式（9.119）中 $R_{\min}$ 的值只有 V_{tt} 等于或大于角点速度（$V_{tt} \geqslant V^*$）时才有效；否则，假设 $V_{tt} = V^*$。然后，由式（9.118）可得

$$R_{tt} = R_{\min} = \frac{(V^*)^2}{g\sqrt{\left(\dfrac{\rho\,(V^*)^2 SC_{L_{\max}}}{2W}\right)^2 - 1}} \tag{9.120}$$

由式（9.32）和式（9.33）可知，最小半径转弯对应的转弯速率为

$$\omega_{tt} = \frac{g\tan\phi_{tt}}{V_{ft}} = \frac{g\sqrt{n_{tt}^2 - 1}}{V_{tt}} \tag{9.121}$$

遗憾的是，对于目前的大多数飞机，最小半径转弯的理论空速 V_{tt} 小于失速速度 V_s，换句话说，相应的升力系数 $C_{L_{tt}}$ 大于最大可用升力系数 $C_{L_{\max}}$。表 9.5 总结了最小半径转弯公式。如表 9.5 所列，每个参数有两组方程：①一组针对 $V_{tt} \geqslant V^*$ 的情况；②另一组针对 $V_{tt} < V^*$ 的情况。因此，在确定最小转弯半径之前，需要计算 V_{tt} 与角点速度 V^*，并进行比较。V_{tt} 的值首先由式（9.111）确定。

表 9.5　最小半径转弯参数的公式

序号	最快转弯参数	符号	$V_{tt} \geqslant V^*$	$V_{tt} < V^*$
1	最小转弯半径对应的空速	V_{tt}	式（9.109）	式（9.110）
2	最小转弯半径对应的载荷因数	n_{tt}	式（9.111）	式（9.112）
3	最小转弯半径对应的转弯速率	ω_{tt}	式（9.117）	式（9.117）
4	最小转弯半径	R_{tt}	式（9.114）或式（9.115）	式（9.114）或式（9.115）
5	最小转弯半径对应的滚转角	ϕ_{tt}	式（9.113）	式（9.113）

如果最小半径转弯和最快转弯的理论空速小于角点速度,那么最小半径转弯和最快转弯的性能是相近的。原因是,这两种情况将采用角点速度和相同的滚转角进行转弯。因此,最快转弯和最小半径转弯通常都是通过使用最大的发动机推力以及接近失速的速度来实现。最小半径转弯的理论空速通常小于失速速度。实践中,有两种实际解决方案来利用理论空速。

(1)采用三开缝襟翼等先进的高升力装置,可提高最大升力系数。但该方法会导致飞机零升阻力系数的增大,因此不具有实际意义。

(2)增大飞行高度,使所需的升力系数等于最大升力系数。

因此,最大升力系数是飞机机动性的一个重要参数。该参数越大,即失速速度越小,飞机的机动性越好。

如图9.10所示,C 点和 B 点之间有一个点 D,这在一些转弯飞行的情况下很有趣。在该点,飞机采用最大升力系数,同时使用最大推力的一小部分。飞机正以低于角点速度的速度飞行。该点处的转弯半径远远大于最小转弯半径。在某些特殊情况下,该点处的转弯半径可能比以角点速度飞行时的转弯半径略小(图9.10)。

很少有先进战斗机能够以大于失速迎角的迎角飞行而不失速(如 X－31 验证机)。这表明它们飞行的迎角远远高于失速时的迎角(超机动的出现)。这种飞行操作称为超失速。俄罗斯试验单座超机动喷气战斗机苏－37 就是一个例子。苏－37 装备 2 台强大的涡扇发动机[15],单台推力 145kN(加力状态)。难以想象,它能以接近40°的迎角飞行,但在非常强大的喷气发动机的帮助下,它已经成为现实。因此,不应该担心某些推导出的方程是不切实际的以及它们的应用限制。

另一种先进战斗机是洛克希德·马丁联合攻击战斗机 F－35"闪电"Ⅱ(图5.8),它是一种为空军、海军陆战队和海军定制的不同版本的攻击战斗机[2]。从总预估采购成本看,F－35 项目是美国国防部最大的武器采购项目。这种全天候隐身多用途战斗机是第五代攻击战斗机,用来取代美国空军的 F－16 战斗机、海军和海军陆战队的 F/A－18 战斗机和海军陆战队的 AV－8 战斗机。这种战斗机的翼载荷为 7314N/m²,推重比为 0.87。气动极限和结构极限降低了飞机的机动性,只有推进系统和高升力装置才能扩大这些限制。图9.15 所示为 9 架亚马基MB－339PAN 特技喷气飞机在进行最快转弯机动飞行。

图9.16 显示了转弯半径和转弯过程中的空速之间的典型关系,说明了结构和气动限制对转弯性能的影响。两种限制的交点通常是角点速度或机动速度。图9.17说明了几种空速随高度的变化。由此可知,几乎所有这些速度都在绝对升限处重合。

例9.9 某战斗机具有以下特点:

$$m_{TO} = 25000 \text{kg}, S = 40 \text{m}^2, T_{max} = 100 \text{kW}, C_{D_0} = 0.014, b = 9 \text{m}, C_{L_{max}} = 1.3$$

分析飞机在海平面高度两种飞行条件下的最小半径转弯性能:

图 9.15 9 架亚马基 MB-339PAN 特技喷气飞机在进行转弯机动飞行(Steve Dreier 提供)

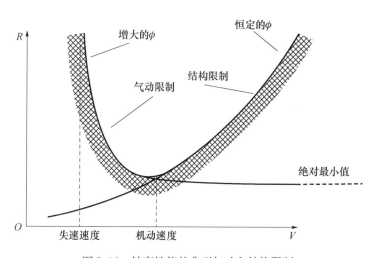

图 9.16 转弯性能的典型气动和结构限制

(1)计算理论解(使用发动机最大推力)。

(2)以角点速度的 90% 为转弯速度进行转弯,但具有最大的升力系数(图 9.10 中的 D 点)。

解 计算以下两个参数:

$$AR = \frac{b^2}{S} = \frac{9^2}{40} = 2.025 \tag{3.9}$$

501

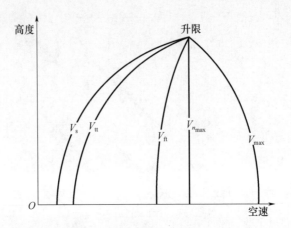

图 9.17 几种空速随高度的变化

$$K = \frac{1}{\pi e \mathrm{AR}} = \frac{1}{3.14 \times 0.7 \times 2.025} = 0.225 \qquad (3.8)$$

（1）使用发动机最大推力时的速度为

$$V_{\mathrm{tt}} = V_{R_{\min}} = \sqrt{\frac{4KW^2}{\rho S T_{\max}}} = \sqrt{\frac{4 \times 2.025 \times (25000 \times 9.81)^2}{1.225 \times 40 \times 100000}} = 104.97\,\mathrm{m/s} = 204\,\mathrm{kn}$$

$$(9.111)$$

$$V^* = \sqrt{\frac{2T_{\max}}{\rho S(KC_{L_{\max}}^2 + C_{D_0})}}$$

$$= \sqrt{\frac{2 \times 100000}{1.225 \times 40 \times (0.225 \times 1.3^2 + 0.014)}} = 101.8\,\mathrm{m/s} = 198\,\mathrm{kn} \quad (9.47)$$

速度 V_{tt} 略大于角点速度（$V_{\mathrm{tt}} \geqslant V^*$）。因此，使用表 9.5 中第 4 列的方程：

$$n_{\mathrm{tt}} = \sqrt{2 - \frac{4KC_{D_0}}{(T_{\max}/W)^2}} = \sqrt{2 - \frac{4 \times 0.225 \times 0.014}{[100000/(25000 \times 9.81)]^2}} = 1.387 \,(9.113)$$

$$\phi_{\mathrm{tt}} = \arccos\left(\frac{1}{n_{\mathrm{tt}}}\right) = \arccos\left(\frac{1}{1.387}\right) = 43.87° \qquad (9.116)$$

$$R_{\mathrm{tt}} = R_{\min} = \frac{V_{\mathrm{tt}}^2}{g\sqrt{n_{\mathrm{tt}}^2 - 1}} = \frac{104.97^2}{9.81\sqrt{1.387^2 - 1}} = 1168.6\,\mathrm{m} \qquad (9.118)$$

式（9.119）得到的最小半径值相同。

（2）转弯速度为角点速度的 90%，但具有最大的升力系数。新的速度为

$$V = 0.9V^* = 0.9 \times 101.85 = 91.66\,\mathrm{m/s}$$

当 $V < V^*$ 时，但具有最大升力系数时，载荷因数为

$$n = \frac{\rho V^2 S C_{L_{\max}}}{2W} = \frac{1.225 \times 91.66^2 \times 40 \times 1.3}{2 \times 25000 \times 9.81} = 1.091 \qquad (9.45)$$

滚转角为

$$\phi = \arccos\left(\frac{1}{n}\right) = \arccos\left(\frac{1}{1.091}\right) = 23.6° \tag{9.12}$$

转弯半径为

$$R = \frac{V^2}{g\sqrt{n^2-1}} = \frac{91.66^2}{9.81\sqrt{1.091^2-1}} = 1958\text{m} \tag{9.24}$$

此转弯半径比最小转弯半径大40.3%。

空速的降低要求发动机推力也降低,则

$$T = D = \frac{1}{2}\rho V^2 S\left(C_{D_0} + KC_{L_{\max}}^2\right) = \frac{1}{2} \times 1.225 \times 91.66^2 \times 40 \times$$

$$(0.014 + 2.025 \times 1.3^2) = 81000\text{N} = 81\text{kN} \tag{9.38}$$

这个推力是发动机最大推力的81%。

9.6 螺旋桨飞机的机动性

9.6.1 螺旋桨飞机的最快转弯

螺旋桨飞机类似于喷气飞机,最快转弯是以最大转弯速率 $\omega_{\max}$ 进行的水平转弯。为了推导最大转弯速率的表达式,式(9.32)关于空速进行微分,并令其等于0,则

$$\omega = \frac{g\sqrt{n^2-1}}{V} \tag{9.32}$$

这里想要寻找一组值(n 和 V)来获得最大转弯速率 $\omega_{\max}$。首先,假设任何可产生的 n 都是允许的,且任何相应速度也是允许的。稍后将检查这个条件。

此外,载荷因数是发动机功率、飞机重量和速度的函数,即

$$n = \frac{S}{W}\sqrt{\frac{\rho V P \eta_{\text{P}}}{2KS} - \frac{\rho^2 V^4 C_{D_0}}{4K}} \tag{9.79}$$

将方程两边同时平方,将其代入式(9.32)可得

$$\omega = \frac{g\sqrt{\dfrac{S^2}{W^2}\left(\dfrac{\rho V P \eta_{\text{P}}}{2KS} - \dfrac{\rho^2 V^4 C_{D_0}}{4K}\right) - 1}}{V} = \frac{g\sqrt{\dfrac{\rho V P \eta_{\text{P}} S}{2KW^2} - \dfrac{\rho^2 S^2 V^4 C_{D_0}}{4KW^2} - 1}}{V} \tag{9.127}$$

式(9.127)的分子和分母都是空速的函数。

$$\frac{\text{d}}{\text{d}x}\frac{u}{v} = \frac{(\text{d}u/\text{d}x)v - (\text{d}v/\text{d}x)u}{v^2}, \frac{\text{d}}{\text{d}x}u^k = k\frac{\text{d}u}{\text{d}x}u^{k-1}$$

其中 $k = 1/2$。式(9.122)对空速求导(图9.13)可得

$$\frac{d\omega}{dV} = \frac{V \dfrac{\dfrac{1}{2}g\left(\dfrac{\rho P\eta_{P}S}{2KW^{2}} - \dfrac{4\rho^{2}S^{2}V^{3}C_{D_{0}}}{4KW^{2}}\right)}{\sqrt{\dfrac{\rho VP\eta_{P}S}{2KW^{2}} - \dfrac{\rho^{2}S^{2}V^{4}C_{D_{0}}}{4KW^{2}} - 1}} - g\sqrt{\dfrac{\rho VP\eta_{P}S}{2KW^{2}} - \dfrac{\rho^{2}S^{2}V^{4}C_{D_{0}}}{4KW^{2}} - 1}}{V^{2}} = 0$$

(9.123)

上式分母不可能是0。因此,令分子为0,可得

$$V \frac{\dfrac{1}{2}g\left(\dfrac{\rho P\eta_{P}S}{2KW^{2}} - \dfrac{4\rho^{2}S^{2}V^{3}C_{D_{0}}}{4KW^{2}}\right)}{\sqrt{\dfrac{\rho VP\eta_{P}S}{2KW^{2}} - \dfrac{\rho^{2}S^{2}V^{4}C_{D_{0}}}{4KW^{2}} - 1}} - g\sqrt{\dfrac{\rho VP\eta_{P}S}{2KW^{2}} - \dfrac{\rho^{2}S^{2}V^{4}C_{D_{0}}}{4KW^{2}} - 1} = 0$$

上式两项都乘以第一项的分母,并消去 g 可得

$$V\frac{1}{2}\left(\frac{\rho P\eta_{P}S}{2KW^{2}} - \frac{\rho^{2}S^{2}V^{3}C_{D_{0}}}{KW^{2}}\right) - \left(\frac{\rho VP\eta_{P}S}{2KW^{2}} - \frac{\rho^{2}S^{2}V^{4}C_{D_{0}}}{4KW^{2}} - 1\right) = 0$$

或

$$\frac{V\rho P\eta_{P}S}{4KW^{2}} + \frac{\rho^{2}S^{2}V^{4}C_{D_{0}}}{4KW^{2}} - 1 = 0$$

对上式重新整理为以下表达式:

$$V^{4} + \frac{P\eta_{P}V}{\rho S C_{D_{0}}} - \frac{4KW^{2}}{\rho^{2}S^{2}C_{D_{0}}} = 0 \qquad (9.124)$$

上式是一个非线性代数方程,且没有解析解。为找到该方程的解,可以证明,对典型螺旋桨飞机,式(9.124)中后两项的幅值比第一项(V^{4})要大得多。因此,通过舍去第一项可以合理近似,则

$$\frac{P\eta_{P}V}{\rho S C_{D_{0}}} - \frac{4KW^{2}}{\rho^{2}S^{2}C_{D_{0}}} \approx 0 \qquad (9.125)$$

这样就可得螺旋桨飞机最快转弯空速的一个近似解:

$$V_{ft} = \frac{4KW^{2}}{P\eta_{P}\rho S} \qquad (9.126)$$

上式表示最大化螺旋桨飞机转弯速率的空速。注意,式(9.126)给出的理论解(空速)通常小于失速速度,因此通常是不切实际的。理论上最快转弯性能是很难达到的,因为它需要的空速往往小于失速速度。为了克服这个问题,最好的解决方案是配备强大的高升力装置,以增大最大升力系数。这反过来使失速速度减小到小于最快转弯空速。因此,螺旋桨飞机的机动性(最快转弯)取决于高升力装置(最大升力系数)。

504

当飞机以小于角点速度 V^*（式（9.90））的速度转弯,同时使用最大发动机功率时,飞机会出现失速。因此,式（9.126）中任何小于角点速度 V^* 的 V_{ft} 的理论值都是不可行的。注意,式（9.126）中的 V_{ft} 值只有大于或等于角点速度（$V_{ft} \geqslant V^*$）时才有效;否则,假设 $V_{ft} = V^*$。因此,则由式（9.90）可得

$$V_{ft} = V^* = \left(\frac{2P_{max}\eta_P}{\rho S(C_{D_0} + KC_{L_{max}}^2)} \right)^{\frac{1}{3}} \tag{9.127}$$

将式（9.126）代入式（9.79）,可得最快转弯的载荷因数:

$$n_{ft} = \frac{S}{W}\sqrt{\frac{\rho P \eta_P}{2KS}\frac{4KW^2}{P\eta_P\rho S} - \frac{\rho^2 C_{D_0}}{4K}\left(\frac{4KW^2}{P\eta_P\rho S}\right)^4} = \frac{S}{W}\sqrt{\frac{2W^2}{S^2} - \frac{W^2}{S^2}\frac{4^3 K^3 W^6 C_{D_0}}{P^4 \eta_P^4 \rho^2 S^2}}$$

上式进一步简化为

$$n_{ft} = \sqrt{2 - \frac{4^3 K^3 W^6 C_{D_0}}{P^4 \eta_P^4 \rho^2 S^2}} \tag{9.128}$$

上式右边第二项的模要比 2 小得多,该式的近似值是去掉这一项,则

$$n_{ft} \approx \sqrt{2} = 1.414 \tag{9.129}$$

注意,上式中 n_{ft} 的值只有 V_{ft} 大于或等于角点速度（$V_{ft} \geqslant V^*$）时才有效;否则,假设 $n_{ft} = n_{max_C}$。然后,由式（9.91）可得

$$n_{ft} = n_{max_C} = \frac{\rho V^{*2} S C_{L_{max}}}{2W} \tag{9.130}$$

利用式（9.12）,最快转弯对应的滚转角为

$$\phi_{ft} = \arccos\left(\frac{1}{n_{ft}}\right) \tag{9.131}$$

当式（9.126）中的 V_{ft} 大于或等于角点速度（$V_{ft} \geqslant V^*$）时,最快转弯对应的滚转角的最大理论值为

$$\phi_{ft} = \arccos\left(\frac{1}{1.414}\right) = 45° \tag{9.132}$$

由式（9.32）可知,最快转弯对应的转弯速率 ω_{ft} 是相应速度和载荷因数的函数:

$$\omega_{ft} = \frac{g\sqrt{n_{ft}^2 - 1}}{V_{ft}} \tag{9.133}$$

实现最快转弯的最大转弯速率 ω_{max} 是通过将式（9.129）中的 n_{ft} 和式（9.126）中的 V_{ft} 代入式（9.133）,可得

$$\omega_{ft} = \frac{g\sqrt{(\sqrt{2})^2 - 1}}{\dfrac{4KW^2}{P\eta_P\rho S}}$$

进一步简化为

$$\omega_{max} = \omega_{ft} = \frac{gP\eta_P\rho S}{4KW^2}$$ (9.134)

由式(9.24)可得最快转弯对应的转弯半径为

$$R_{ft} = \frac{V_{ft}^2}{g\sqrt{n_{ft}^2 - 1}}$$ (9.135)

现在,可以得出以下结论,无论是在操作方面还是在设计方面,使螺旋桨飞机达到提高最快转弯性能的目的。在操作方面,最快转弯性能可以通过增大发动机功率、减少飞机重量、增大 C_{D_0}(通过襟翼偏转),以及降低高度(直到海平面高度)。在设计方面,设计师需要增大机翼面积,选择高效率的螺旋桨,使用强大的高升力装置,以及降低诱导阻力因数 K。这需要增大机翼展弦比或翼展。

遗憾的是,最快转弯的理论空速 V_{ft} 通常小于失速速度 V_s。换句话说,相应的升力系数 $C_{L_{ft}}$ 大于最大可用升力系数 $C_{L_{max}}$。表9.6总结了最快转弯参数的公式。表中每个参数有两组方程:①一组针对 $V_{ft} \geq V^*$ 的情况;②另一组针对 $V_{ft} < V^*$ 的情况。因此,在确定最大转弯速率之前,需要计算 V_{ft} 与角点速度 V^*,并进行比较。V_{ft} 的值首先由式(9.126)确定。

表9.6 最快转弯参数的公式

序号	最快转弯参数	符号	$V_{ft} \geq V^*$	$V_{ft} < V^*$
1	最大转弯速率对应的空速	V_{ft}	式(9.122)	式(9.123)
2	最大转弯速率对应的载荷因数	n_{ft}	式(9.125)	式(9.126)
3	最大转弯速率	ω_{ft}	式(9.130)	式(9.129)
4	最大转弯速率对应的转弯半径	R_{ft}	式(9.131)	式(9.131)
5	最大转弯速率对应的滚转角	ϕ_{ft}	式(9.128)	式(9.127)

例9.10 验证螺旋桨飞机的最快转弯性能。单发活塞螺旋桨特技飞机通航F22企鹅具有以下特点:

$m_{TO} = 900\text{kg}, S = 10.82\text{m}^2, P = 130\text{kW}, b = 8.5\text{m}, V_s = 54\text{kn}$(使用襟翼)

假设 $C_{D_0} = 0.021, \eta_P = 0.8, e = 0.87$。

评估这架特技飞机在海平面高度的最快转弯性能。

解 首先需要计算以下三个参数:

$$AR = \frac{b^2}{S} = \frac{8.5^2}{10.82} = 5.92$$ (3.9)

$$K = \frac{1}{\pi e AR} = \frac{1}{3.14 \times 0.87 \times 5.92} = 0.06$$ (3.8)

$$C_{L_{max}} = \frac{2mg}{\rho S V_s^2} = \frac{2 \times 900 \times 9.81}{1.225 \times 10.82 \times (54 \times 0.514)^2} = 1.73$$ (2.49)

506

然后需要比较角点速度和最快转弯对应的空速：

$$V_{ft} = \frac{4KW^2}{P\eta_P\rho S} = \frac{4 \times 0.06 \times (900 \times 9.81)^2}{130000 \times 0.8 \times 1.225 \times 10.82} = 13.5 \text{m/s} = 26.3 \text{kn} \quad (9.126)$$

$$V^* = \left(\frac{2P_{max}\eta_P}{\rho S(C_{D_0} + KC_{L_{max}}^2)}\right)^{\frac{1}{3}}$$

$$= \left(\frac{2 \times 130000 \times 0.8}{1.225 \times 10.82 \times (0.021 + 0.06 \times 1.73^2)}\right)^{\frac{1}{3}} = 42.9 \text{m/s} = 83.3 \text{kn}$$

$$(9.90)$$

因为 $V_{ft} < V^*$，最快转弯的理论值是不现实的。由式(9.127)可知，令 $V_{ft} = V^* = 42.9 \text{m/s} = 83.3 \text{kn}$。根据表 9.6，使用最后一列的方程。

载荷因数为

$$n_{ft} = n_{max_C} = \frac{\rho(V^*)^2 SC_{L_{max}}}{2W} = \frac{1.225 \times 42.9^2 \times 10.82 \times 1.73}{2 \times 900 \times 9.81} = 2.38 \quad (9.130)$$

最快转弯时的滚转角为

$$\phi_{ft} = \arccos\left(\frac{1}{n_{ft}}\right) = \arccos\left(\frac{1}{2.38}\right) = 65.2° \quad (9.131)$$

最大转弯速率为

$$\omega_{ft} = \frac{g\sqrt{n_{ft}^2 - 1}}{V_{ft}} = \frac{9.81 \times \sqrt{2.38^2 - 1}}{42.9} = 0.495 \text{rad/s} = 28.3(°)/s \quad (9.133)$$

转弯半径为

$$R_{ft} = \frac{V_{ft}^2}{g\sqrt{n_{ft}^2 - 1}} = \frac{42.9^2}{9.81 \times \sqrt{2.38^2 - 1}} = 86.7 \text{m} \quad (9.135)$$

转半圈所需时间为

$$t = \frac{\pi R}{V} = \frac{3.14 \times 86.7}{42.9} = 6.3 \text{s} \quad (9.27)$$

9.6.2　螺旋桨飞机的最小半径转弯

飞机以最短半径转弯称为最小半径转弯。最小半径转弯时评估螺旋桨飞机机动性的另一个标准。为确定最小转弯半径，需要式(9.24)对空速求导，并令其等于0，则

$$R = \frac{V^2}{g\sqrt{n^2 - 1}} \quad (9.24)$$

这里想要寻找一组值(n 和 V)来获得最小转弯半径 R_{min}。首先，假设任何可产生的 n 都是允许的，且相应的速度也是允许的；然后，将分析这个条件。

此外，载荷因数是发动机功率、飞机重量和速度的函数，即

507

$$n = \frac{S}{W}\sqrt{\frac{\rho V P \eta_{\mathrm{P}}}{2KS} - \frac{\rho^2 V^4 C_{D_0}}{4K}} \tag{9.79}$$

方程两边同时平方,代入式(9.24)可得

$$R = \frac{V^2}{g\sqrt{\frac{S^2}{W^2}\left(\frac{\rho V P \eta_{\mathrm{P}}}{2KS} - \frac{\rho^2 V^4 C_{D_0}}{4K}\right) - 1}} = \frac{V^2}{g\sqrt{\frac{\rho V P \eta_{\mathrm{P}} S}{2KW^2} - \frac{\rho^2 S^2 V^4 C_{D_0}}{4KW^2} - 1}} \tag{9.136}$$

式(9.136)关于空速求微分(图9.14)并令其等于0,可得最小半径(最优点):

$$\frac{\mathrm{d}R}{\mathrm{d}V} = \frac{\mathrm{d}}{\mathrm{d}V}\left(\frac{V^2}{g\sqrt{\frac{\rho V P \eta_{\mathrm{P}} S}{2KW^2} - \frac{\rho^2 S^2 V^4 C_{D_0}}{4KW^2} - 1}}\right) = 0 \tag{9.137}$$

上式分子和分母都是空速的函数。

$$\frac{\mathrm{d}}{\mathrm{d}x}\frac{u}{v} = \frac{(\mathrm{d}u/\mathrm{d}x)v - (\mathrm{d}v/\mathrm{d}x)u}{v^2}, \frac{\mathrm{d}}{\mathrm{d}x}u^k = k\frac{\mathrm{d}u}{\mathrm{d}x}u^{k-1}$$

其中 $k = 1/2$。R 对空速求导可得

$$\frac{\mathrm{d}R}{\mathrm{d}V} = \frac{2Vg\sqrt{\frac{\rho V P \eta_{\mathrm{P}} S}{2KW^2} - \frac{\rho^2 S^2 V^4 C_{D_0}}{4KW^2} - 1} - V^2\frac{\frac{1}{2}g\left(\frac{\rho P \eta_{\mathrm{P}} S}{2KW^2} - \frac{4\rho^2 S^2 V^3 C_{D_0}}{4KW^2}\right)}{\sqrt{\frac{\rho V P \eta_{\mathrm{P}} S}{2KW^2} - \frac{\rho^2 S^2 V^4 C_{D_0}}{4KW^2} - 1}}}{g^2\left(\frac{\rho V P \eta_{\mathrm{P}} S}{2KW^2} - \frac{\rho^2 S^2 V^4 C_{D_0}}{4KW^2} - 1\right)} = 0$$

$$\tag{9.138}$$

上式分母不可能是0,因此令分子为0,则

$$2Vg\sqrt{\frac{\rho V P \eta_{\mathrm{P}} S}{2KW^2} - \frac{\rho^2 S^2 V^4 C_{D_0}}{4KW^2} - 1} - V^2\frac{\frac{1}{2}g\left(\frac{\rho P \eta_{\mathrm{P}} S}{2KW^2} - \frac{4\rho^2 S^2 V^3 C_{D_0}}{4KW^2}\right)}{\sqrt{\frac{\rho V P \eta_{\mathrm{P}} S}{2KW^2} - \frac{\rho^2 S^2 V^4 C_{D_0}}{4KW^2} - 1}} = 0$$

上式两项都消去 Vg,然后把两项都乘以第二项的分母,可得

$$2\left(\frac{\rho V P \eta_{\mathrm{P}} S}{2KW^2} - \frac{\rho^2 S^2 V^4 C_{D_0}}{4KW^2} - 1\right) - V\frac{1}{2}\left(\frac{\rho P \eta_{\mathrm{P}} S}{2KW^2} - \frac{4\rho^2 S^2 V^3 C_{D_0}}{4KW^2}\right) = 0$$

或

$$\frac{\rho V P \eta_{\mathrm{P}} S}{KW^2} - \frac{\rho^2 S^2 V^4 C_{D_0}}{2KW^2} - 2 - \frac{V\rho P \eta_{\mathrm{P}} S}{4KW^2} + \frac{\rho^2 S^2 V^4 C_{D_0}}{2KW^2} = 0$$

上式第二项和第五项相互抵消,则

508

$$\frac{\rho V P \eta_P S}{K W^2} - 2 - \frac{V \rho P \eta_P S}{4 K W^2} = 0$$

$$\frac{\rho V P \eta_P S}{K W^2}\left(1 - \frac{1}{4}\right) = 2$$

由此得到空速表达式为

$$V_{tt} = \frac{8 K W^2}{3 \rho P \eta_P S} \tag{9.139}$$

式中:下标 tt 表示最小半径转弯。理论上最小半径转弯的性能很难实现,因为它需要的空速常常小于失速速度。当飞机以低于角点速度 V^* (式(9.47))的速度转弯,同时使用最大的发动机推力时,飞机将出现失速。因此,式(9.139)中任何小于 V^* 的 V_{tt} 的理论值都是无效的。

注意,式(9.139)中 V_{tt} 的值只有大于或等于角点速度($V_{tt} \geqslant V^*$)时才有效;否则,假设 $V_{tt} = V^*$。然后,根据式(9.90)可得

$$V_{tt} = V^* = \left(\frac{2 P_{max} \eta_P}{\rho S (C_{D_0} + K C_{L_{max}}^2)}\right)^{\frac{1}{3}} \tag{9.140}$$

式中:$C_{L_{max}}$ 是水平转弯时的最大升力系数。

使用高升力装置时的最大升力系数比不使用高升力装置时的大得多。将式(9.139)中的 V_{tt} 代入式(9.79),可得最小半径转弯载荷因数 n_{tt} 的表达式:

$$n_{tt} = \frac{S}{W}\sqrt{\frac{\rho P \eta_P}{2 K S}\frac{8 K W^2}{3 \rho P \eta_P S} - \frac{\rho^2 C_{D_0}}{4 K}\left(\frac{8 K W^2}{3 \rho P \eta_P S}\right)^4} \tag{9.150}$$

上式可以进一步简化为

$$n_{tt} = \sqrt{\frac{4}{3} - \frac{12.6 K^3 W^6 C_{D_0}}{S^2 \rho^2 P^4 \eta_P^4}} \tag{9.141}$$

上式根号下第二项的模要比 4/3 小得多,该式的近似值是去掉这一项,有

$$n_{tt} \approx \sqrt{4/3} = 1.155 \tag{9.142}$$

注意,式(9.142)获得的 n_{tt} 值,只有 V_{tt} 等于或大于角点速度($V_{tt} \geqslant V^*$)时才有效;否则,假设 $n_{tt} = n_{max_C}$。然后,根据式(9.91)可得

$$n_{tt} = n_{max_C} = \frac{\rho V^{*2} S C_{L_{max}}}{2 W} \tag{9.143}$$

由式(9.12)可知,最小半径转弯对应的滚转角为

$$\phi_{tt} = \arccos\left(\frac{1}{n_{tt}}\right) \tag{9.144}$$

如果式(9.139)中的 V_{tt} 等于或大于角点速度($V_{tt} \geqslant V^*$),则最小半径转弯对应的滚转角的最大理论值为

$$\phi_{tt} \approx \arccos\left(\frac{1}{1.155}\right) \approx 30° \qquad (9.145)$$

根据定义,最小半径转弯的转弯半径 R_{tt} 等于最小(最短)转弯半径 R_{min}。根据式(9.24)可得

$$R_{tt} = R_{min} = \frac{V_{tt}^2}{g \sqrt{n_{tt}^2 - 1}} \qquad (9.146)$$

将式(9.142)和式(9.139)代入式(9.146)并展开,可得最小转弯半径的一般的表达式:

$$R_{tt} = \frac{\left(\frac{8KW^2}{3\rho P\eta_P S}\right)^2}{g \sqrt{1.155^2 - 1}}$$

进一步简化为

$$R_{tt} = R_{min} = \frac{12.3}{g}\left(\frac{KW^2}{\rho P_{max}\eta_P S}\right)^2 \qquad (9.147)$$

式(9.147)中 R_{tt} 的理论值只有式(9.139)中的 V_{tt} 等于或大于角点速度($V_{tt} \geq V^*$)时才有效;否则,使用式(9.146)。然后,根据式(9.143)可得

$$R_{tt} = R_{min} = \frac{(V^*)^2}{g \sqrt{\left(\frac{\rho (V^*)^2 SC_{L_{max}}}{2W}\right)^2 - 1}} \qquad (9.148)$$

可以得出以下结论,无论是在操作方面还是在设计方面,使螺旋桨飞机达到提高最小半径转弯性能的目的。式(9.147)和式(9.148)可以用来检验每个参数对最小转弯半径的作用。要减小最小半径,必须做到以下几点:

(1)增大发动机功率 P;

(2)减小飞机质量 W;

(3)增大机翼面积 S;

(4)增大翼载荷 W/S;

(5)减小诱导阻力因数 K,这表示必须增大机翼展弦比 AR 和奥斯瓦尔德翼展效率系数 e;

(6)通过选择强大的高升力装置来增大 $C_{L_{max}}$,如双开缝襟翼;

(7)降低失速速度 V_s;

(8)降低零升阻力系数 C_{D_0};

(9)飞行员必须以低高度(高 ρ)飞行;

(10)飞行员必须以低速飞行。

上述结果可分为两类,即一类针对飞行员和一类针对飞机设计人员,以提高最小半径转弯性能。飞行员必须在低空飞行,使用最大的发动机功率,并通过抛放非必要的负载和油箱来降低重量。高度越高,最小半径转弯性能越差。为了设计出

高机动性的飞机,设计者必须选择非常强大的发动机,使用轻质材料,增大机翼面积,并使用高效率的螺旋桨。值得注意的是,参数 C_{D_0} 并没有出现在前面提到的任何方程中。因此,它不直接影响最小半径转弯。然而,如果 C_{D_0} 较大,它将随着角点速度的降低而改善转弯性能(见式(9.140))。当襟翼偏转时,飞机的 C_{D_0} 会增大。

由式(9.32)可知,最小半径转弯对应的转弯速率(ω_{tt})是对应速度和载荷因数的函数:

$$\omega_{tt} = \frac{g\sqrt{n_{tt}^2-1}}{V_{tt}} \tag{9.149}$$

可以将式(9.142)和式(9.139)代入式(9.149)以获得最小半径转弯对应的转弯速率的更一般的表达式:

$$\omega_{tt} = \frac{g\sqrt{1.155^2-1}}{\dfrac{8KW^2}{3\rho P\eta_P S}}$$

进一步简化为

$$\omega_{tt} = \frac{0.217\rho P\eta_P S}{Km^2 g} \tag{9.150}$$

式(9.162)中 ω_{tt} 的理论值只有式(9.139)中的 V_{tt} 等于或大于角点速度($V_{tt} \geqslant V^*$)时才有效;否则,使用式(9.149)。

表9.7总结了最小半径转弯参数公式。如表9.7所列,每个参数有两组方程:①一组针对 $V_{tt} \geqslant V^*$ 的情况;②另一组针对 $V_{tt} < V^*$ 的情况。因此,在确定最小转弯半径之前,需要计算 V_{tt} 与角点速度 V^*,并进行比较。V_{tt} 的值由式(9.139)确定。

表 9.7　最小半径转弯参数的公式总结

序号	最快转弯参数	符号	$V_{tt} \geqslant V^*$	$V_{tt} < V^*$
1	最小转弯半径对应的空速	V_{tt}	式(9.135)	式(9.136)
2	最小转弯半径对应的载荷因数	n_{tt}	式(9.137)或式(9.138)	式(9.139)
3	最小转弯半径对应的转弯速率	ω_{tt}	式(9.146)或式(9.145)	式(9.145)
4	最小转弯半径	R_{tt}	式(9.143)	式(9.142)或式(9.144)
5	最小转弯半径对应的滚转角	ϕ_{tt}	式(9.141)	式(9.140)

例9.11 考虑小型远程遥控飞机,其具有以下特点:

$m = 700\,\text{kg}, S = 0.2\,\text{m}^2, b = 1\,\text{m}, e = 0.8, \eta_P = 0.7, C_{D_0} = 0.03, C_{L_{max}} = 1.2$

这架飞机采用螺旋桨电动机,其中三个 2100mA·h、12V 锂(锂聚合物)电池为电动机提供电能。评估这架飞机在海平面的最小半径转弯性能。

解 计算以下两个参数:

$$AR = \frac{b^2}{S} = \frac{1^2}{0.2} = 5 \tag{3.9}$$

$$K = \frac{1}{\pi e AR} = \frac{1}{3.14 \times 0.8 \times 5} = 0.08 \tag{3.8}$$

根据电池的描述,电压 12V 时最大电流为 2.1A(2100mA)可以供电 1h (3600s)。因此,来自这些电池的发动机功率为

$$P_{max} = IV = 2.1 \times 3 \times 12 = 75.6W \tag{4.35}$$

比较角点速度和最小半径转弯对应的空速:

$$V_{tt} = \frac{8KW^2}{3\rho P \eta_P S} = \frac{8 \times 0.08 \times (0.7 \times 9.81)^2}{3 \times 1.225 \times 75.6 \times 0.7 \times 0.2} = 0.77 \text{m/s} = 1.5 \text{kn} \tag{9.139}$$

$$V^* = \left(\frac{2 P_{max} \eta_P}{\rho S (C_{D_0} + K C_{L_{max}}^2)} \right)^{\frac{1}{3}}$$

$$= \left(\frac{2 \times 75.6 \times 0.7}{1.225 \times 0.2 \times (0.03 + 0.08 \times 1.2^2)} \right)^{\frac{1}{3}} = 14.4 \text{m/s} = 28 \text{kn} \tag{9.140}$$

因为 $V_{tt} < V^*$,最小半径转弯的理论值是不现实的。由式(9.140)可知,令 $V_{tt} = V^* = 14.4 \text{m/s} = 28 \text{kn}$。根据表 9.7,使用最后一列的公式。载荷因数为

$$n_{tt} = n_{max_C} = \frac{\rho (V^*)^2 S C_{L_{max}}}{2W} = \frac{1.225 \times 14.4^2 \times 0.2 \times 1.2}{2 \times 0.7 \times 9.81} = 4.44 \tag{9.143}$$

最小半径转弯对应的转弯半径为

$$R_{tt} = R_{min} = \frac{V_{tt}^2}{g \sqrt{n_{tt}^2 - 1}} = \frac{14.4^2}{9.81 \sqrt{4.44^2 - 1}} = 4.89 \text{m} \tag{9.146}$$

9.7 垂直机动

9.2 节 ~9.6 节介绍了一组基于水平转弯的飞行机动。在水平转弯中,两种转动即滚转和偏航通常是相互配合的。还有一组机动不是基于滚转和偏航,它们是基于另一种转动,即俯仰。上拉、下拉(或下推)、俯冲和从大角度俯冲中拉起是属于这一类的四种动作。俯冲是一种极端的机头朝下的姿态(如垂直),这会导致空速和下降率的增大。根据美国联邦航空条例,普通飞机和通用飞机不允许进行这些机动。只有特技或高机动性的飞机才允许进行这样的机动。图 3.24 所示为米格 -29 超声速战斗机在高 g 拉起机动时的情况。

本节将介绍这两种机动。上拉和下推的过程中,飞机是在垂直平面上飞行(实际上是在一个半径为 R 的垂直圆圈)。当飞机处于圆环(或圆圈)的下半部分时,这种机动称为上拉。相比之下,当飞机处于圆环的上半部分时,这种机动称为下拉或下推。上拉时,升力大于飞机的重力,但下拉时,升力小于重力。事实上,在

下拉过程中,飞机处于倒飞状态(飞机上面朝下)。这两种情况下,爬升角 γ 是不断变化的。实际上,转弯速率就是爬升角的变化率。因此,转弯速率为

$$\omega = \dot{\gamma} = \frac{\mathrm{d}\gamma}{\mathrm{d}t} \tag{9.151}$$

图 9.18 所示为上拉和下拉两种机动中施加的力。垂直机动和水平转弯之间有一个重要的区别。水平协调转弯时,除了人的重力外,机上的人感觉不到任何力量,而垂直机动时,则会感觉到向心加速度。极端情况下,大的向心加速度可能会使人晕厥。因此,垂直机动主要受人的生理限制,而不是受飞机结构强度的限制。坚固的结构可以承受 20 ~ 30 的载荷因数,而普通人很难在超过 6 的载荷因数下工作。

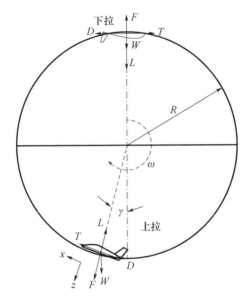

图 9.18　上拉和下拉机动

当 $n > 1$ 时,血压会升高,血液会移动(向上或向下)。这就是静体血压效应[16]。极端情况下,血液会被 g 载荷泵入大脑。由于这对大脑是有害的,战斗机飞行员需要穿着抗荷服,以限制大脑中不需要的血液循环(向上运动)。飞行员可以通过穿抗荷服来人为增强抗荷能力,减少体内高血压的危害。载荷因数越高,大脑区域(包括眼睛和耳朵区域)的血压越高。高载荷因数可能导致血压刺穿耳膜和眼睛外层,失去知觉。因此,超过 9 的载荷因数对眼睛、耳朵和大脑是非常危险的,应该避免。有兴趣的读者可以参阅文献[14]来研究当前关于载荷防护的内容。

运输机载荷因数变化的一个非常熟悉的例子(图 9.19)是,当飞行俯仰角 θ 变化时,从水平飞行(如起飞)到爬升飞行的阶段变化过程中,需要进行一次垂直转弯(类似于上拉),此时正载荷因数会增大。在从爬升飞行到水平飞行(如巡航)过程中,需要进行另一次垂直转弯(类似于下拉),此时负载荷因数会增大。在这两

段时间内,飞行员必须向驾驶杆/驾驶盘施加力(拉/推)使升降舵偏转。

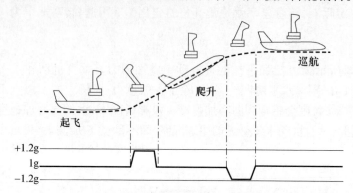

图 9.19　运输机载荷因数随俯仰角速率的变化

9.7.1　上拉和拉起

考虑一架拉起机动中的飞机(飞机在图9.18中圆环的下半部分)。飞机以恒定的空速 V 在半径为 R 的垂直圆环上垂直转弯(上拉)。当飞行轨迹为垂直圆圈时,运动方程基于力的平衡推导。这种机动中出现了五种力:重力 W、升力 L、推力、阻力以及离心力($F_c = mV^2/R$)。沿 x 轴和 z 轴的力的平衡,可得

$$\sum F_x = 0$$
$$T = D \tag{9.152}$$
$$\sum F_z = 0$$
$$L - W\cos\gamma = m\frac{V^2}{R} \tag{9.153}$$

为简单起见,考虑飞机处于圆环的最低点。也就是说,爬升角 $\gamma = 0°$。因此,式(9.153)简化可为

$$L - W = m\frac{V^2}{R} \tag{9.154}$$

机动开始瞬间的转弯半径 R 和转弯速率 ω。瞬间的机动是由升力的突然变化引起的,且通过突然增大迎角来实现。这种起始状态使飞机开始以恒定的俯仰速率爬升。瞬时转弯半径由式(9.154)可得

$$R = m\frac{V^2}{L-W} = \frac{W}{g}\frac{V^2}{L-W} = \frac{V^2}{g(L/W-1)} \tag{9.155}$$

本书已经将 L/W 定义为载荷因数 n,则式(9.155)可改写为

$$R = \frac{V^2}{g(n-1)} \tag{9.156}$$

514

从俯冲中拉起的飞行轨迹(图9.20)类似于圆的右下1/4。理想的俯冲拉起是通过沿圆弧直到轨迹水平匀速滑翔(零推力)来完成的。式(9.154)~式(9.156)可以用来分析这1/4段的飞机运动,特别是这1/4段的末端(轨迹变为水平)。俯冲拉起时,半径受俯冲速度和最大允许载荷因数的限制。俯冲速度不应超过不可超越速度V_{NE}。否则,飞机结构会断裂(如尾部可能会切断)。例如,莫尼M20TN飞机不可超越速度为194kn,而它的机动速度为128kn。对于给定的俯冲速度,拉起的最小半径取决于飞行员施加的最大允许载荷因数:

$$R_{min} = \frac{V^2}{g(n_{max} - 1)} \tag{9.157}$$

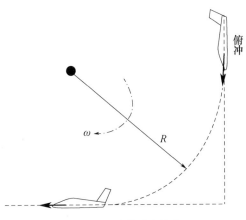

图9.20 从俯冲中拉起

由式(9.156)可得上拉和拉起时的载荷因数为

$$n = \frac{V^2}{Rg} + 1 \tag{9.158}$$

这个载荷因数不是滚转角的函数,因为飞机没有滚转,所以不要把上拉(或拉起)中的载荷因数与水平转弯中的载荷因数混淆,它们不相关。

角速度定义为线速度除以半径,则瞬时转弯速率由式(9.156),可得

$$\omega = \frac{V}{R} = \frac{V}{\frac{V^2}{g(n-1)}} = \frac{g(n-1)}{V} \tag{9.159}$$

式(9.156)~式(9.159)可以用来分析上拉机动。这些方程只在垂直圆环的最低点附近才有效。因此,当爬升角大于10°时,它们是无效的。为了提高飞机上拉的机动性,应增大转弯速率,并减小转弯半径。这些目标要求低速度和高载荷因数。这两个要求的结合意味着,要实现最好的上拉,需要以失速速度、最大载荷因数以及相应的发动机推力飞行。如果瞬时推力是最大可用推力,飞机将没有足够的推力来维持整个上拉所需的速度。因此,随着飞机的爬升,速度将逐渐下降。对

于上拉飞行,角点速度定义为

$$V^* = \sqrt{\frac{2n_{\max}W}{\rho S C_{L_{\max}}}} \qquad (9.160)$$

式中:$n_{\max}$ 为最大允许载荷因数(飞机结构可以承受)。

由式(9.156)和式(9.159)可得上拉时的最小转弯半径和最大转弯速率:

$$R_{\min} = \frac{V^{*2}}{g(n_{\max} - 1)} \qquad (9.161)$$

$$\omega_{\max} = \frac{g(n_{\max} - 1)}{V^*} \qquad (9.162)$$

注意,上拉的角点速度与水平转弯不同。图9.20所示瞬间的瞬时向心加速度(由式(9.7)和式(9.156))为

$$a_C = \frac{V^2}{\dfrac{V^2}{g(n-1)}}$$

进一步简化为

$$a_C = g(n-1) \qquad (9.163)$$

由于向心加速度的方向是向下的,所以总加速度需要加上重力加速度来确定:

$$a_{\mathrm{tot}} = g(n-1) + g = ng \qquad (9.164)$$

这意味着机上的人必须承受 n 倍重力的载荷。人的承受能力会对载荷因数的最大允许值施加限制,也就限制了上拉机动。因此,俯冲拉起机动主要受人的因素限制(而不是发动机功率/推力的限制)。

例9.12 考虑一架质量1500kg、速度100kn的特技飞机。

(1)如果飞机以150m为半径从俯冲拉起,计算载荷因数。

(2)如果最大允许载荷因数为6,计算俯冲拉起的最小半径。

解

(1)载荷因数为

$$n = \frac{V^2}{Rg} + 1 = \frac{(100 \times 0.541)^2}{150 \times 9.81} + 1 = 2.8 \qquad (9.158)$$

(2)最小半径为

$$R_{\min} = \frac{V^2}{g(n_{\max} - 1)} = \frac{(100 \times 0.541)^2}{9.81 \times (6-1)} = 54(\mathrm{m}) \qquad (9.157)$$

俯冲拉起的最小半径为54m。

9.7.2　下拉

下拉机动的分析与上拉机动的分析在基本上是相似的。考虑飞机在圆环的上

半部分(图9.18)。飞机以恒定的空速 V、恒定的半径 R 作垂直转弯(下拉)。当飞行轨迹是一个垂直圆环时,运动方程是基于力的平衡推动的。与上拉类似,这种飞行机动也有相同的 5 种力:重力 W、升力 L、推力、阻力以及离心力。值得注意的是,下拉机动中,飞机是上下颠倒的,升力是向下:

$$\sum F_x = 0$$
$$T = D \qquad\qquad (9.165)$$
$$\sum F_z = 0$$
$$L + W\cos\gamma = m\frac{V^2}{R} \qquad\qquad (9.166)$$

为简单起见,考虑飞机处于圆环的最高点。也就是说,爬升角 γ 为 0。因此,式(9.166)可简化为

$$L + W = m\frac{V^2}{R} \qquad\qquad (9.167)$$

这种特例的转弯半径 R 和转弯速率 ω,瞬时转弯半径由式(9.167)可得

$$R = m\frac{V^2}{L+W} = \frac{W}{g}\frac{V^2}{L+W} = \frac{V^2}{g(L/W+1)} = \frac{V^2}{g(n+1)} \qquad\qquad (9.168)$$

因此,由式(9.168)可得下拉时的载荷因数为

$$n = \frac{V^2}{Rg} - 1 \qquad\qquad (9.169)$$

角速度定义为线速度除以半径,则瞬时转弯速率由式(9.168),可得

$$\omega = \frac{V}{R} = \frac{V}{\dfrac{V^2}{g(n+1)}} = \frac{g(n+1)}{V} \qquad\qquad (9.170)$$

式(9.168)~式(9.170)用来分析下拉机动。对比式(9.158)和式(9.169)可知,上拉机动的载荷因数大于下拉机动的载荷因数。半径和空速相同时,上拉和拉起的载荷因数比下拉大 $2g$,即

$$n_{上拉} - n_{下拉} = \left(\frac{V^2}{Rg} + 1\right) - \left(\frac{V^2}{Rg} - 1\right) = 2 \qquad\qquad (9.171)$$

下拉机动中特技飞行员头朝下坐着。(飞机倒飞,图9.18)。图9.21 展示了由螺旋桨飞机进行的两个漂亮的上拉和下拉机动(两架 Mudry CAP-10B 上拉和两架 Silent Twister 下拉)。

9.8 零重力飞行

重力的主要来源是地球。然而,人工重力有多个来源,如转弯(如水平转弯、

(a) Mudry CAP–10B   (b) Silent Twister

图 9.21　螺旋桨飞机的上拉和下拉机动（Kas van Zonneveld 提供）

垂直转弯）。在任何旋转中（如转弯），都会产生一种径向加速度或向心加速度。这种加速度的作用类似于地球的重力。向心加速度和重力常数 g 具有相同的单位（m/s^2）。反过来，载荷因数 n 可以表示为重力的一个因数。

　　向心加速度是一个向量，如果与重力方向相同，则加上重力。如果它们的方向相反，则会相减。因此，作为一个向量，离心力有时与重力相加，有时与重力相减。在垂直圆环中，在圆环最高点处离心力可以抵消重力。本节介绍两种情况：轨道飞行和自由落体巡航。

9.8.1　轨道飞行

　　一个非常著名的关于失重的例子是宇宙飞船的轨道飞行。国际空间站航天员享受着失重的乐趣，因为他的体重（向下）由他的离心力（向外）平衡。在这样的条件下，失重是由正确的飞行速度和半径产生的，空间站上的任何人（航天员）都能体验到。因此，对于国际空间站和每个航天员，径向力是平衡的，用式（9.9）可得

$$W = F_c$$

$$mg = m \frac{V^2}{R} \tag{9.172}$$

对于空间站的人（事实上，对于任何物体），给定质量 m，这个方程简化为

$$g = \frac{V^2}{R} \tag{9.173}$$

式中：m 为国际空间站或航天员的质量；V 为国际空间站或航天员的线速度；R 为旋转半径（图 9.4（b））。

这个例子中,半径就是空间站到地球中心的距离。当速度和半径的组合满足式(9.173)时,就会出现失重。如果在那个高度没有阻力,空间站将会永久停留在那个高度(半径)。

例9.13 如果需要失重状态:计算距离地球200km高度的太空飞船的轨道速度;假设高度200km处的重力常数为 9.8m/s^2,地球半径为6371km;并最后将这个速度与海平面上的声速进行比较(340m/s)。

解 重力常数可表示为

$$g = \frac{V^2}{R}$$

$$9.8 = \frac{V^2}{200000 + 6371000} \qquad (9.173)$$

求解式(9.173)可得

$$V = 8025\text{m/s} = 8.025\text{km/s} = 28889\text{km/h}$$

这个轨道速度是海平面声速的23.6倍。

9.8.2 自由落体巡航

9.8.1节介绍了航天员在空间中失重的情况,这种情况并不适用于在空中飞行的飞机。空中失重的一个实际例子是一种升力为0($L = 0$)的巡航飞行(实际上是下降)(图9.22),这种飞行机动是在不离开地球的情况下体验失重/微重力的一种实用方式。在这种飞行期间,科学家/工程师有机会短时间内测试卫星部件,或在国际空间站设备被送入轨道之前通过实验预测问题。值得注意的是,目前一家私人公司标价约5000美元,用一架空客300展开了零重力飞行。每次飞行持续约20s。2015年,欧洲公司Novespace重启了一架全新的零重力A310飞机微重力科学飞行。这些飞行是世界上要求最高的飞行项目之一。

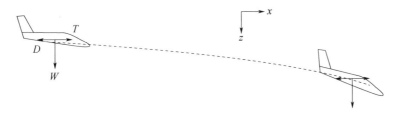

图9.22 自由落体巡航飞行以产生失重

本节将推导这种飞行的运动方程。在自由落体巡航飞行中,飞机内部的每个可移动物体(包括机上的人)都开始自由落体,里面的物体好像没有了重力。由于 z 方向上的加速度与 g 完全相同,所以会产生一个相反方向(向上)的惯性力。这将抵消每个物体的重力。对于任何加速度都会有一个反方向的惯性力,这个力等于每个物体的质量乘以运动加速度。

以给定的巡航空速 V_0,飞行从高空开始。此外,发动机推力设置为与飞机阻力相等。向前的方向称为 x 轴,向下的方向称为 z 轴。由于飞机在 z 方向上受到飞机重力 W 的影响,飞机将在 z 方向上自由下落。因此,在 z 方向,飞行将在重力 g 的影响下加速:

$$a_z = g \tag{9.174}$$

这意味着,在 z 方向上,速度 V_z 是时间的函数($V_z = gt$),并且随高度下降呈指数增长。加速运动时的垂直速度 V_z 为

$$V_{z1}^2 - V_{z2}^2 = 2g\Delta h \tag{9.175}$$

式中: Δh 为 z 方向上的高度损失;脚标 1 和 2 表示任意点。

目标是保持 x 方向上的空速 V_x 恒定,并等于初始速度,即

$$V_x = V_0 \tag{9.176}$$

这意味着 x 方向上的加速度 a_x 为 0:

$$a_x = 0 \tag{9.177}$$

此外,由于飞机在 z 方向上加速,所以飞机在航迹方向上的速度逐渐增大:

$$V = \sqrt{V_x^2 + V_z^2} \tag{9.178}$$

因为前进速度是恒定的,所以水平方向上的前进距离为

$$X = V_0 t \tag{9.179}$$

z 方向上的速度作为所前进距离的函数可以表示为

$$V_z = \frac{gX}{V_0} \tag{9.180}$$

由于向下的速度因重力而改变,所以 z 方向的高度损失为

$$\Delta h = \frac{1}{2}gt^2 \tag{9.181}$$

瞬时高度为

$$h = h_0 - \Delta h \tag{9.182}$$

当用式(9.179)计算获得时间 t,并代入式(9.182),则飞机高度 h 作为前进距离 X 的函数,即

$$h = h_0 - \frac{1}{2}g\left(\frac{X}{V_0}\right)^2 \tag{9.183}$$

然而,由于飞机具有初始巡航速度 V_0,飞机将以大的下降角下降。因此,飞行轨迹将是抛物线。瞬时飞行航迹角为

$$\gamma = \arctan\left(\frac{h}{X}\right) \tag{9.184}$$

为了使升力等于 0,飞行员必须偏转驾驶杆/驾驶盘(升降舵),使飞机迎角 α 等于零升迎角 α_0:

520

$$\alpha = \alpha_0 \tag{9.185}$$

这种迎角的典型值是 $-2° \sim -1°$。这将使飞机升力系数等于 0,即

$$C_L = 0 \tag{9.186}$$

发动机推力等于飞机前进方向的阻力,即

$$T = D_x = \frac{1}{2}\rho V_x^2 S C_D \tag{9.187}$$

因为升力系数等于 0,所以阻力系数为

$$C_D = C_{D_0} \tag{9.188}$$

由于在前进方向上的速度是恒定的,因此所需发动机推力为

$$T = \frac{1}{2}\rho V_0^2 S C_{D_0} \tag{9.189}$$

飞行过程中的推力远远小于巡航飞行时的推力。需要说明的是,当飞机下落时,由于飞机在 z 方向上的阻力,向下的加速度会逐渐减小。因此,起初会是一个完全的失重状态,而随后将会是一个微重力状态。对于人来说,失重和微重力几乎是一样的。然而,对于高分辨率仪器,加速度的变化可能是至关重要的。为了在整个飞行过程中完全失重,必须产生一个负升力来抵消 z 方向上的阻力。

到目前为止,z 方向存在的阻力已被忽略。如果想要更精确,需要包括飞机 z 方向上的阻力(图 9.23),这影响了 z 轴上的加速度。根据牛顿第二定律,在 z 方向上,力的和等于质量乘以加速度,即

$$W - D_z = ma_z \tag{9.190}$$

式中:m 为飞机的质量;D_z 为 z 方向上的飞机阻力,可表示为

$$D_z = \frac{1}{2}\rho V_z^2 S_z C_{D_z} \tag{9.191}$$

式中:C_{D_z} 为 z 方向的飞机阻力系数;S_z 为 z 方向的飞机总平面面积,可表示为

$$S_z = S_f + S + S_{ht} \tag{9.192}$$

式中:S_f 为飞机机身投影面积;S_{ht} 为水平尾翼面积。

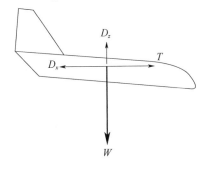

图 9.23 飞机在自由落体巡航时所受的力

飞机在 z 方向阻力系数 C_{D_z} 不易计算,可采用风洞试验确定 C_{D_z} 的值。初步分析可采用典型值 $0.5 \sim 0.7$(表 3.1)。因此,z 方向的真实加速度(微重力)为

$$a_z = \frac{W - D_z}{m} \tag{9.193}$$

注意,发动机推力和空气密度是高度的函数。美国航天局约翰逊航天中心将波音 KC – 135A 同温层加油机(图 9.24)用于失重试验。航天员戏称这架飞机为"呕吐彗星",因为用来制造零重力的抛物线飞行轨迹会诱发新手航天员晕机。例 9.14 将演示上述运动方程在确定飞行变量方面的应用。第 10 章中的一个例子将展示 MATLAB© 在绘制零重力飞行抛物线飞行轨迹中的应用。

图 9.24 KC – 135A 同温层加油机(Fabian Dirscherl 提供)

例 9.14 一架 A300 在失重状态下飞行。飞行从 8000m 开始,速度为 440kn(226.3m/s),持续约 20s。计算 20s 结束时的:水平距离、高度损失、垂直速度、平均下降角和总速度。忽略 z 方向上的阻力。

解

(1)水平距离为

$$X = V_0 t = 226.3 \times 20 = 4527\text{m} = 4.53\text{km} \tag{9.179}$$

(2)高度损失为

$$\Delta h = \frac{1}{2} g t^2 = \frac{1}{2} \times 9.81 \times 20^2 = 1961\text{m} = 1.96\text{km} \tag{9.181}$$

(3)垂直速度为

$$V_z = \frac{gX}{V_0} = \frac{9.81 \times 4527}{226.3} = 196.1\text{m/s} = 381.2\text{kn} \tag{9.180}$$

(4)平均下降角为

$$\gamma = \arctan\left(\frac{h}{X}\right) = \arctan\left(\frac{1961}{4527}\right) = 23.4° \tag{9.184}$$

(5)总速度为

$$V = \sqrt{V_x^2 + V_z^2} = \sqrt{226.3^2 + 196.1^2} = 299.5\text{m/s} = 1070\text{km/h} \tag{9.178}$$

9.9　$V-n$ 图

9.9.1　飞行包线

任何飞机的飞行范围通常是所有允许的速度、高度、质量、质心和构型的组合。这种范围主要是由空气动力、推动力、结构和飞机动态特性决定的。这种飞行范围的边界称为飞行包线或机动包线。只要飞机在公布的飞行包线边界内飞行,飞机设计者和制造商就可确保机上人员的安全。飞行员总是在训练和飞行手册中被警告,不要飞出飞行包线,因为在飞行包线之外飞机不稳定、不可控,或者没有足够的结构强度。如果飞机超出了飞行包线,就可能发生事故或坠毁。

飞行包线有多种类型,每种通常是一个飞行参数相对于另一个飞行参数的允许变化量。这些包线由飞行动力学工程师计算并绘制,并由飞行员和机组人员使用。例如,每当货运飞机的装载员在飞机上配置各种载荷时,他们必须额外关注飞机的重心位置。美国国家运输安全委员会的报告指出,已经发生了多起坠机和事故,装载员要对这些事故负责,因为这些事故要么是装载量超出了允许值,要么是载荷配置到了错误的位置(如飞机的重心超出了允许的范围)。头重飞行和尾重飞行是飞行员熟悉的两种飞行概念,他们通常都经过专业训练来安全应对。

飞行员在执行飞行任务时会使用一些图表。以下是四种重要的包线。

(1)飞机升力系数随马赫数(C_L-Ma)的变化关系图。

(2)空速随高度($V-h$)的变化关系图。

(3)重心随飞机重量($X_{cg}-W$)的变化关系图。

(4)载荷因数随空速($V-n$)的变化关系图。

$V-n$ 图是最重要的飞行包线之一。这种包线说明的是允许的载荷因数随空速的变化。换句话说,它将飞机的极限载荷系数描述为空速的函数。如 9.3 节所述,允许的载荷因数不同于可产生的载荷因数。允许的载荷因数是飞机结构强度的函数,而可产生的载荷因数是发动机功率/推力和飞行条件的函数。对于发动机很强劲,而结构不够坚固的飞机,水平转弯时,允许的载荷因数小于可产生的载荷因数。但是,对于发动机一般,而结构非常坚固的飞机,水平转弯时,允许的载荷因数大于可产生的载荷因数。

这种图非常重要的一个主要原因是,从图中获取的最大载荷因数是飞机结构设计中的一个参考数字。如果最大载荷因数低于计算值,则飞机就不能安全承受飞行载荷。因此,建议结构工程师自己学会计算和绘制 $V-n$ 图,以确保安全。

本节将详细介绍绘制 $V-n$ 图的方法。图 9.25 显示了通航飞机的典型$V-n$

图。该图实际上是两个图的组合:不考虑阵风的 $V-n$ 图和有阵风影响的 $V-n$ 图。本节首先再看一下载荷因数,介绍一些关于载荷因数的新概念,然后介绍阵风现象和阵风载荷;最后将完整地描述绘制 $V-n$ 图的方法,并给出一个示例。

9.9.2 载荷因数

飞行过程中存在多种力,如飞机重力、发动机推力、升力和阻力。飞机在地面/空气中的重力是由重力加速度自然产生的。但是,飞机在飞行过程中还会受到其他来源的载荷,如惯性力(如向心加速度 a_C 引起的离心力)和阵风载荷。这些力的组合将对飞机结构和机上人员施加载荷。升力和离心力两种力可与飞机重力相比,并以重力表示。在某些飞行情况下,如转弯和上拉,飞机必须产生一个大于重力的升力。在巡航过程中,升力等于重力,而在水平转弯时,升力大于重力。载荷因数定义为升力与重力之比:

$$n = L/W \tag{9.11}$$

原则上,存在四种类型的载荷因数:①水平转弯中使用最大发动机推力/功率,由升力获得的最大可产生的载荷因数;②在俯冲拉起的极端情况下,由离心力获得的最大可产生的载荷因数;③阵风/紊流引起升力/惯性力,进而导致的不期望的运动中的最大可产生的载荷因数;④最大允许载荷因数(由飞机的结构和机上人员承受)。随着载荷因数的增大,作用在飞机结构(如机翼和尾翼)上的载荷将增大。因此,结构也变得更重。飞机结构设计需要考虑最大允许载荷因数。此外,飞行员不得操纵产生危害结构安全或超出其生理限制的载荷因数。

为了扩展载荷因数的概念,其他载荷/力(包括离心力)通常统一表示为载荷因数和飞机重力的函数($n \times m \times g$)。换句话说,飞机载荷表示为重力加速度($g = 9.81 \mathrm{m/s^2} = 32.17 \mathrm{ft/s^2}$)作用下的标准加速度的因式。例如,式(9.158)的上拉中的载荷因数可以写成 g 和 a_C 的函数:

$$n = \frac{a_C}{g} + 1 \tag{9.194}$$

式中:a_C 为向心加速度(V^2/R)。

随着加速度的增大(空速增大或转弯半径减小),载荷因数也会增大。因此,在垂直转弯时(如上拉/拉起),载荷因数只是向心加速度的函数。相比之下,在水平转弯时,载荷因数只是滚转角的函数。表9.8给出了几种喷气飞机和螺旋桨飞机最大载荷因数的真实值[10]。

表9.8 几种喷气飞机和螺旋桨飞机载荷因数的统计值

序号	飞机	发动机	m_{TO}/kg	P 或 T	$+n$	$-n$
1	西锐 SR20	活塞	1360	200hp	3.8	-1.9

序号	飞机	发动机	m_{TO}/kg	P 或 T	$+n$	$-n$
2	LEZA Aircam	活塞	762	2×64.1hp	6	-6
3	PITTS S - 2A	活塞	680	200hp	9	-4.5
4	Su - 26	活塞	800	360hp	11	-9
5	塞斯纳172—普通	活塞	1111	160hp	3.8	-1.52
6	塞斯纳172—多用途	活塞	1111	160hp	4.4	-1.76
7	庞巴迪 CL - 215	涡桨	17100	2×2100hp	3.25	-1
8	塞斯纳208	涡桨	3311	600hp	3.8	-1.52
9	彼拉多 PC - 12	涡桨	4500	1200hp	3.4	-1.36
10	欧洲战斗机	涡扇	17000	2×90kN	9	-3
11	"美洲虎"	涡扇	15700	2×36kN	8.6	—
12	"幻影"2000	涡扇	10960	64.3kN	13.5	—
13	"红箭"60	涡扇	8570	23.8kN	8	-4
14	波音"火狐狸"	涡扇	7365	2×16.5kN	7.3	-3.5
15	塞斯纳650	涡扇	9979	2×16.2kN	3	-1
16	霍尼韦尔 X - 31	涡扇	7228	71kN	9	-4
17	洛克希德·马丁 F - 22"猛禽"	涡扇	27216	2×156kN	9	—

9.9.3 机动图

$V - n$ 图基本上是一种包线,表示安全飞行的载荷因数和速度的限制。这里的载荷因数是最大允许的 n,而不是最大可产生的 n。本节假设飞行中没有阵风,因此忽略它的影响。这种图有时称为机动图。图 9.25 展示了一种典型 $V - n$ 图,其中包括正的最大载荷因数极限和负的最大载荷因数极限。它通常由三条直线和两条曲线组成:左边的两条曲线表示失速 $C_{L_{\max}}$ 所施加的载荷因数的气动极限;顶部和底部的两条直线分别代表最大的正、负允许载荷因数;右边的垂直直线表示最大允许空速。

图 9.25 中顶部曲线的表达式可由水平转弯的失速方程获得,即

$$V_{s_t} = \sqrt{\frac{2nmg}{\rho S C_{L_{\max}}}} \qquad (9.15)$$

由式(9.15)可以求出给定速度下的最大载荷因数。将 V_{s_t} 替换为 V:

$$n = \frac{V^2 \rho S C_{L_{\max}}}{2mg} \qquad (9.195)$$

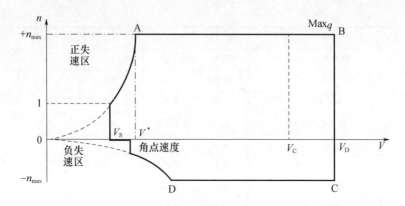

图 9.25　通航飞机的一种典型 $V-n$ 图

本节的速度在两个极限之间。最低限度是巡航飞行的失速速度 V_s。上限是产生最大正载荷因数的速度。顶部的曲线是式(9.195)的图形表示。$V-n$ 图中这条曲线上方的区域就是失速区。当飞机的迎角大于失速迎角时,飞机就不能进行持续飞行。由于没有飞机可以在此曲线以上的飞行条件下连续飞行,因此这是飞机机动性的极限之一。

由式(9.195)可知,随着空速的增大,最大载荷因数随 V^2 正比增大。但是,n_{max} 不可能无限增大,它将受到结构强度(结构极限荷载因数)的约束。顶部水平线表示 $V-n$ 图中的正极限荷载因数。

将顶部左侧曲线与顶部水平线的交点(A 点)对应的速度称为角点速度,记为 V^*。角点速度可由式(9.195)求得,即

$$V^* = \sqrt{\frac{2n_{max}mg}{\rho S C_{L_{max}}}} \qquad (9.196)$$

式中,n_{max} 值对应于 A 点,该速度有时称为机动速度 V_A,通过对比式(9.196)和式(2.49),可以得到机动速度与正常失速速度之间的关系:

$$V_A = \sqrt{n_{max}} V_s \qquad (9.197)$$

点 A 称为机动点。此时,升力系数和载荷因数同时达到最大可能值。角点速度对于战斗机和特技飞机飞行员来说是一个有趣的速度。当速度小于 V^* 时,由于产生的载荷因数小于 n_{max},不可能对飞机造成结构损伤。当速度大于 V^* 时,由于速度过高,机动性下降。因此,建议战斗机飞行员在大部分机动任务中选择这个速度。在大多数情况下,根据9.5节和9.6节的讨论,这一点同时对应飞机的最小半径转弯和最快转弯。通航飞机塞斯纳172的机动速度为97kn,而失速速度为47kn。目前先进战斗机的典型角点速度在 $250 \sim 350$ kn。

$V-n$ 图的右边,垂直的 BC 线,是高速的极限。通常选择这个速度作为俯冲速度。当飞行速度超过这个极限时,动压 q 将大于飞机的设计极限。当超过俯冲速度

时,可能出现颤振、副翼反效等破坏性现象,导致结构破坏、失效甚至解体。这个速度极限(俯冲速度)是飞机不应该超过的红线速度。这个速度也称为不可超越速度 V_{NE}。俯冲速度 V_D 通常大于飞机的最大速度 V_{max}。此外,飞机的最大速度 V_{max} 略大于飞机的巡航速度 V_C。FAR 第 23 部分对俯冲速度和巡航速度之间的关系规定如下:

$$V_D \geq 1.4V_C(\text{普通飞机}) \tag{9.198}$$

$$V_D \geq 1.5V_C(\text{多用途飞机}) \tag{9.199}$$

$$V_D \geq 1.55V_C(\text{特技飞机}) \tag{9.200}$$

第 5 章和第 6 章已经介绍过计算最大速度和巡航速度的方法。$V-n$ 图中底部的水平直线(用 CD 表示),对应的是飞机处于倒飞状态(图 9.26(a))时的结构极限限制的最大负极限载荷因数。底部左侧的曲线对应于负失速迎角。由于大多数翼型具有正的弧度,它们的正失速角往往比其负失速角的绝对值大得多。这条曲线定义了负失速区。典型的负最大升力系数的绝对值约为正最大升力系数的 50%。因此,倒飞的典型失速速度比正常飞行的失速速度大 40% 左右。例 9.15 说明了飞机绘制 $V-n$ 关系图的细节。

(a) 倒飞中的F-16CM"战隼"战斗机   (b) 达索阵风C在
大滚转角转弯

图 9.26   大载荷因数飞行机动(Fabrizio Capenti 提供)

9.9.4   阵风 $V-n$ 图

大气是一个动态系统,它包含了各种不希望出现的现象。这些现象包括风、湍流、阵风、风切变、高空急流、地形波和热流。本节只关注阵风和湍流载荷,因为它们是不可预测的,但通常预计会发生在巡航飞行过程中。飞机遭遇强烈阵风时所受载荷不得超过允许载荷。因此,在绘制 $V-n$ 图时必须注意阵风荷载。确定阵风荷载需要知道阵风速度。阵风速度是很难测量的,因为它是突然发生的。关于阵风速度的设计要求通常是从飞行试验数据中提取出来的。飞机每个升力面(如机翼和尾翼)必须设计成可以承受由阵风引起的载荷。

阵风可能从任何方向袭击飞机。影响载荷因数的是向上阵风或向下阵风,这两种阵风都可能导致颠簸运动。当飞机遇到阵风时,直接的影响是迎角的增大或减小。图9.27显示了向上阵风的几何关系。考虑速度为 V_g 的向上阵风,打在速度为 V 的飞机机头。这种影响可以建模为一个诱导迎角。迎角的瞬时变化(增大)由下式计算:

$$\Delta\alpha = \arctan(\frac{V_g}{V}) \tag{9.201}$$

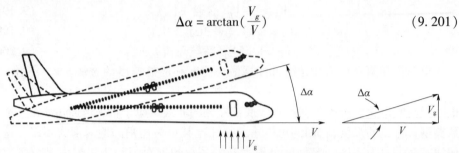

图9.27 阵风和迎角的几何关系

由于阵风速度远小于飞机速度,因此对应的角度较小(通常小于15°)。式(9.201)可以近似为

$$\Delta\alpha \approx \frac{V_g}{V} \tag{9.202}$$

迎角的任何突然变化(增大)都会引起飞机升力系数 ΔC_L 的突然变化(增大),由式(2.10)可得

$$\Delta C_L = C_{L_\alpha}\Delta\alpha \tag{9.203}$$

这又会使升力 ΔL 发生突然的变化(增大),由式(2.4)可得

$$\Delta L = \frac{1}{2}\rho V^2 S\Delta C_L \tag{9.204}$$

因此,升力的这种变化将引起载荷因数的变化。载荷因数的定义:

$$\Delta n = \frac{\Delta L}{W} \tag{9.205}$$

由式(9.205)可知,阵风会改变载荷因数,产生称为阵风载荷。

对于不同的研究人员,阵风有不同的模型。这里使用 FAR 的阵风模型。根据 FAR 23(23.333节),从海平面到20000ft,通航飞机在巡航速度下必须能够承受50ft/s 的正、负阵风。20000 ~ 50000ft,阵风速度线性下降到25ft/s。此外,如果阵风速度为25ft/s,飞机在俯冲速度下必须能够承受阵风载荷。此外,遇到66ft/s 的阵风时,支线飞机必须能够以机动速度进行安全飞行。根据 FAR 25(附录G)的规定,从海平面到30000ft,运输飞机必须能够在巡航中承受85ft/s 的正、负阵风。30000 ~ 80000ft,阵风速度线性下降到30ft/s。但在最大阵风强度的设计速度 V_B 时,阵风速度为巡航速度的1.32 倍。

这些数据和规定可用来绘制阵风 $V - n$ 图(阵风包线)。表9.9汇总了这些要求[3,17]。最大阵风强度的设计速度 V_B 大于机动速度,且小于巡航速度。

表 9.9　阵风诱导载荷的阵风速度

序号	飞机类型	空速	海平面到 20000ft	20000 ~ 50000ft
1	通航—普通、多用途、特技	巡航速度	50ft/s	50ft/s 线性减小到 20ft/s
		俯冲速度	25ft/s	25ft/s 线性减小到 12.5ft/s
2	支线	最大阵风强度的设计速度	66ft/s	66ft/s 线性减小到 38ft/s
序号	飞机类型	空速	海平面到 30000ft	30000 ~ 80000ft
3	运输	巡航速度	85ft/s	85ft/s 线性减小到 30ft/s
		最大阵风强度的设计速度	112ft/s	112ft/s 线性减小到 40ft/s

为了将"阵风诱导载荷因数"作为阵风速度和飞机特性的函数进行建模,使用了 FAR(23.341 节)建议。在缺乏更合理分析的情况下,采用如下公式计算阵风载荷因数:

$$n = 1 + \frac{k_g V_{gE} V_E a\rho S}{2W} \qquad (9.206)$$

式中:W 为飞机重力(N);ρ 为大气密度(kg/m³);S 为机翼面积(m²);V_E 为飞机当量空速(m/s);V_{gE} 为阵风当量空速(m/s);a 为遭遇阵风时的机翼升力曲线斜率(rad⁻¹)。

阵风减缓系数由下式确定:

$$k_g = \frac{0.88\mu_g}{5.3 + \mu_g} \qquad (9.207)$$

式中:μ_g 为飞机重量比,并且由下式计算:

$$\mu_g = \frac{2m}{\rho \bar{C} a S} \qquad (9.208)$$

式中:$\bar{C}$ 为机翼的平均几何弦长(m);m 表示飞机重量(kg)。

注意,尽管在 FAR 中阵风速度单位用 ft/s,但式(9.206)~式(9.208)中的单位为国际单位系统(它不是英制单位)。式(9.206)中的大气密度是标准大气密度(1.225kg/m³),而式(9.208)中的大气密度是所在飞行高度的大气密度,从而随着飞行高度从海平面到 20000ft 的增加,产生更大的阵风载荷因数。负的机动载荷因数在巡航速度和俯冲速度之间可能会降低。

阵风 $V - n$ 图是根据式(9.206)对于不同速度(如 25ft/s、50ft/s 和 66ft/s)和正/负载荷因数而绘制的线。必须用各自速度(例如,最大阵风强度的设计速度 V_B、巡航速度 V_C 和俯冲速度 V_D)来标出这三条线的交点。阵风 $V - n$ 图(阵风包线)会针对多个高度进行绘制,以确定最大的载荷因数。图 9.28 所示为典型阵风

$V-n$图。这个图最终将通过一种特殊的方法与基本$V-n$图相综合,得到最终完整的$V-n$图。

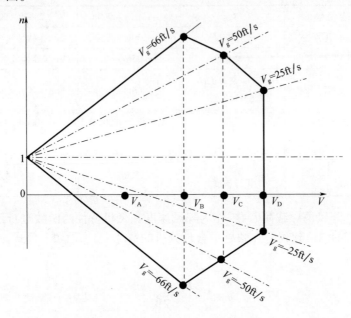

图 9.28　典型阵风$V-n$图(阵风包线)

9.9.5　飞行包线:综合$V-n$图

9.9.3 节介绍了绘制基本$V-n$图的方法。9.9.4 节给出了阵风$V-n$图的绘制方法。本节介绍将基本$V-n$图与阵风$V-n$图相结合以构造飞行包线的方法。由于大气中的阵风是真实存在的,飞机设计师必须预测阵风载荷,并将其添加到飞机的常规载荷(在实际飞行操作中具有安全可靠的结构)。在各种情况下,最大综合载荷因数通常大于单个载荷因数。

构造飞行包线应遵循以下步骤。

(1)将两个图(机动和阵风)绘制一个图中。

(2)识别并标记每个图的交点或角点。

(3)识别并标记第二个图的直线与第一个图的直线和曲线的交点。

(4)用直线连接所有外部交点(失速曲线除外)。

(5)检查正常。确保没有交点或角点在包线以外,也没有点在失速区域。

飞机典型的综合$V-n$图如图 9.29 所示。在此示例图中,最大载荷因数由点C(巡航速度与 55ft/s 阵风线的交点)确定。$V-n$图(飞行包线)对每架飞机都是唯一的,飞行员和机组人员必须在这个飞行包线内飞行和操纵。从图 9.29 可以看出,最大允许载荷因数比 FAR 的要求要高。这是阵风对结构设计的不良影响。下面的示例将详细演示为特技飞机绘制综合 $V-n$ 图(飞行包线)的方法。

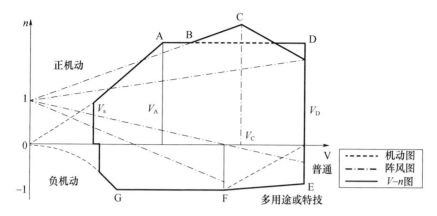

图 9.29 飞机典型的综合 $V-n$ 图(飞行包线)

例 9.15 首先绘制以下通航特技飞机的飞行包线(综合 $V-n$ 图);然后确定最大载荷因数。

$m = 2300\text{kg}, S = 19.33\text{m}^2, C_{L_{\max}}^+ = 2, C_{L_{\max}}^- = -1.2, \text{AR} = 7, C_{L_\alpha} = 6.3\text{rad}^{-1}, V_C = 310\text{kn}(10000\text{ft 高度})$

解 FAR 规定了特技飞机的阵风载荷的规定/要求,以及正最大载荷因数和负最大载荷因数。首先需要计算展弦比和平均几何弦长:

$$\text{AR} = \frac{b^2}{S}$$

$$b = \sqrt{\text{AR} \cdot S} = \sqrt{7 \times 19.33} = 11.63(\text{m}) \qquad (3.9)$$

$$\overline{C} = \frac{S}{b} = \frac{19.33}{11.63} = 1.66(\text{m}) \qquad (3.9)$$

综合 $V-n$ 图的绘制分为三个步骤:基本(机动)$V-n$ 图、阵风 $V-n$ 图和综合 $V-n$ 图。

(1)基本(机动)$V-n$ 图。如 9.9.3 节所述,基本 $V-n$ 图的一般形状类似于图 9.30。只需要确定点 K、J、G、F、B 和 A 的坐标,图中速度的单位为 kn。

由于飞机类型为特技型,根据 FAR 23,最大极限载荷因数如下:

(正)$n_{\max} = +6$;

(负)$n_{\max} = -0.5 \times 6 = -3$。

由式(9.200)可得该飞机的俯冲速度为

$$V_D = 1.55 V_C = 1.55 \times 310 = 480.5\text{kn}$$

因此,点 F 和 G 的坐标为$(6, 480.5)$和$(-3, 480.5)$。为了确定点 A、B、J、K 的坐标,需要推导两个关于 $C_{L_{\max}}$ 的方程:

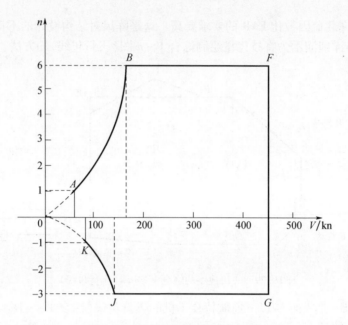

图 9.30　特技飞机的基本 $V-n$ 图

$$V_s = \sqrt{\frac{2mg}{\rho SC_{L_{max}}}} = \sqrt{\frac{2 \times 2300 \times 9.81}{1.225 \times 19.33 \times 2}} = 30.87 \text{m/s} = 60 \text{kn} \qquad (2.49)$$

因此,点 A 的坐标为 $(1,60)$。顶部失速曲线或载荷因数作为空速的函数(单位为 m/s)为

$$n = \frac{V^2 \rho SC_{L_{max}}^+}{2mg} = \frac{1.225 \times V^2 \times 19.33 \times 2}{2 \times 2300 \times 9.81} = 0.10105V^2 \qquad (9.195)$$

对于点 B,载荷因数为 6,因此对应的速度为

$$6 = 0.100105V^2 \Rightarrow V = 75.6 \text{m/s} = 147 \text{kn}$$

因此,点 B 的坐标为 $(6,147)$。用同样的方法,可以推导出底部失速曲线的方程,即

$$V_s = \sqrt{\frac{2mg}{\rho SC_{L_{max}}^-}} = \sqrt{\frac{-2 \times 2300 \times 9.81}{1.225 \times 19.33 \times (-1.2)}} = 39.85 \text{m/s} = 77.5 \text{kn} \qquad (2.49)$$

所以点 K 的坐标是 $(-1,77.5)$。底部失速曲线或载荷因数作为空速的函数(单位为 m/s)为

$$-n = \frac{V^2 \rho SC_{L_{max}}^-}{2mg} = \frac{1.225 \times V^2 \times 19.33 \times (-1.2)}{2 \times 2300 \times 9.81} = -0.00063V^2 \qquad (9.195)$$

点 J 的载荷因数为 -3。因此,相应的速度为

$$-6 = -0.00063V^2$$

$$V = 69\text{m/s} = 134.2\text{kn}$$

到目前为止,已求得以下坐标。

$O \rightarrow (0,0)$

$A \rightarrow (1,60)$

$B \rightarrow (6,147)$

$F \rightarrow (6,480.5)$

$G \rightarrow (-3,480.5)$

$J \rightarrow (-3,134.2)$

$K \rightarrow (-1,77.5)$

通过使用这些数据,可以绘制出图9.30所示的基本 $V-n$ 图。

(2)阵风 $V-n$ 图。载荷因数随空速 V 和阵风速度 V_g 的变化规律为

$$n = 1 + \frac{k_g V_{gE} V_E a \rho S}{2W} \qquad (9.206)$$

由于巡航速度是针对给定的10000ft高度,两个飞行条件被认为是最大载荷因数。然后,计算对于 V_C 和 V_D 的 n。

① 海平面。飞机重量比为

$$\mu_g = \frac{2m}{\rho \bar{C} a S} = \frac{2 \times 2300}{1.225 \times 1.66 \times 6.3 \times 19.33} = 18.75 \qquad (9.208)$$

阵风减缓系数为

$$k_g = \frac{0.88 \mu_g}{5.3 + \mu_g} = \frac{0.88 \times 18.75}{5.3 + 18.75} = 0.684 \qquad (9.207)$$

由表9.9可知,在海平面处以巡航速度飞行时,阵风速度为 $\pm 50\text{ft/s}(15.25\text{m/s})$。因此,载荷因数为

$$n = 1 + \frac{k_g V_{gE} V_E a \rho S}{2W}$$

$$= 1 + \frac{0.684 \times (\pm 15.25) \times V \times 6.3 \times 1.225 \times 19.33}{2 \times 2300 \times 9.81} = 1 \pm 0.03436V$$

$$(9.206)$$

由于巡航速度 V_C 为310kn,则

$$n = 1 + 0.03436V = 1 + 0.03436 \times 310 \times 0.5144 = 6.48$$

$$n = 1 - 0.03436V = 1 - 0.03436 \times 310 \times 0.5144 = -4.48$$

俯冲速度的计算也是类似的。当飞机以俯冲速度 V_D 飞行时,阵风速度应为 $\pm 25\text{ft/s}(\pm 7.5\text{m/s})$。因此,载荷因数为

$$n = 1 + \frac{k_g V_{gE} V_E a \rho S}{2W} = 1 + \frac{0.684 \times (\pm 7.5) \times V \times 6.3 \times 1.225 \times 19.33}{2 \times 2300 \times 9.81} = 1 \pm 0.01688V$$

$$(9.206)$$

由于俯冲速度 V_D 为 480.5kn,则

$$n = 1 + 0.01688V = 1 + 0.01688 \times 480.5 \times 0.5144 = 5.173$$

$$n = 1 - 0.01688V = 1 - 0.01688 \times 480.5 \times 0.5144 = -3.173$$

② 10000ft 高度。在 10000ft 高度,空气密度为 0.9kg/m³。参数 μ_g 和 k_g 分别为

$$\mu_g = \frac{2m}{\rho \, CaS} = \frac{2 \times 2300}{0.9 \times 1.66 \times 6.3 \times 19.33} = 26.54 \tag{9.208}$$

$$k_g = \frac{0.88\mu_g}{5.3 + \mu_g} = \frac{0.88 \times 26.54}{5.3 + 26.54} = 0.733 \tag{9.207}$$

阵风速度为 ±50ft/s(±15.25m/s)时,载荷因数为

$$n = 1 + \frac{k_g V_{gE} V_E a \rho S}{2W} = 1 + \frac{0.684 \times (\pm 15.25) \times V \times 6.3 \times 0.9 \times 19.33}{2 \times 2300 \times 9.81} = 1 \pm 0.02715V \tag{9.206}$$

由于巡航速度 V_C 为 310kn,则

$$n = 1 + 0.02715V = 1 + 0.02715 \times 310 \times 0.5144 = 5.26$$

$$n = 1 - 0.02715V = 1 - 0.02715 \times 310 \times 0.5144 = -3.26$$

当飞机以俯冲速度 V_D 飞行时,阵风速度应为 ±25ft/s(即 ±7.5m/s)。因此,载荷因数为

$$n = 1 + \frac{k_g V_{gE} V_E a \rho S}{2W} = 1 + \frac{0.684 \times (\pm 7.5) \times V \times 6.3 \times 0.9 \times 19.33}{2 \times 2300 \times 9.81} = 1 \pm 0.01315V \tag{9.206}$$

由于俯冲速度 V_D 为 480.5kn,则

$$n = 1 + 0.01315V = 1 + 0.01315 \times 480.5 \times 0.5144 = 4.25$$

$$n = 1 - 0.01315V = 1 - 0.01315 \times 480.5 \times 0.5144 = -2.25$$

对比①和②的结果可以看出,海平面处的最大载荷因数要大于 10000ft 处的最大载荷因数(与预期的一样)。当量空域与高度是无关的。

因此,可得出结论如下:

$$n_{max}^+ = 6.48$$

$$n_{max}^- = -4.48$$

因此,点 D 和点 I 的坐标分别为 $(6.48, 310)$ 和 $(-4.48, 310)$。阵风 $V-n$ 图如图 9.31 所示。

(3)综合 $V-n$ 图。现在已经有足够的数据来绘制综合 $V-n$ 图。首先把两个图(机动和阵风)放在一个图中;然后识别并标记每个图的交点或角点(图 9.32 中的点 A、B、D、F、H、I、K)。现在,可以观察到线 BF 和阵风线($n = 1 + 0.03436V$)有一个交点。该点标记为点 C。此外,线 BF 与两个正阵风线之间的线相交。该交点标记为点 E。最后一步是将所有外部交点用直线连接起来,就创建综合 $V-n$ 图。

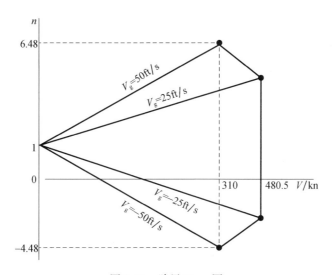

图 9.31　阵风 $V-n$ 图

作为检查完整性,确保没有交点或角点在包线之外。同样没有点在失速区域。

图 9.32 展示了包含阵风影响的最终 $V-n$ 图。综上所述,FAR 要求的最大允许载荷因数为 6。但是,由于阵风的影响,这个参数增大到了 6.48。

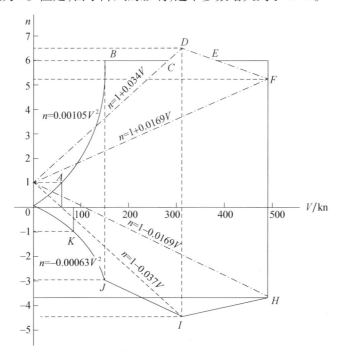

图 9.32　特技飞机的综合(最终) $V-n$ 图

535

习 题

注:①除非另有说明,否则假定海平面 ISA 条件。②除非另有说明,否则转弯指的是水平协调转弯。③给定 m 意味着最大起飞质量。④给定的 T/P 意味着海平面最大的推力/功率。

9.1 一架质量为 25000kg 的战斗机正在以 60°滚转角转弯。转弯是水平协调的。

(1)飞机产生的升力是多少?

(2)飞机受到多大的离心力?

9.2 如果习题 9.1 中的飞机以 300kn 的空速转弯,计算其转弯半径。

9.3 考虑一架具有以下特点的特技飞机:

$$m = 8900\text{kg}, S = 25\text{m}^2, C_{L_{\max}} = 2.3$$

(1)计算飞机直线飞行时的失速速度。

(2)计算滚转角为 30°的水平转弯飞行的飞机失速速度。

9.4 一架质量为 180000kg 的喷气运输机正在水平转弯。飞机已经产生 2038970N 的升力。

(1)计算该飞行条件下的载荷因数。

(2)飞机的滚转角是多少?

9.5 一架多功能飞机正以 150kn 的速度、1664m 的半径转弯飞行。

(1)计算该飞行条件的载荷因数。

(2)飞机完成 360°转弯需要多长时间?

9.6 战斗机的最大载荷因数为 8。当拉出这个 g 载荷,半径为 300m 的水平转弯时,飞机的速度是多少?

9.7 F-100"超级军刀"战斗机采用涡喷发动机,具有以下特点:

$m = 15800\text{kg}, S = 35.8\text{m}^2, C_{L_{\max}} = 2.4, T_{\text{SL}} = 75.4\text{kN}, b = 11.82, e = 0.82, C_{D_0} = 0.019$

绘制速度包线(允许/可达的速度范围与高度的关系,即失速/最大),其中高度最高至 50000ft。

9.8 对于习题 9.7 中的飞机

(1)计算海平面和 20000ft 处的最大可产生的载荷因数。

(2)计算海平面和 20000ft 处的角点速度。

9.9 螺旋桨支线飞机具有以下特点:

$m = 5860\text{kg}, S = 24.5\text{m}^2, C_{L_{\max}} = 2.2, C_{L_{\max}}^- = -1.3, b = 11.6, n_{\max}^+ = +5, n_{\max}^- = -2.5, C_{L\alpha} = a = 4.3\text{ rad}^{-1}$

飞机在海平面上的巡航速度以马赫数计算是 0.4。

（1）绘制该飞机的基本 $V-n$ 图。

（2）绘制该飞机的阵风 $V-n$ 图。

（3）绘制该飞机的综合 $V-n$ 图。

（4）最大允许载荷因数是多少？

9.10　画出一架正在爬升飞行的飞机草图，其质量 m，发动机推力 T，爬升角 γ，滚转角 ϕ，空速 V。在图中首先标注三个坐标轴（x、y、z）和所有力；然后推导出这种飞行状态的运动方程。

9.11　画出一架在垂直俯冲飞行的飞机草图。在图中标注两个坐标轴（x 和 z）和所有力。推导出这种飞行状态的运动方程。

9.12　考虑质量 m、机翼面积 S 的喷气飞机，以空速 V 和滚转角 ϕ 水平转弯时发动机最大推力为 T。推导出该转弯飞行的最大速度的一般关系式。

9.13　考虑质量 m、机翼面积 S 的螺旋桨飞机，以空速 V 和滚转角 ϕ 水平转弯时发动机最大功率为 P。推导出该转弯飞行的最大速度的一般关系式。

9.14　考虑以下飞机，正在俯冲，其发动机为慢车状态（$T = 0$）且升力为 0。

$$m = 200\mathrm{kg}, S = 20\mathrm{m}^2, C_{D_o} = 0.022$$

计算 15000ft 高度的最大俯冲速度（终点速度）。

9.15　考虑具有以下特征的轻型活塞螺旋桨飞机：

$$m = 1200\mathrm{kg}, S = 12.5\mathrm{m}^2, C_{L_{\max}} = 1.7, P = 200\mathrm{hp}, \eta_\mathrm{P} = 0.8, C_{D_o} = 0.032,$$
$$K = 0.062$$

（1）计算海平面处最大可产生的载荷因数。

（2）计算海平面处的角点速度。

9.16　图波列夫 TU–134 喷气运输机有 2 台涡扇发动机，具有以下特点：：

$$m_{\mathrm{TO}} = 47000\mathrm{kg}, S = 127.3\mathrm{m}^2, T_{\mathrm{SL}} = 2 \times 66.7\mathrm{kN}, b = 29\mathrm{m}, e = 0.88, C_{D_o} = 0.018$$

当其中一个发动机不工作时，最大允许滚转角是多少？

9.17　米格–29 战斗机（图3.24）有 2 台涡扇发动机，具有以下特点：

$$m_{\mathrm{TO}} = 18480\mathrm{kg}, S = 38\mathrm{m}^2, T_{\mathrm{SL}} = 2 \times 81.4\mathrm{kN}, C_{L_{\max}} = 2.3, C_{D_o} = 0.021, K = 0.11$$

30000ft 高度处最大可产生的载荷因数是多少？

9.18　如果米格–29 战斗机的飞行员使用习题9.17中给出的数据，决定在 40000ft 时以 30° 的滚转角和 60% 的发动机可用推力转弯，那么这次转弯飞行的最大速度是多少？

9.19　米格–29 战斗机的飞行员计划以最低的速度在 120s 内 30000ft 高度完成整个转弯。飞机数据由习题9.17给出。

（1）计算所需的空速和滚转角。

（2）转弯半径是多少？

9.20　习题9.17中的飞机能否以 75° 的滚转角、400kn 的空速在 25000ft 高度转弯？如果可以，完成 360° 转弯需要多长时间？

9.21 习题9.16中的飞机以45°的滚转角、180kn的空速在15000ft高度处转弯。如果飞机升力曲线斜率为4.5rad^{-1},则计算飞机迎角。假设$\alpha_0 = 0°$。

9.22 习题9.15中的螺旋桨飞机在5000ft高度以130kn的速度和90%的发动机功率转弯。计算该飞行状态下的最大允许滚转角。

9.23 习题9.15中的螺旋桨飞机的最小转弯半径是多少:

(1)海平面。

(2)10000ft。

9.24 确定习题9.15中的螺旋桨飞机的最大转弯速率。

(1)海平面。

(2)15000ft。

9.25 确定习题9.17中的喷气飞机的最小转弯半径。

(1)海平面。

(2)30000ft。

9.26 确定习题9.17中的喷气飞机的最大转弯速率。

(1)海平面。

(2)30000ft。

9.27 对于习题9.9介绍的螺旋桨支线飞机,计算10000ft高度处的角点速度。

9.28 一架普通通航飞机采用涡桨发动机,并具有以下特点:

$P_{\text{max}_{\text{SL}}} = 675\text{hp}, S = 280\ \text{ft}^2, W_{\text{TO}} = 8000\text{lbf}, K = 0.07, C_{D_0} = 0.027, \eta_{\text{P}} = 0.84, V_s = 65\text{KEAS}$

(1)计算5000ft高度处的最大转弯速率。

(2)计算相应的转弯半径。

(3)计算相应的滚转角。

9.29 一架喷气(涡扇发动机)飞机正以半径5200ft、高度10000ft做恒定高度转弯。

$W_{\text{TO}} = 70000\text{lbf}, S = 900\ \text{ft}^2, C_{D_0} = 0.021, K = 0.04, T = 25000\text{lbf}, n_{\text{max}} = 4, C_{L_{\text{max}}} = 1.8$

(1)如果滚转角为45°,计算飞机速度。

(2)发动机必须产生多大的推力来维持该转弯飞行?

(3)转180°需要多长时间?

(4)计算飞机的角点速度。

(5)计算飞机的最小转弯速率。

9.30 某战斗机具有以下特点:

$m_{\text{TO}} = 10000\text{kg}, S = 24\text{m}^2, b = 8\text{m}, T = 100\text{kN}, e = 0.8, C_{D_0} = 0.015(\text{低亚声速}), C_{D_0} = 0.03(\text{跨声速}), C_{D_0} = 0.042(\text{超声速}), C_{L_{\text{max}}} = 1.7$

(1)计算最大可产生的载荷因数对应的速度。

(2)计算最大可产生的载荷因数。

(3)计算最大可产生的滚转角。

9.31 一架喷气运输机采用 2 台涡扇发动机,具有以下特点:

$m_{TO} = 60000\text{kg}, S = 150\text{m}^2, T_{SL} = 2 \times 80\text{kN}, b = 35\text{m}, e = 0.82, C_{D_o} = 0.02, C_{L_{\max}} = 2.6$

(1)计算角点速度。

(2)如果以角点速度转弯,计算转弯速率。

(3)如果以角点速度转弯,计算转弯半径。

9.32 民用亚声速喷气运输机具有以下特点:

$m = 100000\text{kg}, S = 220\text{m}^2, T_{\max \text{ SL}} = 260\text{kN}, K = 0.04, C_{D_o} = 0.018($低亚声速$),$
$C_{L_{\max}} = 2.3$

飞行员想要仅以发动机推力的 50%、45°滚转角进行水平转弯。

(1)计算该转弯飞行的空速。

(2)多大空速可以获得更大的转弯速率。

(3)多大空速可以获得更小的转弯半径。

9.33 考虑具有下列特性的双涡扇发动机超声速飞机:

$m = 18000\text{kg}, S = 40\text{m}^2, b = 14\text{m}, T_{\max} = 2 \times 90\text{kN}$

假设最大允许载荷因数为 8,且 $\alpha_0 = 0, C_{L_\alpha} = 4.3\text{rad}^{-1}, e = 0.8, C_{D_o} = 0.018($亚声速$), C_{D_o} = 0.028($跨声速$), C_{D_o} = 0.037($超声速$), C_{L_{\max}} = 1.7$。

这架战斗机能以 65°的滚转角和 1200m 转弯半径在 15000ft 高度转弯吗? 如果能,确定 180°转弯所需的时间。

9.34 考虑具有以下特征的单活塞螺旋桨发动机特技飞机:

$m_{TO} = 1200\text{kg}, S = 14\text{m}^2, P = 200\text{kW}, b = 10\text{m}, V_s = 60\text{kn}($使用襟翼$), C_{D_o} = 0.023, \eta_P = 0.75, e = 0.8$

评估最快转弯性能(计算最大转弯速率)。

9.35 考虑小型遥控飞机,它具有以下特点:

$m = 1000\text{g}, S = 0.25\text{m}^2, b = 1.3\text{m}, e = 0.7, \eta_P = 0.65, C_{D_o} = 0.033, C_{L_{\max}} = 1.4$

这架飞机采用一个螺旋桨电动机,其中 4 个 2000mA·h、12V 锂电池为电动机提供电能。评估最小半径转弯(计算最小转弯半径)。

9.36 考虑小型遥控飞机,它具有以下特点:

$m = 1.5\text{kg}, S = 0.4\text{m}^2, b = 1.6\text{m}, e = 0.74, \eta_P = 0.65, C_{D_o} = 0.036, C_{L_{\max}} = 1.2$

这架飞机采用一个螺旋桨电动机,其中四个 2000mA·h、12V 锂电池为电动机提供电能。评估最小半径转弯(计算最小转弯半径)。

9.37 考虑一架 1200kg 的特技飞机以 130kn 的速度俯冲。

(1)如果飞机以 200m 为半径拉起俯冲,计算载荷因数。

(2)如果最大允许载荷因数为 5,计算俯冲拉起的最小半径。

9.38 考虑一架 2000kg 的特技飞机正在以 150kn 的速度俯冲。

(1)如果飞机以 300m 为半径拉起俯冲,计算载荷因数。

(2)如果最大允许载荷因数为 7,计算俯冲拉起的最小半径。

9.39 如果需要失重状态,计算航天器在距地球 300km 高度上的轨道速度。假设高度 300km 处的重力角速度为 $9.8m/s^2$,地球半径为 6371km。那么,比较这个速度与海平面上的声速(340m/s)。

9.40 如果需要失重状态,计算航天器在地球静止高度(距地球 36000km)的轨道速度。假设重力角速度为 $9.6m/s^2$,地球半径为 6371km。比较这个速度与海平面上的声速(340m/s)。

9.41 某喷气运输机正用于零重力飞行。飞行开始于 10000m 高度,速度为 400kn,持续 22s。确定:①飞过的水平距离;②高度损失;③垂直速度;④平均下降角;⑤22s 结束时的总速度。忽略 z 方向上的阻力。

9.42 某无人机正零重力飞行。飞行开始于 600000ft 高度,速度为 400kn,持续 40s。

确定:

①飞过的水平距离;

②高度损失;

③垂直速度;

④平均下降角;

⑤40s 结束时的总速度。忽略 z 方向上的阻力。

9.43 绘制以下通航普通飞机的飞行包线(综合 $V - n$ 图),计算最大载荷因数。假设最大正、负极限机动载荷因数分别为 3.5 和 -1.5。

$m = 1800g, S = 14m^2, C_{L_{\max}}^+ = 1.8, C_{L_{\max}}^- = -0.9, AR = 6, C_{L\alpha} = a = 4rad^{-1}, V_C = 280kn(20000ft$ 高度处)

9.44 绘制以下喷气运输机的飞行包线(综合 $V - n$ 图),计算最大载荷因数。假设最大正、负极限机动载荷因数分别为 3.8 和 -2。

$m = 100000g, S = 200m^2, C_{L_{\max}}^+ = 2.3, C_{L_{\max}}^- = -1.2, AR = 9, C_{L\alpha} = a = 5rad^{-1}, V_C = 500kn(35000ft$ 高度处)

参考文献

[1] Paul, M. B., Genesis of the F - 35 Joint Strike Fighter, Journal of Aircraft, 46(6), 1825 - 1836, 2009.

[2] Gertler, J., F - 35 Joint Strike Fighter(JSF) Program, Congressional Research Service 7 - 5700, Congressional Research Service, Washington, DC, 2014.

[3] Federal Aviation Administration, Federal Aviation Regulations, Part 23—Airworthiness standards for airplanes in the normal, utility, aerobatic, and commuter categories.

[4] U. S. Department of Transportation, Federal Aviation Administration, Airplane flying handbook, FAA – H – 8083 – 3A, US Department of Transportation, Federal Aviation Administration, Washington, DC, 2004.

[5] Roskam, J. , Airplane flight dynamics and automatic flight control, Part I, DAR Corp, Lawrence, KS, 2007.

[6] Phillips, W. F. , Mechanics of Flight, 2nd edn. , John Wiley, Hoboken, NJ, 2010.

[7] Kreshner W. K. , The Instrument Flight Manual, Iowa State University Press, Ames, IA, 1991.

[8] U. S. Department of Transportation, Federal Aviation Administration, Flight Instrument Flying Handbook, Standards Service, FAA – H – 8083 – 15B, US Department of Transportation, Federal Aviation Administration, Washington, DC, 2012.

[9] Aircraft Operations, Doc 8168(PANS – OPS), 5th edn. , International Civil Aviation Organization, Montréal, Quebec, Canada, 2006.

[10] Jackson, P. et al. , Jane's All the World's Aircraft, Jane's Information Group, updated yearly.

[11] Anon, MIL – F – 1797C, Flying qualities of piloted airplanes, Air Force Flight Dynamic Laboratory, WPAFB, Dayton, OH, 1990.

[12] AGARD WG19, Operational agility, AGARD AR – 314, April 1994.

[13] Blaye, P. L. , Agility: History, denitions and basic concepts, Defense Technical Information Center, Report ADPO10448, WPAFB, Dayton, OH, 2000.

[14] Joyce, D. A. , Flying beyond the stall: The X – 31 and the advent of supermaneuvrability, NASA, Washington, DC, 2014.

[15] Eden, P. , The Encyclopedia of Modern Military Aircraft, Amber Books, London, U. K. , 2004.

[16] Advisory Group for Aerospace Research and Development, Current concepts on G – protection research and development, LS – 202, AGARD, Neuilly – sur – Seine, France, 1995.

[17] Federal Aviation Administration, Federal Aviation Regulations, Part 25—airworthiness standards for airplanes in the transport category.

第 10 章
使用数值方法和 MATLAB 分析飞机性能

10.1 引言

    飞机性能问题基本上分为设计点性能和任务性能。在设计点性能问题中,飞机的所有参数和飞行状态。(如飞机的重量和高度)都是固定的。在任务性能中,时间是一个新的参数,在此时间过程中,多个飞机参数和飞行状态会发生变化。设计点性能问题(如最大速度)的解决方法通常是直接的,通常涉及多个方程,并且需要将数值代入一个或多个方程求解。然而,任务性能问题的分析是复杂的。

    对于一些复杂的性能情况和飞行任务,其性能分析需要复杂的数学求解,通常采用数值法[1]。当数值法中的时间步长非常短(如 0.01s)时,结果的准确性是可靠的。要完整了解每个飞行案例相关的理论,需要参考其他章节的相关内容。

    本章将用数值法分析几个飞机性能案例(主要是任务性能问题),以 MATLAB 软件包为主(MATLAB 代码)。其中包括下列飞行情况。

(1)MATLAB 代码用于确定飞机在起飞抬前轮时的抬前轮距离 S_T。

(2)MATLAB 代码用于确定自由落体时高度随时间的变化关系。

(3)MATLAB 代码用于计算飞机起飞时空中阶段距离。

(4)MATLAB 代码用于绘制速端曲线。

(5)MATLAB 代码用于最快爬升分析。

(6)MATLAB 代码用于确定飞机爬升过程中高度随时间的变化关系。

(7)MATLAB 代码用于绘制抛物线航迹和分析零重力飞行。

    MATLAB 是一种高级语言[2],是一种用于进行数学和工程计算的非常强大的基于矩阵的程序语言。MATLAB[3] 提供了一组广泛的程序案例,预定义了大量内置数学函数、运算符,并为解决问题和绘制图形输出提供了大量工具。MATLAB 提供了多种工具箱,工具箱是一种称为 m 文件的特殊文件集合。MATLAB 基本上是命令驱动的(如 plot、log、for 和 end)。

    本书假设读者熟悉 MATLAB 编程的基本原理,知道如何使用 MATLAB 命令和编写代码,因此,没有简介 MATLAB 编程和背景材料。如果这是第一次使用 MAT-LAB,可以参考文献[4-5]。此外,MATLAB 还有在线帮助工具[6],可以在需要时使用。

10.2 起飞抬前轮的数值分析

10.2.1 任务分析

起飞抬前轮相关的理论在第8章已经介绍过,这里不再重复。为了方便起见,可以考虑安装三点起落架的飞机。抬前轮是围绕着主轮和地面的接触点。图 10.1 所示为起飞抬前轮时的力。

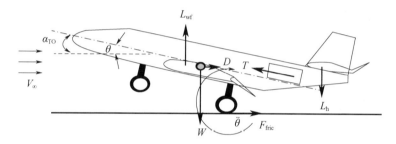

图 10.1 起飞抬前轮时的力

假设:
(1)俯仰角加速度在抬前轮过程中保持不变。
(2)飞机重量和发动机推力在抬前轮过程中保持不变。

10.2.2 运动方程

加速抬前轮时的俯仰角 θ 变化规律为

$$\theta_2 = \theta_1 + \omega_1 t + \frac{1}{2}\ddot{\theta}t^2 \qquad (10.1)$$

加速抬前轮时的俯仰角速率 ω 变化规律为

$$\omega_2 = \omega_1 + \ddot{\theta}t \qquad (10.2)$$

$$\omega_2^2 - \omega_1^2 = 2\ddot{\theta}\theta \qquad (10.3)$$

起飞角为

$$\alpha_{TO} = \theta \qquad (10.4)$$

机翼-机身升力系数为

$$C_{L_{\mathrm{wf}}} = C_{L_{\mathrm{wf_0}}} + C_{L_{\alpha_{\mathrm{wf}}}}\alpha_{\mathrm{TO}} \tag{10.5}$$

$$C_{L_{\mathrm{wf}}} = C_{L_C} + \Delta C_{L_{\mathrm{fl}}} + C_{L_\alpha}\alpha_{\mathrm{TO}} \tag{10.6}$$

机翼-机身升力为

$$L_{\mathrm{wf}} = \frac{1}{2}\rho V^2 S C_{L_{\mathrm{wf}}} \tag{10.7}$$

其中假设

$$C_L = C_{L_{\mathrm{wf}}} \tag{10.8}$$

阻力系数为

$$C_D = C_{D_0} + K C_L^2 \tag{10.9}$$

阻力为

$$D = \frac{1}{2}\rho V^2 S C_D \tag{10.10}$$

线加速度为

$$\sum F_x = m\frac{\mathrm{d}V}{\mathrm{d}t} \Rightarrow T\cos(i_T + \alpha_{TO}) - D - \mu N = ma \tag{10.11}$$

加速运动时的线速度为

$$V_2^2 - V_1^2 = 2aS_T \tag{10.12}$$

加速运动时的直线距离为

$$x_2 = x_1 + V_1 t + \frac{1}{2}at^2 \tag{10.13}$$

襟翼升力系数为

$$\Delta C_{L_{\mathrm{fl}}} = K_{\mathrm{fl}}\delta_{\mathrm{fl}} \tag{10.14}$$

对地的法向力为

$$N = W + L_{\mathrm{h}} - L_{\mathrm{wf}} - T\sin(i_T + \alpha_{TO}) \tag{10.15}$$

水平尾翼升力为

$$L_{\mathrm{h}} = \frac{1}{2}\rho V^2 S_{\mathrm{h}} C_{L_{\mathrm{h}}} \tag{10.16}$$

尾翼升力系数为

$$C_{L_{\mathrm{h}}} = C_{L_{\mathrm{h_0}}} + C_{L_{\alpha_{\mathrm{h}}}}\alpha_{\mathrm{TO}} \tag{10.17}$$

例 10.1 假设一架运输机(类似于波音 737 运输机)起飞重量为 50000kg,发动机推力为 2×60kN,并具有以下特征:

$S = 100\mathrm{m}^2$, $S_{\mathrm{h}} = 25\mathrm{m}^2$, $K = 0.04$, $\mu = 0.04$, $C_{D_{0\mathrm{TO}}} = 0.05$, $\ddot{\theta} = 1.8(°)/\mathrm{s}^2$, $C_{L_C} = 0.3$, $\Delta C_{L_{\mathrm{fl}}} = 0.4$, $i_T = 5°$, $V_R = 120\mathrm{kn}$, $C_{L_{\alpha_{\mathrm{wf}}}} = 5.5\mathrm{rad}^{-1}$, $C_{L_{\alpha_{\mathrm{h}}}} = 4.5\mathrm{rad}^{-1}$, $C_{L_{\mathrm{h_0}}} = -1.2$

计算在海平面高度处飞机起飞抬前轮时的飞行距离 S_T(图 10.1)。利用仿真程序,绘制飞机迎角、飞行距离、空速、机翼-机身升力、阻力和法向力随时间的变化。

解 编写以下 MATLAB 程序。时间步长选择 0.01s。仿真一直持续到法向力为 0,这意味着飞机开始离地。

$$t_1 = 0 \Rightarrow \omega_1 = x_1 = \theta_1 = 0, V_1 = V_R, t_2 = t_1 + \Delta t$$

Matlab m-file

```
clc
clear all

% Take-off rotation analysis

m=50000; % kg; aircraft take-off mass
S=100; % m^2; wing area
Sh=25; % m^2; tail area
g = 9.81; % m/s^2
T = 2*60000; % N; Engine Thrust
W_TO = m*g; % N; Take-off weight
K =0.04; % induced drag coef.
CDoTO=0.04; % Take-off drag coef.
mu=0.04; % friction coef.
theta_dd=1.8/57.3; % rad/s^2; take-off rotation pitch angular acceleration
CLc=0.3; % cruise lift coef.
d_CLf=0.4; % additional flap lift coef.
CL_alfa= 5.5; %1/rad; aircraft lift curve slope;
CLah = 4.5; %1/rad; horizontal tail lift curve slope dt=0.01
CLho = -1.2; % initial horizontal tail lift coef.
dt=0.01; % time step
t_tot = 3.4; % sec
iT = 5/57.3; % rad engine setting angle
rho = 1.225; % kg/m^2; air density
theta(1) = 0; % pitch angle
d_theta(1)=0;
x(1)=0; % distance travelled
V(1)= 120*0.514; % m/s; rotation speed
w(1)=0; % angular velocity (rad/sec)
time1(1) = 0;
alpha(1) = 0; % angle of attack
CLwf(1)=CLc+d_CLf; % wing-fuselage lift coef.
CLh(1) = CLho; % initial horizontal tail lift coef.
Lwf(1) = 0.5*rho*V(1)^2*S*CLwf(1); % wing-fuselage lift
CD(1) = CDoTO+K*CLwf(1)^2; % drag coef.
D(1) = 0.5*rho*V(1)^2*S*CD(1); % drag
Lh(1) = 0.5*rho*V(1)^2*Sh*CLh(1); % horizontal tail lift
N(1) = W_TO-Lh(1)-Lwf(1)-T*sin(iT+alpha(1)); % normal force to the ground
a(1) = (T*cos(iT+alpha(1))-D(1)-mu*N(1))/m; % linear acceleration
i=1;
for t = dt:dt:t_tot % sec
    theta(i+1)=theta(i)+w(i)*dt+0.5*theta_dd*dt^2;
    w(i+1)=w(i)+theta_dd*dt;
    d_theta(i+1)=theta(i+1)-theta(i);
    alpha(i+1)=theta(i+1);
    x(i+1)=x(i)+V(i)*dt+0.5*a(i)*dt^2;
    dx=x(i+1)-x(i);
    V(i+1)=sqrt(V(i)^2+2*a(i)*dx);
    CLwf(i+1)=CLc+d_CLf+CL_alfa*alpha(i+1);
    CD(i+1)=CDoTO+K*CLwf(i+1)^2;
    Lwf(i+1)=0.5*rho*V(i+1)^2*S*CLwf(i+1);
    D(i+1)   =0.5*rho*V(i+1)^2*S*CD(i+1);
    CLh(i+1)=CLho+CLah*alpha(i+1);
    Lh(i+1)=0.5*rho*V(i+1)^2*Sh*CLh(i+1);
    N(i+1)=W_TO-Lh(i+1)-Lwf(i+1)-T*sin(iT+alpha(i+1));
```

```
    a(i+1)=(T*cos(iT+alpha(i+1))-D(i+1)-mu*N(i+1))/m;

    time1(i+1)=t;
    i=i+1;
end

subplot(511)
plot(time1,alpha*57.3,'rO-'); grid
 xlabel ('time (sec)')
 ylabel ('alpha (deg)')

 subplot(512)
 plot(time1,x,'b*-'); grid
 xlabel ('time (sec)')
 ylabel ('S_T (m)')

 subplot(513)
 plot(time1,V/0.514,'gd-'); grid
 xlabel ('time (sec)')
 ylabel ('V (knot)')

 subplot(514)
 plot(time1,a,'r+'); grid
 xlabel ('time (sec)')
 ylabel ('a (m/s^2)')

 subplot(515)
 plot(time1,D,'c*-',time1,Lwf,'ks-',time1,N,'m*-'); grid
 xlabel ('time (sec)')
 ylabel ('D (N), Lwf (N), N (N)')
 legend('D','Lwf','N')
```

仿真结果：当执行这个 MATLAB 代码时，会生成五条曲线（图 10.2）来说明：
飞机迎角、飞行距离、空速、机翼 – 机身升力、阻力、法向力和加速度随时间的变化。
根据仿真结果，起飞抬前轮时间为 3.4s。

$$S_T = 220\text{m}, \alpha_{TO} = 10.4°, V_2 = 131.3\text{kn}$$

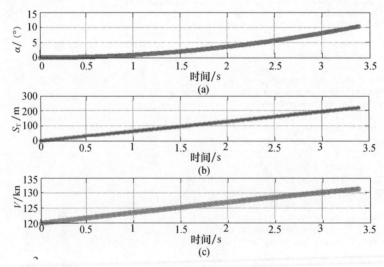

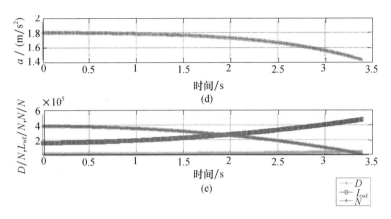

图 10.2　飞机参数随时间的变化

10.3　自由落体数值分析

10.3.1　任务分析

本节将对自由落体进行数值分析,在自由落体中,物体在自身重力的作用下下落,而阻力的作用方向相反。当阻力等于重力时,速度就称为终端速度。第 1 章～第 3 章已经介绍过阻力相关的理论和自由落体的运动方程,这里不再重复。图 10.3 显示了自由落体时的作用力。

本节给出了 MATLAB 代码来确定物体自由下落的高度随时间的变化。这个运动只涉及重力 W 和阻力 D。假设重力为常数,而阻力是空速 V 和空气密度 ρ 的函数。

10.3.2　运动方程

自由落体中的高度 h 变化为

$$h_2 = h_1 + V_1 t + \frac{1}{2} a t^2 \tag{10.18}$$

$$V_1 t + \frac{1}{2} a t^2 - \Delta h = 0 \tag{10.19}$$

这是一个关于时间 t 的二次方程,这个方程的通解为

$$t = \frac{-V_1 \pm \sqrt{V_1^2 - 4(0.5a)(-\Delta h)}}{2(0.5a)} \qquad (10.20)$$

其中只有一个解(正的)是可接受的。

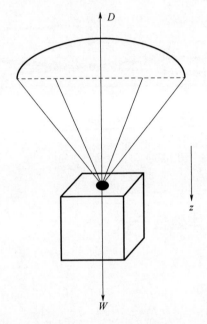

图 10.3 自由落体中的力

加速运动时的线速度为

$$V_2^2 - V_1^2 = 2ah \qquad (10.21)$$

线加速度 a 在 z 方向,则

$$\sum F_z = m \frac{\mathrm{d}V}{\mathrm{d}t} \qquad (10.22)$$

$$W - D = ma$$

物体的重力为

$$W = mg \qquad (10.23)$$

阻力为

$$D = \frac{1}{2}\rho V^2 S C_D \qquad (10.24)$$

式中:C_D 为阻力系数是物体外部形状的函数;S 为参考面积,假设为垂直于运动轨迹的投影面积。

空气密度 ρ 是压力和温度的函数(理想气体定律,或气体状态方程):

$$\rho = \frac{P}{RT} \tag{10.25}$$

式中:空气的气体常数 $R = 287.3 \ \mathrm{J/(kg \cdot K)}$。

在 ISA 条件下,大气温度 T 在第一层(对流层)中呈线性变化,数学模型为

$$T_{\mathrm{ISA}} = T_0 - Lh \tag{10.26}$$

在第二层(平流层)的下部,温度为常数:

$$T_{\mathrm{ISA}} = -56\,℃ \tag{10.27}$$

非 ISA 条件下的温度为

$$T = T_{\mathrm{ISA}} + \Delta T \tag{10.28}$$

式中: ΔT 为非 ISA 条件与 ISA 条件的温差。

压力 P 是高度的非线性函数,在第一层大气中,它与温度有关,即

$$P_{\mathrm{ISA}} = P_0 \left(\frac{T_{\mathrm{ISA}}}{T_0} \right)^{5.256} \tag{10.29}$$

在第二层(同温层)的下部,有

$$P_{\mathrm{ISA}} = 0.2234 P_0 \exp\left(\frac{11000 - h}{6342} \right) \tag{10.30}$$

式(10.30)中的高度 h 以 m 为单位。

例 10.2 假设 ISA 条件下一个连接到降落伞上的货箱从 50m、11000m 高空坠落(图 10.3)。货箱加上降落伞的总质量为 100kg,降落伞的投影面积为 $10\mathrm{m}^2$。货箱加上降落伞的阻力系数为 $C_D = 1.2$。

(1)计算箱子到达地面的时间。

(2)计算终端速度。

(3)绘制高度、速度和加速度随时间的变化。

解 编写以下 MATLAB 代码。高度步长选择 1m。仿真一直持续到箱子撞到地面为止($h = 0$)。

```
% Free Fall analysis

clc
clear all

m=100; % kg; aircraft take-off mass
S=10; % m^2; wing area
g = 9.81; % m/s^2
W = m*g; % N; Take-off weight
CD=1.2; % drag coef.
dh=1; % m, height step
R1=287; % J/kg.K
L1=6.5/1000; % K/m lapse rate
h_tot = 50; % m, altitude
rho_o = 1.225; % kg/m^2; sea level air density
V(1)= 0; % m/s; rotation speed
To=(15+273); % K sea level temperature
```

```
Po=101325; % Pa, sea level pressure
T(1)=To-L1*h_tot;
P(1)=Po*(T(1)/To)^5.256;
rho(1)=P(1)/(R1*T(1));
D(1) = 0.5*rho(1)*V(1)^2*S*CD; % drag
a(1) = g; % linear acceleration
t(1)=0;
delta(1)=0;
H(1)=h_tot ;
T1(1)=0;
i=1;

for h = h_tot-1:-dh:0 % m
T(i+1)=To-L1*h;
P(i+1)=Po*(T(i+1)/To)^5.256;
rho(i+1)=P(i+1)/(R1*T(i+1));
V(i+1)=sqrt (V(i)^2+2*a(i)* dh);
D(i+1) = 0.5*rho(i+1)*V(i+1)^2*S*CD; % drag
a(i+1) = (W-D(i+1))/m; % linear acceleration
H(i+1)=h;
delta(i+1)=V(i+1)^2+4*0.5*a(i+1)*dh;
t(i+1)=(-V(i+1)+sqrt(delta(i+1)))/(a(i+1));
T1(i+1)=T1(i)+t(i+1);
i=i+1;
end

subplot(311)
plot(T1,V,'rO-'); grid
xlabel ('time (sec)')
ylabel ('Velocity (m/s)')

subplot(312)
plot(T1,H,'b*-'); grid
xlabel ('time (sec)')
ylabel ('H (m)')

subplot(313)
plot(T1,a,'gd-'); grid
xlabel ('time (sec)')
ylabel ('a (m/s^2)')
```

当执行这个 MATLAB 代码时,会产生三条曲线(图 10.4),它们说明了高度、速度和加速随时间的变化。

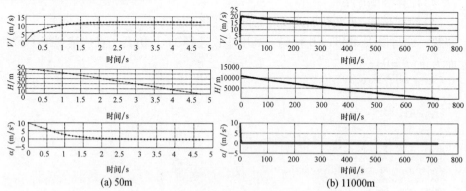

(a) 50m   (b) 11000m

图 10.4　高度、速度和加速随时间的变化

由图 10.4 可以看出,终端速度是高度的函数,随高度的增加而减小。从 50m 高处自由落体的终端速度是 11.55m/s。

550

10.4 起飞空中阶段的数值分析

10.4.1 任务分析

本节给出了飞机起飞过程中空中阶段的数值分析(图 10.5)。起飞抬前轮相关的理论在第 8 章已经介绍,这里不再重复。主要目标是确定飞机在空中阶段飞过的跑道距离 S_A。图 10.6 所示为空中阶段的力和变量。

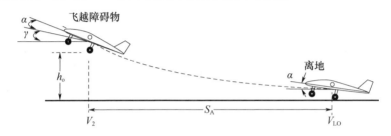

图 10.5 起飞空中阶段

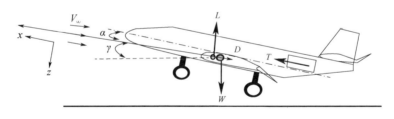

图 10.6 起飞空中阶段的力

假设:
(1)飞机起飞时,重力、发动机推力、迎角保持不变。
(2)起落架放下。
(3)发动机安装角为 0°。

10.4.2 运动方程

起飞滑跑的第三个阶段是空中阶段,开始时的速度是离地速度,记为 V_{LO},结束时的速度记为 V_2。实际上这一阶段是加速爬升,通常需要几秒。

沿两个坐标轴的运动方程为

$$T\cos\alpha - D - W\sin\gamma = ma_x \text{(沿 } x \text{ 轴)} \tag{10.31}$$

$$L + T\sin\alpha - W\cos\gamma = ma_z \text{(沿 } z \text{ 轴)} \tag{10.32}$$

式中:γ 为瞬时爬升角。

在式(10.31)和式(10.32)中,三个未知变量是爬升角、沿 x 轴和 z 轴的加速度。

飞行航迹方向上的加速度为

$$a_x = \frac{\mathrm{d}V}{\mathrm{d}t} \tag{10.33}$$

飞行航迹方向上加速运动时的线速度为

$$V_2^2 - V_1^2 = 2a\Delta x \tag{10.34}$$

式中:Δx 为爬升过程中沿爬升方向飞过的距离。

空速的水平分量或者平行于水平方向的飞机速度 V_H 等于飞机地速:

$$V_H = V\cos\gamma \tag{10.35}$$

空速的垂直分量,即垂直于水平方向的飞机速度 V_V,也就是爬升率(ROC),则

$$V_V = \dot{h} = V\sin\gamma \tag{10.36}$$

沿 x 方向加速运动的直线距离为

$$x_2 = x_1 + V_1 t + \frac{1}{2}a_x t^2 \tag{10.37}$$

跑道方向飞过的距离为

$$S = x\cos\gamma \tag{10.38}$$

沿 z 方向加速爬升时的垂直高度为

$$z_2 = z_1 + V_1 t + \frac{1}{2}a_z t^2 \tag{10.39}$$

增加的高度为

$$H = z\cos\gamma \tag{10.40}$$

空中阶段的发动机平均推力估计为

$$T_{ab} = T_{max} \tag{10.41}$$

$$T_{ab} = \frac{k_{ab}P_{max}}{V_R} \tag{10.42}$$

式中:对于固定螺距螺旋桨,$k_{ab} = 0.5$;对于变螺距螺旋桨,$k_{ab} = 0.6$。

两种气动力是升力和阻力。

机翼 - 机身升力为

$$L_{wf} = \frac{1}{2}\rho V^2 S C_{L_{wf}} \tag{10.43}$$

阻力为

$$D = \frac{1}{2}\rho V^2 S C_D \tag{10.44}$$

机翼 - 机身升力系数为

$$C_{L_{wf}} = C_{L_C} + \Delta C_{L_{fl}} + C_{L_\alpha} \alpha_{TO} \tag{10.45}$$

其中假设

$$C_L = C_{L_{wf}} \tag{10.46}$$

阻力系数为

$$C_D = C_{D_0} + K C_L^2 \tag{10.47}$$

例 10.3 假设一架运输机(类似于波音 737 运输机)起飞重量为 50000kg,发动机推力为 2×60kN,并具有以下特征:

$$S = 100\text{m}^2, K = 0.04, \mu = 0.04, C_{D_{0TO}} = 0.05, C_{L_C} = 0.3, \Delta C_{L_{fl}} = 0.4, \alpha_{TO} = 10°,$$

$$V_S = 115\text{kn}, C_{L_{\alpha_{wf}}} = 5.5\text{rad}^{-1}$$

计算飞机在海平面起飞时的空中飞行距离 S_A (图 10.4)。使用仿真程序,绘制飞机爬升角、飞行距离、空速和高度随时间的变化。

解 编写以下 MATLAB 代码。时间步长选择 0.01s。仿真一直持续到飞越一个 35ft 的障碍物。

已知:γ、V、x、h、a_x、a_z。

初始条件:$\alpha_0 = \alpha_{TO} = 10°, \gamma_0 = 0°, V_0 = 1.2 V_s, a_0 = 0, x_0 = 0, h_0 = 0$。

```
% Airborne section during a take-off

clc
clear all

m=50000; % kg; aircraft take-off mass
S=100; % m^2; wing area
g = 9.807; % m/s^2
T = 120000; % N; Engine Thrust
W = m*g; % N; Take-off weight
K =0.04; % induced drag coef.
Vs= 115; % knot stall speed
CDoTO=0.05; % Take-off drag coef.
CLc=0.3; % cruise lift coef.
d_CLf=0.4; % additional flap lift coef.
CL_alfa= 5.2; %1/rad; aircraft lift curve slope;
alpha = 10/57.3; %rad, Take-off angle
dt=0.1; % time step
t_tot = 5.8; % sec
rho = 1.225; % kg/m^2; air density
CL=CLc+d_CLf+CL_alfa*alpha; % wing-fuselage lift coef.
CD = CDoTO+K*CL^2; % drag coef.
x(1)=0; % distance travelled
V(1)= 1.2*Vs*0.5144; % m/s; Lift-off speed
Vz(1)=0; % m/s; speed normal to x-axis
time1(1) = 0;
gama(1) = 0; % climb angle
L(1) = 0.5*rho*V(1)^2*S*CL; % wing-fuselage lift
D(1) = 0.5*rho*V(1)^2*S*CD; % drag
a_x(1) = 0; % linear acceleration along x
a_z(1) = 0; % linear acceleration along z
z(1)=0;
S_A(1)=0;
H(1)=0;
i=1;
```

```
for t = 0:dt:t_tot % sec

    a_x(i+1)= (1/m)*(T*cos(alpha)-D(i)-W*sin(gama(i)));
    a_z(i+1)= (1/m)*(L(i)+T*sin(alpha)-W*cos(gama(i)));
    x(i+1)=V(i)*dt+0.5*a_x(i+1)*dt^2;
    S_A(i+1)=x(i+1)*cos(gama(i))+S_A(i);
    z(i+1)=Vz(i)*dt+0.5*a_z(i+1)*dt^2;
    H(i+1)=z(i+1)*cos(gama(i))+H(i);
    Vz(i+1)=z(i+1)/dt;
    gama(i+1)=asin(z(i+1)/x(i+1));
    V(i+1)=sqrt(V(i)^2+2*a_x(i+1)*x(i+1));

    L(i+1)= 0.5*rho*V(i+1)^2*S*CL;
    D(i+1)= 0.5*rho*V(i+1)^2*S*CD;
    time1(i+1)=t;
    i=i+1;
end

subplot(411)
plot(time1,gama*57.3,'rO-'); grid
xlabel ('time (sec)')
ylabel ('Climb angle (deg)')

subplot(412)
plot(time1,S_A,'b*-'); grid
xlabel ('time (sec)')
ylabel ('S_A (m)')

subplot(413)
plot(time1,V/0.514,'gd-'); grid
xlabel ('time (sec)')
ylabel ('V (knot)')

subplot(414)
plot(time1,H*3.28,'m*-'); grid
xlabel ('time (sec)')
ylabel ('h (ft)')
```

仿真结果表明,起飞中空中阶段飞越 35ft 障碍物时的距离为 420m。

当执行这个 MATLAB 代码时,会生成四条曲线(图 10.7),它们显示了飞机爬升角、飞行距离、空速和高度随时间的变化。

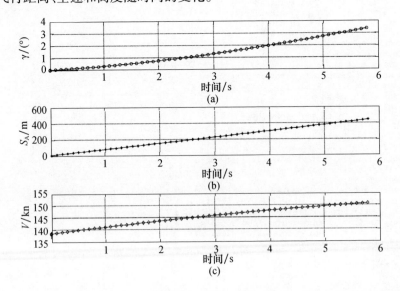

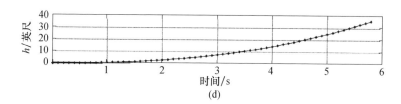

图 10.7　飞机爬升角、飞行距离、空速、高度随时间的变化

10.5　爬升的数值分析:绘制速端曲线

图形法是爬升分析的一种非常有效的方法,这种方法需要构建一种曲线(也称为速端曲线),即空速的垂直分量 V_V 随空速的水平分量 V_H 的变化关系。纵坐标是 V_V,也就是爬升率,横坐标是水平分量 V_H,如图 7.24 所示。7.7 节已经介绍过本主题相关的理论。空速 V、水平速度、垂直速度、爬升角的几何关系为

$$V_H = V\cos\gamma \tag{10.48}$$
$$V_V = V\sin\gamma \tag{10.49}$$

这种关系在图中也有体现,利用这种图可以同时确定最大爬升率和最大爬升角。喷气飞机的爬升角与空速的关系

$$\sin\gamma = \frac{P\eta_P/V - \rho V^2 SC_{D_0}/2}{W} - \frac{2WK\cos^2\gamma}{\rho V^2 S} \tag{10.50}$$

这是一个关于爬升角的非线性代数方程,没有封闭的解。需要做一个假设来简化这个方程,同时又损失期望的精度。做一个合理的假设。仅在阻力表达式中有 $\cos\gamma = 0$,爬升角作为喷气飞机和螺旋桨飞机空速的函数,其表达式在 7.4 节和 7.5 节已经得到(如式(7.80)和式(7.81)),即

$$\gamma = \arcsin\left(\frac{T}{W} - \frac{1}{2W}\rho V^2 SC_{D_0} - \frac{2WK}{\rho V^2 S}\right)（\text{喷气飞机}） \tag{10.51}$$

$$\gamma = \arcsin\left(\frac{P\eta_P}{WV} - \frac{1}{2W}\rho V^2 SC_{D_0} - \frac{2WK}{\rho V^2 S}\right)（\text{螺旋桨飞机}） \tag{10.52}$$

为了绘制速端曲线,需要绘制出空速的垂直分量 V_V 随水平分量 V_H 的变化。空速的垂直分量 V_V 和水平分量 V_H 分别通过式(10.48)和式(10.49)计算。这个过程中需要选择从失速速度到最大速度范围内的空速;然后计算各空速对应的爬升角 γ。通过图可以形象地比较最陡爬升和最快爬升。该图表明,最大爬升率与最大爬升角并不对应。

构建速端曲线图的步骤如下。

(1)选择空速(从失速速度开始)。

（2）从式（10.50）或式（10.51）或式（10.52）计算出该空速对应的爬升角。

（3）由式（10.48）求出水平速度 V_H。

（4）由式（10.49）求出垂直速度 V_V。

（5）选择一个新的空速（可以把之前的速度增加 1kn）。

（6）持续以上过程直到最大速度，这在理论上意味着零爬升角和零垂直速度。

（7）绘制 V_V（来自步骤（4））随 V_H（来自步骤（3））变化。

在这个过程中，每条曲线都是基于一个给定的飞机质量（如最大起飞质量）、一个给定的发动机推力（如最大推力）和一个给定的高度（如海平面）。

例 10.4 以商务喷气机"湾流"G – 550 为例，它的最大起飞重量为 41277kg，机翼面积为 105.63m²，翼展为 27.69m，2 台涡轮风扇发动机各产生 68.4kN 的推力。假设如下：

$$C_{D_0} = 0.02, e = 0.85, V_s = 95\text{kn}, V_{max} = 600\text{kn}$$

绘制这架飞机海平面高度的速端曲线图，从图中确定最大爬升率和最大爬升角。

解 飞机重力（mg）为 404789N，失速速度为 43.73m/s。这里从 44m/s 开始。计算 AR 和 K：

$$\text{AR} = \frac{b^2}{S} = \frac{27.69^2}{105.63} = 7.26 \tag{3.9}$$

$$K = \frac{1}{\pi e \text{AR}} = \frac{1}{3.14 \times 0.85 \times 7.26} = 0.052 \tag{3.8}$$

爬升角为

$$\begin{aligned}
\gamma &= \arcsin\left(\frac{P\eta_P}{WV} - \frac{1}{2W}\rho V^2 S C_{D_0} - \frac{2WK}{\rho V^2 S}\right) \\
&= \arcsin\left(\frac{2 \times 68400}{404789} - \frac{1}{2} \times 1.225 \times 43.73^2 \times 0.02 \times \frac{105.63}{404789} - \frac{2 \times 0.052 \times 404789 \cos^2\gamma}{1.225 \times 43.73^2 \times 105.63}\right)
\end{aligned} \tag{10.52}$$

这是一个关于爬升角 γ 的非线性代数方程，其解为

$$\gamma = 0.171\text{rad} = 9.78°$$

对于其他速度，编写以下 MATLAB 程序进行计算和绘图。

```
clc
clear all

m=41277; % kg
g=9.81; % m/s^2
W=m*g;
S=105.63; % m^2
b=27.69; % m
ro=1.225;
T=2*68400; %N
a=340; %m/s;
CDo = 0.02;
AR = b^2/S;
e1=0.85;
K=1/(3.14*e1*AR);
 j=1;
```

```
for V=49:1:320 % velocity in m/s
    for i = 1:0.1:60 % climb angle in deg
    gam = i/57.3;
    LHS=sin(gam);


    num=2*K*W*(cos(gam))^2;
    den=ro*S*V^2;
    RHS=(T/W)-(0.5*ro*S*CDo*(V^2)/W)-(num/den);

    if abs(LHS)-abs(RHS)<0.002
    if LHS > RHS
    gama (j) = gam*57.3;
    V1(j)=V;
    LS(j)=LHS;
    RS(j)=RHS;
    VV(j)= V*sin(gam);
    VH(j)= V*cos(gam);
        end
    end
    j=j+1;
    end
end

plot(VH, VV,'b.'); grid
xlabel ('V_H (m/s)')
ylabel ('V_V (m/s)')
```

该 MATLAB 程序执行后可得图 10.8,表示速端曲线图。切线、虚线、16.6°角随后添加到图中的。

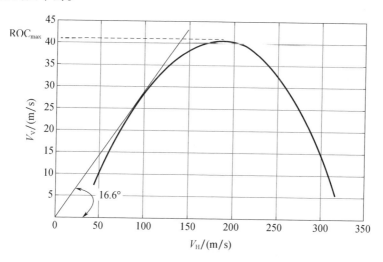

图 10.8　湾流 G-550 飞机的速端曲线

从图 10.8 可以看出,最大爬升率为 40.8m/s 或 8031ft/min。最大爬升角确定为 16.6°(arctan(26.2/88))。实际上,切线上的任何一点都表示相对于原点的最大角度。因此,有

$$ROC = 8031\text{ft/min}$$

557

$$\gamma_{max} = 16.6°$$

注意,这个例子假设飞机的 C_{D_0} 是常数。实际中,C_{D_0} 随空速增大而增达,特别是在高亚声速下。为了得到更精确的结果,需要使用一个更实际的阻力极曲线模型。

10.6 最快爬升的数值分析

当飞机以最大爬升速率对应的速度 $V_{ROC_{max}}$、最大爬升速率对应的爬升角 $\gamma_{ROC_{max}}$ 爬升时,能够获得最快爬升或最大爬升速率 ROC_{max}。7.4 节已经介绍了这些飞行相关的理论。

对于喷气飞机,爬升角作为空速的函数,其表达式(见式(7.19)),即

$$ROC_{max} = V_{ROC_{max}} \sin\gamma_{ROC_{max}} \tag{10.53}$$

需要计算参数 $V_{ROC_{max}}$ 和 $\gamma_{ROC_{max}}$。这两个变量是相互独立的,它们的计算方法分别在 7.4.1.1 节和 7.4.1.2 节。喷气飞机的空速和爬升角的表达式见式(7.30)和式(7.38),即

$$V_{ROC_{max}} = \sqrt{\frac{T}{3\rho C_{D_0} S}\left(1 + \sqrt{1 + \frac{3}{\left(\frac{L}{D}\right)_{max}^2 \left(\frac{T}{W}\right)^2}}\right)} \tag{10.54}$$

$$\gamma_{ROC_{max}} = \arcsin\left(\frac{T}{W} - \frac{\rho V_{ROC_{max}}^2 S C_{D_0}}{2W} - \frac{2KW}{\rho S V_{ROC_{max}}^2}\right) \tag{10.55}$$

此外,任何小于失速速度的速度都是不可取的。

例 10.5 以商务喷气机"湾流" G - 550 为例,它的最大起飞质量为 41277kg,机翼面积为 105.63m²,翼展为 27.69m,2 台涡扇发动机各产生 68.4kN 的推力。假设如下:

$$C_{D_0} = 0.02, e = 0.85, C_{L_{max}} = 2.6, V_{max} = 600kn$$

首先计算并绘制该飞机的最大爬升率与高度的关系图,然后从图中确定绝对升限。

解 编写以下 MATLAB 代码。高度步长选择 100m。

```
clc
clear all
% Gulfstream G-550

m=41277; % kg
b=27.69; % m
g=9.81; % m/s^2
W=m*g; % weight in N
S=105.63; % m^2
ro=1.225; % kg/m^3
```

```
CLmax = 2.6;
Th_o=2*68400; % Thrust in N
AR = b^2/S;
e1=0.85;
K=1/(3.14*e1*AR);
CDo = 0.02;
dh=100; % m, height step
R1=287; % J/kg.K
L1=6.5/1000; % K/m lapse rate
h_tot = 13800; % m, altitude
ho=0;
rho_o = 1.225; % kg/m^2; sea level air density
To=(15+273); % K sea level temperature
Po=101325; % Pa, sea level pressure
T(1)=To-L1*ho;
P(1)=Po*(T(1)/To)^5.256;
rho(1)=P(1)/(R1*T(1));
Th(1) = Th_o*rho(1)/rho_o; % Thrust


LDmax=1/(2*sqrt(K*CDo));
A(1)=(Th_o/(3*S*rho_o*CDo));
V_ROC(1)=sqrt(A(1)*(1+sqrt(1+3/(LDmax^2*(Th_o/W)^2))));
Vs(1)=sqrt((2*W)/(rho_o*S*CLmax));

if V_ROC(1)< Vs(1)
    V_ROC(1)= 1.1* Vs(1)
end

H(1)=ho;
CL(1)=(2*W)/(rho_o*S*(V_ROC(1)^2));
CD(1)=CDo+K*CL(1)^2;
D(1)=0.5*rho_o*V_ROC(1)^2*S*CD(1);
gama(1)=asin((Th(1)-D(1))/W);
ROCmax(1)=V_ROC(1)*sin(gama(1));
ROC_fpm(1)=ROCmax(1)*196.85;

i=1;
for h = ho:dh:h_tot% altitude in meter
T(i+1)=To-L1*h;
P(i+1)=Po*(T(i+1)/To)^5.256;

if h>11000
    T(i+1)=-56+273; % K
    P(i+1)=0.2234*Po*exp((11000-h)/6342);
end

rho(i+1)=P(i+1)/(R1*T(i+1));
Th(i+1) = Th_o*rho(i+1)/rho_o; % Thrust

A(i+1)=(Th(i+1)/(3*S*rho(i+1)*CDo));
V_ROC(i+1)=sqrt(A(1)*(1+sqrt(1+3/(LDmax^2*(Th(i+1)/W)^2))));

if h==11000
    Th1=Th(i+1)
    A1=A(i+1)
    V1=V_ROC(i+1)
end

Vs(i+1)=sqrt((2*W)/(rho(i+1)*S*CLmax));

if V_ROC(i+1)< Vs(i+1)
    V_ROC(i+1)= 1.1* Vs(i+1);
end
```

```
Vs(i+1)=sqrt((2*W)/(rho(i+1)*S*CLmax));

if V_ROC(i+1)< Vs(i+1)
    V_ROC(i+1)= 1.1* Vs(i+1);
end

CL(i+1)=(2*W)/(rho(i+1)*S*(V_ROC(i+1)^2));
CD(i+1)=CDo+K*CL(i+1)^2;
D(i+1)=0.5*rho(i+1)*V_ROC(i+1)^2*S*CD(i+1);
gama(i+1)=asin((Th(i+1)-D(i+1))/W);
ROCmax(i+1)=V_ROC(i+1)*sin(gama(i+1));
ROC_fpm(i+1)=ROCmax(i+1)*196.85;
H(i+1)=h;
i=i+1;
end

subplot 311
plot(ROC_fpm,H*3.281,'rO-'); grid
ylabel ('altitude (ft)')
xlabel ('ROC_max (ft/min)')

subplot 312
plot(V_ROC/0.514,H*3.281,'rO-'); grid
ylabel ('altitude (ft)')
xlabel ('Airspeed (knot)')

subplot 313
plot(gama*57.3,H*3.281,'rO-'); grid
ylabel ('altitude (ft)')
xlabel ('Climb angle (deg)')
```

当执行这个 MATLAB 代码时,会生成三条曲线,分别表示最大爬升率、相应的速度和相应的爬升角随高度的变化。图 10.9 是由这个 MATLAB 代码生成的,它显示了仿真结果。

从图 10.9 可以看出,绝对升限是 13800m。

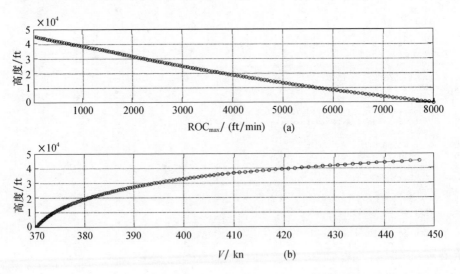

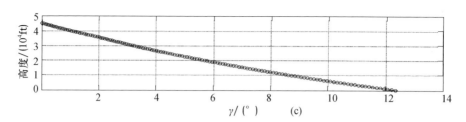

图 10.9 湾流 G-550 飞机的最大爬升率随高度的变化

10.7 爬升时间的数值分析

爬升时间是爬升性能分析的标准之一。对于运输机来说,爬升时间是一个经济性问题,而对于飞行任务中的战斗机而言,这意味着输赢。7.9 节介绍了这种飞行相关的理论。从一个高度 h_1 爬升到另一个高度 h_2 的时间,可对式(7.89)在两个高度之间的积分计算:

$$t = \int_{h_1}^{h_2} \frac{\mathrm{d}h}{\mathrm{ROC}} = \int_{h_1}^{h_2} \frac{\mathrm{d}h}{V\sin\gamma} \tag{10.56}$$

当考虑爬升时间从海平面开始时,h_1 假设为 0。如果在每个高度都使用最大爬升率,则式(10.56)就成为爬升到高度 h 的最短时间(式(7.99)),即

$$t_{\min} = \frac{h_{ac}}{\mathrm{ROC}_{\max_{SL}}}\ln\frac{1}{1 - h/h_{ac}} \tag{10.57}$$

注意,这个方程的参考高度是海平面。

例 10.6 以商务喷气飞机"塞斯纳奖状"Ⅲ为例,它的绝对升限为 54000ft,最大爬升率为 3700ft/min。

首先绘制该高度随时间的变化;然后计算爬升到绝对升限的最短时间。

解 编写以下 MATLAB 代码。高度步长选择 100ft。

Matlab m-file

```
% Climb analysis; Cessna Citation III

clc
clear all

h_ac = 54000; % ft
ROCmax = 3700; % ft/min
h1 = 54000; % ft
dh = 100; % ft
T(1) = 0;
i = 1;
h(1)=0;
```

```
for h = 0:dh:h1 % m
    i = i+1;
    T(i)=(h_ac/ROCmax)*log(1/(1-(h/h_ac)));
    h2(i) =h;
end

subplot
plot(T,h2,'bO-'); grid
xlabel ('Time (minute)')
ylabel ('Altitude (ft)')
```

图 10.10 是由这个 MATLAB 代码产生的,它显示了仿真结果。

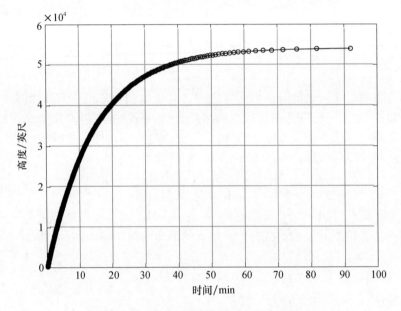

图 10.10   高度随时间的变化(爬升过程)

图 10.10 展示了"塞斯纳奖状"Ⅲ 喷气飞机爬升到绝对升限的时间,其绝对升限为 54000ft,最大爬升率为 3700ft/min。有趣的是,爬升到它的实用升限大约需要 43min,而从实用升限爬升到绝对升限需要更长的时间(约 50min)。在图的前半部分,时间随高度的变化几乎是线性的。但在后半部分,斜率呈对数递减趋势。渐近线表明飞机已达到绝对升限。

10.8   零重力飞行的抛物线航迹

空中失重的一个实际例子是一种飞机升力为 0($L=0$)。巡航飞行(实际上是下降飞行,图 9.22),这种飞行机动是在不离开地球的情况下体验失重/微重力的一种实用方法。9.8.2 节已经介绍这种飞行相关的理论。本节将简要回顾基本原理。

飞行从高空和给定的巡航空速 V_0 开始。此外,发动机的推力设置为与飞机的阻力相等。向前的方向称为 x 轴,向下的方向称为 z 轴。由于飞机在 z 方向上受到飞机重力的作用,飞机将在 z 方向上自由下落。因此,在 z 方向,飞行将在重力加速度 g 的作用下加速:

$$a_z = g \tag{10.58}$$

加速运动时的垂直速度 V_z 由下式计算:

$$V_{z2}^2 - V_{z1}^2 = 2ah \tag{10.59}$$

因此,z 方向的线速度为

$$V_z = \sqrt{V_{z1}^2 + 2a\Delta h} \tag{10.60}$$

z 方向的高度损失为

$$\Delta h = \frac{1}{2}gt^2 + Vt \tag{10.61}$$

由于飞机的初始巡航速度为 V,飞机将以较大的下降角 γ 下降。因此,飞行轨迹为抛物线。瞬时航迹角为

$$\gamma = \arctan\left(\frac{h}{X}\right) \tag{10.62}$$

飞机沿航迹方向的总速度逐渐增大,由下式可得

$$V = \sqrt{V_x^2 + V_z^2} \tag{10.63}$$

式中:V_x 为初始巡航速度。

例 10.7 一架类似空客 300 飞机的运输机用于零重力飞行。飞行开始于 8000m,速度为 226m/s,持续约 24s。绘制高度、垂直速度、总速度和下降角随时间的变化。忽略 z 方向的阻力。

解 编写以下 MATLAB 代码。时间步长选择 0.1s。

```
Matlab m-file
clc
clear all

H(1) = 8000 % m; initial height
g = 9.81; % m/s^2
dt=0.1; % time step
t_tot = 24; % sec
x(1)=0; % distance travelled
V= 226; % m/s; initial speed
Vt(1)=V;
Vz(1)=0;
h(1)=0;
gama(1) = 0;
time1(1) = 0;
i=1;

for t = dt:dt:t_tot % sec
x(i+1)=V*dt+x(i);
h(i+1)= 0.5*g*dt^2+Vz(i)*dt+h(i);
dh=h(i+1)-h(i);
H(i+1)=H(1)-h(i+1);
Vz(i+1)=sqrt(Vz(i)^2+(2*g*dh));
```

```
gama(i+1)=atan(h(i+1)/x(i+1))+gama(1);
Vt(i+1)= sqrt(Vz(i+1)^2+V^2);
time1(i+1)=t;
i=i+1;
end

subplot(411)
plot(time1,H,'rO'); grid
xlabel ('time (sec)')
ylabel ('altitude (m)')

subplot(412)
plot(time1,Vz,'rx'); grid
xlabel ('time (sec)')
ylabel ('vertical speed (m/s)')

subplot(413)
plot(time1,Vt,'rO-'); grid
xlabel ('time (sec)')
ylabel ('total speed (m/s)')

subplot(414)
plot(time1,gama*57.3,'r*'); grid
xlabel ('time (sec)')
ylabel ('desced angle (deg)')
```

绘图和结果:

图 10.11 由这个 MATLAB 代码生成,它显示了仿真结果。

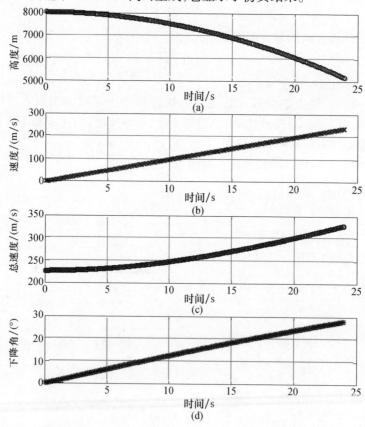

图 10.11　高度、垂直速度、总速度和下降角随时间的变化

图 10.11 显示,飞机在零重力飞行中损失了约 3000m。飞行结束时,下降角约为 28°,总速度约为 330m/s。

习 题

10.1 考虑一架起飞质量为 40000kg,发动机推力为 2×50kN,并具有下列特性的运输机:

$S = 90\text{m}^2, S_\text{h} = 20\text{m}^2, K = 0.045, \mu = 0.035, C_{D_{0\text{TO}}} = 0.055, \ddot{\theta} = 1.6 (°)/\text{s}^2, C_{L_\text{C}} = 0.3, \Delta C_{L_\text{fl}} = 0.5, i_\text{T} = 4°, V_\text{R} = 115\text{kn}, C_{L_{\alpha\text{wf}}} = 5.2\text{rad}^{-1}, C_{L_{\alpha\text{h}}} = 4.7\text{rad}^{-1}, C_{L_\text{h0}} = -1.1$

计算飞机在海平面高度的起飞抬前轮距离 S_T。利用仿真程序,绘制飞机迎角、飞行距离、空速、机翼 - 机身升力、阻力和法向力随时间的变化。

10.2 假设一架运输机起飞重量为 250000kg,发动机推力为 2×360kN,并具有以下特性:

$S = 430\text{m}^2, S_\text{h} = 100\text{m}^2, K = 0.03, \mu = 0.03, C_{D_{0\text{TO}}} = 0.04, \ddot{\theta} = 2.2 (°)/\text{s}^2, C_{L_\text{C}} = 0.35, \Delta C_{L_\text{fl}} = 0.5, i_\text{T} = 6°, V_\text{R} = 130\text{kn}, C_{L_{\alpha\text{wf}}} = 5.1\text{rad}^{-1}, C_{L_{\alpha\text{h}}} = 4.2\text{rad}^{-1}, C_{L_\text{h0}} = -1.4$

计算飞机在海平面高度的起飞抬前轮距离 S_T。使用仿真程序,绘制:飞机迎角、飞行距离、空速、机翼 - 机身升力、阻力和法向力随时间的变化。

10.3 ISA 条件下,考虑一个盒子连接到一个降落伞从 5000m 下落。货箱加上降落伞的总质量为 300kg,降落伞的投影面积为 20m²。货箱加上降落伞的阻力系数为 $C_D = 1.4$。

(1)计算箱子到达地面的时间。

(2)计算终端速度。

(3)绘制高度、速度和加速度随时间的变化。

10.4 ISA + 20 条件下,假设一名飞行员在 2000m 的从飞机上跳下打开降落伞。飞行员加上降落伞的总质量是 120kg,降落伞的投影面积是 8m²。人加上降落伞的阻力系数是 $C_D = 1.1$。

(1)计算飞行员到达地面的时间。

(2)计算终端速度。

(3)绘制高度、速度和加速度随时间的变化。

10.5 考虑一架起飞质量为 70000kg,发动机推力为 2×80kN,具有下列特性的运输机:

$S = 130\text{m}^2, K = 0.03, \mu = 0.05, C_{D_{0\text{TO}}} = 0.06, C_{L_\text{C}} = 0.2, \Delta C_{L_\text{fl}} = 0.5, \alpha_\text{TO} = 10°, V_\text{S} = 120\text{kn}, C_{L_{\alpha\text{wf}}} = 5.2\text{rad}^{-1}$

计算飞机在海平面高度的起飞空中阶段时飞行距离 S_A。使用仿真程序绘制飞机爬升角、飞行距离、空速和高度随时间的变化。时间步长选择 0.01s,仿真一直持续到飞机飞越 35ft 的障碍物。

10.6 考虑一架起飞重量为 27000kg,发动机推力为 2×60kN,具有下列特性的喷气运输机:

$$S = 70\text{m}^2, K = 0.033, \mu = 0.034, C_{D_{0\text{TO}}} = 0.04, C_{L_C} = 0.25, \Delta C_{L_{\text{fl}}} = 0.6, \alpha_{\text{TO}} = 10°,$$
$$V_S = 95\text{kn}, C_{L_{\alpha_{\text{wf}}}} = 4.8\text{rad}^{-1}$$

计算飞机在海平面高度的起飞空中阶段时飞行距离 S_A。使用仿真程序绘制:飞机爬升角、飞行距离、空速和高度随时间的变化。时间步长选择 0.01s,仿真一直持续到飞机飞越 35ft 的障碍物。

10.7 考虑有一架最大起飞质量为 30000kg、机翼面积为 60m²、翼展为 24m、2 台涡扇发动机各产生 50kN 推力的公务机。假设如下:

$$C_{D_0} = 0.022, e = 0.88, V_S = 90\text{kn}, V_{\text{max}} = 550\text{kn}$$

为这架飞机绘制海平面高度的速端曲线图,从图中确定最大爬升率和最大爬升角。

10.8 考虑有一架最大起飞重量为 25000kg、机翼面积为 50m²、翼展为 12m、两台涡扇发动机各产生 100kN 推力的喷气战斗机。假设如下:

$$C_{D_0} = 0.024, e = 0.7, V_S = 120\text{kn}, V_{\text{max}} = 700\text{kn}$$

为这架飞机绘制海平面高度的速端曲线图,从图中确定最大爬升率和最大爬升角。

10.9 考虑有一架最大起飞重量为 26000kg、机翼面积为 400m²、翼展为 40m、2 台涡轮风扇发动机各产生 250kN 推力的喷气运输机。假设如下:

$$C_{D_0} = 0.018, e = 0.92, C_{L_{\text{max}}} = 2.2, V_{\text{max}} = 600\text{kn}$$

首先计算并绘制最大爬升率随高度的变化,从图中确定绝对升限。

10.10 考虑有一架最大起飞重量为 20000kg、机翼面积为 40m²、翼展为 10m、2 台涡轮风扇发动机各产生 180kN 推力的喷气战斗机。假设如下:

$$C_{D_0} = 0.017, e = 0.84, C_{L_{\text{max}}} = 2, V_{\text{max}} = 800\text{kn}$$

计算并绘制最大爬升率随高度的变化,从图中确定绝对升限。

10.11 考虑一架绝对升限为 50000ft、最大爬升率为 4000ft/min 的商务机。首先绘制高度随时间的变化;然后计算爬升到绝对升限的最短时间。高度步长选择 100ft。

10.12 考虑一架绝对升限为 60000ft、最大爬升率为 10000ft/min 的喷气战斗机。首先绘制高度随时间的变化;然后计算爬升到绝对升限的最短时间。高度步长选择 100ft。

10.13 考虑一架绝对升限为 20000ft、最大爬升率为 1200ft/min 的螺旋桨通航飞机。首先绘制高度随时间的变化;然后计算爬升到绝对升限的最短时间。高度步长选择 100ft。

10.14 一架运输机用于零重力飞行。飞行从 9000m 开始,速度为 200m/s,持续约 20s。绘制高度变化、垂直速度、总速度和下降角随时间的变化。忽略 z 方向的阻力。

10.15 一架大型运输机用于零重力飞行。飞行从 10000m 开始,速度为 190m/s,持续约 25s。绘制高度变化、垂直速度、总速度和下降角随时间的变化。忽略 z 方向的阻力。

参考文献

[1] Attaway,S. ,MATLAB:A Practical Introduction to Programming and Problem Solving,3rd edn. , ButterworthHeinemann,Burlington,MA,2013.

[2] Moler,C. B. ,Numerical Computing with MATLAB,Society for Industrial & Applied Mathematics, Philadelphia,PA,2012.

[3] MATLAB 15; R2015a,The MathWorks Inc. ,Natick,MA,2015.

[4] Gilat,A. ,MATLAB:An Introduction with Applications,5th edn. ,John Wiley & Sons,Hoboken, NJ,2014.

[5] Chapman,S. J. ,MATLAB Programming for Engineers,5th edn. ,CL Engineering,New Delhi,India,2015.

[6] http://www. mathworks. com.

附录 A
标准大气、标准单位

$\rho_0 = 1.225 \ \mathrm{kg/m^3}$, $T_0 = 15℃ = 288.15\mathrm{K}$, $P_0 = 101325\mathrm{N/m^2}$, $a_0 = 340.29\mathrm{m/s}$, $\mu_0 = 1.785 \times 10^{-5}\mathrm{kg/m \cdot s^{-1}}$、

高度/m	T/K	$P/(\mathrm{N/m^2})$	$\rho/(\mathrm{kg/m^3})$
0	288.15	101325	1.225
1000	281.65	89876	1.1117
2000	275.15	79501	1.007
3000	268.67	70121	0.9093
4000	262.18	61660	0.8193
5000	255.69	54048	0.7364
6000	249.20	47217	0.6601
7000	242.71	41105	0.590
8000	236.23	35651	0.526
9000	229.74	30800	0.467
10000	223.26	26500	0.413
11000	216.78	22700	0.365
12000	216.66	19399	0.312
13000	216.66	16579	0.267
14000	216.66	14170	0.228
15000	216.66	12112	0.195
16000	216.66	10353	0.166
17000	216.66	8850	0.142
18000	216.66	7565	0.122

高度/m	T/K	$P/(N/m^2)$	$\rho/(kg/m^3)$
19000	216.66	6467	0.104
20000	216.66	5529	0.089
21000	216.66	4727	0.076
22000	216.66	4042	0.065
23000	216.66	3456	0.056
24000	216.66	2955	0.047
25000	216.66	2527	0.041

附录 B
标准大气、英制单位

$\rho_0 = 0.002378 \text{slug/ft}^3$、$T_0 = 518.7^\circ\text{R}$、$P_0 = 2116.2 \text{ lb/ft}^2 = 14.7\text{psi}$、$a_0 = 1116.4\text{ft/s}$、$\mu_0 = 1.199 \times 10^{-4}\text{lb/(ft} \cdot \text{s)}$

高度/ft	$T/^\circ\text{R}$	$P/(\text{lb/ft}^2)$	$\rho/(\text{slug/ft}^3)$	高度/ft	$T/^\circ\text{R}$	$P/(\text{lb/ft}^2)$	$\rho/(\text{slug/ft}^3)$
0	518.7	2116.2	0.002378	31000	408.3	601.6	0.000858
1000	515.12	2040.9	0.002308	32000	404.7	574.6	0.000827
2000	511.5	1967.7	0.002241	33000	401.2	548.5	0.000796
3000	508	1896.7	0.002175	34000	397.6	523.5	0.000767
4000	504.43	1827.7	0.002111	35000	394.1	499.3	0.000738
5000	500.86	1761	0.002048	36000	390.5	476.1	0.000710
6000	497.3	1696	0.001987	37000	390	453.9	0.000678
7000	493.7	1633.1	0.001897	38000	390	432.6	0.000646
8000	490.2	1572.1	0.001868	39000	390	412.4	0.000616
9000	486.6	1513	0.001811	40000	390	393.1	0.000587
10000	483	1455.6	0.001755	41000	390	374.7	0.00056
11000	479.5	1400	0.001701	42000	390	357.2	0.000533
12000	475.9	1346.2	0.001648	43000	390	340.5	0.000509
13000	472.4	1294.1	0.001596	44000	390	324.6	0.000485
14000	468.8	1243.6	0.001545	45000	390	309.5	0.000462
15000	465.2	1195	0.001496	46000	390	295	0.00044
16000	461.7	1147.5	0.001448	47000	390	281.1	0.00042
17000	458.1	1101.7	0.001401	48000	390	268.1	0.0004
18000	454.5	1057.5	0.001355	49000	390	255.5	0.000381
19000	451	1014.7	0.001311	50000	390	243.6	0.000364
20000	447.4	973.3	0.001267	51000	390	232.2	0.000347

高度/ft	$T/°\mathrm{R}$	$P/(\mathrm{lb/ft^2})$	$\rho/(\mathrm{slug/ft^3})$	高度/ft	$T/°\mathrm{R}$	$P/(\mathrm{lb/ft^2})$	$\rho/(\mathrm{slug/ft^3})$
21000	443.9	933.3	0.001225	52000	390	221.4	0.00033
22000	440.3	894.6	0.001184	53000	390	211	0.000315
23000	436.8	857.3	0.001143	54000	390	201.2	0.0003
24000	433.2	821.2	0.001104	55000	390	191.8	0.000286
25000	429.6	786.3	0.001066	56000	390	182.8	0.000273
26000	426.1	752.7	0.00103	57000	390	174.3	0.00026
27000	422.5	720.3	0.000993	58000	390	166.2	0.000248
28000	419	689	0.000958	59000	390	158.4	0.000236
29000	415.4	658.8	0.000923	60000	390	151	0.000225
30000	411.9	629.7	0.00089	61000	390	144	0.000215

附录 C
一些飞机的性能特征

表 C.1 几种活塞螺旋桨飞机的性能特征

序号	飞机	制造商	类型	m_{TO}/kg	p/hp	V_{max}/kn	升限/ft	航程/km	ROC/(ft/min)	S_{TO}/m	V_s/kn
1.	PA-23-25-Aztec	派珀	运输	2360	2×250	187	18950	2445	1400	517	59
2.	塞斯纳180空中货车	塞斯纳	通航	1270	171.5	148	19600 实用	470	1090	367	48
3.	BN-2A MK III-2 Trislander	布里顿-诺曼	运输	4536	3×260	156	15600	1610	980	594	—
4.	比奇·富豪 A36	蒙客比奇	多用途	1633	285	187	17800	1425	1015	383	52.5
5.	Speed Canard-B	Gyroflug	通航	680	116	146	14500 实用	1350	985	700	57
6.	艾司隆	法国宇航	军用教练	1250	300	205	23000 实用	—	1850	640	62
7.	PL 12 Airtruk	复兴航空	农业	1925	300	106	12500	—	514	329	39
8.	A 135 Tangava II	航空技术	教练	960	200	136	20000	800	1400	270	48
9.	光学侦察员	布鲁克林	监视	1315	260	120	14000	926	810	335	51
10.	NACI 自由职业	NAC	农业	3855	750	143	—	1482	955	419	60
11.	Slingsby T-67B	Slingsby	运动	862	116	115	12000	835	660	537	46
12.	性能 2000	卡格尼	教练	680	108	118	13125	800	690	350	38
13.	Lederin 380-1	法国	自制	600	90	109	12000	885	900	122	26
14.	微型飞行频谱	英国	超轻型	356	40	61	12000	322	800	65	25
15.	"银鹰"	美国	超轻型	251	23	55	12000	243	640	69	24

表 C.2　几种涡桨飞机的性能特征

序号	飞机	制造商	类型	m_{TO}/kg	P/hp	V_{max}/kn	升限/ft	航程/km	ROC/(ft/min)	S_{TO}/m	V_s/kn
1.	Turbo commander 690A	罗克韦尔	运输	4649	2×700	285	33000	2725	2849	675	77
2.	Super King Air 200	蒙客比奇	运输	5670	2×850	289	31000	3497	2450	592	75
3.	Fairchild SA227 – AC	Fairchild	客运	6577	3×1000	278	27500	1610	2370	991	87
4.	Do 128 – 6	道尼尔	运输	4350	2×400	183	32600	1825	1260	554	38
5.	G – 222	Aeritalia	运输	29000	2×4860	310	25000	2500	1705	1000	84
6.	Atlantique	达索	海事	45000	2×6100	320	30000	9075	2000	1840	90
7.	P180"阿凡提"	比亚乔	运输	4767	2×800	400	41000	3335	3650	736	78
8.	C – 130"大力神"	洛克希德	运输	7938C	4×4508	325	34700	7876	1900	1573	100
9.	普卡拉	法玛	运输	6800	2×978	270	32800	3710	3543	705	78
10.	EMB – 120 巴西利亚	巴西航空	运输	11500	2×1800	328	29800	2983	2120	1420	87
11.	DCH – 8 Dash 8 – 100	德·哈维兰	运输	14968	2×1800	268	25000	1650	2070	948	72
12.	ATR 42	ATR	运输	16150	2×1800	267	25000	1666	2100	1010	73
13.	塞斯纳 208	塞斯纳	多用途	3629	600	175	27600	1797	1215	507	60
14.	射流 31	BAE	运输	6950	2×940	263	25000	1296	2080	975	86

表 C.3　几种喷气飞机的性能特征

序号	飞机	制造商	类型	m_{TO}/kg	T/kN	V_{max}/kn	升限/ft	航程/km	ROC/(ft/min)	S_{TO}/m	V_s/kn
1.	F-5A	诺斯罗普	功击战斗机	9379	2×18.5	Ma=1.4	50000	2594	28700	1113	128
2.	MiG-29	米高扬	制空战斗机	40700	2×219.6	Ma=2.3	59000	1570	—	250	—
3.	霍克·西德利125 600	霍克·西德利	运输机	11340	2×16.7	280	12500	2890	4900	1341	83
4.	波音737-200	波音	运输机	56472	2×18.2	462	35000	5970	1800	2027	102
5.	波音737-200B	波音	运输机	371945	4×229.5	523	45000	11397	3800	3170	—
6.	B-52G	波音	轰炸机	221350	8×61.2	516	55000	6500	6270	3050	—
7.	"天狐"	波音	教练机	9070	2×16.5	505	50000	3360	7500	670	97
8.	塞斯纳奖状III	塞斯纳	运输机	9979	2×16.2	472	51000	4679	3700	1581	97
9.	里尔55	盖茨·里尔	运输机	8845	2×16.5	477	51000	3982	4560	1384	103
10.	F-16A	通用动力	功击战斗机	11094	111.2	>Ma=2	50000	3890	>50000	—	—
11.	A-6	格鲁曼	强击轰炸机	27397	2×41.4	560	42400	4410	7620	1390	98
12.	An-124	安东诺夫	运输机	405000	4×229.5	467	—	4500	—	3000	110
13.	IL-76T	伊留申	货机	190000	4×117.7	459	50850	6700	—	850	105
14.	微喷200B	微喷	教练机	1.300	2×1.3	250	30000	870	1705	850	72
15.	AMX	国际	近距支援	12500	49.1	Ma=0.86	42650	3150	—	1525	—
16.	"狂风"ADV	帕纳威亚	功击战斗机	14500	2×40	Ma=2.2	50000	—	—	915	104
17.	欧洲战斗机	欧洲	战斗机	23500	2×60	Ma=2	65000	2900	62000	700	—
18.	AS-39"鹰狮"	萨博	运输机	14000	54	Ma=2	50000	3200	50000	800	—
19.	"阵风"	达索	战斗机	24500	2×50	1032	50000	+3700	60000	400	—
20.	Mig-35	米高扬	战斗机	29700	2×53	Ma=2.25	57400	2000	65000	400	—

表 C.4 美国和俄罗斯军用飞机性能比较

飞机	制造商	类型	m_{TO}/kg	T/kN	V_{max}(Ma)	升限/ft	航程/km	ROC(ft/min)	活动半径/km	座位数	首飞时间
美国											
B-52H	波音	轰炸机	229066	8×75.7	0.95	55000	20120	—	4630	6	1961
F-4B	麦克唐纳·道格拉斯	战斗机	24765	2×75.6	2.4	71000	3700	28000	1450	2	1958
F-5A	诺斯罗普	战斗机	9333	2×18.2	1.4	50000	2518	28700	885	1	1963
F-14A	格鲁曼	战斗机	33724	2×93	2.4	50000	—	30000	1230	2	1970
F-15C	麦克唐纳·道格拉斯	战斗机	30845	2×106.5	2.3	63000	3135	50000	1100	1	1972
F-16A	通用动力	战斗机	16060	106	2.02	52000	4080	62000	885	1	1974
F-18A	麦克唐纳·道格拉斯	战斗机	25400	2×70.3	1.8	50000	4627	60000	1150	1	1978
F-22猛禽	洛克希德·马丁	战斗机	38000	2×116	2.42	>65000	3220	69000	852	1	1997
F-111F	麦克唐纳·道格拉斯	战斗机	45360	2×111.7	2.2	60000	6115	43000	2000	2	1962
SR-71A	洛克希德·马丁	侦察机	77110	2×151.3	3	106000	4800	—	—	2	1964
U-2C	洛克希德·马丁	侦察机	7835	49	850	80000	6440	—	—	1	1955
俄罗斯											
MiG-21F	米高扬	战斗机	9500	73.6	2.1	50000	1800	58000	740	1	1968
MiG-23	米高扬	战斗机	20100	112.8	2.3	60000	3380	—	1110	1	1971
MiG-25	米高扬	战斗机	35000	2×120.6	2.8	79000	2575	41000	950	1	1969

飞机	制造商	类型	m_{TO}/kg	T/kN	V_{max}(Ma)	升限/ft	航程/km	ROC(ft/min)	活动半径/km	座位数	首飞时间
MiG-27	米高扬	战斗机	20400	80	1.6	56000	2800	—	800	1	1973
MiG-29	米高扬	战斗机	40700	2×219.6	2.3	59000	1570	65000	800	1	1980
SU-17	苏霍伊	战斗机	17000	110	1.8	50000	1760	30000	600	1	1966
SU-24	苏霍伊	战斗机	39500	2×112.8	2	53000	6000	35000	1700	2	1970
SU-35	苏霍伊	战斗机	34500	2×86.3	2.25	59000	3600	55000	—	1	2008
TU-20	图波列夫	轰炸机	163000	4×1479hp	0.83	41000	1500	8300	6400	6	1954
TU-26	图波列夫	轰炸机	11000	2×211	2	56000	8000	27500	2600	3	1972
TU-28	图波列夫	侦察机	38500	2×108	1.65	53000	32000	—	1250	—	1959

参考文献

［1］Taylor，J. ，*Jane's All the World's Aircraft*，Jane's Publishing Co. ，Several years.

［2］K r ivinyi，N. ，*Taschenbuch der Luftflotten* 1994/95 *Warplanes of the Worlds*，Bernard &Graefe Verlag，Bonn，Germany，1994.

附录 D
飞行记录

表 D.1　活塞螺旋桨飞机的飞行记录

序号	项目	飞机	制造商	飞行员	纪录	单位	飞行日期	地点或行程
1	直线和闭环航程	航海家号	美国	迪克·鲁坦和珍娜·耶格尔	40312	km	1986 年 12 月 14 日至 23 日	地球的周长
2	升限	卡普罗尼 Ca－161	意大利	马里奥·佩齐	56046	ft	1983 年 10 月 22 日	—
3	最大速度	F8F 熊猫	美国	莱尔·谢尔顿	850.25	km/h	1989 年 8 月 21 日	内华达州拉斯维加斯

表 D.2　涡桨飞机的飞行记录

序号	项目	飞机	制造商	飞行员	纪录	单位	飞行日期	地点或行程
1	直线航程	HC－130 大力神	美国	阿尔·埃里森	14052.95	km	1982 年 2 月 20 日	—
2	闭环航程	RP－3D 猎户座	美国	菲利普·亨特	10103.51	km	1972 年 11 月 4 日	—
3	升限	白鹭－1	美国	英瓦尔·恩约尔森	53573	ft	1988 年 9 月	德克萨斯州格伦维尔
4	直线飞行最大速度	P－3C 猎户座	美国	唐纳德·利林塔尔	806.1	m/h	1971 年 1 月 27 日	在一段 15.25 公里的航线上
5	闭环飞行最大速度	TU－114	苏联	伊万·索福姆林	877.212	km/h	1960 年 4 月 9 日	5000km 闭环

表 D.3　喷气飞机的飞行记录

序号	项目	飞机	制造商	飞行员	纪录	单位	飞行日期	地点或行程
1	单人无加油环绕地球航程	环球飞行者	缩比复合材料	史蒂夫·福塞特	41467	km	2006 年 2 月 11 日	佛罗里达卡纳维拉尔角，佛罗里达爱尔兰
2	直线航程	B-52H	美国	克莱德·爱维丽	2016.78	km	1962 年 1 月 10 日至 11 日	冲绳到马德里
3	闭环航程	An-124	乌克兰	弗拉基米尔·特瑞斯克	20150.92	km	1987 年 5 月 6 日至 7 日	莫斯科 - 塔什坎德 - 比加尔沙库特 - 马尔缅斯克 - 莫斯科
4	升限	MiG-25	乌克兰	亚历山大·费多特夫	123523	ft	1977 年 8 月 31 日	—
5	直线飞行最大速度	SR-71A	美国	奥登·格罗斯和乔治·摩根	3529.56	km/h	1976 年 7 月 28 日	加州比尔空军基地
6	1000km 闭环飞行最大速度	SR-71A	美国	阿道夫·波尔茨和约翰·富勒	3367.221	km/h	1976 年 7 月 27 日	加州比尔空军基地
7	在限制高度的 3km 航线上的最大速度	F-104RB	美国	达里尔·格林马迈尔	1590.45	km/h	1977 年 10 月 24 日	内华达
8	100km 闭环飞行最大速度	MiG-25	乌克兰	亚历山大·费多特夫	2605.1	km/h	1973 年 4 月 8 日	—
9	500km 闭环飞行最大速度	MiG-25	乌克兰	恩·科马罗夫	2981.5	km/h	1967 年 10 月 5 日	莫斯科
10	2000m 高度的最大载荷	An-225 梦幻	乌克兰	亚历山大·加卢年科	253820	kg	2001 年 9 月 11 日	乌克兰
11	单人无加油环绕地球速度	环球飞行者	缩比复合材料	史蒂夫·福塞特	297	kn	2006 年 2 月 11 日	从美国萨莱纳
12	从母机发射时的升限	X-15 A-3	美国	R. 怀特	314750	ft	1962 年 7 月 17 日	加州爱德华空军基地

表 D.4 水陆两用飞机的飞行记录

序号	项目	飞机	制造商	飞行员	纪录	单位	飞行日期	地点或行程
1	直线航程	汞	英国	D. 本特和 A. 哈维	9652	km	1938 年 10 月 6 日至 8 日	苏格兰到南非
2	升限	M-10	苏联	乔治·布里亚诺夫普·亨特	49088	ft	1961 年 9 月 9 日	阿祖夫海
3	直线飞行最大速度	M-10	苏联	尼古拉·安德罗斯基	912	km/h	1961 年 8 月 7 日	雅科夫斯基到彼得罗夫斯科夫

表 D.5 滑翔机的飞行记录

序号	项目	飞机	制造商	飞行员	纪录	单位	飞行日期	地点或行程
1	直线航程（单座）	ASW-12	德国	汉斯·格劳斯	14608	km	1972 年 4 月 25 日	—
2	升限（单座）	G-102	美国	罗伯特·哈里斯	49009	ft	1986 年 2 月 17 日	—
3	直线航程（双座）	ASH-25	法国	杰拉德·赫伯德和金·赫伯德	1383	km	1992 年 4 月 17 日	威尼斯（法国）到非斯（摩洛哥）
4	升限（双座）	PR-G1	美国	劳伦斯·埃德加和哈罗德·克利福德	44256	ft	1952 年 3 月 19 日	加利福尼亚州毕晓普

表 D.6 超轻型飞机的飞行记录

序号	项目	飞机	制造商	飞行员	纪录	单位	飞行日期	地点或行程
1	升限	U-2 超级翼	美国	理查德·罗利	25940	ft	1983 年 9 月 17 日	—
2	直线航程	快速	美国	诺曼·郝威	1249.52	km	1987 年 4 月 9 日	—
3	直线飞行最大速度	莫尼	美国	大卫·格林	189.21	km/h	1985 年 10 月 23 日	—

表 D.7 直升机的飞行记录

序号	项目	飞机	制造商	飞行员	纪录	单位	飞行日期	地点或行程
1	直线航程	YOH-6A	美国	R. 费里	3561.55	km	1966 年 4 月 6 日至 7 日	—
2	升限	SA 315B 拉玛	法国	金·博尔特	40820	ft	1972 年 6 月 21 日	—
3	直线飞行最大速度	猞猁	英国	特雷弗·埃金顿和德里克·克劳斯	400.87	km/h	1986 年 8 月 11 日	在一段 15.25 公里的航线上
4	1000km 闭环飞行最大速度	Mi-6	苏联	鲍里斯·加尔蒂斯基	340.15	km/h	1964 年 8 月 26 日	莫斯科
5	500km 闭环飞行最大速度	S-76A	美国	托马斯·戴维奥	345.74	km/h	1964 年 8 月 26 日	佛罗里达州棕榈滩

表 D.8 旋翼飞机的飞行记录

序号	项目	飞机	制造商	飞行员	纪录	单位	飞行日期	地点或行程
1	升限	WA-121/MC	英国	K. 沃利斯	18516	ft	1982 年 7 月 20 日	—
2	直线航程	WA-116/F	英国	K. 沃利斯	847.32	km	1975 年 9 月 28 日	里尔塔机场（苏格兰）
3	闭环航程	WA-116/F	英国	K. 沃利斯	1002.75	km	1988 年 8 月 5 日	—
4	直线飞行最大速度	WA-116/F	英国	K. 沃利斯	193.6	km/h	1986 年 9 月 18 日	在一段 3 公里的航线上

表 D.9 气球的飞行记录

序号	项目	飞机	制造商	飞行员	纪录	单位	飞行日期	地点或行程
1	续航时间	卡梅隆 R-77	美国	理查德·埃布罗索和特里·布拉德利	144.25	h	1992年9月16日至22日	班戈(美国)到西迪埃姆拉尔卡德米里(摩洛哥)
2	直线航程	卡梅隆 R-150	美国	埃斯特凡·福斯特	8748.11	km	1995年2月22日	首尔到加拿大
3	升限	李·刘易斯纪念	美国	M.罗斯和V.普拉瑟	113740	ft	1961年5月4日	—

附录 E
学生的典型专题研究

分配任务:学期开始报告提交日期:学期结束。

问题陈述:选择一架飞机,使以下数据可以从可靠的来源获得(如飞机制造商、简氏世界航空年鉴)。

a. 三视图。

b. 几何尺寸。

c. 最大起飞重量。

d. 发动机信息(功率或推力)。

e. 性能特性。

然后,进行以下工作。

(1)计算这架飞机的下列项目:

① 两种构型下的零升力阻力系数 C_{D_0}:净空和起飞。

② 最大速度。

③ 最大航程。

④ 最大爬升率。

⑤ 最大爬升角。

⑥ 绝对升限。

⑦ 起飞滑跑距离。

⑧ 最大航时。

(2)将结果与下表中发布的数据进行比较。

序号	性能项目	计算值	公布值	差异/%
1	最大速度			
2	最大航程			
3	最大爬升率			
4	绝对升限			

序号	性能项目	计算值	公布值	差异/%
5	起飞滑跑距离			
6	最大航时			

注:①飞机应该有动力(由发动机)且固定翼。

②每个学生需要选择一架独特的飞机。

③向导师汇报选择的飞机。

④不知名的网站是不可靠的。

⑤如果全部性能数据都不可用,则必须至少有五个项目可用。

⑥为了使专题研究更容易,建议选择一架亚声速飞机。

⑦报告的第一部分必须在×/×/××××之前提交。

（3）分析比较,并对差异做出评价。

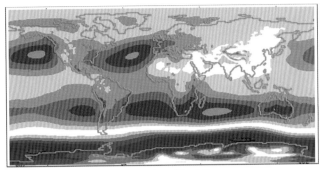

(a) 6月、7月、8月

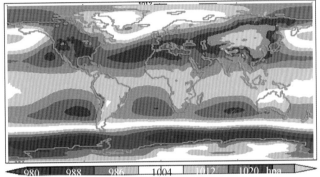

980　988　986　1004　1012　1020 hpa

(b) 12月、1月、2月

图1.7　平均海平面气压

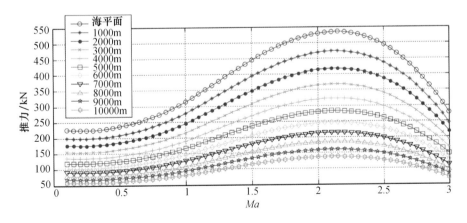

图4.34　不同高度下涡喷发动机的未装机推力

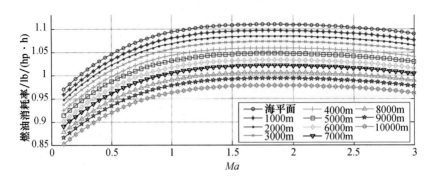

图 4.36 不同高度下涡喷发动机的燃油消耗率

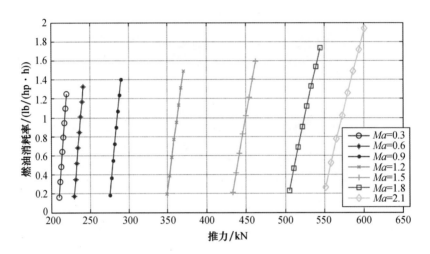

图 4.37 涡喷发动机的燃油消耗率与未装机推力的关系

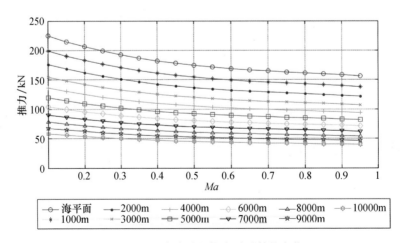

图 4.40 涡扇发动机推力随马赫的变化

彩插 2

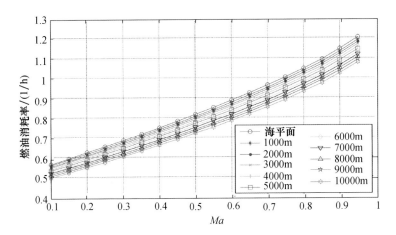

图 4.45　涡扇发动机的燃油消耗率随亚声速马赫数和高度的变化

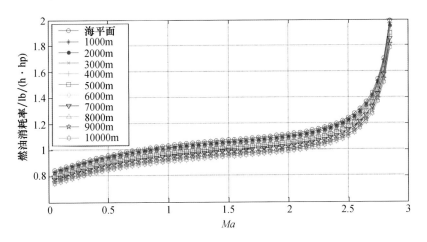

图 4.48　涡扇发动机燃油消耗率随亚声速、超声速马赫数和高度的变化

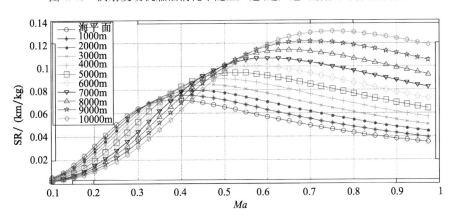

图 5.18　喷气式运输机的 SR 随速度的变化

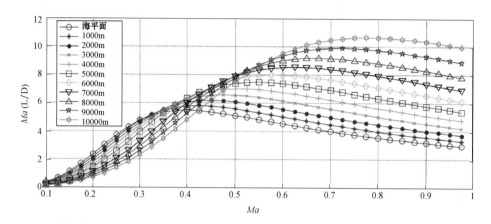

图5.19 喷气式运输机的马赫数与升阻比的乘积随马赫数的变化

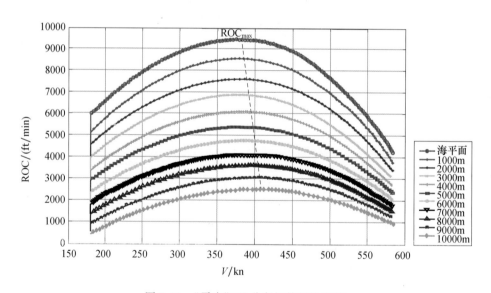

图7.11 "霍克"800 公务机的理论 ROC

彩插 4